国家出版基金项目
NATIONAL PUBLICATION FOUNDATION

现代农业高新技术成果丛书

肉牛育肥生产技术与管理

Beef Cattle Feeding Technology and Feedlot Management

莫 放 李 强 赵德兵 主 编
张 微 曹兵海 韦 鹏 副主编

中国农业大学出版社
·北京·

内容简介

肉牛饲养已成为肉牛主产区当地农民实现增收的重要举措，是各地农牧户致富的重要途径之一。本书突出不同饲料类型、不同管理模式、不同牛肉产品生产的肉牛育肥饲养技术与生产管理，包括肉用牛品种和兼用牛品种对我国黄牛的改良及效果总结，肉牛常用的饲料资源和肉牛日粮(精料)的配合方法，肉牛的饲养管理技术(包括不同季节、不同粗料类型、不同糟渣类饲料、放牧与舍饲等)，犊牛和幼牛的直线育肥，高档牛肉的生产技术，架子牛的育肥技术，肉牛养殖中的兽医管理等。同时本书还用较大的篇幅阐述国外肉牛养殖概况，我国肉牛产业化进程，50年来肉牛品种、兼用品种、地方良种黄牛对我国本地黄牛改良后代的生产性能提高，影响肉牛生产和肉品质的因素，肉用牛舍建设与环境控制措施，常见病治疗预防与疫病防治等。本书在引用资料的同时，还提供了原作者的日粮配方和试验方法，对肉牛养殖者有很大的帮助。本书内容丰富，图文并茂，文字通俗易懂，可操作性强，适合肉牛养殖场、养殖专业户和畜牧兽医工作者阅读，同时亦可作为相关农业院校师生的参考用书。

图书在版编目(CIP)数据

肉牛育肥生产技术与管理/莫放，李强，赵德兵主编．—北京：中国农业大学出版社，2012.3(2017.3重印)

ISBN 978-7-5655-0488-4

Ⅰ.①肉…　Ⅱ.①莫…②李…③赵…　Ⅲ.①肉牛-饲养管理　Ⅳ.①S823.9

中国版本图书馆CIP数据核字(2012)第021844号

书　名　肉牛育肥生产技术与管理
作　者　莫　放　李　强　赵德兵　主编

责任编辑　潘晓丽　邝华穆　　**责任校对**　王晓凤　陈　莹
封面设计　郑　川
出版发行　中国农业大学出版社
社　　址　北京市海淀区圆明园西路2号　　**邮政编码**　100193
电　　话　发行部 010-62818525,8625　　读者服务部 010-62732336
编辑部 010-62732617,2618　　出 版 部 010-62733440
网　　址　http://www.cau.edu.cn/caup　　**e-mail**　cbsszs@cau.edu.cn
经　　销　新华书店
印　　刷　涿州市星河印刷有限公司
版　　次　2012年3月第1版　2017年3月第2次印刷
规　　格　787×1092　16开本　30印张　747千字
定　　价　108.00元

编写人员

（姓名顺序按汉语拼音排列）

中国农业大学动物营养学国家重点实验室

曹兵海　曹　琼　陈　静　陈俊阳　黄　洁　姜　军

李雪娇　刘继军　莫　放　申跃宇　田见晖　王消消

王雅春　杨红建　张　微　张晓明　张亚一　赵广永

甘肃省张掖市甘州区兽医局　张生魁

甘肃省张掖市甘州区畜牧兽医工作站

冯秀娟　黄文革　李　强　韦　鹏

甘肃省张掖市甘州区畜牧兽医局甘浚镇畜牧兽医站

汉吉业　雒自全　马志鹏　谈　飞　邢鹏飞　赵德兵

宁夏回族自治区畜牧工作站　罗晓瑜

本书大部分内容源自公益性行业（农业）科研专项（nyhyzx07-035）研究成果。

出版说明

瞄准世界农业科技前沿，围绕我国农业发展需求，努力突破关键核心技术，提升我国农业科研实力，加快现代农业发展，是胡锦涛总书记在 2009 年五四青年节视察中国农业大学时向广大农业科技工作者提出的要求。党和国家一贯高度重视农业领域科技创新和基础理论研究，特别是 863 计划和 973 计划实施以来，农业科技投入大幅增长。国家科技支撑计划、863 计划和 973 计划等主体科技计划向农业领域倾斜，极大地促进了农业科技创新发展和现代农业科技进步。

中国农业大学出版社以 973 计划、863 计划和科技支撑计划中农业领域重大研究项目成果为主体，以服务我国农业产业提升的重大需求为目标，在"国家重大出版工程"项目基础上，筛选确定了农业生物技术、良种培育、丰产栽培、疫病防治、防灾减灾、农业资源利用和农业信息化等领域 50 个重大科技创新成果，作为"现代农业高新技术成果丛书"项目申报了 2009 年度国家出版基金项目，经国家出版基金管理委员会审批立项。

国家出版基金是我国继自然科学基金、哲学社会科学基金之后设立的第三大基金项目。国家出版基金由国家设立、国家主导，资助体现国家意志、传承中华文明、促进文化繁荣、提高文化软实力的国家级重大项目；受助项目应能够发挥示范引导作用，为国家、为当代、为子孙后代创造先进文化；受助项目应能够成为站在时代前沿、弘扬民族文化、体现国家水准、传之久远的国家级精品力作。

为确保"现代农业高新技术成果丛书"编写出版质量，在教育部、农业部和中国农业大学的指导和支持下，成立了以石元春院士为主任的编审指导委员会；出版社成立了以社长为组长的项目协调组并专门设立了项目运行管理办公室。

"现代农业高新技术成果丛书"始于"十一五"，跨入"十二五"，是中国农业大学出版社"十二五"开局的献礼之作，她的立项和出版标志着我社学术出版进入了一个新的高度，各项工作迈上了新的台阶。出版社将以此为新的起点，为我国现代农业的发展，为出版文化事业的繁荣做出新的更大贡献。

中国农业大学出版社

2010 年 12 月

前　　言

2011 年我国肉牛养殖以母牛分散和异地育肥为主，存栏和肉产量比 2010 年明显下降，但牛肉消费需求强劲，优质优价态势明显，二三线城市消费量快速增加。我国在牛肉年产量上成为仅次于美国和巴西的第三大牛肉生产国；但是，我国的肉牛生产不论是从品种上，还是从养殖者的技术水平和科学性上还需要较长时间去努力改变和提高。

本书是根据公益性行业（农业）科研专项子课题“西部肉牛母牛带犊体系研究及其最佳效益模式建立与推广（nyhyzx07-035-09）”和“西部非去势牛育肥技术体系研究及其最佳效益模式建立与推广（nyhyzx07-035-10）”的研究要求，建立以经济效益和生长指标为主要衡量标准的优质、高档肉牛育肥的技术规程，母牛带犊养殖的技术规程；结合项目研究的结果和我国肉牛生产体系（母牛带犊体系和肉牛育肥技术体系），系统介绍肉牛品种的选择、肉牛日粮（精料）配方的制定、不同育肥对象肉牛的饲养管理和肉牛育肥技术、牛场建设、肉牛养殖场的经营管理、牛场疫病的监测、肉牛疾病防治等。

本书用较大篇幅系统总结 50 年来我国引进肉牛品种、兼用品种，我国培育肉用牛、兼用牛品种，地方优良品种黄牛等对我国本地黄牛的改良效果，包括改良后代的适应性，杂交牛生长性能、产肉性能，杂交母牛的繁殖性能提高等。为使读者对肉牛产业化有所了解，本书介绍主要肉牛生产国的肉牛生产概况，我国肉牛产业化发展的模式等。编者在引用资料时力求把研究者试验条件在表中描述，便于读者在学习、工作中参考。

编者对所有被引用资料的作者（有些资料未注明作者）表示由衷的感谢！衷心感谢中国农业大学出版社及本书责任编辑给作者充裕的时间，使本书按编写的设想完成，并充实了大量的生产实践范例。本书引用的范例数据都出自国内公开发表刊物的原创论文。

作者在编写中引用了大量的研究资料，为此对资料原作者的工作积累表示内心的感谢。作者在进行西部肉牛计划时，深知获得一个原始数据的艰辛，我们的科研前辈为我们做了许多工作，尤其是引进品种杂交改良后代的数据测定，每一数据都需要研究者亲临一线多次才能获得。如我们团队在进行母牛补饲试验研究时，需要称量犊牛的初生重，要走访农户 3 次以上才能获得，即首先要确认母牛，上门看到母牛，计算预产期，确定分娩时间并通告母牛养殖户，母牛分娩后农户电话通知我们或我们主动上门，称初生重，有时赶上农户家中无人还要吃上几次闭门羹。由此可知，许多前辈的研究所报道的看似一个简单数据，但其中凝聚了许多汗水。这些数据虽然已过去多年，但对今天从事肉牛生产仍有参考价值；尽管当时没有 SCI，EI，甚至没有核心期刊之分，但他们的研究、报道为我国肉牛产业的发展做了不可替代的工作。同时作者在查阅相关文献时，也深感我们的前辈对我国肉牛养殖事业提出过很多建设性意见（有些在 20 世纪 60 年代就提出），这些建议至今还在发挥作用，这令作者对他们的预见性和前瞻性由衷佩服。

希望本书的出版对从事肉牛生产的同行有所帮助。再次感谢我们的前辈对黄牛改良工作和黄牛饲养研究工作做出的贡献，正是有了你们，中国的肉牛养殖事业才显得那么多彩。

感谢国家出版基金对本书出版的资助。

编　者

2011 年冬于北京

目　　录

第1章

肉牛产业的发展概况

肉牛业是我国畜牧业的重要组成部分，自20世纪90年代以来，我国肉牛生产发展迅速，肉牛产业链也日臻完善。据农业部统计，2008年我国牛肉总产量达613.2万t，比2000年增长19.5%。牛肉产量占全国肉类总产量的8.4%，占世界牛肉总产量的10%，肉牛产量仅次于美国和巴西，位居世界第三位。在我国的主要肉牛生产区，鼓励农民饲养肉牛已经成为当地实现农民增收的重要举措，是农牧户致富的重要途径之一。养牛业利用作物秸秆，过腹还田，不但具有十分显著的经济效益，而且还具有良好的社会效益和生态效益。近年来，我国涌现出了一批资金实力雄厚，产品质量优秀，并集养殖、加工、销售为一体的现代化肉牛产业集团，这些企业采用科学的肉牛饲养管理技术，先进的胴体屠宰分割设备，完善的胴体分割标准并严格采用食品质量安全追溯系统，是我国优质高档牛肉产品的重要生产基地。

1.1 国外肉牛养殖发展趋势及生产概况

养牛业在世界畜牧业生产中占有十分重要的地位，其中肉牛生产更是养牛业重要的组成部分。世界上畜牧业发达的国家，都十分重视养牛业的发展，它在畜牧业中居于非常重要的地位；发达国家畜牧业一般占农业总产值的50%以上，养牛业占畜牧业的60%。我国畜牧业占农业总产值的比例为32%左右，养牛业占畜牧业产值的比例仅为5%～8%。大力发展养牛业，可以迅速提高我国畜牧业产值占农业产值的比例。世界发达国家由于经济的高度发展和技术的不断进步，从而带动了肉牛饲养业向优质、高产、高效的方向发展。

1.1.1 国外肉牛养殖产业发展趋势

畜牧业较发达的国家，肉牛业都有较长的历史，并在其发展过程中，依据各自的自然条件、饲养习惯或消费者对牛肉的要求，形成了各具特色的生产及经营方式。随着人们对瘦肉需求的不断增长，各国都针对各自的国情和国际市场的情况，在增加牛肉生产方面，开展了较多的研究工作，取得了相应的效果及经验。

1. 肉牛品种趋于大型化

国际市场上瘦牛肉较受青睐。20 世纪 60 年代以来，消费者对牛肉质量的需求发生了变化，除少数国家（如日本）外，多数国家的人们喜食瘦肉多、脂肪少的牛肉，他们不仅从牛肉的价格上加以调整，而且多数国家正从原来饲养体型小、早熟、易肥的英国肉牛品种转向欧洲的大型肉牛品种，如法国的夏洛来牛、利木赞牛和意大利的契安尼娜牛、罗曼诺拉牛、皮埃蒙特牛等，因为这些牛种体型大，增重快，瘦肉多，脂肪少，优质肉比例大，饲料报酬高。

2. 肉牛的良种多样化，广泛开展杂交利用和杂交育种，不少国家注意开发本国牛种资源

利用杂交优势，可提高肉牛的产肉性能，扩大肉牛来源。近年在国外肉牛业中，广泛采用轮回杂交、“终端”公牛杂交、轮回杂交与“终端”公牛杂交相结合的 3 种杂交方法，已有的研究表明，这 3 种杂交方法可使犊牛的初生重提高 15%～24%。国外已大量采用杂交育种方法培育肉用牛新品种，如美国的圣格鲁迪牛、婆罗福特牛、肉牛王、夏勃雷牛、比法罗牛，巴西的卡马亚牛，澳大利亚的墨利灰牛，南非的邦斯玛拉牛等。进行杂交育种要考虑杂交亲本的特征、特性、生产性能和适应性，并重点突出某一特性或某些特性，选出理想的杂交组合，如为了把欧洲牛的高产性能和瘤牛适应热带气候的特性结合在一起，克服欧洲牛在热带及亚热带生产性能和生活力降低的现象，育成了婆罗福特牛、抗旱王牛等；用美洲野牛与夏洛来牛和海福特牛育成的比法罗牛，具有增重快、适应性强、耐粗饲、肉质好等特点，牛肉成本比普通肉牛低 40%。

不少国家注意开发本国牛种资源，如巴西利用其特有的瘤牛品种或杂交品种生产牛肉，法国的本地奶肉兼用品种诺尔曼牛也占较大比重，日本、韩国更是注重本国特定品种如和牛、韩牛生产独特风格的优质牛肉。

3. 利用奶牛群发展肉牛生产

牛肉在许多国家食用的肉类中所占的比例很大，而世界各地对牛肉的要求不一样。目前以英国、德国、意大利、法国等为代表的欧洲国家要求少含或不含脂肪，即瘦肉比较多的牛肉；以日本、韩国及东南亚国家为代表的亚洲国家要求脂肪比较多、比较肥的牛肉；以美国、加拿大、巴西为代表的美洲国家要求高档牛肉中含有适度脂肪。欧洲多数国家受土地资源的限制，趋向于发展兼用品种，如西门塔尔牛、丹麦红牛等，既可产奶，又可产肉。这样可以节省母牛的饲养费用，适合人多、地少的国家饲养。近 10 年来，各国都注重“向奶牛要肉”，即把乳用品种的淘汰牛、奶公犊用来育肥，奶、肉兼得。

从生物学观点看，奶牛是利用植物饲料生产的动物蛋白质和脂肪（奶油）效率最高的家畜。而且奶牛在世界总牛数中占有较大的比例，其中可繁母牛在世界上平均占 70%（欧洲最高占 90%以上），在世界畜牧总产值中牛奶一项占 30%，牛肉占 27%，两者合计占 57%，所以说奶牛是当代畜牧生产的主力与核心。由奶牛群生产牛肉的途径主要有：绝大部分奶公犊，约占 20%的淘汰母牛，还有一部分低产母牛；此外在一些牛奶过剩的国家（主要是欧洲的一些国家），把奶用母牛分批用肉用公牛杂交，其后代全为肉用。目前欧共体生产的牛肉 45%来自奶牛群，如英国的牛肉 80%来自奶公犊及奶用淘汰牛。荷兰每年约生产 220 万头奶用和兼用犊牛，全部生产“小白牛肉”向德国、意大利、法国出口。美国在牛肉生产中虽采取奶、肉牛分离，但仍有 30%的牛肉来自奶牛，日本国产牛肉虽以和牛品种为中心，但因数量少，不能满足消费扩大的需要，目前其国产牛肉中的 55%来自奶牛群。过去奶公牛犊多用来生产小牛肉，随着

市场需求的变化和经济效益的比较，目前小牛肉生产有所下降，大部分奶公牛犊被用来育肥生产牛肉。

4. 充分利用青粗饲料育肥肉牛，尤其是青贮饲料

随着粮食紧缺和价格上涨，世界各国特别是人多地少的国家日趋重视节粮型肉牛育肥方式，即充分利用粗饲料进行低精料饲养。因此，改良草地，建立人工草场，利用放牧降低肉牛育肥成本，是今后发展高效肉牛业的重要措施。同时，进一步开展秸秆等粗饲料的加工，充分利用农副产品发展肉牛生产，也是发展中国家日趋大规模应用于肉牛业的发展方向。目前，牧草及秸秆传统的加工方法在国外不断改进，为了生产优质粗饲料，英国用59%的耕地栽培苜蓿、黑麦草和三叶草，美国用20%的耕地、法国用9.5%的耕地种植人工牧草，并广泛应用苜蓿青贮。

在国外，肉牛生产主要靠放牧或大量青干草和其他青粗饲料进行饲养，补充少量精料和矿物质以弥补营养不足，一般在育肥后期即宰前3个月左右，再加精料催肥，这是肉牛生产最常见的饲养方式，而有些国家完全靠放牧育肥直至出栏。利用草场放牧和青粗饲料生产肉牛不仅降低生产成本，而且提供较多的瘦肉。如英国有95%的育肥牛是采用经1～2个夏季放牧，于18或24月龄育肥后出栏的生产方式，这些牛在冬季舍饲时，原则是尽量多喂优质粗饲料，营养不足部分用大麦等精料予以补充。美国一般农户都是把断奶后的肉用犊牛放牧在草质优良的牧地上，每天补少量精料，宰前数周移到玉米带用精料短期催肥。新西兰肉牛生产，终年放牧，实行轮牧制，每1～2 d换一个小区，在冬季补一点青贮与干草，不补精料，2岁时出栏体重可达500 kg，用这种方式生产的牛肉脂肪少，适于做汉堡包。蒙古肉牛业饲养以天然草原终年放牧为主体，同时也利用一些简易的棚舍饲养，肉牛生产出售依靠夏秋放牧育肥。加拿大6～8月龄断奶小公牛，一部分屠宰出售，另一部分移地在下一个夏季放牧。

5. 肉牛生产向专业化、集约化、规模化方向发展

世界发达国家的专业化和集约化肉牛生产体系日趋完善，电子计算机广泛应用于肉牛育种、繁殖和饲养管理，养牛业逐步向专业化、工厂化发展，机械化、自动化水平不断提高。肉牛生产从饲料的加工配合、清粪、饮水到疫病的诊断全面实现了机械化、自动化和科学化。把动物育种、动物营养、动物生产、机械、电子学科的最新成果有机地结合起来，创造出了肉牛生产惊人的经济效益。

国外肉牛的饲养规模不断扩大，大的饲养场可以养到30万～50万头，饲养方式多采取工厂化、集约化的育肥方法，就是充分利用牛的消化机能，让牛充分采食，把廉价的草料转化成牛肉。如美国肉牛业，每户养2 000～5 000头肉牛为中等规模，在北科罗拉多州的芒弗尔特肉牛公司，年育肥肉牛30万～50万头，成为当今世界最大肉牛育肥场，对牛群管理、饲养、饲料配方均通过电子计算机控制。

6. 新技术广泛应用和普及

养牛业发达的国家对肉牛营养进行了大量的研究，包括能量代谢，蛋白质代谢，氨基酸代谢，维生素、矿物质及微量元素代谢以及它们在牛体内的需要量，不断提高肉牛育肥技术。在大型肉牛场，按照围栏牛群的年龄、体重、体况等情况，确定该栏牛群的饲料配方。当需要某种配方的饲料时，微机按照输入的配方加工数据资料，控制自动容积式秤，准确按规定的各种成分、比例下料。混合均匀后自动灌装喂饲车，然后运往指定围栏喂饲，极大地提高了生产效率和养殖效益。肉牛生产关键技术的突破和新技术、新工艺的研究及推广，日益显示出其重要性。利用基因工程（如利用基因导入法）可以改变动物生产潜力，利用外源激素可以提高肉牛

生产率及生产效益。美国 Genente 和 Monsento 公司用 DNA 重组技术，将牛生长激素转移到大肠杆菌里，成功地商品化生产出大量牛生长激素，该激素可使试验组肉牛比对照组生长速度提高 30%，还用注射垂体生长激素使牛体重增加 10%～13%。

1.1.2 国外部分国家肉牛产业的发展概况

由于各国的地理、自然条件、饲养习惯、饲养效益以及消费者对牛肉不同的要求，牛肉生产者为适应不同市场需求，根据各国饲料条件采用不同的生产方式或体系进行肉牛育肥，育肥牛生产体系不同，生产的牛肉成本、质量、档次也有较大的差距。

1. 阿根廷的肉牛业

阿根廷是畜牧业发达国家，也是世界上最大的牛肉出口国之一。肉牛业是阿根廷畜牧业的主导产业，在该国的中北部温、热带地区，肉牛养殖业非常发达。

草地资源和饲料资源：阿根廷是一个农牧业国家，牧场辽阔，水草丰盛，全国近一半的土地为牧场，1/3 的耕地种植饲草饲料作物。栽培牧草的主要品种有紫花苜蓿、红三叶草、白三叶草、水草、扁穗雀麦草等。

肉牛养殖补饲以蛋白质饲料和能量饲料为主，蛋白质饲料有全棉子、棉籽饼、麸皮、豆饼、啤酒糟、豆科牧草等，能量饲料有玉米全株青贮、豆科牧草青贮、热带草青贮，有时也补给少量的玉米、高粱、蜜糖、米糠或碎米，极少补给全价饲料。

肉牛品种：主要品种有安格斯牛、海福特牛、短角牛、西门塔尔牛、布莱福特牛(Braford)、瘤牛和本地牛等，其中大量为杂交品种用于肉牛生产。

肉牛育肥模式和饲养体系：阿根廷的养牛场主要分两类，一类是生产场，也叫商品场；另一类是种畜繁育场，包括种畜场和繁育场，种畜场为繁育场培育种牛，繁育场繁殖犊牛提供给商品场，商品场接受繁育场繁殖的犊牛进行育肥后，供应市场育肥肉牛。繁育场肉牛配种选在春季二三月份，以 3%～4%的比例放入公牛采用自然交配的方法，入群的公牛必须是同一品种，夏末进行妊娠检查，未受孕的母牛进入商品场育肥。

阿根廷的养牛属放牧型，牧场辽阔，水草丰盛，在纯牧区全部实行分区轮牧，草地都建有永久性大围栏，里面有可移动性的单杆电围栏。在农区和农牧结合区都实行长期草田轮作制度，牧场采取分区轮牧饲养。养牛业中 95%的牛以放牧饲养为主，进行合理放牧以外的补饲。补饲的对象主要有断奶小牛、后备母牛、配种期公牛和出栏前几个月的肉牛。一般肉牛在冬季产犊，夏季(约 6 月龄)断奶分群，冬季(12 月龄)在放牧基础上进行补饲。到次年冬季(24 月龄)体重一般可达 380～430 kg，即上市出售。

繁殖母牛饲养体系：犊牛出生 6～8 个月后断奶移场放牧，为翌年春季配种作准备。放牧场区分严格，有犊牛放牧场、带犊母牛放牧场、公牛放牧场和孕牛放牧场等。

肉牛的销售模式、销售体系：阿根廷肉牛的出栏率约为 23%，出栏的肉牛 80%供应国内市场，20%销往国际市场。

进入市场的肉牛构成主要有去势的 2 岁公牛，24 个月内体重达 380～430 kg，可进入国际市场；淘汰的母牛，在国内市场销售，价格较低。淘汰的后备母牛，在 2 岁之内，体重达 250～300 kg，在国内和国际市场销售。8～11 月龄的小牛，体重 200～220 kg，进入国际市场。去势的公牛，年龄大、肉质次，供制作汉堡包等加工成品食品用。

2. 澳大利亚肉牛生产

澳大利亚幅员辽阔，全国约有2/3的土地适合各种形式的农牧生产，饲草资源十分丰富。肉牛业在整个澳大利亚的国民经济中具有重要地位，并在牛肉的国际贸易中占有重要地位，牛肉的出口量占国内总牛肉产量的一半以上。澳大利亚的牛肉主要出口市场是北美(美国、加拿大)和东亚(日本、韩国)，其中日本、美国和韩国是澳大利亚牛肉的3大主要出口市场。

草地资源和饲料资源：澳大利亚草场面积占国土面积53%，但人工草场只占草场面积5%左右，主要集中在东南和西南海岸，且以饲养奶牛为主。天然草场总的来说草质较差，载畜量很低，一般是1～44 hm^2 才能饲养一头肉牛，且肉牛一般要4～5岁才能出售屠宰。在高雨量地区和小麦生产区载畜量较高，牧草条件较好，通常3年内所有的肉牛均可出售。

澳大利亚饲草资源较为丰富，人工种草业发展迅速，部分牧场人工草场面积已占牧场面积的2/3以上，主要种植白三叶草、黑麦草及从非洲引入的禾本科混播牧草。草场全部围栏化，划区轮牧。冬季养牛主要补充糖蜜尿素、棉籽饼、苜蓿干草、矿物质等。

肉牛品种：澳大利亚肉牛品种资源较为丰富，全国有30多个品种，其中起重要作用的品种可分为3大类。第一类是从欧洲引进的品种，如安格斯牛、海福特牛、夏洛来牛、西门塔尔牛、短角牛、利木赞牛、德国黄牛(Gelbvieh)等；第二类是从美国等国引进的热带牛，如婆罗门牛、圣格鲁迪牛、非洲瘤牛(Africander)、沙希瓦牛(Sahiwal)、辛地红牛(Red Sindhi)等；第三类是在引入品种的基础上育成新品种，如墨累灰牛(安格斯牛和短角牛)、抗旱王牛(Drought master)、Braford(婆罗门牛×海福特牛)、Brangus(婆罗门牛×安格斯牛)、Charbray(夏洛来牛×婆罗门牛)、贝尔蒙特红牛(Belmont Red，50%的非洲瘤牛、25%的海福特牛和25%的短角牛)等。

肉牛繁殖育种：澳大利亚肉牛产业有完善的良种繁育体系，为加强选育，每个主要肉牛品种都成立了以品种选育提高为主的协会，制定了品种选育计划。以澳大利亚西门塔尔牛协会为例，协会积极开展种畜生产性能测定，要求每个参加育种的牛场都有育种员，详细记录优秀种牛的信息，协会对这些种牛信息进行审核并发布，每年选出1 000头种公牛投入生产。由于肉牛人工授精的难度较奶牛大，澳大利亚肉牛养殖多数采用自然交配，因而种公牛需要数量较大；种公牛一般由核心场和扩繁场培育。自然交配是澳大利亚母牛繁殖的主要形式，在非配种季节公、母牛分群饲养，到配种时将公牛放入母牛群中3个月左右。

澳大利亚肉牛良种繁育结构比较合理，由核心种公牛站、种牛核心场、扩繁场、商品育肥场几个环节构成。原种场(种公牛站)主要进行纯种繁育，种牛核心场一般饲养2个或2个以上品种，为扩繁场提供纯种公牛和后备母牛；扩繁场主要饲养纯种和杂种母牛，进行二元或三元杂交生产商品肉牛；育肥场采用不同的育肥方式，充分利用当地饲草、饲料资源，生产不同消费市场需要的优质牛肉。

肉牛生产饲养体系：澳大利亚肉牛生产的第一个特点是杂种优势的利用，杂交牛占存栏总数的45%；第二个特点是适应不同的市场要求生产不同类型的牛肉，有两种截然不同的肉牛育肥方式，即在降雨量较少的北部、中部和西部地区，1 km^2 平均不足一头牛，牛出生后随母牛放牧，任牛只活动，几乎没有任何管理措施，开放式粗放经营，只是到了屠宰时才有人找，牛肉品质粗老；在降雨量较高的南部、东南部地区，采用人工或优质草场，实行分区轮牧制等集约式生产，白天放牧，晚间补喂配合精饲料或全天放牧不补料，管理较细，草场有饮水设备或备有添加剂如舔砖，这些肉牛饲养得到较好的管理，牛肉品质优良。澳大利亚肉牛生产体系大致上可分为3种类型:种畜场(stud)、农场(farm)和育肥场(feedlot),其间的相互连续、分工和在地域上的分布并不明显、清晰。

(1) 种畜场主要是进行纯种繁育,一个种畜场一般饲养2个或2个以上品种。其主要目的是为农场(繁殖场)提供纯种公牛和后备母牛,有的还进行新品种的选育。有时种畜场之间也进行公牛或母牛的买卖。种畜场为了保证母牛在冬春季节能够有比较充足的牧草,除留用的犊牛外,其余犊牛在秋季就开始出售。一般留用占15%～20%,60%～70%作为繁殖牛出售,其余的15%～20%淘汰作为商品牛出售。另外,每年还淘汰出售15%～20%的成年母牛。

(2) 农场(繁殖场)主要是饲养纯种或杂种母牛,可以与其他品种的公牛杂交生产商品肉牛。母牛主要是安格斯牛、海福特牛、婆罗门牛和其杂交牛种。这类农场母牛所生犊牛可根据市场需求有3种生产模式:①生产小牛肉,主要是出口欧洲;②生产8个月至1岁的肉牛,主要是满足国内市场的需求,这类牛有的进行短期谷物育肥,大部分是直接草地育肥后就出售;③在秋季断奶后或饲养到1～2岁后出售给育肥场进行谷物育肥,有的也自己育肥,有的甚至饲养到3～4岁才出售。

(3) 育肥场,进入20世纪90年代,随着日本和韩国等亚洲市场的崛起,对牛肉的品质提出了更高的要求,特别是肉的大理石花纹。为此大批育肥场应运而生,多以"草场放牧+育肥场的直线育肥"的生产经营模式。育肥场主要分布在澳大利亚的小麦—肉牛生产区。育肥场通常是购买1～2.5岁的阉牛进行3～6个月(有的更长)育肥。

肉牛育肥模式:澳大利亚肉牛育肥有2种形式,即草地育肥(grass-fed beef)和谷物育肥(grain-fed beef)。草地育肥是澳大利亚生产肉牛的传统方式,依靠广阔廉价的草场进行育肥。谷物育肥(或育肥场育肥)是随着日本、韩国等东亚市场的开放而发展起来的。育肥场也用一部分粗饲料,但很少,主要是利用谷物进行快速育肥,以获得理想的增重速度和胴体品质。育肥场所用谷物主要是小麦、高粱、大麦和燕麦,蛋白质饲料主要是棉籽饼、向日葵饼和尿素。这些饲料经粗粉碎后,再与米糠、糖蜜、矿物质添加剂、维生素和莫能菌素等混合后饲喂。

肉牛的经营模式:澳大利亚的肉牛业生产有3种经营形式,一是家庭农场,二是法人农场,三是土著人团体或机构(含学校、大学、教会)农场,其中家庭农场占98%以上,法人农场占1%左右。在家庭农场中,主要依靠自家的劳动力经营农场,少数家庭农场依靠雇佣劳动来经营农场。所有的法人农场都依靠雇佣劳动来经营农场。

3. 巴西的肉牛业

巴西联邦共和国的畜牧业以肉牛为主,肉类消费也以牛肉为主。利用广袤的草地实施粗放型放牧养牛,牛肉产量在世界排位第2(占世界牛肉产量的15.7%),牛肉出口量世界排名第1(占牛肉全球出口量的21.9%)。2009年巴西的牛存栏头数居世界第2位,达1.93亿头,占世界牛存栏头数的18.4%。

草地资源和饲料资源:巴西气候湿润,全境有广阔草原,水热条件好,牧草生长繁茂,适宜牧草生长,在稀树草原带,草原坡度缓、连成片,草场维护和土地种植成本低,饲草和土地资源丰富。巴西肉牛养殖模式主要以放牧养殖为主,98%为无人值守的围栏放牧,肉牛仅2%为集中育肥。虽然以放牧为丰,但管理比较精细,重视草场改良,实施测土配方施肥,自觉执行围栏放牧和以草定畜,草地围栏放牧规模一般为100头/栏,设有补饲槽和自动饮水设备。

在放牧和集中育肥中注重利用丰富的农副产物,如棉籽及加工副产物、豆皮、甘蔗渣(叶)、玉米青贮等副产物,加上产量大、价格低廉的大豆、玉米等为养牛业提供了丰富的饲料来源。

集中育肥虽然饲养成本高于放牧，但集中育肥的比例低(2%)，肉牛屠宰加工企业参股养殖场，分摊了集中育肥资金压力。

肉牛品种：巴西气候炎热潮湿，主要饲养瘤牛以及瘤牛与其他肉牛或乳牛的杂种牛。数量多的瘤牛品种有内洛尔牛(Nellore)、居尔牛(Gyr)、古泽拉特牛(Guzerat)、克利罗牛(Criollo)、卡拉瑟牛(Caracu)；引进肉牛品种有海福特牛(Hereford)、安格斯牛(Aberdeen-Angus)、夏洛来牛(Charolais)、圣格鲁迪牛(Santa Gertrudis)等，主要用作杂交改良用。

肉牛饲养体系和肉牛育肥模式：饲养方式以放牧为主，在巴西，肉牛和奶牛均依靠优越的自然条件，在天然草地和人工草地实行全年放牧，加适当补饲，重点是保证畜产品的绿色、无污染。巴西肉牛养殖设备、设施配套齐全，既有大型的牧草、饲料加工机械如 TMR 车等，也有设计新颖的小型饲槽、水槽、注射器械、标记溯源用具，还有肉牛专用运输车辆、卸牛台、牛通道、围栏，以及用于科研的动物代谢笼、电子称重保定架等。

肉牛的销售模式、销售体系：巴西肉牛在生产中主要依靠自然放牧，少喂或不喂饲料，就可以保证牛肉味道鲜美、细嫩，瘦肉率高；在加工过程中，也注意不同加工处理方法对牛肉品质的影响；在储藏过程中，全部要求冷藏以保证牛肉品质，国内消费的牛肉全部是冷藏牛肉。

推广肉牛养殖的溯源和牛肉溯源制度，从犊牛出生开始对一切饲养程序进行跟踪，如犊牛出生后即进行耳标登记，耳标上面有一个编码牌，编码牌上记录了该牛成长所需的一切管理程序，该编码牌也成为牛被屠宰后在超市出售的牌子。

4. 法国的肉牛生产

法国的农业比较发达，是世界第二大农产品出口国。其中，牛肉的出口量居欧洲各国首位。法国畜牧业以奶牛业和肉牛业为主，这也是欧洲共同体畜牧业的特点。养牛业是法国农业的重要支柱，其产值占农业总产值的 34%，占畜牧业产值的 60%左右。牛肉和牛奶产量在欧洲经济共同体(EEC)国家中第居一位。

草地资源和饲料资源：法国农业经济以种草养畜和种葡萄酿酒为主，有 50%以上的土地用于种草养牛，每公顷草场养牛 2～3 头。

肉牛品种：法国在牛的饲养方面独具特色。欧共体国家，大多饲养奶肉兼用品种，但法国和英国、意大利、爱尔兰一样，是肉牛品种比例高的为数不多的国家之一。但法国在牛的不同品种数量组成上，黑白花牛仍然最多，占 41.0%，奶肉兼用品种如诺尔曼牛占 11.7%，蒙贝利牛占 8.5%，肉用品种夏洛来牛占 15.6%，利木赞牛占 6.1%，此外还有金黄阿奎顿牛、沙勒斯牛(Salers，该品种并非专门化肉用品种)。

肉牛饲养体系和肉牛育肥模式：法国肉牛生产方式最明显的特点是多样化，饲养管理方式也包括各种不同分类，甚至还存有非常粗放方式的。法国牛肉生产分为小牛肉和大牛肉，大牛肉生产又分为小公牛育肥、阉牛育肥、小母牛育肥和淘汰母牛育肥 4 种。在牛肉总产量中除淘汰母牛肉外，小公牛肉最多。法国对自然配种公牛和人工授精公牛采用不同的选择方案，肉牛生产体制有几种不同类型。

(1) 全牧草饲养体制。通常是简单的轮牧制度，在牛的日粮中也补充少量的精饲料，使日增重达到 1 000～1 200 g。

(2) 犊牛饲养体制。犊牛一般在断奶后几个月内育肥全部出售。饲料以青贮玉米为基础的育肥日粮，日增重达 1 200 g。

(3) 育成肉牛饲养与育肥体制。18～20 月龄的青年公牛育肥生产，不用作繁殖的小母牛通常在 8～9 月龄断奶后出售或直接育肥至 30～36 月龄时屠宰。

(4) 青年公牛育肥体制。犊牛在断奶后即被送进育肥场集约化育肥饲养,这时体重一般为 280～350 kg,在育肥期内,肉牛品种日增重目标为 1 250～1 500 g,肉牛与奶牛杂交品种平均日增重为 1 150～1 250 g。在 18～20 月龄时屠宰,胴体重为 350～450 kg。

(5) 法国至今还存在着非常传统的生产方式,即架子牛育肥至 24 个月或者长达 40 个月,这种饲养体制中,包括肉牛和不用作繁殖的小母牛,用传统的饲养方式所生产的肉牛通常是由个体小型屠宰场屠宰销售,胴体重一般为 260～380 kg。

(6) 法国牛肉生产的另外一种特殊方式是肉用小乳牛的专门生产行业。这类生产主要是指那些用液体饲料饲喂的犊牛,即用牛奶或代乳品配以不同比例的脱脂奶粉饲喂的小犊牛,其中奶用公牛犊占相当一部分比例。这种犊牛一般在 5 月龄时宰杀,用于生产尽可能白嫩的肉品,称为"小白牛肉"。

肉牛的销售模式、销售体系:法国的牛肉生产一直超过国内消费量;牛肉出口包括欧共体国家和其以外国家,并从欧共体国家进口牛肉。法国牛肉生产加工非常严格,质量分级标准是按照欧共体胴体重量分级标准进行的,优质胴体被冠以高档标签或名牌商标,在市场的特定地方出售。

5. 加拿大的肉牛生产

加拿大农业总收入占国民总收入的 47%,畜牧业收入占农业总收入的 48%,畜牧业收入依次是肉牛、奶牛、猪、家禽。加拿大的肉牛业发达,在世界肉牛生产中占有重要的地位,是世界主要肉牛出口国之一。据统计,加拿大每年向世界各国出口牛肉占世界出口总量的 12%。牛肉生产量的 50%销往美国,同时也进口美国牛肉(约占国内产量的 13%)。

草地资源和饲料资源:加拿大具有丰富的草地资源和广袤牧场,除了牧场外,每年生产大量的小麦、燕麦、大麦、油菜、麻籽和干草,超量的粮食生产和广大的草场为畜牧业发展提供了丰富的、质高而价廉的精粗饲料。

肉牛品种:加拿大现有主要肉牛品种 30 多个,有安格斯牛、海福特牛、夏洛来牛、西门塔尔牛(Simmental)、利木赞牛(Limousin)、短角牛(Shorthorn)等。商品牛场采用先进的生产杂交技术专门生产供育肥用的杂交肉牛。其中海福特牛、安格斯牛、利木赞牛、夏洛来牛、西门塔尔牛这 5 个品种及其杂交后代,对加拿大肉牛业的生产起着重要作用,形成了以海福特牛、安格斯牛这两个品种及杂交后代为主要品种的肉牛产业基础。

肉牛繁殖育种:加拿大的家畜繁育生产技术居世界领先地位,目前全国利用统一的标识系统技术,进行牲畜分类、遗传设计、品种改良。加拿大的肉牛业趋于专业化,主要由 2 部分组成:母牛-犊牛繁殖体系和饲养体系,肉牛生产按其专业化程度可分为:①纯繁牛场;②商品牛场;③肉牛育肥场。按其生产规程分为 3 个主要阶段:断奶,预饲,育肥。

肉牛饲养体系和肉牛育肥模式:早在 20 世纪 60 年代初加拿大肉牛业已经具备了专业化生产特征,形成了两大独特的经营体系:①放牧育肥;②围栏育肥。全国共有 14 万农户从事肉牛业生产,大致肉牛场可分为 3 个类型:①纯种牛场。专门生产种牛,主要用于繁殖。②商品牛场。采用先进的生产杂交技术专门生产供育肥用的杂交肉牛。③肉牛育肥场。专门购买断奶后的小牛进行育肥。另外,奶牛业淘汰的老母牛和小公牛用作育肥,同时还有拍卖市场和屠宰加工厂。

(1) 纯种繁育场的肉牛品种主要有:①母本品种。安格斯牛、海福特牛、短角牛、墨累灰牛等。②终端品种。夏洛来牛、利木赞牛、比利时蓝白花牛等。③兼用品种。西门塔尔牛、盖布韦牛等,应用这些品种进行杂交组合,生产育肥牛。一般的杂交组合有:母本品种×综合品种→杂交一代后备母牛;杂交一代后备母牛×终端父本→育肥肉牛。

(2) 商品牛生产场。商品牛生产场在加拿大肉牛业中占85%以上,主要是繁殖商品牛,为育肥场提供杂种牛,饲养规模在200~800头,商品牛场一般多采用多元杂交。商品牛场在2~5月份产犊,犊牛随母牛自然哺乳,到6月龄断奶时体重可达到230 kg左右。小公牛送到交易市场拍卖。5~7月为配种期,牧场主选择优秀的种牛进行本交,配种3个月后没有受胎的母牛全部淘汰。后备母牛一般在15月龄左右即参加配种。

(3) 育肥牛场与屠宰加工厂。育肥场规模相对集中、规模不一,小的存栏数百头,具有现代化高新技术设备的可饲养3万~4万头。商品牛场断奶后的小公牛去势,70%便由拍卖市场进入育肥场。除现场拍卖外,近几年网上拍卖、卫星信息传递方式的拍卖正悄然兴起;犊牛断奶至出栏,育肥期约10个月,在整个育肥期日增重可达到1.2~1.5 kg。出栏体重在500 kg以上。育肥场的育肥牛自由采食和饮水,育肥场设有棚圈,只有用木板围成的大型开放式围栏,可以说加拿大育肥牛场是高投入、高产出的一种饲养模式,育肥场规模2 000~50 000头。

肉牛的销售模式、销售体系:加拿大肉牛屠宰加工厂分2种,一种是由联邦政府审查发证的,日屠宰加工能力以50~4 000头,产品可销往全国及世界各地;另一种是由省政府审查发证的,日加工能力以10~30头,所生产的牛肉只能在省境内出售。

加拿大肉牛胴体的等级划分主要依据:①成熟年龄;②性别;③牛肉质地和肌肉度;④牛胴体脂肪覆盖等。共分13个等级,其分别为Canada Prime(特级),Canada A(Canada1),Canada AA(Canada2),Canada AAA(Canada3),Canada B1,Canada B2,Canada B3,Canada B4,Canada D1,Canada D2,Canada D3,Canada D4,Canada E。

6. 美国的肉牛生产

美国是世界最大的肉牛生产大国,牛肉产量,在其肉类产量的结构中占第一位。肉牛生产遍及美国各州,肉牛业是美国畜牧业最重要的组成部分,畜牧业的产值占农业总产值的60%左右,肉牛业产值居农牧业各生产部门中第一位。

草地资源和饲料资源:幅员辽阔,人均占有土地面积大,尤其有丰富的草地资源和谷物产品,牧场草地质量较高,为发展肉牛业提供不可多得的得天独厚的天然条件。西部是天然牧场和粗放畜牧业地区,也是肉牛和羊的饲养区,为了解决冬季草料,牧场草地一般一年进行3~5次机械割草,并机械捆成四方状或圆形状草捆。尽管美国草场资源丰富,牧场主还在刚收割过的草场进行放牧,充分利用青草资源,中北部是谷物产区地带。肉牛生产以自然形成的分工方式进行,通常是先在西部草原带放牧饲养,"搭好架子",再转运到中北部玉米带地区异地育肥,因此可以节省大量的饲料粮和其他费用,也充分利用了大草原的牧草资源。美国肉牛生产的高度集约化和工业化多采用高浓度日粮饲喂育肥牛,一般精料占整个日粮饲料的70%~80%,其中,能量饲料占60%~70%,蛋白质饲料占10%~15%。美国还是世界上少数在肉牛生产中允许使用激素的国家。美国饲养肉牛,都讲究饲料的营养质量,对青贮饲料,大部分是全株玉米,对玉米籽实作饲料,大多数都进行加温高压处理,将玉米压成扁片,再作饲料用。美国的肉牛牧场,尤其是育肥场,全部配套有饲料加工厂。

肉牛品种:美国饲养的肉牛品种有70多个,其中普遍使用品种20多个,有安格斯牛、海福特牛、婆罗门牛、西门塔尔牛、夏洛来牛、利木赞牛、圣格特鲁牛、肉牛王牛等品种，其中70%的肉牛和60%的肉用母牛都是杂交种，在所有用于杂交配种的品系中，西门塔尔牛为主要品系，其次是利木赞牛、夏洛来牛、安格斯牛。

肉牛繁殖育种：美国肉牛集约化生产是通过培育肉牛新类型、新品系、新品种和靠完善肉牛的培育、育肥技术来实现的。在育种中使用优秀公牛的精液人工授精方法，但在肉牛群中利用按生长强度和来源评定过的种公牛进行自然交配，每头青年公牛配备母牛10～15头，3～7岁成年公牛配备母牛30～40头。美国在肉牛的杂交体系上，采取三品种的轮回杂交形式，如在安格斯牛和海福特牛2个品种的轮回杂交的基础上，再利用夏洛来牛或西门塔尔牛进行轮回杂交。

肉牛饲养体系：美国育肥牛事业蓬勃发展，存栏1 000头以上的商业育肥牛场仅占全国育肥牛场总数约1%，但出产了几乎半数的育肥牛。美国的肉牛生产，根据肉牛生长阶段的区别以及牧场经营范围的不同，可以分为种牛场、商品犊牛繁殖场、育成牛场、强度育肥牛场。肉牛育肥的生产体系比较单一，即绝大多数采用异地育肥，把西部地区繁殖的犊牛，断奶后转入农业发达的北中部玉米产区，短期育肥后出售或屠宰。美国肉牛业的经营方式有3种。

（1）放牧肉牛业。这种方式主要是在牧场上，依靠大量牧草饲养犊牛、架子牛和育肥牛。又可以分为下列3种形式：①建立母牛-犊牛群。主要目的是出售牛犊，即在牛犊出生后哺乳6～8个月，然后断奶出售。②建立母牛-架子牛群。主要目的是出售12月龄的小牛，即在牛犊断奶后，将其放牧在草场上，继续饲养成为架子牛，然后出售。③建立育肥牛群。即购入犊牛或架子牛，在牧场中放牧4～8个月后出售。

（2）育肥肉牛业。这种方式主要是利用大量的精料，在封闭的环境中，对肉牛进行育肥饲养，专业化程度很高，需要大量购入饲料、架子牛和其他一些设备。通过6个月的育肥，即可上市销售。大型肉牛育肥场为了经济效益，有的已经实行农工商一体化，多数是和经营谷仓和饲料制造的商业部门垂直结合。此外，大型肉牛育肥场也已经渗透到肉牛运输，牛肉的加工、包装、零售和餐馆等其他经济活动的领域中。

（3）育种肉牛业。这种方式主要是生产优质的种公牛和种母牛，作为改良肉牛品质之用。种牛生产体系是从事纯种肉牛或注册肉牛品种生产的部门，它们的任务是利用遗传育种手段提高牛的生产性能，产品是种牛、精液和胚胎。美国最重要肉牛品种有10个，其中的5个占了全美肉牛遗传基础的60%。所以，种牛生产体系包含了不同肉牛品种生产的种牛场或公司。育种肉牛业的经营特点是，需要更高的技术和经验，每头肉牛的投资，也比其他2种方式的肉牛业为高，不需要大量的谷物。不过，收益较慢，因为往往需要许多年，才能培育成一头优质的种牛。

肉牛育肥模式：美国肉牛产业是产供销配套的综合体系，遵循通用的管理规则，按照分工和功能，将肉牛产业划分为生产和销售2大体系。各体系内部又根据功能划分为几个相互依赖，又各自独立，有时可能是相互竞争部门。各部门都有自己的经济参数、最终产品和管理特色。它们共同组成了从种子牛培育到牛肉销售这样一个庞大的网络。大体上，自上而下，肉牛生产体系为：种牛生产体系—商用犊牛生产体系—青年架子牛生产体系—育肥体系。在肉牛生产的基本途径方面，主要以专门的肉牛品种，如安格斯牛、海福特牛、短角牛、夏洛来牛、西门塔尔牛、利木赞牛、契安尼娜牛及瘤牛品种婆罗门牛、圣格鲁迪斯牛等，通过纯繁或杂交来进行生产，以杂交方式生产为主。在生产方式上，行业内部有明确分工，如种牛生产场、架子牛繁殖饲养场（即母牛—犊牛生产体系）、集约化的肉牛专业育肥场。其中架子牛繁殖饲养场在美国主要以农场主小规模饲养为主,其饲养量多为500～800头,也有少数饲养数量较多的农场。肉牛育肥场主要是大规模的集约化饲养,年育肥规模3万头左右,也有年育肥量超过10万头的育肥场。

肉牛的销售模式、销售体系:在美国,牛肉的销售市场取决于牛肉质量,牛肉质量取决于肌肉间脂肪含量(大理石纹状肉),因为美国牛肉的质量等级体系完全以大理石纹为基础,大理石纹的得分越高,肉的适口性越好。在所屠宰的牛中,约有70%为育肥的阉公牛和青年母牛,其余的是未经育肥的阉公牛和青年母牛以及部分淘汰母牛和公牛。优质牛肉占美国全部牛肉产量的25%,在美国,把育肥牛的肉质分为特级、精选级、优质级和标准级4个等级。12～13肋骨处大理石纹状肉达6%为优质牛肉,这种牛肉主要为家庭和餐馆消费。

美国每年屠宰肉牛约3 500万头,全国每年完成约109亿kg牛肉和小牛肉的屠宰、包装和销售。其中50%以上为几大肉牛屠宰包装公司屠宰、包装和销售。屠宰包装公司屠宰、包装并销售牛肉,牛肉的70%～80%采用真空盒式包装。

7. 日本肉牛业

日本畜牧业产值占农业总产值的1/4,日本肉牛业发达,生产的和牛肉,味道鲜美,在日本国内乃至国际上享有盛誉。日本肉牛的两大支柱是以和牛品种为代表的肉用牛及以荷斯坦牛为代表的乳用牛,后者年生产量占全日本自产牛肉产量的70%左右,和牛品种的产量只占全国产肉量的30%左右。由于日本市场盛行的是大理石纹牛肉,对肌间脂肪的沉积要求十分严格,并以此作为评定牛肉等级和价格的依据,这种特殊的市场需求使日本的肉牛业形成了有别于欧美等其他国家和地区的显著特点,饲养纯牛种(90%以上是纯种)并以纯种育肥产肉,是日本肉牛业的最显著特点。

草地资源和饲料资源:饲料作物育种及推广体系完备,但饲料饲草自给程度较低,日本饲料作物种植面积约占总耕地的20%,饲料作物有混播牧草、青贮玉米、高粱、青刈燕麦等。

日本饲料饲草的国内自给率总的趋势是略有下降,近几年来自给率一般为55.4%,进口占44.6%。其中粗饲料自给占90%以上,而精饲料99%以上依赖进口。肉牛育肥以精饲料(全价配合饲料)为主,适当搭配粗饲料,但几乎所有的肉牛育肥场粗饲料质量都欠佳,以稻草最多,其次是玉米青贮和杂草,优质青干草甚少。

肉牛品种:日本肉牛业的品种主要是肉用和牛、和牛与荷斯坦母牛的杂交一代,以及去势后的荷斯坦牛。黑毛和牛,是日本分布最广、数量最多的肉牛品种,还有褐毛和牛、日本短角牛等,从美国、加拿大、澳大利亚等国引进安格斯牛、海福特牛、夏洛来牛等肉用品种牛进行杂交改良或纯繁,但数量很少,也进口一些商品牛供育肥后屠宰使用。

肉牛繁殖育种:日本全国基本普及了肉牛繁殖的人工授精技术,人工授精采用率达95%以上,个别地方配种方式有本交。日本的优质肉用种牛精液商品化率高,每头优质肉用种牛的精液有商标号,种牛的饲养、采精,精液加工制管、贮运、销售配套一条龙,成为一个产业,由企业按市场机制运作。

肉牛和繁殖母牛饲养体系:日本肉牛的饲养方式主要是以舍饲育肥为主,且农户的肉牛育肥基本形成了规程化生产,并具有一定的规模。另外在北海道及九州等地也有少量的放牧育肥方式。日本肉牛饲养形式有以下几种:①商社饲养;②几户农民联合起来向农协贷款,建设肉牛集约饲养场;③个体农民养牛;④委托饲养,商社购入育成牛后,交给农民代养,商社出饲养费。

日本肉牛生产体系包括:①乳用母牛-犊牛体系。一是基于半天然草地和人工草地的大型奶牛场(50头以上奶牛);二是基于耕地上栽培的牧草和饲料作物的中型奶牛场(30～50头)。这个体系生产的牛肉占总量的70%,其中80%来自奶用公犊。②肉用母牛-犊牛体系。一是基于半天然草地和人工草场的肉牛场;二是与水稻栽培相结合的肉牛场。

肉牛育肥模式:育肥肉牛农户均强调采取降低成本,来提高育肥肉牛效益的方法。大部分农户的育肥肉牛舍都是简易的棚舍,并十分重视环保工作,对厩肥采取发酵处理,再将该肥料售给种植农户。

肉牛育肥的形式有2～3岁(去势牛3岁)母牛理想育肥,育肥8～12个月;6～8个月去势牛长期育肥20～25个月;母牛、去势牛、老残牛的普通育肥(短期或中期育肥)3个月;6～8个月去势牛架子牛育肥1年;乳用公犊育肥(公牛或去势牛)12～14个月。此外也有采用特殊的饲养制度和阶段性饲料调整,如:①长育肥期。日本的肉牛育肥一般6～7月龄开始,30～36月龄结束,个别甚至达42月龄,育肥期长达24～36个月。②直线育肥。由于育肥期较长,一般不采用强度育肥,长期的直线育肥有利于肌间脂肪的沉积及大理石肉生产。③母牛理想育肥,是生产世界上著名日式烧烤牛肉的一种育肥方式,育肥期达300～360 d,育肥时间长,因而日增重较低,饲养精细,管理科学化,一般在舍内饲养,以培育特优特高价和牛,出栏时体重均达到650～700 kg。

肉牛的销售模式、销售体系:日本市场供应的牛肉是分割肉,肉牛肉销售以质论价,肉质标准全国统一,屠宰后的胴体肉,依据屠宰率及肉质等级来分级,80%以上的出栏牛在屠宰场进行分级处理。

日本全国各都府县均由农协建立了以肉牛为主的家畜交易市场。各个家畜交易市场每月的交易日期全国统一协调确定,合理错开,且把全国各个家畜交易市场的交易列成一览表,印制成精美的招贴画,散发给肉牛饲养、加工等相关业者,满足养牛户随时都能方便交易。牛肉交易方法类似肉牛交易,不过交易的场所在屠宰场内的交易大厅进行,该交易厅有冷藏设备,交易方式、方法与肉牛交易相同。

8. 英国肉牛业

英国的农业经济结构以畜牧业为主,牧业产值占农业总产值的2/3,牛奶及牛肉产值约占农业总产值的1/3,牛肉产量在英国肉品生产中占第一位。英国的肉牛业,无论是经营规模,还是生产效率,均已达到世界肉牛业的先进水平,英国肉牛业的最大特点是与乳牛业紧密联系,其牛肉生产量中由奶牛群提供的牛肉占牛肉总产量的60%以上。

草地资源和饲料资源:英国为典型的温带海洋性气候国家,适于麦类、土豆、甜菜、油菜及牧草的生长。人工栽培及天然草原面积占农用地面积的63%,草原面积及其在可耕地中的比重,居欧洲第一位,自然条件十分有利于发展肉牛业。

肉牛品种:英国是肉牛发展较早的国家之一,拥有一批世界著名的优良肉牛品种和地方品种,现有肉牛品种近30个,使用比较广泛的有比利时蓝白花牛、利木赞牛、西门塔尔牛、夏洛来牛、安格斯牛、海福特牛等,同时有13%的奶牛用于繁殖肉牛。

英国各肉牛品种均有自己的品种协会,对品种实行良种登记,最早的海福特牛品种协会成立于1836年,短角牛品种协会成立于1886年,品种协会是群众性的育种组织。

肉牛繁殖育种:英国肉牛进行冷冻精液人工授精的比率仅为5%,所以全国只有一个肉牛冷冻精液生产中心Genus。在英国尽管只有5%的肉牛使用冷冻精液人工授精,但用于生产牛肉的商品牛一般都是杂交牛。在肉牛养殖场,农场主大多都饲养有肉用公牛,用于和荷斯坦牛的育成母牛或其他肉用品种进行杂交。荷斯坦牛的13%用于和肉牛杂交,生产的杂一代母牛再和其他肉牛品种进行杂交,生产商品代肉用牛种。肉用品种牛的留种率为8%,其余的92%全部用于生产牛肉,所以其育肥的肉牛一般都是二元或三元杂交牛,如应用黑色安格斯牛、荷斯坦牛和利木赞牛进行三元杂交。

肉牛饲养体系:英国肉牛生产体系是基于犊牛生产类型、品种、产犊时间以及可利用饲料资源条件等而建立的一套科学饲养管理体制。

(1) 犊牛饲养体系。每年约有150万头奶犊牛用于牛肉生产。通常,奶牛场将1～2周龄的犊牛在农场或犊牛市场出售给犊牛饲养者,犊牛饲养者将犊牛饲养到12周龄后出售给育肥场。

(2) 精料育肥体系。主要分布在种植业较发达的东部区,饲养户主要购买3月龄犊牛育肥至屠宰(有的购买1～2周龄犊牛饲养至屠宰)。该体系的主要特点是生产性能高,饲养周期短(10～12月龄屠宰),胴体品质较一致,资金周转快,所需设备和劳力较少。

(3) 舍饲青贮为主的育肥体系。肉牛终生在舍内饲养,以饲喂高质量的青贮为主,此外,每头每天补饲配合饲料2～2.5 kg,屠宰时间为12～15月龄。荷斯坦公牛及肉用杂交公牛更适合该体系的饲养。

(4) 草地放牧为主的育肥体系。该体系在肉类生产中所占比例较大。根据犊牛出生时间的不同,该体系又衍生出春、夏、秋、冬4个不同的亚体系。其中以春犊和秋犊为主。将早期断奶犊牛赶到圈外草地。最初的2～3周补饲适口的配合饲料。随着犊牛对放牧的逐步适应,补饲配合饲料的数量可降到每头每天0.5～1 kg。之后,随着牧草质量的不断下降再逐渐提高补饲精料(大麦)到每头每天2.5 kg。9～10月份(依天气情况而定)将牛赶回圈内。

(5) 带犊母牛的饲养体系。带犊母牛是以母牛作为繁育手段,所产犊牛供育肥用,主要分布在山地牧场。在英国,一般每头带犊母牛产10头犊牛后被淘汰。按产肉量计算,该体系产肉在总产肉量中所占比例较大。犊牛断奶后,根据性别、品种、产犊时间和饲料资源等不同采用不同的育肥体系。

肉牛育肥模式:英国肉牛的育肥制度,依照不同自然条件采用的饲料类型和屠宰月龄,形成种类繁多的育肥制度。就饲料类型而言,有谷物型、牧草型、谷物牧草型等多种。就育肥期而言,有屠宰月龄6～8个月,11个月,15～18个月,24个月,以及24个月以上等多种。依据饲料条件,又可分作15～16个月,16～18个月,18～20个月及24个月等不同饲养期,饲料类型以谷物+牧草及放牧+补饲为主。

肉牛的销售体系管理:英国肉牛实行“户口”管理,对所有进入人类食物链的国产牛和进口牛建立了牛“户口”管理系统,每头牛从出生到死亡的全过程进行基本数据登记,即每头犊牛出生后,就建立“户口本”,包括出生地、出生时间、系谱资料。该“户口本”的资料要进入国家牛群管理系统,牛在转场、销售以及屠宰过程中,“户口本”随牛转移,并要详细登记,以备某头牛发病后追根溯源,查找所有和这头牛接触过的牛群,阻断传染源。

9. 意大利肉牛业

意大利是一个畜牧业和畜产品加工业比较发达的国家,畜牧业以牛、猪、羊、禽为主,畜牧业产值占农业总产值的比重为40%,牛肉在肉类消费量中占50%以上,意大利的牛肉产量约居世界第八位。

草地资源和饲料资源：意大利境内大约80%为山区和丘陵地带，一般山地坡度小，林草丰茂，可作人工草场供放牧使用，种植的牧草主要品种有苜蓿、小黑麦。意大利重视精、粗饲料的生产，每年拿出20%的土地种植饲料玉米，其产量达50亿kg以上，占谷物总产的1/3，还进口50亿kg以上的玉米，来保证饲料供应。多汁饲料、粗饲料、精饲料，质量好，数量足，优质青干草可长年供应，春、夏季主要饲草为黑麦草、三叶草、苜蓿等鲜草；秋天主要是上述牧草的青干草；冬季主要饲草为玉米青贮（在乳熟期制作），还有少量甜菜、甜菜糖渣。主要饲料来源为玉米、农作物秸秆、苜蓿、甜菜渣、预混合饲料等，在粗饲料中很少饲用秸秆。

肉牛品种：意大利肉牛品种的共同优点是体格较大，增重较快（其中契安尼娜牛增重最快），屠宰率较高，瘦肉较多，能适应－10～35℃的气候条件。目前主要有4个专门肉用品种：罗马诺拉牛（罗玛乌拉牛，Romagnola）、契安尼娜牛（Chanina）、马克加娜牛（玛契加娜牛，Marchi-giana）、皮埃蒙特牛（Piemontese）。马莱玛娜牛（Maremmana）和泊多利切牛（Podolice）是土种（是适应饲草少而不能连续供应的边区的优秀品种）肉牛品种。

肉牛饲养体系：意大利平原很少，80%为山地、丘陵，气候复杂多样，养牛的形式各异，养牛户一般饲养规模为2～200头；平原以放牧为主，但主要还是采取舍饲，全期都采取工厂化饲养。山区丘陵地带以饲养繁殖母牛为主，平原地带以肉牛育肥为主，意大利的肉牛业，除了有量多质优的青干草、青贮玉米作保证外，在精饲料方面，各生长阶段都有供求平衡的配合饲料。肉牛场设备多数比较简陋，存栏一般在200～500头，最大的存栏7 000头。

肉牛饲养体系主要有3种：①全舍饲。专门化肉牛品种或与土种的杂种在全舍饲条件下育肥。②放牧加舍饲。专门化肉牛品种，土种肉牛或杂种在5～7月龄断奶，采用夏季草场放牧，冬季舍饲的方式。③放牧补饲加舍饲。土种肉牛或专门化肉牛品种在5～7月龄断奶后，采用放牧同时补饲青干草和蛋白质浓缩料的方式，冬季舍饲。在一些夏季草场，交通便利的地方修建了牛舍用于补饲和挤奶，位于山脚下的农场常常采用白天放牧，夜间补饲的方式。

肉牛育肥模式：意大利肉牛生产方式，可归纳为：一是将淘汰的成年公母牛、犊牛集中到育肥场后育肥屠宰；二是肉牛育肥场从周边国家购入利木赞牛、夏洛来牛以及杂种牛进行集约化育肥，如从法国等其他国家引进200 kg左右的小牛育肥至600 kg左右，销售到肉牛加工厂进行精细分割；三是饲养意大利肉牛品种的农场，根据不同品种的生产性能，市场对胴体和牛肉品质的要求以及各地的饲养条件采用了相应的饲养体系。由于不同肉牛品种的生产性能，体型结构和地方型的饮食习惯等不同，意大利肉牛品种的饲养体系在不同品种间有差别。

肉牛的屠宰销售体系：意大利肉牛按照品种、性别、屠宰年龄和体重分为3种不同类别，如奶牛和土种肉牛在14～16月龄体重400～450 kg（或300～350 kg）屠宰，胴体重约250 kg（或190 kg）；乳用、兼用品种，杂种和进口品种则在16～18月龄（或12～14月龄）体重450～550 kg（350～400 kg）屠宰，胴体重300 kg（或250 kg）；意大利肉用品种和进口品种在16～20月龄（或14～16月龄）、体重大于550 kg时屠宰，胴体重大于350 kg。

1.2 我国肉牛发展的产业化

肉牛产业化是市场经济规律的客观要求，只有通过市场才能使产品实现其价值，促使传统产业调整产品结构或形成新产业。肉牛产业化强调肉牛产业的时代特征，是随着时代的发展而不断改进和完善的产业，是肉牛产业不断现代化的过程。肉牛产业化的使命是要在社会主义市场经济条件下，把肉牛产业的各环节整合为一个完整的产业体系，以国内外肉牛产品市场为导向，以经济效益为中心，以科技为支撑，使构成肉牛产业的各种要素的配置更加合理，通过龙头企业的组织协调，把分散养牛户的饲养、生产、加工、销售及流通与千变万化的大市场衔接起来，进行必要的专业分工和生产要素重组，实施资金、技术、人才和物资等生产要素的优化配置，促成产业的布局区域化、生产专业化、产品标准化、管理科学化、服务社会化、经营一体化和产业市场化，最终提高产业的效率和效益。

1.2.1 促进我国肉牛生产产业化

肉牛产业是指肉牛生产过程的诸环节，即产前、产中、产后，结为一个完整的产业系统，对一个地区的肉牛生产实行饲料养殖加工、产供销、牧工商、牧科教紧密结合的一条龙生产经营体制。

1.2.1.1 我国肉牛产业化发展的新格局

为充分发挥规划引领作用，推动农业和农村经济保持平稳较快发展，全国农业和农村经济发展第十二个五年规划明确提出“以保障肉蛋奶有效供给、保障饲料和畜产品质量安全、保障环境和生态安全为核心任务，转变畜牧业生产方式，继续实施全国生猪、肉牛、肉羊和奶牛优势区域布局规划，大力加强畜产品优势产业带建设”，“加强东北、西北、南方和中原肉牛优势区建设，加快品种改良，开发选育地方良种，适度引进利用国外良种。在饲草料丰富的地方积极发展母牛养殖，鼓励集中专业育肥，大力推进标准化规模养殖，提高生产效率。”经历近20年的发展，我国肉牛产业化在量上和质上都有飞跃的发展，并形成新的特点和新格局。

1. 区域化布局

肉牛养殖不断向优势产区集中，区域化生产格局已形成，我国肉牛养殖形成了以中原肉牛带、东北肉牛带、西南肉牛带和西北肉牛带为主的肉牛养殖格局，来自主产区牛肉产量占全国牛肉产量的60%以上，肉牛产业成为主产区的重要支柱产业，并成为主产区农民增收、带动区域农业经济增长的关键产业，在一些县市甚至已经成为支柱产业。

2. 规模化生产

规模化饲养程度有所提高，产业化进程大大加快。全国各地把发展肉牛规模养殖作为促进产业增长方式转变和提高产业综合生产能力的重点来抓，并建设了一批规模养殖示范场。我国肉牛主产区已形成了“以千家万户分散饲养为主，以中小规模育肥场集中育肥为辅”的肉牛饲养模式，但是我国养牛业产业化组织体系不健全，依然是畜牧业发展中组织化程度较低的产业之一。近年来，由于肉牛业生产比较收益低，散养农户数量急剧减少，规模化养殖逐步扩大。

3. 产业化经营

以“公司＋农户”为主要经营形式的肉牛产业化组织得到了快速的发展，肉牛业龙头企业大量涌现；同时为了适应市场的发展要求，各地相应创办各种形式的肉牛养殖合作社和养殖协会，如母牛养殖合作社，育肥肉牛生产合作社，把当前单家独户分散养殖经营的肉牛养殖有效地联合起来，增强了产品的市场竞争力，进一步促进了农民的增收。通过中介组织或龙头企业，把分散的小农场与育肥场、屠宰厂、消费市场连接起来，组成利益共同体，推动我国的肉牛业稳步发展。

1.2.1.2 肉牛产业化的意义

肉牛饲养产业化，就是遵循市场经济规律，以市场需求为导向，以科技为动力，以加工企业为龙头，以基地资源和农户为基础，以提高经济效益为中心，实现农民致富、企业增效、财政增收为目的；按照产供销、牧工商、经科牧一体化的要求，科学、合理地配置生产要素和资源，形成有特色的、有竞争力的主导产业和名牌产品；组织各种形式的“龙型”产业实体，走市场牵龙头、龙头带基地、基地连农户的路子，实现生产专业化，经营规模化，产品商品化，服务社会化和管理现代化；体现风险共担，利益共享，相互促进，共同发展的特征。其功能在于把千家万户的小生产与大市场连接起来，把农村的各种生产要素和城区生活要素组合起来，把生产、加工与流通有机地衔接起来。这样，既保持了农村千家万户养殖的稳定，又可形成上规模、上水平的产业群、产业链，实现牛肉产品深度开发和多次增值，大幅度提高综合效益和市场化程度。有效地解决小生产与大市场的矛盾，使生产要素和资源配置得以优化，提高综合经济效益。

产业化经营中，必须坚持有机养殖与无机养殖相结合，生态养殖与常规养殖相结合的可持续农牧业发展方向，走农林草牧并重，种养加相结合的道路。既要保持农牧业生产体系中必要的生态协调，又要增加资金、物质与科技投入，以提高产量和生产效率，也要保持资源持续性生产潜力和后劲，不能竭泽而渔。产品的生产营销中，应根据市场需求，做到“你无我有，你有我优，你优我廉”的“优质”、“名牌”，保护消费者利益的经营战略思想。

国家产业政策的调整，为肉牛产业化发展创造了良好条件。一是退耕还林还草，建立新的草业基地；二是在治理荒漠化中加大了治理草原“三化”（沙化、退缩化、碱化）的力度；三是农作物秸秆“过腹还田”技术的推行；四是健全肉牛良种繁育体系，推广优良品种；五是建立疫病防疫体系，确保安全；六是扶持龙头企业，推进肉牛产业化经营，建立生产、加工、销售的一体化实体。这些措施，都是发展肉牛产业化的东风，随着这些政策措施的落实，发展肉牛产业化的前景十分广阔。

1.2.1.3 肉牛产业化的理论基础与原则

我国农业一直被认为比较效益低，进行农业产业化经营，可以将农业的产前、产中、产后环节联结成一个产业体系，将农民通过企业和中介组织等载体与市场紧密地联合起来，形成规模经济，进而提高农业生产效率，增强农业的比较效益。在农业产业化经营条件下，农业生产率的增长，农产品加工业相当高的增值率和集约化种养业直接创造的较高价值，绝大部分归于一体化经营系统，从而可以提高农业的比较效益。

肉牛产业化本质是平均利润规律在肉牛业中的应用，核心是产供销、贸工牧、经科教的一体化，与传统肉牛业相比，扩大了肉牛业的内容和范围，有效地解决了小规模个体生产与社会化大市场接轨问题，实现有组织的专业化、系列化、标准化、规模化的社会生产过程。这样既保持和发挥了农户养殖的生产积极性，又克服了小农户生产所带来的信息滞后、盲目决策、抗御自然灾害和市场风险能力弱、科技含量低等种种弊端，是解决个体小生产与社会化大市场矛盾的有效途径。同时，实行区域化分工、专业化生产、标准化要求、一体化经营，延长了生产链，就能够实现资源的合理配置，提高劳动生产率和产业的附加值及效益。

我国肉牛产业化发展战略应是：以市场为导向，以农牧户经营为主体，以龙头企业为主导，以合作服务组织和专业市场为中介，把分散的农牧养牛户与国内外市场联结起来；坚持分类指导、系列开发、确立和开发主导产品，发挥比较优势；在肉牛养殖规模化、专业化、区域化和社会化的基础上，重点突出规模养殖、屠宰加工、储运、市场营销，以利益互补的形式将肉牛产品的产前、产中、产后连接起来；建立教、研、推相结合的科技增长机制，贸工牧一体化的经济运行机制和管理机制，提高肉牛养殖整体素质，进而实现肉牛产业的现代化。

1. 以区域优势为主的原则

实行肉牛产业化经营需要具备若干客观条件，如饲料资源、养殖（户）基地、市场、“龙头”企业、交通、信息等。由于地域不同，这些客观条件存在不同程度差距，因此在推进产业化过程中必须坚持因地制宜的原则，切忌“一刀切”、“一律化”，而要因势利导，根据本区域的优势，一切从实际出发，从现有条件出发。

2. 政府积极扶持的原则

推进肉牛产业化经营涉及多种行业、多种部门、多种利益关系（如粮食、种植、交通、水利、土地、环保、电业等），需要各级政府对此加强组织引导。如果完全凭市场机制的作用，只靠各经济主体的自我行为去实现产业协作、联合，势必会陡增发展过程中的种种矛盾和困难，延缓产业化经营的进程。

3. 大力推进规模经济的原则

市场经济是规模经济，规模经济具有生产力要素的聚集效益、扩张效益和结构效益。

肉牛产业化是一种多层次、主体式、社会化的现代大生产，同样必须坚持规模经营的原则。以市场需求为导向、以培育“龙头”企业为着眼点，围绕“龙头”企业做到养殖基地上规模、专业大户上规模、屠宰加工上规模，要真正把发展规模经济作为重大举措来抓。

4. 努力营建生态养殖的原则

参与肉牛产业化经营的各经济主体，在获取自身利益的过程中必须全面讲求生态效益、经济效益和社会效益的统一。统一规划、综合治理，走一条稳健的、强化环境的生态养殖之路。

5. 以农户为主体，坚持自愿的原则

实施肉牛产业化，一定要尊重农户的意愿，保护农户的权益，让农户得到实实在在的好处，产业化的发展才会搞得扎实有效。

1.2.1.4 肉牛生产产业化的特征

肉牛产业化具有结构科学化、生产工业化、服务社会化、产品商品化等特征，主要表现在以下几个方面。

1. 结构科学化

结构科学化是实现肉牛产业化的前提和基础。由于各地自然条件、经济条件、饲料资源、交通条件的不同，肉牛产业产品结构和品种结构也会有所差异，在推进肉牛产业化的进程中，一定要根据客观条件，选择适合本地区的产业化模式。

2. 生产工业化

生产工业化是肉牛产业化的最显著标志。肉牛生产工业化有利于科学技术的推广和应用，大大提高了劳动生产率和土地产出率，且有利于提高“龙头”企业水平。同时，以工业理念来谋求肉牛的发展，是肉牛现代化的必由之路。

3. 生产专业化

生产专业化是肉牛生产社会化高度发展的标志，是商品经济发展到一定阶段的产物，是商品生产社会化的必然结果。生产专业化即围绕牛肉生产，形成种养加、产供销、服务网络为一体的专业化生产系列。专业化生产有利于资源的整体开发利用，促进良性循环的产业结构形成，有利于提高产业链的整体效率和经济效益。由专业化带动形成的区域经济、支柱产业群、肉牛生产基地，为肉牛产业化经营奠定了稳固的基础。专业化生产既要面向市场，又需要获得技术、资金、运输、信息等方面的支持，邻近市场、交通畅通、服务方便等区位优势对专业化形成和发展至关重要。

4. 经营一体化

经营一体化就是从饲料生产种植、肉牛养殖生产，到肉牛屠宰加工，再到牛肉分割品及牛肉制品的流通、销售即供、产、加、销一体化经营，这是肉牛产业化经营的核心，主要通过各种形式的联合与合作，形成市场牵龙头、龙头带基地、基地联农户的一体化经营机制，建立一种利益调节机制形成风险共担、利益均沾、同兴衰、共命运的经济利益共同体。不仅能够降低交易成本，提高肉牛生产的比较效益，而且使参与一体化经营的农户获得合理份额的交易利益。

5. 产品商品化

产品商品化是肉牛产业化的成果体现。推进肉牛产业化，通过“龙头”企业的桥梁纽带作用，把千家万户的肉牛养殖小生产与大市场有机地联系起来，既解决了销售难，又实现了增值，满足消费者的需要，是实现肉牛产业化的最终目的。

6. 布局区域化

肉牛生产产业化必须与一定地区的资源相联系，与一定区域内的自然与社会分工体系相适应，与区域内的经济功能及其指向相一致，还要与区域内的市场及其结构演进过程相统一，肉牛生产产业化经营必须以区域经济为依托，区域比较优势是推进肉牛生产产业化经营的重要源泉之一。在肉牛生产中，实行区域化集中养殖，发展专业化养殖肉牛基地，能够防止生产布局在个体经营中出现的过于分散而造成的管理不便，有效地提高养牛经济效益。

7. 管理企业化

企业化管理是通过各种联结形式，构成经营联合体，不仅有利于以市场为导向安排生产经营计划，组织肉牛养殖生产资源的产前、产中、产后全过程服务，达到高产、优质、高效的目的，而且可以形成互补互利、风险与共的合作体系，使各个利益相关方实现效益的最大化。

8. 服务社会化

服务社会化是实现肉牛产业化的根本保障。在实际工作中，各级政府和部门以肉牛产业化的需求为服务导向，以最终实行产业化全程服务体系的建立和完善为目标，为肉牛产业化提供产前、产中、产后的一流优质服务。社会化服务一般表现为通过合同(契约)稳定内部一系列非市场安排，农户既可以利用企业资金、技术和管理优势，又可以利用有关科研机构，促进各要素之间直接、紧密、有效地结合。

1.2.1.5 肉牛产业化的条件

肉牛产业化的根本目的在于提高农户经济效益，为农村脱贫致富奔小康寻找新的经济增长点。按照市场供求关系组织生产，引进良种，改善肉质，加工增值，提高经济效益。

1. 实现肉牛品种良种化是产业化的基础条件

我国黄牛品种多，数量庞大。但多数产肉性能低，在培育肉牛新品种的问题上，为了少走弯路，提高生产效率，必须仔细、虚心地研究和学习国外先进的育种理论和经验，在加强保护我国优良品种的同时，引入国外良种肉牛进行适度杂交改良，促进本地黄牛良种化，使肉牛业产生明显的经济效益，取得事半功倍的作用。以提纯复壮和纯种繁育为基础，杂交改良为主要手段，开展肉牛良种工程建设将是提高我国肉牛良种率的主要手段。因此必须重视黄牛改良体系的建设,确保原种场、良种繁育场、人工授精站三级繁育体系之间的有机联系,为我国肉牛产业化发展奠定良好的品种基础。

2. 肉牛产业化的区域基础条件

肉牛产业化开发的区域基础是指发展肉牛养殖所需的区域基础,包括作用于个体和群体2个方面的物理、化学、生物和社会因素。物理因素主要指产业化区域内的温热、光照、地形、地势、海拔等。化学因素指项目区域内的水、三废污染等的情况。生物因素指项目区域内的饲草、饲料、有毒植物、传播昆虫和病原体等因素,考察饲草、饲料的品种、供给量的多少或不足的来源途径。社会因素指生物群体与牛群间的关系及牛群与人类的关系。考察区域内的劳动力资源,劳动者素质;考察区域内其他生物群体。总之,只有在认真细致研究,各项条件都适宜养牛生产,并且牛肉产品在该区域是大宗产品或是特色产品时,肉牛产业化才容易取得成功。

3. 培育和拓展市场、提高养殖效益是推进产业化的前提条件

效益是肉牛产业化开发的原动力,在社会主义市场经济条件下,没有效益就没有生命力,肉牛产业化效益的实现,必须依靠市场、依靠科技、依靠政策、依靠良好的运行机制。尽可能地减少因流通环节繁琐而造成农户经济效益低下,提高市场参与和收集、分析、把握市场信息的能力以及抵御市场风险的能力,从而达到提高养牛经济效益的目的。市场是实现商品交换的场所,要加速肉牛产业化进程,必须在培育和拓展市场上下功夫,办好龙头企业,提高产品的质量,活跃流通环节,通过拓展市场有效地牵动肉牛生产,使其不断向专业化、规模化、集约化方向发展。

4. 科学技术和配套政策是肉牛产业化的必备条件

科技含量和配套政策跟上了,分散的农户被集中起来,以一定的方式将肉牛养殖、加工、销售和服务有机结合起来,切实解决生产、运输、销售各环节间的联系,明晰产销关系和责权关系,高效、灵活地参与激烈的市场竞争,才能有效推动肉牛产业化的发展。

(1) 科技条件。肉牛产业化要淘汰高消耗、低效率的传统养牛,就必须依靠科技。切实推行良繁杂改,引进国际高质牛种,改良因野交乱配而致使品种退化的地方牛种,提高其经济价值。切实推广粗饲料加工、饲料配合等技术,降低养牛成本,提高产品竞争力。制定科学的饲养管理、疫病防治制度,保证牛只健康快速生长,减少死亡率。开展产品深加工研究,保证产品多样化,提高产品适应市场的能力。

(2) 政策条件。肉牛产业化,需要良好的流通政策来规范、刺激市场;需要良好的金融、财政政策来支援、启动市场;需要良好的科技政策来调动科技工作者的积极性,提高养牛科技含量;需要适当的政策来保证杂交改良和疫病防治的顺利实施。可见,肉牛产业化的政策条件包括了涉及肉牛产业的各级、各部门系列的配套政策,也只有在具备了这一系列配套政策后,肉牛产业化开发才能健康有序地发展。

5. 肉牛产业化的可持续性条件

肉牛产业化要可持续发展必须达到产品安全,发展农村经济,增加农民收入和资源、环境保护3大目标。肉牛产业化提供的产品是牛肉及其副产物,要保证产品安全性,就得慎重选择养殖区域、使用的饲料及添加剂、防治病药物和加工辅料等方面,做到每个环节、每道工序都符合国家标准。由于肉牛可以充分利用青粗饲料和粮食加工副产品,因此要推广青玉米秸秆的青贮、秸秆物理加工和氨化处理等,不断开辟新的饲料资源,就能降低养殖成本,提高养殖效益。减少因焚烧或抛弃秸秆造成的环境污染,促进生态良性循环。

6. 肉牛产业化的组织条件

实质上就是肉牛产业化运行机制问题。肉牛产业化，是要将分散的农户集中起来，以一定的方式将肉牛养殖、加工、销售和服务有机结合起来，参与激烈的市场竞争。目前我国肉牛产业化已形成若干不同的模式，并有成功的范点，但无论哪种组织模式，都应以高效、灵活为准则，切实解决生产、运输、销售各环节间的联系，使产销关系、责权关系明晰，从而推动产业化的发展。

7. 肉牛产业化的服务条件

肉牛产业化涉及养牛生产的产前、产中、产后各环节如良繁品改体系、饲料加工体系、疫病防治体系、产品加工流通体系等，在肉牛产业化条件下，养牛各服务体系应当完整地建立，并且能够解决好农户养牛中的技术难题、减轻劳动强度、增产不增收等的矛盾。把农户从参与养牛生产全过程中分离出来，只参与牛只饲养管理这一环节，对诸如良种引进、饲料生产、氨化及秸秆青贮制作、销售等问题的解决则由具有一定组织的服务系统来解决，保证肉牛专业化生产。

1.2.1.6 肉牛产业化模式

肉牛产业化模式是通过市场牵龙头、龙头带基地、基地连农户的产业化组织形式，实现肉牛发展的产供销一条龙、贸工牧一体化、经科教相结合的生产经营机制，使肉牛产业经济逐步走上自我发展、自我积累、自我约束、自我调节的良性发展轨道。

据各地实践总结，目前我国肉牛产业化模式有："龙头"企业带动型（公司＋基地＋农户）、主导产业带动型（企业＋农户）、合作组织带动型（合作社、专业协会＋农户，公司＋合作社＋农户）等，各地应根据自身特点，选择实施适当的模式，并考虑到肉牛养殖是相对投资期较长、利润率较低的行业，且受财力，技术或其他条件的限制。

1. 龙头企业带动型：公司（＋基地）＋农户

以公司或企业为主导，以规模育肥场或屠宰加工、营销企业为"龙头"，重点围绕牛肉生产、加工、销售，与生产基地和农户实行有机的联合，进行产业化经营。该模式由肉牛产品加工、冷藏、运销企业的发展，带动饲料饲草业、肉牛养殖业、产品销售等相关产业协调发展，使肉牛业从饲养开始，通过加工、销售过程中各环节反复增加附加值，形成肉牛产业链。企业往往以股份参与的方式向养殖领域延伸，提供配套技术和服务，建立相对稳定的生产基地。形成外连市场，内连生产基地，基地连农户的松散型或紧密型经济利益共同体，实行生产、加工、销售一体化经营。这种类型主要特点是企业与基地和农户结成紧密的贸工农一体化生产体系，引导和组织分散的小农户进入社会化大市场，最普遍的联结方式是合同（订单）。龙头企业带动型又可以分为3种类型。

第一种是"规模育肥场＋农户"。这种模式适合于屠宰加工不很发达或没有屠宰企业的区域，这种类型主要是为了规避养殖户走向市场的风险，把千家万户养殖与市场对接，为养殖户的母牛养殖培育架子牛找到出路，这种模式也可以附加一活畜交易市场，作为流通体系。

第二种是"屠宰企业＋基地＋农户"。这种模式适合于有较强龙头企业的基础，屠宰加工企业对牛肉进行分割、分类销售，提升附加值，基地起到养殖示范和牛源调制作用，辐射到农户。

第三种是集加工和销售为一体的企业（＋基地）＋农户。这种模式对企业的资金、人力、物力的要求比较高，有些龙头企业还涉足餐饮和旅游，真正做到由田头到桌面，农户根据企业和市场的需求负责产品的生产，使肉牛养殖无后顾之忧，企业和农户之间建立一种合同契约关系，形成了一种利益共同体。

龙头企业带动型如图 1.1 所示。

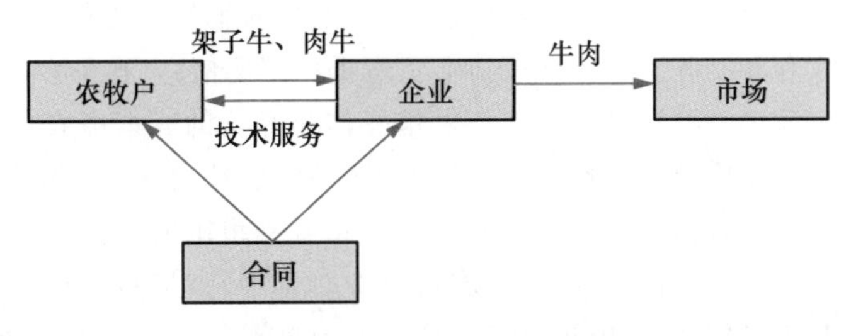

图 1.1 龙头企业带动型示意图

2. 合作经济组织带动型，专业合作社＋农户

农民面对社会化大市场，为了维护自身利益，围绕某种专业畜产品发展商品经济而自愿地或在政府引导下，以专业合作社、社区性经济合作社或县供销合作社为依托，以从事营销服务为纽带，在产品的生产上为入社农民提供生产资料、资金、信息以及产中环节的各种服务。合作社作为广大农民联合自助组织，组织农民共同进入社会化大市场，将市场关系内部化，形成合作制机制，有效地调节和实现成员之间的合法权益，合理分享市场交易利益。合作经济组织很可能成长为我国畜牧业产业化经营的重要组织模式。国际经验证明，没有发达的合作经济，就不会有全国规模的畜牧业产业化经营，也就不会有发达的现代畜牧业经济。

此外，在政府协调下，通过积极培育市场和经纪人队伍，组建行业协会和合作组织，而开发的“市场拉动型”和“中介技术服务组织推动型”等肉牛产业化经营模式在全国已开始出现。

专业协会带动型如图 1.2 所示。

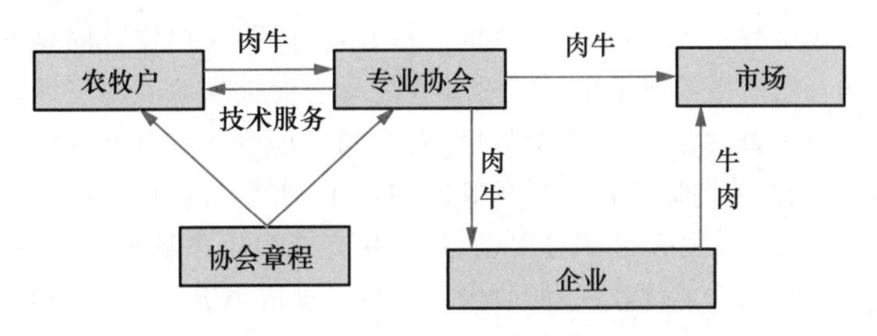

图 1.2 专业协会带动型示意图

3. 中介组织带动型

中介组织＋企业＋农户。根据养牛生产的经营和市场开拓需要，以中介组织为依托，在养殖、销售等生产全过程中，为会员提供产前、产中、产后系列化服务，这种类型的中介组织主要是养牛协会、养牛合作社、农民联合会、技术推广服务站(所)等。这种类型是以专业性合作经济组织(含农民专业技术协会)、供销合作社等为中介，通过合作制或股份合作制等利益联结机制，指导农户进行肉牛养殖，完成生产牛肉产品的目标与标准，提供统一的生产、加工和销售服务，由组织完成市场规划、产品收购与加工、联系客户和贮运销售的一体化经营。此类中介组织往往是在政府部门、龙头企业或专业大户牵头下建立的，实行“民管、民办，平等互利、自负盈亏”的原则，政府不直接参与管理。

各种养殖合作社、协会、中介组织等农户可自愿参加或退出，合作社或协会收取一定的会员费或者管理费，用于组织的运作，收益分红，没有赢利目的。农户和中介组织之间一般没有合同关系，农户不与组织签订购销合同，但有些中介组织具有龙头企业的功能，与农户签订购销合同，统一价格，统一销售，利润用于分红或增加对农户的服务。农户加入组织要遵守契约，在组织中有自己的权利和义务。合作社或协会负责提供市场信息、联系客户，进行技术服务与指导，安排标准化生产，统一贮运销售等。产供销一体化经营的成本由农户承担，利润根据农户生产的能力和产品的品质分配。作为中介组织的一种，农民自己组建的较为规范的合作社企业，到有众多政府职能部门、各类企业加盟的社会化服务组织的联合，都可以在“专业协会”这个称谓中找到自己的归属。但是，我国的农村专业合作经济组织目前局限于提供一些对资本较低的技术服务和市场信息，能够进入流通环节的为数不多，能够投资进行农产品加工的更是凤毛麟角，服务的层次和深度非常有限，根本不能满足农民和市场的内在需求，组织化程度与发达国家相差甚远。

4. 主导产业带动型

主导产业带动型肉牛产业化经营模式即从利用当地资源，发展特色产品入手，发展一乡一业，一村一品，形成区域性主导产业—肉牛养殖，围绕主导产业进行饲料生产、养殖、交易、运输、加工等，形成主导产业为主体骨架。主要模式有以下几种类型。

(1) 肉牛小规模、大群体发展模式。在当地政府的协调和支持下，以一个或几个带动力强的肉牛育肥或屠宰企业为“龙头”，农户为“龙尾”，各农户几头至十多头小规模饲养，投资小，风险小，但以村为单位统一规划，统一建场，统一技术服务，统一防疫，实行分别投资，自主经营。在“龙头”周围形成大面积的、成千上万的饲养群体，这样，以一家一户小群精养的质量，汇集成千家万户竞养的数量规模，形成市场牵龙头，龙头带基地，基地连农户的产业化发展格局。

(2) 肉牛繁殖基地辐射发展模式。该模式主要以订单养牛的方式，签订合同，滚动发展，让利于民。如订单养牛方式，公司与各示范推广户签订合同，农户按合同要求饲养肉牛，公司以高于市场价收购育肥肉牛或架子牛。同时有些公司为促进当地养牛发展，采用农户给牛场交一定押金后领养母牛，母牛所产犊牛销售后，农户同牛场按除本五五分成法分红，在领养合同终止时，农户向牛场交回与原租借时等量等龄的母牛，牛场给农户退回押金；山西洪洞县晋南牛场按半价给农户发放6月龄断奶母牛，农户将牛育成后由牛场统一配种，第一、二胎所生犊牛6月龄断奶后由牛场按半价收回，所收牛只由牛场再按半价重新发放给其他农户，第三胎后原发放的母牛及所生犊牛归农户所有，依次循环，滚雪球式发展壮大；有些地方实行公司投放小母牛给农户饲养，小母牛长成产犊后，犊牛归农户饲养，大母牛返还公司。还有公司将牛交农户代养，公司支付代养费等方式使企业与农户建立合理的利益联结机制。这种公司和农户优势互补的方式实现了“市场牵龙头，龙头带基地，基地连农户”的市场竞争集团化的格局，使企业增效，农民增收。

(3) 优势互补、异地育肥模式。这种模式主要是在牧区及半农、半牧区饲养繁殖母牛，生产架子牛，在农业发达地区进行短期育肥，使牧区当年不能出栏的架子牛在农区利用大量秸秆和农副产品优势生产肉牛。减轻了牧区草场压力，避免了秋壮、冬瘦、春死亡现象，既充分利用了牧区牛只资源，又充分利用了农区农副产品和自然条件，使农牧两地优势互补，发展节粮型肉牛业，提高了农牧民收入。

主导产业带动型如图1.3所示。

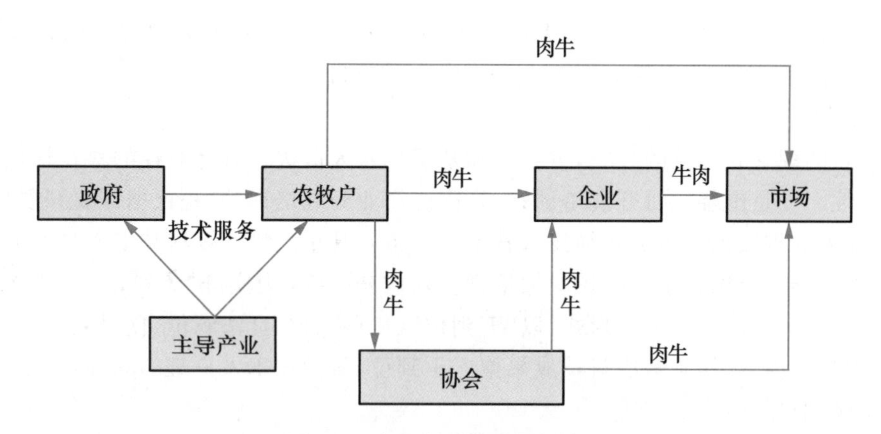

图 1.3 主导产业带动型示意图

1.2.1.7 政府在我国肉牛产业化中的推动作用

政府在宏观上加强指导，微观上强化服务，坚持以市场为导向，以经济效益为中心，引导农牧民确立市场意识、商品意识以及效益观念。

1. 加强宏观指导

政府的宏观指导对畜牧业内部结构的调整起着极其重要的作用。在发展思路上，通过加强总体规划和宏观管理，提出产业战略规划，在具体实施上制定一系列促进产业发展和结构调整的政策措施。

一是要制订畜牧服务业发展规划，合理调整农村一、二、三产业的发展思路，对现代畜牧服务业功能、结构、空间布局和建设规模作统筹设计，制订较为详尽的畜牧服务业短、中、长期发展规划。二是要加强领导，充分发动群众，积极支持广大农民自办、联办服务组织。各级政府，尤其是县乡两级政府要在资金、技术、生产资料供应、工商、税收等方面给予大力支持，充分发挥政府在社会化服务体系建设中的支持作用。三是要重点发展农民专业合作社，并引导服务组织实行企业化经营，按照价值规律和等价交换的原则从事各项经营活动。

2. 加大资金投入，发展优势产业链，扶持壮大龙头骨干企业

第一，应加强财政支持，引导各级政府在省级投入基础上，积极筹措资金，把服务体系建设资金列入年度专项计划，确保资金及时、足额到位。第二，应重视信贷支持。在中央和地方财政支持下实行低息贷款甚至是无息贷款，尽可能降低服务组织的建设成本。第三，应增加基建投资支持，增加直接用于服务体系的大中型基础设施建设。第四，制定多元化投资兴办服务组织的优惠政策，鼓励大型龙头企业、大专院校、科研院所、中介组织等多种投资主体创办服务组织，吸收和运用好社会资金。

3. 在发展肉牛生产产业化经营过程中，以实施科技兴牧工程，活化服务机制，重点推广各项适用技术，为肉牛生产的产业化发展创造条件

活化机制，必须放活公益性服务人员，用好社会科技人员。要引入竞争机制和科学管理方式，加快用人制度和分配制度改革，实行竞争上岗，做到能上能下，能进能出。各级政府要将公益性服务人员纳入全额事业编制，工资及经费列入财政预算，以解除他们的后顾之忧。对村级防疫员除实行竞争激励机制外，县、乡、村还要根据工作量给予适当补贴，以保证村级防疫工作正常开展。对治疗、繁育等服务项目，在予以必要扶持指导的同时，积极探索市场化运作方式，

采取各种政策措施鼓励科技人员走向生产一线，采取技术承包、技术入股等办法，把科技直接转化成现实生产力，在服务农民的同时，增加自身实力和收入。

4. 强化科技培训

要以全新的理念和灵活的方式，对农民和基层技术人员进行有针对性的科技培训，突出针对性和时效性。一是围绕项目开展培训；二是围绕产业开展培训；三是根据需要开展培训。对技术人员，要采取省级重点培训县级技术骨干，地(市)、县重点培训乡村技术人员的方式，有条件的县，可以选派人员到大中专院校参加培训。对农户，要大力实施"走村进户"战略，以专家"三进"(进村、进场、进户)为主要形式，以"五到位"(良种到位、良法到位、良料到位、良医到位、良管到位)为具体内容，切实解决科技成果推广不到位、科学技术入户难的问题，让千家万户养牛者真正享受到科技带来的实惠。

5. 扶持专业合作社发展

农民专业合作社是全社会参与介入服务组织建设的平台，要充分利用社会资源和优势，积极发展社会化、专业化的专业合作社，以支持各种新型的社会化服务组织建设，引导农业生产者和加工、出口企业加强行业自律，搞好信息服务，维护成员权益。要把发展农民专业合作社作为进一步转变政府职能、改革基层服务体系管理体制的重要举措，加强对专业合作社的引导、扶持和服务，逐步建立起"政府宏观管理—行业协会中观管理—企业与农户微观经营"的行政管理新机制，真正发展成为以自我服务、自我发展、风险共担为主要特征的新型服务组织。

1.2.2 促进我国肉牛生产产业化、现代化的措施

我国牛的饲养基数大，但我国肉牛生产水平低，每头肉牛的胴体重低于世界的平均水平。我国肉牛的良种化程度低，肉牛及良种杂交改良肉牛仅占我国牛群的15%。由于良种化水平低，再加上饲养管理粗放，经营方式落后，导致生产水平不高。大多数肉牛养殖采用低精料长周期的育肥方式，育肥饲料搭配不合理，饲料转化效率低，肉牛出栏周期相对较长，头均产肉量较少。因此，要面对挑战，促进我国区域性肉牛产业的发展，实现肉牛产业的持续发展，必须要从能繁母牛的规范健康养殖开始，做到牛源充足，牛肉品质优良，加工企业有相对固定的供牛基地，对肉牛种源、育肥、屠宰、分割有完善的标准，实施牛肉、牛源可追溯制度，做强肉牛产业。

1. 政府的扶持和配套社会化服务的跟进

政府要加大对农户饲养繁殖母牛的支持力度，如母牛养殖进行适度的补贴，建立基础母牛保险制度，降低养殖风险。在信贷方面对发展基础母牛给予必要的支持，以保护和调动养牛户饲养母牛的积极性。加强服务体系建设和技术培训力度，全面提升技术服务能力和水平。建立和完善专业培训平台，加强技术员、繁育员、饲养管理人员的技术培训，提高他们的职业技能。

2. 实施良种化工程，保护地方品种资源，开展杂交改良，加强繁育体系建设

品种改良是加快肉牛养殖生产的基础。在肉牛品种改良上，坚持用杂一代(西杂)或地方品种作母本，用引进品种作父本进行多元杂交，培育适合区域特色的肉牛合成系。

加强选育，加强繁育体系建设。在开发中保护地方品种母牛资源，政府、企业和科研机构多方联合，加大资金投入力度，坚持本品种选育，培育出具有我国自己特色的肉牛品种或品牌，健全肉牛繁殖体系，提高基础母牛在产业链中的地位和经济效益，做大做强肉牛产业。

加快优良品种繁改进度。迅速提高肉牛冻精配种比例，继续实施肉牛良种补贴政策，加强并健全原有乡镇的家畜良种繁育改良站，推动地方黄牛品种改良，走本地犊牛和架子牛供应基地之路，以保障高档牛肉生产和牛肉深加工所需的牛源。

3. 大力发展农民专业合作经济组织，因地制宜，组织肉牛养殖经济共同体

随着农村改革的深化和社会主义市场经济的发展，千家万户养肉牛的“小生产”已无法适应千变万化的“大市场”，广大农民面临着生产规模小、产品进入市场难、增产难增收等问题。大力发展农民专业合作经济组织，通过农村经营体制的创新，开辟现代农业发展的新天地。政府各部门要积极配合，要多渠道筹集资金、出台政策为农民专业合作经济组织提供好的发展环境；在农民自愿的基础上，鼓励和支持养牛户（场）成立行业协会和专业合作组织，把分散的养牛户（场）组织起来有计划安排生产，统一与龙头企业签订购销合同和服务合同，把合作社办成农民自己的经济组织；培育肉牛产业，并使之成为产业支撑，形成风险共担、利益均沾的经营机制。

肉牛龙头加工企业或育肥基地与基础母牛养殖户（育肥基地）建立起紧密的利益衔接机制，搞好龙头企业与养牛基地对接，改变肉牛养殖分散的经营模式。龙头企业要通过订单合同契约形式与农户建立稳定的购销关系。采取订单、入股、合资经营、组建农民牧业合作社，降低养殖风险，提高能繁母牛饲养和架子牛培育的经济效益，促进科学技术的推广，实现龙头企业与基地高效、和谐发展。从肉牛养殖现状来看，牛源生产的小规模分散养殖在今后相当长的时期内，仍然是提供牛源的主力。农业生产走向适度规模化、集约化、专业化经营是今后的发展方向。要因地制宜，根据不同情况推动养牛户的发展和壮大，在有条件的地区逐渐发展具有适度规模的集约养殖。

4. 推广养牛科学技术，建立完善防疫体系，确保畜产品安全

创建能繁母牛、犊牛、架子牛和育肥牛养殖户（场）的示范场（基地），推广示范养殖技术和饲草饲料加工配合技术，降低饲养成本，增加经济效益。注重提高能繁母牛的科学饲养水平，应用不同时期母牛的补饲技术，保持和提高母牛的生产性能。

要加强能繁母牛繁殖疾病的预防和治疗，严格牛群防疫条件，建立消毒制度，开展经常性的环境卫生消毒，提高母牛繁殖率和牛群养殖经济效益。

建立畜产品质量安全电子标识溯源管理系统，完善饲料、兽药、畜产品的检测、监测设施设备，确保畜产品安全。加强兽医卫生保护，全面贯彻《中华人民共和国动物防疫法》。

5. 饲料粮的总体不足是我国肉牛产业发展所面对的挑战和现实

要生产牛肉，必须在牛日食入营养物质超过维持自身需求后有所剩余时才能实现，而这部分需以粮食等精料类来提供。肉类生产，基本依靠饲料通过牲畜转换所取得，因此粮食问题将永远是悬在我国肉牛生产头上的一把剑，肉牛生产需要粮食投入。饲料主要有粮食、饼（粕）等精料和草原、草山、农作物副产品如秸秆等粗料两大类，我国农区富有的是秸秆。秸秆养牛时，秸秆所供应给牛的营养物质，仅能达到维持和部分维持营养之用，增重所需营养物质以及秸秆所提供维持需要的不足部分，则必须以精料的形式由粮食来供给。

1.2.3 我国肉牛育肥生产模式

我国多采用广大农牧户分散饲养繁殖母牛和架子牛，肉牛育肥主要是小规模或专业养殖

户，少部分为肉牛育肥场集中育肥，适度规模经营的方式。我国肉牛育肥模式按饲养时间长短主要有3种，即：①短期育肥(6个月以内)利用架子牛的补偿生长；②中期育肥(6个月以上至12个月以下)；③长期育肥(12个月以上、有些长达20个月)(曹兵海，2007)。

1. 我国肉牛生产体系——带犊繁育体系

我国肉牛生产的科技工作主要是：杂交改良黄牛品种，改善饲养管理条件，改变传统育肥方式，提高出栏率、提高经济效益，为优质高效肉牛业的发展服务，为农民脱贫致富奔小康服务。我国肉牛生产是一项系统工程，包括从饲草饲料生产到加工调制，从母牛饲养到繁殖改良，从犊牛培育到架子牛育肥，从屠宰加工到产品销售等，生产过程紧紧围绕繁殖改良、科学饲养、育肥出栏3大中心环节，建立并完善技术服务体系。主要有杂交改良体系，繁殖配种体系，饲草料生产加工体系，科学饲养管理体系，肉牛育肥制度和育肥技术体系，疾病防治检疫防疫体系，产品加工销售体系，搞好产前、产中、产后的服务，其中繁殖改良是基础，且工作的中心在千家万户。

草原肉牛生产体系：肉牛生产的一切环节均在草原进行，一直饲养到肉牛出栏屠宰。基本采用放牧补饲方式，其生产性能与草地的质量有极为重要的关系。一般来讲，效率较低，牛只出栏晚，产肉量低，肉质也较差。

农区肉牛生产体系：在农区饲养的母牛繁殖犊牛后继续饲养，直到出栏屠宰。这又可分为两种方式：①犊牛育肥直到出栏都在农户家中或以半放牧半舍饲或全舍饲的方式饲养；②犊牛在农民家中养到一定体重后交易到本地或异地集中至育肥场育肥饲养后出栏，集中育肥的肉牛场多在气候、饲养、销售条件较好的地区，生产效率较高。

2. 我国肉牛业的主要经营模式

我国肉牛产业的主要经营模式是：强化商品肉牛基地建设，实行区域性开发，组建养牛专业村和肉牛育肥户(场)。以肉品加工业为龙头，采取公司加农户，供产销一条龙，实行广大农牧户分散饲养繁殖母牛和架子牛，育肥户(场)集中育肥，适度规模经营的方式。我国幅员辽阔，各地有丰富多样的地方品种资源和饲料饲草条件，肉牛生产模式多种多样，但基本的生产体系相同或相似，均为母牛繁殖带犊饲养体系，在千家万户饲养母牛，繁殖犊牛，培育犊牛和架子牛，母畜或杂交后代母畜留作繁殖，不作为肉畜，肉牛生产基本采用自繁自育和异地育肥2种方式，具体农区和牧区模式有差异。

肉牛生产体系中，要充分利用我国地方良种有一系列优点，如饲养成本较低，不易难产(除非引入品种的犊牛出生重过大，如45 kg以上)，繁殖年限长且温驯，肉质鲜嫩，风味丰厚等优点，在杂交中改造泌乳能力低和性晚熟的不足。

对配套父系的选择以2～3个引进肉用品种或地方良种为父本。但选择哪个品种作父本，要考虑所生杂交牛的生产方向，即考虑面向市场，如欧美市场可考虑相对瘦肉率高的杂种牛，可选用夏洛来牛、利木赞牛和皮埃蒙特公牛，但若面向东南亚国家或国内销售，多为肥牛型，可选用地方优良品种或引进的安格斯牛、海福特牛等品种，要进行最优杂交组合的筛选。

根据我国养牛生产的区域性特征和实际情况，我国农牧区肉牛规模化生产主要经营模式有以下几种：

(1) 肉牛产业链式经营模式。地域内有较大经济实力的经营性企业，称龙头企业，企业主要从事肉牛加工，如屠宰或肉牛产品深加工。肉牛产品加工业的发展，带动相关产业协同发展，使肉牛产业从肉牛饲养开始，通过加工、销售过程各环节链条反复增加附加值，形成肉牛产业链。

肉牛产业链式经营模式中加工企业的经营，使肉牛产业化由弱质低效产业向高利润产业转变；肉牛饲养业同第二产业、第三产业结合，使属于食品工业范畴的牛肉、牛皮等加工业，属商业的活牛、皮制品的流通与养牛业有机结合；若当地政府或事业机构扶持肉牛饲养的发展，健全配套服务体系，将促进肉牛产业化进程。

(2) 肉牛小群体大规模经营模式。这种模式存在于广大农区或农牧交错区，这些地域有较好的肉牛养殖基础和较大的养殖区域，广大农牧民养牛积极性高，以一个或多个带动能力强的肉牛育肥企业或集贸市场为龙头，农户为龙尾，实行贸农一体、产销一条龙，形成“市场牵龙头、龙头带基地、基地连农户”的经营格局。建立稳固的肉牛养殖生产基地，保障经营性企业所需的优质牛源是这种模式发展的基础。各生产阶段之间以经济合同为纽带，保证企业和生产基地的稳固利益关系，形成稳定的利益共享、风险共担的共同体，是模式存在和发展的关键。

这种模式虽然一个投资个体或农牧户饲养肉牛数量少，但以村或乡镇为一整体，组成养牛合作社或养殖协会，连片经营，统一养殖目标、统一面向市场、统一生产技术服务和防疫，实行分别投资、自主经营，把集体的优越性和个人的主动性较好地结合，既便于先进技术的传播应用，又减少了集资难、风险大等弊端，同时便于乡村规划，减少环境污染。

(3) 资源优势互补的异地育肥经营模式。肉牛异地育肥是指在甲地繁殖并培育犊牛、架子牛，在乙地专门进行肉牛育肥，发挥各自优势，这种模式存在于广大农区与牧区之间或农牧交错区，这些地域有较充裕的架子牛和充足饲料资源，且肉牛养殖基础好，广大农牧民养牛积极性高，对于肉牛育肥区是属“两头在外来料加工”型的肉牛育肥模式。在有先进的饲养管理技术，交通便利，宜于销售的地区，建立规模育肥场，从架子牛基地购置架子牛进行集中育肥，销售。这种模式在我国较为普遍，对减轻牧区草原负担，增加农牧民收入，提升肉牛生产质量，有效地促进母牛基地养殖的建设和架子牛的生产有很大帮助。此模式的母牛繁育养殖基地(架子牛生产)与异地育肥场之间的联系比较松散，受市场供求影响较大；地区间运输架子牛增加成本，且不利于防疫。

第2章

肉牛的品种选择与杂交改良

肉牛良种是现代肉牛业的决定性基础，是肉牛业持续稳定发展的先决条件，占产业增产技术进步作用总贡献份额的40%以上。肉牛产业作为我国畜牧业的一个重要组成部分，我国肉牛生产主要是通过引进优良肉用品种（西门塔尔牛、夏洛来牛、利木赞牛等）来改良提高本地良种黄牛的肉用生产性能；肉牛生产的主体是利用杂交公犊，而不同品种产肉性能差异很大（表 2.1 和表 2.2），我国具有著名的 5 大黄牛品种，还有大量的其他地方品种，这些品种都属于传统的役肉兼用品种，由于刚刚摆脱役用用途，还处在从役用向肉用方向转型过程中，虽然具有较好的地方适应性和优良的肉质，但生产性能较低（表 2.1）。不但生长速度较慢，而且由于长期的役用选择，形成了后躯发育不足的尖尻斜尻体型，屠宰率和净肉率均较低（表 2.1 和表 2.2 比较）。在杂交利用上要求以杂交犊牛快速生长为主选择父本，同时考虑提高本地母牛（能繁母牛）的泌乳能力和带犊能力。

表 2.1　地方黄牛品种生产性能

黄牛品种	成年公牛体重/kg	成年母牛体重/kg	屠宰率/%	净肉率/%
秦川牛	594.5±116.7	381.3±72.1	58.3±1.7	50.5±1.7
南阳牛	647.9±176.3	411.9±84.4	52.2	43.6
鲁西牛	644.4±108.5	365.7±62.2	58.1	50.7
晋南牛	607.4	339.4	52.3	43.4
延边牛	465.5±61.8	365.2±44.4	57.7	47.23

引自刘延鑫等，2004。

表 2.2 几个引进牛品种的肉用性能指标对比

品　种	屠宰率/%	净肉率/%	瘦肉率/%	眼肌面积/cm²
皮埃蒙特牛	67～70	60	82.40	121.8
利木赞牛	61	50	65.09	80.0
夏洛来牛	62	51	66.61	107.9
西门塔尔牛	60.9	49.52	49.52	84.86
荷斯坦牛	55	43	43	62.0

引自刘延鑫等，2004。

2.1 肉牛品种特征及其对本地黄牛的改良效果

到现在为止，我国几乎引进了世界上所有的优良肉牛品种，见表 2.3，导致国内肉用牛品种多、乱、杂、质量良莠不齐，代次混乱，肉牛种业陷入“引进—退化—再引进—再退化”。黄牛是我国的特色资源，鲁西黄牛、秦川黄牛、南阳黄牛、晋南黄牛、延边牛被誉为我国 5 大良种黄牛，特点是肉质细嫩鲜美、肉味浓厚，是优质肉用牛的选育基础。历史上我国黄牛一方面以役用为主，后躯不发达，产肉率低，泌乳量低，生长速度慢，肉的品质规格往往差异较大，优质高档肉块产量少，造成发展肉牛生产的规模效益与专门化的国外肉牛品种差异较大；另一方面，由于选育水平不高，我国各黄牛品种群体内个体间存在很大的差异，好的个体生长育肥速度可与国外肉牛相媲美，如 1983 年承担对日出口秦川牛的育肥，日增重高达 950 g；1974—1980 年对南阳牛的育肥，日增重高者达 1 034 g，平均 813 g；鲁西牛在不加选择的情况下，育肥日增重平均达 720 g，而差的个体育肥增重速度还不到 200 g。由此说明，我国的黄牛品种虽综合生产力不高，但品种内并不缺少优秀遗传基因，仍具备选育成优质高产肉牛品种的内在种质基础。对我国良种黄牛进行系统的选育提高，可保持其肉质好、大理石花纹好、抗逆性强的特点，突破黄牛生长速度慢、泌乳量低的缺点，培育新品系。充分有效地利用地方牛种资源，根据不同市场需求，以引种与自主培育相结合，走联合育种的道路，培育不同经济类型肉牛新品种，逐步转向我国自主育种为主。

我国的引入牛品种比较多，据不完全统计，引进了 30 多个优良肉牛品种、兼用牛品种和乳用品种，主要有夏洛来牛、海福特牛、安格斯牛、利木赞牛、丹麦红牛、短角牛、西门塔尔牛、荷斯坦牛等品种，见表 2.3。这些品种的引进丰富了我国的品种资源，加速了黄牛改良速度。

表 2.3 我国引入的肉牛、乳牛及兼用牛品种原产国和经济用途

品种名称	原产国	经济性状	引入年代(20 世纪)
海福特牛	英国	肉用	70,90
安格斯牛	英国	肉用	70,90
短角牛	英国	肉用	60,70,80

续表 2.3

品种名称	原产国	经济性状	引入年代(20世纪)
林肯红牛	英国	肉用	70
南德温牛	英国	肉用	90
盖洛威牛	英国	肉用	90
夏洛来牛	法国	肉用	70,80,90
利木赞牛	法国	肉用	70,80
德国黄牛	德国	肉用	90
契安尼娜牛	意大利	肉用	80
皮埃蒙特牛	意大利	肉用	80
比利时蓝白花牛	比利时	肉用	90
日本和牛	日本	肉用	90
圣格鲁迪牛	美国	肉用	80
婆罗门牛	美国	肉用	70,90
劳莱恩牛	澳大利亚	肉用	90
抗旱王牛	澳大利亚	肉用	80
墨瑞灰牛	澳大利亚	肉用	80
西门塔尔牛	瑞士	乳肉兼用	60,80,90
阿拉塔乌牛	俄罗斯	乳肉兼用	60
蒙贝利亚牛	法国	乳肉兼用	80
萨莱斯牛	法国	肉乳兼用	90
金黄阿奎登牛	法国	肉乳兼用	90
沙希瓦牛	巴基斯坦	乳役兼用	80
辛地红牛	巴基斯坦	乳役兼用	50
荷斯坦牛	荷兰	乳用	多批
丹麦红牛	丹麦	乳用	80
瑞士褐牛	瑞士	乳用	60,80
娟姗牛	英国	乳用	90

引自陈幼春和曹红鹤(2001)。

2.1.1 肉用牛品种的类型

据估计,全世界有60多个专门化的肉牛品种,其中英国有17个,法国、意大利、美国、苏联各11个。这些并不包括乳肉或肉乳兼用品种和某些产肉性能较好的中国地方良种黄牛,以及大量既产肉、又产乳，还能使役的适于某种特定环境的原始品种。国外的肉牛品种，按体型大小和产肉性能，可分为下列3大类。

(1) 中、小型早熟品种。主产于英国，其特点是：生长快，胴体脂肪多，皮下脂肪厚，体型较小，一般成年公牛体重550～700 kg，母牛400～500 kg，成年母牛体高在127 cm以下为小型，128～136 cm为中型。如英国的海福特牛、短角牛、安格斯牛等。

(2) 大型品种。产于欧洲大陆，原为役用牛，后转为肉用。其特点是：体格高大，肌肉发达，脂肪少，生长快，但较晚熟。成年公牛体重1 000 kg以上，母牛700 kg以上，成年母牛体高在136 cm以上。如法国的夏洛来牛、意大利的皮埃蒙特牛等。

(3) 兼用品种。多为乳肉兼用或肉乳兼用，主要品种有瑞士的西门塔尔牛、瑞士褐牛，丹麦的丹麦红牛。

2.1.2 引进肉用牛品种

50多年以来，我国各地陆续从国外引进很多优良肉牛品种，对加速肉牛生产的发展起到了重要作用。

2.1.2.1 海福特牛

1. 产地及育成简史

海福特牛(Hereford)原产于英国威尔士地区的海福特县及邻近诸县，属中小型早熟肉牛品种。海福特牛是在威尔士地方土种牛的基础上选育而成的。在培育过程中，曾采用近亲繁殖和严格淘汰的方法，使牛群早熟性和肉用性能显著提高，于1790年育成海福特肉牛品种。1846年建立海福特牛纯种登记簿，1876年成立海福特牛品种协会，1883年转为"封闭式"良种登记，即只对双亲在本品种良种登记簿上注册过的个体进行登记，对该品种牛性能的稳定与提高起到了良好作用。

2. 外貌特征

海福特牛体躯的毛色为橙黄或黄红色，头、颈、腹下、四肢下部和尾帚为白色，鼻镜粉红。体型宽深，前躯饱满，颈短而厚，垂皮发达，中躯肥满，四肢短，背腰宽平，臀部宽厚，肌肉发达，整个体躯呈圆筒状，皮薄毛细。分有角和无角两种，角呈蜡黄色或白色。公牛角向两侧伸展，向下方弯曲；母牛角尖向上挑起。成年海福特公牛体高134.4 cm、体重850～1 100 kg；相应成年母牛体高、体重分别为126.0 cm、600～700 kg，初生公犊重34 kg，母犊重32 kg。

3. 生产性能

海福特牛增重快，从出生到12月龄的平均日增重达1 400 g，18月龄体重725 kg(英国)。据我国黑龙江省资料，海福特牛哺乳期平均日增重，公犊1 140 g，母犊890 g。7～12月龄的平均日增重，公牛980 g，母牛850 g。屠宰率一般为60%～64%，经育肥后，可达67%～70%，净肉率达60%。肉质嫩，多汁，大理石纹好。海福特牛性成熟早，小母牛6月龄开始发情，15～18月龄，体重445 kg可以初次配种，母牛妊娠期277 d(260～290 d)。该品种牛适应性好，在年气温变化为－48～38℃的环境中，仍然表现出良好的生产性能。

4. 与本地黄牛杂交改良后代的外貌特征和生产性能

具体见表2.4至表2.7。

表 2.4　海福特牛与本地黄牛的杂交 F_1 代的体型外貌和适应性

项目	F_1 代	作者和试验区域
外貌特征	海本一代牛身上均有白色毛区，一般表现在头、尾有白毛，个别牛在臂部和腹下出现白毛。全身大片毛色随母牛而变，有红、黄、黑及褐色等。胸部发育良好，宽而深，胸围较大，四肢关节粗壮，嘴短，头较粗重。无论公母，其后躯比较宽深，发育好，背腰平直且宽，肩峰不发育	梅乾忠，1979(湖北宜城)
	海杂牛父性特征比较明显，毛色基本趋于一致，绝大都分为棕红色，并共有六白的特征，特别是白头表现最为明显，但两耳后的毛色，都和被毛相同。黑色或黛色母本，所生的后代则出现黑红斑条的现象，黑白花母本生下杂交一代均为黑色。两眼都带有浅红色的眼圈，前胸下端和胸骨周围有大块白毛出现	河南省农林科学院畜牧兽医所，1978(河南博爱)
	海福特牛“六白”(即头、肩、胸、腹下、四肢下部及尾帚部为白色)的特点在杂种后代中也比较明显	内蒙古一家河农场，1978(内蒙古多伦县)(蒙古牛)
	近似父本肉用体型。毛色以红黄、黑色居多。额顶多具白毛，腹下、肉垂、尾帚、腿踩部多见白毛	张建文和祁子恒，1981(甘肃临夏县)
役用性能	杂交牛可以耙地而且还能拉车，比本地牛力大而步伐稳健	河南省农林科学院畜牧兽医所，1978(河南博爱)
	海大 F_1 代表现出耕田力气足，速度快，耕作效率比大别山黄牛高，日耕地面积提高 15%	刘长森，1998(湖北麻城)
适应性	海本一代牛的抗热性能虽然比不上本地黄牛，但比纯种福特牛强。海本一代牛比本地牛的采草时间长，而且消化能力亦强	梅乾忠，1979(湖北宜城)
	杂交牛有较好的适应性，不但适于舍饲还可适于浅山区的放牧，不过分选择饲料，并具有耐粗饲、采食快、上膘快的特点，在炎热的夏天未出现张嘴、呼吸粗迫的现象，冬天未出现弓背夹尾体躯卷缩和打冷战的怕冷畏寒表现，并具有抗病力强的优点	河南省农林科学院畜牧兽医所，1978(河南博爱)

表 2.5　海福特牛与本地黄牛的杂交 F_1 代母牛的体高和体重情况

项　目		本地牛	F_1 代	作者和试验区域
母牛体高/cm	24 月龄	103.8(38)	110.1(37)	王三虎等，2002(河南豫北)
	成年	94.9(420)	112.0(6)	梅乾忠，1979(湖北宜城)
母牛体重/kg	24 月龄	189.4(38)	338.5(37)	王三虎等，2002(河南豫北)
	24 月龄	301.8(105)	358.3(119)	刘长森，1998(湖北麻城)
	成年	178.5(26)	339.0(32)	梅乾忠，1979(湖北宜城)

括号内的数字为观察重复值，下同。

表 2.6 海福特牛对本地黄牛改良杂一代(F_1 代)的生长性能和产肉性能

项目	本地牛	杂一代	作者和试验区域
初生重/kg	♂17.3,♀16.8(34,38)	♂20.6,♀19.1(42,37)	王三虎等,2002(河南豫北)
	♂11.3,♀10.4(14,26)	♂17.0,♀17.1(30,32)	梅乾忠,1979(湖北宜城)
	♂13.0,♀12.0(4,4)	♂25.0,♀24.0(6,6)	张建文和祁子恒,1981(甘肃临夏县)
	♂21.8,♀19.5(6,6)	♂31.8,♀27.3(6,6)	黑龙江省肉牛育种协作组调查组,1978(黑龙江齐齐哈尔)
	♂16.2,♀15.4(4,4)	♂22.4,♀21.7(29,20)	新疆农科院畜牧兽医科研所,1978(新疆乌苏县)
6月龄体重/kg	♂72.4,♀65.1(34,38)	♂119.2,♀112.8(42,37)	王三虎等,2002(河南豫北)
	♂56.3,♀51.5(14,26)	♂99.0,♀92.5(30,32)	梅乾忠,1979(湖北宜城)
	♀131.8(96)	♀144.5(117)	刘长森,1998(湖北麻城)
	♂66.1,♀64.5(4,4)	♂101.2,♀98.5(4,4)	张建文和祁子恒,1981(甘肃临夏县)
12月龄体重/kg	♂126.5,♀116.2(34,38)	♂194.0,♀188.1(42,37)	王三虎等,2002(河南豫北)
	♂96.0,♀90.7(14,26)	♂148.2,♀150.2(30,32)	梅乾忠,1979(湖北宜城)
	♀157.7(107)	♀195.7(129)	刘长森,1998(湖北麻城)
	♂96.5,♀89.1(4,4)	♂150.0,♀137.3(4,4)	张建文和祁子恒,1981(甘肃临夏县)
	♂147.8,♀143.2(6,6)	♂243.2,♀229.3(6,6)	黑龙江省肉牛育种协作组调查组,1978(黑龙江齐齐哈尔)
	♂66.7,♀73.3(3,3)	♂181.6,♀168.9(23,17)	新疆农科院畜牧兽医科研所,1978(新疆乌苏县)
18月龄体重/kg	♂143.5,♀128.2(14,26)	♂230.0,♀219.0(30,32)	梅乾忠,1979(湖北宜城)
	♂141.1,♀131.9(4,4)	♂225.2,♀196.4(4,4)	张建文和祁子恒,1981(甘肃临夏县)
24月龄体重/kg	♂207.2,♀189.4(34,38)	♂362.2,♀338.5(42,37)	王三虎等,2002(河南豫北)
成年体重/kg	♂232.7,♀178.5(14,26)	♂372.0,♀339.0(30,32)	梅乾忠,1979(湖北宜城)
育肥的日增重	18月龄育肥60 d由160 kg到198 kg,日增重为0.63 kg(5)	18月龄育肥60 d由186.8 kg到237.8 kg,日增重为0.85 kg(6)	胡其贤等,1985(江西泰和)
	由211 kg到285 kg,日增重为0.49 kg(4)	由212 kg到340 kg,日增重为0.57 kg(4)	孟昌仁等,1980(黑龙江友谊县)
	由94.1 kg到125.5 kg的93 d育肥,日增重为0.36 kg(4)	由139.5 kg到204.8 kg的93 d育肥,日增重为0.70 kg(4)	齐垂海,1984(海南东兴)

续表 2.6

项目	本地牛	杂一代	作者和试验区域
屠宰率/%	51.9(5)	52.1(6)	胡其贤等,1985(江西泰和)(22月龄屠宰)
	50.3(2)	53.0(2)	内蒙古一家河农场,1978(内蒙古多伦县)(阉牛 20 月龄屠宰)
	44.9(4)	49.8(4)	齐垂海,1984(海南东兴)(24 月龄屠宰)
净肉率/%	42.2(5)	42.3(6)	胡其贤等,1985(江西泰和)(22月龄屠宰)
	38.2(2)	42.7(2)	内蒙古一家河农场,1978(内蒙古多伦)(阉牛 20 月龄屠宰)
	34.5(4)	39.4(4)	齐垂海,1984(海南东兴)(24 月龄屠宰)
眼肌面积/cm²	54.3(5)	62.0(6)	胡其贤等,1985(江西泰和)(22月龄屠宰)
	38.5(2)	54.8(2)	内蒙古一家河农场,1978(内蒙古多伦)(阉牛 20 月龄屠宰)
	46.3(4)	83.7(4)	齐垂海,1984(海南东兴)(24 月龄屠宰)

表 2.7 海福特牛作三元杂交终端父本对产肉性能的改善

项　目	本地黄牛♂×本地黄牛♀	西本(西门塔尔♂×本地♀)	海西本(海福特♂×西本♀)	作者和试验区域
6 月龄体重/kg	40.8(8)	65.4(22)	93.5(2)	孙强和周复生,1985(浙江天台县)
屠宰率(120 d 育肥后)/%	47.1(4)	46.9(4)	49.3(2)	孙强和周复生,1985(浙江天台县)
净肉率/%	36.5(4)	37.1(4)	37.0(2)	孙强和周复生,1985(浙江天台县)
眼肌面积/cm²	34.7(4)	35.2(4)	36.9(2)	孙强和周复生,1985(浙江天台县)
优质切块率/%	54.7(4)	55.8(4)	60.3(2)	孙强和周复生,1985(浙江天台县)

2.1.2.2 安格斯牛

1. 原产地及育成简史

安格斯牛(Angus)原产于英国的阿伯丁、安格斯和金卡丁等郡,全称阿伯丁-安格斯牛(Aberdeen-Angus)。安格斯牛的有计划育种工作始于 18 世纪末,着重在早熟性、屠宰率、肉质、饲料报酬和犊牛成活率等方面进行选育。1862 年开始良种登记,1892 年出版良种登记簿,现在世界上主要养牛国家大多数都饲养有安格斯牛。

2. 外貌特征

安格斯牛无角,毛色以黑色居多,也有红色。体格低矮,体质紧凑、结实。头小而方,额宽,颈中等长且较厚,背线平直,腰荐丰满,体躯宽而深,呈圆筒形。四肢短而端正,全身肌肉丰满。皮肤松软,富弹性,被毛光泽而均匀,少数牛腹下、脐部和乳房部有白斑。成年公牛体高

130.8 cm,体重700～750 kg,相应成年母牛体高、体重分别为118.9 cm、500 kg,犊牛初生重25～32 kg。

3. 生产性能

安格斯牛具有良好的增重性能,日增重约为1 000 g。早熟易肥,胴体品质和产肉性能均高。育肥牛屠宰率一般为60%～65%。安格斯牛12月龄性成熟,18～20月龄可以初配。产犊间隔短,一般为12个月左右。连产性好,初生重小,极少难产。安格斯牛对环境的适应性好,耐粗、耐寒,性情温和,易于管理。在国际肉牛杂交体系中被认为是较好的母系。

4. 与本地黄牛杂交改良后代的外貌特征和生产性能

具体见表2.8至表2.10。

表2.8 安格斯牛与本地黄牛的杂交 F_1 代的体型外貌和适应性

项目	F_1 代	作者和试验区域
外貌特征	安杂牛为无角黑牛,体躯低矮、结实,头小而方,发育匀称,肋骨开张,后腿肌肉突出,尾根明显,臀部丰满,背直且明显增宽,后躯明显增大,四肢粗壮,表现出较好的肉用型特点	何得仓和拜得胜,2009(青海互助)
	安杂牛70%～80%后代为黑色,大部分无角。肉用体型明显,头轻额宽,鼻大而短粗,眼圆而大,颈粗而短,肩宽平,胸深而腿短,腰背平直而宽,后躯呈方形,整个身躯呈长方形	姜巴图,1989(内蒙古阿巴嘎旗)
适应性	安杂牛表现出明显的杂交优势,具有适应性强、耐粗饲、抗病力强等特点	何得仓和拜得胜,2009(青海互助)
	安杂牛抓膘能力强,采食量很大,消化机能强	姜巴图,1989(内蒙古阿巴嘎旗)
	安本杂交牛性情温驯、易饲养、母性好、适应性强	彭泽华和柳丽荣,2005(云南会泽)

表2.9 安格斯牛与本地黄牛的杂交母牛的体重和繁殖性能情况

项 目		本地牛	杂一代	作者和试验区域
泌乳性能		泌乳期平均产乳量519 kg	泌乳期平均产乳量645 kg	刘莹莹等,2009(湖南涟源)
难产率			安杂牛一般无难产发生	姜巴图,1989(内蒙古阿巴嘎旗)
初配月龄/月		30.0(89)	18.2(109)	刘莹莹等,2009(湖南涟源)
犊牛成活率/%		88.8	90.1	刘莹莹等,2009(湖南涟源)
体高/cm	18月龄	90.0(20)	104.4(10)	潘周雄等,2005(贵州黎平黄牛)
	24月龄	95.2(23)	108.9(10)	潘周雄等,2005(贵州黎平黄牛)
	24月龄	113.0(20)	114.5(17)	杜俊成等,2005(湖北襄阳)
	成年	117.8(147)	122.1(56)	李福玲和田茂俊,1994(山东滨州)
体重/kg	18月龄	117.8(20)	207.6(10)	潘周雄等,2005(贵州黎平黄牛)
	24月龄	139.6(23)	253.5(10)	潘周雄等,2005(贵州黎平黄牛)
	24月龄	267.1(20)	385.5(17)	杜俊成等,2005(湖北襄阳)
	成年	328.3(142)	387.4(56)	李福玲和田茂俊,1994(山东滨州)

括号内的数字为观察重复值,下同。

表 2.10　安格斯牛对本地黄牛改良杂一代(F_1 代)生长性能和产肉性能的影响

项目	本地牛	杂一代	作者和试验区域
初生重/kg	15.1(56)	28.6(210)	吴祥和陆家芬,2007(青海西宁)
	14.1(56)	22.9(20)	彭泽华和柳丽荣,2005(云南会泽)
	♂19.5,♀18.3(20,30)	♂35.3,♀34.5(40,30)	杜森有等,2007(陕西延安),(红安格斯牛)
	♂12.8,♀11.6(34,23)	♂21.6,♀20.7(19,20)	潘周雄等,2005(贵州黎平黄牛)
6月龄体重/kg	64.9(56)	101.5(165)	吴祥和陆家芬,2007(青海西宁)
	77.8(44)	116.5(20)	彭泽华和柳丽荣,2005(云南会泽)
	♂82.5,♀81.3(20,30)	♂171.3,♀169.5(40,30)	杜森有等,2007(陕西延安),(红安格斯牛)
	♂60.7,♀55.4(45,26)	♂97.5,♀91.3(15,18)	潘周雄等,2005(贵州黎平黄牛)
12月龄体重/kg	125.3(43)	191.0(20)	彭泽华和柳丽荣,2005(云南会泽)
	♂103.8,♀100.6(20,30)	♂252.3,♀246.5(40,30)	杜森有等,2007(陕西延安),(红安格斯牛)
	♂100.7,♀92.4(45,22)	♂168.4,♀155.7(15,12)	潘周雄等,2005(贵州黎平黄牛)
18月龄体重/kg	167.8(41)	236.1(24)	彭泽华和柳丽荣,2005(云南会泽)
	♂128.4,♀117.8(26,20)	♂224.3,♀207.6(11,10)	潘周雄等,2005(贵州黎平黄牛)
24月龄体重/kg	199.6(40)	271.4(40)	彭泽华和柳丽荣,2005(云南会泽)
	♂152.8,♀139.6(37,23)	♂277.2,♀253.5(11,10)	潘周雄等,2005(贵州黎平黄牛)
育肥的日增重	6月龄公犊 73.8 kg 育肥到 18 月龄 157.2 kg,日增重 0.29 kg(10)	6月龄公犊 156.2 kg 育肥到 18 月龄 302.1 kg,日增重 0.53 kg(10)	吴祥(2008)(青海西宁)
	90 d 放牧肥育由公犊 131.6 kg 到 168.3 kg,日增重 0.41 kg(5)	90 d 放牧肥育由公犊 185.5 kg 到 238.1 kg,日增重 0.58 kg(5)	刘树人等,1983(四川宣汉)
	以刈割青草舍饲为主,公牛 18～24 月龄日增重 0.13 kg,母牛为 0.12 kg	以刈割青草舍饲为主,公牛 18～24 月龄日增重 0.29 kg,母牛为 0.25 kg	潘周雄等,2005(贵州黎平黄牛)
	以农村舍饲为主,公牛 12～24 月龄日增重 0.38 kg,母牛为 0.24 kg	以农村舍饲为主,公牛 12～24 月龄日增重 0.51 kg,母牛为 0.38 kg	杜俊成等,2005(湖北襄阳)
屠宰率/%	45.6(10)	48.5(8)	吴祥,2008(青海西宁)(18 月龄屠宰)
	52.5(5)	55.0(5)	刘树人等,1983(四川宣汉)(18～20 月龄屠宰)
	45.6(6)	53.8(5)	杜俊成等,2005(湖北襄阳)(24 月龄屠宰)
	46.5(6)	47.6(6)	姜巴图,1990(内蒙古阿巴嘎旗)

续表 2.10

项目	本地牛	杂一代	作者和试验区域
净肉率/%	35.7(10)	37.8(8)	吴祥,2008(青海西宁)(18 月龄屠宰)
	40.0(5)	42.1(5)	刘树人等,1983(四川宣汉)(18~20 月龄屠宰)
	35.9(6)	45.2(5)	杜俊成等,2005(湖北襄阳)(24 月龄屠宰)
	36.1(6)	38.6(6)	姜巴图,1990(内蒙古阿巴嘎旗)
眼肌面积/cm^2	35.6(5)	47.1(5)	刘树人等,1983(四川宣汉)(18~20 月龄屠宰)
	47.9(6)	63.5(5)	杜俊成等,2005(湖北襄阳),24 月龄屠宰
	36.0(6)	61.2(6)	姜巴图,1990(内蒙古阿巴嘎旗)
胴体脂肪覆盖度/mm	3.16(6)	2.16(6)	姜巴图,1990(内蒙古阿巴嘎旗)

2.1.2.3 夏洛来牛

1. 原产地及育成简史

夏洛来牛(Charolais)是大型肉牛品种,原产于法国中西部到东南部的夏洛来和涅夫勒地区。18 世纪开始系统选育,主要通过本品种严格选育而成。1864 年建立良种登记簿,1887 年成立夏洛来牛品种协会,1964 年 22 个国家联合成立了国际夏洛来牛协会。

2. 外貌特征

夏洛来牛体躯高大强壮,全身毛色乳白或浅乳黄色。头小而短宽,嘴端宽方,角中等粗细,向两侧或前方伸展,角色蜡黄。颈短粗,胸宽深,肋骨弓圆,腰宽背厚,臀部丰满,肌肉极发达,使体躯呈圆筒形,后腿部肌肉尤其丰厚,常形成“双肌”特征,四肢粗壮结实。公牛常有双鬐甲和凹背者。蹄色蜡黄,鼻镜、眼睑等为白色。成年公牛体高 145.5 cm、体重 1 100~1 200 kg,相应成年母牛体高、体重分别为 137.5 cm、700~800 kg;初生公犊重 45 kg,母犊重 42 kg。

3. 生产性能

夏洛来牛以生长速度快、瘦肉产量高而著称。据法国的测定,在良好的饲养管理条件下,6 月龄公犊体重达 234 kg,母犊 210.5 kg,平均日增重公犊 1 000~1 200 g,母犊 1 000 g。12 月龄公犊重达 525 kg,母犊 360 kg。屠宰率为 65%~70%,胴体产肉率为 80%~85%。母牛平均产乳量为 1 700~1 800 kg,个别达到 2 700 kg,乳脂率为 4.0%~4.7%。青年母牛初次发情为 396 日龄,初配年龄为 17~20 月龄。但是该品种繁殖方面存在难产率高(13.7%)的缺点。

4. 与本地黄牛杂交改良后代的外貌特征和生产性能

具体见表 2.11 至表 2.14。

表 2.11　夏洛来牛与本地黄牛的杂交 F_1 代的体型外貌和适应性

项目	杂一代	作者和试验区域
外貌特征	夏洛来杂种牛毛色多呈乳白色及草黄色，体格粗壮，骨架增大，发育匀称，角圆而长向两侧伸展，全身肌肉丰满，特别是胸极深，背、腰、臀部肌肉鼓突明显，体型上明显倾向于父本呈长方形，表现明显的肉用型体型	王全泰等，1993(黑龙江巴彦)
	被毛较长，毛色呈黄白色和乳白色，皮肤和鼻镜为肉色。头较短，额宽、嘴方而大，体躯高而呈长方形，背腰宽而平，臀部和大腿肌肉丰满，四肢健壮，具有肉用体型	张文庆等，1990(黑龙江宾县)
	体躯粗大，但较松弛，头短额宽，背、腰、尻宽而平直，中躯较长，肌肉丰满，后躯发达，四肢粗壮，毛色只有乳白和草白之分	辽宁省畜牧兽医科研所等，1979(辽宁)
	体格粗大，发育匀称，肌肉丰满，体躯呈长方形或砖形，尻部较方正，极少见尖斜尻。四肢健壮、蹄质坚实，被毛以乳白色居多，少有浅黄、灰白色，眼大有神，角细，性温驯	常喜忠等，1999(黑龙江宁安)
役用性能	夏本 F_1 体格变大，挽力大，役用性能增强，一般在 18 月龄时就可以开始使用	王全泰等，1993(黑龙江巴彦)
	夏杂 F_1 代牛使役年龄早，挽力大	常喜忠等，1999(黑龙江宁安)
适应性	适应性很强，基本上保持了母本耐粗饲，不择食，抗病力强的特点，在冬寒夏暑的条件下，常年放牧，不补草料，露天饲养，杂种后代仍能显示出父本的遗传性能，生长发育快	辽宁省畜牧兽医科研所等，1979(辽宁)
	适应性强，抗寒性能好，具有本地黄牛耐粗饲、抗病力强的特点	张文庆等，1990(黑龙江宾县)
难产率/%	3.4(4/118)(经产母牛)	周清江等，1997(黑龙江五常)
	3.4(3/89)(经产母牛)	唐艳等，2005(吉林敦化)

表 2.12　夏洛来牛与本地黄牛的杂交母牛体重和繁殖性能情况

项　目		本地牛	杂一代	作者和试验区域
母牛初配月龄		30	19～20	王全泰等，1993(黑龙江巴彦)
母牛初情期/d		220～240	359～362	常喜忠等，1999(黑龙江宁安)
繁殖率/%		74	60	常喜忠等，1999(黑龙江宁安)
犊牛成活率/%		90.7(39/43)	71.1(27/38)(母牛难产)	孙厚东等，1990(山东丰县)
体高/cm	18 月龄	111.8(12)	118.4(15)	许光玉等，1984(河南南阳)
	成年	132.6(20)	138.6(11)	孙厚东等，1990(山东丰县)
体重/kg	18 月龄	199.7(12)	332.0(12)	许光玉等，1984(河南南阳)
	24 月龄	216.8(30)	296.(20)	王全泰等，1993(黑龙江巴彦)
	36 月龄	321.1(20)	359.7 (10)	王全泰等，1993(黑龙江巴彦)
	成年	315.2(20)	317.0(11)	孙厚东等，1990(山东丰县)

括号内的数字为观察重复值，下同。

表 2.13 夏洛来牛对本地黄牛改良杂一代(F_1 代)生长性能和产肉性能的影响

项目	本地牛	杂一代	作者和试验区域
初生重/kg	♂19.2,♀17.5(40,40)	♂31.4,♀28.2(30,30)	王全泰等,1993(黑龙江巴彦)
	18.4(29)	23.0(8)	辽宁省畜牧兽医科研所等,1979(辽宁)
	28.2(4)	38.4(4)	张文庆等,1990(黑龙江宾县)
	20.5(20)	34.8(63)	权伍植等,1996(黑龙江阿城)
	♂18.9,♀16.8(15,15)	♂36.5,♀32.9(10,20)	常喜忠等,1999(黑龙江宁安)
6月龄体重/kg	♂100.2,♀93.6(40,40)	♂120.0,♀110.9(30,30)	王全泰等,1993(黑龙江巴彦)
	66.8(10)	86.1(8)	辽宁省畜牧兽医科研所等,1979(辽宁)
	112.0(4)	153.9(4)	张文庆等,1990(黑龙江宾县)
	♂128.5,♀116.0(103,89)	♂225.6,♀191.1(105,98)	李锋等,2006(河南,本地牛为南阳牛)
	87.8(20)	148.1(63)	权伍植等,1996(黑龙江阿城)
	♂135.5,♀128.3(15,15)	♂195.7,♀170.3(10,20)	常喜忠等,1999(黑龙江宁安)
12月龄体重/kg	♂140.5,♀130.2(30,30)	♂208.1,♀185.4(30,30)	王全泰等,1993(黑龙江巴彦)
	88.0(8)	104.1(9)	辽宁省畜牧兽医科研所等,1979(辽宁)
	147.9(4)	212.0(4)	张文庆等,1990(黑龙江宾县)
	♂232.5,♀230.5(75,238)	♂319.4,♀246.8(93,68)	李锋等,2006(河南,本地牛为南阳牛)
	143.9(20)	233.9(63)	权伍植等,1996(黑龙江阿城)
18月龄体重/kg	♂200.5,♀179.8(30,30)	♂273.3,♀231.0(20,20)	王全泰等,1993(黑龙江巴彦)
	139.2(16)	180.9(10)	辽宁省畜牧兽医科研所等,1979(辽宁)
	189.5(4)	276.3(4)	张文庆等,1990(黑龙江宾县)
	189.1(20)	305.3(63)	权伍植等,1996(黑龙江阿城)
	♂260.2,♀248.1(15,15)	♂365.8,♀330.3(10,20)	常喜忠等,1999(黑龙江宁安)
30月龄体重/kg	193.7(7)	274.5(9)	辽宁省畜牧兽医科研所等,1979(辽宁)
36月龄体重/kg	♂354.7,♀321.1(20,20)	♂423.8,♀359.7(10,10)	王全泰等,1993(黑龙江巴彦)

续表 2.13

项目	本地牛	杂一代	作者和试验区域
育肥性能	18月龄去势，放牧舍饲1年日增重为0.19 kg(4)	18月龄去势，放牧舍饲1年日增重为0.35 kg(4)	辽宁省畜牧兽医科研所等，1979(辽宁)
	12～18月龄放牧为主，日增重为0.23 kg(4)	12～18月龄放牧为主，日增重为0.35 kg(4)	张文庆等，1990(黑龙江宾县)
	公母各半放牧舍饲，12月龄公牛去势放牧，初生到18个月日增重为0.56 kg(4)，182 d育肥日增重为0.32 kg(4)	公母各半放牧舍饲，12月龄公牛去势放牧，初生到18个月日增重为0.60 kg(4)，182 d育肥日增重为0.51 kg(4)	李景和等，1985(黑龙江齐齐哈尔)
	始重为134 kg，经80 d的短期强度肥育达189 kg，日增重为0.63 kg(6)	始重为168 kg，经80 d的短期强度肥育达266 kg，日增重为1.22 kg(6)	胡其贤等，1984(江西新建)
屠宰率/%	46.0(6)	51.4(6)	王全泰等，1993(黑龙江巴彦)(24月龄)
	47.6(4)	48.6(4)	辽宁省畜牧兽医科研所等，1979(辽宁)(放牧育肥36月龄)
	53.6(2)	54.9(2)	李景和等，1985(黑龙江齐齐哈尔)(18个月龄公牛)
	48.9(8)	54.5(8)	常喜忠等，1999(黑龙江宁安)(24月龄)
	55.5(6)	55.7(6)	胡其贤等，1984(江西新建)(强度育肥，24月龄)
净肉率/%	35.9(6)	42.1(6)	王全泰等，1993(黑龙江巴彦)(24月龄)
	35.2(4)	35.7(4)	辽宁省畜牧兽医科研所等，1979(辽宁)(放牧育肥36月龄)
	39.0(2)	41.3(2)	李景和等，1985(黑龙江齐齐哈尔)(18月龄公牛)
	38.5(8)	42.3(8)	常喜忠等，1999(黑龙江宁安)(24月龄)
	42.6(6)	42.0(6)	胡其贤等，1984(江西新建)(强度育肥，24月龄)
眼肌面积/cm^2	49.6(6)	58.7(6)	胡其贤等，1984(江西新建)(强度育肥，24个月龄)

表 2.14 夏洛来牛作三元杂交终端父本对产肉性能的改善

	项目	本地牛(早胜牛)	利木赞牛♂×♀本地牛(利本牛)	夏♂×利本 F_1♀	作者和试验区域
组合1	外貌特征	早胜牛被毛为紫红毛色	利本后代被毛接近早胜牛毛色	全身被毛为一致的乳白色或淡黄色	姜西安等,1991(甘肃庆阳)(本地牛属秦川牛类群)
	泌乳量	母牛5个月泌乳期,日平均产奶量1.76 kg	母牛5个月泌乳期日平均产奶量3.26 kg	母牛5个月泌乳期日平均产奶量3.51 kg	姜西安等,1991(甘肃庆阳)
	初生重/kg	♂22.8,♀20.6(21,28)	♂26.6,♀25.7(52,36)	♂38.3,♀34.3(19,26)	姜西安等,1991(甘肃庆阳)
	6月龄体重/kg	♂111.1,♀98.0(21,28)	♂125.4,♀118.2(52,36)	♂167.6,♀167.5(19,26)	姜西安等,1991(甘肃庆阳)
	12月龄体重/kg	♂157.0,♀160.4(21,28)	♂199.3,♀182.4(52,36)	♂301.3,♀264.4(19,26)	姜西安等,1991(甘肃庆阳)
	24月龄体重/kg	♂221.2,♀221.2(21,28)	♂286.4,♀253.5(52,36)	♂409.6,♀348.4(19,26)	姜西安等,1991(甘肃庆阳)
	日增重	♂0.36,♀0.34(21,28)	♂0.48,♀0.40(52,36)	♂0.60,♀0.47(19,26)	姜西安等,1991(甘肃庆阳),12～18月龄
	项目	本地牛(豫北黄牛)	海福特♂×♀本地牛(海黄牛 F_1)	夏♂×♀海黄 F_1	作者和试验区域
组合2	初生重/kg	♂17.3,♀16.8(34,38)	♂20.6,♀19.1(42,37)	♂31.6,♀30.1(34,30)	田龙宾等,1994(河南豫北)
	6月龄体重/kg	♂72.4,♀65.1(34,38)	♂119.2 kg,♀112.8(42,37)	♂132.9,♀124.3 kg(34,30)	田龙宾等,1994(河南豫北)
	12月龄体重/kg	♂126.5,♀116.2(34,38)	♂194.0,♀188.1(42,37)	♂211.0,♀200.4(34,30)	田龙宾等,1994(河南豫北)
	24月龄体重/kg	♂207.2,♀189.4(34,38)	♂362.2,♀338.5(42,37)	♂387.1,♀362.2(34,30)	田龙宾等,1994(河南豫北)
	项目	夏♂×西本♀	夏♂×利本♀	夏♂×荷本♀	作者和试验区域
多个组合	初生重/kg	34.8(20)	39.9(20)	35.0(20)	权伍植等,1996(黑龙江阿城)
	6月龄体重/kg	128.5(20)	157.1(20)	132.0(20)	权伍植等,1996(黑龙江阿城)
	12月龄体重/kg	243.3(20)	244.8(20)	234.4(20)	权伍植等,1996(黑龙江阿城)
	18月龄体重/kg	317.6(20)	322.9(20)	310.1(20)	权伍植等,1996(黑龙江阿城)

2.1.2.4 利木赞牛

1. 原产地及育成简史

利木赞牛(Limousin)原产于法国中部利木赞高原,并因此而得名,在分布广度和数量方面,在法国仅次于夏洛来牛,利木赞牛源于当地大型役用牛,主要经本品种选育而成。1850 年开始选育,1886 年建立良种登记簿;1924 年宣布育成专门化肉用品种。

2. 外貌特征

利木赞牛毛色多红黄为主,腹下、四肢内侧、眼睑、鼻周、会阴等部位色较浅,为白色或草白色。角细,白色。蹄壳琥珀色。头短,额宽,口方。体躯冗长,肋骨弓圆,背腰壮实,荐部宽大,但略斜。肌肉丰满,前肢及后躯肌肉块尤其突出。成年公牛体高 140 cm、体重 1 100 kg;成年母牛体高 131 cm,体重 600 kg;公犊初生重 36 kg,母犊 35 kg。

3. 生产性能

利木赞牛肉用性能好,生长快,尤其是幼年期,8 月龄小牛就可以生产出具有大理石纹的牛肉;在良好的饲养条件下,公牛 10 月龄能长到 408 kg,12 月龄达 480 kg。牛肉品质好,肉嫩,瘦肉含量高。利木赞牛具有较好的泌乳能力,成年母牛平均泌乳量 1 200 kg,个别可达 4 000 kg,乳脂率 5%。

4. 与本地黄牛杂交改良后代的外貌特征和生产性能

具体见表 2.15 至表 2.18。

表 2.15 利木赞牛与本地黄牛的杂交 F_1 代的体型外貌和适应性

	杂一代	作者和试验区域
外貌特征	表现出了父本特征,表现体躯较长,结构匀称,背腰宽而平直,尤其后躯发育良好,后裆较宽,肌肉丰满,呈肉用牛体型,毛色一致为黄或红	张松柏,2008(湖南)(湘南黄牛)
	利木赞杂交后表现为体格较大,被毛黄色或红黄色,其色泽较本地牛稍深。背腰平直,四肢增粗,臀部较本地黄牛的斜尻有很大改善	昝林森等,2008(陕西陕北)
	基本显示了父本特征。表现头短额宽,颈粗胸深,背平直,肋骨开张良好,后躯发达,四肢粗壮,全身肌肉丰满,体型结构紧凑而结实,毛色一致为黄或红,呈现较好的肉役兼用体型	程运梅等,1991(山东单县)
	基本上显示了父本特征。表现为头短额宽,颈粗胸深,背平直,肋骨开张良好	姜西安,1989(甘肃庆阳)
	毛色以黄色或红色为主,头较短、额较宽、胸面增大、肋骨张开,背腰平直,臀部宽平,体躯较长,呈长筒形,体型匀称紧凑,肌肉丰满,仍有尖斜尻,四肢稍短租,呈肉用牛体型	武万勋等,1995(黑龙江绥化)
役用性能	在 1.5 岁左右开始使役,较鲁西牛使役年龄提前半年以上,而且性情温驯,易调教,力气大	程运梅等,1991(山东单县)
	杂种牛性情温驯,调教容易,据测定杂种一代牛公母牛平均挽力分别为 80 kg 和 65 kg,本地牛为 65 kg 和 62.5 kg	姜西安,1989(甘肃庆阳)
适应性	较强的适应性、耐粗饲	张雅晶等,2007(黑龙江东宁)
	保持着本地黄牛耐粗饲、役用好的优良性状	昝林森等,2008(陕西陕北)
	保持了黄牛抗病性强、耐粗饲、性情温驯、易管理、力气大等优良性状	程运梅等,1991(山东单县,鲁西黄牛)

表 2.16 利木赞牛与本地黄牛的杂交母牛的体重和繁殖性能情况

	本地牛	杂一代	作者和试验区域
泌乳性能	全期(244 d)产奶量448.5 kg,日均1.8 kg	全期(274 d)产奶985.1 kg,日均3.3 kg	姜西安,1989(甘肃庆阳)
	复州牛180 d产奶量863.2 kg,头日均产奶量4.8 kg(1)	利复牛180 d产奶量1 553.0 kg,头日均产奶量8.6 kg(3)	阎治富和高文波,1994(辽宁瓦房店)
初配月龄	29.5±5.70(20)	20.8±5.5(20)	张雅晶等,2007(黑龙江东宁)
18月龄母牛体高/cm	112.4(10)	124.3(10)	张松柏,2008(湖南,湘南黄牛)
	105.2(20)	124.2(20)	张雅晶等,2007(黑龙江东宁)
	114.0(21)	108.6(21)	程运梅等,1991(山东,鲁西黄牛)
	113.4(28)	112.6(36)	姜西安,1989(甘肃庆阳)
	104.5(20)	110.0(20)	武万勋等,1995(黑龙江绥化)
24月龄母牛体高/cm	75.8(10)	110.2(28)	赵玉珺,2009(青海民和)
犊牛成活率/%	78.2	63.0	桑国俊等,1992(甘肃陇东)
24月龄母牛体重/kg	213.1(10)	389.4(28)	赵玉珺,2009(青海民和)
36月龄母牛体重/kg	221.1(30)	374.7(20)	武万勋等,1995(黑龙江绥化)

括号内的数字为观察重复值,下同。

表 2.17 利木赞牛对本地黄牛改良杂一代(F_1代)生长性能和产肉性能的影响

项目	本地牛	杂一代	作者和试验区域
初生重/kg	♂27.7,♀26.2(10,10)	♂35.0,♀34.1(10,10)	张松柏,2008(湖南,湘南黄牛)
	♂20.1,♀17.7(30,30)	♂30.4,♀26.9(20,20)	张雅晶等,2007(黑龙江东宁)
	♂19.5,♀18.3(20,30)	♂38.3,♀36.3(50,43)	杜森有等,2007(陕西延安)
	♂29.2,♀28.7(17,17)	♂42.1,♀40.5(22,22)	赵玉珺,2009(青海民和)
	♂25.3(3)	♂35.3(3)	王恒年等,1990(山西,晋南牛)
	♂24.1,♀22.2(31,31)	♂29.9,♀27.1(25,25)	程运梅等,1991(山东,鲁西黄牛)
	♂20.6,♀16.9(30,35)	♂38.9,♀35.2(38,45)	孙广忠等,1991(黑龙江牡丹江)
	♂22.8,♀20.6(21,28)	♂26.6,♀25.7(52,36)	姜西安,1989(甘肃庆阳)
	♂19.2,♀17.5(40,40)	♂27.2,♀26.9(25,30)	武万勋等,1995(黑龙江绥化)
6月龄体重/kg	♂131.6,♀124.9(10,10)	♂158.1,♀150.8(10,10)	张松柏,2008(湖南,湘南黄牛)
	♂101.3,♀94.6(30,30)	♂119.7,♀110.2(20,20)	张雅晶等,2007(黑龙江东宁)
	♂82.5,♀81.3(20,30)	♂189.3,♀183.3(50,43)	杜森有等,2007(陕西延安)
	♂87.9,♀80.8(10,10)	♂144.0,♀140.7(18,19)	赵玉珺,2009(青海民和)
	♂111.9,♀99.4(31,31)	♂131.6,♀122.4(25,25)	程运梅等,1991(山东,鲁西黄牛)
	♂160.4,♀125.5(30,35)	♂189.9,♀178.8(38,45)	孙广忠等,1991(黑龙江牡丹江)
	♂111.1,♀98.0(21,28)	♂125.4,♀118.2(52,36)	姜西安,1989(甘肃庆阳)
	♂100.2,♀93.6(40,40)	♂109.8,♀104.8(25,30)	武万勋等,1995(黑龙江绥化)

续表 2.17

项目	本地牛	杂一代	作者和试验区域
12月龄体重/kg	♂206.6,♀194.1(10,10)	♂245.9,♀226.1(10,10)	张松柏,2008(湖南,湘南黄牛)
	♂140.7,♀130.4(30,28)	♂201.3,♀182.9(20,20)	张雅晶等,2007(黑龙江东宁)
	♂103.8,♀100.6(20,30)	♂271.3,♀262.1(50,43)	杜森有等,2007(陕西延安)
	♂134.1,♀114.7(10,10)	♂238.1,♀198.0(24,20)	赵玉珺,2009(青海民和)
	♂165.2(3)	♂356.0(3)	王恒年等,1990(山西,晋南牛)
	♂170.4,♀168.9(31,31)	♂220.5,♀195.5(25,25)	程运梅等,1991(山东,鲁西黄牛)
	♂181.1,♀161.7(30,35)	♂264.9,♀232.8(46,42)	孙广忠等,1991(黑龙江牡丹江)
	♂157.0,♀160.4(21,28)	♂199.3,♀182.4(52,36)	姜西安,1989(甘肃庆阳)
	♂140.5,♀130.2(40,40)	♂191.1,♀201.1(25,30)	武万勋等,1995(黑龙江绥化)
18月龄体重/kg	♂347.9,♀306.0(10,10)	♂424.4,♀379.4(10,10)	张松柏,2008(湖南,湘南黄牛)
	♂201.1,♀180.4(27,28)	♂267.7,♀244.1(20,20)	张雅晶等,2007(黑龙江东宁)
	♂246.0,♀227.4(31,31)	♂315.7,♀265.7(25,25)	程运梅等,1991(山东,鲁西黄牛)
	♂221.2,♀221.2(21,28)	♂286.4,♀253.5(52,36)	姜西安,1989(甘肃庆阳)
	♂200.6,♀179.8(40,40)	♂231.7,♀245.2(25,30)	武万勋等,1995(黑龙江绥化)
24月龄体重/kg	♂248.2,♀218.8(24,27)	♂319.9,♀288.6(16,20)	张雅晶等,2007(黑龙江东宁)
	♂224.2,♀ 213.1(10,10)	♂426.4,♀389.4(20,28)	赵玉珺,2009(青海民和)
	♂291.9(3)	♂651.0(3)	王恒年等,1990(山西,晋南牛)
	♂286.3,♀258.6(30,35)	♂371.4,♀348.5(42,160)	孙广忠等,1991(黑龙江牡丹江)
	♂244.2,♀168.8(35,35)	♂271.7,♀268.8(20,20)	武万勋等,1995(黑龙江绥化)
36月龄体重/kg	♂329.6,♀302.0(25,45)	♂458.7,♀386.4(42,160)	孙广忠等,1991(黑龙江牡丹江)
	♂251.1,♀221.1(30,30)	♂407.8,♀374.7(20,20)	武万勋等,1995(黑龙江绥化)
育肥性能	初生到25月龄公犊日增重0.37 kg(3)	初生到12月龄公犊日增重0.84 kg(3)	王恒年等,1990(山西,晋南牛)
屠宰率/%	46.3(2)	49.8(2)	张松柏,2008(湖南)(18月龄屠宰)
	45.6(3)	51.1(3)	张雅晶等,2007(黑龙江东宁)(24月龄屠宰)
	47.7(8)	51.6(3)	孙广忠等,1991(黑龙江牡丹江)(24月龄屠宰)
	46.0(5)	53.0(5)	武万勋等,1995(黑龙江绥化)(24月龄屠宰)
	49.0(87)	51.2(15)	刘颖(1993),(全国平均)
净肉率/%	34.6(2)	37.9(2)	张松柏,2008(湖南)(18月龄屠宰)
	35.1(3)	41.4(3)	张雅晶等,2007(黑龙江)(24月龄屠宰)
	36.4(8)	41.8(3)	孙广忠等,1991(黑龙江牡丹江)(24月龄屠宰)
	35.9(5)	40.4(5)	武万勋等,1995(黑龙江绥化)(24月龄)
	37.9(87)	41.7(15)	刘颖(1993),(全国平均)
眼肌面积/cm^2	70.8	95.8	姜西安,1989(甘肃庆阳,18月龄屠宰)
	52.0(87)	66.3(15)	刘颖(1993),(全国平均)

表 2.18 利木赞牛作三元杂交终端父本对后代生长性能的改善(5 公 5 母)

项目	父本情况			作者和试验区域
	雷州黄牛	雷南牛(南德温公牛)	利木赞公牛×雷南母牛	
初生重/kg	♂14.0,♀12.0	♂25.0,♀23.0	♂31.0,♀30.0	黄保,2005(广东徐闻)
6 月龄体重/kg	♂78.0,♀78.0 日增重 0.34～0.36	♂140.0,♀138.0 日增重 0.63～0.65	♂150.0,♀148.0 日增重 0.78～0.81	黄保,2005(广东徐闻)
12 月龄体重/kg	♂160.0,♀155.0 日增重 0.37～0.39	♂298.0,♀290.0 日增重 0.84～0.87	♂314.0,♀310.0 日增重 0.92～0.95	黄保,2005(广东徐闻)

2.1.2.5 皮埃蒙特牛

1. 原产地及育成简史

皮埃蒙特牛(Piemontese)原产于意大利北部皮埃蒙特地区,包括都灵、米兰等地,是在役用牛基础上选育而成的专门化肉用品种。20 世纪初引入夏洛来牛杂交而含“双肌”基因,是目前国际上公认的终端父本。

2. 外貌特征

该牛体型较大,体躯呈圆筒状,肌肉发达。毛色为乳白色或浅灰色,公牛肩胛毛色较深,黑眼圈。公母牛的尾帚均呈黑色。犊牛幼龄时毛色为乳黄色,鼻镜黑色。成年公牛体高 150 cm,体重 1 000 kg 以上;成年母牛体高 136 cm,体重 500～600 kg。

3. 生产性能

皮埃蒙特牛生长快,育肥期平均日增重 1 500 g。肉用性能好,屠宰率一般为 65%～70%,肉质细嫩,瘦肉含量高,胴体瘦肉率达 84.13%。

4. 与本地黄牛杂交改良后代的外貌特征和生产性能

具体见表 2.19 至表 2.21。

表 2.19 皮埃蒙特牛与本地黄牛的杂交 F_1 代的体型外貌和适应性

项目	杂一代	作者和试验区域
外貌特征	皮埃蒙特杂交牛体型外貌较青海黄牛有了明显的变化,显示了父本肉用特征。被毛灰白或黄,头型清秀,体型中等,结构匀称,背腰宽而平直,皮薄骨细,后躯发育突出,双肌肉型明显,充分体现了杂交优势	刘得元等,2002(青海大通)
	皮本 F_1 初生犊牛毛色浅灰至浅黄色,但鼻镜、蹄和尾梢呈特征性黑色。有的腹下、四肢内侧为白色。4～6 月龄胎毛褪去后,毛色接近母本	董政,2005(福建光泽)
	皮秦 F_1 外貌特征的统计,毛色浅红、草黄及灰色为 162 头,占 81.81%,少数为黑色条纹状,占 18.19%。嘴、眼、腹部、四肢上部内侧毛色较浅,眼圈、鼻镜、蹄子为黑色。皮秦 F_1 表现体型较长,背腰平直,臀部较宽,后躯发育良好,腿部肌肉丰满,皮薄骨细	张建峰等,2005(陕西周至)
适应性	皮杂牛表现出对大通地区气候的良好适应性,疾病少,没有发现特殊的疾病。皮杂牛耐粗饲,适宜粗放,与当地黄牛一样喂秸秆,草料等,但采食量较大,消化力强	刘得元等,2002(青海大通)
	皮本 F_1 杂交牛能耐粗饲,步履灵巧、善爬山坡,能适应山地放牧;抗病力强,完全能适应光泽县气候条件。但皮本 F_1 杂交犊牛恋母性较本地黄牛差,放牧中常发生走失现象	董政,2005(福建光泽)
难产率	难产率为 0.27%(观察 1 469 头)	刘得元等,2002(青海大通)

表 2.20 皮埃蒙特牛对本地黄牛改良杂一代(F_1 代)生长性能和产肉性能的影响

项目	本地牛	杂一代	作者和试验区域
初生重/kg	♂20.6,♀19.9(20,20)	♂28.5,♀26.9(20,20)	罗海青和祁焕贵,2010(青海乐都)
	31.7(53)	37.4(202)	赵德华等,1999(黑龙江齐齐哈尔)
	♀10.7(15)	♀21.8(15)	董政,2005(福建光泽)
	♂24.5,♀23.4	♂27.6,♀27.5(12,14)	张建峰等,2005(陕西周至)
6月龄体重/kg	♂85.4,♀80.2(20,20)	♂140.5,♀132.2(20,19)	罗海青和祁焕贵,2010(青海乐都)
	145.1(49)	248.0(78)	赵德华等,1999(黑龙江齐齐哈尔)
	♀65.3(15)	♀88.5(15)	董政,2005(福建光泽)
	♂128.5,♀116.0(103,89)	♂243.1,♀192.4(108,106)	李锋等,2006(河南新野)
12月龄体重/kg	♂170.0,♀154.2(20,20)	♂270.1,♀249.6(20,19)	罗海青和祁焕贵,2010(青海乐都)
	♀112.2(15)	♀171.1(15)	董政,2005(福建光泽)
	♂232.5,♀230.5(75,238)	♂343.9,♀288.3(98,88)	李锋等,2006(河南新野)
	♂164.3,♀153.1	♂172.7,♀161.0(18,17)	张建峰等,2005(陕西周至)(♂去势)
18月龄体重/kg	319.5(49)	377.6(78)	赵德华等,1999(黑龙江齐齐哈尔)
	104.7(30)	291.2(30)	本国俊和祁维寿,2008(青海互助)
22月龄体重/kg	♂244.4,♀222.2	♂291.8,♀270.7(17,16)	张建峰等,2005(陕西周至)(♂去势)
育肥性能	18月龄开始育肥,130 d平均日增重为0.58 kg(4)	18月龄开始育肥,130 d平均日增重为0.82 kg(4)	张建峰等,2005(陕西周至)
屠宰率/%	52.6(4)(胴体重99.5 kg)	55.86(4)(胴体重121.2 kg)	张建峰等,2005(陕西周至)(22月龄屠宰)
	47.5(2)(胴体重49.7 kg)	56.7(2)(胴体重166.8 kg)	本国俊和祁维寿,2008(青海互助)(18月龄屠宰)
净肉率/%	41.7(4)	41.7(4)	张建峰等,2005(陕西周至)(22月龄屠宰)
	40.6(2)	47.9(2)	本国俊和祁维寿,2008(青海互助)(18月龄屠宰)
眼肌面积/cm^2	39.3(4)	47.8(4)	张建峰等,2005(陕西周至)(22月龄屠宰)

括号内的数字为观察重复值,下同。

表 2.21 皮埃蒙特牛作三元杂交终端父本对产肉性能的改善

项目		夏洛来牛♂×黄牛♀(夏黄牛)	皮埃蒙特牛♂×夏黄牛♀(皮夏黄牛)	作者和试验区域
组合1	日增重	由150～450 kg 240 d育肥的平均日增重为1.25 kg	由171～531 kg 240 d育肥的平均日增重为1.50 kg	高忠喜和朱延旭,2000(辽宁庄河市)
	屠宰率/%	56.0(2)(胴体重253.0 kg)	61.4(2)(胴体重324.8 kg)	高忠喜和朱延旭,2000(辽宁庄河市)
	净肉率/%	45.5(2)(净肉重205.7 kg)	51.2(2)(净肉重270.8 kg)	高忠喜和朱延旭,2000(辽宁庄河市)

续表 2.21

项目		夏洛来牛♂×黄牛♀ (夏黄牛)	皮埃蒙特牛♂×夏黄牛♀ (皮夏黄牛)	作者和试验区域
组合2	6月龄体重/kg	126.8(6)	166.6(6)	朱武等,2007(甘肃天水)
	12月龄体重/kg	217.2(6)	272.5(6)	朱武等,2007(甘肃天水)
	18月龄体重/kg	351.8(6)	423.5(6)	朱武等,2007(甘肃天水)

2.1.2.6 德国黄牛

1. 原产地及育成简史

德国黄牛(Gelbvieh)原产于德国和奥地利,其中德国数量最多,系瑞士褐牛与当地黄牛杂交育成的,可能含有西门塔尔牛的基因,1970年出版良种登记册。我国有些地方也称盖普威牛。

2. 外貌特征和生产性能

德国黄牛毛色为浅黄色、黄色或淡红色。体型外貌近似西门塔尔牛。体格大,体躯长,胸深,背直,四肢短而有力,肌肉强健。成年公牛体高135～140 cm,体重1 000～1 100 kg,相应母牛分别为130～134 cm和700～800 kg;公犊平均初生重42 kg,断奶重231 kg。育肥性能好,去势小牛育肥到18月龄体重达600～700 kg,平均日增重985 g。平均屠宰率62.2%,净肉率56%。母牛乳房大,附着结实,泌乳性能好,年产奶量达4 164 kg,乳脂率4.15%。初产年龄为28个月,难产率低。

3. 与本地黄牛杂交改良后代的外貌特征和生产性能

具体见表2.22至表2.25。

表2.22 德国黄牛与本地黄牛的杂交 F_1 代的体型外貌

项目	杂一代	作者和试验区域
外貌特征	德南杂一代牛背腰深广平直,后躯发育好,体型呈方块型,肉用体型明显,杂交牛毛色为米黄或浅红,和南阳牛传统毛色相似,更均匀一致,深受农民喜爱;通过调查,无难产现象	张玉才和陈冠,2010(河南南阳)
	德本 F_1 代牛在体型外貌上明显倾向于父本的优良性状,表现出良好的肉用型,其体躯长而宽阔,胸深、背直,四肢短而有力,后躯发育好,肌肉较丰满,蹄质坚实,大多数呈黑色,毛色一致为黄色或棕黄色,有较好的肉用体型	于庆辉,2003(辽宁庄河)
	德本杂种牛体型外貌比本地黄牛有了较明显的变化,显示了父本肉用特征。杂种牛个体大,体型外貌比较一致,被毛颜色较本地黄牛深,体躯结构协调,肌肉丰满,背腰平直	杨世友,2006(广西玉林)
适应性	德南杂一代牛,耐粗饲,易饲养,且生长发育速度快	张玉才和陈冠,2010(河南南阳)
	德本 F_1 牛对本地的自然条件,表现出良好的适应性。德本 F_1 牛性情温驯,易于管理,耐粗饲,具有一定的耐热性和抗蜱性	于庆辉,2003(辽宁庄河)
	德本杂种牛表现出了对本地气候的良好适应性。具有抗病力强,适宜放牧,耐粗饲,性情温驯,容易管理等特点	杨世友,2006(广西玉林)

表 2.23 德国黄牛与本地黄牛的杂交母牛的繁殖性能情况

项目	本地牛	杂一代	作者和试验区域
泌乳性能	日均泌乳量 3.3 kg	日均泌乳量 5.1 kg	宋海等,2005(黑龙江省牡丹江)
	180 d 的泌乳量 790 kg	180 d 的泌乳量 1 691 kg	张玉才和陈冠,2010(河南南阳)
难产率		德黄 F_1 为 0.5%	宋海等,2005(黑龙江省牡丹江)

表 2.24 德国黄牛对本地黄牛改良杂一代(F_1 代)生长性能和产肉性能的影响

项目	本地牛	杂一代	作者和试验区域
初生重/kg	♂22.8,♀20.7(12,25)	♂39.2,♀37.3(22,21)	桑国俊,2009(甘肃平凉)
	24.5(40)	135.4(30)	宋海等,2005(黑龙江省牡丹江)
	♂21.4,♀19.6(33,32)	♂26.9,♀24.3(35,37)	杨世友,2006(广西玉林)
6 月龄体重/kg	♂113.5,♀97.6(14,25)	♂177.6,♀156.9(22,21)	桑国俊,2009(甘肃平凉)
	107.8(40)	162.7(30)	宋海等,2005(黑龙江省牡丹江)
	♂103.7,♀97.4(33,32)	♂162.9,♀148.1(35,37)	杨世友,2006(广西玉林)
12 月龄体重/kg	♂154.1,♀161.2(8,16)	♂228.8,♀223.8(21,21)	桑国俊,2009(甘肃平凉)
	168.5(40)	241.0(30)	宋海等,2005(黑龙江省牡丹江)
	♂176.5,♀164.7(33,32)	♂282.3,♀257.3(35,37)	杨世友,2006(广西玉林)
18 月龄体重/kg	279.8(40)	444.9(30)	宋海等,2005(黑龙江省牡丹江)
育肥性能	12 月龄育肥到 18 月龄的平均日增重为 0.62 kg(30)	12 月龄育肥到 18 月龄的平均日增重为 1.13 kg(30)	宋海等,2005(黑龙江省牡丹江)
	21～22 月龄 330 kg 育肥到 482 kg,120 d 平均日增重为 1.26 kg(4)	21～22 月龄 342 kg 育肥到 526 kg,120 d 平均日增重为 1.53 kg(4)	刘利等,2009(吉林龙井)
屠宰率/%	55.3	60.8	张玉才和陈冠,2010(河南南阳)
		54.4(3)	石利香等,2007(♂德国黄牛×♀川南山地黄牛)
净肉率/%	48.4	50.3	张玉才和陈冠,2010(河南南阳)
		44.8(3)	石利香等,2007(♂德国黄牛×♀川南山地黄牛)
眼肌面积/cm^2		71.73)	石利香等,2007(♂德国黄牛×♀川南山地黄牛)

括号内的数字为观察重复值,下同。

表 2.25 德国黄牛作三元父本情况杂交终端父本对杂交后代产肉性能的改善

项目	西门塔尔牛♂×本地黄牛♀(西黄牛)	德国黄牛♂×西黄牛♀(德西黄牛)	作者和试验区域
日增重	8～9 月龄由 188 kg 育肥 108 d 达 277 kg,平均日增重为 0.83 kg(6)	8～9 月龄由 204 kg 育肥 108 d 达 323 kg,平均日增重为 1.10 kg(6)	李军祖,2002(甘肃武威)

续表 2.25

项目	西门塔尔牛♂×本地黄牛♀(西黄牛)	德国黄牛♂×西黄牛♀(德西黄牛)	作者和试验区域
屠宰率/%	54.3(6)(胴体重 149 kg)	55.3(6)(胴体重 203 kg)	李军祖，2002(甘肃武威)(12月龄屠宰)
净肉率/%	42.5(6)(净肉重 116 kg)	45.1(6)(净肉重 166 kg)	李军祖，2002(甘肃武威)(12月龄屠宰)
眼肌面积/cm^2	49.6	75.9	李军祖，2002(甘肃武威)(12月龄屠宰)

2.1.2.7 契安尼娜牛

1. 原产地及育成简史

契安尼娜牛(Chianina)原产于意大利多斯加尼地区的契安尼娜山谷，由当地古老役用品种培育而成，现主要分布于意大利中西部的广阔地域。1931年建立良种登记簿，是目前世界上体型最大的肉牛品种。

2. 外貌特征和生产性能

契安尼娜牛被毛白色，尾帚黑色，除腹部外，皮肤均有黑色素；犊牛出生时，被毛为深褐色，在60日龄内逐渐变为白色。体躯长，四肢高，体格大，结构良好，但胸部深度不够。成年公牛体高184 cm，体重1 500 kg，相应母牛分别为157～170 cm、800～900 kg。契安尼娜牛生长强度大，一般日增重达1 000 g以上，2岁内最大日增重可达2 000 g。牛肉量多而品质好，大理石状明显。适应性好，繁殖力强且很少难产。

2.1.2.8 比利时蓝白花牛

1. 原产地及育成简史

比利时蓝白花牛(Belgian Blue，Belgian Blue-White)为分布在比利时中北部的短角型蓝花牛与弗里生牛混血的后裔，经过长期对肉用性能的选择，繁育而成，是欧洲大陆黑白花牛血缘的一个分支，是这个血统牛中唯一被育成纯肉用的专门品种。

2. 外貌特征和生产性能

比利时蓝白花牛毛色为白，身躯中有蓝色或黑色斑点，色斑大小变化较大，鼻镜，耳缘，尾巴多黑色。个体高大，体躯呈长筒状，体表肌肉醒目，肌束发达，后臀尤其明显。头部轻，尻微斜。成年公牛体高148 cm，体重1 200 kg，母牛体高134 cm，体重700 kg；初生重公犊46 kg，母犊42 kg。犊牛早期生长速度快，最高日增重可达1 400 g，屠宰率65%。比利时蓝白花牛适合于肉牛配套系的父系品种。

3. 与本地黄牛杂交改良后代的外貌特征和生产性能

F_1代蓝白花杂种牛毛色为蓝白相间，体躯结实，发育匀称，肋骨开张，后腿肌肉突出，尾根明显，臀部丰满，背直且明显增宽，后躯明显增大，四肢粗壮，表现出较好的肉用型特点(张保德和祁维寿，2005，青海省互助)；具有较强的适应性、耐粗饲和抗病力强等特点(张雅晶等，2007，黑龙江东宁；张保德和祁维寿，2005青海省互助)。

具体见表 2.26 至表 2.28。

表 2.26　比利时蓝白花牛与本地黄牛的杂交 F_1 代母牛的繁殖性能和体高情况

项目	本地牛	杂一代	作者和试验区域
难产率		难产死亡率 0.75%(134)	张保德和祁维寿,2005(青海省互助)
初配月龄	29.5 月龄(20)	19.9 月龄(20)	张雅晶等,2007(黑龙江东宁)
18 月龄母牛体高/cm	105.2(20)	115.1(20)	张雅晶等,2007(黑龙江东宁)
24 月龄母牛体重/kg	218.8(27)	301.9(15)	张雅晶等,2007(黑龙江东宁)

括号内的数字为观察重复值,下同。

表 2.27　比利时蓝白花牛对本地黄牛改良杂一代(F_1 代)生长性能和产肉性能的影响

项目	本地牛	杂一代	作者和试验区域
初生重/kg	♂20.1,♀17.7(30,30)	♂32.7,♀28.1(15,15)	张雅晶等,2007(黑龙江东宁)
	15.0(13)	37.5(30)	张保德和祁维寿,2005(青海省互助)
6 月龄体重/kg	♂101.3,♀94.6(30,30)	♂126.2,♀116.7(15,15)	张雅晶等,2007(黑龙江东宁)
	53.9(13)	133.8(30)	张保德和祁维寿,2005(青海省互助)
12 月龄体重/kg	♂140.7,♀130.4(30,28)	♂210.2,♀187.3(15,15)	张雅晶等,2007(黑龙江东宁)
	91.8(13)	262.3(30)	张保德和祁维寿,2005(青海省互助)
18 月龄体重/kg	♂210.1,♀180.4 (27,28)	♂290.5,♀246.1(15,15)	张雅晶等,2007(黑龙江东宁)
	104.7(10)	305.5(30)	张保德和祁维寿,2005(青海省互助)
24 月龄体重/kg	♂248.2,♀218.8(24,27)	♂335.8,♀301.9(13,15)	张雅晶等,2007(黑龙江东宁)
屠宰率/%	45.6(3)(胴体重 141.3 kg)	52.1(3) (胴体重 215.3 kg)	张雅晶等,2007(黑龙江东宁)(24 月龄屠宰)
净肉率/%	35.1(3)(胴体重 141.3 kg)	44.6(3)(胴体重 215.3 kg)	张雅晶等,2007(黑龙江东宁)(24 月龄屠宰)

表 2.28　比利时蓝白花牛作三元杂交终端父本对后代产肉性能的改善

项目			♂利木赞牛×♀本地黄牛(利本牛)	♂比利时蓝牛×♀利本牛(比利本牛)	作者和试验区域
组合1	初生重/kg		34.6(15)	41.4(15)	董文秀等，2007(黑龙江宁安)
	18月龄体重/kg		185.7(15)	206.3(15)	董文秀等，2007(黑龙江宁安)
	屠宰率/%(20月龄屠宰)		51.5(10)	61.0(10)	董文秀等，2007(黑龙江宁安)
	净肉率/%(20月龄屠宰)		38.9(10)	43.2(10)	董文秀等，2007(黑龙江宁安)
项目		♂本地黄牛×♀本地黄牛	♂西门塔尔牛×♀本地黄牛(西本牛)	♂比利时蓝牛×♀西本(比西本牛)	作者和试验区域
组合2	初生重/kg	♂15.9，♀17.7(25,24)	♂32.4，♀30.9(25,25)	♂41.3，♀39.7(25,25)	郭辉等，2007(黑龙江富锦)
	6月龄体重/kg	♂128.9，♀126.6(25,24)	♂178.4，♀170.5(25,25)	♂198.0，♀190.5(25,25)	郭辉等，2007(黑龙江富锦)
	12月龄体重/kg	♂228.5，♀224.5(25,24)	♂294.3，♀283.7(25,25)	♂324.3，♀312.7(25,25)	郭辉等，2007(黑龙江富锦)
	18月龄体重/kg	♂268.5，♀255.7(25,24)	♂336.8，♀326.5(25,25)	♂404.2，♀392.5(25,25)	郭辉等，2007(黑龙江富锦)
	屠宰率/%(24月龄屠宰)		53.6(12)	60.0(12)	郭辉等，2007(黑龙江富锦)
	净肉率/%(24月龄屠宰)		37.4(12)	44.8(12)	郭辉等，2007(黑龙江富锦)
项目			♂夏洛来牛×♀本地黄牛(夏本牛)	♂比利时蓝牛×♀夏本牛(比夏本牛)	作者和试验区域
组合3	日增重		8月龄150 kg育肥240 d达450 kg，日增重平均为1.25 kg	8月龄169 kg，育肥240 d达524 kg，日增重平均为1.48 kg	高忠喜和朱延旭，2000(辽宁庄河)
	屠宰率/%(16月龄屠宰)		56.0(2)(胴体重253 kg)	60.8(2)(胴体重315 kg)	高忠喜和朱延旭，2000(辽宁庄河)
	净肉率/%(16月龄屠宰)		45.5(2)(胴体重253 kg)	50.0(2)(胴体重315 kg)	高忠喜和朱延旭，2000(辽宁庄河)
项目			♂夏洛来牛×♀(西门塔尔×本地牛)(夏西本牛)	♂比利时蓝牛×♀夏西本牛(比夏西本牛)	作者和试验区域
4元杂交终端父本	日增重		12月龄公牛犊6个月的持续育肥，平均日增重为1.16 kg(5)	12月龄公牛犊6个月的持续育肥，平均日增重为1.35 kg(5)	陈云英等，2005(吉林公主岭)

2.1.2.9 日本和牛

1. 原产地及育成简史

日本和牛(Japanese beef cattle)是在日本土种役用牛基础上经杂交而培育的肉用品种。1870 年起,日本和牛由役用逐渐向役肉兼用发展。1900 年以后,先后引入南德温牛、瑞士褐牛、短角牛、西门塔尔牛、朝鲜牛、爱尔夏牛和黑白花牛等与日本和牛杂交,目的是增大体格,提高肉、乳生产性能。但有计划的杂交却始于 1912 年。1948 年成立日本和牛登记协会,1957 年宣布育成肉用日本和牛。

2. 外貌特征和生产性能

毛色多为黑色和褐色,少见条纹及花斑等杂色。体躯紧凑,腿细,前躯发育良好,后躯稍差。体型小,成熟晚。成年公牛体高 137 cm,体重 700 kg,相应母牛分别为 124 cm 和 400 kg;日本和牛的产乳量低,约 1 100 kg,但经过一年或一年多的育肥,屠宰率可达 60%以上,有 10%可用作高级牛肉。

3. 与本地黄牛杂交改良后代的外貌特征和生产性能

具体见表 2.29 至表 2.33。

表 2.29 日本和牛与本地黄牛的杂交 F_1 代母牛的体高和体重情况

项 目	本地牛	杂一代	作者和试验区域
18 月龄母牛体高/cm	121(9)	131(15)	耿进怡和李燎,2011(黑龙江呼兰)
18 月龄母牛体重/kg	324(9)	360(15)	耿进怡和李燎,2011(黑龙江呼兰)

括号内的数字为观察重复值,下同。

表 2.30 日本和牛对本地黄牛改良杂一代(F_1 代)生长性能和产肉性能的影响

项 目	本地牛	杂一代	作者和试验区域
初生重/kg	♂30.2,♀28.8(10,10)	♂33.2,♀31.1(24,21)	耿进怡和李燎,2011(黑龙江呼兰)
6 月龄体重/kg	♂159,♀145(10,10)	♂188,♀190(24,21)	耿进怡和李燎,2011(黑龙江呼兰)
12 月龄体重/kg	♂244,♀189(8,10)	♂312,♀231(20,15)	耿进怡和李燎,2011(黑龙江呼兰)
18 月龄体重/kg	♂360,♀324(8,9)	♂405,♀360(18,15)	耿进怡和李燎,2011(黑龙江呼兰)
屠宰率/%	51.3(7)(胴体重 183.7 kg)	55.1(7)(胴体重 225.9 kg)	耿进怡和李燎,2011(黑龙江呼兰)(18 月龄屠宰)
净肉率/%	43.5(7)(胴体重 183.7 kg)	50.1(7)(胴体重 225.9 kg)	耿进怡和李燎,2011(黑龙江呼兰)(18 月龄屠宰)
眼肌面积/cm^2	132.3(7)(胴体重 183.7 kg)	147.6(7)(胴体重 225.9 kg)	耿进怡和李燎,2011(黑龙江呼兰)(18 月龄屠宰)
嫩度/kg	3.0(7)(胴体重 183.7 kg)	2.8(7)(胴体重 225.9 kg)	耿进怡和李燎,2011(黑龙江呼兰)(18 月龄屠宰)

2.1.2.10 南德温牛

1. 原产地及育成简史

南德温牛(South Devon)原产于英格兰的南德温郡南部和卡如爱尔地区,后引入澳大利亚。该品种原为役用牛,从 19 世纪开始向肉乳兼用方向选育,在南德温牛中引入了更赛牛的血统,后又导入了婆罗门牛的血统而育成,在许多国家有分布。

2. 外貌特征和生产性能

毛色紫红，不怕牛虻，体躯丰满，早熟，生长快，屠宰率高，净肉率达59.5%，肌肉纤维细，脂肪囤积适中，肉质鲜嫩呈明显大理石纹状。成年公牛体高142 cm，体重1 000～1 200 kg；成年母牛体高132 cm，体重500～700 kg，年产奶量1 500～2 000 kg；母牛易受胎，很少难产，护犊性能好，被誉为“母性品种”。犊牛初生重35～40 kg，在良好的饲养条件下，一般日增重可达1.3～1.5 kg。

3. 与本地黄牛杂交改良后代的外貌特征和生产性能

具体见表2.31至表2.33。

表2.31 南德温牛与本地黄牛的杂交 F_1 代的体型外貌和适应性情况

项目	杂一代	作者和试验区域
外貌特征	杂一代牛犊多数为红色或紫红色，体形高大，头颈短粗，背腰平直，肌肉丰满，后躯发达，生长发育快，耐粗饲，抗病力强	姜西安和范茂盛，(2008)(甘肃庆阳)
	杂交牛个体大，体形外貌比较一致，被毛大多为红褐色，眼睑粉红色，体躯结构协调；肌肉丰满，背腰平直，产肉性能好，抗病力强	谢礼裕等，2002(广东湛江)
	头小，体高躯长，肌肉发达，后躯宽厚，尻部宽且丰满，背腰宽广平直，并且生长发育快，毛色光亮，适应性好，抗病力强。毛色多为黄色、红色、红黄色	周太彬等，2005(河南郏县)
	后代牛毛色多呈红黄、浅黄、黄白和枣红，并与母性品种有关，若母牛为秦杂、利杂等红色品种牛，后代牛毛色偏红，呈黄色、红黄色或红色；若母牛为西杂牛或夏杂牛，后代牛毛色较浅，呈黄色或黄白色	陈喜英，2009(河南三门峡)
役用性能	杂交牛经调教后仍可架车、拉犁，进行田间耕作，不影响农户对役力的需要	谢礼裕等，2002(广东湛江)
适应性	南德温杂一代牛表现出适应性较强，耐粗饲，生长快，有较强的抗病力，性情温驯，易于调教，易于育肥	陆震和马利军，(2001)(广东湛江)
	南德温杂交牛表现出了对大通县气候的良好适应性。疫病少，抗病力强，适宜放牧，耐粗饲，性情温驯，容易管理等特点	刘得元和仲青花，2004(青海大通)
	F_1 后代牛适应性较强，对当地牧草和农作物秸秆均有良好的适应性，采食牧草能力也较强，按照当地一般饲养条件均可饲养成功；该牛对一般病均有较强抗病力，特别是不怕牛虻	陈喜英，2009(河南三门峡)
难产率	0(观察200头)	陈喜英，2009(河南三门峡)

表2.32 南德温牛对本地黄牛改良杂一代(F_1 代)生长性能和产肉性能的影响

项目	本地牛	杂一代	作者和试验区域
初生重/kg	♂29.3，♀27.8(8,10)	♂31.5，♀30.6(16,21)	姜西安和范茂盛，(2008)(甘肃庆阳)
	♂14.0，♀12.0	♂25.0，♀23.0	谢礼裕等，2002(广东湛江)
	♂23.4，♀21.7(30,30)	♂35.4，♀28.6(30,30)	刘得元和仲青花，2004(青海大通)
	♂26.3，♀24.4(60,60)	♂34.8，♀32.4(60,60)	周太彬等，2005(河南郏县)

续表 2.32

项目	本地牛	杂一代	作者和试验区域
6月龄体重/kg	♂113.3,♀109.0(8,10)	♂168.4,♀160.2(14,16)	姜西安和范茂盛,(2008)(甘肃庆阳)
	♂78,♀78	♂140,♀138	谢礼裕等,2002(广东湛江)
	♂109.4,♀101.7(30,30)	♂172.3,♀161.5(30,30)	刘得元和仲青花,2004(青海大通)
	♂141.8,♀150.4(60,60)	♂169.3,♀173.9(60,60)	周太彬等,2005(河南郏县)
12月龄体重/kg	♂160,♀155	♂300,♀290	谢礼裕等,2002(广东湛江)
	♂178.3,♀167.6(30,30)	♂278.5,♀264.8(30,30)	刘得元和仲青花,2004(青海大通)
	♂278,♀282(60,60)	♂326.3,♀319.2(60,60)	周太彬等,2005(河南郏县)
18月龄体重/kg	♂250,♀237	♂477,♀462	谢礼裕等,2002(广东湛江)

括号内的数字为观察重复值,下同。

表 2.33　南德温牛作三元杂交终端父本对后代产肉性能的改善

项　目		西门塔尔牛♂×(西本牛)♀	南德温牛♂×(西西本)♀	作者和试验区域
组合1	日增重	5月龄152 kg,到18月龄532 kg,日增重为0.94 kg	5月龄142 kg,到18月龄523 kg,日增重为0.93 kg	田春花等,2007(甘肃张掖)
	屠宰率/%	57.5	56.2	田春花等,2007(甘肃张掖)
项　目		西门塔尔牛♂×(本地牛)♀	南德温牛♂×(西本)♀	作者和试验区域
组合2	屠宰率/%	54.9	64.7	龚怀顺等,2011(甘肃积石山)
	净肉率/%	45.6	55.3	龚怀顺等,2011(甘肃积石山)

2.1.2.11　墨累灰牛

1. 原产地及育成简史

墨累灰牛(Murray Grey)原产于澳大利亚墨累河上游地区,1905 年开始选育,1962 年成立品种协会。最初是用安格斯公牛与浅灰色短角母牛繁育的后代,在级进杂交中灰色呈显性,经过 40 多年的选择,在杂种公牛中得到理想个体,再与灰色的安格斯牛作级进杂交而成。

2. 外貌特征和生产性能

墨累灰牛体形近似于安格斯牛,个体全部无角,四肢不高,体躯圆筒状,全身肌肉丰满,毛色为灰色、银灰色及深灰色,鼻镜和蹄都是灰色,墨累灰牛性情温和,哺乳能力强,耐粗放饲养,胴体品质好,出肉率高。在屠宰形状上,脂肪大多分布在皮下和肌束间,肌肉纤维内较少,大理石状花纹较不明显。成年公牛体重为 700～800 kg,母牛为 450～600 kg。墨累灰牛犊初生重为 23～32 kg,一般屠宰率为 65%,具有生长快、耐热、耐粗饲、饲料转化率高、肉质好、脂肪含量低等优点。

3. 与本地黄牛杂交改良后代的外貌特征和生产性能

墨累灰牛与本地黄牛杂交 F_1 代中出现部分灰牛,即杂交牛的毛色有灰色、黑色、黄色、狸色、黄白色、黑白色、灰白色、灰沙色等,其中灰毛和黑色毛占比例较高,后代出现无角牛,墨蒙 F_1 灰色(包括灰白、灰沙)的犊牛中 91%为无角(内蒙古一家河农场,1978,内蒙古多伦)。墨蒙 F_1 在粗放饲养条件尚可生长发育,耐热性较强,对蜱的感染率仅 2%,具抗蜱耐热、生长发育快的优良性能,适于热带、亚热带地区及其相应生态环境(黎明荣,1990,云南昆明)。具体见表 2.34。

表 2.34 墨累灰牛与本地黄牛的杂交 F_1 代生产性能的表现

项目	本地牛	杂一代	作者和试验区域
初生重/kg	♂19.1,♀17.5(8,10)	♂21.5,♀19.9(25,18)	内蒙古一家河农场,1978(内蒙古多伦)
	16.6(44)	23.8(17)	黎明荣,1990(云南昆明)
	18(17)	25(20)	杨国荣和付美芬,1991(云南昆明)
6月龄体重/kg	115.6	♂142.8,♀132.7(25,18)	内蒙古一家河农场,1978(内蒙古多伦)
	121(17)	141(20)	杨国荣和付美芬,1991(云南昆明)
12月龄体重/kg	180(17)	225(20)	杨国荣和付美芬,1991(云南昆明)
18月龄体重/kg	212.1(37)	270.0(14)	黎明荣,1990(云南昆明)
	245(17)	315(20)	杨国荣和付美芬,1991(云南昆明)
成年体重	330(17)	510(20)	杨国荣和付美芬,1991(云南昆明)
屠宰率/%	47.0(10)(5岁屠宰胴体重105 kg)	56.1(10)(20月龄屠宰胴体重176.5 kg)	杨国荣和付美芬,1991(云南昆明)
净肉率/%	38.0(10)(5岁屠宰胴体重105 kg)	45.5(10)(20月龄屠宰胴体重176.5 kg)	杨国荣和付美芬,1991(云南昆明)

括号内的数字为观察重复值。

2.1.2.12 劳莱恩牛

1. 原产地及育成简史

劳莱恩(Lowline)牛是20世纪90年代初期由澳大利亚Trangie研究所培育出来的世界著名肉牛品种。劳莱恩牛是安格斯牛的一个分支,属于澳大利亚发现的矮小型安格斯牛,适应亚热带和温带地区气候条件的新型肉用优良品种。

2. 外貌特征和生产性能

劳莱恩牛体型矮小,全身被毛黑色,骨骼细致,体躯方正,体型与安格斯牛一样;公母牛均无角,性情温和。抗病力、适应能力很强,耐粗饲,性情温驯,易于饲养管理,肉块大理石状明显,大理石纹评分达7级;背膘厚为7 mm,胴体特征具有安格斯牛的特征。成年公牛体重625 kg,体高110 cm;母牛体重425 kg,体高100 cm。

3. 与本地黄牛杂交改良后代的外貌特征和生产性能

具体见表2.35、表2.36。

表 2.35 劳莱恩牛与本地黄牛的杂交 F_1 代的体型外貌和适应性情况

项目	杂一代	作者和试验区域
外貌特征	杂 F_1 黄牛体格明显增大,身躯宽深,背腰平直,各部发育匀称,体质结实,四肢比大别山黄牛粗壮略高。初生时毛色为黄色,周岁逐渐变为黑色	李助南和查学峰,2006(湖北麻城)
	杂种一代牛被毛初生为黄色,随牛的长大转为黑色;无角;四肢粗壮,背宽腰圆;生长速度较快,肌肉较丰满,肉牛特征较明显,尤其适应农村农户粗放饲养的特点	唐明诗,2005(广西昭平)

续表 2.35

项目	杂一代	作者和试验区域
役用性能	杂 F_1 牛性情温驯，四肢粗壮，背宽腰圆，身强力大，步幅大而稳定，耐力持久，在农村可以调教犁耙田地。一头 1.5 岁的杂 F_1 牛每天能比同龄本地黄牛多犁田地 1～2 亩	唐明诗，2005（广西昭平）
适应性	杂种牛具有耐粗饲、适应能力强、生长快、抗病力强、温驯易养	唐明诗，2005（广西昭平）
	对本地放牧饲养条件的适应性较强，耐粗饲，整个试验期内无重大疾病发生，抗病性、适应性表现良好	田清兵等，2007（湖南永顺）
	具有适应性强，耐粗饲，肉质好，生长发育快，体重大，抗病力强的特点	宋志满等，1998（辽宁台安）
	耐粗饲，抗病力强，环境适应能力强，适应粤北山区炎热、潮湿的气候环境	冯伟星，2000（广东粤北山区）

表 2.36 劳莱恩牛对本地黄牛改良杂交 F_1 代生长性能和产肉性能的影响

项目	本地牛	杂一代	作者和试验区域
初生重/kg	30.8	39.8	宋志满等，1998（辽宁台安）
	17.1(30)	21.8(30)	李助南和查学峰，2006（湖北麻城）
	♂10.5，♀8.8(33，33)	♂17.5，♀16.6(33，33)	唐明诗，2005（广西昭平）
	11.1(40)	16.7(40)	冯伟星，2000（广东粤北山区）
6 月龄体重/kg	136.5	246.3	宋志满等，1998（辽宁台安）
	48.3(40)	105.8(40)	冯伟星，2000（广东粤北山区）
12 月龄体重/kg	131.6(30)	198.7(30)	李助南和查学峰，2006（湖北麻城）
	90.8(40)	186.7(40)	冯伟星，2000（广东粤北山区）
24 月龄体重/kg	200.9(30)	280.6(30)	李助南和查学峰，2006（湖北麻城）
育肥性能	5 月育肥 90 d，由 50.7 kg 到 80.9 kg，日增重为 0.34 kg (7)	5 月育肥 90 d 由 81.9 kg 到 130.3 kg，日增重为 0.54 kg (7)	田清兵等，2007（湖南永顺）
屠宰率/%	46.8(4)（胴体重 94.8 kg）	36.9(4)（胴体重 146.7 kg）	李助南和查学峰，2006（湖北麻城）
	38.5(2)（胴体重 43.2 kg）	50.9(2)（胴体重 89.7 kg）	唐明诗，2005（广西昭平，12 月龄屠宰）
	40.0(10)	48.8(10)	冯伟星，2000（广东粤北山区，12 月龄屠宰）
净肉率/%	36.9(4)（胴体重 94.8 kg）	43.8(4)（胴体重 146.7 kg）	李助南和查学峰，2006（湖北麻城）
	31.2(2)（胴体重 43.2 kg）	40.8(2)（胴体重 89.7 kg）	唐明诗，2005（广西昭平，12 月龄屠宰）
	25.0(10)	35.0(10)	冯伟星，2000（广东粤北山区，12 月龄屠宰）
眼肌面积/cm^2	29.1(2)（胴体重 43.2 kg）	53.1(2)（胴体重 89.7 kg）	唐明诗，2005（广西昭平，12 月龄屠宰）

括号内的数字为观察重复值。

2.1.3 引进兼用牛品种

兼用牛品种是指兼有2种以上生产力方向的牛品种,这类牛品种有乳肉、肉乳、肉役、乳役等不同类型品种。

2.1.3.1 **西门塔尔牛**

1. 原产地与分布

西门塔尔牛(Simmental)原产于瑞士阿尔卑斯山西部西门河谷。1803年出版了第一本良种登记簿。目前西门塔尔牛主要分布于欧洲、亚洲、南美、北美、南非等地区,在欧洲和亚洲大约有3 000万头。有19个国家建立了良种登记,1974年成立“世界西门塔尔牛联合会(WSF)”。

2. 外貌特征

毛色多为黄白花或淡红白花,头、胸、腹下、四肢、尾帚多为白色。体格高大,成年公牛体高142~150 cm,体重1 000~1 200 kg;相应母牛分别为134~142 cm和550~800 kg,犊牛初生重30~45 kg。后躯较前躯发达,中躯呈圆筒形。额与颈上有卷曲毛。四肢强壮,蹄圆厚。乳房发育中等,乳头粗大,乳静脉发育良好。

3. 生产性能

耐粗饲、适应性强,四肢坚实,寿命长,繁殖力强。肉用、乳用性能均佳,平均产乳量4 000 kg以上,乳脂率4%;初生至1周岁平均日增重可达1.32 kg,12~14月龄活重可达540 kg以上,较好条件下屠宰率为55%~60%,育肥后屠宰率可达65%。

4. 改良我国黄牛效果

我国自20世纪50年代开始从苏联引进,20世纪70~80年代又先后从瑞士、德国、奥地利等国引进,全国存栏1万余头,是目前群体最大的引进兼用品种,于1981年成立中国西门塔尔牛育种委员会。中国西门塔尔牛核心群平均产奶量3 550 kg,乳脂率4.74%。与我国北方黄牛杂交,所生后代体格增大,生长加快,受到群众欢迎。西杂牛产奶量2 871 kg,乳脂率4.08%。

具体见表2.37至表2.39。

表2.37 西门塔尔牛与本地黄牛的杂交F_1代的体型外貌、适应性和母牛繁殖性能

项目	杂一代	作者和试验区域
外貌特征	体型趋向父本(西门塔尔牛),头变短宽、颈粗短,体躯丰满,四肢粗壮,全身肌肉发达,毛色多为黄、红白花	孙鹏举,1991(内蒙古哲盟)
	西杂牛在体型上明显倾向于父本,表现出父本良好的兼用型。头短,额宽,体格健壮,体型匀称紧凑,肌肉丰满,后躯发达,四肢粗壮,蹄质坚实,行动迅速。母牛乳房发育良好,毛色多为黄白花、白额,尾端及四肢多为白色	杨延玉和张承印,1992(安徽灵璧)
适应性	哺乳性能良好,性情温驯,觅食性强,不挑食,放牧采食广,食量大,抗病能力强,能适应当地的气候和自然条件	孙鹏举,1991(内蒙古哲盟)
	西杂牛对当地自然条件和饲养条件均有较强的适应性。高温和严寒季节均无不良反应。表现耐粗饲,不择食,抗病力强。西杂牛性情温驯,易于管理和调教,1.5岁即可调教使役	杨延玉和张承印,1992(安徽灵璧)

续表 2.37

项目	杂一代	作者和试验区域
泌乳性能	2 008.9 kg(51)	孙鹏举，1991(内蒙古哲盟)
	2 120.1 kg(5～6)	李运起等，2000(河北丰宁)
	第1胎平均日产奶量9.34 kg(305 d)	赵元礼等，1990(山东烟台)
	第1胎平均日产奶量4.8 kg(275 d)(3)	杨延玉和张承印，1992(安徽灵璧)
难产率	难产率0.5%	杨延玉和张承印，1992(安徽灵璧)
初配月龄	西本 F_1 牛性成熟较本地牛推迟2～3个月，在放牧补饲的条件下，西本 F_1 牛12个月开始发情。最适宜的配种时间是18月龄	辜正刚，2006(贵州三都)
	西杂母牛一般初情为9月龄，1～1.5岁配种。流产和难产各占0.5%。由于西杂母牛乳房大，泌乳量高，对犊牛初期生长发育有利	杨延玉和张承印，1992(安徽灵璧)

括号内的数字为观察重复值，下同。

表 2.38　西门塔尔牛与本地黄牛的杂交 F_1 代母牛的体重和体高情况

项　目		本地牛	杂一代	作者和试验区域
母牛体高/cm	12月龄	126.7(50)	133.3(50)	潘越博，2010(甘肃西部)
	12月龄	85.4(20)	100.2(20)	辜正刚 2006(贵州三都)
	18月龄	92.8(20)	110.5(20)	辜正刚 2006(贵州三都)
	成年	112.8(109)	123.6(43)	赵元礼等(1990)(山东烟台)
母牛体重/kg	24月龄	302.6(100,108)	375.1(73,105)	杨延玉和张承印 1992(安徽灵璧)
	36月龄	330.9(100,108)	418.3(73,105)	杨延玉和张承印 1992(安徽灵璧)

表 2.39　西门塔尔牛对本地黄牛改良杂交 F_1 代生长性能和产肉性能的影响

项目	本地牛	杂一代	作者和试验区域
初生重/kg	♂28.1，♀27.1(50,50)	♂41.2，♀39.5(50,50)	潘越博，2010(甘肃西部)
	♂18.1，♀17.5(41,32)	31.3♂，♀29.2(33,29)	李运起等，2000(河北丰宁)
	12.5(15)	23.3(15)	赵元礼等，1990(山东烟台)
	♂10.3，♀9.4(20,20)	♂21.5，♀20.6(20,20)	辜正刚，2006(贵州三都)
	♂18.5，♀16.9(12,12)	♂33.2，♀31.9(30,30)	杨延玉和张承印，1992(安徽灵璧)
6月龄体重/kg	♂148.6，♀140.7(50,50)	♂190.3，♀182.8(50,50)	潘越博，2010(甘肃西部)
	♂103.4，♀99.9(24,22)	♂149.1，♀142.6(25,20)	李运起等，2000(河北丰宁)
	♂45.4，♀42.5(20,20)	♂80.6，♀71.5(20,20)	辜正刚，2006(贵州三都)
	♂127.9，♀126.8(76,61)	♂186.1，♀177.1(78,88)	杨延玉和张承印，1992(安徽灵璧)
12月龄体重/kg	♂267.3，♀260.5(50,50)	♂341.2，♀332.4(50,50)	潘越博，2010(甘肃西部)
	♂168.3，♀145.3(20,21)	♂204.3，♀190.7(20,14)	李运起等，2000(河北丰宁)
	♂92.5，♀81.3(20,20)	♂164.2，♀131.6(20,20)	辜正刚，2006(贵州三都)
	♂228.1，♀224.1(30,30)	♂294.9，♀284.3(57,38)	杨延玉和张承印，1992(安徽灵璧)

续表 2.39

项目	本地牛	杂一代	作者和试验区域
18 月龄体重/kg	♂127.3，♀105.6(20,20)	♂221.6，♀164.2(20,20)	辜正刚，2006(贵州三都)
	♂265.4，♀255.1(14,30)	♂330.0，♀328.5(11,39)	杨延玉和张承印，1992(安徽灵璧)
36 月龄体重/kg	♂350.2，♀330.9(8,108)	♂484.3，♀418.3(4,105)	杨延玉和张承印，1992(安徽灵璧)
育肥性能	6～12 月龄日增重 0.78 kg(100)	6～12 月龄日增重 1.02 kg(100)	潘越博，2010(甘肃西部)
	220 kg 到 286 kg，日增重 0.53 kg(6)	304 kg 到 430 kg，日增重 1.06 kg(6)	韩登武，2008，14 月龄开始试验(甘肃西部)
	公母各半，放牧舍饲 12 月龄公牛去势放牧，初生到 18 个月，日增重为 0.56 kg(4)	公母各半，放牧舍饲 12 月龄公牛去势放牧，初生到 18 个月，日增重为 0.63 kg(4)	李景和等，1985(黑龙江齐齐哈尔)
屠宰率/%	52.45(6)	54.97(6)	韩登武，2008(甘肃西部)
	48.7(6)	51.9(6)	杨延玉和张承印，1992(安徽灵璧)
	41.7(5)	50.2(5)	辜正刚，2006(贵州三都)，放牧补饲 18 月龄屠
	47.4(8)	48.7(8)	程华东和戴春桃，2000(湖南湘西黄牛)
	53.6(2)	55.8(2)	李景和等，1985(黑龙江齐齐哈尔)(18 月龄公牛)
净肉率/%	39.64(6)	42.64(6)	韩登武，2008(甘肃西部)
	37.2(6)	40.4(6)	杨延玉和张承印，1992(安徽灵璧)
	32.3(5)	37.9(5)	放牧补饲 18 月龄屠宰，辜正刚，2006(贵州三都)
	36.4(8)	39.1(8)	程华东和戴春桃，2000(湖南湘西黄牛)
	39.0(2)	43.7(2)	李景和等，1985(黑龙江齐齐哈尔)(18 月龄公牛)
眼肌面积/cm^2	73.3(6)	52.3(6)	韩登武，2008(甘肃西部)
	51.2(6)	64.1(6)	杨延玉和张承印，1992(安徽灵璧)
	36.5(8)	61.3(8)	程华东和戴春桃，2000(湖南湘西黄牛)

2.1.3.2 瑞士褐牛

1. 原产地

瑞士褐牛(Swiss Brown)原产于瑞士中部山区本地牛，据称其祖先来源于中亚地区，在瑞士全境均有分布，占瑞士牛数量的47%，仅次于西门塔尔牛，为瑞士的古老品种。该品种原为乳、肉、役3用，后发展成为以乳用为主的兼用品种，目前在多个国家和地区有分布。

2. 外貌特征

毛色从灰褐到浅褐不等，有的个体几乎呈白色。鼻镜、乳房及四肢内侧毛色较淡，角尖、鼻镜、蹄壳上多有黑色素沉积。头宽短、额稍凹陷，角中等长，颈粗短，垂皮不发达。体格略小于西门塔尔牛，成年公牛体高150～160 cm，体重1 000～1 200 kg；成年母牛体高135～142 cm，体重 600～700 kg；犊牛初生重 30～50 kg。

3. 生产性能

属乳用为主的乳肉兼用品种，骨骼坚实，四肢强壮，蹄壳结实，使用寿命长，平均妊娠期 290 d，略高于其他品种，平均产乳量 2 500～3 800 kg，乳脂率 3.23%～3.87%。一般 18 月龄活重可达 485 kg，屠宰率 50%～60%，育肥期平均日增重可达 1.1～1.2 kg。适应能力强，在多种气候和饲养管理条件下均有良好表现。美国的瑞士褐牛属乳用型，平均产乳量达 6 000～7 000 kg，乳脂率 4%，乳蛋白含量 3.7%。

4. 与本地黄牛杂交改良后代的外貌特征和生产性能

瑞士褐牛与本地黄牛杂交 F_1 代后代个体大，且体型外貌比较一致，被毛呈褐色，深浅不一，顶部、角基部、口轮的周围和背线为灰白色或黄白色，眼睑、鼻镜、尾尖、蹄呈深褐色。体躯结构协调；肌肉丰满，背腰平直，产肉性能好，抗病力强，保持耐严寒、耐粗饲、抗病力强的优良性状（李建华和刘武军，2006，新疆塔城）。

具体见表 2.40 和表 2.41。

表 2.40　瑞士褐牛与本地黄牛的杂交 F_1 代母牛的体高和体重情况

项　目	本地牛	杂一代	作者和试验区域
泌乳性能	半舍饲 305 d，一胎次 2 600 kg(270)	半舍饲 305 d，一胎次 3 100 kg(270)	李建华，刘武军(2006)(新疆塔城)
48 月龄母牛体高/cm	122.8(50)	124.7(50)	李建华，刘武军(2006)(新疆塔城)
48 月龄母牛体重/kg	438.6(50)	470.1(50)	李建华，刘武军(2006)(新疆塔城)

括号内的数字为观察重复值，下同。

表 2.41　瑞士褐牛对本地黄牛改良杂交 F_1 代生长性能和产肉性能的影响

项目	本地牛	杂一代	作者和试验区域
初生重/kg	♂32.8，♀32.1(150,130)	♂34.2，♀32.6(150,130)	李建华，刘武军(2006)(新疆塔城)
6 月龄体重/kg	♂172.4，♀129.9(100,110)	♂189.5，♀133.4(100,110)	李建华，刘武军(2006)(新疆塔城)
12 月龄体重/kg	♂277.5，♀221.0(57,68)	♂307.0，♀234.6(57,68)	李建华，刘武军(2006)(新疆塔城)
18 月龄体重/kg	♂420.1，♀305.1(43,50)	♂497.5，♀323.7(43,50)	李建华，刘武军(2006)(新疆塔城)
36 月龄体重/kg	♂612.4，♀394.3(35,50)	♂684.6，♀421.5(35,50)	李建华，刘武军(2006)(新疆塔城)
育肥性能	18 月龄公牛 142.0 kg 育肥到 213.5 kg，日增重 0.77 kg(5)	18 月龄公牛 275.5 kg 育肥到 362.8 kg，日增重 0.94 kg(5)	陈太礼等，1984(新疆库车县)
	15 月龄公牛 131.3 kg 育肥到 191.1 kg，日增重 0.50 kg(12)	15 月龄公牛 184.5 kg 育肥到 302.9 kg，日增重 0.99 kg(5)	古丽娜尔和阿米娜(2007)(新疆塔城)
屠宰率/%	52.5(10)(胴体重 199.7 kg)	56.2(10)(胴体重 257.6 kg)	李建华，刘武军(2006)(新疆塔城)
	54.2(5)(胴体重 114.8 kg)	56.1(5)(胴体重 201.3 kg)	陈太礼等，1984(新疆库车县，20 月龄屠宰)

续表 2.41

项目	本地牛	杂一代	作者和试验区域
屠宰率/%	46.5(2)(胴体重 94.8 kg)	55.2(2)(胴体重 175.3 kg)	古丽娜尔和阿米娜(2007)(新疆塔城)
净肉率/%	42.6(10)(胴体重 199.7 kg)	47.5(10)(胴体重 257.6 kg)	李建华,刘武军(2006)(新疆塔城)
	50.1(5)(胴体重 114.8 kg)	43.0(5)(胴体重 201.3 kg)	陈太礼等,1984(新疆库车县,20月龄屠宰)
	36.4(2)(胴体重 94.8 kg)	44.2(2)(胴体重 175.3 kg)	古丽娜尔和阿米娜(2007)(新疆塔城)
眼肌面积/cm^2	35.7(5)	49.7(5)	陈太礼等,1984(新疆库车县,20月龄屠宰)

2.1.3.3 丹麦红牛

1. 原产地及育成经过

丹麦红牛(Danish Red)原产于丹麦,由安格勒牛(Angler)、乳用短角牛与当地牛杂交改良的基础上育成。1878 年形成品种,1885 年出版良种登记册,近 20 多年来导入过瑞士褐牛基因,以乳脂率、乳蛋白率高而著称。

2. 外貌特征

被毛为红或深红色,公牛毛色通常较母牛深,鼻镜浅灰至深褐色,蹄壳黑色,部分牛只乳房或腹部有白斑毛,被毛软、短,光亮,体格较大,体躯方正深长,背腰平直,四肢粗壮结实,角短且致密,乳房发达而匀称,乳头长。成年公牛体高 148 cm,体重 1 000～1 300 kg;成年母牛体高 132 cm,体重 650 kg;犊牛初生重 40 kg。

3. 生产性能

具有较好的乳用性能,1989—1990 年在丹麦的平均产奶量为 6 712 kg,乳脂率 4.31%,乳蛋白含量 3.49%。美国 2000 年 53 819 头母牛的平均产奶量为 7 316 kg,乳脂率 4.16%,乳蛋白含量 3.57%;高产牛群的平均产奶量 9 533 kg,乳脂率 4.53%,乳蛋白含量 3.55%;最高单产 12 669 kg,乳脂率 5%,乳蛋白含量 3.82%。12～16 月龄小公牛,在良好的育肥条件下,平均日增重可达 1.0 kg,屠宰率 57%;品种平均屠宰率 54%,犊牛哺乳期日增重 0.7～1.0 kg。

4. 杂交改良我国黄牛效果

用于改良秦川牛,杂一代平均初生重 30～32 kg,母牛头胎平均产乳量 1 750 kg,高产个体可达 2 415 kg,其乳脂率为 5.01%,乳蛋白含量为 3.68%,干物质含量为 14.43%。

具体见表 2.42 至表 2.44。

表 2.42 丹麦红牛与本地黄牛的杂交 F_1 代的体型外貌和适应性

项目	杂一代	作者和试验区域
外貌特征	丹秦 F_1 牛具有其父本丹麦红牛和母本秦川牛的品种外貌特征,毛色酷似秦川牛,多数为紫红或深红色,但鼻镜和眼圈多数为黑色,蹄壳亦为黑色,角比秦川牛稍长。体型大于秦川牛,体躯较长,胸部宽深,背腰平直,肌肉发育较好,后躯亦较丰满。尻部宽平,秦川牛后躯尖斜的缺点已基本得到改进。乳房发育良好,乳头粗长,四肢正直,体质健壮结实	邱怀和刘致臻,1994(陕西秦川牛)

续表 2.42

项目	杂一代	作者和试验区域
外貌特征	丹闽 F_1 体格较大，结实匀称，头大小适中，额宽大微凹、眼大有神，角呈蜡色或黑色，胸部宽深，背腰平直，体躯长，腹较大，后躯宽平，乳房发育好，容积较大，乳头粗长，分布均匀，母牛被毛有枣红、棕红等，且随季节变化，冬季呈深红褐色，公牛被毛多为黑褐色，眼圈和嘴周有浅色毛环，鼻镜、蹄壳一般为黑色，体形呈乳、肉、役兼用型	邹霞青等，1995（福建闽南黄牛）
役用性能	丹秦 F_1 母牛的最大挽力为 301.9 kg 和经常挽力为 80.8 kg，而秦川母牛的最大挽力为 262.5 kg 和经常挽力为 76.5 kg	邱怀和刘致臻，1994（陕西秦川牛）
适应性	有良好的适应性，在各种气候、生态条件下，只要能满足其营养需要，均能正常生长、繁殖	邱怀和刘致臻，1994（陕西秦川牛）
	对农作物秸秆等粗饲料利用能力强，不挑食，能适应黄土丘陵区的生态环境	王继武等，1992（宁夏固原）
	丹闽 F_1 无论在放牧或粗放的农家舍饲条件下，均表现出耐粗饲，采食快，抗病力强，耐寒也较耐热，在夏季气温高达 37℃下，也未见有不良反应，能较好适应亚热带生态条件。耐粗，且性情温驯，容易饲养	邹霞青等，1995（福建闽南黄牛）

表 2.43　丹麦红牛与本地黄牛的杂交 F_1 代母牛的体高和体重情况

项目	本地牛	杂一代	作者和试验区域
泌乳性能	平均产奶量 715.8 kg	第一胎泌乳期平均为 225 d，平均产奶量为 1 749.5 kg，日均 7.63 kg，最高日产 12.0 kg(30)	邱怀和刘致臻，1994(陕西秦川牛）
		第一胎泌乳期平均为 210 d，产乳 1 500～1 700 kg，泌乳初期日产 10～12 kg，最高可达 20 kg	邹霞青等，1995（福建闽南黄牛）
12 月龄母牛体高	100.7 cm	107.3 cm	邱怀和刘致臻，1994(陕西秦川牛）
36 月龄母牛体高	104.3 cm (16)	120.3 cm(16)	邹霞青等，1995（福建闽南黄牛）
36 月龄母牛体重	210.7 kg(16)	379.2 kg(17)	邹霞青等，1995（福建闽南黄牛）

括号内的数字为观察重复值，下同。

表 2.44　丹麦红牛对本地黄牛改良杂交 F_1 代生长性能和产肉性能的影响

项目	本地牛	杂一代	作者和试验区域
初生重/kg	♂26.5，♀20.1(30,38)	♂32.9，♀29.7(50,90)	邱怀和刘致臻，1994(陕西秦川牛）
	♂20.3，♀19.0(35,48)	♂26.5，♀25.5(26,23)	邹霞青等，1995(福建闽南黄牛）
6 月龄体重/kg	♂119.8，♀132.0(25,60)	♂159.8，♀138.9(20,60)	邱怀和刘致臻，1994(陕西秦川牛）
	66(10)	83(10)	王继武等，1992(宁夏固原）
	♂67.7，♀67.0(53,44)	♂95.1，♀90.4(31,28)	邹霞青等，1995(福建闽南黄牛）

续表 2.44

项目	本地牛	杂一代	作者和试验区域
12 月龄体重/kg	♀179.0(20)	♀220.2(60)	邱怀和刘致臻,1994(陕西秦川牛)
	♂114,♀113(5,5)	♂120,♀115(5,5)	王继武等,1992(宁夏固原)
	♂136.7,♀126.3(35,48)	♂183.6,♀168.4(26,12)	邹霞青等,1995(福建闽南黄牛)
18 月龄体重/kg	147(10)	187(10)	王继武等,1992(宁夏固原)
	♂207.7,♀198.2(22,16)	♂248.4,♀251.7(9,9)	邹霞青等,1995(福建闽南黄牛)
24 月龄体重/kg	205(10)	224(10)	王继武等,1992(宁夏固原)
	♂207.7,♀198.2(22,16)	♂327.5,♀325.1(5,10)	邹霞青等,1995(福建闽南黄牛)
育肥性能	16 月龄公牛育肥 116 d 由 215 kg 到 273 kg,平均日增重为 0.50 kg(3)	16 月龄公牛育肥 116 d 由 263 kg 到 347 kg,平均日增重为 0.73 kg(9)	阎智富等,1990(辽宁瓦房店复州牛)
屠宰率/%	53.6(5)(胴体重 144.9 kg)	53.4 (11) (胴体重 171.4 kg)	阎智富等,1990(辽宁瓦房店复州牛)
净肉率/%	43.5(5)(胴体重 144.9 kg)	43.0 (11) (胴体重 171.4 kg)	阎智富等,1990(辽宁瓦房店复州牛)
眼肌面积/cm²	59.5(5)(胴体重 144.9 kg)	68.8 (11) (胴体重 171.4 kg)	阎智富等,1990(辽宁瓦房店复州牛)

2.1.3.4 短角牛

1. 原产地及育成经过

短角牛(Shorthorn)原产于英国的诺森伯兰、达勒姆、约克和林肯等郡,是最早的登记品种。1822 年开始品种登记,1874 年成立品种协会。1950 年,随着世界奶牛业的发展,一部分短角牛又向乳用方向选育,至今形成了肉用和乳用短角牛 2 个类型。

(1) 肉用短角牛。①外貌特征。肉用短角牛以红色被毛为主,也有白色和红白交杂的沙毛个体,相当数量的个体腹下或乳房部有白斑;鼻镜粉红色,眼圈色淡,头短,额宽平,角短细,向下稍弯,呈蜡黄或蜡白色,角尖黑;颈部被毛长且卷曲,额顶有丛生的较长被毛;背腰宽且平直,尻部宽广、丰满,体躯长而宽深,具有典型的肉用牛体型。成年公牛体高 140 cm,体重 1 000 kg;成年母牛体高 130 cm,体重 700 kg。②生产性能。据英国测定,肉用短角牛 200 日龄公犊平均体重 209 kg,400 日龄可达 412 kg,育肥期日增重可达 1 kg 以上,母牛泌乳力好。

(2) 兼用短角牛,美国官方称其为乳用短角牛。①外貌特征。与肉用短角牛相似,但乳用特征明显,乳房发达,体格较大,成年公牛体重 1 000 kg 以上,成年母牛体重 700～800 kg。②生产性能。平均产奶量 3 310 kg,乳脂率 3.69%～4.0%,高产牛可达 5 000～10 000 kg。

2. 与本地黄牛杂交改良后代的外貌特征和生产性能

具体见表 2.45 至表 2.47。

表 2.45　短角牛与本地黄牛的杂交 F_1 代的体型外貌和适应性

项目	杂一代	作者和试验区域
外貌特征	短本杂一代牛个体大，体型外貌基本一致，被毛多数为棕红色，体型协调匀称，肌肉丰满	曹晓云等，2007（云南富源）
	短杂一代的体质结实，骨骼粗壮，结构匀称，发育良好，毛色多为紫红色，毛较粗长，头宽短，胸部宽深，背腰平直，腰角宽而显露，尻部稍平而宽，四肢端正，胫部较短，蹄趾较大，呈深红色。6月龄以后的母犊乳基明显，乳头分布均匀，两侧对称，乳房发育良好，性情温驯	崔生新等，1988（陕西旬邑）
	短秦 F_1 牛体型外貌均比秦川牛有较显著的变化，基本显示了父本特征。表现头短额宽，颈粗胸深，背腰平直。肋骨开张良好，后躯发达，四肢粗壮，全身肌肉丰满，体型结构紧凑而结实，毛色为全身一致的紫红色，呈现较好的乳、肉、役兼用型，颇受群众喜欢	陆金民，1993（陕西旬邑）
	短本牛被毛柔软有光泽，毛色多为黄色、浅黄和深红色，部分为沙色。全身结构均匀，各部结合良好，体格粗壮结实，四肢强健有力。体型呈矩形，头短，额宽，脸宽，角短且由两侧向前伸出，四肢短，背宽深，肌肉丰满。与本地牛相比，体型较高，躯干长，肋开张，后躯尻部宽长而平。随改良代次的增加，体型外貌逐渐趋于短角牛	姚亚铃等，2007（湖南怀化）
役用性能	短秦 F_1 多在1.5岁左右开始使役，加之性情温驯，易调教，力气大，短秦 F_1 公母牛平均经常挽力分别为88 kg和68 kg，秦川牛公母牛的平均经常挽力分别为72.0 kg和65.4 kg	陆金民，1993（陕西旬邑）
适应性	短秦 F_1 牛保持了秦川牛抗病性强、耐粗饲、力气大，性情温驯、易管理等优良性状	陆金民，1993（陕西旬邑）
	短本牛表现出良好的适应性，耐粗饲，能充分利用农作物秸秆，有较强的抗病能力，抗寒能力比湘西黄牛强许多，但抗热能力不及湘西黄牛	姚亚铃等，2007（湖南怀化）

表 2.46　短角牛与本地黄牛的杂交 F_1 代母牛的体高和体重情况

项目	本地牛	杂一代	作者和试验区域
泌乳性能	秦川牛一个泌乳期可产奶1 500～2 500 kg	短秦 F_1 牛日产奶8～10 kg，一个泌乳期可产奶2 000～3 000 kg	陆金民，1993（陕西旬邑）
	30日龄时的日泌乳量为3.9 kg(10)	30日龄时的日泌乳量为8.1 kg (10)	姚亚铃等，2007（湖南怀化）
难产率	0	0	达珠海等，1991（陕西眉县）
初配月龄	17.4(104)	18.6(70)	达珠海等，1991（陕西眉县）
24月龄母牛体重	193.2 kg(15)	334.3 kg(15)	李祥和胡建宏，2005（云南富源）
	208.5 kg(30)	264.6 kg(30)	姚亚铃等，2007（湖南怀化）

括号内的数字为观察重复值，下同。

表 2.47　短角牛对本地黄牛改良杂交 F_1 代生长性能和产肉性能的影响

项目	本地牛	杂一代	作者和试验区域
初生重/kg	♂10.5，♀9.0(9,8)	♂16.8，♀13.9(7,11)	曹晓云等，2007（云南富源）
	♂16.4，♀15.2(15,15)	♂22.4，♀21.3(15,15)	李祥和胡建宏，2005（云南富源）
	♂25.4，♀23.1	♂35.1，♀33.0	陆金民，1993（陕西旬邑）
	♂15.9，♀14.2(30,30)	♂23.6，♀22.3(30,30)	姚亚铃等，2007（湖南怀化）

续表 2.47

项目	本地牛	杂一代	作者和试验区域
6月龄体重/kg	♂65.0,♀48.2(13,9)	♂100.7,♀79.6(16,8)	曹晓云等,2007(云南富源)
	♂71.2,♀64.2(15,15)	♂114.7,♀108.3(15,15)	李祥和胡建宏,2005(云南富源)
	♂111.8,♀98.9	♂131.4,♀124.8	陆金民,1993(陕西旬邑)
	♂113.7,♀102.5(30,30)	♂139.5,♀134.2(30,30)	姚亚铃等,2007(湖南怀化)
12月龄体重/kg	♂171.8,♀142.0(19,17)	♂235.1,♀186.0(12,21)	曹晓云等,2007(云南富源)
	♂126.4,♀118.1(15,15)	♂206.4,♀203.1(15,15)	李祥和胡建宏,2005(云南富源)
	♂181.8,♀168.9	♂231.4,♀198.8	陆金民,1993(陕西旬邑)
	♂161.5,♀152.5(30,30)	♂202.7,♀193.5(30,30)	姚亚铃等,2007(湖南怀化)
18月龄体重/kg	♂201.1,♀159.8(18,21)	♂307.8,♀277.9(14,25)	曹晓云等,2007(云南富源)
	♂275.9,♀260.3	♂332.4,♀309.5	陆金民,1993(陕西旬邑)
24月龄体重/kg	♂204.3,♀193.2(15,15)	♂346.6,♀334.3(15,15)	李祥和胡建宏,2005(云南富源)
	♂231.4,♀208.5(30,30)	♂276.6,♀264.6(30,30)	姚亚铃等,2007(湖南怀化)
育肥性能	6月龄公牛育肥90 d由81.7 kg到142.9 kg,平均日增重为0.68 kg(6)	6月龄公牛育肥90 d由106.8 kg到190.5 kg,平均日增重为0.93 kg(6)	曹晓云等,2007(云南富源)
	6~7月龄犊牛育肥90 d由81.7 kg到143.5 kg,平均日增重为0.69 kg(12)	6~7月龄犊牛育肥90 d由118.6 g到224.2 kg,平均日增重为1.17 kg(12)	李祥和胡建宏,2005(云南富源)
	18月龄公牛育肥90 d由198.3 kg到245.6 kg,平均日增重为0.52 kg(12)	18月龄公牛育肥90 d由255.4 g到330.9 kg,平均日增重为0.84 kg(12)	姚亚铃等,2007(湖南怀化)
屠宰率/%	55.6	59.8	陆金民,1993(陕西旬邑)
	48.9(5)(胴体重124.6 kg)	53.4(5)(胴体重177.9 kg)	姚亚铃等,2007(湖南怀化)
	50.4(3)(胴体重115.4 kg)	52.7(6)(胴体重169.3 kg)	李晓玲,1986(陕西周至)
净肉率/%	48.4	50.3	陆金民,1993(陕西旬邑)
	38.7(5)(胴体重124.6 kg)	40.4(5)(胴体重177.9 kg)	姚亚铃等,2007(湖南怀化)
	39.9(3)(胴体重115.4 kg)	42.0(6)(胴体重169.3 kg)	李晓玲,1986(陕西周至)
眼肌面积/cm²	80.6	94.8	陆金民,1993(陕西旬邑)
	56.4(3)(胴体重115.4 kg)	74.2(6)(胴体重169.3 kg)	李晓玲,1986(陕西周至)

2.1.3.5 萨莱斯牛

1. 原产地及育成简史

萨莱斯牛(Salers),也称沙勒斯牛,产于法国中央高地奥弗涅地区。是法国最古老的牛种之一,现选育成肉乳兼肉牛,同时可作为保姆牛育犊。

2. 外貌特征和生产性能

萨莱斯牛为较大型的牛种,体质壮实,体躯宽深,后躯肌肉发达。四肢健壮,蹄质结实,角细而长,向两侧平出并扭向后上方挑起,公牛角较粗,不扭曲而向前上方伸展。毛色为红色,自深黄到紫红不等。在强度育肥条件下,公犊日增重可达1.3 kg。宰前重为647 kg时,屠宰率达55.3%,胴体重358 kg。18月龄屠宰时,胴体含肌肉69%,脂肪15.5%,骨骼15.5%,24月龄屠宰,分别能达到72%、15%和13%。肉质细嫩。在人工草地放牧并补料的条件下，平均产奶量 3 000～3 500 kg，乳脂率 3.8%，乳蛋白率 3.45%，乳品主要是专用的奶酪。

2.1.4 瘤牛

瘤牛原产于印度。瘤牛因其鬐甲前端有一肌肉隆起组织似瘤而取名。瘤牛与普通牛不同，它的头部狭长，额宽且凸出，两耳大而悬垂，长达 22～33 cm，下垂倒挂，皮肤松弛，颈垂、脐垂特别发达，皮肤质地紧密而厚，分泌有臭气的皮脂，能驱虱，有明显的抗热、抗病和抗焦虫病能力，并能将此特性遗传给杂种后代。瘤牛汗腺发达，单位面积的汗腺比普通牛多，且汗腺的体积大，一般温度升到 25℃以上时，普通牛呼吸、脉搏加快，而瘤牛却无影响，瘤牛十分耐热，耐干旱。

2.1.4.1 婆罗门牛

1. 原产地及育成简史

婆罗门牛(Brahman)是美国引用印度瘤牛而育成的一个适应热带、亚热带和炎热干旱地带的肉用瘤牛品种。1924 年成立婆罗门牛品种协会并建立了良种登记簿。由于婆罗门牛具有耐热抗寒、抗病力强、寿命长、母性强、泌乳力高、难产率低、耐粗饲及杂种优势明显等特点，近几十年来美国利用婆罗门牛作为亲本，培育了圣格鲁迪牛(Santa Gertrudis)、肉牛王牛(Beefmaster)、婆朗格斯牛(Brangus)、婆罗福特牛(Braford)、西门婆罗牛(Simbrah)及夏白雷牛(Charbray)等 12 个肉牛新品种。目前，美国 46 个州均有婆罗门牛分布，此外，还出口到墨西哥、巴西、澳大利亚、马来西亚、菲律宾和泰国等 63 个国家。

2. 外貌特征

体格中等偏大型，头部狭长，前额平或稍凸，耳大下垂，皮肤松软，瘤峰及垂皮发达、呈黑色。躯干宽深，全身肌肉发达，四肢较长，骨骼结实，被毛粗短略稀，毛色多为深浅不同的银灰色，目前也有少数红、棕、黑色个体。成年公牛体重 800～1 000 kg，成年母牛体重 500～650 kg，犊牛初生重平均为 31 kg。

3. 生产性能

6 月龄体重达 170～180 kg，从 6 月龄到 2 周岁平均日增重为 830 g，经育肥后屠宰率可达 70%以上，小牛屠宰率为 60%。

4. 与本地黄牛杂交改良后代的外貌特征和生产性能

婆罗门牛杂种优势明显，如 6 月龄的婆罗福特牛断奶体重达 197 kg，比在同等条件下的海福特纯种牛高 13%。邹霞青等(1987)用婆罗门牛与闽南黄牛杂交，其杂一代牛 18 月龄体重比本地牛提高 56.2%，育肥期日增重比本地牛提高 54.1%，屠宰率提高 4.5%，经常挽力比本地牛提高 39.5%；杂种牛的耐热性能亦提高，杂种牛的耐热系数为 86，本地牛为 76；杂种牛还表现出抗蜱、抗病和耐粗饲的特点，见表 2.48。据云南省肉牛和牧草研究中心的资料，用澳大利亚的婆罗门牛与云南黄牛杂交，在完全放牧的条件下，杂种一代牛的初生重、18 月龄体重和成熟体重分别比本地牛提高 42.10%、28.92%和 21.91%，尤其是在生长后期，杂种优势高于其他品种与本地黄牛的杂交后代。

具体见表 2.48 至表 2.50。

表 2.48 婆罗门牛与本地黄牛的杂交 F_1 代的体型外貌、适应性和泌乳性能

项目	杂一代	作者和试验区域
外貌特征	婆杂牛体格较本地牛明显高大，结构紧凑，骨骼结实，全身肌肉丰满，体型偏向于役肉或肉役兼用型。头明显比本地牛长，额宽微突，耳长且大，稍有下垂，肩峰高，尤以公牛为甚。胸宽深，背腰宽平，尻部发育良好，皮肤厚且松弛，垂皮脐鞘发达，四肢强健，蹄圆质坚。被毛较本地牛短粗，毛色多为深浅不同的灰色和深渴色。而本地牛则多为黄色和褐色	邹霞青等，1987（福建崇安）
	婆罗门牛杂一代体格健壮，体躯匀称，肌肉丰满，具有不同程度瘤牛特征。身长，肩峰明显，颈、胸腹下肉垂发达，两耳长向前垂下。其外貌倾向于父本，毛色表现不一致，据统计，100 头婆罗门牛杂一代，褐色的占 10%，白色占 15%，银灰色占 42.5%，灰黄色占 32.5%	广西畜牧研究所，1988（广西）
	婆闽牛体格比闽南黄牛高大，结构匀称，全身肌肉丰满，呈兼用型。头较长，轮廓清晰，眼大有神，嘴宽，耳长略垂。颈胸垂发达，肩峰高，胸宽且深，尻部丰满，乳房发育好，四肢结实，全身皮肤松弛，脐鞘明显。一般毛色多为深浅不同的灰色，并随季节而变化，夏季为浅灰色，冬季则变为深灰色或暗褐色	邹霞青等，1989（福建，闽南黄牛）
役用性能	婆闽牛耕犁经常挽力平均为 100.3 kg，最大挽力 300 kg，平均耕速 1.13 m/s。平均瞬间最大挽力为 674.3 kg(520～1 000)；而闽南黄牛耕犁经常挽力平均为 75 kg，最大挽力 203 kg，平均耕速 0.81 m/s，平均瞬间最大挽力为 467.1 kg(370～600)	邹霞青等，1989（福建，闽南黄牛）
适应性	婆闽牛耐热系数 83，在暴晒下，仍能在牧地上照常采食，表现不怕热；而闽南黄牛耐热系数 76，在暴晒下，则表现喘息，减少采草或停止采食	邹霞青等，1989（福建，闽南黄牛）
	婆闽牛有较好的适应性，特别是在闽南潮湿炎热的气候条件下，由农家饲养或草地放牧下，均能正常地生长发育，并表现出良好的产肉、产乳和役用性能。婆闽牛适应性和抗病力很强	邹霞青等，1989（福建，闽南黄牛）
泌乳性能	婆闽牛产后泌乳高峰期每天挤奶 7.5～10 kg；而闽南黄牛日挤奶仅 2.5～4 kg，高者 5 kg	邹霞青等，1989（福建，闽南黄牛）

表 2.49 婆罗门牛对本地黄牛改良杂交 F_1 代生长性能和产肉性能的影响

项目	本地牛	杂一代	作者和试验区域
初生重/kg	♂12.1，♀11.8(20,20)	♂17.9，♀16.8(31,31)	邹霞青等，1987(福建崇安)
	14.8(21)	23.5(23)	广西畜牧研究所，1988(广西)
	16.5	21.7(41)	邹霞青等，1989(福建，闽南黄牛)
	19.1	28.1	赵开典等，1996(云南，云南黄牛)
6 月龄体重/kg	48.8(16)	74.6(30)	邹霞青等，1987(福建崇安)
	101.0(21)	130.3(8)	广西畜牧研究所，1988(广西)
	59.6(48)	107.6(37)	邹霞青等，1989(福建，闽南黄牛)
	118.5	162.8	赵开典等，1996(云南，云南黄牛)
12 月龄体重/kg	86.6(19)	125.5(29)	邹霞青等，1987(福建崇安)
	112.8(22)	169.9(37)	邹霞青等，1989(福建，闽南黄牛)
	159.5	206.9	赵开典等，1996(云南，云南黄牛)

续表 2.49

项目	本地牛	杂一代	作者和试验区域
18 月龄体重/kg	98.7(20)	152.7(26)	邹霞青等,1987(福建崇安)
	136.1(21)	223.7(25)	邹霞青等,1989(福建,闽南黄牛)
	222.0	291.5	赵开典等,1996(云南,云南黄牛)
24 月龄体重/kg	123.5(19)	226.9(18)	邹霞青等,1987(福建崇安)
	188.8(22)	263.6(25)	邹霞青等,1989(福建,闽南黄牛)
成年体重/kg	324.0	369.0	赵开典等,1996(云南云南黄牛)
育肥性能	18 月龄育肥 108 d,平均日增重为 0.48 kg(4)	18 月龄育肥 108 d,平均日增重为 0.94 kg(4)	广西畜牧研究所,1988(广西)
	12 月龄育肥 120 d,由 113.7 kg 到 183.9 kg,平均日增重为 0.59 kg(6)	12 月龄育肥 120 d,由 177.1 kg 到 285.3 kg,平均日增重为 0.90 kg(6)	邹霞青等,1989(福建漳州)
屠宰率/%	44.2(4)(胴体重 72.1 kg)	51.3(4)(胴体重 125.0 kg)	邹霞青等,1987(福建崇安)
	52.1(4)(胴体重 116.9 kg)	54.6(4)(胴体重 157.3 kg)	广西畜牧研究所,1988(广西)
	53.9(6)(胴体重 94.9 kg)	56.3(6)(胴体重 150.0 kg)	邹霞青等,1989(福建漳州)
净肉率/%	32.5(4)(胴体重 72.1 kg)	40.1(4)(胴体重 125.0 kg)	邹霞青等,1987(福建崇安)
	41.3(4)(胴体重 116.9 kg)	44.6(4)(胴体重 157.3 kg)	广西畜牧研究所,1988(广西)
	45.0(6)(胴体重 94.9 kg)	48.2(6)(胴体重 150.0 kg)	邹霞青等,1989(福建漳州)
眼肌面积/cm^2	35.6(4)	63.7(4)	邹霞青等,1987(福建崇安)
	50.3(6)	73.8(6)	邹霞青等,1989(福建漳州)

括号内的数字为观察重复值,下同。

表 2.50 婆罗门牛作三元杂交终端父本对后代生长性能的改善 kg

项目	♂云南黄牛×♀云南黄牛(YY)	♂墨累灰牛×♀云南黄牛(墨云杂牛)(MY)	♂婆罗门牛×♀墨云杂牛(婆墨云杂,BMY)	作者和试验区域
初生重	19.1	23.8	31.7	赵开典等,1996(云南,云南黄牛)
6 月龄体重	118.5	146.3	170.6	赵开典等,1996(云南,云南黄牛)
12 月龄体重	159.5	193.7	217.7	赵开典等,1996(云南,云南黄牛)
18 月龄体重	222.0	286.2	316.1	赵开典等,1996(云南,云南黄牛)
36 月龄体重	294.5	280.0	326.7	赵开典等,1996(云南,云南黄牛)

2.1.4.2 辛地红牛

1. 原产地

辛地红牛(Red Sindhi)属于乳役兼用瘤牛品种,原产于巴基斯坦的辛地省。目前,该品种已被引入到亚洲、非洲和美洲的不少国家。我国于 20 世纪 40～60 年代曾先后多次从巴基斯坦引入该品种,饲养在海南、广西、广东、湖南、贵州及云南等地。

2. 外貌特征

被毛细短有光亮，毛色多为暗红色，亦有不同深浅的褐色，鼻镜、眼圈、肢端、尾帚多为黑色。结构紧凑，额宽而突，耳大下垂，角小、向上弯曲。肩峰和垂皮发达，体躯深，肋骨开张，腹大而深，十字部高，腰角较窄，臀部倾斜，尾长。母牛乳房大而下垂，乳头长。成年公牛体重450～550 kg，母牛体重300～400 kg，犊牛初生重18～21 kg。

3. 生产性能

成年母牛产奶量1 560 kg，乳脂率4.9%～5.0%；优良母牛可产奶4 000 kg。在我国广东省湛江地区终年放牧、日补混合精料1.5～2 kg的条件下，平均泌乳期270 d，泌乳量1 179 kg，最高为1 990 kg。辛地红牛性成熟晚，初产年龄在30～43月龄。

4. 与本地黄牛杂交改良后代的外貌特征和生产性能

用辛地红牛与我国南方亚热带地区的本地黄牛杂交，杂种优势明显。杂种一代牛具有耐热、抗蜱、抗血原虫的特点，能够很好地适应热带、亚热带的生态环境和饲料条件。据海南省红岛牧场的报道，1/4辛地红、1/4当地黄牛、1/2荷斯坦牛遗传组成的杂种牛，平均一个泌乳期产奶2 992 kg。

具体见表2.51至表2.53。

表2.51　辛地红牛与本地黄牛杂交F_1代的体型外貌和适应性

项目	杂一代	作者和试验区域
外貌特征	F_1代杂种牛的体型外貌，绝大多数像父本，但个别少数的像母本，毛色多为红棕色，少数为黑色，并明显地表现出杂交优势，若稍加补料，则可获得1 000 kg左右产乳量	国营湖光农场，1964（雷州半岛）（终年放牧）
	F_1代杂种牛，体型结构紧凑，体格健壮，毛色多为暗红色，少数为黑色，个别的腹侧夹有白色斑点；头长而重，耳大角长，向侧上内或后方弯曲，胸宽而深，肩峰发达，峰高达7～12 cm，符合群众“前身高一掌，只见犁耙响”的要求，但后躯狭窄，体型较小，四肢较细	湖南省畜牧兽医研究所，1974（湖南宜章）
适应性	同本地黄牛一样，耐粗放，耐热，亦不怕冬季低温侵袭的影响，抗病力强，在完全放牧饲养条件下，可以培育较大型役用牛	国营湖光农场，1964（雷州半岛）（终年放牧）
役用性能	“杂种牛拉得多，跑得快”，非常适应短途运输	

表2.52　辛地红牛与本地黄牛杂交F_1代母牛的体高和体重情况

项目	本地牛	杂一代	作者和试验区域
泌乳性能	第一泌乳期134 d泌乳295 kg，平均2.2 kg(3)	第一泌乳期270 d，泌乳998 kg，平均3.7 kg(1)	国营湖光农场，1964(雷州半岛)(终年放牧)
母牛体高/cm	97.8(30)	116.7(3)	国营湖光农场，1964(雷州半岛)(终年放牧)
	100.0	110.0	湖南省畜牧兽医研究所，1974(湖南宜章)
母牛体重/kg	174.0(30)	316.0(3)	国营湖光农场，1964(雷州半岛)(终年放牧)
	306.0	360.0	湖南省畜牧兽医研究所，1974(湖南宜章)

括号内的数字为观察重复值，下同。

表 2.53　辛地红牛对本地黄牛改良杂一代(F_1 代)生长性能和产肉性能的影响

项目	本地牛	杂一代	作者和试验区域
初生重/kg	♂16.0，♀14.1(52,36)	♂23.5，♀20.0(4,7)	国营湖光农场，1964(雷州半岛)(终年放牧)
成年体重/kg	♂216.0，♀174.0(21,30)	♂321.5，♀316.0(4,3)	国营湖光农场，1964(雷州半岛)(终年放牧)
	♂323.3，♀306.0	♂539.6，♀360.0	湖南省畜牧兽医研究所，1974(湖南宜章)
育肥性能	18 月龄 138.6 kg，育肥 80 d 至 177.8 kg，日增重为 0.49 kg (6)	18 月龄 152.4 kg，育肥 80 d 至 205.5 kg，日增重为 0.66 kg (6)	胡其贤等，1985(江西泰和)
屠宰率/%	51.6(6)(胴体重 91.2 kg)	54.9(6)(胴体重 112.4 kg)	胡其贤等，1985(江西泰和)，20 月龄屠宰
净肉率/%	40.2(6)(胴体重 91.2 kg)	44.0(6)(胴体重 112.4 kg)	胡其贤等，1985(江西泰和)，20 月龄屠宰
眼肌面积/cm^2	49.1(6)(胴体重 91.2 kg)	59.4(6)(胴体重 112.4 kg)	胡其贤等，1985(江西泰和)，20 月龄屠宰

2.1.4.3　沙希瓦牛

1. 原产地

沙希瓦牛(Sahiwal)也叫兰比巴牛、洛拉牛、蒙哥马利牛、马坦尼牛和特利牛。原产巴基斯坦旁遮普省哥马利地区，是在亚热带干旱气候下选育而成的乳用瘤牛。

2. 外貌特征

沙希瓦牛为中型牛，粗壮，结实，体躯长深，肌肉发育好。毛色以红棕为主，其他的被毛颜色为淡红色、深棕色和近于黑色而饰有白斑，皮肤通常不带色素。公牛头镜广、粗壮，耳中等大，边缘有黑毛，角粗短，瘤峰粗壮，常倒向一侧，垂皮大而重，肚脐松弛、悬垂，包皮下垂。母牛多为松动角，乳房发达，虽为乳用牛，但外貌偏肉用型。

3. 生产性能

沙希瓦牛属乳用瘤牛，具有耐热、耐粗、抗焦虫等特性，本品种适应于热带、亚热带地区生长，既可作乳用，也可作肉用与役用。成年公牛体重 670 kg，母牛平均体重 430 kg；公牛体高 138 cm，母牛平均体高 128 cm。初生重公犊 22～24 kg，母犊 20～22 kg。

4. 与本地黄牛杂交改良后代的外貌特征和生产性能

沙希瓦牛与闽南黄牛杂交 F_1 代(沙闽 F_1)具有父本沙希瓦和母本本地黄牛的品种外貌特征，体格明显大于本地黄牛，头清秀，耳大且长，额宽平，脸狭长，公牛肩峰高，垂皮宽大，脐鞘发达，胸宽深，臀宽，尾细长，乳房发育好，全身肌肉较丰满，四肢强健，被毛以棕红和红褐色为主，颈部和臀部被毛较深，多呈褐色，鼻镜、蹄及尾帚为黑色，体型偏向于乳肉役兼用型；沙闽 F_1 适应性强、耐热、耐粗、抗病，能很好地适应福建等亚热带地区放牧饲养(梁学武等，1995 福建福清)。

具体见表 2.54 和表 2.55。

表 2.54 沙希瓦牛与本地黄牛的杂交 F_1 代母牛的体高和体重情况

项　目	本地牛	杂一代	作者和试验区域
第一泌乳期泌乳性能	泌乳 500～600 kg	195 d 泌乳 1 270 kg，平均 6.5 kg(3)	梁学武等，1995(福建福清)(粗放饲养)
24 月龄母牛体高/cm	100(73)	118.8(19)	梁学武等，1995(福建福清)
24 月龄母牛体重/kg	189.4(73)	233.5(19)	梁学武等，1995(福建福清)

括号内的数字为观察重复值，下同。

表 2.55 沙希瓦牛对本地黄牛改良杂交 F_1 代生长性能和产肉性能影响

项目	本地牛	杂一代	作者和试验区域
初生重/kg	♂19.2，♀18.2(54,82)	♂26.9，♀25.6(26,21)	梁学武等，1995(福建福清)
6 月龄体重/kg	♂69.9，♀59.9(87,99)	♂91.6，♀76.7(33,31)	梁学武等，1995(福建福清)
12 月龄体重/kg	♂132.8，♀114.8(51,70)	♂166.9，♀158.1(34,27)	梁学武等，1995(福建福清)
18 月龄体重/kg	♂167.0，♀146.1(63,74)	♂204.3，♀183.7(26,28)	梁学武等，1995(福建福清)
24 月龄体重/kg	♂204.9，♀189.4(35,73)	♂249.7，♀233.5(21,19)	梁学武等，1995(福建福清)
育肥性能	14～16 月龄 123.9 kg 育肥 107 d 至 196.9 kg，日增重为 0.68 kg(8)	14～16 月龄 163.4 kg，育肥 107 d 至 252.6 kg，日增重为 0.83 kg(8)	梁学武等，1993(福建福清)
屠宰率/%	46.6(4)(胴体重 91.8 kg)	51.1(4)(胴体重 129.1 kg)	梁学武等，1993(福建福清)，(17～19 月龄屠宰)
净肉率/%	39.2(4)(胴体重 91.8 kg)	42.0(4)(胴体重 129.1 kg)	梁学武等，1993(福建福清)，(17～19 月龄屠宰)
眼肌面积/cm^2	48.7(4)(胴体重 91.8 kg)	59.2(4)(胴体重 129.1 kg)	梁学武等，1993(福建福清)，(17～19 月龄屠宰)

2.1.4.4 抗旱王牛

1. 原产地

“抗旱王”(Droughtmaster)也称抗旱肉牛王，原产澳大利亚昆士兰州北部，由好多个品种(婆罗门牛、短角牛、海福特牛)杂交培育而成。适应热带干热气候。

2. 外貌特征

抗旱王牛的毛色为红棕或棕褐色，分无角与有角两种，有瘤(肩)峰，颈下，腹下垂皮长。体型较长、四肢匀称，毛被光亮。

3. 生产性能

犊牛初生重不大(30 kg 左右)，母牛泌乳量高，母性强，增重快，出肉率高。由于含有瘤牛血液，体质强壮，抗病力强，特别耐旱，故得名“抗旱王”。成年公牛体重 800 kg，母牛 700 kg。

4. 与本地黄牛杂交改良后代的外貌特征和生产性能

具体见表 2.56 至表 2.59。

表 2.56　抗旱王牛与本地黄牛的杂交 F_1 代的体型外貌和适应性

项目	杂一代	作者和试验区域
外貌特征	抗闽 F_1 牛 17 头 16 头牛全身呈枣红色，1 头胸腹部为红黑相间的虎斑色，占 5.88%。公牛 11 头全部有角，母牛 6 头其中 5 头无角，1 头有短角。公牛 2 头，瘤峰大，占 11.76%，7 头瘤峰小，2 头瘤峰不明显。母牛 2 头瘤峰小，5 头瘤峰不明显。耳较长，胸垂、脐鞘发达，枣红色，杂种牛体型外貌趋向父本。	林朝星和郑述平，1997(福建南安)
	抗杂一代的毛色基本上都是枣红色，但在黑色母牛所生的抗杂一代中，有些毛色呈虎斑状(即红黑相间)，鼻镜和蹄的颜色有粉红色，也有黑色。体型中等，头型比较清秀，公牛有角，母牛则无角，胸围相对较大，背腰宽而平，全身肌肉丰满，有肩峰，胸垂和脐垂较发达，乳房发育较好，管围较细	江斌等，1995(福建闽南黄牛)
	全身发育匀称，体躯较高，身腰较长，肩峰突出，腹下垂明显。额宽大凸出，后躯宽大，肌肉丰满。全身被毛光亮，64 头毛色统计，红色占 59.38%(38 头)，栗红色占 12.50%(8 头)，黑色占 28.12%(18 头)。缺点是四肢较细，蹄质较差	孙厚东等，1990(山东丰县，鲁西黄牛)
役用性能	抗本杂交一代牛能役用，并有所提高，但使役后生理指标恢复正常时间比本地黄牛略差	黄之新等，1985(湖北宣恩)
适应性	能适应山区的气候和饲养管理条件。在丛林中放牧，善爬坡，夏秋季 2～3 h 即可吃饱。冬天以干稻草和玉米秆为主要饲料，保持中等膘情，能耐粗。在海拔 1 200 m 以上的高山，生长正常，能耐寒	黄之新等，1985(湖北宣恩)
	抗闽 F_1 牛上山全年放牧饲养，放牧性能好，觅食力强，对牧草种类选择性不强，5～11 月份全靠天然牧草放牧，能有较好的生长速度。冬季在补饲氨化稻草、豆渣的情况下，还能增重。在放牧过程中运步灵活，速度快，蹄壁坚实，能适应福建春季阴雨潮湿、夏季酷热气候，饲养 2 年来未发生过焦虫病。抗闽 F_1 牛、闽南黄牛耐热性能好	林朝星和郑述平，1997(福建南安)

表 2.57　抗旱王牛与本地黄牛的杂交 F_1 代成年母牛的体高和体重情况

项目	本地牛	杂一代	作者和试验区域
母牛体高/cm	102.5(4)	111.0(1)	黄之新等，1985(湖北宣恩)
	116.9(20)	124.8(8)	孙厚东等，1990(山东丰县，鲁西黄牛)
母牛体重/kg	216.9(4)	294.0(1)	黄之新等，1985(湖北宣恩)
	315.2(20)	321.8(8)	孙厚东等，1990(山东丰县，鲁西黄牛)

括号内的数字为观察重复值，下同。

表 2.58　抗旱王牛对本地黄牛改良杂交 F_1 代生长性能和产肉性能的影响

项目	本地牛	杂一代	作者和试验区域
初生重/kg	10.3	16.4	任建华，1981(浙江武义)
	♂ 16.5，♀ 16.5(39，37)	♂ 22.4，♀ 21.3(19，17)	林朝星和郑述平，1997(福建南安)
	15.8(4)	19.2(9)	江斌等，1995(福建闽南黄牛)
	♂ 18.7，♀ 17.3(20，20)	♂ 24.2，♀ 23.6(11，9)	孙厚东等，1990(山东丰县，鲁西黄牛)

续表 2.58

项目	本地牛	杂一代	作者和试验区域
6 月龄体重/kg	52.2	87.3	任建华,1981(浙江武义)
	83.0(2)	153.0(2)	江斌等,1995(福建闽南黄牛)
	♂127.0,♀113.1(17,16)	♂142.8,♀136.1(10,11)	孙厚东等,1990(山东丰县,鲁西黄牛)
12 月龄体重/kg	76.5	131.6	任建华,1981(浙江武义)
	♂100.0,♀105.3(1,4)	♂124.5,♀89.6(3,1)	黄之新等,1985(湖北宣恩)
	163.4(21)	214.9(16)	林朝星和郑述平,1997(福建南安)
	158.0(2)	253.5(2)	江斌等,1995(福建闽南黄牛)
	♂158.0,♀147.6(12,10)	♂182.0,♀163.7(8,9)	孙厚东等,1990(山东丰县,鲁西黄牛)
18 月龄体重/kg	229.0(2)	380.5(2)	江斌等,1995(福建闽南黄牛)
	♂213.7,♀205.0(11,9)	♂246.7,♀232.3(11,12)	孙厚东等,1990(山东丰县,鲁西黄牛)
24 月龄体重/kg	262.4(21)	311.6(21)	林朝星和郑述平,1997(福建南安)
36 月龄体重/kg	♂175.5,♀182.3(2,4)	♂244.2,♀222.7(3,1)	黄之新等,1985(湖北宣恩)
成年体重/kg	♂366.7,♀315.2(20,20)	♂332.2,♀321.8(7,8)	孙厚东等,1990(山东丰县,鲁西黄牛)
屠宰率/%	55.9(2)(胴体重 103.7 kg)	56.7(2)(胴体重 127.9 kg)	黄之新等,1985(湖北宣恩)(43 月龄屠宰)
	53.0(4)(胴体重 138.3 kg)	54.0(4)(胴体重 179.8 kg)	林朝星和郑述平,1997(福建南安)(24 月龄屠宰)
	50.2(2)(胴体重 115.0 kg)	54.7(2)(胴体重 208.5 kg)	江斌等,1995(福建闽南黄牛)(18 月龄屠宰)
	52.7(5)	54.0(3)	孙厚东等,1990(山东丰县,鲁西黄牛)
净肉率/%	43.7(2)(胴体重 103.7 kg)	(42.5(2)胴体重 127.9 kg)	黄之新等,1985(湖北宣恩)(43 月龄屠宰)
	44.8(4)(胴体重 138.3 kg)	46.3(4)(胴体重 179.8 kg)	林朝星和郑述平,1997(福建南安)(24 月龄屠宰)
	39.9(2)(胴体重 115.0 kg)	44.7(2)(胴体重 208.5 kg)	江斌等,1995(福建闽南黄牛)(18 月龄屠宰)
	42.2(5)	42.9(3)	孙厚东等,1990(山东丰县,鲁西黄牛)
眼肌面积/cm^2	38.8(2)(胴体重 103.7 kg)	57.9(2)(胴体重 127.9 kg)	黄之新等,1985(湖北宣恩)(43 月龄屠宰)
	31.8(2)(胴体重 115.0 kg)	59.0(2)(胴体重 208.5 kg)	江斌等,1995(福建闽南黄牛)(18 月龄屠宰)
	60.2(5)	70.7(3)	孙厚东等,1990(山东丰县,鲁西黄牛)

表 2.59　抗旱王牛作三元杂交终端父本对后代产肉性能的改善

项目	♂本地牛×♀本地牛	♂西门塔尔牛×♀本地牛(西黄牛 F_1)	♂抗旱王牛×♀西黄牛 F_1(抗西土)	作者和试验区域
6月龄体重/kg	40.8(8)	65.4(22)	85.5(6)	孙强和周复生，1985(浙江天台)
12月龄体重/kg	74.3(13)	111.4(24)	113.9(5)	孙强和周复生，1985(浙江天台)
日增重	18月龄体重 83.3 kg，育肥到126.4 kg,122 d的平均日增重为0.35 kg(10)	18月龄体重 93.7 kg，育肥到151.5 kg,122 d的平均日增重为0.47 kg(9)	18月龄体重 138.5 kg，育肥到200.0 kg,122 d的平均日增重为0.50 kg(1)	孙强和周复生，1985(浙江天台)
屠宰率/%	47.7(4)(胴体重 61.4 kg)	46.9(4)(胴体重 73.7 kg)	48.5(1)(胴体重 88.3 kg)	孙强和周复生，1985(浙江天台)
净肉率/%	36.5(4)(胴体重 61.4 kg)	37.1(4)(胴体重 73.7 kg)	38.8(1)(胴体重 88.3 kg)	孙强和周复生，1985(浙江天台)
眼肌面积/cm^2	34.7(4)(胴体重 61.4 kg)	35.2(4)(胴体重 73.7 kg)	35.8(1)(胴体重 88.3 kg)	孙强和周复生，1985(浙江天台)

2.1.4.5　圣格鲁迪牛

1. 原产地

圣格鲁迪牛，也称圣塔格特鲁迪斯牛(Santa Gertrudis)，是培育合成品种，含有3/8婆罗门牛，5/8短角牛，原产美国。

2. 外貌特征

圣格鲁迪牛无角或有角，被毛暗红色，毛短直而光滑，体型深厚而宽，公牛腹下方有大肉垂，背线向颈部方向凸起，颈部皮肤有褶叠，抗热性强，抗蜱虱，耐粗饲，适应放牧饲养。

3. 生产性能

圣格鲁迪牛早熟，生长发育快。成年公牛体重850 kg，母牛500 kg。适应热带和亚热带气候。

4. 与本地黄牛杂交改良后代的外貌特征和生产性能

具体见表2.60至表2.62。

表 2.60　圣格鲁迪牛与本地黄牛的杂交 F_1 代的体型外貌和适应性

项目	杂一代	作者和试验区域
外貌特征	杂一代外貌倾向父本，体格较大，发育健壮，肩峰不明显，颈下、腹下有垂皮，行动迅速、灵活	秦子学，1984(广西天等县)
	杂种黄牛体格健壮，体躯匀称，体型紧凑，肌肉丰满，特别是后躯发达，改良了黄牛体型，提高了本地黄牛的质量。肩峰明显，背腰平直，臀宽尻微斜，尾粗长，胸深宽，腹围不大。四肢正直，强壮有力，行动迅速，有利于提高耕作能力。颈、胸、腹下有垂皮，特别是脐部尤为明显，外貌倾于父本。毛色以枣红色为多(占55.9%)，也有褐色、黄色、黑色等。角、蹄玉色或黑色，少数琥珀色。此外，少数牛只额中央、脐、乳房和尾球等部位有白花斑	广西壮族自治区畜牧研究所，1975(广西南宁)

续表 2.60

项目	杂一代	作者和试验区域
适应性	适应当地一般饲养	秦子学，1984（广西天等县）
	杂种牛采食能力是比较强的，尚保持有圣格鲁迪牛采食能力强的特性	广西壮族自治区畜牧研究所，1975（广西南宁）

表 2.61 圣格鲁迪牛与本地黄牛的杂交 F_1 代母牛体高和体重情况

项目	本地牛	杂一代	作者和试验区域
成年体高/cm	107.0(107)	124.8(40)	广西壮族自治区畜牧研究所，1975(广西南宁)
成年体重/kg	163	250～350	秦子学，1984(广西天等县)
	195.5(107)	273.9(40)	广西壮族自治区畜牧研究所，1975(广西南宁)

括号内的数字为观察重复值，下同。

表 2.62 圣格鲁迪牛对本地黄牛改良杂交 F_1 代生长性能和产肉性能的影响

项目	本地牛	杂一代	作者和试验区域
初生重/kg	10～17.5	15～21	秦子学，1984(广西天等县)
	♂10.0，♀9.0	♂17，♀16.7	广西壮族自治区畜牧研究所，1975(广西南宁)
成年体重/kg	♂224，♀163	♂300～400，♀250～350	秦子学，1984(广西天等县)
	♂247.2，♀195.5(40，107)	♂363.7，♀273.9(42，40)	广西壮族自治区畜牧研究所，1975(广西南宁)
育肥性能	由 203.8 kg 育肥 80 d 达 258.8 kg，日增重为 0.69 kg (5)	由 258.3 kg 育肥 80 d 达 330.1 kg，日增重为 0.90 kg (5)	时宜等，1981(山西万荣)
净肉率	40.3(5)	40.5(5)	时宜等，1981(山西万荣)(18 月龄屠宰)
眼肌面积/cm^2	59.3(5)	63.3(5)	时宜等，1981(山西万荣)(18 月龄屠宰)

2.1.5 中国培育的肉用牛品种

为了改变我国肉牛业生产落后的状况，快速提高牛肉产量，我国从 20 世纪 50 年代开始大量引进肉用牛品种，在杂交改良的同时，我国的科研人员和畜牧工作者也开始培育适合本区域肉用牛品种。经过 60 多年连续不断的工作，培育出了夏南牛等肉牛品种。

2.1.5.1 夏南牛

1. 原产地及育成经过

原产河南泌阳县，是以夏洛来牛为父本，以南阳牛为母本，经导入杂交、横交固定和自群繁育3个阶段的开放式育种，培育而成的含夏洛来牛血统37.5%，含南阳牛血统62.5%的夏南牛。夏南牛耐粗饲，适应性强，舍饲、放牧均可，在黄淮流域及以北的农区、半农半牧区都能饲养。

2. 外貌特征

毛色为黄色，以浅黄、米黄居多；公牛头方正，额平直，母牛头部清秀，额平稍长；公牛角呈锥状，水平向两侧延伸，母牛角细圆，致密光滑，稍向前倾；耳中等大小；颈粗壮、平直，肩峰不明显。成年牛结构匀称，体躯干呈长方形；胸深肋圆，背腰平直，尻部宽长，肉用特征明显；四肢粗壮，蹄质坚实，尾细长；母牛乳房发育良好。成年公牛体高142.5 cm，体重850 kg，成年母牛体高135.5 cm，体重600 kg；公犊初生重38.5 kg，母犊为37.9 kg。

3. 生产性能

夏南牛体质健壮，性情温驯，适应性强，耐粗饲，采食速度快，易育肥；抗逆力强，耐寒冷，耐热性稍差。在农户饲养条件下，公母犊牛6月龄体重分别为197.4 kg和196.5 kg，日增重分别为0.88 kg和0.88 kg；周岁公母牛体重分别为299.0 kg和292.4 kg，日增重分别达0.56 kg和0.53 kg。体重350 kg的公架子牛经强化育肥90 d，体重达559.5 kg，日增重可达1.85 kg。17～19月龄的未育肥公牛屠宰率为60.13%，净肉率为48.84%。母牛初情期平均432 d，初配时间平均490 d。

4. 与本地黄牛杂交改良后代的外貌特征和生产性能

具体见表2.63。

表2.63　夏南牛与本地黄牛杂交改良后代的生产性能

项　目	本地牛	杂一代	作者和试验区域
18月龄母牛体高/cm	118.6(96)	130.2(100)	王之保等，2008(河南泌阳)
初生重/kg	♂22.2，♀17.2	♂35.2，♀30.5	王之保等，2008(河南泌阳)
6月龄体重/kg	♂162.7，♀161.7	♂178.4，♀172.7	王之保等，2008(河南泌阳)
12月龄体重/kg	♂220.8，♀206.6	♂277.8，♀262.6	王之保等，2008(河南泌阳)
18月龄体重/kg	♂253.9，♀249.2	♂387.1，♀337.6	王之保等，2008(河南泌阳)

括号内的数字为观察重复值。

2.1.5.2　延黄牛

1. 原产地及育成经过

主产于吉林省延边朝鲜族自治州，适宜吉林、辽宁等地区养殖。以延边黄牛为母本，利木赞牛为父本有计划地进行杂交、正反回交和横交固定培育而成，延黄牛含75%延边(黄)牛、25%利木赞牛血统，具有体质健壮、性情温驯、耐粗饲、适应性强、生长速度快等特点。

2. 外貌特征

毛色为黄色；公牛头方正，额平直，母牛头部清秀，额平，嘴端短粗；公牛角呈锥状，水平向两侧延伸，母牛角细圆，致密光滑，外向，尖稍向前弯；耳中等大小；颈粗壮，平直，肩峰不明显；成年牛结构匀称，体躯呈长方形，胸深肋圆，背腰平直，尻部宽长；四肢较粗壮，蹄质坚实，尾细长；肉用特征明显，母牛乳房发育良好。成年公牛体高156.2 cm，体重900～1 100 kg；成年母牛体高136.3 cm，体重490～630 kg，公、母犊牛初生重分别为30.9 kg和28.9 kg。

3. 生产性能

6月龄公、母牛体重分别为168.8 kg和153.6 kg;12月龄公、母牛体重分别为308.6 kg和265.2 kg;舍饲短期育肥至30月龄公牛屠宰率59.8%,净肉率49.3%。母牛初情期8～9月龄,初配时间15月龄。

2.1.5.3 辽育白牛

1. 原产地及育成经过

辽育白牛是以夏洛来牛为父本,以辽宁本地黄牛为母本级进杂交后,在第4代的杂交群中选择优秀个体进行横交和有计划选育,采用开放式育种体系,坚持档案组群,形成了含夏洛来牛血统93.75%、本地黄牛血统6.25%遗传组成的稳定群体,该群体抗逆性强;辽育白牛耐寒性强,能够适应广大北方地区的气候;适应能力强,采用舍饲、半舍饲半放牧和放牧方式饲养均可。

2. 外貌特征

辽育白牛全身被毛呈白色或草白色,鼻镜肉色,蹄角多为蜡色;体型大,体质结实,肌肉丰满,体躯呈长方形;头宽且稍短,额阔唇宽,耳中等偏大,大多有角,少数无角;颈粗短,母牛平直,公牛颈部隆起,无肩峰,母牛颈部和胸部多有垂皮,公牛垂皮发达;胸深宽,肋圆,背腰宽厚、平直,尻部宽长,臀端宽齐,后腿部肌肉丰满;四肢粗壮,长短适中,蹄质结实;尾中等长度;母牛乳房发育良好。成年公牛体重910.5 kg,母牛体重451.2 kg,初生重公牛41.6 kg,母牛38.3 kg。

3. 生产性能

辽育白牛6月龄体重公牛221.4 kg,母牛190.5 kg;12月龄体重公牛366.8 kg,母牛280.6 kg;24月龄体重公牛624.5 kg,母牛386.3 kg。辽育白牛6月龄断奶后持续育肥至18月龄,宰前重、屠宰率和净肉率分别为561.8 kg、58.6%和49.5%;持续育肥至22月龄,宰前重、屠宰率和净肉率分别为664.8 kg、59.6%和50.9%。辽育白牛母牛初配年龄为14～18月龄,产后发情时间为45～60 d。

2.1.5.4 婆墨云牛类群

1. 原产地及育成经过

婆墨云牛(BMY牛)是通过杂交和横交选育的方法选育出适于热带亚热带饲养的婆墨云牛类群牛。早在1984年开始用墨累灰牛(Murray Grey)与云南黄牛进行杂交并产生墨云杂(MY),随后引进婆罗门牛(Brahman),与MY母牛杂交,产生婆墨云杂牛(BMY),在此基础上,对BMY牛的扩繁,选育,固定。BMY牛的血统由50%婆罗门牛+(25%墨累灰牛+25%云南黄牛)构成。

2. 外貌特征

具有婆罗门牛耐热抗蜱优点和墨累灰高繁殖性能以及云南黄牛适应性强的特性。体型细致紧凑,头稍小,大多数无角,耳稍大,眼明有神。颈细长,垂皮稍小,肩峰明显,背腰长而窄。胸窄深,腹稍小。尾细长,四肢细长,蹄质坚实。毛色多见黑色和黄色。成年公牛体高139.1 cm,体重700～800 kg,母牛成年体高126.55 cm,体重450～500 kg;公犊初生体重34.99 kg,母犊28.55 kg。

3. 生产性能

BMY牛在全放牧条件下180日龄体重为130.7 kg,12月龄体重为216.7 kg,24月龄体重为 340.4 kg,屠宰率、净肉率和胴体净肉率分别为 53.5%、43.5%和 81.4%;从断乳后即进行育肥到 24～36 月龄时体重可达 600～700 kg,BMY 牛的优质牛肉产出率 58%以上,具有生产高档牛肉(雪花牛肉)的能力。BMY 牛性成熟早,母牛初配年龄为 12～15 月龄,体重 230.0 kg;泌乳性能中等,泌乳期为 245～305 d,产乳量为 490.3～979.1 kg。

2.1.6 中国培育的兼用型牛品种

自 1949 年以来,我国陆续引进荷斯坦牛、西门塔尔牛、短角牛及瑞士褐牛等品种与本地黄牛进行杂交,有计划地开展牛育种工作,1983 年对新疆褐牛,1985 年对中国草原红牛和 1986 年对三河牛进行了品种验收鉴定。

2.1.6.1 三河牛

1. 原产地及育成经过

三河牛是内蒙古地区培育出的优良乳肉兼用牛品种,原产呼伦贝尔草原,因较集中于额尔古纳市的三河(根河、得勒布尔河、哈布尔河)地区而得名。现在主要分布在呼伦贝尔盟,该品种约占牛总头数的 90%以上;兴安盟、哲里木盟和锡林郭勒盟等地也有分布。

2. 生产性能

经过多年多品种相互杂交和选育,三河牛逐渐形成体大结实、耐寒、易放牧、适应性强、乳脂率高、产奶性能好的特点。成年公牛体高 156.8 cm,胸围 240.1 cm,体重 1 050 kg;成年母牛体高 131.3 cm,胸围 192.5 cm,体重 547.9 kg。据调查,测定的 7 054 头次产奶量资料分析,三河牛泌奶期平均奶产量 2 868 kg,乳脂率 4.17%。育种核心群母牛 4 320 头,305 d 平均产奶量 3 205 kg,乳脂率 4.1%。三河牛产肉性能好,在放牧育肥条件下,阉牛屠宰率为 54%,净肉率为 45.6%。

2.1.6.2 (中国)草原红牛

1. 原产地及育成经过

草原红牛为乳肉兼用型品种,主要产于吉林白城地区、内蒙古赤峰市和锡林郭勒盟南部、河北张家口地区。它是引进乳肉兼用型短角牛与蒙古牛级进杂交 2～3 代后,横交固定、自群繁育而成。

2. 生产性能

草原红牛成年公牛体高 137.3 cm、体重 700～800 kg;成年母牛体高 124.2 cm、体重 450 kg。在放牧为主的条件下,第一胎平均泌乳量为 1 127.4 kg,乳脂率为 4.03%,最高个体产奶量为 4 507 kg。18 月龄的阉牛,经放牧育肥,屠宰率为 50.80%,净肉率为 40.95%。短期育肥牛屠宰率为 58.1%,净肉率为 49.5%。

3. 与本地牛杂交改良后代的外貌特征和生产性能

已报道的资料主要是杨勤等(2007)引种草原红牛对甘肃甘南藏族自治州牦牛的改良,草犏牛均有其父本品种的特征,体型中等,头较轻,角向上方弯曲。颈肩结合良好,胸宽深,背腰平直,四肢端正,蹄质结实,乳房发育较好。全身被毛短,有稀疏的裙毛,毛色以黑色为主,与母本相同;部分额头、腹部出现大小不一的白斑,与父本相同;草犏牛初生重大,抗逆性好,适应性强,生长快,生产性能好,杂种优势明显。其生产性能见表 2.64。

表 2.64 草原红牛与本地牦牛的杂交改良后代的生产性能

项目	牦牛	杂一代	当地犏牛(黄牛与牦牛杂交)	作者和试验区域
初生重/kg	♂13.4,♀12.9(90,90)	♂21.4,♀20.5(60,60)	♂15.4,♀15.0(9,9)	杨勤等,2007(甘肃甘南州,引种草原红牛)
6月龄体重/kg	♂78.1,♀72.0(50,50)	♂85.9,♀85.8(60,60)	♂65.7,♀60.1(7,7)	杨勤等,2007(甘肃甘南州,引种草原红牛)
12月龄体重/kg	♂81.3,♀77.6(51,51)	♂ 109.5, ♀ 100.4(60,60)	♂80.7,♀79.3(7,7)	杨勤等,2007(甘肃甘南州,引种草原红牛)
18月龄体重/kg	♂ 121.7, ♀ 117.7(53,53)	♂ 184.4, ♀ 178.7(60,60)	♂ 131.5, ♀ 126.0(7,7)	杨勤等,2007(甘肃甘南州,引种草原红牛)

括号内的数字为观察重复值。

2.1.6.3 新疆褐牛

1. 原产地及育成经过

主要分布在新疆的伊犁、塔城等地区,其育种工作始于20世纪初,1935—1936年曾引进瑞士褐牛与当地哈萨克牛进行杂交,1951—1956年从苏联引进阿拉托乌牛、科斯特罗姆牛与当地黄牛杂交改良,1977年和1980年,从德国、奥地利引进纯种瑞士褐牛进行杂交,经培育稳定了新疆褐牛的优良遗传品质,提高产奶性能。

2. 生产性能

新疆褐牛成年母牛体高121.6 cm,胸围173.2 cm,体重430 kg,产奶量为2 100～3 500 kg,最高产量达5 162 kg,乳脂率为4.03%～4.08%。成年公牛体重为490 kg,在自然放牧条件下,2岁以上屠宰率为50%以上,净肉率为39%,育肥后净肉率可达40%以上。

3. 与本地黄牛杂交改良后代的外貌特征和生产性能

具体见表2.65至表2.67。

表 2.65 新疆褐牛与本地黄牛的杂交 F_1 代的体型外貌和适应性

项目	杂一代	作者和试验区域
外貌特征	杂交后代个体大,体型外貌比较一致,被毛呈褐色、黑花色、深浅不一。体躯结构协调,肌肉丰满,背腰平直,产肉性能好,抗病力强	托肯和古丽加汗,2010(新疆塔城,哈萨克牛)
适应性	改良牛适应性仍得到保持,杂交牛在放牧饲养,半舍饲条件下均能保持良好的适应性,不影响牧民的转场放牧需求	托肯和古丽加汗,2010(新疆塔城,哈萨克牛)
	杂种牛对当地干旱生态环境条件是能很好适应的	刘竹初等,1997(新疆策勒)

表 2.66 新疆褐牛与本地黄牛的杂交 F_1 代母牛的泌乳性能和体重变化

项 目	本地牛	杂一代	作者和试验区域
泌乳性能	放牧饲养下一和二胎150 d挤奶量为410 kg和580 kg	放牧饲养下一和二胎150 d挤奶量为610 kg和850 kg	托肯和古丽加汗,2010(新疆塔城,哈萨克牛)

续表 2.66

项目		本地牛	杂一代	作者和试验区域
体高/cm	24 月龄	103.7 (48)	109.9 (31)	刘竹初等,1997(新疆策勒)
	成年	108.0 (50)	125.3 (50)	安宁等,2008(新疆温泉,蒙古牛)
体重/kg	36 月龄	253.9 (23)	321.5 (35)	托肯和古丽加汗,2010(新疆塔城,哈萨克牛)
	成年	300 (50)	511.4 (50)	安宁等,2008(新疆温泉,蒙古牛)

括号内的数字为观察重复值,下同。

表 2.67 新疆褐牛对本地黄牛改良杂交 F_1 代生长性能和产肉性能的影响

项目	本地牛	杂一代	作者和试验区域
初生重/kg	♂23.0,♀21.3(45,44)	♂29.5,♀27.1(45,40)	安宁等,2008(新疆温泉,蒙古牛)
	♂31.2,♀28.6(78,47)	♂29.5,♀27.1(73,54)	托肯和古丽加汗,2010(新疆塔城,哈萨克牛)
	30.1(5)	30.5(15)	王生耀等,2005(青海祁连)
6 月龄体重/kg	♀63.9(50)	♀141.0(50)	安宁等,2008(新疆温泉,蒙古牛)
	♂90.4,♀83.9(85,34)	♂110.7,♀103.4(60,80)	托肯和古丽加汗,2010(新疆塔城,哈萨克牛)
	53.2(5)	54.2(5)	王生耀等,2005(青海祁连)
12 月龄体重/kg	♀125.4(50)	♀254.2(50)	安宁等,2008(新疆温泉,蒙古牛)
	♂137.5,♀134.2(63,168)	♂187.0,♀178.6(37,40)	托肯和古丽加汗,2010(新疆塔城,哈萨克牛)
	♀127.7(24)	♀141.2(12)	刘竹初等,1997(新疆策勒)
18 月龄体重/kg	♂184.5,♀176.0(30,96)	♂232.1,♀219.5(35,85)	托肯和古丽加汗,2010(新疆塔城,哈萨克牛)
24 月龄体重/kg	♀200.3(48)	♀254.7(31)	刘竹初等,1997(新疆策勒)
36 月龄体重/kg	♂297.8,♀253.9(45,23)	♂364.6,♀321.5(53,35)	托肯和古丽加汗,2010(新疆塔城,哈萨克牛)
屠宰率/%	44.0(10)(胴体重 93.1 kg)	50.6(10)(胴体重 163.4 kg)	安宁等,2008(新疆温泉,蒙古牛),24 月龄公牛屠宰
	45.7(10)(胴体重 87.0 kg)	50.2(10)(胴体重 119.6 kg)	托肯和古丽加汗,2010(新疆塔城,哈萨克牛)
净肉率/%	30.0(10)(胴体重 93.1 kg)	38.0(10)(胴体重 163.4 kg)	安宁等,2008(新疆温泉,蒙古牛),24 月龄公牛屠宰
	34.9(10)(胴体重 87.0 kg)	40.5(10)(胴体重 119.6 kg)	托肯和古丽加汗,2010(新疆塔城,哈萨克牛)

2.1.6.4 中国西门塔尔牛

1. 原产地及育成经过

中国西门塔尔牛(Chinese Simmental)是由20世纪50年代、70年代末和80年代初引进的德系、苏系和奥系西门塔尔牛与本地黄牛进行级进杂交后，对高代改良牛的优秀个体进行选种选配培育而成，属乳肉兼用品种。主要育成于西北干旱平原、东北和内蒙古严寒草原、中南湿热山区和亚高山地区、华北农区、青海和西藏高原以及其他平原农区。它的适应范围广，适宜于舍饲和半放牧条件，产奶性能稳定，乳脂率和干物质含量高，生长快，胴体品质优异，遗传性稳定，并有良好地役用性能。

2. 外貌特征

中国西门塔尔牛体躯深宽高大，结构匀称，体质结实，肌肉发达，行动灵活，被毛光亮，毛色为红(黄)白花，花片分布整齐，头部白色或带眼圈，尾梢、四肢和腹部为白色，角蹄蜡黄色，鼻镜肉色，乳房发育良好，结构均匀紧凑。中国西门塔尔牛成年公牛体高145 cm、体重850～1 000 kg;成年母牛体高130 cm、体重550～650 kg。

3. 生产性能

初配年龄为18月龄，体重在380 kg左右，泌乳期产奶量达4 000 kg，核心群母牛产奶量达到了年均4 300 kg以上，平均乳脂率4.03%。根据97头育肥牛试验结果，平均日增重1 106 g，18～22月龄宰前活重573.6 kg，屠宰率61.4%，净肉率50.01%。在短期育肥后，18月龄以上的公牛或阉牛屠宰率达54%～56%，净肉率达44%～46%。成年公牛和强度育肥牛屠宰率达60%以上，净肉率达50%以上。

4. 与本地黄牛杂交改良后代的外貌特征和生产性能

具体见表2.68至表2.70。

表2.68 中国西门塔尔牛与本地黄牛的杂交 F_1 代的体型外貌和适应性

项目	杂一代	作者和试验区域
外貌特征	中西本 F_1 牛体形外貌特征比本地黄牛有明显变化，基本显示了父本特征，多数西本 F_1 牛为黄白色	李寿林等，2010(青海互助)
	中西本 F_1 牛在体型外貌上明显趋于父本的优良性状，西本 F_1 牛毛色多为黄色，头部、腹部、尾端与四肢有白斑块，全身结构匀称，体格粗壮结实	祁维寿和李全，2010(青海互助)
适应性	改良后代对本地区的自然条件适应性强，而且疾病少，耐粗饲，适宜浅山地区农村的放牧条件饲养。在同等饲养管理条件下较本地黄牛生长良好，增重快。适宜青海省东部农业区的浅山地区推广	马如英等，2010(青海省民和)
	中西本杂 F_1 牛在高寒条件下具有较强的适应性，在"放牧＋补饲"饲养管理条件下生长迅速，表现出了对互助县高寒气候的良好适应性，且改良牛疾病少、抗病力强、耐粗饲、能适应农区放牧条件，饲养周期短	李寿林等，2010(青海互助)
难产率	1.87%(难产牛经助产后可以顺利分娩)	马如英等，2010(青海省民和)

表 2.69 中国西门塔尔牛与本地黄牛的杂交 F_1 代母牛的体高情况

项目	本地牛	杂一代	作者和试验区域
18 月龄	99.9 cm(30)	110.0 cm(30)	马如英等,2010(青海省民和)
	105.3 cm(15)	122.6 cm(30)	李寿林等,2010(青海互助)

括号内的数字为观察重复值,下同。

表 2.70 中国西门塔尔牛对本地黄牛杂交 F_1 代生长性能的改善

项目	本地牛	杂一代	作者和试验区域
初生重/kg	25.5(30)	27.5(30)	马如英等,2010(青海省民和)
	15.0(15)	29.9(30)	李寿林等,2010(青海互助)
6 月龄体重/kg	71.3(30)	93.0(30)	马如英等,2010(青海省民和)
	53.9(15)	126.5(30)	李寿林等,2010(青海互助)
12 月龄体重/kg	93.9(30)	147.5(30)	马如英等,2010(青海省民和)
	91.8(15)	232.1(30)	李寿林等,2010(青海互助)
18 月龄体重/kg	120.0(30)	203.3(30)	马如英等,2010(青海省民和)
	104.7(15)	294.5(30)	李寿林等,2010(青海互助)

2.1.6.5 乌珠穆沁牛类群

乌珠穆沁牛属于蒙古牛中的一个优良类群。主要产于内蒙古锡林郭勒盟东北部的东、西乌珠穆沁旗。乌珠穆沁牛体躯较长,前躯发育比后躯好,腿短,体型近似肉乳兼用或肉用型,毛色以红色为主。成年公牛体高 118.9 cm,体重 470 kg,成母牛体高 115.0 cm,体重 370 kg;乌珠穆沁牛泌乳期 148～165 d,产乳 600 kg 左右,日均 4 kg,最高达 8 kg,乳脂率较高,一般为 4%～5%。其公牛育肥性能良好,2.5～3.5 岁阉牛,经育肥后,屠宰率为 52.2%,净肉率为 42.7%;舍饲育肥后,屠宰率达 57.2%,净肉率达 43.2%。

2.1.7 地方良种黄牛

中国是一个农业大国,中国人与牛有深厚的感情。早在汉代,中国人已经开始使用牛来耕地,用牛驾车则更早。中国现代的牛品种主要有中国黄牛、水牛、乳牛、牦牛、培育的兼用牛和肉用牛品种。中国黄牛是中国最常见的一种家牛,也是分布最广、数量大、功用最大的牛种,它是我国乳牛、兼用牛和未来培育专门化品种牛的基础和基因库。我国有地方良种黄牛品种 50 多个,是世界上牛品种最多的国家。黄牛主要分布在海拔低于 3 000 m 的地方。根据产地、体型大小和品种特征,我国黄牛品种分为 3 大类:中原黄牛、北方黄牛和南方黄牛。中原黄牛主要有陕西秦川牛、河南南阳牛、山东鲁西牛、山西晋南牛、山东滨州渤海黑牛等品种;北方黄牛主要有吉林延边牛、蒙古高原蒙古牛、辽宁复州牛、新疆哈萨克牛等;南方牛主要有浙江温岭高峰牛、安徽皖南牛、湖北大别山牛等品种。分布在黄河中下游、淮河流域以北的河南、陕西、山西、山东、吉林和辽宁等地区的秦川牛、晋南牛、南阳牛、鲁西牛、延边牛被誉为我国 5 大良种黄牛品种,是作为杂交母本生产肉牛的主要品种,我国牛肉总量的 80%都来自这些牛品种同引进品种的杂交牛。我国的黄牛数千年来基本上只作役用,因此大多数品种达不到国际肉用牛的性能要求，但它是我国家牛的基础，其向肉用方向改良在生产实践中正逐步进行。同时，我国优良的黄牛品种具有肉用性能较为突出，如大理石花纹好、屠宰率和净肉率高等特点，值得在育种和生产中强化利用。

中国黄牛系指原产于我国除水牛、牦牛之外的所有家养牛。毛色以黄褐色为主，也有深红、浅红、黑、黄白、黄黑等毛色。中国黄牛为传统称谓，纳入《中国牛品种志》的黄牛品种有28个，仅介绍部分品种，其他品种分布及生产性能见品种志。

2.1.7.1 秦川牛

1. 产地与分布

秦川牛因产于陕西省关中地区的"八百里秦川"而得名。主要产地包括渭南、临潼、蒲城、富平、大荔、咸阳、兴平、乾县、礼泉、泾阳、三原、高陵、武功、扶风、岐山等15个县、市。

2. 体型外貌

角短而钝、多向外下方或向后稍弯。毛有紫红、红、黄3种，以紫红和红色居多。鼻镜多呈肉红色，亦有黑色、灰色和黑斑点等色。蹄壳分红、黑和红黑相间3色，以红色居多。成年公牛体高141 cm，体重594 kg；成年母牛体高124 cm，体重381 kg。

3. 生产性能

在中等饲养水平下18月龄时的屠宰率可达58.3%，净肉率为50.5%。母牛产奶量715.8 kg，乳脂率4.70%；在中等饲养水平下母牛初情期为9.3月龄；产后第一次发情53.1 d；一般母牛2岁配种，在正常条件下，可繁殖到14～15岁，个别可达17～20岁。

4. 与其他黄牛杂交效果

全国各地曾引进秦川公牛改良本地黄牛，杂交效果良好。

具体见表2.71至表2.73。

表2.71 秦川牛与本地黄牛的杂交 F_1 代的体型外貌、适应性

项目	杂一代	作者和试验区域
外貌特征	秦杂牛体格增大且体型匀称紧凑，肌肉丰满，四肢粗健，颈粗短，被毛酷似其父本，多呈枣红色，鼻镜为肉红色，牛角短	周瑞，1994(宁夏西吉)
役用性能	秦川杂交牛体型与淮北小牛相比为大，耕作挽力有所提高	焦平林，1994(安徽蒙城)
	秦杂一代母牛单套麦茬地最大挽力平均为202 kg，而本地母牛最大挽力平均为143 kg	周瑞，1994(宁夏西吉)
适应性	不择食，耐粗饲，以麦秸、稻草为主，占饲草的90%，辅以青干草、高粱秆叶、甘薯藤等；搭配少量的麸皮、豆饼、菜籽饼或棉仁饼作精料；耐寒耐高温；抗病力强	焦平林，1994(安徽蒙城)
	秦杂牛抗病力强，耐粗饲	周瑞，1994(宁夏西吉)

表2.72 秦川牛与本地黄牛的杂交 F_1 代的母牛体高体重等情况

项目		本地牛	杂一代	作者和试验区域
性成熟期		10～15月龄	9～13月龄	周瑞，1994(宁夏西吉)
体高/cm	24月龄	106.7(9)	115.4(17)	周瑞，1994(宁夏西吉)
	36月龄	115.3(414)	119.0(295)	焦平林，1994(安徽蒙城)
	成年	101.1(76)	126.7(184)	管君堂等，2004(陕西洛南)

续表 2.72

项目		本地牛	杂一代	作者和试验区域
体重/kg	36 月龄	306.3	358.6	焦平林,1994(安徽蒙城)
	成年	202.1(76)	357.1(184)	管君堂等,2004(陕西洛南)

括号内的数字为观察重复值,下同。

表 2.73 秦川牛对本地黄牛改良杂一代(F_1 代)生长性能和产肉性能的影响

项目	本地牛	杂一代	作者和试验区域
初生重/kg	♂20.2,♀18.8 ♂19.7,♀17.2(10,10)	♂24.7,♀24.1 ♂28.1,♀26.5(20,24)	焦平林,1994(安徽蒙城) 周瑞,1994(宁夏西吉)
6 月龄体重/kg	♂125.8,♀123.7 ♂118.6,♀116.9(12,13)	♂147.5,♀140.7 ♂131.4,♀127.8(17,14)	焦平林,1994(安徽蒙城) 周瑞,1994(宁夏西吉)
12 月龄体重/kg	♂190.6,♀173.7 ♂190.5,♀188.5(15,10)	♂226.8,♀216.1 ♂211.2,♀203.7(11,10)	焦平林,1994(安徽蒙城) 周瑞,1994(宁夏西吉)
18 月龄体重/kg	♂234.6,♀226.0 ♂224.2,♀220.4(8,9)	♂283.7,♀262.4 ♂256.5,♀239.3(14,15)	焦平林,1994(安徽蒙城) 周瑞,1994(宁夏西吉)
24 月龄体重/kg	♂274.1,♀275.8 ♂244.8,♀239.9(9,9)	♂323.5,♀320.0 ♂269.5,♀263.2(10,17)	焦平林,1994(安徽蒙城) 周瑞,1994(宁夏西吉)
30 月龄体重/kg	265.0	332.2	江德武,1998(陕西巴山黄牛)
36 月龄体重/kg	♂317.0,♀306.3 ♂282.7,♀269.6(9,9)	♂367.4,♀358.6 ♂290.7,♀285.4(10,17)	焦平林,1994(安徽蒙城) 周瑞,1994(宁夏西吉)
育肥期日增重	22 月龄育肥 60 d,由 214.9 kg 到 239.5 kg,日增重为 0.41 kg (6)	22 月龄育肥 60 d,由 354.6 kg 到 393.6 kg,日增重为 0.61 kg (6)	焦平林,1994(安徽蒙城)
屠宰率/%	48.7(6)(胴体重 131.1 kg) 45.8(2)(胴体重 124.9 kg) 44.3	50.5(6)(胴体重 176.1 kg) 53.6(2)(胴体重 160.4 kg) 51.0	焦平林,1994(安徽蒙城)(24 月龄屠宰) 周瑞,1994(宁夏西吉)(36 月龄屠宰) 江德武,1998(陕西巴山黄牛)
净肉率/%	37.2(6)(胴体重 131.1 kg) 35.6(2)(胴体重 124.9 kg) 36.3	39.6(6)(胴体重 176.1 kg) 40.5(2)(胴体重 160.4 kg) 42.5	焦平林,1994(安徽蒙城)(24 月龄屠宰) 周瑞,1994(宁夏西吉)(36 月龄屠宰) 江德武,1998(陕西巴山黄牛)
眼肌面积/cm^2	51.2(6)(胴体重 131.1 kg)	55.4(6)(胴体重 176.1 kg)	焦平林,1994(安徽蒙城)(24 月龄屠宰)

2.1.7.2 南阳牛

1. 产地与分布

产于河南南阳地区白河和唐河流域的广大平原地区,以南阳市郊区、唐河、邓州、新野、镇平、社旗、方城等县市为主要产区。

2. 体型外貌

公牛角基较粗,以萝卜头角为主,母牛角较细;鬐甲较高,公牛肩峰 8~9 cm;有黄、红、草白 3 种毛色,以深浅不等的黄色为最多,一般牛的面部、腹下和四肢下部毛色较浅;鼻镜多为肉红色，其中部分带有黑点；蹄壳以黄蜡、琥珀色带血筋较多。成年公牛体高 145 cm，体重 647 kg；成年母牛体高 126 cm，体重 412 kg。

3. 生产性能

1.5 岁公牛育肥后的平均体重可达 441.7 kg，日增重 813 g，屠宰率为 55.6%；3～5 岁阉牛经强度育肥，屠宰率可达 64.5%，净肉率达 56.8%。母牛产乳量 600～800 kg，乳脂率为 4.5%～7.5%，母牛初情期 8～12 月龄，产后第一次发情平均为 77 d。公牛 1.5～2 岁开始配种，3～6 岁配种能力最强，利用年限 5～7 年。

4. 与其他黄牛杂交效果

已向全国多省、市提供种牛，杂交效果良好，见表 2.74。

表 2.74　南阳牛与本地黄牛的杂交 F_1 代的体型外貌、适应性和母牛体高等情况

项　目		本地牛	杂一代	作者和试验区域
外貌特征		头长、额毛粗长而弯曲，角长而粗大，角形有丸角、平角和大角等。若以方向言之，则有迎风角、顺风角、火叉角等。角色多为黑色。被毛粗长而干燥，皮厚，黏膜多黑色或灰黑色，毛色以黑色、黑褐色、黛色和青色为多	额较狭，头形趋于狭长，角形有丸角、笋角等，若以方向言之，则有直叉角、扒头和笋角等。角色多呈青色。被毛多呈黄色、红色，少数为草白色和青色，被毛较细而光滑，皮较薄，黏膜杂有黑色的斑点	易赜严等，1964（河南西峡）
役用性能		山地牛的最大挽力为 220 kg	改良牛的最大挽力为 320 kg	易赜严等，1964（河南西峡）
		山地牛日耕黏土地 1.4～1.5 亩	改良公牛（包括阉牛）日耕黏土地 2.0～2.2 亩	周丰岑，2000（河南内乡）
适应性		山地牛可以全年放牧，无需补料亦能增重	改良牛需放牧与舍饲结合，并需给予少数的精料方能保膘	易赜严等，1964（河南西峡）
母牛体高/cm	3～4 岁	105.6(5)	123.9(74)	周丰岑，2000（河南内乡）
	成年	110.0	111.7	易赜严等，1964（河南西峡）
母牛体重/kg	3～4 岁	217.4(5)	324.9(74)	周丰岑，2000（河南内乡）
	成年	209.0	336.0	易赜严等，1964（河南西峡）
12 月龄体重/kg		♂134.3，♀163.3(4,8)	♂247.6，♀191.1(6,14)	周丰岑，2000（河南内乡）
18 月龄体重/kg		♂209.6，♀201.6(2,1)	♂232.8，♀257.2(11,6)	周丰岑，2000（河南内乡）
3～4 岁体重/kg		♂264.2，♀217.4(10,5)	♂428.3，♀324.9(67,74)	周丰岑，2000（河南内乡）

括号内的数字为观察重复值。

2.1.7.3 鲁西牛

1. 产地与分布

主要产于山东西南部，以郓城、鄄城、菏泽、巨野、梁山、嘉祥、金乡、济宁、汶上等市县为中心产区。

2. 体型外貌

具有较好的役肉兼用体型。公牛多平角或龙门角，母牛角形多样，以龙门角较多，角色蜡黄或琥珀色；蹄质致密但硬度较差，不适于山地使役；被毛从浅黄到棕红色都有，以黄色为最多；多数牛有完全或不完全的“三粉”特征（指眼圈、口轮、腹下与四肢内侧色淡），鼻镜与皮肤多为淡肉红色，部分牛鼻镜有黑色或黑斑。成年公牛体高 146 cm，体重 644 kg；成年母牛体高 123 cm，体重 366 kg。

3. 生产性能

以青草和少量麦秸为粗料，每天补喂混合精料 2 kg（豆饼 40%、麦麸 60%），1～1.5 岁牛平均日增重 610 g，屠宰率 53%～55%，净肉率 47%左右。母牛性成熟早，一般 10～12 月龄开始发情，母牛初配年龄多在 1.5～2 周岁，终生可产犊 7～8 头，最高可达 15 头，产后第一次发情为 35 d。公牛 2～2.5 岁开始配种，利用年限 5～7 年。

4. 与其他黄牛杂交效果

已向全国多省、市提供种牛，杂交效果良好。

具体见表 2.75 和表 2.76。

表 2.75　鲁西牛与本地黄牛的杂交 F_1 代的体型外貌、适应性情况

项目	杂一代	作者和试验区域
外貌特征	鲁本杂种牛体质湿润而细致，肌肉较丰满，具备役肉兼用牛的外貌和体型特征。杂种牛毛色多为黄色或棕黄色，有光泽，眼圈、鼻翼、腹下、大腿内侧呈淡黄色或草白色。四肢健壮，蹄质良好，多为蜡黄色、黄褐色，步伐轻快，行走迅速，尾长毛松	张俊功等，1995（山东泰安）；张绍成等，1984（山东招远）
役用性能	鲁杂牛平均最大挽力是 187.5 kg；当地牛平均最大挽力 175.5 kg	张绍成等，1984（山东招远）
适应性	性情温驯，容易调教，适应性强、耐粗饲、抗病力强	张绍成等，1984（山东招远）

表 2.76　鲁西牛对本地黄牛改良杂交 F_1 代生产性能的改善

项　目	本地牛	杂一代	作者和试验区域
成年母牛体高/cm	115.0(28)	126.0(14)	张俊功等，1995(山东泰安)
	113.4(109)	126.6(64)	张绍成等，1984(山东招远)
成年母牛体重/kg	301.2(28)	328.8(14)	张俊功等，1995(山东泰安)
初生重/kg	♂21.6，♀19.9(7,7)	♂28.1，♀24.4(13,13)	张俊功等，1995(山东泰安)
12 月龄体重/kg	♂154.8，♀153.4(7,9)	♂204.3，♀187.0(9,11)	张俊功等，1995(山东泰安)
18 月龄体重/kg	♂190.3，♀174.0(11,11)	♂242.0，♀205.8(11,11)	张俊功等，1995(山东泰安)
成年体重	♂256.3，♀301.2(15,28)	♂396.7，♀328.8(16,14)	张俊功等，1995(山东泰安)
屠宰率/%	51.8.0(3)	57.0(3)	张绍成等，1984(山东招远)
净肉率/%	44.4(3)	49.5(3)	张绍成等，1984(山东招远)
眼肌面积/cm^2	56.7(3)	69.3(3)	张绍成等，1984(山东招远)

括号内的数字为观察重复值。

2.1.7.4 **晋南牛**

1. 产地与分布

产于山西省晋南盆地，以万荣、河津、临猗、永济、运城、夏县、闻喜、芮城、新绛、稷山、侯马、曲沃、襄汾等县市为主产区，以万荣、河津和临猗3县的数量最多。

2. 体型外貌

公牛颈较粗短，顺风角，肩峰不明显；蹄大而圆，质地致密；毛色以枣红为主，鼻镜粉红色。成年公牛体高139 cm，体重607 kg；成年母牛体高117 cm，体重339 kg。

3. 生产性能

成年牛育肥后屠宰率可达52.3%，净肉率为43.4%。母牛产乳量745.1 kg，乳脂率为5.5%～6.1%，9～10月龄开始发情，2岁配种，产犊间隔为14～18个月，终生产犊7～9头，公牛9月龄性成熟。

4. 与其他黄牛杂交效果

晋南牛已引种全国多省市，与其他黄牛杂交，效果良好，本地牛经晋南牛改良后代的毛色趋于一致，以红色和黄色为主。体格较大，结构匀称，体质健壮结实，四肢粗壮有力，尻部稍尖斜，具有明显的晋南牛外貌体型；改良牛开食早，好饲养，性情温驯，易管理，耐粗饲，役用性能好(谭年年等，1991，山西平陆)，见表2.27。

表2.77 晋南牛对本地黄牛改良杂交F_1代生产性能的改善 kg

项 目	本地牛	杂一代	作者和试验区域
初生重	19.8	24.9	谭年年等，1991(山西平陆)
6月龄体重	106.0	131.0	谭年年等，1991(山西平陆)
12月龄体重	144.0	195.5	谭年年等，1991(山西平陆)
24月龄体重	213.7	285.7	谭年年等，1991(山西平陆)

2.1.7.5 **延边牛**

1. 产地与分布

主产于吉林省的延吉、和龙、汪清、珲春及毗邻各县，分布于东北三省。

2. 体型外貌

公牛头方额宽，角基粗大，多向外后方伸展成“一”字形或倒“八”字角。母牛头大小适中，角细而长，多为龙门角。毛色多呈浓淡不同的黄色，鼻镜一般呈淡褐色，带有黑斑点。成年公牛体高131 cm，体重465 kg；成年母牛体高122 cm，体重365 kg。

3. 生产性能

公牛经180 d育肥，屠宰率可达57.7%，净肉率47.23%，日增重813 g。母牛产乳量500～700 kg，乳脂率5.8%～8.6%。母牛初情期平均为13月龄，公牛平均为14月龄。

2.1.7.6 **蒙古牛**

1. 产地与分布

原产于蒙古高原地区，分布于内蒙古、黑龙江、新疆、河北、山西、陕西、宁夏、甘肃、青海、吉林、辽宁等省、自治区。

2. 体形外貌

头短宽、粗重，角长、向上前方弯曲、呈蜡黄或青紫色，角质致密有光泽；肉垂不发达，鬐甲低下；四肢短，蹄质坚实，皮肤较厚，皮下结缔组织发达；毛色多为黑色或黄(红)色，次为狸色、烟熏色。成年公牛体高 121 cm，体重 360.5 kg；成年母牛体高 108～120 cm，体重 206～365 kg。

3. 生产性能

母牛 100 d 平均产乳量 518.0 kg，乳脂率为 5.22%，最高者达 9%。中等营养水平的阉牛屠宰率可达 53.0%，净肉率 44.6%。在草原地区为季节性发情配种，母牛初情期 8～12 月龄，约 2 岁开始配种，4～8 岁为繁殖最好时期；公牛于 2 岁时开始配种。

2.1.7.7 雷琼牛

1. 产地与分布

原产于雷州半岛最南端和海南岛北部等沿海低缓的丘陵地带，分布于广东的徐闻、雷州、遂溪、廉江和海南省的琼山、澄迈、海口市郊、安定及儋州等地。

2. 体型外貌特征

被毛细短，且富光泽。毛色以黄色居多，其次有黑色及不同深浅程度的褐色。大部分牛全身表现有十三黑的特征，即鼻镜、眼睑、耳尖、四蹄、尾帚、背线、阴户及阴囊下部为黑色。公牛角长，略弯曲或直立稍向外弯，母牛角短或无角；垂皮发达，肩峰隆起，公牛肩峰高达 13～17 cm。尾根高、尾长，且丛生黑毛。四肢结实，管围略细，蹄坚实。成年公牛体高为 119.7 cm，体重 282.4 kg；成年母牛体高 104 cm，体重 215.6 kg。

3. 生产性能

未经育肥成年牛平均屠宰率为 49.6%，净肉率为 37.3%。母牛产乳量 400～500 kg，个别达 750～975 kg。在粗放的饲养管理条件下，一般公、母牛 2 岁开始配种，母牛可繁殖 12～14 胎，大多数母牛一年一胎。

2.1.7.8 渤海黑牛

1. 产地与分布

原称“无棣黑牛”，产于山东省的无棣、沾化、利津、垦利等县。

2. 体型外貌

角短、质致密、呈黑色。蹄呈中木碗状，蹄质坚实，四肢病及蹄病极少。全身被毛、鼻镜、角及蹄皆呈黑色。成年公牛体高 129 cm，体重 426 kg；成年母牛体高 117 cm，体重 298 kg。

3. 生产性能

未经育肥公牛屠宰率可达 53%，阉牛可达 50%。公牛 10～12 月龄达性成熟，1.5～2 岁可配种，利用年限 6～8 年。母牛 8～10 月龄性成熟，初配年龄多在 1.5 岁左右，一生产犊 7～8 胎，个别母牛在 15 岁以上仍有繁殖能力。

2.1.7.9 郏县红牛

1. 产地与分布

产于河南省郏县，现主要分布于郏县、宝丰、鲁山及毗邻各县。

2. 体型外貌

外貌比较一致，体格中等，体质结实，骨骼粗壮，体躯较长，从侧面看呈长方形，具有役肉兼用体型。垂皮较发达，肩峰稍隆起，尻稍斜，四肢粗壮，蹄圆大结实。公牛鬐甲宽厚，母牛乳房发育较好，腹部充实。毛色有红、浅红及紫红 3 种。成年公牛体高 126.1 cm，体重 425.0 kg，成年母牛体高 121.2 cm，体重 364.6 kg，犊牛初生重 20～28 kg。

3. 生产性能

郏县红牛肉质细嫩，肉的大理石纹明显，色泽鲜红；20～23 月龄阉牛育肥后屠宰，屠宰率达 57.57%，净肉率 44.82%。在通常饲养管理条件下，母牛初情期为 8～10 月龄，初配年龄为 1.5～2 岁，使用年限一般至 10 岁左右，产后第一次发情多在 2～3 个月，3 年可产 2 犊。

2.1.7.10 巫陵牛（湘西牛、恩施牛、思南牛）

1. 产地与分布

产于湖南、湖北、贵州 3 省交界处，主要分布于湘西的凤凰、花垣、桑植、永顺、慈利，黔东北的思南、石阡、沿河、务川、德江、道真、正安以及鄂西南的恩施地区。

2. 体型外貌

被毛黄色最多，栗色、黑色次之，角形不一；公牛肩峰肥厚，高出背线 6～8 cm，母牛肩峰不明显；尻斜，肢长中等，四肢强健，后肢飞节内靠，蹄形端正，蹄质坚实，尾较长。巫陵牛具有体质结实、肢蹄强健、行动灵活、善于爬山、耐劳、耐旱、抗湿及耐粗等特性。成年公牛体高 114.9 cm，体重 308.1 kg，成年母牛体高 105.0 cm，体重 232.1 kg。

3. 生产性能

公牛屠宰率为 50.1%，母牛为 51.1%，公牛净肉率为 40.1%，母牛为 39.7%，公牛眼肌面积为 58.6 cm^2，母牛为 50.1 cm^2。公牛 18～24 月龄性成熟，母牛为 10～12 月龄，初配年龄公母牛 2.5 岁。

2.1.7.11 温岭高峰牛

1. 产地与分布

产于浙江省温岭市，浙江省的黄岩、玉环、乐清等邻县有少量分布。

2. 体型外貌

肩峰高耸，前躯发达，肌肉结实，骨骼粗壮，但后躯肌肉欠丰满。公牛头大额宽，眼球圆大凸出，耳向前竖立，耳壳薄而大，内侧密生白毛；公牛颈粗大，肉垂发达，颈侧皮肤略有皱褶，母牛颈与前胸接合良好。肩峰可分为 2 个类型，一是高峰型，形状像鸡冠，称"鸡冠峰"，峰高而窄，一般峰高 12～18 cm；二是肥峰型，形状像畚斗，称"畚斗峰"，峰较低，高 10～14 cm。毛色特征为黄色或棕黄色，眼圈、嘴环、腹下、四肢内侧及下部，常有少量灰白色细毛，有的牛背中线黑。尾帚黑色；鼻镜呈青灰色；公牛角粗壮而开张，角质基部粗糙，角尖黑而光滑发亮，呈"横担角"或"龙门角"；母牛角细短，多向前上方伸展。成年公牛体高 128.2 cm，体重 423.0 kg；成年母牛体高 114.2 cm，体重 289.5 kg。

3. 生产性能

是我国南方黄牛中优良的役肉兼用型地方品种之一，老年淘汰牛平均屠宰率为 52.85%，净肉率 44.41%。3 岁阉牛的平均屠宰率为 51.04%，净肉率 46.27%，优质肉切块达 35.95%，肌肉纤维细嫩多汁。母牛 7～9 月龄开始发情，1.5～2 岁开始配种；公牛 6～8 月龄性成熟，2 岁开始配种。

4. 与其他黄牛杂交效果

温岭高峰牛已引种浙江各地，与其他黄牛杂交，效果良好，见表 2.78、表 2.79。

表 2.78　温岭高峰牛与本地黄牛的杂交 F_1 代的体型外貌、适应性情况

项目	杂一代	作者和试验区域
外貌特征	高杂牛体型外貌表现为全身毛色一致，黄色或棕黄色，结构匀称、清秀，体质结实，肩峰高耸，两眼有神，毛短光亮，皮薄富弹性，体躯宽深，肌肉丰满，四肢粗壮有力	何敬仙，1991（浙江临海）
役用性能	高杂牛由于体型增大后，耕作能力增强，肩峰增高又便于耕作，一般每头牛每天耕 2～3 亩，比本地黄牛增加 0.5～1 亩	何敬仙，1991（浙江临海）
	杂交牛体质结实，便于使役，工作持久耐劳。据调查，在气温 25℃左右时，本地成年母牛每耕 1 亩地约需 5 h，本地阉公牛需 4 h，成年杂交母牛每耕 1 亩地约需 3.5 h，且耕作质量比本地牛好	范福贤和周永华，1993（浙江金华）
适应性	杂交牛对本地区特别是山区寒冷多变的气候条件适应性强，且耐粗饲，不择食，抗病力强，性情温驯，深受群众喜爱	范福贤和周永华，1993（浙江金华）

表 2.79　温岭高峰牛对本地黄牛改良杂交 F_1 代生产性能的影响

项目	本地牛	杂一代	作者和试验区域
成年母牛体高/cm	102.4(9)	108.0(38)	何敬仙，1991（浙江临海）
	109.0(30)	116.0(30)	范福贤和周永华，1993（浙江金华）
成年母牛体重/kg	111.3(9)	131.8(38)	何敬仙，1991（浙江临海）
	250.0(30)	303.4(30)	范福贤和周永华，1993（浙江金华）
初生重/kg	12.4	14.2	何敬仙，1991（浙江临海）
	12.9	16.6(26)	胡明康，1994（浙江永嘉）
	16.0(29)	19.0(29)	范福贤和周永华，1993（浙江金华）
6 月龄体重/kg	104.5(24)	126.7(24)	范福贤和周永华，1993（浙江金华）
12 月龄体重/kg	125.0(32)	144.8(32)	范福贤和周永华，1993（浙江金华）
18 月龄体重/kg	190.6(13)	230.3(13)	范福贤和周永华，1993（浙江金华）
成年体重/kg	♂112.4，♀111.3(6,9)	♂161.0，♀131.8(11,38)	何敬仙，1991（浙江临海）
	♂300.0，♀250.0(35,30)	♂350.0，♀303.4(35,30)	范福贤和周永华，1993（浙江金华）
育肥性能	初生至 6 月龄，平均日增重分别为♂166 g，♀175 g	初生至 6 月龄，平均日增重分别为♂356 g，♀303 g	郑菊忠和陈瑞荣，1993（浙江温岭）
屠宰率/%	48.9(4)(胴体重 147.0 kg)	52.8(5)(胴体重 163.0 kg)	范福贤和周永华，1993（浙江金华）
	47.7(3)(胴体重 61.4 kg)	49.1(2)(胴体重 95.6 kg)	郑菊忠和陈瑞荣，1993（浙江温岭）(18～20 月龄屠宰)
净肉率/%	40.8(4)(胴体重 147.0 kg)	44.3(5)(胴体重 163.0 kg)	范福贤和周永华，1993（浙江金华）
	36.5(3)(胴体重 61.4 kg)	39.1(2)(胴体重 95.6 kg)	郑菊忠和陈瑞荣，1993（浙江温岭）(18～20 月龄屠宰)
眼肌面积/cm^2	34.7(3)(胴体重 61.4 kg)	52.8(2)(胴体重 95.6 kg)	郑菊忠和陈瑞荣，1993（浙江温岭）(18～20 月龄屠宰)

括号内的数字为观察重复值。

2.1.7.12 复州牛

1. 产地与分布

主要产于辽宁瓦房店市(原称复县),分布于该省的金州和普兰店市。

2. 体型外貌

体质健壮,结构匀称,骨骼粗壮;背腰平直,尻部稍倾斜;四肢健壮,蹄质坚实;公牛角短粗、向前上方弯曲,雄性相,母牛角较细、多呈龙门角;全身被毛为浅黄或浅红,四肢内侧稍淡,鼻镜多呈肉色。成年公牛体高 147.8 cm,体重 764.0 kg,成年母牛体高 128.5 cm,体重 415.0 kg;公母犊牛初生重分别为 32.8 kg 和 31.7 kg。

3. 生产性能

是役用良种牛,体型较大,四肢健壮,挽力较强,一般 2.5～3 岁开始使役,但复州牛有后躯欠丰满、尻尖斜的缺点,在国内牛品种中属于大型牛种。平均屠宰率为 50.7%,净肉率为 40.33%,眼肌面积为 59.5 cm^2。母牛产后第一次发情时间平均为 75.5 d,发情旺季在 5～9 月份。在轻度使役情况下,一般为一年一胎。

2.1.7.13 皖南牛

1. 产地与分布

主要产于安徽省的黟县、歙县、绩溪、旌德及祁门等县。

2. 外貌特征

体形不太一致,从总体来说,体型偏小,但结构较好,四肢较细。外貌分类可分为粗糙和细致 2 种类型,另外尚有介于两者之间的中间类型。成年公牛体高 107～123 cm,体重 224～371 kg;成年母牛体高 107～121 cm,体重 224～301 kg。

3. 生产性能

2 岁公牛屠宰率为 50%～55%,净肉率 45%左右。一个泌乳期产乳 300～400 kg,母牛 8～9 月龄开始发情,2 岁即能产犊。公牛 10 月龄即能配种。

2.1.7.14 巴山牛

1. 产地与分布

主产于鄂、陕、川、渝交界的大巴山区,包括陕南、鄂西北、川东、渝东交界的广大地区。巴山牛的垂直分布集中在 300～1 200 m 的低山、中山地区。

2. 外貌特征

角有“龙门”、“芋头”、“羊叉”等角形。公牛鬐甲高而宽,母牛肩峰低薄或无肩峰。毛色以红黄毛为主色,鼻镜有黑、肉红和黑红相间等色,以黑色居多。成年公牛体高 118～152 cm,体重 327～423 kg;成年母牛体高 112～114 cm,体重 271～330 kg。

3. 生产性能

未经育肥 1.5～2 岁公、母牛的平均屠宰率为 52.56%,净肉率为 41.63%。育肥后公、母牛的屠宰率分别为 53.9%和 54.8%,净肉率分别为 44.3%和 46.2%。

2.1.7.15 大额牛,独龙牛

1. 产地与分布

大额牛(Bos frontalis)属于准野牛属,产于云南省贡山独龙族怒族自治县独龙江一带,是

一种半野生半家养的珍贵牛种，因仅为独龙族所驯养，故有“独龙牛”之称。大额牛在半野生条件下，终年在独龙江两岸陡峻的山林中野牧，攀登能力极强，凡普通黄牛无法行走的陡坡，大额牛都能行走自如，并能泅渡湍急的江水。性喜群栖，常年野牧放养。夏季常活动于海拔2 000 m左右的高山草丛和林地，冬季则游走于河谷草丛和收获后的耕地中。

2. 外貌特征

大额牛体躯比普通黄牛高大壮实。全身被毛黑色或深褐色，四肢下部白色，有的头部或唇部具有白色斑块。鬐甲较低平。四肢短而坚实。肌肉发达，丰满厚实，颈垂明显，但不如黄牛的长大。两角向头部两侧平展伸出，微向上弯。成年公牛体高134 cm，体重400～500 kg，最高可达700～800 kg；母牛体高128 cm，体重350～400 kg。

3. 生产性能

大额牛屠宰率高，肉质好。性成熟较晚，一般4岁时性成熟，1年1胎，繁殖年限比普通黄牛长，可达20岁左右。由于大额牛与普通黄牛分属于2个不同的种，故二者染色体数目有所不同。大额牛的染色体数目为$2n=58$，而普通黄牛染色体数目是$2n=60$。因此，大额牛与普通黄牛进行种间杂交，虽能产生后代，并具有一定的杂种优势，但杂种后代雌性正常，雄性不育。

2.1.8 其他牛种

在牛科动物中，除了家牛属的普通牛种外还有其他牛种为人类提供畜产品，丰富人们的食品结构，如广大南方饲养为数众多的乳肉兼用水牛，在青藏高原牧区饲养大量为当地牧民提供唯一乳资源的牦牛，这些都丰富了我国的肉、乳制品市场，也为农牧民的致富提供途径。

2.1.8.1 水牛

水牛是热带、亚热带地区特有的畜种，主要分布于亚洲地区，约占全球饲养量的90%。印度是世界上水牛最多的国家，占世界饲养量的57%以上。水牛具有乳、肉、役多种经济用途，适合于水田作业，以稻草为主要粗饲料，饲养方便，成本低。水牛乳的营养丰富，乳中的脂肪和干物质都高于荷斯坦牛的乳。水牛肉，特别是小水牛肉味香、鲜嫩，且脂肪含量少。未经改良的传统水牛要3年才能出栏，经过优良的品种杂交第二代肉水牛可2年到达出栏上市，水牛比黄牛生长速度慢很多，性成熟时间更晚。

一般利用老残水牛作肉用，在营养水平较低的牧饲条件下，增重效果仍很好。未经育肥阉水牛的屠宰率和净肉率分别为46.7%和37.3%，牛肉肌纤维粗，品质差；若用小牛（19～21月龄）短期育肥（58 d），日增重0.66 kg，屠宰率和净肉率分别为50.8%和39.3%，不但提高产肉性能，也改善牛肉品质。

中国水牛是一种以役用为主的沼泽型水牛，乳、肉用性能和经济效益都低。随着市场经济的发展，人民期望这种家畜除供役用外，能发挥其乳、肉用性能的潜力，水牛势必由役用转为乳用、肉用或兼用的方向发展，充分挖掘这一畜种资源，这对于我国水牛业发展具有深远的战略意义，见表2.80。

表 2.80 引进品种对本地水牛改良一代(F_1 代)生长性能和产肉性能的改善

项目	本地水牛	摩拉水牛杂一代	尼里拉菲杂一代	黄牛	作者和试验区域
初生重/kg	♂34.7,♀32.5				童碧泉,1993,放牧不使役,湖北江汉水牛
	♂30.1,♀29.5				童碧泉,1993,粗放饲养使役,湖北江汉水牛
	♂33.2,♀27.3		♂52.1,♀47.6		童碧泉,1993,
	♂ 30.6,♀ 28.9(12,8)		♂ 45.1,♀ 46.2(50,50)		金大春等,2004(浙江瑞安)
成年体重/kg	♂617.0,♀544.7				童碧泉,1993,放牧不使役,湖北江汉水牛
	♂532.3,♀484.7				童碧泉,1993,粗放饲养使役,湖北江汉水牛
	♂517.3,♀496.3(12,8)		♂627.2,♀599.7(50,50)		金大春等,2004(浙江瑞安)
育肥性能	6月龄断奶,放牧5个月,日增重0.39 kg;舍饲2月日增重为0.66 kg				刘振华等,1982(全国)
	2岁公犊育肥100 d,日增重平均0.64 kg	2岁公犊育肥100 d,日增重平均0.74 kg		2岁公犊育肥100 d,日增重平均0.50 kg	刘振华等,1982(全国)
	2.5～3岁全放牧育肥3个月,日增重0.13 kg(4)				童碧泉,1993
	2.5～3岁放牧补饲育肥,日增重1.04 kg(4)				童碧泉,1993
	2岁育肥100 d,日增重0.60 kg(6)	2岁育肥100 d,日增重0.74 kg(6)			童碧泉,1993
	19月龄育肥30 d,日增重0.71 kg(2)		19月龄育肥30 d,日增重1.01 kg(2)		李可友,2001(浙江平阳)
屠宰率/%	48.5(活重307 kg),44.6(活重307 kg)				刘振华等,1982(全国)
	50.8(2)(20月龄216 kg屠宰)				刘振华等,1982(全国)
	48.5(6)	56.2(6)		51.6(6)	刘振华等,1982(全国)
	49.7(2)(补料育肥)				童碧泉,1993

续表 2.80

项目	本地水牛	摩拉水牛杂一代	尼里拉菲杂一代	黄牛	作者和试验区域
屠宰率/%	42.0(2)(全放牧育肥)				童碧泉,1993
	48.5(6)	56.2(6)			童碧泉,1993
	41.1(2)		50.9(2)		李可友,2001(浙江平阳)(20月龄屠宰)
净肉率/%	39.6(活重307 kg),34.7(活重307 kg)				刘振华等,1982(全国)
	39.2(20月龄216 kg屠宰)				刘振华等,1982(全国)
	36.9(6)	42.6(6)		40.4(6)	刘振华等,1982(全国)
	40.0(2)(补料育肥)				童碧泉,1993
	30.6(2)(全放牧育肥)				童碧泉,1993
	36.9(6)	42.5(6)			童碧泉,1993
	38.0(2)		48.0(2)		李可友,2001(浙江平阳)(20月龄屠宰)
眼肌面积/cm^2	97(6)	156(6)			童碧泉,1993

括号内的数字为观察重复值。

2.1.8.2 牦牛

牦牛是中国的主要牛种之一,数量仅次于黄牛、水牛而居第3位。牦牛自古至今是青藏高原牧区的当家畜种,具有顽强的生命力。牦牛是牛属动物中,能适应高寒气候而延续至今的珍稀畜种资源,是动物中高原地理分布很有限的少数家畜之一。牦牛是高原畜牧业的优势畜种,牦牛可肉用、乳用和役用。

1. 牦牛的外貌与生产性能

牦牛外貌粗野,体躯强壮,头小颈短,嘴较尖,胸宽深,鬐甲高,背线呈波浪形,四肢短而结实,蹄底部有坚硬的突起边缘,尾短而毛长如帚,全身披满粗长的被毛,尤其是腹侧丛生密而长的被毛,形似"围裙",粗毛中生长绒毛。有的牦牛有角,有的无角。毛色以黑色居多,约占60%,其次为深褐色、黑白花、灰色及白色。公母牦牛两性异相,公牦牛头短颈宽,颈粗长,肩峰发达;母牦牛头尖,颈长角细,尻部短而斜。成年公牦牛体重300~450 kg,母牦牛200~300 kg;屠宰率55%,净肉率41.4%~46.8%,眼肌面积50~88 cm^2,泌乳期3.5~6个月,产奶量240~600 kg,乳脂率5.65%~7.49%;公牦牛产毛3.6 kg,绒0.4~1.9 kg,母牦牛产毛1.2~1.8 kg,绒0.4~0.8 kg;负载60~120 kg,日行走15~30 km。

在牦牛的系列产品中,牦牛肉无疑是主要构成品种。其肉质细嫩、味美可口、有野味风格,营养价值更高。据测定:其蛋白质含量达22%,比黄牛肉高58.7%;脂肪含量3.6%~5.0%,

比黄牛肉低 69.8%；热量比黄牛肉低 19.7%；符合当代人高蛋白、低脂肪、低热量、无污染、保健、强身的摄食标准。

2. 牦牛与本地黄牛种间的杂交改良效果

牦牛与本地黄牛种间杂交改良效果见表 2.81。

表 2.81　本地牦牛与家牛杂交改良一代(F_1 代)的生长性能和产肉性能

项目	牦牛	杂一代	作者和试验区域
初生重/kg	♂13.4，♀12.9(90，90)	♂21.4，♀20.5(60，60)	杨勤等，2007(甘肃甘南藏族自治州，引种草原红牛)
	♂14.7，♀13.0(95，95)	♂21.7，♀20.8(40，40)	高景福，2003(甘肃临夏，引种西黄杂 F_1 牛)
	♂14.7，♀13.0(95，95)	♂20.3，♀20.0(167，167)	高景福，2003(四川金川，引种黑黄杂 F_1 牛)
		海×牦♂20.2(7) 西×牦♂19.5(3) 夏×牦♂17.0(2) 安×牦♂19.2(2) 利×牦♂19.3(3)	孔令禄，1982(青海大通，海福特牛、西门塔尔牛、夏洛来牛、安格斯牛、利木赞牛)
36 月龄体重/kg	♂224.4，♀197.1(50，50)	♂351.7，♀349.0(20，20)	高景福，2003(甘肃临夏，引种西黄杂 F_1 牛)
	♂224.4，♀197.1(50，50)	♂333.4，♀341.6(48，48)	高景福，2003(四川金川，引种黑黄杂 F_1 牛)
屠宰率/%	49.9(7)	52.6(4)(胴体重 130.9 kg)	罗光荣，1999(四川红原，42 月龄屠宰)
	53.1(2)(7 月龄屠宰，胴体重 56.6 kg) 48.0(5)(18 月龄屠宰，胴体重 77.8 kg) 48.3(3)(30 月龄屠宰，胴体重 93.0 kg)	52.4(1)(7 月龄屠宰，胴体重 103.2) kg 49.0(3)(18 月龄屠宰，胴体重 136.2 kg) 55.7(6)(30 月龄屠宰，胴体重 186.0 kg)	李庆余等，1985(新疆)
	53.0(11)(成年阉牦牛，胴体重 198.3 kg) 45.9(4)(18 月龄，胴体重 71.4 kg)	52.3(8)(夏×牦，18 月龄屠宰，胴体重 155.1 kg) 51.8(利×牦，18 月龄屠宰，胴体重 169.9 kg) 50.6(海×牦，18 月龄屠宰，胴体重 156.9 kg) 46.5(西×牦，18 月龄屠宰，胴体重 132.6 kg)	保善等，1995(新疆)
净肉率/%	39.5(7)	41.5(4)(胴体重 130.9 kg)	罗光荣，1999(四川红原，42 月龄屠宰)
	39.5(2)(7 月龄屠宰，胴体重 56.6 kg)	44.2(1)(7 月龄屠宰，胴体重 103.2 kg)	李庆余等，1985(新疆)

续表 2.81

项目	牦牛	杂一代	作者和试验区域
净肉率/%	39.8(5)(18 月龄屠宰,胴体重 77.8 kg) 34.4(3)(30 月龄屠宰,胴体重 93.0 kg)	40.4(3)(18 月龄屠宰,胴体重 136.2 kg) 43.1(6)(30 月龄屠宰,胴体重 186.0 kg)	
	42.5(11)(成年阉牦牛,胴体重 198.3 kg) 36.5(4)(18 月龄,胴体重 71.4 kg)	43.3(8)(夏×牦,18 月龄屠宰,胴体重 155.1 kg) 43.7(利×牦,18 月龄屠宰,胴体重 169.9 kg) 42.0(海×牦,18 月龄屠宰,胴体重 156.9 kg) 37.7(西×牦,18 月龄屠宰,胴体重 132.6 kg)	保善等,1995(新疆)
眼肌面积/cm^2		51.4(4)(胴体重 130.9 kg)	罗光荣,1999(四川红原,42 月龄屠宰)

括号内的数字为观察重复值。

2.2 黄牛的杂交改良与利用

我国肉牛生产的基础是带犊繁育体系,包括从母牛饲养到繁殖改良,从犊牛培育到幼牛养殖,其中杂交改良是我国肉牛生产体系中关键的一环,涉及良种繁育、杂交优势利用、能繁母牛的选育等方面。品种良种化是肉牛产业发展的前提,母牛养殖是基础,饲养管理是关键。在饲草料供给要能满足杂交、改良牛的基本生长发育需要的基础上,通过对养殖肉牛品种的选择可以明显提高养牛效益,尤其是杂交的效果极显著。重视良种繁育体系建设,做到本地品种选育与杂交改良相结合,保种和利用相结合,提高我国肉牛群的整体质量和数量,达到优质、高效的改良效果。目前肉牛生产广泛应用杂交优势提供商品牛源,即经济杂交,而搞好肉牛的经济杂交,关键在于杂交亲本和杂交方式的选择。

杂交是人类干预动物遗传性的一个重要手段,所谓杂交亲本,即牛进行杂交时选用的父本和母本(公牛和母牛)。实践证明,要想使牛的经济杂交取得显著的饲养效果,一个重要的条件父本必须是高产良种公牛。如我国从国外引进的西门塔尔牛、夏洛来牛、利木赞牛等种公牛,它们的共同特点是生长快、体形大,是目前最受欢迎的父本;而杂交后代公牛,其遗传性能很不稳定,要坚决淘汰,绝对不能留作种用。母本应选择当地分布广泛,适应性强的地方品种母牛,在选择和确定杂交组合时,应重视对亲本的选择。通过品种间杂交,可使杂交后代生长加快,饲养效率高,屠宰率高,比原纯种牛多产肉 15%左右。经济杂交可以是生产性能较低的母牛与优良品种公牛杂交,也可以是 2 个生产性能都较高的公母牛之间杂交,无论哪一种情况,其目的都是为了利用其杂交优势,提高后代的经济价值。

2.2.1 生产母牛的选择

母牛的产乳能力对肉牛生产具有重要意义，不同品种母牛产乳能力差异很大，我国地方品种犊牛早期生长普遍较慢，这固然存在遗传因素和饲养管理习惯等方面的影响，但是哺乳母牛产乳能力较低，不能充分满足犊牛生长发育的营养需要也是一个重要原因。我国地方良种黄牛品种的泌乳能力见表2.82，表明地方母牛普遍产乳量低，泌乳期短，随着犊牛的生长发育母牛泌乳能力逐渐降低，这种矛盾的结果最终导致了犊牛生长发育受阻，或停滞不前。而国外发达国家培育的专门化肉牛品种母牛都具有较好的产乳能力（表2.83），是我国地方品种的2～7倍，母牛良好的产乳能力为犊牛出生后较快的生长发育奠定了坚实的基础，所以我国很多地方广泛使用包含西门塔尔牛和本地牛的杂交组合生产体系。

表2.82 我国地方黄牛优良品种产乳能力 kg

品种	晋南牛	南阳牛	秦川牛	延边牛
泌乳量	745	600～800	715.8	500～700
泌乳期	7个月	6～8个月	7个月	6～7个月

引自郑丕留等，1988。

表2.83 不同引进肉牛品种母牛泌乳能力的比较

品种	皮埃蒙特牛	西门塔尔牛	利木赞牛	夏洛来牛	荷斯坦牛
泌乳量/kg	3 500	4 786	1 600	2 000	7 022
乳脂率/%	4.17	4.10	5.00	4.00	3.65

引自陈幼春等，2004。

生产母牛主要根据其本身表现进行选择，如哺乳性能、体质外貌、难产率、体重与体型大小、长寿性等性状。我国经过30多年的杂交改良实践及对比实验研究，普遍认为西门塔尔公牛改良本地黄牛的效果较其他引进品种好，它不仅是乳、肉、役俱佳的“全能牛”，而且体质结实、耐粗饲、适应性亦好，2～3代的西杂母牛具有较好的产乳性能，这是保证杂种肉犊生长发育的基础，另外，2～3代西杂母牛含有1/8～1/4本地牛的血液，使之保留了适应性强、耐粗饲、役用性能好的特点，并且西杂母牛肉用体型也较好，可谓把西门塔尔牛产乳多、产肉好及本地黄牛适应性强、耐粗饲、使役好的特点均综合在一起。因此在生产肉犊的地区，最好选用乳肉兼用型西门塔尔公牛改良本地黄牛，把级进杂交到2～3代的西杂母牛留种进行三元杂交或轮回-终端公牛杂交，繁殖肉犊。在饲料条件较好的地区，另外饲养3代的西杂母牛，既可产肉犊，又可产奶，还可役用，具有多项经济效益，抗市场风险能力亦强，调整改良方向也快。若再级进到4代以上，虽然体型更好，接近父本品种，但耐粗饲、适应性、抗病力有所下降了，尤其在饲料条件差的地区，有可能造成生产性能下降，还不如西杂2～3代好，即出现退化现象。

2.2.2 杂交父本——良种公牛的选择

目前，支撑我国肉牛业生产的主导品种仍然是肉用性能欠佳的地方良种黄牛品种，分户饲养、集中育肥仍然是当前我国肉牛生产的主要方式，传统的饲养方式还十分普遍。在长期的生产实践中，国内已形成了具有鲜明地方特色的黄牛品种，如秦川牛、南阳牛、鲁西牛、延边牛、晋南牛等，为了克服中国黄牛生长缓慢、饲料报酬低、后躯发育不良、产肉性能相对较低的缺陷，几十年来，先后引进了肉用牛品种如西门塔尔牛、夏洛来牛、安格斯牛、短角牛、丹麦红牛、利木赞牛、德国黄牛、皮埃蒙特牛等与当地黄牛进行杂交，从杂交后代的表现来看，都不同程度取得了一定的效果，但限于规模、饲养条件和选育水平，其后代生产水平与国外肉牛品种相比仍有较大差距。继2007年"夏南牛"品种通过国家审定后，2008年"延黄牛"、2010年"辽育白牛"相续通过了国家审定，但专门化的优质肉牛品种缺乏仍是一个不争的事实。要建立肉牛良种体系，提纯复壮原种肉牛和地方良种黄牛，加大制种、供种力度，重视培育我国的优良品种，如鲁西牛、南阳牛、秦川牛、晋南牛、延边牛；并进行优质肉牛杂交配套系筛选及饲养管理技术体系的建立。

在为母牛配种选择父系时，应选择当地政府大力支持引进的父系公牛，这样有利于在当地形成具有生产性能良好、品种一致的普遍牛群，有利于通过规模和广告效应吸引外来客户，为提高当地肉牛的生产效益，应筛选出4～6个优质高效肉牛杂交组合及配套系。

引入品种中，使用最广的是西门塔尔牛，其杂交一代或二代的肉乳性能明显提高，6月龄犊牛再强度育肥8个月，宰前活重达500 kg。其次是夏洛来牛、利木赞牛。在肉牛公母牛选择中，种公牛的选择对改良起着关键作用，公牛的选择主要是根据基础母牛的资源、肉牛的生产方向和目的选择，从事高档牛肉生产，要考虑商品肉的等级，有明确的目的，要求胴体的脂肪沉积为主，如主要是生产极品的大理石纹牛肉要选择早熟性的品种如安格斯牛和地方良种牛；如要求胴体重或出肉率或略带大理石纹的牛肉则要选择大型品种如利木赞牛、夏洛来牛，同时母本必须是杂交母牛如西杂母牛；如主要是杂交改良，没有确定目标，从今后发展角度，第一父本首选西门塔尔牛，目的是提高本地母牛的泌乳能力，为以后发展留下一个个体大、哺乳能力强的母本。

2.2.3 肉牛的杂交

肉牛养殖中常用杂交方法提高生产效益，杂交主要目的有：①用肉用性能良好和适应性好的品种，对肉用性能较差的当地品种进行杂交，以改良肉用性能；②肉用品种间杂交，利用杂交优势以提高增重速度、饲料转化效率或肉的品质；③用肉用品种对乳用品种进行杂交，乳用母牛产奶而杂交后代产肉，以提高总体经济效益。

2.2.3.1 杂交程度的计算

为了简明地表示杂交程度，假定公牛和母牛的血缘在它们的第一代各占1/2，第二代仍继续用原父系品种，则父系品种的程度为3/4，而母系品种只占1/4(图2.1)，杂交三代各为7/8和1/8，杂交代数用F表示，杂交一代F_1，杂交二代F_2。杂交程度的计算方法为：

①被改良的母系品种在各代中所占血液程度计算：

$$F_1=1/2;F_2=(1/2)^2;F_3=(1/2)^3;F_n=(1/2)^n$$

②改良的父系品种在各代中所占的血液程度计算：

$$F_1=1-1/2;F_2=1-(1/2)^2;F_3=1-(1/2)^3;F_n=1-(1/2)^n$$

同理，如果公、母牛本身都是杂交牛，其后代所含血液程度的计算方法与以上相同，如一头含有

1/8 的海福特血液公牛与含有 1/4 海福特血液的母牛配种，其后代 F_1 含有海福特的血液程度为 3/16，生产杂交示意图见图 2.2。

$$F_1=(1/8\times 1/2)+(1/4\times 1/2)=3/16(\text{海福特血液})$$

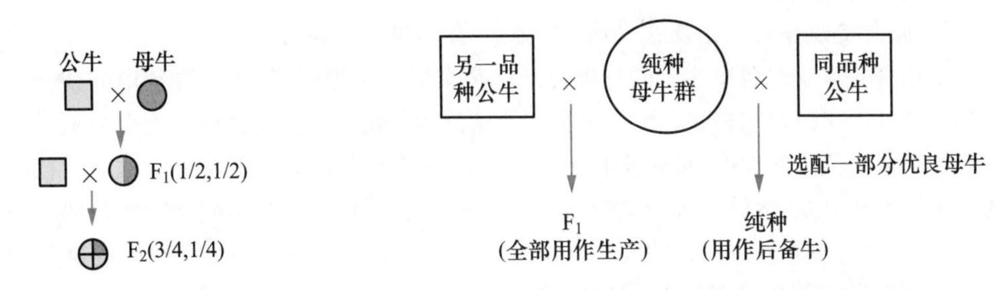

图 2.1 杂交程度示意图(冯仰廉等，1993)

图 2.2 生产杂交示意图(冯仰廉等，1993)

2.2.3.2 **肉牛品种间杂交**

肉牛品种间的杂交通过基因的重组，可以创造出新的异类型，并能通过选择和培育将理想类型固定下来。由于不同的肉牛品种具有各自的遗传结构，通过杂交利用基因重组将各亲本的优良基因集中在一起，而且基因的互作可以产生比亲本肉牛品种更优良的个体，再经过合理的选种选配。使有益的基因得到相对纯合，形成具有稳定遗传性的肉牛品种，或者肉牛某种经济性状在短时期内尽快得到提高。

和其他家畜一样，为了提高肉牛生产，可利用品种间的杂交优势，即品种间杂交组合适合，则在日增重、饲料利用效率、繁殖率等方面都会超过双亲品种。生产杂交后代，主要用于生产目的，一般不作种用。

2.2.3.3 **掌握杂交程度选择合适的杂交组合**

我国肉用牛的饲养，在农区是以青粗饲料为主，牧区和草山草坡地区则以放牧为主。因此，应选用耐粗放饲养和适应性强的品种。本地黄牛多具有适应当地自然条件和耐粗饲的特点，在杂交改良过程中，一方面要改良这些品种的弱点，另一方面应注意保留适应性强等优点。这必须通过杂交组合的对比试验，选出较理想的杂交组合，引用的品种和杂交改良代数要适当，并在杂交后代中进行严格的选种，这样才能保持杂交改良的效果。一般是：本地品种的性能较好，则引入的外品种程度应少些；本地品种的性能较差，引入的外血程度可多些；饲料和气候条件较好的地区，杂交代数可高些，反之杂交代数应低。关于引用夏洛来牛等大体型牛品种或海福特牛、安格斯牛等中小体型牛品种中那个品种更为合适，必须根据气候、饲料条件、山地或平原、生产目的、屠宰要求、市场定位等具体情况，通过杂交试验确定。

2.2.3.4 **杂交优势的评价、配合力的测定**

杂种优势是提高畜牧生产效率的主要遗传效应之一。利用杂种优势已有悠久历史(骡、犏牛、大宛马)，杂种优势利用是一项复杂的系统工程，所谓杂种优势，即不同种群杂交所产生的杂种往往在生活力、生长势和生产性能方面在一定程度上优于两个亲本种群平均。杂种优势利用技术体系中包括：杂交亲本种群的选优提纯(纯繁)、杂交组合的选择、杂交工作的组织。不同的杂交组合，具有不同的杂交优势，为了比较杂交组合的杂交优势，生产上常用的简便公式如下：

$$\text{杂交优势}\%=100\%\times(F_1\text{ 平均性能}-\text{双亲平均性能})/\text{双亲平均性能}$$

如，杂交一代平均初生重为 38 kg，双亲平均初生重为 32 kg，则初生重的杂交优势为：100%×(38－32)/32＝18.7%。

因此，在肉牛生产中进行较大规模的生产杂交时，必须先进行杂交组合对比试验，以便选定最有效的杂交组合。

1. 开展杂交组合的筛选及生产性能测定—杂交组合配合力测定

杂交组合是杂交时各个亲本的选配方式。杂交组合是否适当，往往直接影响杂交改良和育种效果。通过杂交组合实验进行配合力测定是选择理想组合的必要办法。配合力就是若干肉牛品种间产生杂交优势的程度，首先要有一个完整的杂交繁育体系，在此基础上通过对核心群亲本的选育以培育亲本系，然后通过杂交配合力测定确定杂交组合，进行不同杂交组合的肉用性能测定，筛选出了适合不同地区条件的肉牛优良杂交组合，并培育父母代或繁殖群以提供商品牛。

利用经济杂交提供商品肉牛首先要培育用作杂交的优良父系，培育的地方黄牛品种(或杂交后代)为母本，经配合力测定，筛选出优良杂交组合供推广应用。生产中一般的杂交组合为：母本品种×兼用品种→杂交一代后备母牛；杂交一代后备母牛×终端品种→育肥肉牛(公母)。我国肉牛生产主要是通过采用优良肉用品种(西门塔尔牛、夏洛来牛、利木赞牛等)来改良提高本地黄牛的肉用生产性能。肉牛杂交生产的主体是利用杂交公犊，在杂交利用上要求以杂交犊牛快速生长为主来选择父本，同时考虑能提高本地母牛的泌乳能力和带犊能力。因此在第一轮杂交中应尽可能用泌乳性能好的肉用品种作父本，在第二轮杂交中根据市场对牛肉胴体的需求再选择不同的肉牛品种作父本，见表 2.84 和表 2.85。

表 2.84　西杂牛为母本，夏洛来牛为父本的三元杂交对犊牛初生重的影响

项目	本地牛/豫北黄牛	西门塔尔牛♂×♀本地牛(西黄牛 F_1)	夏洛来牛♂×♀西黄 F_1
初生重/kg	♂17.1，♀16.4(31,38)	♂22.5，♀19.3(31,31)	♂33.1，♀29.3(31,35)

注：被测牛以终年舍饲为主，饲草主要有麦秸秆、稻草、玉米秸、花生秧、青干草等，每天补精饲料 1.5 kg 左右。
引自田龙宾等，1994(河南辉县)。

表 2.85　西杂牛为母本，蓝白花牛为父本的三元杂交对犊牛初生重和 18 月龄体重的影响

项目	♂本地黄牛×♀本地黄牛	♂西门塔尔牛×♀本地黄牛(西本牛)	♂比利时蓝牛×♀西本(比西本牛)
初生重/kg	♂15.9，♀17.7(25,24)	♂32.4，♀30.9(25,25)	♂41.3，♀39.7(25,25)
18 月龄体重/kg	♂268.5，♀255.7(25,24)	♂336.8，♀326.5(25,25)	♂404.2，♀392.5(25,25)

引自郭辉等，2007(黑龙江富锦)。

2. 杂交优势的利用

在肉牛的杂交改良中，需要根据杂交亲本的优缺点，并结合当地的具体情况，制订出切实可行的科学杂交用种方案，使参加杂交的父母本有序且持续地供种。

在肉牛生产中，目前国内的肉牛牛源主要是国外优良肉牛品种与我国本地黄牛杂交生产的杂交改良牛和我国几个地方良种黄牛品种。我国肉牛的杂交已由二元杂交转向三元杂交，由级进转向轮回，并形成了“终端”公牛杂交和轮回“终端”公牛杂交配套体系。好的杂交组合要来源于好的亲本，本地黄牛正是具备作为良好母本的条件，例如良好的适应性，耐粗放饲养，

性情温驯，母性良好，很少难产等。就父本而言，30 多年来我国引进了 20 多个肉用牛品种，如西门塔尔牛、夏洛来牛、利木赞牛、安格斯牛等，在肉牛冷冻精液人工授精技术的大面积应用的今天，为了保证杂交改良模式能有序地进行，要制订切实可行的杂交改良方案。

杂交改良方案制订要根据本地区母牛的泌乳性能、饲草饲料品质、饲养管理条件、肉牛生产方向和目的等实际情况。在杂交改良中，可能会有若干种不同的组合方案，如母本为本地黄牛，第 1 父本要选择西门塔尔牛，具有良好泌乳性能的父系；第 2 父本再利用大型肉用品种，夏洛来牛、利木赞牛，但如有明确的生产目的，可选择目标公牛，如安格斯牛、利木赞牛。如母本为杂交改良牛，则是要开展三元杂交，第 1 父本和第 2 父本可选择夏洛来牛或利木赞牛，或明确的生产目的目标公牛，建议杂交后代的公母都进入商品肉牛生产，保证母本的泌乳性能和大个体。无论哪种方案都要做到能繁母牛（地方良种母牛、各代杂交母牛）统一登记、标记，见表 2.86，以便配种技术人员确定用哪个公牛精液进行输精，做到杂交有计划，改良有方案。

表 2.86 母牛档案记录表(牛籍卡)

县　乡(镇)　村(社)　号　牛场

母牛基本情况

免疫耳标号		户主		初生重/kg		登记日期	
品种		户主电话		体高/cm		出生日期	
毛色		胎次		胸围/cm		特征	

牛体左侧图	头型图	牛体右侧图

发情与配种记录

发情日期	配种日期(上午/下午)	配种品种/公牛号	二次配种时间(上午/下午)	配种员

免疫记录

日期	疫苗名称	接种剂量/(mg、mL)	接种方法	接种人员

疫病监测记录

日期	结核病	布病	肢蹄病	消化道病	产科病	其他	

常用的电话记录

改良站		兽医员 2		兽药店	
防疫员		配种员 1		饲料店	
兽医员 1		配种员 2			

3. 肉牛生产杂交优势的利用和组合

因我国目前专门肉用牛品种资源不足，要大量引进外来的肉用品种牛是不现实的，一方面是资金问题，另一方面是引进的肉用牛品种与我国的气候和饲料资源特点不相符。我国人多地少，粮食较紧张，因此合理地利用我国现有的肉用牛、肉役兼用牛、乳肉兼用牛和本地黄牛，用杂交改良的方法，生产优质杂交牛育肥，提高以增重速度和肉品质为主的肉用性能是提高我国肉牛的生产能力和提高养殖肉牛经济效益的根本。一般来说，我国黄牛杂交改良后具有如下优点：

①体形增大。我国大部分黄牛体型偏小，后躯发育较差，不利于肉用。经过改良，杂交牛的体型一般比本地黄牛增大30%左右，体躯增长，胸部宽深后躯较丰满，尻部宽平，躯后尖斜的缺点能基本得到改进。

②生长快。本地黄牛生长速度慢，经过杂交改良，其杂交后代作为肉用牛饲养，提高了生长速度。据山东省的资料，在饲养条件优越的平原地区，本地黄牛公牛周岁体重仅有200～250 kg，而杂交后代(利木赞牛或西门塔尔牛杂种)的周岁体重可达300～350 kg，体重增加了40%～45%。

③出肉率高。经过育肥的杂交牛，屠宰率一般能达到55%，一些牛甚至接近60%，比黄牛提高了3%～8%，能多产肉10%～15%。苏联采用100多个品种进行杂交试验，也证明了品种间杂交使杂交牛生长快、屠宰率高，比原来的纯种牛可多产肉10%～15%。

④经济效益好。肉牛养殖杂种牛生长快，出栏上市早，同样条件下杂种牛的出栏时间比本地牛几乎缩短了1/2，另外，成年杂交牛体重大，有较高的胴体重，杂种牛高档牛肉产量高，从而使经济效益提高。

肉牛改良就是利用各种杂交的方法，以本地黄牛为母本，优良肉用品种或兼用品种为父本，进行杂交，利用杂交后代的杂种优势，并根据其生长的营养需求特点，科学地调制饲料，辅以适当精料进行育肥来进行肉牛生产的一种技术。所培育的杂交后代既保留了本地牛耐粗放、适用性强的特点，又有优良品种生长快、产肉多、肉质好、饲料报酬高的优点，使本地黄牛在体型、生长速度、产肉性能等方面得到提高。优良牛品种改良黄牛要求有3个，一是牛品种要与黄牛相近，二是制定合理的技术方案和杂交路线，三是选择较好个体进行下一代杂交。具体到我国现阶段情况、肉牛杂交体系应该是：①在兼用或肉用品种改良本地黄牛的基础上，继续组织杂交优势，改良差的地区改良方向应是向配套系的母系发展；②选择具有互补性的具有理想长势和胴体特征的公牛作父系，保持杂交优势的持续利用；③组装2个或2个以上品种的优势开展肉牛配套系生产，在可能的情况下形成新的地方类群，在级进杂交有困难的地方组织这种配套系。

2.2.3.5 提高肉牛生产杂交利用的效果

经过近30年的努力，我国肉牛改良的冻精配种网点已经形成，繁殖体系已较完善，肉牛改良已初具规模，杂交优势的作用已被肉牛生产者和群众所认识，有了较深厚的思想基础和较广泛的群众基础，多年的研究和生产实践积累了丰富的知识和经验，即在目前肉牛改良基础上，进一步广泛开展2品种杂交，进而开展3品种杂交和其他各种形式的经济杂交，提高犊牛初生重，加强杂交后代各期的饲养管理；不断提高科学养牛技术水平；建立、强化各项技术服务和促进肉牛产品产、供、销一体化的配套体系建设和措施，不断提高肉牛的出栏率和头均产肉量，进而提高养牛的经济效益。

对于肉用性能较好的品种，如秦川牛、晋南牛、南阳牛、鲁西牛、延边牛、郏县红牛、渤海黑牛、复州牛等，应坚持本品种选育的方法；而对于其他肉用性能差的牛可开展有计划地杂交改良工作，坚持杂交育种。在采取级进杂交时应注意级进代数不应超过3～4代。无论国内还是国外的经验都证明只有广泛开展群众性育种工作，才能加速黄牛改良的进程。但这需要普及育种知识和政府职能部门的组织协调，在改良过程中还应注意加强对杂交牛的培育。

当前，农村肉牛养殖普遍存在重改良、轻饲养的现象。许多农民对具有生长速度快的改良牛仍沿用本地牛不补饲的方式饲养，使得改良牛的高增长潜力未能充分发挥出来。因此要加强科学饲养管理，充分发挥改良牛的高增长性能，如就西杂牛而言，西杂一、二、三代的犊牛初生重比本地黄牛提高53％，68％，75％，但到36月龄时，西杂一、二、三代牛的体重比本地同龄黄牛才提高4.3％，7.0％，8.2％，这就说明饲养管理跟不上，其所具有的生长速度快的杂交优势也就难于表现出来。据研究，一般肉牛在18月龄之前生长较快，尤其是6～12月龄最快，饲料转化率也最高。如对6月龄的夏西本(夏洛来牛♂1/2×(西本杂)♀1/2)杂交犊牛给予良好的饲养管理条件，在12月龄可达到420 kg。但在农村的饲养条件下，母牛在春末夏初产犊，其6月龄断奶后正处于枯草的冬春季节，若不加补饲，到12月龄时增重很少，甚至减重。因此应充分利用犊牛6～18月龄生长快、饲料转化率高的这一时期进行补饲，充分发挥其杂种优势。在寒冷的北方地区应修建阳光塑料牛舍(棚)，推广作物秸秆处理加工利用(切碎、青贮、微贮、碱化处理)，补饲配合全价饲料，对杂种肉牛进行科学的饲养管理，并注意寄生虫病的防治。

2.2.4 肉牛生产杂交方式

当前的肉牛饲养业主要是杂交牛用于商品性生产。在品种上，利用当地的品种牛进行本品种选育或以其作母本，用兼用、肉用种牛作父本，进行杂交生产商品肉牛，适应市场需求。我国拥有强大的家畜繁育推广系统，有大型现代化的家畜繁育指导站，以及遍布城乡的家畜冻配服务站，雄厚的技术力量为肉牛的杂交改良从冻精生产、人工授精方面提供了技术保证。

生产性杂交也叫经济杂交，是采用不同品种间的公母牛进行杂交，以提高子代经济性能的杂交方法。不同品种牛的遗传性存在差异，两品种杂交可以产生杂交优势，这是肉牛杂交改良的基本原理。经济杂交可以是生产性能较低的母牛与优良品种公牛杂交，也可以是2个生产性能都较高的公母牛之间的杂交。不论哪一种情况，其目的都是为了利用其杂交优势，提高子代的经济利用价值。这种方法在商品肉牛业中广泛采用，如为了提高牛只的肉用性能，一些国家利用肉用品种公牛与乳用品种质量较差的母牛或当地的土种母牛进行经济杂交，以增加牛肉产量和提高肉的品质。国外一系列研究报道，这种品种间的杂交组合所产生的杂交后代，其产肉性能一般比纯种牛高15％左右。

肉牛生产中肉牛杂交模式有经济杂交、轮回杂交和“终端”公牛杂交。国外肉牛业中已广泛利用经济杂交开展两品种杂交或三品种杂交，纯种肉牛杂交后代产肉能力可提高15％～20％(表2.87)。

表 2.87 二元和三元不同组合杂交牛在舍饲饲养条件下育肥的增重效果比较 kg

杂交组合	始重	第一阶段		第二阶段		平均日增重
		体重	日增重	体重	日增重	
西门塔尔牛♂×黄牛♀(西黄牛)	148.68±13.15	287.31±27.26	0.77±0.12	431.26±33.38	0.80±0.13	0.78±0.09
夏洛来牛♂×(西黄牛)♀	167.64±16.27	329.57±35.86	0.89±0.11	537.61±41.74	1.16±0.08	1.03±0.07
皮埃蒙特牛♂×(西黄牛)♀	159.36±14.12	306.34±34.69	0.87±0.11	517.82±43.93	1.12±0.06	1.00±0.12
海福特牛♂×(西黄牛)♀	154.12±13.81	375.36±35.77	0.90±0.13	489.97±38.74	0.97±0.14	0.93±0.10
南德温牛♂×(西黄牛)♀	158.37±15.21	303.59±27.85	0.81±0.12	488.57±36.52	1.02±0.08	0.92±0.05

注：试验采用阶段育肥法(即6～12月龄和13～18月龄)，第一阶段6～12月龄，按体重150～200 kg，每天饲喂青贮玉米秸秆4 kg，混合精料2 kg，干草自由采食；第二阶段为13～18月龄，按活重250～350 kg，每天喂青贮玉米秸秆5.5 kg，混合精料3 kg，干草自由采食；每天饲喂2次，先粗后精，保证自由饮水。精料配方：玉米55%，胡麻饼20%，麸皮19%，尿素1%，食盐2%，小苏打2%，预混料1%。

引自白小明和冯小芳，2010(甘肃清水)。

1. 经济杂交

经济杂交也叫生产杂交，是用外来优良品种公牛与本地黄牛杂交，以获得具有经济价值的杂种后代，增加产品数量和降低生产成本，来满足商品生产的需要。经济杂交有2种方式：一是简单经济杂交，即2个品种之间的杂交，又称二元杂交，所获杂交一代公牛全部用作肉用，而 F_1 母牛作为繁殖母牛群；二是复杂经济杂交，即3个或3个以上品种之间杂交，杂交后代亦全部作商品用。如三品种牛作经济杂交时，甲品种与乙品种牛杂交后产生杂种一代，其母牛再与丙品种公牛杂交，所产生的杂种二代，不论公母一律作商品牛用(图2.3)。但在一些黄牛改良开展较早的地区，已经发现西门塔尔牛(或利木赞牛、夏洛来牛)高世代级进杂交有退化现象(图2.1)。改进办法应该采用轮回杂交、终端公牛杂交或轮回-终端公牛杂交相结合的杂交方式。这样可最大限度地利用杂种优势，提高生产性能，国内外经验已经证明这种方式比级进杂交优越。

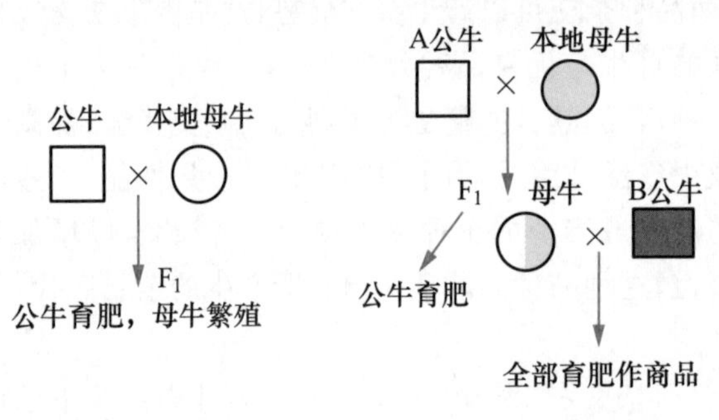

图 2.3 肉牛经济杂交示意图

2. 品种间的轮回杂交方法

是用2个或2个以上品种的公母牛进行交替杂交，使逐代都能保持一定的杂种优势，从而获得生活力强和生产力高的牛群(图2.4，图2.5)。本地黄牛与西门塔尔杂交一代母牛，与夏洛来牛杂交，其生产的二代母牛再与西门塔尔杂交，并继续轮回。例如用安格斯牛、西门塔尔牛2个品种进行轮回杂交，据美国试验研究，2品种轮回杂交可使犊牛活重提高15%,3品种可提高19%。

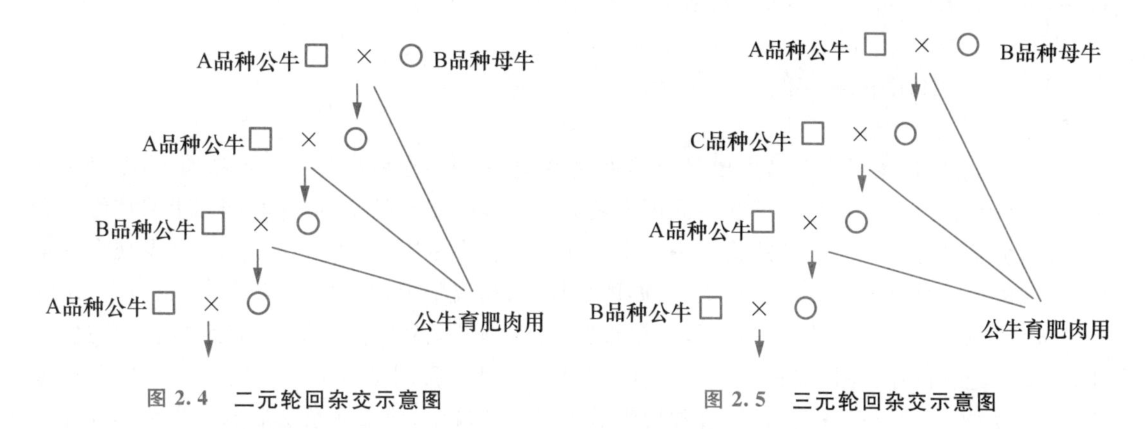

图2.4 二元轮回杂交示意图

图2.5 三元轮回杂交示意图

3.“终端”公牛杂交方法

“终端”公牛杂交方法即用B品种公牛与A品种纯种母牛配种,将F_1母牛(BA)再用第3个品种C公牛进行杂交,所生F_2不论公母全部出售,不再进一步杂交,停止在最终用C品种公牛的杂交,就称为“终端”公牛杂交制。特点是能使品种优点相互补充而获得最高的生产性能。如:西门塔尔牛与本地黄母牛杂交,杂一代母牛与夏洛来公牛或利木赞公牛杂交,其后代全部育肥。例如利用西杂母牛与皮埃蒙特公牛杂交,其公母犊全部育肥屠宰,见图2.6。

4.轮回-“终端”公牛杂交方法

轮回-“终端”公牛杂交方法即在2品种或3品种轮回杂交后代中保留45%的母牛用作轮回杂交,以供更新母牛之需。其余55%的母牛,选用生长快、肉质好的品种公牛(“终端”公牛)配种,所生后代公母犊全部育肥出售,以期取得减少饲料消耗、生长更多牛肉的效果。据研究,采用2品种轮回的“终端”公牛杂交制,其所生犊牛平均体重可增加21%,3品种轮回的“终端”公牛杂交制可提高24%,见图2.7。

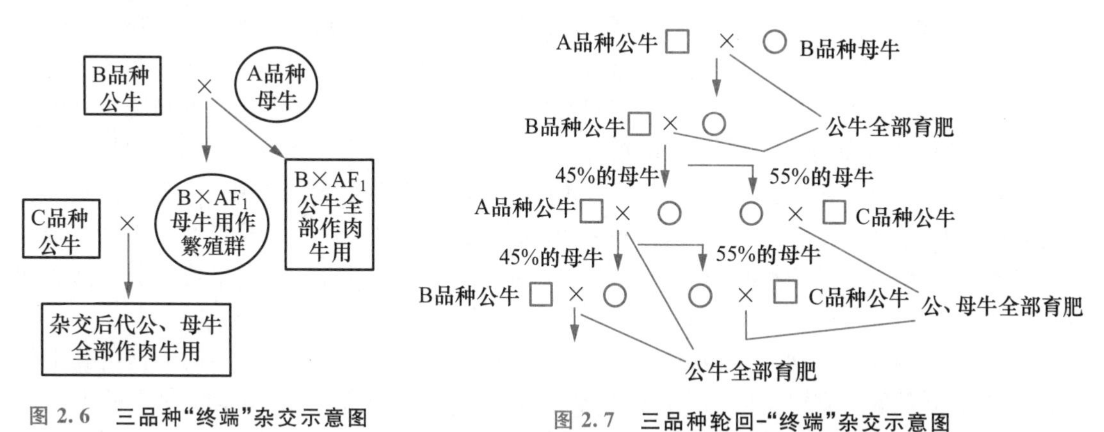

图2.6 三品种“终端”杂交示意图

图2.7 三品种轮回-“终端”杂交示意图

三品种间杂交可获得较高的杂交优势,不论采用何种杂交方式,都应注意保留可繁杂种母牛泌乳力高、适应性好的优良特性。在三元经济杂交过程中,种公牛品种的选择上,第一父本选择母性性状(受胎率、产乳量、乳房质量)比较明显的肉乳或乳肉兼用型种公牛;第二父本选择生长速度快和胴体质量好的纯种肉用种公牛,从而有效改善地方品种繁殖母牛的泌乳性能,提高商品肉牛的生长速度、屠宰率和胴体品质。生产中的几个杂交组合有:①利木赞牛×西杂母牛;②夏洛来牛×西杂母牛;③夏洛来牛×利杂母牛;④西门塔尔牛×利杂母牛。

2.2.5 肉用牛品种的合理利用

我国农牧区肉用母牛养殖主要是户养为主,基本采用杂交后代公牛作商品肉牛,杂种后代母牛作繁殖用,这是带犊繁育体系中我国农牧区肉牛养殖获利的基本,这与国际上采用终端杂交体系,将杂种母牛和所哺乳的犊牛一并宰杀明显不同(在中国条件下不适用,至少现在不适用)。我国地方良种黄牛有一系列优点:如体型较小,相当于国际上中等偏小的体格,用它来哺育较大体型的杂种牛,饲养成本较低,且耐粗饲;不易难产,除非引入品种的犊牛出生重过大,如 45 kg 以上;长寿温驯,抗病力强;肉质鲜嫩风味丰厚。我国地方品种牛的泌乳性能普遍很低,生长缓慢,致使出栏率低,必须合理地组装了父系和母系,使二元杂交后的母牛在泌乳性能上都有所提高,这对下一轮杂交很有好处,以留下更高的效益。因此留用哺乳能力强的杂种母牛提高繁殖基地经济效益的支柱,在千家万户养母牛的情况下,是农村脱贫致富的手段之一。

2.2.5.1 杂交方法的不断改进

在杂交改良的初期,应用简单的二元杂交,可以获得明显的杂种优势,由于增加了群体的杂合性,随着杂交代数的增加,杂种优势将逐渐减弱以致消失,同时随着杂交代数增加,外来品种基因成分不断增加,适应性的问题会越来越突出,尤其是在生产性能不断提高的同时对饲养管理水平要求也有相应提高,而营养的不足容易引起生产力的低下。连续级进杂交将会引起良种牛性能表现不明显,甚至造成高度近交,引起品种退化。省、地、县冻精供应者对同一牛号的冻精在一定区域只能使用 2 个世代(5～6 年),以后不得使用,并在一定区域内做定期交换。基层配种站也可以使用三元杂交等方式,减弱级进杂交带来的副作用。

2.2.5.2 饲养肉牛品种的选择策略

不同的肉牛品种具有不同的生产性状优势,对饲养条件如饲料营养水平、管理饲喂方式、环境气候等的要求有一定差异,因此,选择饲养的肉牛品种应从当地饲草料供给、养殖形式、集约化程度和产品销售渠道等出发,进行综合考虑。肉牛品种,按体型大小、早熟性和产肉性能分为中、小型早熟品种和大型肉牛品种,不同类型品种成熟年龄不同(育肥年龄和屠宰月龄),同时不同品种对环境的适应性和饲料耐粗食性也不尽相同。肉牛体型越大,摄食饲料也越多,而且体型过大,牛舍的面积也要加大,无形中增加了饲养成本。我国人多地少,不可能拿大量粮食饲养肉牛,这样可能会造成亏损,无利可图,反而会影响群众养牛的积极性。小型品种如海福特牛、安格斯牛以及中型品种短角牛、丹麦红牛等体型均不是很大,但单位体重产肉量却不低。

对于以生产商品肉牛为主的养殖地区,可根据不同的销售市场而采用不同的肉用公牛作父本。例如,立足国内高档涮肉或出口到日本、韩国等东南亚国家,以及港、澳、地区的牛肉或活牛,因这一地区的人民一般喜食含有一定脂肪的大理石纹状牛肉,因此可用安格斯牛、海福特牛、日本和牛等早熟类型肉牛品种公牛,对 2～3 代的西杂母牛进行三元杂交的来生产肉犊。若出口到北美、欧洲等国或要求含瘦肉量较高的牛肉,则可利木赞牛、夏洛来牛、比利时蓝白花牛或皮埃蒙特牛等大型品种与西杂母牛进行三元杂交来生产肉犊。但皮埃蒙特牛、比利时蓝白花牛的后代属瘦肉型的杂种犊牛,要求饲养条件稍高,应在自然条件较好的地区饲养。一般的纯种肉用公牛，最好作为第3个品种进行三元杂交或作为终端公牛杂交的品种。

2.2.5.3 不同地区肉用牛品种的利用方式

我国地域辽阔，各地自然条件、生态条件和饲草料条件不同，养牛业基础与水平及社会化畜牧业服务体系、产品销售渠道也存在很大差异。因此，各地农牧民在选择饲养肉牛品种、类型或进行杂交选择公牛品种时，应充分考虑当地的气候环境、自然资源、肉牛业生产社会化基础。根据当地的实际情况来选择适宜的肉牛养殖品种、杂交组合，能起到节约资源、提高生产效率和效益的双重作用。我国的畜牧业生产环境按地域类型大致可划分为草原区、农牧交错带地区（半农半牧区）、农区、半山区（包括丘陵区和浅山区农牧混合带）和山区，对于不同地域，在选择肉牛品种上应从当地环境出发，综合考虑各项因素的优劣影响（魏伍川，许尚忠，2004）。

1. 饲料资源丰富的农区

农区养牛已成为我国牛肉生产的主要基地，农区养牛业的特点是饲草料资源比较丰富，多数农户养牛都养母牛繁殖犊牛，靠出售犊牛获利；但专业型肉牛场只育肥，不繁殖。肉牛育肥户、育肥场、育肥企业已在一些养牛发达地区形成一定的规模，出现了一批规模养牛专业户、重点户和育肥及屠宰销售龙头企业。因此，农区养牛，品种应选择饲养杂种牛。利用的优良肉牛品种西门塔尔牛、利木赞牛、夏洛来牛、安格斯牛为父本与当地母牛杂交；一代杂交宜选择西门塔尔牛、利木赞牛为父本；利木赞牛的特色是其毛色纯正，与我国大多数牛种的棕红色相近，易为农民接受，其早期生长快的特点可使杂种牛在1～2周岁的体重提高20%～30%，杂交效果显著，对农民的经济收益和生产效率都有显著提高；西门塔尔牛的特点是体大、泌乳量高，不仅生长快，其杂种牛作为继续进行多元杂交的母本具有良好的效果。在已有杂交改良基础的地方，可根据已有杂种牛的特点选择以上品种进行三元杂交和四元杂交，提高牛的生长育肥速度，增加高档优质牛肉比例，提高养牛的生产和经济效益。

2. 饲料资源欠丰富的山区

山区养牛的不利条件是很大程度上精饲料资源不很丰富，养牛资金缺乏，农民文化水平和科技素质低，社会化的服务体系也不健全，在活牛运出和牛肉产品的销售上，贸易渠道的畅通受到限制。因此，山区养牛宜以饲养繁殖母牛，生产育肥架子牛为生产计划核心。①在活牛交易兴旺的浅山区，应选择利用大型西门塔尔牛对当地牛进行杂交改良，饲养一、二代杂种牛，饲养至12～24月龄出售，作为架子牛供异地育肥。一代以上杂种牛可选择夏洛来牛、利木赞牛等作杂交父本。西门塔尔牛、夏洛来牛、利木赞牛都是大型专门化肉牛品种，具有早期生长快、育肥效率高、产肉性状好的优势，其杂种牛生长快、价格高，作为山区繁殖的供异地育肥牛，养牛户易从犊牛繁殖饲养中取得经济效益，而育肥专业户和屠宰场又分别能从集约肥育阶段和产肉性能、牛肉品质提高方面取得收益。②在还需要利用牛进行耕地等役用的山区，则以利用西门塔尔牛开展杂交改良，生产乳肉役兼用犊牛饲养为宜，不再进行多元杂交。因为西门塔尔牛不仅具有较优的产肉性状，其役用性能也较佳，西门塔尔牛本身是乳肉兼用品种，良好的泌乳性能不仅可满足犊牛的生长发育哺乳需要，也能满足山区农户喝奶的要求。③在还非常需要畜力耕地拉车的山区，则以利用中小型品种安格斯牛或利木赞牛作杂交父本，或采用我国的5大良种黄牛饲养为好。因为这样的山区大多都是机动车通行艰难的地区，进出不便，饲草料和产品贸易也不畅通，因此牛种上应以改良当地牛的肉用生产缺陷，而又保持其役用能力为主。④山地草场地区，由于雨水充足，母牛、犊牛的放牧能满足需要，育肥时可实行放牧加补饲，后期集中育肥，或向农区提供育肥架子牛，养牛品种可选择西门塔尔牛、安格斯牛、利木赞牛作杂交父本与当地牛种杂交。

3. 草原牧区

草原地区养牛因为既要满足牧民的乳品需要，又要满足牧民的肉品和皮、毛需要，加之草原地区多处于寒冷地带，草地普遍存在超载过牧，优良草场不多，因此，牧民养牛近期应以利用我国的优良地方牛种为主，如乌珠穆沁牛、草原红牛、三河牛、新疆褐牛等作为杂交父本与当地牛杂交提高生产性能。①在毗邻农区的地带可采用利木赞牛或安格斯牛作二代杂交父本，以向农区提供育肥架子牛，提高养牛经济效益。②在草场状况较好的地区，如内蒙古东部的呼伦贝尔地区，新疆的农牧交错区及毗邻农区的草原地带，可实行放牧加补饲育肥，后期集中育肥，或向农区提供育肥架子牛，因此，养牛品种可选择西门塔尔牛、短角牛、安格斯牛、海福特牛作杂交父本与当地牛种杂交，其中后 3 个品种为中小型肉牛品种，杂种后代既适于向农区提供育肥架子牛，也可在当地进行放牧育肥，获得较好的生产效果。

4. 南方炎热地区

南方炎热地区选择肉牛品种重要的一点是考虑牛的耐湿热特性和抗梨形虫(焦虫)病，一般应用婆罗门牛、抗旱王牛、南德温牛在南方进行杂交改良当地母牛，效果良好。

2.2.5.4 肉用杂交牛注意分娩难产

肉用牛的难产率一般比乳用牛、乳肉兼用牛、黄牛为高，尤其是在为了母牛提早产犊的情况下，由于母牛骨盆发育不充分，头胎牛的难产率很高，据 164 头海福特牛和安格斯牛纯种母牛统计，两岁产犊的顺产率仅 54.8%，助产率为 40.9%，其他为死产和手术产；但 3 岁以后产犊则难产率大大降低，据 212 头海福特牛和安格斯牛纯种母牛统计，3～7 岁产犊的平均顺产率为 93.6%，助产率占 3.9%，手术产为 0.6%，死产 2.3%，国内用夏洛来牛做父本也有类似的问题(表 2.88)。因此，无论公牛或母牛的选择都要考虑到分娩的性能。

用大型品种公牛对较小型品种的母牛杂交，由于犊牛初生重明显增大而难产率增加(表 2.89)。其中尤以夏洛来牛作父本，母牛无论是海福特牛、安格斯牛、荷斯坦牛、黄牛，难产率均会明显增加，其次为西门塔尔牛；同类型品种间杂交，如海福特牛×安格斯牛，其难产率无明显差异。因此，用大型肉用品种间杂交时，应加强接产工作，特别是对第一次产杂交犊的本地母牛更需注意分娩时的助产工作。

另外在杂交过程中，特别是在选择大型肉牛品种做父本时，应选择 2 胎以上的母牛做母本以降低难产率。一般来说，北方黄牛品种体格较大，可选用西门塔尔牛杂交改良，西门塔尔牛泌乳量高，因而犊牛发育良好，在此基础上再以夏洛来牛或利木赞牛进行杂交。

表 2.88 生产夏洛来牛杂一代时母牛年龄和难产关系

母牛年龄	调查头数	顺产		助产		难产	
		头数	百分比	头数	百分比	头数	百分比
3～5	32	27	84.4	1	3.1	4	12.5
6～9	24	21	87.5	2	8.3	1	4.2
10 岁以上	13	11	84.6	1	7.7	1	7.7

引自张成裕和杨金海，1981(福建漳浦)。

表 2.89 夏洛来牛杂一代初生重与母牛难产关系

产犊情况	调查头数	妊娠期/d	初生重/kg	占调查比率/%
顺产	53	277.5(266～297)	38.2(30～46)	84.1
助产	4	278.0(274～282)	42.7(40～46)	6.3
难产	6	278.8(270～294)	41.8(35～45)	9.5

引自张成裕和杨金海,1981(福建漳浦)。

2.2.6 黄牛杂交改良的选配

肉牛的主要生产性能(如产肉性能、繁殖性能)和重要的经济性状(如初生重、断奶重、日增重)以及它的各种特征特性的表现,从根本上来说,主要取决于2方面的原因,一是遗传方面,如品种、个体特性等;二是环境方面,如营养水平、饲养管理等。肉牛选种选配应根据商品肉牛的生产目的有计划地为母牛选择最适合的公牛,或为公牛选择最适合的母牛进行交配,使其产生基因型优良的后代,不同的选配有不同的效果。

2.2.6.1 公母牛的选配

无论是肉(兼)用品种还是地方良种,公牛必须是良种登记过的种畜。进行二元杂交时,配种的良种母牛一般选用本地母牛。进行三元杂交或终端杂交时,则选用杂交一代或二代的母牛。产后的母牛必须在50～90 d后进行配种;选作配种用的本地育成母牛应当满18月龄,体重应当达到300 kg,杂交母牛体重应当达到350 kg。配种前应当对母牛进行检查,记录母牛的特征、体尺、体重、发情、输精、产犊等信息,建立良种母牛档案,见表2.86。

根据国内多年杂交实践中存在的问题,为以后取得预期改良结果,采用肉用或兼用品种开展杂交优势利用时应注意以下几个问题。

(1) 为小型母牛选择种公牛组织选配时,公牛品种的平均成年活重不宜太大,以防发生难产;有一个比较方法是,两品种的成年牛活重平均差异,公牛品种不宜超过母牛品种的30%～40%。大型品种公牛与中小型品种母牛杂交时,不用初配母牛,而选配经产母牛,以降低难产率。

(2) 防止改良品种公牛中同一头牛的冷冻精液在一个地区使用过久(3～4年以上),防止盲目近交,在我国黄牛分布区,由政府部门批准执行的保种区(场)内,严禁引入外品种牛同当地牛杂交。

(3) 对杂种牛好坏的比较要科学化,特别是犊牛的营养水平要改善。那种用饲养役牛的办法来养改良牛,造成杂种小牛"生下像它爸,长大像它妈"的现象,并不能证明杂交配合不好。良种要用良法养,这是取得良好改良效果的一条基本措施。

2.2.6.2 种公牛精液的选择

首先是审查系谱,其次是审查该公牛外貌表现及生长情况,最后还要根据种公牛的后裔测定成绩,以断定其遗传性是否稳定。选配时公牛冷冻精液选择工作应注意如下几点。

(1) 每区域必须定期地制定出符合生产目标的选配计划,其中要特别注意和防止近交衰退。

(2) 杂交公牛不能用作种用,两个品种牛(两个类型或专门化品系间)之间的杂交,其所生杂交后代生长快，体重大，育肥性能好，适应性强，饲料利用能力强，对饲养管理条件要求较高，杂交公牛和不留作种用的杂交母牛全部作商品牛育肥出售。有些养牛户缺乏科学知识，图方便省钱，利用杂种公牛进行配种。杂种公牛虽然体高生长快，但遗传性不稳定，极易造成近亲繁殖，后代退化，用杂种公牛配种生下的犊牛生长不如人工冷配的效果好，得不偿失，经济效益低下。杂种公牛配种，其后代的表现多倾向于母本，反交(土种公畜配杂种母畜)将使这种作用更明显，造成“辛辛苦苦改良十几年，配种一次回到改良前”。利用杂种公牛配种，严重干扰了人工冷配改良工作的进行，造成改良效果退化。

(3) 在调查分析的基础上，针对每头母牛本身的特点选择出优秀的与配公牛，也就是说，与配公牛必须经过后裔测验，产肉性能、外貌的育种值或选择指数高于以往所选的公牛。对公牛的所有评定工作中，以后裔评定最重要，因为一头公牛是否优良的关键在于能将其优良性状很好地传递给后代，一头公牛本身性能再好，如果不能充分地传递到后代中去，则仍不是理想的公牛。特别是冷冻精液的推广，公牛对后代的影响就更广，后裔评定就更加重要。

(4) 每次选配后的效果应及时分析总结，不断提高选配工作的效果。我国现阶段肉用繁殖母牛养殖主要集中在千家万户，分布在广大的农区、牧区、半农半牧区，因此尚不可能广泛进行遗传参数的计算，后裔测定可采用简便易行的方法，即直接按后裔生产性能的表型值(如初生重、日增重)与牛群同龄、同期、同饲养水平公牛的生产性能平均值进行比较，也能较好地判断被测公牛的改良效果，测定后裔的指标有初生体重、断奶体重、断奶后日增重、饲料利用效率。

2.2.6.3 繁殖母牛的培育

注重提高基础母牛的科学饲养水平，使基础母牛由粗放饲养向集约饲养转变，应用不同时期母牛的补饲技术，保持和提高母牛的生产性能；加强基础母牛繁殖疾病的预防和治疗，严格母牛饲养防疫条件，建立消毒制度，开展经常性的环境卫生消毒，提高繁殖成活率和群体质量，稳定并逐步扩大母牛养殖效益，提高基础母牛在产业链中的地位和经济效益。从肉牛养殖现状来看，牛源生产的小规模分散养殖在今后相当长的时期内，仍然是提供牛源的主力。实现肉牛产业的持续发展，必须抓“根”，要从可繁母牛的规范化养殖、培育开始，使牛源充足，牛肉品质优良。

1. 后备母牛的培育与选育

质优量大的母牛是肉牛产业发展的基础，是生产和培育牛源的根本，“农户养母牛、分散养母牛、集中搞育肥”，动员千家万户养母牛，大力发展母牛专业村，鼓励发展适度规模的母牛繁育小区，着力培育优质牛源。为了保持牛源的稳定、稳产，每年必须选留一定数量的母犊牛、育成母牛、青年母牛进入繁殖母牛的行列，对选留优质后备母牛(母牛犊)，要登记建档、配打耳标，有条件要测定体尺和体重，主要是初生、6 月龄、12 月龄、第一次配种及产犊时的体重和体尺，计算日增重，也可对照品种牛的体尺标准进行培育。

2. 犊牛培育

犊牛培育不仅限于出生以后，应该从母牛怀孕时候开始，因为犊牛正常的发育、体重以及对疾病的抵抗能力，都是由于对妊娠母牛加强照顾及在良好的环境条件中建立。因此，我们应当十分重视母体对胎儿发育的影响，特别是母牛的妊娠后期。选择繁殖率高、泌乳量高的母牛所产犊，决不选择难产、流产、乳房不健全、其他组织缺陷或健康不佳的母牛所产母犊牛作繁殖后备母牛培育。

3. 犊牛、育成牛、青年牛的选留

后备母牛挑选首先要从犊牛开始。犊牛阶段既是生前胎儿期发育的结果，又是生后生长发育的基础。为此，在具体选择上，第一要考察该犊牛的母牛系谱，即查其父母、祖父母及外祖父母的生产性能和表现情况，根据养牛户或牛场不同生产目的要求挑选祖、父代好的后代作后备母牛；在对其进行系谱考察的同时，侧重在母性（母牛的泌乳量、难产程度、护犊能力等）和祖、父代母牛的繁殖力，长寿性以及对某些疾病的抵抗力。第二要考察其本身的外形与结构特点，对于某些结构性或器质性缺陷应特别注意。如母犊的阴门、肉质乳房、乳头畸形、肢蹄不正、上下颚不齐等。在体型结构上，要求后备母牛符合本品种牛的基本特征，结构良好，四肢端正，行动灵活。后备母牛还要求观察其乳头的分布位置，有无副乳头，乳头是否较长，乳房形状是否呈扁圆形，乳房是否呈现皱纹等。第三还要观察其本身的生长发育状况，是否符合初生体重要求（牛的初生重一般为成年母牛体重的6%～7%）。

为了保持牛群高产、稳产，每年必须选留一定数量的犊牛、育成牛、青年母牛。为满足这个需要，并能适当淘汰不符合要求的母牛，根据养牛户或牛场发展选育一定数量的母犊牛。按生长发育选择，主要以体尺、体重为依据，其主要指标是初生重、6月龄、12月龄体重、日增重及第一次配种及产犊时的年龄和体重，有的品种牛还规定了一定的体尺标准。犊牛出生后，6月龄、12月龄及配种前按犊牛、育成牛、青年母牛鉴定标准进行体型外貌鉴定。对不符合标准的个体应及时淘汰。

新生犊牛有明显的外貌与遗传缺陷，如失明、毛色异常、异性双胎母犊等，就失去了饲养和利用价值，应及时淘汰。在犊牛发育阶段出现四肢关节粗大，肢势异常，步伐不良，体型偏小，生长发育不良，育成牛阶段有垂腹、卷腹、弓背或凹腰，生长发育不良，体型瘦小，青年牛阶段有繁殖障碍、不发情、久配不孕、易流产和体型有缺陷等都一律淘汰。

4. 基础繁殖母牛登记

建立基础繁殖母牛档案和系谱登记档案，佩戴统一编号耳标牌；建立的记录表格，记录内容包括母牛配种繁殖登记表、犊牛培育记录表和牛群饲料消耗记录表。内容涉及母牛发情、配种、产犊、犊牛编号、与配公牛品种、血统、初生特征等情况。

理想的繁殖母牛应该是中等身高，泌乳性能好，容易管理。保护好能繁母牛，把能繁母牛留下，配种产犊，特别是杂交母牛是实现优质肉牛产业化的根本基础。对本地优秀母牛绘制图片，建立系谱档案，见表2.86，推行冻配登记制度，做到一牛一卡、跟踪服务，确保改良工作落在实处。在黄牛品种改良的同时，首先要抓好母牛的饲养管理，做好饲草料的种植、生产、加工、利用，防止改良牛出现管理粗放，饲草饲料严重不足，使犊牛生长发育不良，形成“生下一枝花，长大像它妈”的境地。

第3章

肉牛生产性能的评定

肉牛的生产性能又称产肉力，是指肉牛在一定的饲养管理条件下，一定的时间内，所提供出来的一定标准、一定数量牛肉产品的能力。评定肉牛的生产性能是拟定肉牛育种指标，评定其种用价值的依据；也是组织生产，加强饲养管理，获取高产优质产品，提高经济效益的基础性工作。肉牛生产性能包括活重、日增重、育肥能力、屠宰率、胴体产肉率、胴体脂肪沉积、胴体品质及肉的品质等，肉牛生产中的品种、性别、杂交类型、年龄、营养水平和日粮组成、育肥方式等明显影响生产性能指标，即肉牛的生长和育肥与影响因素密切相关，只有充分认识这些因素并采取行之有效的措施，提高肉牛生产的效益才有保障。

3.1 肉牛生长育肥规律

肉牛的产肉性能是受遗传基因决定、饲养管理条件制约，并在整个生长发育过程中逐步形成的，因此要提高每头牛的产肉量，改善肉的品质，除了选择好品种和改善饲养管理条件以外，必须了解并掌握肉牛的生长发育规律。了解肉牛的生长育肥规律是从事肉牛生产的基础，也是肉牛饲养管理和饲料投放的依据，肉牛生产一般分为 2 个主要过程，即肉用犊牛的生产(牛源的生产)及肉牛的育肥。

3.1.1 肉牛体重增长规律

怀孕期间，胎儿在 4 个月以前的生长速度缓慢，以后生长变快，分娩前的速度最快。犊牛的初生重与遗传、孕牛的饲养管理和怀孕期长短有直接关系。初生重与断奶重呈正相关，也是选种的重要指标。一般胎儿在早期头部生长迅速；以后四肢生长加快，在整个体重中的比重不断增加，而肌肉、脂肪等发育较迟，把初生犊用来肉用就很不经济。

犊牛出生后，在满足营养需要的条件下，在性成熟以前生长速度较快，性成熟后生长速度变慢。即12个月龄以前的生长速度很快,以后明显变慢(见图3.1、图3.2),近成熟时生长速度很慢,到了成年阶段(一般3~4岁)生长基本停止。根据这条规律,在肉牛生产中,应在牛生长较快的阶段给以充分饲养,以发挥其该阶段的增重能力,在其增重速度减慢后适时提早出栏。

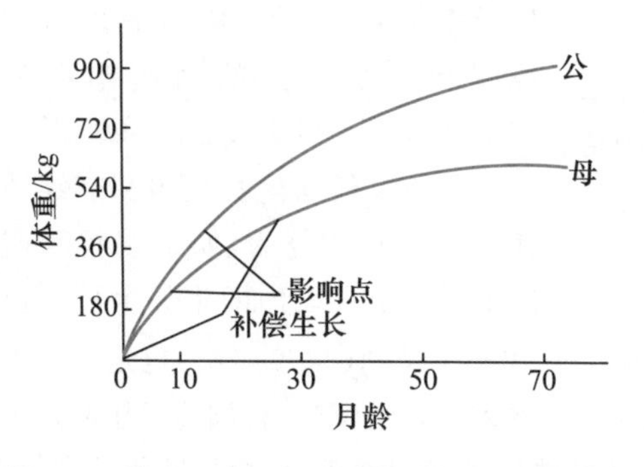

图3.1 肉牛正常生长发育曲线(冯仰廉,1995)

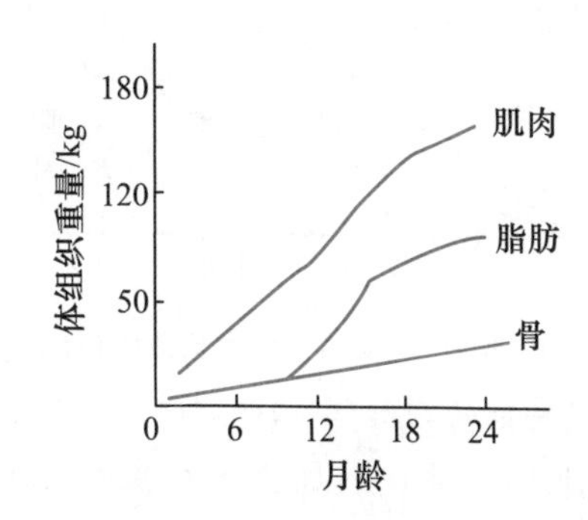

图3.2 肉牛体组织增长曲线(冀一伦,2001)

出生后,在正常的饲养管理条件下,体重的增长量是沿着一条近似于S形的曲线进行的,生长快慢之间有一个生长转缓点,生长转缓点的出现时间因品种而异,如夏洛来牛在8~18月龄之间,而秦川牛在18~24月龄之间。在满足其营养需要的条件下,牛的最大日增重是在250~400 kg活重期间达到的,但因日粮中的能量水平而异,不同月龄的体重与其成年体重的关系见表3.1。

表3.1 肉牛不同月龄与体重的关系

项　目	数　值					
月　龄	0	6	12	18	24	60
占成年体重的比例/%	7	35	55	70	85	100

从表3.1看出,成年体重的48%是在1周岁内完成的,1~2周岁完成了30%,2~5周岁仅完成剩余的15%,年龄越小,生长强度越大。

3.1.2 补偿生长

动物生长的某个阶段,因营养不足,生长速度下降,生长发育受阻。当恢复良好营养条件时,生长速度比正常饲养的动物快,经过一段时间的饲养后,仍能恢复到正常体重,这种特性叫补偿生长。Hornick(2000)提出补偿生长可以用补偿指数来衡量,用未限饲动物的体重与限饲后动物的体重之差(A)和限饲动物经过补偿生长后与正常生长动物的体重之差(B)的差值与A相比即为补偿指数。理论上该指数可以大于1,但大多数情况下都位于50%~100%(图3.3)。补偿生长期间动物体内能量沉积形式有所改变,以蛋白质形式沉积的能量比例增加。在恢复营养初期,因为需修复肝脏及消化道在营养限制期间被动员的蛋白质,使动物在营养恢复供给后,能利用增加的营养物质,因而需要沉积大量蛋白质,使以蛋白质形式沉积的能量比例增加。补偿阶段早期有较大的蛋白质沉积,在该阶段结束后,补偿生长的增重在组成上与

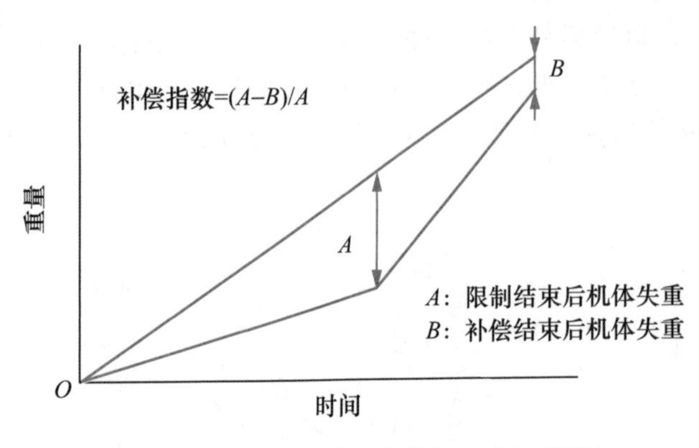

图 3.3 动物的补偿生长曲线(Hornick,2000)

正常生长的相似，其机体组成与正常生长的不同程度取决于补偿生长的持续时间，如果在补偿生长刚结束后屠宰，此时的胴体最瘦，但如果在该阶段以后很长时间再屠宰，动物的机体组成就和正常生长的动物差不多了(Turgeon 等，1986；Ryan，1990)。

但不是任何生长受阻都能够通过补偿生长而恢复的，如果在胚胎期和出生后 3 个月以内的牛如生长严重受阻，以及长期营养不良时，以后则不能得到完全的补偿。在快速生长期(3～9 月龄)也是很难进行补偿生长的。对 1 岁以后生长牛来说，利用补偿生长可节省冬季昂贵的饲料，直到第二年春夏采食丰盛的青草，这种限量饲养的阶段叫吊架子阶段。牛在补偿生长期间增重快，饲料转化效率也高，但由于饲养期延长，总的饲料消耗成本增加，达到正常体重时总饲料转化率则低于正常生长的牛。

3.1.3 不同类型牛的生长发育特点

肉牛的增重速度除受遗传、饲养管理、年龄等因素影响之外，还与性别有关。公牛增重最快，其次是阉牛，母牛增重最慢。饲料转化率也以公牛最高。例如，秦川牛在 1 岁时，公牛体重可达 240 kg，母牛只有 140 kg；2 岁时，公、母牛体重分别为 340 kg 和 230 kg。饲养生长期的公、母牛应区别对待，给予公牛以较高水平的营养，使其充分发育。

肉用品种牛有大型晚熟品种、中型品种、小型早熟品种之分，它们的生长发育规律各有其特点，一般而言，在相同饲养管理条件下，要饲养到相同的胴体等级时，大型晚熟品种较小型早熟品种所需时间长，也就是说小型早熟品种较大型晚熟品种沉积脂肪早。但是，在相同的饲养管理条件下，要饲养到相同的体重，大型品种较小型品种所需的时间短，这是因为大型品种较小型品种生长速度快，见表 3.2。

肉用型品种牛较乳用型品种牛、役用型品种牛生产速度快，屠宰率高，肉质好。

表 3.2 不同肉用品种类型对肉牛生产性能的影响

不同类型牛	相同饲养管理条件下对生产性能的影响	
目标	相同胴体等级	饲养到相同体重时
大型晚熟品种	饲养时间较长	所需时间短
小型早熟品种	饲养时间较短	所需时间长

3.1.4 肉牛体组织生长规律和生长重点顺序转移规律

肉牛在不同的生长阶段其生长速度是不一样的，不同的体组织在不同的生长阶段生长速度亦不一致，因而牛体的化学组成在生长过程中是不断变化的。而这些变化又随牛的类型不同而不同。掌握这些规律，对科学地进行肉牛育肥有非常重要的作用。

3.1.4.1 **牛在生长过程中各体组织比例的变化**

不同月龄每单位增重中各组织的大致比例见表 3.3，从表 3.3 可见，不同年龄的牛，体组织的生长也呈特定的规律。随着年龄的增长，肌肉生长速度从快到慢，随着肌纤维增大，肉质纹理变粗，肉的嫩度变差。骨骼生长速度则呈均匀慢速增长，脂肪从初生到周岁期间生长较慢，仅比骨骼快，周岁后加速，见表 3.3 和图 3.4。掌握这些规律，可选择合适的架子牛年龄，以充分利用架子牛生长的规律，提高日增重和饲料利用效率，提高经济效益。

表 3.3 每单位增重各组织比例 %

组织	月龄						
	5	10	15	20	25	30	40
胴体脂肪	11	24	48	62	65	60	47
肌肉	69	63	48	35	33	39	52
骨骼	20	13	4	3	2	1	1

引自冯仰廉，1995。

在生产上应掌握其生长特点，在生长快速的阶段给以充分饲养。在饲料利用效率方面，增重快的牛比增重速度慢的要高。如在犊牛期，用于维持需要的饲料，日增重 800 g 的犊牛为 47%；而日增重 1 100 g 的犊牛只有 38%，性别对肉牛体组织生长影响见图 3.5。

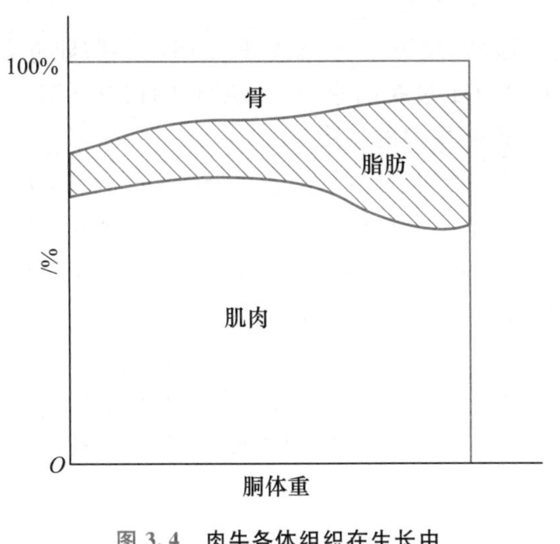

图 3.4 肉牛各体组织在生长中所占比例的变化(冯仰廉，1995)

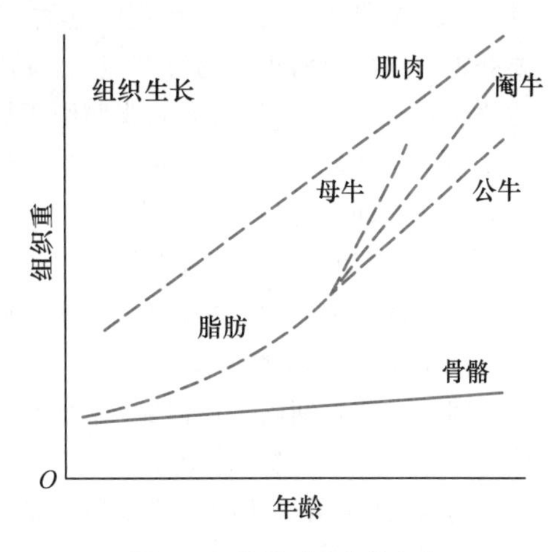

图 3.5 性别对肉牛体组织生长影响(冀一伦，2001)

1. 骨骼比例的变化

初生犊牛，骨骼已经发育得较为完善，占体重的 30%左右，而肌肉、脂肪等发育较差；幼龄阶段，骨骼生长较快，以后则躯干骨骼生长较快。肌肉/骨骼比率反映了活重中肌肉的比例，肌肉骨骼比率大，活重中肌肉的比例也大。

2. 肌肉比例的变化

胴体中肌肉与骨骼相对比例在初生的正常犊牛为 2∶1，当达到 500 kg 屠宰重，其比例就变为5∶1,即肌肉/骨骼比率随着生长也在增加。可见,肌肉的相对生长速率比骨骼要快得多,肌肉与活重的比例很少受活重或脂肪的影响。对肉牛来说,肌肉重占活重的百分数,是度量产肉量的重要指标。

3. 脂肪比例的变化

胴体中的脂肪在开始生长时速率相对的慢,进入育肥期后脂肪增长很快。但牛的性别影响其增长速度。以脂肪与活重的相对比例来看,青年母牛较阉牛育肥得早一些,快一些,阉牛较公牛早一些,快一些,见图3.4。另一影响因素就是牛的品种,有些品种如安格斯牛、海福特牛、短角牛,成熟得早,育肥也早;有些品种如夏洛来牛、西门塔尔牛、利木赞牛成熟得晚,育肥也晚。

肉牛肌肉、骨骼和脂肪的生长规律还受品种、性别等的影响。早熟品种牛的肌肉和脂肪生长速度较晚熟品种牛快;肉用品种牛的肌肉和脂肪生长速度较其他品种快。脂肪生长能力以肉用品种最强。不同性别之间脂肪生长情况也不一样,母牛易沉积脂肪,其次是阉牛,公牛则肌肉增长能力强,而脂肪生长速度最慢,见图3.5。因此,如需要脂肪组织少的牛肉,则可直接将公牛育肥而不需去势。

3.1.4.2 体组织的生长规律

牛在出生后各体组织按一定的规律生长,随着牛的生长,各体组织之间的相对比例在不断发生变化,一般而言,骨骼在体组织中的比例生后随月龄的增长而持续下降,肌肉在体组织中的相对比例生后随月龄的增长先上升而后下降,脂肪在体组织中的比例生后随月龄的增长而持续上升,见图3.4。也就是说,小牛骨的含量高,大牛脂肪含量高,体重越大,屠宰率越高。

1. 牛体躯脂肪组织生长的顺序

依次为肾脂肪与腹腔和盆腔脂肪、肌肉间脂肪、皮下脂肪,然后是肌肉内脂肪即五花肉。要获得肌肉内脂肪很容易育肥过头,使胴体积储存了过多的脂肪,如像肾脂肪、皮下脂肪在胴体修整时可以去掉,但肌肉间脂肪则不好处理,影响牛肉的品质。

根据上述规律,应在不同的生长期给予不同的营养物质,特别是对于肉牛的合理育肥具有指导意义。即在生长早期应供给幼牛丰富的钙、磷和维生素A和维生素D,以促进骨骼的增长;在生长中期应供给丰富而优质的蛋白质饲料和维生素A,以促进肌肉的形成;在生长后期应供给丰富的碳水化合物饲料,以促进体脂肪的沉积,加快肉牛的育肥。

2. 内脏器官增长规律

肉牛在生长期内,各种内脏器官的增长速度不同,有的增长率高,有的增长率低。一般规律是胃容积增长最快,其中瘤胃增长速度比真胃又快;就肠道容积或长度而言,大肠增长速度比小肠快;体重增长速度一般较消化器官增长慢,见表3.4。

表3.4 犊牛不同月龄体重与胃、肠的变化

项目	体重/kg	胃容积/L		肠长度/m	
		真胃	瘤胃	小肠	大肠
初生	41.5	1.3	0.7	16.0	2.0
1月龄	65.7	4.9	8.5	21.5	3.5
5月龄	230.5	20.5	65.0	26.5	10.0
5月龄时为初生时的倍数	5.6	15.8	92.8	1.7	5.0

由表 3.4 可以看出，犊牛瘤胃和大肠的增长率较高，这为肉牛断奶后采食粗饲料创造了条件。因此，在培育幼牛时应尽早训练其吃粗饲料，这样做有利于消化机能的锻炼，为以后具备消化大量粗饲料的能力奠定基础。但对种用公牛，在幼年时期不宜饲喂过多的粗饲料，以防形成"草腹"，影响其种用价值。

3. 牛在生长过程中体化学成分的变化

牛在生长过程中体化学成分有很大变化，一般而言，在生后，随其生长，水分在体组织中的比例持续下降，蛋白质的比例持续缓慢下降，脂肪的比例持续上升，灰分的比例持续缓慢下降。也就是说幼龄牛水分含量较高，而老龄牛脂肪含量较高。

3.1.4.3 生长重点顺序转移规律

体组织生长规律主要是指骨骼、肌肉、脂肪等的生长规律，肉牛在生长期间，其身体各部位、各组织的生长速度是不同的，见图 3.6。每个时期有每个时期的生长重点。早期的重点是头、四肢和骨骼；中期则转为体长和肌肉；后期即成年，重点是体重和脂肪。牛在幼龄时四肢骨生长较快，以后则躯干骨骼生长较快。随着年龄的增长，牛的肌肉生长速度从快到慢，脂肪组织的生长速度由慢到快，骨骼的生长速度则较平稳(图 3.6)。

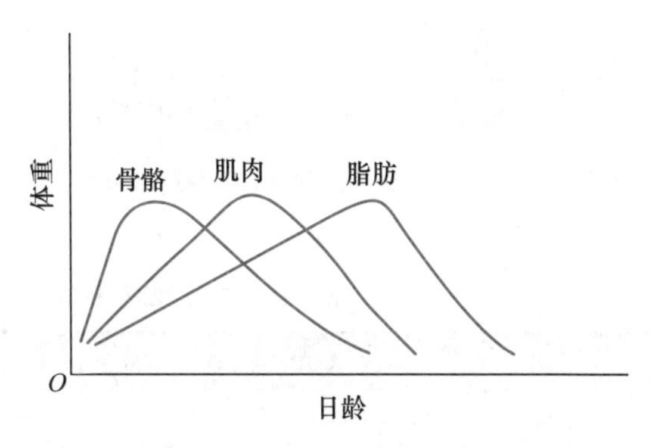

图 3.6 肉牛各体组织的生长发育顺序与增长强度

3.1.5 "双肌型"肉牛

双肌是肉牛臀部肌肉过度发育的形象称呼，而不是说肌肉是双的或有额外的肌肉，在 200 年以前已发现牛的肌肉发育有双肌现象，在短角牛、海福特牛、夏洛来牛、比利时蓝白花牛、皮埃蒙特牛、安格斯牛、利木赞牛等品种中均有出现，其中以皮埃蒙特牛、比利时蓝白花牛、夏洛来牛双肌性状的发生率较高。Charlier 等(1995)用 7 个微卫星标记的双肌牛(比利时蓝白花牛)和非双肌牛(弗里生牛)杂交的系谱信息将双肌基因定位于 2 号染色体，并确认双肌性状为常染色体单基因隐性遗传。

双肌牛在外观上的特点有：①以膝关节为圆心画一圆，双肌牛的臀部外线正好与圆周相吻合，非双肌牛的臀部外线则在圆周以内(图 3.7)。双肌牛后躯肌肉特别发育，能看出肌肉之间有明显的凹陷沟痕(图 3.8)，行走时肌肉移动明显且后腿向前向两外侧，尾根突出，尾根附着向前。②双肌牛沿脊柱两侧和背腰的肌肉很发达，形成"复腰"。腹部上收，体躯较长。③肩区肌肉较发达，但不如后躯，肩肌之间有凹陷。颈短较厚，上部呈弓形。④双肌型牛由于后躯特别发达，胸部很宽厚，双肌型牛的胴体与肌肉较一般的牛胴体有极大的区别，双肌型牛的胴体不长，而髋部厚、横径大，胸廓的内腔小而肉板墩厚。胴体冷却后失重，长度和容量的比较都显示极大的优势，见表 3.5。

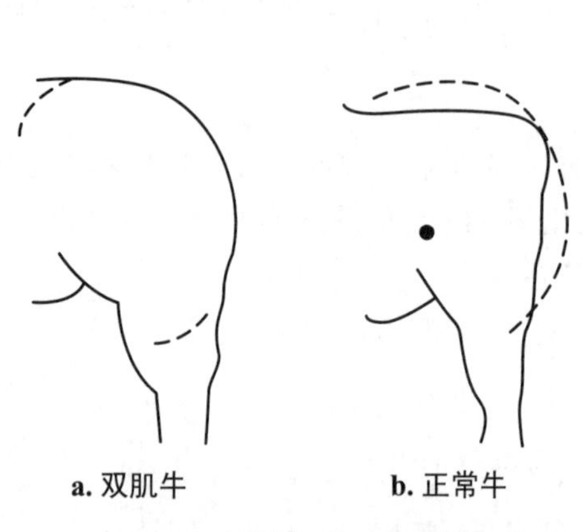

图 3.7 双肌牛的臀部形状(冯仰廉等,1995)

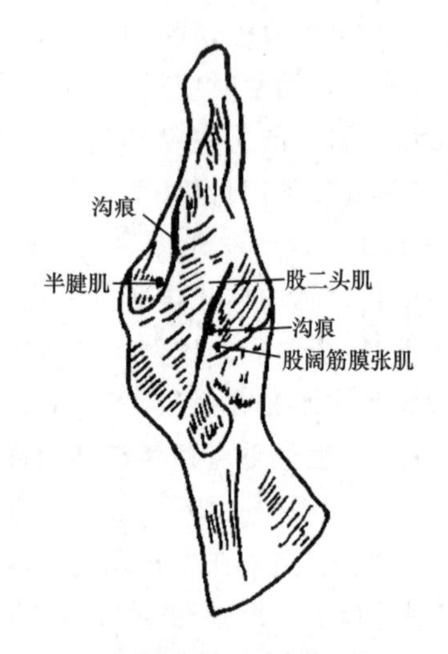

图 3.8 双肌牛肌肉之间的凹陷沟痕(冯仰廉等,1995)

表 3.5 双肌型和普通型皮埃蒙特牛胴体指标

牛 种	双肌型皮埃蒙特牛	普通皮埃蒙特牛
胴体长/cm	119.08	123.50
髋最大横径/cm	43.42	41.08
髋最大厚/cm	29.50	26.42
腰长/cm	59.83	61.58
髋最大围/cm	119.33	108.17
胸总深/cm	59.42	61.58
半胴体重/kg	152.71	142.92
半胴体重(24 h后)/kg	150.35	140.67
前四分体重/kg	77.49	75.63
后四分体重/kg	69.30	61.58

引自陈幼春,1999。

双肌牛生长快、早熟,双肌特性随牛的成熟而变得不明显,公牛的双肌比母牛明显。双肌牛胴体优点是脂肪沉积较少,肌肉较多,用双肌牛与一般牛配种,后代有1.2%～7.2%为双肌,因不同公牛和母牛品种有较大变化。如母本是乳用品种,后代的肌肉量提高2%～3%;母本是肉用品种或杂种肉用品种,则后代的肌肉量提高14%。双肌公牛与一般母牛配种所产犊牛初生重和生长速度均有所提高。

双肌牛的主要缺点是饲养条件要求比较高,在饲料条件差或无补饲条件的地区不能充分发挥其优势;繁殖力较差,怀孕期延长,难产增多。其含双肌基因的品种牛如皮埃蒙特牛、比利时蓝白花牛等品种只能适于作终端杂交公牛,应避免级进杂交。实践证明,我国黄牛及其杂种母牛产犊性能较好,与皮埃蒙特公牛终端杂交,其难产率也较低。

3.2 肉牛生产性能测定

生产性能测定是根据个体生长本身成绩的优劣进行评价肉牛的产肉能力和肉牛胴体品质。表示牛只生长情况的常用方法是测定其增量，一般采用初生体重、断奶体重、1岁体重、1.5岁体重、平均日增重等项目。增重受遗传和饲养2个方面的影响，增重的遗传能力较强，断奶后增重速度的遗传力为0.50～0.60，是选种的重要指标。肉牛生产性能指标主要包括生长性能和胴体品质，是衡量肉牛经济价值的重要指标，通常是同时测定的，需测定的性状主要有育肥性能指标、产肉性能指标和肉质品质测定。

3.2.1 肉牛育肥性能指标的测定

肉牛的育肥性能主要指标包括肉牛平均增重和饲料报酬。主要测定体重、日增重、饲料报酬。一般采用初生体重、断奶体重、1岁体重、1.5岁体重、平均日增重等项目。初生重本身并无经济价值，初生以后的生产性能比初生重更为重要，但犊牛初生重高则以后生长速度也较快，初生重与哺乳期间日增重呈正相关，所以是选种的一个指标。

1. 日增重的测定与计算

日增重是测定牛生长发育和育肥效果的重要指标，也是育肥速度的具体体现。测定日增重时，要定期测量各阶段的体重，常测的指标有：初生重、断奶重、12月龄重、18月龄重、24月龄重、育肥初始重、育肥末重。称重一般应在早晨饲喂及饮水前进行，连续称2 d，取其平均值。具备称重设备时可直接称重，没有设备时估测体重。

(1) 初生重。初生重是犊牛出生后被毛已擦干首次哺乳前实际称量的体重。它是衡量胚胎期生长发育的重要标志。它具有中等的遗传力，是选种的一个重要指标。

(2) 断奶重。犊牛哺育期一般为180 d，故断奶重即为180 d时的体重。断奶重是肉牛生产中重要指标之一。不仅反映母牛的泌乳性能、母性强弱，同时在某种程度上决定犊牛的增重速度。

(3) 断奶后增重。肉用牛从断奶到性成熟体重增加很快，是提高产肉性能的关键时期，要抓住这个时期提早育肥出栏。为了比较断奶后的增重情况，通常采用校正的1岁(365 d)体重。

(4) 平均日增重，指自断奶至育肥结束屠宰时，整个育肥期间的平均日增重。计算公式为：

平均日增重＝(期末重－初始重)/初始至期末饲养天数

平均日增重＝饲养期内绝对增重/饲养期天数

日增重是衡量增重和育肥速度的标志。肉用牛在充分饲养条件下，日增重与品种、年龄关系密切，12月龄以前日增重较高，15月龄后日增重就下降。因此育肥出栏年龄宜在1～2岁之间。

2. 肉牛活体体重的测定与估测

在测定日的晨饲及饮水前(挤奶后)用称重工具和体尺测量工具对被测牛只进行体重和体

尺的测定。对体直长和体斜长的测定应分别用测杖和卷尺测量。为保证测定数据的准确性，每头牛最好测定两次。详细做好记录。在测定日的第二天重复前一天的操作。计算连续2天测定结果之间的误差，如果超过3%，在第三天还应再测定一次，取两次比较接近的结果的平均值作为最终结果。

牛的体重测定，最好的方法是用地磅过秤，获得牛的实际重量。在没有称量设备的情况下，可通过测量牛的体尺用计算公式来估计牛的体重。估测牛体重的常用公式如下：

(1) 乳用牛或乳肉兼用牛估重公式：体重(kg)＝胸围^2(m)×体直长(m)×87.5。

(2) 肉用牛估重公式：体重(kg)＝胸围^2(m)×体直长(m)×100。

(3) 黄牛估重公式：体重(kg)＝胸围^2(cm)×体斜长(cm)÷11 420。

(4) 水牛估重公式：体重(kg)＝胸围^2(m)×体斜长(m)×80＋50。

不同类型牛的体型有很大不同，因而计算牛体重的公式不同，因而必须根据牛的品种类型选择合适的估算公式，结果才会准确。

3. 饲料报酬的计算

饲料报酬是衡量经济效益和品种质量的一项重要指标，根据饲养期内总增重、净肉重、饲料消耗量计算每千克增重和净肉的饲料消耗量，可作为考核肉牛经济效益的指标。

增重1 kg消耗饲料干物质(kg)＝饲养期内消耗饲料干物质总量/饲养期内绝对增重量

生产1 kg净肉需饲料干物质(kg)＝饲养期内消耗饲料干物质总量/屠宰后的净肉增加量

饲料利用率与增重速度之间存在着正相关，是衡量牛对饲料的利用情况及经济效益的重要指标。在生产成本中，饲料消耗占比重最大，降低单位增重的饲料消耗量，是肉牛育肥及育种的一项基本任务。

4. 育肥程度

通过目测和触摸来测定屠宰前肉牛的育肥程度，用以初步估测体重和产肉力(图3.9)，但必须有丰富的实践经验，才能比较准确地掌握。目测的着眼点主要是测定牛体的大小、体躯的宽狭与深浅度，肋骨的长度与弯曲程度，以及垂肉、肩、背、臀、腰(荐)角等部位的丰满程度，并以手触摸各主要部位肉层的厚薄和耳根、阴囊处脂肪蓄积的程度。

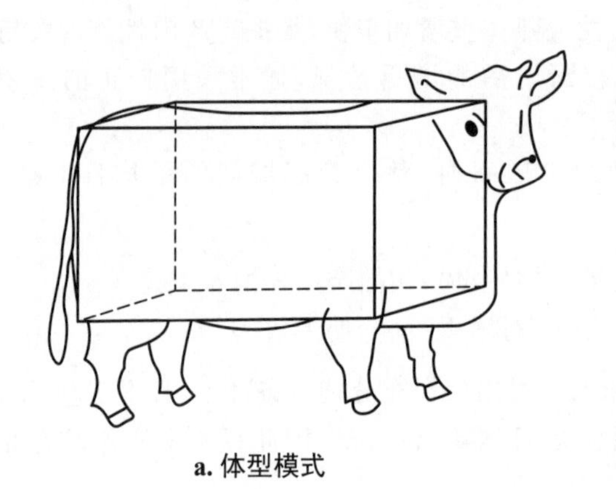

a. 体型模式

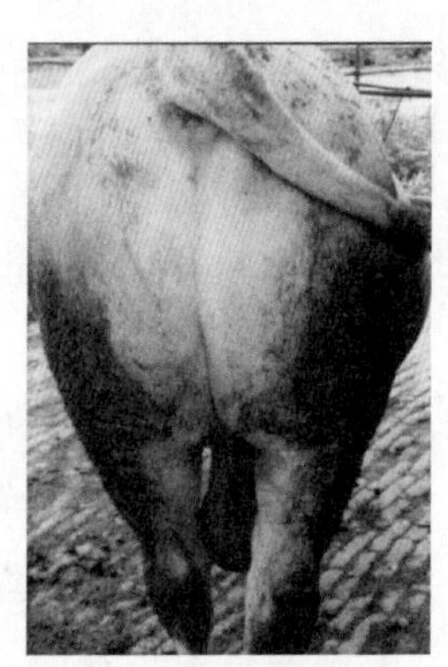

b. 后躯

图3.9 肉牛体型模式(昝林森，1999)和后躯

3.2.2 产肉性能的测定项目及胴体产肉的主要指标计算

肉牛产肉性能的测定项目就是肉牛在屠宰时的测定项目，主要有：①重量测定，如宰前重、宰后重、血重、胴体重、净体重、骨重、净肉重、切块部位肉重及各种器官重等；②长度、深度、厚度测定，如胴体长、胴体后腿长、胴体后腿宽、胴体后腿围、胴体体深、胴体胸深、皮厚、肌肉厚度、皮下脂肪厚度等以及眼肌面积及第9～11肋骨样块化学成分分析；③胴体产肉的主要指标计算，有屠宰率、净肉率、胴体产肉率、肉骨比、肉脂比等。

3.2.2.1 产肉性能指标的测定项目

肉牛产肉性能的测定项目就是肉牛在屠宰时的测定项目，主要有以下几项。

1. 重量测定

宰前重：屠宰前绝食24 h，临宰时的实称体重。

宰后重：屠宰放尽血后的尸体重量。

胴体重：胴体重＝宰前重－[血重＋皮重＋内脏重（不含板油和肾脏）＋头重＋尾重＋腕跗关节以下的四肢重]。

骨重：胴体剔除肉后的重量，即胴体重－净肉重。要求精细剔骨，骨上带肉不超过1.5 kg。记录时要注明是热肉还是冷肉。

净肉重：胴体剔除骨后的全部肉重。

切块部位肉重：胴体按切块要求切块后各部位的重量。

2. 厚度测定

皮下脂肪厚度：背脂厚是第5～6胸椎处背中线两侧的皮下脂肪厚度。腰脂厚是第12肋骨处的皮下脂肪厚度，见图3.10。

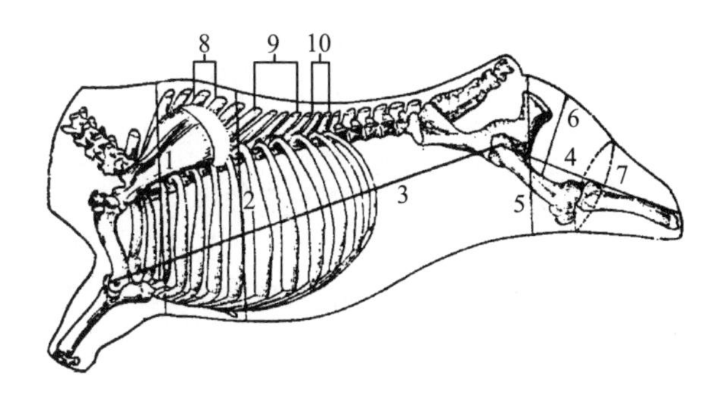

图3.10 肉牛胴体测量名称与部位

1. 胴体胸深 2. 胴体体深 3. 胴体长 4. 胴体后腿长 5. 胴体后腿宽 6. 大腿肌肉厚度 7. 胴体后腿围 8. 背脂厚 9. 第9～11肋骨样块 10. 第12～13肋骨间的眼肌面积

3. 面积及其他测定

眼肌面积：第12～13肋骨间切开，在12肋骨前缘用硫酸纸将眼肌面积描两次，用求积仪或方格透明卡片（每格为1 cm^2）算出眼肌面积。眼肌面积是评定肉牛生产潜力和瘦肉率大小的重要技术指标之一。

第9～11肋骨样块。主要用作科学研究时作化学成分分析。在生产评定时，常用第12～

13肋间眼肌面积表示肌肉所占的比例情况，用第12～13肋横切的脂肪分布表示体脂情况。

3.2.2.2 **胴体产肉性能指标的计算**

1. 屠宰率

指胴体重占活重的比率，是表明肉牛生产性能的常用指标。肉牛屠宰率超过50%为中等指标，超过60%为高指标。肉用牛的屠宰率为58%～65%，兼用牛为53%～54%，乳用牛为50%～51%。

屠宰率＝胴体重/宰前重×100%

2. 净肉率

指净肉重占宰前空腹活重的比率。良种肉牛在较好的饲养条件下，育肥后净肉率在45%以上。净肉率依牛的品种、年龄、膘情和骨骼粗细不同而有异，早熟种、幼龄牛、膘情好和骨骼较细者净肉率高。

净肉率＝净肉重/宰前重×100%

3. 胴体产肉率

指胴体净肉重占胴体重的比率。一般为80%～88%。

胴体产肉率(%)＝净肉重/胴体重

4. 肉骨比

肉骨比＝胴体净肉重/胴体骨骼重

肉用牛、兼用牛和乳用牛产肉指数(即肉骨比)相应为5.0、4.1和3.3。肉骨比随胴体重的增加而提高，胴体重185～245 kg时肉骨比为4∶1，310～360 kg时为5.2∶1。

5. 肉脂比

肉脂比＝ 净肉重/脂肪重

6. 熟肉率

取腿部肌肉1 kg，在沸水中，煮沸120 min，测定生熟肉之比。

7. 品味取样

取臀部深层肌肉1 kg，切成2 cm^3 小块，不加任何调料，在沸水中煮70 min(肉水比1∶3)。

8. 优质切块

优质切块＝腰部肉＋短腰肉＋膝圆肉＋臀部肉＋后腿肉＋里脊肉。生产上一般把臀肉、大米龙、小米龙、膝圆、腰肉、腱子肉列为优质牛肉，其中主要肉块有如下几种(图3.11)。

(1) 牛柳，也叫里脊。里脊重量占牛活重的0.83%～0.97%。

(2) 西冷，也叫外脊。外脊重量占活牛重的2.00%～2.15%。

(3) 眼肉。眼肉重量占牛活重的2.3%～2.5%。

(4) 大米龙。大米龙重量占牛活重的0.7%～0.9%。

(5) 小米龙。小米龙重量为活牛体重的0.7%～0.9%。

(6) 臀肉。臀肉重量占牛活重的2.6%～3.2%。

(7) 膝圆(又名和尚头)。膝圆重量占牛活重的2.0%~2.2%。

(8) 腰肉。腰肉的重量为牛活重的1.5%~1.9%。

(9) 牛腱子肉。牛腱子肉分前后,一头牛共4块,重量占牛活重的2.70%~3.10%。

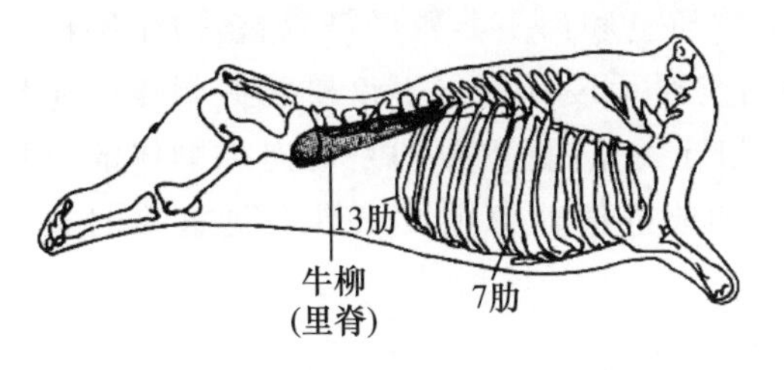

a. 牛柳,也叫里脊

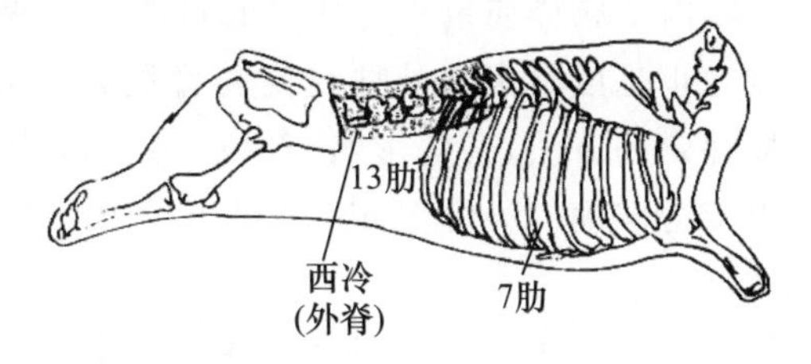

b. 西冷,也叫外脊

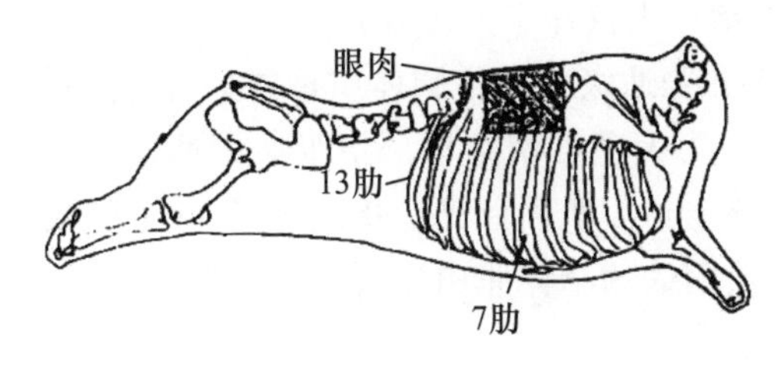

c. 眼肉

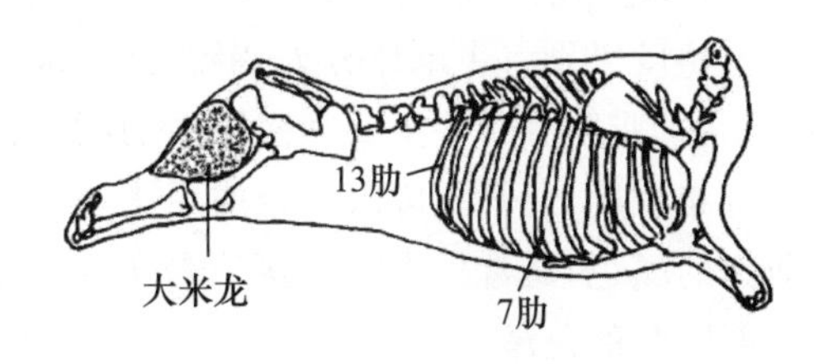

d. 大米龙

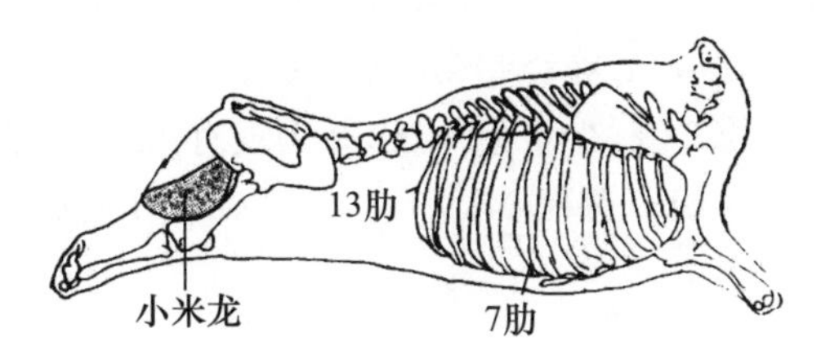

e. 小米龙

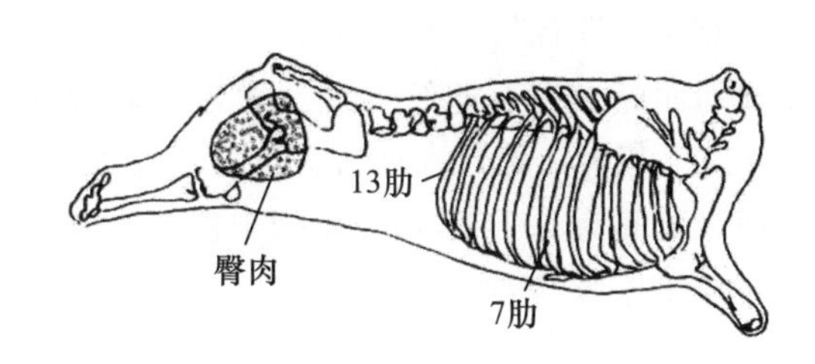

f. 臀肉

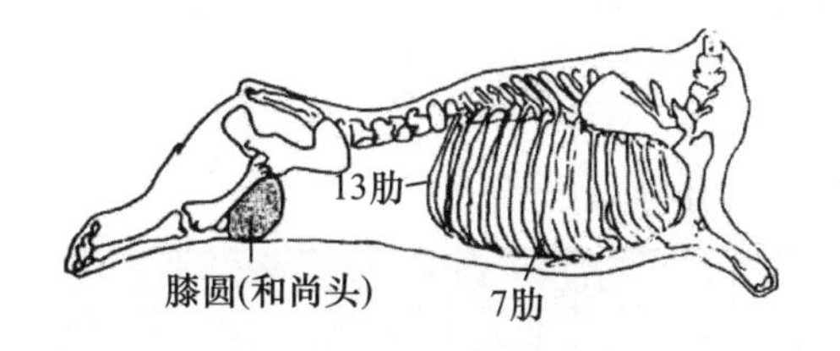

g. 膝圆(又名和尚头)

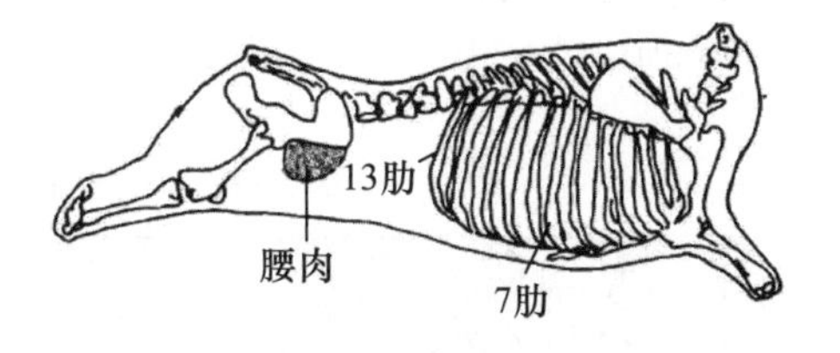

h. 腰肉

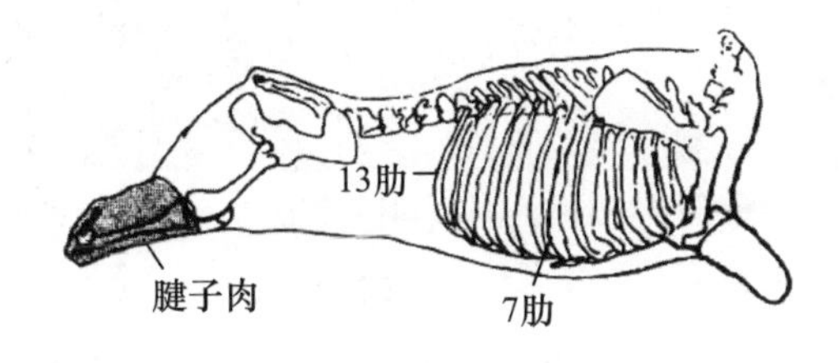

i. 牛腱子肉

图3.11 优质牛肉切块

3.2.3 我国肉牛胴体的质量指标评定方法

对肉牛胴体质量进行评定的目的在于提高胴体质量和肉牛养殖经济效益，肉牛胴体质量测定也是度量肉牛品种改良和育肥技术效果的重要手段，因此，不仅要掌握胴体的质量指标评定的方法，了解影响等级的各个因素及其相互关系，更重要的是对肉牛胴体的质量做出较为准确的科学鉴定，这对指导肉牛的选种和改进饲养育肥技术具有更重要的实践意义。

3.2.3.1 肉牛胴体的质量指标评定方法

胴体质量等级评定是在牛胴体冷却后，对胴体的质量指标以及生理成熟度进行评定，在660 lx 光线强度下对 12 ～13 胸椎眼肌截面处各项指标进行评定。主要按大理石花纹级别和生理成熟度级别将牛胴体分为特级、优一级、优二级和普通级。肉牛胴体质量的综合评定的指标包括：①脂肪分布。主要观察胴体的脂肪覆盖度。②大理石状结构。指眼肌中脂肪的大理石状分布程度，通常用肉眼评定或用化学分析方法评定。③肌肉色泽。指胴体第 11～12 肋骨处肌肉的颜色，通常用肉眼观察。④弹性与黏性。从胴体的全体肌肉进行观察。⑤脂肪色泽。指背部脂肪的色泽。

1. 大理石花纹

对照大理石花纹等级图片(其中大理石纹等级图给出的是每级中花纹的最低标准)确定眼肌横切面处大理石花纹等级。大理石花纹等级共分为 7 个等级：1 级、1.5 级、2 级、2.5 级、3 级、3.5 级和 4 级。大理石花纹极丰富为 1 级，丰富为 2 级，少量为 3 级，几乎没有为 4 级，介于两级之间为 0.5 级，如介于极丰富与丰富之间为 1.5 级。参照 NY/T 676—2003 附录 C 大理石花纹等级图谱。

2. 生理成熟度

以门齿变化和脊椎骨(主要是最后 3 根胸椎)横突末端软骨的骨质化程度为依据来判断生理成熟度。生理成熟度分为 A、B、C、D、E 五级。参照 NY/T676－2003 附录 D 及附录 E，见表 3.6 生理成熟度表。

表 3.6 生理成熟度与牛年龄的关系

脊椎部位	生理成熟度				
	A	B	C	D	E
	24 月龄以下	24～36 月龄	36～48 月龄	48～72 月龄	72 月龄以上
	无或出现第一对永久门齿	出现第二对永久门齿	出现第三对永久门齿	出现第四对永久门齿	永久门齿磨损较重
荐椎	明显分开	开始愈合	愈合但有轮廓	完全愈合	完全愈合
腰椎	未骨化	一点骨化	部分骨化	近完全骨化	完全骨化
胸椎	未骨化	未骨化	小部分骨化	大部分骨化	完全骨化

引自周光宏等，2001；或 NY/T 676—2003。

3. 肉色

肉色作为质量等级评定的参考指标，肉色等级按颜色深浅分为 9 个等级级：1A、1B、2、3、4、5、6、7、肉色深于 7 级为 8 级，其中肉色为 3、4 两级最好（参照 NY/T 676—2003 附录 F 肉色等级图）。

4. 脂肪色

脂肪色也是质量等级评定的参考指标，脂肪色等级也分为 9 级：1、2、3、4、5、6、7、8、9，其中脂肪色为 1、2 级两级最好（参照 NY/T 676—2003 附录 F 脂肪颜色等级图）。

3.2.3.2 胴体质量等级标准

胴体质量等级标准评定主要参照 NY/T 676—2003。

(1) 胴体质量等级主要由大理石纹和生理成熟度 2 个因素决定，分为特级、优一级、优二级和普通级（参照 NY/T 676—2003 附录 G，牛肉等级图见图 3.12）。

(2) 肉的质量等级主要由附录 G 判断。除此以外，还可根据肉色和脂肪色对等级进行适当的调整，其中肉色以 3、4 两级为最好，脂肪色以 1、2 两级为最好。

(3) 凡符合上述等级中优二级（包括优二级）以上的牛肉都属优质牛肉，二级以下的是普通牛肉。

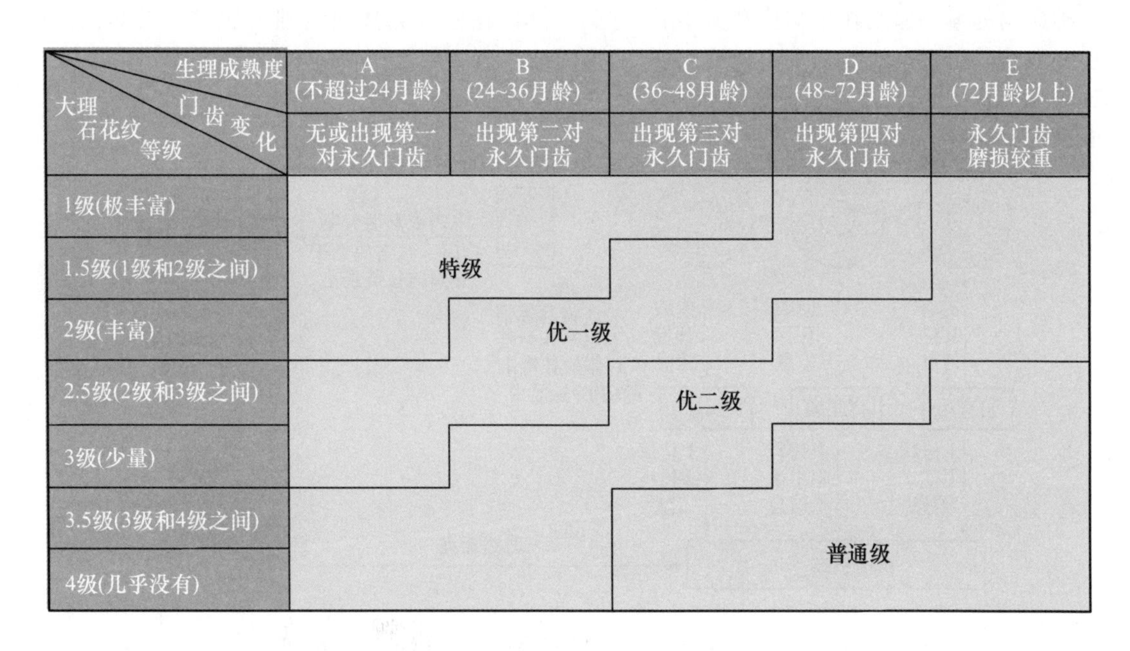

图 3.12 牛肉等级图（周光宏等，2001；或 NY/T 676—2003）

3.2.3.3 牛肉质量安全追溯系统

牛肉作为一种大众化食品，其质量安全已引起消费者的普遍关注。目前，很多国家开展实施了肉牛生产全程质量安全可追溯体系。为了让消费者吃上放心的牛肉，我国于 2006 年 7 月 1 日开始实施的《畜牧法》明确规定必须对畜产品实施追溯管理。我国已建立了“中国肉牛身份标识系统（CBCIS）”和“中国牛肉质量安全报告查询系统（CBRCS）”，可以实现肉牛生产“从产地到餐桌”的全程质量安全可追溯，肉牛在养殖、屠宰、分割、物流一直到摆上超市货架都可以有完备的档案。消费者在购买牛肉时，通过该系统可以很容易知道牛肉何时生产、哪家企业生产、如何流通和贮藏等。

我国的牛肉可追溯系统主要采用"无线射频识别(RFID,radio frequency identification)＋条形码"技术,对牛个体及牛肉进行标示,并将肉牛生长、牛肉生产、加工、销售各个过程采集得到的数据上传到由"JSP＋MySQL"设计的网络数据库中,从而实现牛肉生产全过程的跟踪与追溯。肉牛生产全程质量追溯系统是实现从产地到餐桌的全程监控和可查,包括带犊母牛、育肥牛、屠宰场、分割车间和流通环节在内的肉牛产业链追溯系统软件和硬件,在技术标准、数据传输、标识技术等,目前已在大中型肉牛屠宰加工企业进行应用。

每头犊牛从出生开始,就给它们佩戴上 RFID 耳标,并建立一份文字档案,该耳标和档案将跟随牛只的迁徙而转移。每次在对牛只进行生长性能测定或迁徙时,均要用读卡器读取牛耳标上的信息,并及时上传到网络服务器上。编号设计采用 14 位,前 8 位表示牛的详细出生地,其中 2 位省市代码,其余 6 位为不同养殖机构代码;后 6 位表示该养殖机构牛的实际顺序号,其中 2 位表示出生年号,其余 4 位为该年份牛的实际顺序号,这样牛的耳标号中包含牛的来源地、出生年份等基本信息。在牛进入屠宰场时,还需对耳标进行一次扫描,将耳标号信息转移到挂钩上的 RFID 标签上,牛肉经过排酸成熟后对牛肉进行分割,然后读取悬挂牛肉的挂钩上的 RFID 标签上的信息,随即打印出相应的一维条码,贴在分割肉的包装上,进行出售。一维条码的编码原则在牛胴体被劈半后,左侧二分体在原耳标号的基础上加"1",右侧二分体加"2",然后再加上 2 位分割肉部位的编号,这样就形成了一个 17 位的分割肉编号(图 3.13)。

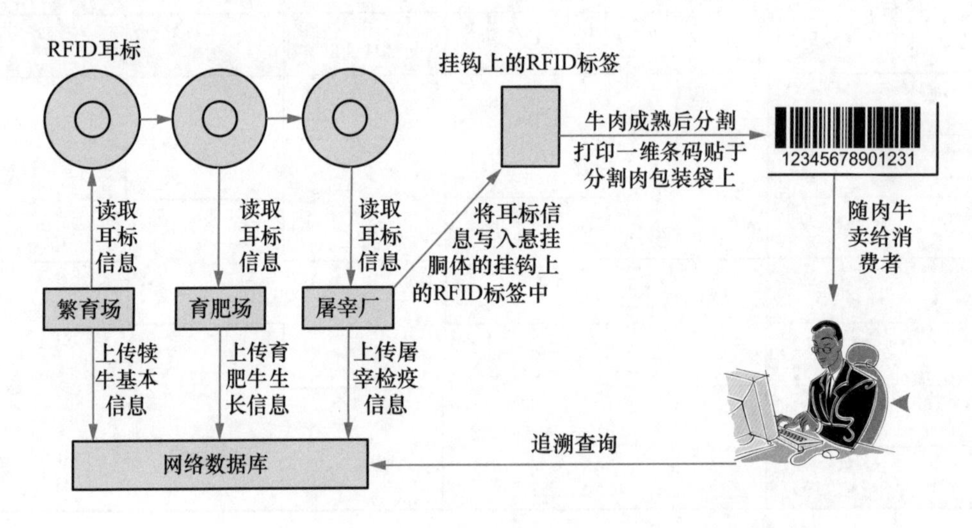

图 3.13　牛肉质量安全可追溯系统网络化管理(申光磊等,2007)

3.3　影响肉牛生产性能的因素

肉牛的产肉能力和肉品质量受多种因素的影响,其主要影响因素为品种、类型、年龄、性别、饲养水平及杂交等因素。

3.3.1 影响肉牛的产肉能力因素

肉牛的生产不仅要增加数量,而且要提高质量,肉牛的产肉能力(育肥性能和产肉性能)是肉牛生产中必须考虑的问题,也是牛肉的数量和质量指标,了解影响肉牛产肉性能的因素是为了更好地提高产肉量和改进肉品品质,影响肉牛产肉能力的因素很多。

1. 品种和类型的影响

肉牛的品种和类型是决定生长速度和育肥效果的重要因素,二者对肉牛的产肉性能起着主要作用。从品种和生产类型来看,肉用品种的牛与乳用品种牛、乳肉兼用品种牛和役用品种牛相比,其肉的生产力高,见表 3.7。这不仅表现在它能较快地结束生长期,能进行早期育肥,提前出栏,节约饲料,能获得较高的屠宰率和胴体出肉率,而且屠体所含的不可食部分(骨和结缔组织)较少,脂肪在体内沉积均匀,大理石纹状结构明显,肉味优美,品质好。不同品种间比较表明,肉用牛的净肉率高于黄牛,黄牛则高于乳用牛;同时,牛的体型对牛肉的生产水平也有一定影响,肉用体型愈显著,其产肉性能愈高。

表 3.7 不同品种改良本地黄牛的效果比较

组　别	头数	粗饲料,干籼稻草/(kg/头)	日耗精料(kg/头)	始重/kg	末重/kg	日增重/(kg/头)
大别山黄牛(本地牛)	6	3.0	2.50	151.68±34.70	165.48±30.98	0.46a
利木赞牛♂×本地牛♀(利杂牛)	6	3.0	2.82	152.74±26.30	182.44±27.42	0.99b
夏洛来牛♂×本地牛♀(夏杂牛)	6	3.0	3.05	149.86±28.64	188.26±30.26	1.28b

注:同列不同字母表示差异显著($P<0.05$)。每组 6 头牛,购进入舍后,以左旋咪唑驱虫,用大黄苏打片健胃,经一个月适应性饲养为预试期 30 d,试验期 30 d。精料配方为玉米 70%,棉粕 20%,NPN 5%,预混料 5%。

引自许昕等,2010(湖北新洲)。

从体型来看,牛的肉用体型愈明显,其产肉能力也愈高(图 3.14)。断奶后在同样条件下,当饲养到相同的胴体等级(体组织比例相同)时,大型晚熟品种(如夏洛来牛)所需的饲养时期较长,小型早熟品种(如安格斯牛)饲养时期较短,出栏早。根据对 300 头牛的饲养试验,断奶后在充分饲喂玉米青贮料和玉米精料的条件下,饲养到一定胴体等级时(体脂肪达 30%),夏洛来牛平均需 200 d(体重达 522 kg),海福特牛需 155 d(470 kg),安格斯牛需 140 d(442 kg),平均日增重分别为 1.38 kg,1.33 kg 和 1.28 kg,消耗饲料干物质总量分别为:夏洛来牛 1 563 kg,海福特牛 1 258 kg(冯仰廉,1995)。

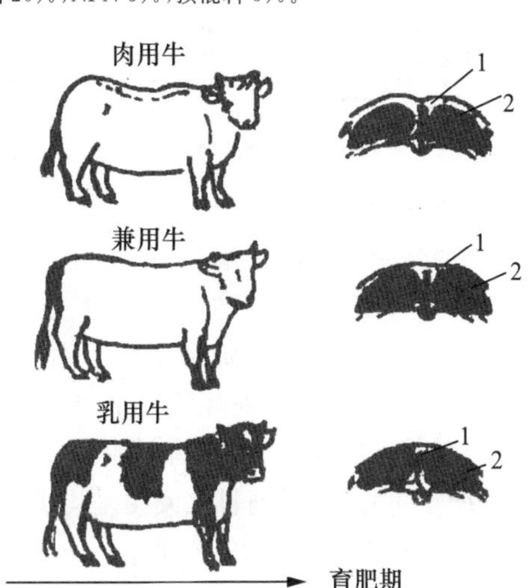

图 3.14 不同品种类型对育肥后皮下脂肪和眼肌面积的影响(冯仰廉,1995)

1. 皮下脂肪　2. 眼肌

2. 杂交对提高肉牛生产性能的影响

无论品种间杂交还是改良性杂交,其后代均表现出良好的杂交优势。研究表明,肉牛品种间杂交,其后代的生长速度、饲料转化效率、屠宰率和胴体产肉率等明显增加,较原纯种牛多产肉 10%~15%,甚至高达 20%。利用杂种优势是提高肉牛生产性能的一个重要手段,通过品种间杂交产生的杂种后代,生长发育快,饲养报酬高,胴体出肉率高,但杂交类型不同,育肥效果也不一样。用国外肉牛品种改良中国黄牛,其后代的肉用生产性能较当地牛可提高 5%~15%,实践证明,轮回杂交和三元杂交的效果要优于二元杂交,见表 3.8。

表 3.8 二元杂交与三元杂交对改良中国黄牛生产性能的影响

项目	本地牛♂×本地牛♀(早胜牛)	利木赞牛♂×本地牛♀,利本 F_1(二元杂交)	夏洛来牛♂×利本 F_1(三元杂交)
外貌特征	早胜牛被毛为紫红毛色	利木后代被毛接近早胜牛毛色	全身被毛为一致的乳白色或淡黄色
母牛泌乳量	5 个月泌乳期日均产乳量 1.76 kg	5 个月泌乳期日均产奶量 3.26 kg	5 个月泌乳期日均产奶量 3.51 kg
初生重/kg	♂22.8,♀20.6(21,28)	♂26.6,♀25.7(52,36)	♂38.3,♀34.3(19,26)
6 月龄体重/kg	♂111.1,♀98.0(21,28)	♂125.4,♀118.2(52,36)	♂167.6,♀167.5(19,26)
12 月龄体重/kg	♂157.0,♀160.4(21,28)	♂199.3,♀182.4(52,36)	♂301.3,♀264.4(19,26)
18 月龄体重/kg	♂221.2,♀221.2(21,28)	♂286.4,♀253.5(52,36)	♂409.6,♀348.4(19,26)
日增重	12~18 月龄♂0.36 kg,♀0.34 kg(21,28)	12~18 月龄♂0.48 kg,♀0.40 kg(52,36)	12~18 月龄♂0.60 kg,♀0.48 kg(19,26)

注:本地牛为早胜牛,属秦川牛类群;括号内为观察样品数。
引自姜西安,1991(甘肃庆阳地区)。

3. 性别与去势

牛的性别对肉的产量和肉质亦有影响。一般来说,母牛的肉质较好,肌纤维较细,肉柔嫩多汁,容易育肥。过去习惯对公犊去势后再育肥,认为可以降低性兴奋,性情温驯、迟钝,容易育肥。但近期国内外的研究表明,胴体重、屠宰率和净肉率的高低顺序为公牛、去势牛、母牛,见表 3.9。同时,随着胴体重量的增加,其脂肪沉积能力则以母牛最快,去势牛次之,公牛最慢。育成公牛比阉牛的眼肌面积大,对饲料有较高的转化率和较快的增重速度,一般生长率高,每增重 1 kg 所需饲料比阉牛平均少 12%。因而公牛的育肥逐渐得到重视。

根据 Arthaud 等(1977)报道,公牛的日增重比阉牛平均提高 13.5%,饲料利用率提高 11.7%。Kay 和 Houseman(1974)研究表明:公牛胴体的瘦肉含量比阉牛高 8%,而脂肪含量则比阉牛低 28%;Jacobs 等(1977),Landan 等(1978),Ntunde 等(1977)的研究都证明了公牛的胴体重、净肉率和眼肌面积均大于阉牛。

表 3.9 公牛、阉牛、母牛增重速度的比较

项 目	公 牛	阉 牛	母 牛
头数	12	22	12
日龄	361	383	398
活重/kg	386.1	376.9	345.8
日增重/g			
活重	1 070	984	869
胴体	597	508	493
肌肉	405	323	271
脂肪	132	160	156
骨	77	67	55
肌肉、骨比	5.1	4.8	4.9

引自冯仰廉等，1995。

对于采用公牛或阉牛育肥，还因饲养方式和饮食习惯而异。美国的肉牛胴体质量等级其中的一个重要依据是脂肪沉积，故以饲养阉牛为主；欧洲共同体国家以规模饲养的专业为主，多为“一条龙”的饲养方式，且在肉食习惯上喜食瘦肉，所以以饲养公牛为主；日本讲究吃肥牛肉，以养阉牛为主。

4. 年龄的影响

牛的年龄对牛的增长速度、肉的品质和饲料报酬有很大影响，见表 3.10。幼龄牛的肌纤维较细嫩，水分含量高，脂肪含量少，肉色淡，经育肥可获得最佳品质的牛肉。老龄牛结缔组织增多，肌纤维变硬，脂肪沉积减少，肉质较粗又不易育肥。

表 3.10 不同年龄西门塔尔杂交阉牛试牛的体重与增重 kg

组 别	头数	始 重	末 重	增 重	平均日增重
2±0.5 岁	8	440.88±25.55	606.38±45.08	165.50±28.73	1.226±0.213
3±0.5 岁	9	468.44±38.63	619.78±53.31	151.34±26.41	1.121±0.196
4±0.5 岁	8	482.38±33.87	606.75±49.86	124.37±25.16	0.921±0.186
5～9 岁	9	517.44±52.06	637.78±53.26	120.34±21.22	0.891±0.157

注：正试期分为育肥前期(75 d)、育肥后期(60 d)2 个阶段。育肥前期(75 d)的日粮配方为玉米秸 31.36%，高粱酒糟 24.70%，玉米 21.48%，麦麸 5.92%，棉仁粕 15.24%，食盐 0.30%，添加剂预混料 1.00%；育肥后期(60 d)为玉米秸 13.95%，高粱酒糟 20.89%，玉米 47.12%，麦麸 6.65%，棉仁粕 10.14%，食盐 0.25%，添加剂预混料 1.00%。

引自杨正德，1999(贵州)。

从饲料报酬上看，一般是年龄越小，每千克增重消耗的饲料越少。因年龄较大的牛，增加体重主要依靠在体内贮积高热能的脂肪，而年龄较小的牛则主要依靠肌肉、骨骼和各种器官的生长增加其体重。据邱怀等(1982)报道，秦川牛每千克增重所消耗的营养物质以 13 月龄牛为最少(平均 5.81 kg)，其次是 18 月龄牛(平均为 9.58 kg)，再次为 22.5 月龄牛(15.23 kg)。亦即年龄越大，增重越慢，每千克增重消耗的饲料越多，见表 3.11。

表 3.11 不同月龄西杂肉牛育肥 90 d 对日增重和饲料转化效率的影响

项　目	头数	初始体重/kg	平均日增重/kg	每千克增重耗料量		
				精料/kg	CP/kg	RND(个/kg)
20～21 月龄组	25	300	1.128±0.183a	3.72±0.24	0.80±0.15	5.09±0.35
25～26 月龄组	25	350	0.913±0.171b	6.18±0.36	1.20±0.29	8.56±0.43

注：同列数字不同字母表示差异显著($P<0.05$)。育肥试验在塑料暖棚牛舍内单栏拴系式饲养，试验前对牛进行体内外驱虫、健胃。试验期 90 d，分为前、中、后 3 个阶段，日粮粗蛋白质分别为 12.63%、11.37%、10.36%。前期料的配方为玉米青贮秸秆 55.0%，玉米(籽实)10.0%，酒糟 20.6%，棉籽饼 10.0%，麦麸 4.0%，食盐 0.4%；中期料的配方为玉米青贮秸秆 50.0%，玉米(籽实)18.0%，酒糟 16.1%，棉籽饼 7.0%，麦麸 8.0%，食盐 0.4%，石粉 0.5%；后期料的配方为玉米青贮秸秆 45.0%，玉米(籽实)24.6%，酒糟 11.0%，棉籽饼 5.0%，麦麸 14.0%，食盐 0.4%。

引自郭志明，2009(甘肃武威)。

从屠宰指标而言，据邱怀等(1982)研究，在相同的饲养条件下，22.5 月龄牛的屠宰率、净肉率、肉骨比最高，其次是 18 月龄牛，再次是 13 月龄牛。而眼肌面积则为 18 月龄牛大于 22.5 月龄牛，22.5 月龄牛大于 13 月龄牛；郭志明(2009)的研究也说明了这点，见表 3.12。国外对肉牛的屠宰年龄要求大多为 1.5～2.0 岁，国内则为 1.5～2.5 岁。

表 3.12 不同月龄西杂肉牛育肥对胴体屠宰性能的影响

项　目	头数	屠宰率/%	净肉率/%	胴体产肉率/%	肉骨比	眼肌面积/cm^2
20～21 月龄组	2	52.25	41.70	73.10	4.05	60.81
25～26 月龄组	2	54.14	45.13	73.45	4.51	60.39

引自郭志明，2009(甘肃武威)。

5. 饲养水平和营养状况的影响

饲养水平是提高牛产肉能力和改善肉质的重要因素。营养水平的高低直接影响肉牛的生长、脂肪沉积、产肉量和肉的品质。若营养供给充足，就能获得较快的增重，只有育肥度好的牛，其产肉量和肉质才是最好的；若营养缺乏，势必影响肉牛的增重速度，见表 3.13 和表 3.14。因此只有按牛的营养需要合理投料，结合市场需求科学饲养，才能达到理想的育肥效益。

表 3.13 不同能量水平对淘汰西门塔尔奶牛育肥 60 d 对体重变化的影响

组别	头数	玉米*	精料量/kg	初始重/kg	1 月重/kg	末重/kg	总增重/kg	平均日增重/kg
对照组	4	65%	3→4.5	498.00±53.60±	526.75±60.79	557.5±72.33	64.00±30.38	0.99±0.13b
试验 1 组	4	65%	5.5→4.5	519.25±82.95	567.5±93.23	599.25±86.80	80.00±12.19	1.33±0.20a
试验 2 组	4	72%	3→4.5	483.25±37.92	499.5±39.72	565.25±38.64	82.00±9.02	1.37±0.150a

注：* 日粮精料中玉米占比例。同列中不同字母表示差异显著($P<0.05$)。

引自杜玮，2007(新疆农业大学硕士论文)。

表 3.14　日粮营养水平对改良黄牛日增重的影响

组别	日粮/kg					体重变化		
	精料	玉米	豆糠	青饲料	秸秆	始重/kg	末重/kg	平均日增重/g
对照组	—	0.5	2	15	5	238.4±83.4	297.6±74.4a	657.0±360.0a
试验组	0.5	—	2	15	5	298.4±79.1	385.9±75.9b	970.0±320.0b

注：同列数字不同字母表示差异显著（$P<0.05$）。对照组和试验组各 10 头西本杂改良黄牛，用丙硫苯咪唑驱虫，健曲健胃后，进入 90 d 试验期。精料为市场采购的精料补充料。

引自杨永康等，2006（云南巍山）。

育肥期牛的营养状况对产肉量和肉质影响也很大。营养状况好、育肥良好（肥胖）的牛比营养差、育肥不良（瘠瘦）的成年牛产肉量高，体脂沉积多，肉的质量好。据对幼阉牛以不同饲养水平（丰富组和贫乏组）饲喂并在 1.5 岁屠宰的试验表明：贫乏饲养组宰前活重平均为 224 kg，屠宰率为 48.5%，丰富饲养组宰前活重平均为 414 kg，屠宰率为 58.3%，可见丰富饲养组幼阉牛的体重和屠宰率较贫乏饲养组提高了 84.82%和 20.20%。每千克肉的产热值，丰富饲养组为 10 416 J，贫乏组为 7 459 J，提高了 39.6%。胴体中骨的含量，丰富饲养组为 18.4%，贫乏饲养组为 22.4%。

6. 环境因素

环境主要包括温度、湿度、饲养密度及卫生等几个因素，这些因素若不重视也会严重影响肉牛生产性能的正常发挥，尤其是对犊牛影响更为显著。适宜的温度有利于生长发育，温度过低会影响牛对饲料的消化率，增加能量消耗，从而降低生产速度（表 3.15），增加饲养成本，一般来说育肥牛环境温度在 5～21℃较适宜，过高或过低都会引起牛机体反应，造成体能消耗。

表 3.15　夏秋季气温对肉牛育肥增重的影响

项　目	2001 年的月份				
	6	7	8	9	10
均温/℃	22.20	23.90	21.00	14.30	9.40
温度范围/℃	7.70～34.70	12.20～36.30	10.40～31.70	0.70～26.70	−5.20～25.60
试验牛日增重/g	797.00	733.80	1 014.00	1 043.90	1 148.40

注：肉牛品种为秦蒙牛（秦川牛♂×蒙古牛♀）和丹蒙（丹麦红牛♂×蒙古牛♀）F_1 阉牛各 5 头，平均年龄分别为 15.2 月龄和 13.2 月龄。

引自刘引区等，2010（陕西神木）。

总之，牛的品种和类型，年龄和性别，饲养水平和营养状况以及杂交等对肉牛的生产性能均有很大影响。因此，在肉牛生产中，必须重视良种选育和杂交优势的利用。根据肉牛生长发育的特点，配合良好的饲养管理，选择适宜的屠宰时间等，则会极大地提高肉牛生产性能，增加经济效益。

3.3.2　牛肉品质指标及影响牛肉品质的因素

随着人们膳食结构的不断变化及对健康的日益关注，牛肉品质受到了前所未有的重视，优质、高档牛肉供不应求。因此，肉牛生产者及科研人员在努力提高肉牛的出栏率、产肉率的同时，更应该从改善牛肉品质的角度来提高牛肉质量和增加效益。牛肉品质是决定消费者购买意向和市场价格的主要因素，在牛肉的生产和流通过程中对牛肉品质进行及时检测和监控，对保障牛肉食品安全、促进牛肉生产及合理消费，具有十分重要的作用。牛肉的品质是一个综合性状，主要由肌肉颜色、嫩度、pH 值、风味、系水力、大理石纹等指标来度量，其中，嫩度是决定质量的最主要因素。

3.3.2.1 牛肉品质指标的测定

评定牛肉品质指标有凭借视觉、味觉和触觉等感觉器官和必须借助仪器设备才能进行测定的内在指标，感官指标是对牛肉外在品质做出评价的依据，而内在指标与牛肉的适口性、营养价值和人的身体健康有极其重要的关系如营养成分含量、微生物含量、肉 pH 值等。

1. 肌肉颜色

肌肉的颜色(color of meat，也简称肉色)可通过比色板、色度仪、色差仪等以及化学方法评定。颜色本身并不会对肉的滋味做出多大贡献。它的重要意义在于它是肌肉的生理学、生物化学和微生物学变化的外部表现，人们可以很容易地用视觉加以鉴别，从而由表及里地判断肉质。肉色的测定多属主观评定法，用标准肉色谱比色板与肉样对照，并且测肉样评分。目前，国际上有美制、法制、日制等不同色谱或色块标准，其中美制最为通用。

肉的颜色主要取决于肌肉中的色素物质——肌红蛋白和血红蛋白，如果放血充分，前者占肉中色素的 80%～90%，占主导地位。肉色的深浅及均匀度主要由肌肉色素(以肌红蛋白 Mb 为主)含量及其化学状态(与铁离子的价态及肌红蛋白与氧的化合反应)决定。肌红蛋白的含量对肉色有一定影响，含量越多，肉色越深。肌红蛋白的 3 种存在形式即还原型肌红蛋白(紫红)、氧合肌红蛋白(鲜红)、高铁肌红蛋白(褐色)赋予肌肉不同的色调。肌红蛋白的多少和化学状态变化造成不同肌肉的颜色深浅不一，肉色千变万化，从紫色到鲜红色、从褐色到灰色，甚至还会出现绿色。而肌红蛋白的状态又受到温度、氧气分压、pH 值、肉面微生物活动、光照、腌制条件(渗透压)的影响。当高铁肌红蛋白≤20%时肉仍然呈鲜红色，达 30%时又显示出稍暗的颜色，在 50%时肉呈红褐色，达到 70%时肉就变成褐色，所以防止和减少高铁肌红蛋白的形成是保持肉色的关键。采取真空包装、气调包装、低温存储、抑菌和添加抗氧化剂等措施可达到以上目的。

2. 风味

肉的风味(beef flavor)大都通过烹调后产生，生肉一般只有咸味、金属味和血腥味。当肉加热后，前体物质反应生成各种呈味物质，赋予肉以滋味和芳香味。这些物质主要是通过美拉德(Maillard)反应、脂质氧化和一些物质的热降解这 3 种途径形成。风味的差异主要来自于脂肪的氧化，这是因为不同种动物脂肪酸组成明显不同，由此造成氧化产物及风味的差异。风味是食品化学的一个重要领域，熟肉中与风味有关的物质已超过 1 000 种。肉的风味由肉的滋味和香味组合而成，滋味的呈味物质是非挥发性的，主要靠人的舌面味蕾(味觉器官)感觉，经神经传导到大脑反应出味感；香味的呈味物质主要是挥发性的芳香物质，主要靠人的嗅觉细胞感受，经神经传导到大脑产生芳香感觉，如果是异味物，则会产生厌恶感和臭味的感觉。

3. 多汁性

多汁性(juiciness)也是影响肉食用品质的一个重要因素，尤其对肉的质地影响较大，10%～40%肉质地的差异是由多汁性好坏决定的。目前多汁性评定是主观评定，尚没有较好的客观评定方法。对多汁性较为可靠的评测仍然是人为的主观感觉(口感)评定，对多汁性的评判可分为 4 个方面：一是开始咀嚼时肉中释放出的肉汁多少；二是咀嚼过程中肉汁释放的持续性；三是在咀嚼时刺激唾液分泌的多少；四是肉中的脂肪在牙齿、舌头及口腔其他部位的附着给人以多汁性的感觉。

4. 脂肪颜色和质地

脂肪色泽以洁白而有光泽、质地较硬为最佳，脂肪中饱和脂肪酸含量高时，皮下脂肪坚实而硬，这样的牛肉适合进行生、熟肉的造型深加工。

5. 大理石纹

肌肉大理石纹(marbling)反应肌肉纤维之间脂肪的含量和分布，牛肉大理石花纹的丰富程度，是影响肉口味和口感的主要因素，又是容易客观评定的指标，也是美国、中国等国家牛肉质量评定系统中的主要参数之一。牛肉的大理石纹与牛肉的嫩度、多汁性和适口性有密切的相关关系。大理石纹的测定部位为第12肋骨眼肌横切面，以标准板为依据，分为丰富、适量、适中、少、较少、微量或几乎没有等级别。当牛肉的生理成熟度和大理石纹决定后就可判定其等级，年龄越小，大理石纹越丰富，则级别越高，反之越低。

6. 嫩度

嫩度(tenderness)是肉的主要食用品质之一，它是消费者评判肉质优劣的最常用指标。肉的嫩度指肉在食用时口感的老嫩，反映了肉的质地(texture)，由肌肉中各种蛋白质的结构特性决定。对肉嫩度的客观评定是借助于仪器来衡量切断力、穿透力、咬力、剁碎力、压缩力、弹力和拉力等指标，而通用的是切断力，又称剪切力(shear force)，即用一定钝度的刀切断一定粗细的肉所需的力量，以千克为单位。一般来说肉的剪切力值大于4 kg时就比较老，难以被消费者接受。这种方法测定方便，结果可比性强，是常用的肉嫩度评定方法。不同部位的肌肉因功能不同，其肌纤维粗细，结缔组织的量和质差异很大，嫩度情况也不同。如腰大肌的剪切力值(/kg)为3.2，很嫩，斜方肌为6.4，很老。

7. 肉的pH值

肌肉pH值是反映宰杀后牛肉糖原酵解速率的重要指标，宰后有机体自动平衡机能终止，而一系列物理、化学和生物化学变化仍持续进行着。动物由有氧代谢转变为无氧代谢(糖酵解)，其最终产物是乳酸，乳酸的积累导致肌肉pH值降低。肌肉pH值下降的速度和强度，对一系列肉质性状产生决定性的影响。肌肉呈酸性首先导致肌肉蛋白质变性，使肌肉保水力降低。肌肉中pH值测定可以将pH计电极插入肌肉切缝或肌肉匀浆中即可读取pH值。

8. 肌肉保水力

肌肉保水力(water holding capacity，WHC)或称系水力(water binding capacity，WBC)是一项重要的肉质性状，它不仅影响肉的色香味、营养成分、多汁性、嫩度等食用品质，而且有着重要的经济价值。肌肉保水力是指当肌肉受到外力作用时，例如，加压、切碎、加热、冷冻、融冻、贮存、加工等，保持其原有水分和添加水分的能力，也称为持水性或保水力，测定其在一定机械压力下在一定时间中的重量损失率。用"滴水损失"(driploss)度量的保水力，是指不施加任何外力，只受重力作用下，蛋白质系统的液体损失量，或称贮存损失和自由滴水。利用肌肉有系水潜能这一特性，在其加工过程中可以添加水分，从而提高出品率。如果肌肉保水性能差，那么从家畜屠宰后到由被烹调前这一段过程中，肉因为失水而失重，造成经济损失。

测定保水性使用最广泛的方法是压力法，即施加一定的重量或压力以测定被压出的水量，或按压出水湿面积与肉样面积之比以表示肌肉系水力。我国现行应用的系水力测定方法，是用35 kg重量压力法度量肉样的失水率，失水力越高，系水力越低，反之则相反。

9. 肌内脂肪含量

肌内脂肪(intramuscular fat)是指肌肉组织内所含的脂肪,是用化学分析方法提取的脂肪量,不是通常肉眼可见的肌间脂肪(intermuscular fat)。在主观品味评定中,富含适量肌内脂肪对口感惬意度、多汁性、嫩度、滋味等都有良好作用。肌内脂肪过低会使牛肉风味显著下降(万发春等,2004),肌内脂肪含量受品种因素、月龄和育肥程度的影响。普遍认为,中国地方牛品种育肥后肌内脂肪丰富是肉好吃的内在因素之一,为保证牛肉的适口性,牛肉中应保持不低于3%的脂肪。

10. 熟肉率

熟肉率指牛肉在特定温度的水浴中加热一定时间后减少的重量。它是度量熟调损失的一项指标,与系水力紧密相关,对牛肉加工后的产量有很大影响(万发春等,2004)。通常含水量高的肉,其熟肉率较低。

11. 微生物

微生物主要是指牛肉及其加工产品中所含有的各种细菌的数量。牛肉是各种微生物繁殖的良好营养基,而在屠宰、牛肉加工、销售等过程中极易接触各种微生物,这些微生物在适宜的条件下就会快速繁殖,产生对人体有害的物质,并导致牛肉腐败变质。牛肉中的微生物可分为嗜温微生物、嗜冷微生物和大肠杆菌3大类。嗜温微生物和大肠杆菌对牛肉成熟和零售影响较大,嗜冷微生物对牛肉冷藏和冷冻储存危害较大。要求牛肉中细菌总数应低于5 000个/g,大肠杆菌数低于30个/100 g,致病性细菌如沙门氏菌等不得检出。

12. 营养成分

营养成分主要指牛肉中各种营养成分,如水分、蛋白质、脂肪、灰分等的含量。

3.3.2.2 影响牛肉品质的因素

牛肉品质主要是由大理石花纹、肌肉色泽、风味、微生物、脂肪氧化、系水力等几个指标综合决定的,凡是能影响上述指标的因素都能影响牛肉的品质。

1. 品种遗传因素

不同品种牛的肉品质差异很大,同一个品种不同个体间也有很大差别。这种差别主要表现在牛肉色泽、大理石花纹和嫩度等。风味也有一定的差别,但差异较小。

大量研究结果表明,不同品种牛所产牛肉的大理石花纹存在着很大差异,同一品种内个体间差异也较大,见表3.16和表3.17,品种和个体间的这种差异主要是由于控制大理石花纹的基因不同所造成的(武秀香等,2011)。周磊等(2007)研究了新疆褐牛、荷斯坦牛和黄牛3个品种以及新疆褐牛与荷斯坦牛、黄牛西门塔尔杂交牛的牛肉品质,结果表明新疆褐牛的肉色、嫩度、蛋白和肌内脂肪含量等肉品质指标要好于其他2个品种。

表3.16 不同牛品种对牛肉理化性状的影响

品种	头数	屠宰月龄	肉色评分	大理石纹评分	pH值	失水率/%	熟肉率/%	嫩度/kg
利南牛	4	18	4.20	3.28	5.80	8.98	56.14	4.43
利鲁牛	4	18	4.25	3.08	5.68	6.15	59.33	4.34

注:利南牛=利木赞牛♂×南阳牛♀,利鲁牛=利木赞牛♂×鲁西牛♀。

引自李燕鹏等,2008。

表 3.17 不同牛品种对牛肉理化性状的影响

品种	头数	屠宰月龄	肉色评分	大理石纹评分	失水率/%	熟肉率/%	嫩度/kg	水分/%	粗蛋白/%	粗脂肪/%
皮秦牛	2	18	3.15	3.45	8.63	56.93	3.56	70.87	21.33	3.34
夏秦牛	2	18	4.25	4.35	9.98	55.56	4.43	66.42	21.14	4.97

注：皮秦牛＝皮埃蒙特牛♂×秦川牛♀，夏秦牛＝夏洛来♂×秦川牛♀。

引自李燕鹏等，2007。

2. 肉牛性别

性别对牛肉品质的影响主要表现在大理石花纹、嫩度和风味上，不同性别肉牛其遗传基因和性激素的作用方式不同，从而导致肉牛胴体组成、肉品质量以及肉的风味等各方面有着不同程度的差异。一般来说，公牛肉的嫩度比阉牛和母牛的差，阉牛肉比母牛肉差，见表 3.18。阉牛中公阉牛肉的嫩度也比母阉牛和母牛的差。在肉的色泽和感官特性方面阉牛和小母牛也要好于公牛，同时性别对肌肉粗脂肪的含量有显著影响，表现在公牛沉积脂肪的能力比阉牛和母牛差，公牛肌内脂肪含量低，大理石花纹等级低，因此生产大理石纹或雪花的高档牛肉必须对公牛实行去势。公牛肉含有的特殊膻味也会影响肉的风味。性别对风味的影响主要与性激素产生、代谢的遗传控制以及性激素对脂类组成和代谢的影响有关。雄激素会增加蛋白质的沉积，减少脂肪合成，因此，公牛肉一般比母牛肉和阉牛肉瘦。由于雄性激素的作用，公牛育肥具有较阉公牛长得快、饲料报酬高、瘦肉（红肉）产量高、里脊（牛柳）粗大等优点，但是公牛在饲养管理（易格斗）、牛肉品质（大理石花纹丰富程度、牛肉嫩度、风味等）等方面又不如阉公牛，各有优势和不足。雄激素也是导致公牛肉特殊膻味的原因，去势能使体脂积累加速、肌内脂肪度增加、肌纤维变细、肉的嫩度增加，还可以使牛的性格变得温驯，从而易于饲养管理，去势后进行育肥，其作用是极为显著的。但是否需要进行去势，在生产实际中还要根据饲养的品种，育肥期和饲养条件来决定。

表 3.18 性别对秦川牛肉品种的影响

性别	头数/年龄	失水率/%	蒸煮损失/%	嫩度/kg	系水力/%	亮度 *L* 值	红度 *a* 值	黄度 *b* 值
公牛	3/3 岁	31.32±0.01a	28.08±0.88a	4.47±0.75a	56.78±0.01a	58.35±6.01	25.58±5.32	18.25±2.99
母牛	3/3 岁	28.98±0.01ab	29.51±0.57ab	2.15±0.32b	60.37±0.01b	60.18±2.84	23.99±3.04	20.01±0.39
阉牛	3/3 岁	27.80±0.0.04b	26.13±0.38bc	3.41±0.40c	61.83±0.07b	55.41±2.35	25.74±2.77	18.68±0.56

注：同列中标有不同字母表明差异显著（$P<0.05$）。

引自姜碧杰等，2010（陕西）。

3. 肉牛屠宰年龄

屠宰年龄是影响牛肉嫩度的最重要因素，年龄主要影响牛肉的嫩度、系水力、大理石花纹和风味，见表 3.19，不同年龄的牛，肉的颜色不同，主要是因肌红蛋白的含量不同。如以新鲜牛肉为例，每克小牛肉肌红蛋白含量为 1～3 mg，中年牛肉 4～10 mg，老年牛肉 16～20 mg，见表 3.20；肌红蛋白含量随牛的年龄增加而增大，所以老牛肉的颜色较小牛肉深或暗。低年龄肉牛的肉由于其胶原的含量和交联程度较小，因此嫩度比成年牛的要好。由于脂肪属于生长较晚的组织，因此，小牛牛肉的蛋白质含量高，系水力好，但肌内脂肪含量低，大理石花纹差。由于风味与肌内脂肪紧密相关，所以幼龄牛的牛肉风味稍差。年龄对风味的影响可能与体内代谢随着年龄的变化而改变有关，特别是氨基酸、蛋白质、核苷酸代谢和 pH 值的变化。老年牛牛肉的嫩度变化很大，可能与育肥的程度有关。育肥良好的牛肉的嫩度一般比非育肥牛的好。

表 3.19　不同月龄西杂育肥牛对牛肉品质的影响

项　目	头数	熟肉率/%	剪切值/kg
20～21 月龄组	2	59.35	4.40
25～26 月龄组	2	56.24	4.63

引自郭志明，2009（甘肃武威）。

表 3.20　不同年龄延边黄牛牛肉在冻藏 1 个月后表面肉色的比较

年　龄	1 岁以下	1.5～3 岁	5～6 岁	9～10 岁
表面肉色 CIE 值 $L*$ 值（亮度）	45.41±0.34ab	41.24±0.73bc	39.25±1.02bc	38.11±0.59c
表面肉色 CIE 值 $a*$ 值（红色度）	15.55±0.69b	20.79±0.68a	20.80±0.84a	19.83±0.85a
表面肉色 CIE 值 $b*$ 值（黄色度）	12.41±0.78	13.33±0.61	13.80±0.66	13.41±0.68

注：同行中不同字母表示差异显著（$P<0.05$），有相同字母表示差异不显著（$P>0.05$）。每年龄段 4 头牛。

引自唐丹等，2010（吉林龙井）。

4. 屠宰的活重

体重也影响肉质特性，如加拿大在肉牛胴体等级评定时，体重尤为重要，高等级胴体所得经济收益较多，国内蒋洪茂等（2004）也有报道，体重越大，胴体等级越高，见表 3.21。在饲喂条件一定的情况下，随着体重的增长，胴体体脂肪含量也将会随之提高，瘦肉量反而降低。屠宰前活重对胴体重影响最为显著，其次是对眼肌面积，宰前活重越大胴体重和眼肌面积也相应较高。对于大型品种，活重过小如小于 500 kg 的牛大理石花纹不易沉积，除非饲以能量水平较高的饲料（刘丽等，2001）。大理石状脂肪被认为是决定牛肉风味的脂肪，与牛肉的嫩度和风味密切相关（万发春等，2004），大理石花纹越丰富，肉相对越嫩（刘丽，2000）。在相同的育肥条件下，大理石花纹越多，胴体及肉品质越好，大理石花纹随着牛年龄增加和营养水平的提高而增加（戴瑞彤等，1999）。

5. 肉牛饲养因素对肉质的影响

一般情况，营养因素对畜产品的质量影响是明显的。据研究，胴体蛋白质含量同日粮蛋白质水平的增加呈线性关系，脂肪量呈下降趋势，日粮蛋白质浓度的改变会引起体成分的改变。同低蛋白日粮相比，高蛋白日粮能加速胴体蛋白质水平的提高和脂肪量的下降。较低营养水平降低肉品芳香性，影响肌肉中胶原物质的含量和柔嫩度。提高能量水平导致脂肪沉积量的增加，尽管屠宰率、胴体等级、生长速度等都有所提高，但芳香性却较差，饲养水平对牛体成分的影响也很小，日粮蛋白质水平并不引起脂肪量和切块总量的变化，可见对同一品种、性别的家畜，营养状况并不明显地影响体成分。

营养因素不仅影响脂肪量，同时也能改变脂肪酸的组成，日粮状况对肌肉脂肪酸的影响也很显著。饲料是影响脂肪酸组成的主要因素，不同日粮可以导致脂肪酸组成的显著差异，特别是育肥期日粮浓度改变可使肌肉中油酸含量有所提高。David 等(1996)的研究也表明干草加补饲育肥后的家畜肌肉中饱和脂肪酸含量多而不饱和脂肪酸含量较少。在对营养因素影响脂肪酸组成的进一步研究中发现，日粮中不饱和脂肪酸特别是亚油酸明显影响脂肪组织的脂酸构成。

(1) 日粮营养水平(余梅等，2007)。日粮营养水平对牛肉的品质和产肉量都有显著影响，牛肉肌肉中蛋白质含量越高，其系水力越大(刘冠勇等，2000)，肌肉脂肪含量高，保水性有增大的倾向(喻兵兵等，2004)，一般认为，粗饲料喂养的肉牛肉质不如精料喂养的肉牛。肉牛生长期间用高蛋白质、低能量饲料，育肥期间用低蛋白质、高能量饲料能满足脂肪沉积，利于形成大理石状花纹，见表 3.22 和表 3.23。低日粮水平饲喂的牛胴体较轻，皮下脂肪蓄积较少，在预冷过程中胴体温度下降较快，更易发生寒冷收缩，造成滴水损失和剪切力的增加。而且，低日粮水平使得牛在经过宰前运输及禁食后血糖水平较低，牛肉最终 pH 值相对偏高。

(2) 饲料品种(余梅等，2007)。饲料种类对牛肉品质具有举足轻重的作用。对优质性状起主要作用的饲料品种应放在育肥后期，通过代谢对肉质产生最终影响，饲料中添加矿物质、维生素和蛋白质对提高肉质有较大作用(于福清等，2003；王文娟等，2007)。维生素 E 具有抗氧化的作用，牛饲料中添加维生素 E500IU/(头・d)，饲养一段时间后宰杀，可延长牛肉的保鲜期(宋永等，2002)。

(3) 饲料因素与脂肪品质(宋永等，2002；余梅等，2007)。脂肪中饱和脂肪酸含量高时，皮下脂肪坚实而硬，称为硬脂肉，这样的牛肉适合进行生、熟肉的造型深加工(孟庆翔等，2005)。可使脂肪白而坚硬的饲料有大麦、燕麦、高粱、麸皮、麦糠、马铃薯、淀粉渣和颗粒化的草粉等。尤其是大麦效果较好，大麦脂肪含量低(2%)，但饱和脂肪酸含量高，而且大麦富含淀粉，可直接转变成饱和脂肪酸，饱和脂肪酸颜色洁白硬挺，屠宰后胴体脂肪硬、挺。另外大麦中叶黄素、胡萝卜素含量都较低，在后期饲喂大麦，对脂肪颜色和脂肪硬度都有极为良好的作用(宋永等，2002)。可使脂肪组织颜色加深的饲料有大豆饼(粕)、黄玉米、南瓜、红胡萝卜等(李建国等，1999)。黄玉米含较多的不饱和脂肪酸、叶黄素和胡萝卜素，易使脂肪变软、变黄，所以在高档牛肉生产的后期要谨慎使用(宋永等，2002)。

(4) 饲料油脂与牛肉品质(余梅等，2007)。与普通玉米相比，饲喂等能量的高油玉米日粮可以增加牛肉背最长肌脂肪中亚油酸、花生四烯酸和总多不饱和脂肪酸的含量，而降低其中饱和脂肪酸的含量，提高肌内脂肪的沉积，并改善牛肉的大理石纹结构。在日粮中添加亚油酸或富含亚油酸的植物油，如玉米油、豆油、向日葵油、亚麻籽油和花生油等，可以增加牛肉中 CLA 含量(孟庆翔等，2005)。

(5) 饲料因素与牛肉色泽、气味(余梅等，2007)。要使肉色不发暗，应多喂青草、马铃薯；米糠中的有效成分可防止肉牛的血红蛋白氧化，抑制胴体肌肉色泽变黑；饲料中某些不良的气味可经肠道吸收，后转入肌肉，如带辛辣味的葱类饲料等。

(6) 维生素 E 与牛肉品质(余梅等，2007)。维生素 E 具有抗氧化作用，在肉牛日粮中补充维生素 E，不仅可以提高牛肉的嫩度，改善牛肉品质，还可以延长牛肉的货架期。维生素 E 是保持肌肉完整性所必需的，日粮中缺乏维生素 E，会导致肌肉发育不良，营养不良的肌肉颜色苍白、渗水。新鲜牛肉呈鲜红色或粉红色，不新鲜的由于牛肉中的肌红蛋白和脂肪被氧化而呈暗红色或褐色。

表 3.21　屠宰体重对大理石纹等级等肉品质性状的影响

屠宰前体重/kg	统计数/头	热胴体重/kg	背部膘厚/mm	眼肌面积/cm²	背脂色/%			大理石花纹等级/%					
					白色	微黄色	黄色	1级	2级	3级	4级	5级	6级
509.57±105.43	195	292.13±67.3	4.35±3.24	118.1±24.49	30.77	53.85	15.38	0	0	0	4.34	47.83	47.83
641.00±69.93	170	368.09±41.9	10.09±7.18	128.25±18.42	29.41	50.00	20.59	0	9.09	9.09	18.18	45.46	18.18

引自蒋洪茂等，2004（山东广饶）。

表 3.22　不同饲养水平对西杂肉牛牛肉品质性状的影响

处理组	头数	肉色	大理石纹	pH值	熟肉率/%	保水率/%	剪切力/kg	眼肌面积/cm²
低饲养水平组	3	4.00±0.00	1.33±0.58a	6.02±0.09	53.91±1.89a	80.73±6.13a	8.73±0.67a	119.33±17.13a
高饲养水平组	3	3.33±0.58	2.00±0.58b	5.87±0.08	58.11±2.25b	84.81±8.85b	6.82±0.25b	187.00±19.80b

注：同列中不同字母表示差异显著（$P<0.05$）；有相同字母表示差异不显著（$P>0.05$）。西门塔尔牛♂×本地牛♀F_1杂交牛1.5岁340 kg育肥60 d后屠宰，低饲养水平为基础日粮，高饲养水平为基础日粮+1.3%体重的精料，精料由玉米50%、豆粕15%、油枯（菜籽饼—作者注）10%、麦麸20%、预混料3%、食盐/1%、海带1%组成。预试期分别注射伊维菌素、巴氏杆菌、炭疽杆菌和口蹄疫等疫苗，口服抗蠕敏驱虫，山楂健脾胃散健胃。待试验牛充分适应试验环境后开始正式试验。试验期每15 d用百毒杀喷洒消毒牛舍环境1次。每天清扫圈舍2次并及时清除牛舍中粪尿，保持牛舍干净。每周彻底清洗牛床1次，每天刷拭牛体1次。

引自李冬光等，2011（贵州惠水）。

表 3.23　不同日粮营养水平对牛肉中背最长肌的肉品质指标和肉样化学组成（%）的影响

处理	宰前活重/kg	胴体重/kg	背最长肌的肉品质指标				9～11肋骨间肌肉肉样化学组成/%		
			滴水损失/%	pH值	蒸煮损失/%	剪切力值/kg	水分	粗蛋白	粗脂肪
1组	401.6±11.6b	204.0±8.6b	7.45±2.53a	5.64±0.15a	36.60±4.32	6.80±1.66	63.67±1.07a	18.34±0.47a	16.40±1.01a
2组	491.5±43.5a	271.8±23.5a	5.04±1.59b	5.58±0.13ab	36.87±4.00	6.53±1.58	60.19±2.54b	16.13±0.58b	21.89±2.28b
3组	528.7±36.7a	300.5±27.0a	5.49±2.25b	5.56±0.11b	36.69±6.79	6.79±1.69	54.37±1.07c	16.54±1.54c	29.18±1.24c

注：同列中不同字母表示差异显著（$P<0.05$）；有相同字母表示差异不显著（$P>0.05$）。1、2、3组试验牛日粮营养水平分别为低、中、高3个水平。在不同的育肥阶段，分别喂以不同的日粮；在育肥前期，1、2、3组的日粮精粗比分别为15∶85、40∶60和60∶40；育肥后期，1、2、3组的日粮精粗比分别为20∶80、50∶50和70∶30，育肥240 d。

引自闫祥林，2003（南京农业大学博士论文）。

第4章

肉牛的日粮配合与饲料加工调制

饲料是畜牧业发展的物质基础，我国肉牛业的发展，除了需要大量的优质牧草外，为提高生产性能还需要投入一定的精饲料。营养是动物的客观要求，饲料是营养物质(养分)的载体和营养素供应途径。可以用于养牛的饲料种类很多，肉牛生产中饲料费用占饲养费用的70%～80%。为使养殖业不但能高产、高效，而且能获得优质的乳、肉，因地制宜尽量降低饲料的成本投入，减少不必要的浪费及消耗，有效地达到“两高一优一低耗”的目的。

4.1 肉牛的营养需要

肉牛的营养需要是指每头牛每天对水、能量、蛋白质、矿物质和维生素等营养物质的需要量。因牛的品种、生理机能、生产目的、体重、年龄和性别等不同，对营养物质的需要在数量和质量上都有很大的差别。肉牛在不同的生长阶段，不同的生长速度及不同的环境条件下，对各种营养物质的需求量大不相同。如能充分满足肉牛的营养需要，则可发挥最大的生产潜力。从生理活动角度将牛的营养需要分为维持和生产2个方面，维持是指维持生命活动和保持健康所需要的营养物质，生产是指生长、泌乳、产肉、使役和妊娠所需的营养物质。

4.1.1 肉牛的能量需要

肉牛要维持生命及产肉、役用等产品都要消耗能量。牛所需要的能量主要来源于饲料中的碳水化合物、脂肪和蛋白质，这些物质在机体内消化代谢过程中合成与分解，为其提供生存活动及生长发育所必需的能量。衡量肉牛的能量需要以“净能”来表示，即肉牛以净能体系来表示肉牛的能量需要和饲料的能值。

4.1.1.1 肉牛的能量体系

我国将肉牛的维持和增重所需能量统一起来采用综合净能表示，并以肉牛能量单位表示能量价值，缩写为RND(汉语拼音字首)，英文缩写为BCEU(beef cattle energy unit)。其计算公式如下：

饲料综合净能值(NEmf,MJ/kg)＝DE×[(Km×Kf×1.5)÷(Kf＋Km×0.5)]

肉牛能量单位(RND)是以1 kg中等玉米(二级饲料玉米，干物质88.4%，粗蛋白质8.6%，粗纤维2.0%，粗灰分1.4%，消化能16.40 MJ/kg干物质，Km＝0.621 4，Kf＝0.461 9，Kmf＝0.557 3，NEmf＝9.13 MJ/ kg干物质)所含的综合净能值8.08 MJ为一个肉牛能量单位，即：RND＝NEmf(MJ)÷8.08(MJ)。

4.1.1.2 **生长育肥牛的能量需要**

(1) 维持需要。我国肉牛饲养标准(2000)推荐的计算公式为：NEm(kJ)＝$322W^{0.75}$。式中，W为牛的体重(kg)。此数值适合于中立温度、舍饲、有轻微活动和无应激环境条件下使用，当气温低于12℃时，每降低1℃，维持能量消耗需增加1%。

(2) 增重需要。肉牛的能量沉积就是增重净能，其计算公式(Van Es,1978)如下：

增重净能(kJ)＝[ΔW×(2 092＋25.1 W)]÷(1－0.3×ΔW)。ΔW为日增重(kg)，W为体重(kg)。

(3) 肉牛的综合净能需要为：NEmf ＝(NEm＋NEg)×F

即 NEmf(kJ)＝{$322W^{0.75}$＋[ΔW×(2 092＋25.1 W)]÷(1－0.3×ΔW)}×F

式中，ΔW为日增重(kg)，W表示体重(kg)，F为不同体重和日增重的肉牛综合净能需要量的校正系数，见表4.1。

由于不同日增重肉牛的生产水平不同，为了与饲料综合净能值(APL＝1.5)相吻合，必须对综合净能的需要进行较正。APL为1.5时代表了中上增重水平。所以，对高于或低于1.5 APL的进行校正，可以缩小误差。另外，为了肉牛能达到预期的膘度，对不同体重肉牛的综合净能需要也进行了校正(表4.1)。

表4.1 不同体重和日增重的肉牛综合净能需要的校正系数(F)

体重/kg	日增重/kg											
	0	0.3	0.4	0.5	0.6	0.7	0.8	0.9	1.0	1.1	1.2	1.3
150～200	0.850	0.960	0.965	0.970	0.975	0.978	0.988	1.000	1.020	1.040	1.060	1.080
225	0.864	0.974	0.979	0.984	0.989	0.992	1.002	1.014	1.034	1.054	1.074	1.094
250	0.877	0.987	0.992	0.997	1.002	1.005	1.015	1.027	1.047	1.067	1.087	1.107
275	0.891	1.001	1.006	1.011	1.016	1.019	1.029	1.041	1.061	1.081	1.101	1.121
300	0.904	1.014	1.019	1.024	1.029	1.032	1.042	1.054	1.074	1.094	1.114	1.134
325	0.910	1.020	1.025	1.030	1.035	1.038	1.048	1.060	1.080	1.100	1.120	1.140
350	0.915	1.025	1.030	1.035	1.040	1.043	1.053	1.065	1.085	1.105	1.125	1.145
375	0.921	1.031	1.036	1.041	1.046	1.049	1.059	1.071	1.091	1.111	1.131	1.151
400	0.927	1.037	1.042	1.047	1.052	1.055	1.065	1.077	1.097	1.117	1.137	1.157
425	0.930	1.040	1.045	1.050	1.055	1.058	1.068	1.080	1.100	1.120	1.140	1.160

续表 4.1

体重/kg	日增重/kg											
	0	0.3	0.4	0.5	0.6	0.7	0.8	0.9	1.0	1.1	1.2	1.3
450	0.932	1.042	1.047	1.052	1.057	1.060	1.070	1.082	1.102	1.122	1.142	1.162
475	0.935	1.045	1.050	1.055	1.060	1.063	1.073	1.085	1.105	1.125	1.145	1.165
500	0.937	1.047	1.052	1.057	1.062	1.065	1.075	1.087	1.107	1.127	1.147	1.167

引自冯仰廉，2000。

4.1.1.3 **生长母牛的能量需要**

肉用生长母牛的维持净能需要也为 $322W^{0.75}$。

增重净能需要按照生长育肥牛的 110%计算。

4.1.2 肉牛的蛋白质需要

为了便于理解及应用，本书肉牛蛋白质需要按粗蛋白质体系确定需要量，反刍动物小肠蛋白质体系可参考《肉牛营养需要和饲养标准》(2000 年，中国农业大学出版社)一书。

4.1.2.1 **生长育肥牛的粗蛋白质需要量**

根据国内的饲养试验和消化代谢试验结果，维持需要的粗蛋白质(g)$=5.5W^{0.75}$。

根据氮平衡试验结果，生长牛增重的蛋白质沉积(g/d)$=\Delta W\times(168.07-0.168\,69\times W+0.000\,163\,3\times W^2)\times(1.12-0.123\,3\times\Delta W)$。

式中，ΔW 为日增重(kg)，W 为体重(kg)。生长公牛在此基础上增加 10%。

生长阉牛增重的粗蛋白质平均利用效率为 0.34，所以，生长育肥牛的粗蛋白质需要(g)$=[\Delta W(168.07-0.168\,69W+0.000\,163\,3W^2)\times(1.12-0.123\,3\,\Delta W)]\div0.34$。

式中，ΔW 为日增重(kg)，W 为体重(kg)。

生长育肥牛的粗蛋白质需要为(g)$=5.5W^{0.75}+[\Delta W(168.07-0.168\,69\,W+0.000\,163\,3W^2)\times(1.12-0.123\,3\Delta W)]\div0.34$。

4.1.2.2 **生长母牛的粗蛋白质需要量**

同生长育肥牛的粗蛋白质需要量。

维持的粗蛋白质需要(g)$=5.5W^{0.75}$。

增重的粗蛋白需要(g)$=[\Delta W(168.07-0.168\,69\,W+0.000\,163\,3W^2)\times(1.12-0.123\,3\times\Delta W)]\div0.34$。

式中，ΔW 为日增重(kg)，W 为体重(kg)。

4.1.3 矿物质需要

矿物质是构成骨骼和牙齿的主要成分，同时软组织和体液中也含有一定量的矿物质元素，参与体内各种代谢过程。牛肉中的矿物质、维生素成分约占 1%，矿物质、维生素是肉牛正常生理活动、生长发育和泌乳所必需的营养素，其缺乏会明显影响繁殖性能和生产性能，见表 4.2。舍饲肉牛如不饲喂矿物质、维生素添加剂，至少会引起 2 种微量元素缺乏，严重时可达

6种。尤其在水泥地上舍饲的肉牛更易造成矿物质、维生素营养不足。肉牛通过采食自然饲料所获得的矿物质元素与自身所需要的差别很大，一般是钙、磷、钠、钾、镁、硫不足，铁、铜、钴、碘、锰处于临界缺乏或缺乏，锌有可能不足，硒缺或不缺，采食不能满足的部分必须用微量元素预混料进行补充。当发生常量、微量矿物质或维生素缺乏时，可以引起一种或多种症状，影响肉牛的健康，造成经济损失。

肉牛对矿物质的需求量(表4.2)，一般饲料都能满足，只有个别地区土壤中缺乏某些矿物质，才引起肉牛的矿物质供不应求。

4.1.3.1 钙、磷需要

1. 钙需要

$$肉牛的钙需要量(g/d)=[0.0154\times W+0.071\times 日增重的蛋白质(g)+1.23\times 日产奶量(kg)+0.0137\times 日胎儿生长(g)]/0.5$$

2. 磷需要

$$肉牛的磷需要量(g/d)=[0.0280\times W+0.039\times 日增重的蛋白质(g)+0.95\times 日产奶量(kg)+0.0076\times 日胎儿生长(g)]/0.85$$

4.1.3.2 食盐需要

肉牛的食盐给量应占日粮干物质的0.3%～0.5%。牛饲喂青贮饲料时，所需的食盐量比饲喂干草时多；喂高粗料日粮时要比喂高精料日粮时多；喂青绿多汁饲料时要比喂枯老粗饲料时多。

表4.2 肉牛矿物质需要量及最大耐受量(以日粮干物质为基础)

矿物质	需要量/%		最大耐受量/%	矿物质	需要量/(mg/kg)		最大耐受量/(mg/kg)
	推荐量	范围			推荐量	范围	
钙	见标准	见标准	2.00	铁	50.0	50.0～100.0	1 000.0
磷	见标准	见标准	1.00	锌	30.0	20.0～40.0	500.0
钾	0.65	0.50～0.70	3.00	锰	40.0	20.0～50.0	1 000.0
钠	0.08	0.06～0.10	10.00	铜	10.0	5.0～15.0	115.0
氯	—	—	—	碘	0.5	0.2～2.00	50.0
镁	0.10	0.05～0.25	0.40	硒	0.2	0.05～0.3	2.0
硫	0.10	0.08～0.15	0.40	钴	0.1	0.07～0.11	5.0
				钼	—	—	6.0

4.1.4 维生素需要

一般情况下，成年肉牛仅需补充维生素A、维生素D和维生素E，而犊牛需要补充各种维生素。青绿饲料、酵母、胡萝卜可提供各类维生素。

(1) 维生素A(或胡萝卜素)。肉用牛维生素A需要量(数量/kg饲料干物质):生长育肥牛2 200 IU(或5.5 mg胡萝卜素);妊娠母牛为2 800 IU(或7.0 mg胡萝卜素);泌乳母牛为3 800 IU(或9.75 mg胡萝卜素)。

(2) 维生素D。肉牛的维生素D需要量为每千克饲料干物质275 IU。犊牛、生长牛和成年母牛每100 kg体重需660 IU维生素D。

(3) 维生素E。正常饲料中不缺乏维生素E。犊牛日粮中需要量为每千克干物质含25 IU,成年牛为15~16 IU。

4.1.5 肉牛对水的需要和干物质采食量

肉牛所需要的水主要来源为饮水。牛肉含水约64%,水占肉牛体重的65%左右。肉牛饮水不足,将直接影响增重;长期缺水,将危及生命。一般哺乳期肉用犊牛采食1 kg干物质需水5.4~7.4 kg;青年牛及成年牛需水量为每采食1 kg干物质需水3~3.5 kg;育肥牛在以配合饲料为主时,夏秋季节每天需水40 kg左右。

肉牛干物质进食量受体重、增重水平、饲料能量浓度、日粮类型、饲料加工、饲养方式和气候等因素的影响。干物质进食量,一般为肉牛体重的1.4%~2.7%。干物质进食量受体重、增重水平、饲料能量浓度、日粮类型、饲料加工、饲养方式和气候等因素的影响,根据国内生长育肥牛的饲养试验总结资料,日粮能量浓度在0.70至0.90 RND/kg DM的干物质进食量的参考计算公式为:

$$\mathrm{DMI}=0.062W^{0.75}+(1.529\,6+0.003\,71\,W)\times\Delta W$$

式中,ΔW为日增重(kg),$W^{0.75}$为代谢体重(kg),W为体重(kg),DMI为干物进食量(kg)。

4.1.6 肉牛的纤维需要

粗纤维是植物细胞壁的主要组成成分,包括纤维素、半纤维素、木质素及角质等成分。除了能提供能量及部分营养成分外,粗纤维还具有刺激咀嚼、胃肠蠕动、充实胃肠道和调节瘤胃微生物区系等作用,尤其对动物的咀嚼和分泌唾液的刺激作用非常重要。

当日粮中缺乏纤维或纤维缺乏有效性时,会降低动物的咀嚼时间,导致具有缓冲作用的唾液分泌量减少,从而瘤胃pH值下降。在高精料日粮条件下,常常会造成日粮纤维含量不足,肉牛长期采食高精料日粮易发生瘤胃酸中毒、蹄叶炎、肝脓肿等各种代谢疾病,降低动物的生产效率。如果日粮纤维水平过高,会导致动物热增耗增加和饲料利用率下降,影响肉牛增重。如果控制在适宜的水平,则有利于肉牛的育肥,肉牛生产中为了提供生长、育肥等各方面的能量需要,日粮的配制通常要以精饲料为主,因此要想既为动物提供较高的能量又要避免日粮的负面作用,肉牛日粮干物质粗纤维含量以不应低于17%为宜。

目前传统的粗纤维指标已为中性洗涤纤维(neutral detergent fiber,NDF)或酸性洗涤纤维(ADF)指标替代。NDF主要包括日粮中的纤维素、半纤维素及木质素,当日粮纤维主要来源于较长的粗饲料时,NDF在日粮中的含量可以很低;当日粮粗纤维主要来源于过短的粗饲料或其他非粗料成分时，NDF 在日粮中的含量必须提高。

对于饲料的 NDF 含量，现在常用的方法是范氏(Van Soest)提出的试验方法，在实验室容易操作。日粮中提供充足的 NDF 需要目的是刺激动物咀嚼活动、维持瘤胃内环境的稳定，因此其中必须有 19%的 NDF 来自粗饲料，即物理有效纤维含量才能保证动物的咀嚼活动旺盛和反刍，当日粮中粗饲料来源的 NDF 下降时，NDF 的最小需要量应当增加；当日粮粗饲料切碎程度较细时，NDF 的含量也应当增加；当粗饲料来源的 NDF 小于 19%和不饲喂 TMR 时，NDF 的最小推荐量也应当提高。

随着大量副产品的应用，使用 NDF 作为日粮纤维的指标仍然不甚可靠，因此 Menters (1997)提出了物理有效中性洗涤纤维(peNDF)的概念，peNDF 是指纤维的物理性质(主要是碎片大小)，主要是与粗饲料的长度和动物的咀嚼时间有关。饲料的 peNDF＝饲料 NDF 含量×pef(physical effectiveness factor，物理有效因子)，pef 的范围从 0(NDF 不能刺激咀嚼活动)到 1(NDF 刺激最大咀嚼活动)，饲料 peNDF 总是低于其 NDF 含量。

根据公式：peNDF＝NDF×pef 即可计算出 peNDF 值。长干草的 pef 设定为 1，粗切碎的禾本科牧草、玉米青贮和苜蓿青贮的 pef 为 0.9～0.95；细切碎的牧草的 pef 为 0.7～0.85。为了保证肉牛瘤胃 pH 维持在 pH＝6.0，日粮必须含 22% peNDF。

如一肉牛日粮由 4 kg 玉米青贮干物质和 6 kg 精料干物质组成，测定玉米青贮干物质的 NDF 为 70%，那么该日粮的 peNDF＝(70%×0.9×4.0)÷10＝25.2%；而当喂 3.5 kg 玉米青贮干物质和 6.5 kg 精料干物质，日粮的 peNDF＝(70%×0.9×3.5)÷10＝22.1%，处于临界值。

4.1.7 生长育肥牛的营养需要量

生长育肥牛的营养需要量见表 4.3。

表 4.3 生长育肥牛的营养需要

体重/kg	日增重/kg	干物质/kg	肉牛能量单位/RND	综合净能/MJ	粗蛋白质/g	钙/g	磷/g
150	0	2.66	1.46	11.76	236	5	5
	0.3	3.29	1.87	15.10	377	14	8
	0.4	3.49	1.97	15.90	421	17	9
	0.5	3.70	2.07	16.74	465	19	10
	0.6	3.91	2.19	17.66	507	22	11
	0.7	4.12	2.30	18.58	548	25	12
	0.8	4.33	2.45	19.75	589	28	13
	0.9	4.54	2.61	21.05	627	31	14
	1.0	4.75	2.80	22.64	665	34	15
	1.1	4.95	3.02	20.35	704	37	16
	1.2	5.16	3.25	26.28	739	40	16

续表 4.3

体重/kg	日增重/kg	干物质/kg	肉牛能量单位/RND	综合净能/MJ	粗蛋白质/g	钙/g	磷/g
175	0	2.98	1.63	13.18	265	6	6
	0.3	3.63	2.09	16.90	403	14	9
	0.4	3.85	2.20	17.78	447	17	9
	0.5	4.07	2.32	18.70	489	20	10
	0.6	4.29	2.44	19.71	530	23	11
	0.7	4.51	2.57	20.75	571	26	12
	0.8	4.72	2.79	22.05	609	28	13
	0.9	4.94	2.91	23.47	650	31	14
	1.0	5.16	3.12	25.23	686	34	15
	1.1	5.38	3.37	27.20	724	37	16
	1.2	5.59	3.63	29.29	759	40	17
200	0	3.30	1.80	14.56	293	7	7
	0.3	3.98	2.32	18.70	428	15	9
	0.4	4.21	2.43	19.62	472	17	10
	0.5	4.44	2.56	20.67	514	20	11
	0.6	4.66	2.69	21.76	555	23	12
	0.7	4.89	2.83	22.47	593	26	13
	0.8	5.12	3.01	24.31	631	29	14
	0.9	5.34	3.21	25.90	669	31	15
	1.0	5.57	3.45	27.82	708	34	16
	1.1	5.80	3.71	29.96	743	37	17
	1.2	6.03	4.00	32.30	778	40	17
225	0	3.60	1.87	15.10	320	7	7
	0.3	4.31	2.56	20.71	452	15	10
	0.4	4.55	2.69	21.76	494	18	11
	0.5	4.78	2.83	22.89	535	20	12
	0.6	5.02	2.98	24.10	576	23	13
	0.7	5.26	3.14	25.36	614	26	14
	0.8	5.49	3.33	26.90	652	29	14
	0.9	5.73	3.55	28.66	691	31	15
	1.0	5.96	3.81	30.79	726	34	16
	1.1	6.20	4.10	33.10	761	37	17
	1.2	6.44	4.42	35.69	796	39	18

续表 4.3

体重/kg	日增重/kg	干物质/kg	肉牛能量单位/RND	综合净能/MJ	粗蛋白质/g	钙/g	磷/g
250	0	3.90	2.20	17.78	346	8	8
	0.3	4.64	2.81	22.72	475	16	11
	0.4	4.88	2.95	23.85	517	18	12
	0.5	5.13	3.11	25.10	558	21	12
	0.6	5.37	3.27	26.44	599	23	13
	0.7	5.62	3.45	27.82	637	26	14
	0.8	5.87	3.65	29.50	672	29	15
	0.9	6.11	3.89	31.38	711	31	16
	1.0	6.36	4.18	33.72	746	34	17
	1.1	6.60	4.49	36.28	781	36	18
	1.2	6.85	4.84	39.08	814	39	18
275	0	4.19	2.40	19.37	372	9	9
	0.3	4.96	3.07	24.77	501	16	12
	0.4	5.21	3.22	25.98	543	19	12
	0.5	5.47	3.39	27.36	581	21	13
	0.6	5.72	3.57	28.79	619	24	14
	0.7	5.98	3.75	30.29	657	26	15
	0.8	6.23	3.98	32.13	696	29	16
	0.9	6.49	4.23	34.18	731	31	16
	1.0	6.74	4.55	36.74	766	34	17
	1.1	7.00	4.89	39.50	798	36	18
	1.2	7.25	5.26	42.51	834	39	19
300	0	4.47	2.60	21.00	397	10	10
	0.3	5.26	3.32	26.78	523	17	12
	0.4	5.53	3.48	28.12	565	19	13
	0.5	5.79	3.66	29.58	603	21	14
	0.6	6.06	3.86	31.13	641	24	15
	0.7	6.32	4.06	32.76	679	26	15
	0.8	6.58	4.31	34.77	715	29	16
	0.9	6.85	4.58	36.99	750	31	17
	1.0	7.11	4.92	39.71	785	34	18
	1.1	7.38	5.29	42.68	818	36	19
	1.2	7.64	5.69	45.98	850	38	19

续表 4.3

体重/kg	日增重/kg	干物质/kg	肉牛能量单位/RND	综合净能/MJ	粗蛋白质/g	钙/g	磷/g
325	0	4.75	2.78	22.43	421	11	11
	0.3	5.57	3.54	28.58	547	17	13
	0.4	5.84	3.72	30.04	586	19	14
	0.5	6.12	3.91	31.59	624	22	14
	0.6	6.39	4.12	33.26	662	24	15
	0.7	6.66	4.36	35.02	700	26	16
	0.8	6.94	4.60	37.15	736	29	17
	0.9	7.21	4.90	39.54	771	31	18
	1.0	7.49	5.25	42.43	803	33	18
	1.1	7.76	5.65	45.61	839	36	19
	1.2	8.03	6.08	49.12	868	38	20
350	0	5.02	2.95	23.85	445	12	12
	0.3	5.87	3.76	30.38	569	18	14
	0.4	6.15	3.95	31.92	607	20	14
	0.5	6.43	4.16	33.60	645	22	15
	0.6	6.72	4.38	35.40	683	24	16
	0.7	7.00	4.61	37.24	719	27	17
	0.8	7.28	4.89	39.50	757	29	17
	0.9	7.57	5.21	42.05	789	31	18
	1.0	7.85	5.59	45.15	824	33	19
	1.1	8.13	6.01	48.53	857	36	20
	1.2	8.41	6.47	52.26	889	38	20
375	0	5.28	3.13	25.27	469	12	12
	0.3	6.16	3.99	32.22	593	18	14
	0.4	6.45	4.19	33.85	631	20	15
	0.5	6.74	4.41	35.61	669	22	16
	0.6	7.03	4.65	37.53	704	25	17
	0.7	7.32	4.89	39.50	743	27	17
	0.8	7.62	5.19	41.88	778	29	18
	0.9	7.91	5.52	44.60	810	31	19
	1.0	8.20	5.93	47.87	845	33	19
	1.1	8.49	6.26	50.54	878	35	20
	1.2	8.79	6.75	54.48	907	38	20

续表 4.3

体重/kg	日增重/kg	干物质/kg	肉牛能量单位/RND	综合净能/MJ	粗蛋白质/g	钙/g	磷/g
400	0	5.55	3.31	26.74	492	13	13
	0.3	6.45	4.22	34.06	613	19	15
	0.4	6.76	4.43	35.77	651	21	16
	0.5	7.06	4.66	37.66	689	23	17
	0.6	7.36	4.91	39.66	727	25	17
	0.7	7.66	5.17	41.76	763	27	18
	0.8	7.96	5.49	44.31	798	29	19
	0.9	8.26	5.64	47.15	830	31	19
	1.0	8.56	6.27	50.63	866	33	20
	1.1	8.87	6.74	54.43	895	35	21
	1.2	9.17	7.26	58.66	927	37	21
425	0	5.80	3.48	28.08	515	14	14
	0.3	6.73	4.43	35.77	636	19	16
	0.4	7.04	4.65	37.57	674	21	17
	0.5	7.35	4.90	39.54	712	23	17
	0.6	7.66	5.16	41.67	747	25	18
	0.7	7.97	5.44	43.89	783	27	18
	0.8	8.29	5.77	46.57	818	29	19
	0.9	8.60	6.14	49.58	850	31	20
	1.0	8.91	6.59	53.22	886	33	20
	1.1	9.22	7.09	57.24	918	35	21
	1.2	9.53	7.64	61.67	947	37	22
450	0	6.06	3.63	29.33	538	15	15
	0.3	7.02	4.63	37.41	659	20	17
	0.4	7.34	4.87	39.33	697	21	17
	0.5	7.66	5.12	41.38	732	23	18
	0.6	7.98	5.40	43.60	770	25	19
	0.7	8.30	5.69	45.94	806	27	19
	0.8	8.62	6.03	48.74	841	29	20
	0.9	8.94	6.43	51.92	873	31	20
	1.0	9.26	6.90	55.77	906	33	21
	1.1	9.58	7.42	59.96	938	35	22
	1.2	9.90	8.00	64.60	967	37	22

续表 4.3

体重/kg	日增重/kg	干物质/kg	肉牛能量单位/RND	综合净能/MJ	粗蛋白质/g	钙/g	磷/g
475	0	6.31	3.79	30.63	560	16	16
	0.3	7.30	4.84	39.08	681	20	17
	0.4	7.63	5.09	41.09	719	22	18
	0.5	7.96	5.35	43.26	754	24	19
	0.6	8.29	5.64	45.61	789	25	19
	0.7	8.61	5.94	48.03	825	27	20
	0.8	8.94	6.31	51.00	860	29	20
	0.9	9.27	6.72	54.31	892	31	21
	1.0	9.60	7.22	58.32	928	33	21
	1.1	9.93	7.77	62.76	957	35	22
	1.2	10.26	8.37	67.61	989	36	23
500	0	6.56	3.95	31.92	582	16	16
	0.3	7.58	5.04	40.71	700	21	18
	0.4	7.91	5.30	42.84	738	22	19
	0.5	8.25	5.58	45.10	776	24	19
	0.6	8.59	5.88	47.53	811	26	20
	0.7	8.93	6.20	50.08	847	27	20
	0.8	9.27	6.58	53.18	882	29	21
	0.9	9.61	7.01	56.65	912	31	21
	1.0	9.94	7.53	60.88	947	33	22
	1.1	10.28	8.10	65.48	979	34	23
	1.2	10.62	8.73	70.54	1 011	36	23

注:为简化起见,小肠可消化粗蛋白质的需要量可按表中所列粗蛋白质的55%进行计算。

4.2 肉牛的日粮配合与精料配制

日粮指一头动物一昼夜所采食各种饲料的总称,通常包括青饲料、粗饲料、精饲料和添加剂饲料。在生产实践中,除了肉用种公牛采取单独配料之外,其他肉牛并不是根据肉牛的日所需要量单独地进行配制,而是将性别,年龄,体重及生理状况和生产性能相近的肉牛分群,然后根据平均体重和生产性能为每一组配合一个日粮,饲喂时根据肉牛个体间差异确定供给量。

肉牛日粮由粗料、精料和副料组成,而精料是由矿物质微量元素维生素饲料、蛋白质饲料、能量饲料(玉米、麸皮)合理搭配构成,在生产中这些原料都可以临时到市场购买,粗料和副料是根据不同区域资源和季节由养殖户有选择和贮备，合理利用粗料和副料可明显降低养殖的饲料成本，并提高肉牛的生产性能。市场上肉牛商品饲料品种很多，用户要根据本身的饲料资源情况合理选择，不同饲料产品类型在日粮中的使用比例不同，同一类型产品因肉牛不同生理阶段需要使用不同产品型号。各种产品的营养成分也有很大差异，养殖户要根据自己的矿物质饲料、蛋白质饲料、能量饲料（玉米、麸皮）合理搭配。

（1）预混料。肉牛的预混料是微量元素和维生素的复合，有些预混料还包括磷酸氢钙、小苏打、石粉、食盐等。它是一种不完全饲料，不能单独直接喂肉牛，预混料在肉牛精料中的用量一般为1%～5%。

（2）浓缩饲料。肉牛的浓缩饲料是指蛋白质饲料、矿物质饲料（钙、磷和食盐）和添加剂预混料按一定比例配制而成的均匀混合物。浓缩饲料可以直接饲喂肉牛，最好使用前要按标定含量配一定比例的能量饲料（主要是玉米、麸皮），成为精料混合料，才能取得饲养效果。

（3）精料补充料。肉牛精料补充料又称精料混合料。由于肉牛的瘤胃生理特点，精料混合料饲喂时，应另喂粗饲料和多汁饲料、副料。

4.2.1 肉牛日粮配合

日粮配制的目的是实现经济合理的饲养，用最低的成本获取最高效益。满足一定体重阶段预计日增重的营养需要，喂量可高出饲养标准的1%～2%，但不应过剩。饲料配方，指根据肉牛营养需要，生理特点，饲料营养价值，饲料原料的现状及肉牛价格等，合理地确定各种饲料的配合比例，这种比例，即肉牛饲料配方。

4.2.1.1 肉牛日粮的配合原则

根据肉牛的不同生产目的（育肥或繁殖），不同生理阶段或不同体重、不同日增重选择不同饲养标准，按照饲养标准中所规定的养分需要量配制日粮，可按照按需供给，避免养分的过多或过少，实现各种养分间的平衡，不仅可充分挖掘肉牛的生产潜力，而且可以极大地提高饲料利用率和生产效益。

（1）饲养标准是设计日粮的基本依据。饲养标准是科学试验及生产实践的高度总结，一套饲养标准包括两部分，一是营养需要表，二是与其相配套的常用饲料成分与营养价值表。

（2）清楚牛群的整体情况，包括年龄、品种、体重、生长或育肥阶段，确定投喂方式，了解肉牛的营养需要，必须按饲养标准满足不同年龄、品种、体重和不同生长或育肥阶段肉牛的营养需要，即达到一定日增重对能量、蛋白质、钙、磷、微量元素及维生素的需要量。

（3）配合日粮原料的品质和适口性要好，饲料适口性的好坏直接影响肉牛的采食量；采食量降低就达不到增加营养和日增重的目的，要根据生长阶段选择适当的精粗比例。根据牛的消化生理特点，适宜的粗饲料对肉牛健康十分必要，以干物质为基础，日粮中粗饲料比例一般在40%～60%，强度育肥期精料可高达70%～80%。

（4）充分利用当地饲料资源，饲料种类应多样化。多种饲料进行合理搭配，可以使营养得到互补，提高利用率。因地制宜，就地取材，充分利用当地农副产品，可以降低饲养成本。所选的饲料应新鲜、无污染，对畜产品质量无影响。

（5）选用优质价廉的饲料可保证最大效益。要尽量选择当地来源广、价格便宜的饲料来配合日粮，以降低饲料费用和生产成本。在制定日粮配方之前，先对当地各种饲料的价格进行比较，根据成本高低排序，尽量选用低成本的饲料（饲料原料的价格应是运输到牛场的最终价格），则可保证设计的日粮成本最低。

（6）日粮应有一定的体积和干物质含量，所用的日粮数量要使牛能全部采食，有饱感并且能满足营养需要；矿物元素是日粮的增效剂，矿物质不能替代常规饲料。只有当基础饲料较好时，才会发挥补充矿物元素的应用效果。

（7）9月龄以后肉牛日粮中使用尿素等非蛋白氮（NPN），可降低饲养成本；在配制肉牛日粮时应随时追踪科研进展，积极应用科研成果。

4.2.1.2 肉牛日粮配方制订方法

配合肉牛日粮时，可以把日粮饲料分为3类：精饲料、粗饲料、辅料。根据原则制定肉牛日粮配方的步骤为：

第一，确定肉牛生产水平、体重，确定饲养标准规定的营养需要量；

第二，确定粗饲料的饲喂量，可选如青干草、青贮料、秸秆、青草；

第三，确定副料如多汁料、糟渣类饲料的供给量；

第四，计算粗饲料、副料提供的营养素，不足部分用精料补充料满足；

第五，确定精料补充料的种类和数量，一般是用混合精料来满足能量和蛋白质需要量的不足部分；

第六，用矿物质补充饲料来平衡日粮中的钙、磷等矿物质元素的需要量。

例题，以450 kg体重日增重1.00 kg的杂交牛（西杂）为例应用肉牛饲养标准配合肉牛日粮。

1. 确定饲养标准规定的营养需要量

根据牛的品种、年龄、生产阶段和特点，查阅相关的蛋白质、能量、钙、磷等营养成分的需要量，并且还应当以本场牛的饲养管理经验作为参考。查阅饲养标准时，应当注意到牛其他各方面的情况与饲养标准要尽量一致。

如，450 kg体重日增重1.00 kg的肉牛营养需要见表4.4。

表4.4 450 kg体重日增重1.00 kg的肉牛蛋白质需要计算

项　目	需要量
维持需要小肠粗蛋白质/g	361
增重小肠粗蛋白质/g	314
粗蛋白/g	906
维持净能/MJ	31.46
增重净能/MJ	16.14
综合净能量/MJ	55.77(6.9RDN)

2. 根据肉牛粗蛋白质体系的参数配合日粮

粗蛋白质体系的特点是指标简单，计算方便，容易推广应用。

（1）计算粗饲料、副料提供营养量。450 kg体重日增重1.00 kg的肉牛可采食15 kg玉米秸秆青贮饲料（干物质23%）和5 kg白酒糟（干物质20%）。

玉米秸秆青贮饲料提供能量和蛋白质为0.08 RND/kg和14 g/kg，蛋白质的瘤胃降解率

50%;白酒糟提供能量和蛋白质为 0.15 RND/kg 和 40 g/kg,蛋白质的瘤胃降解率 40%,见表 4.5。

表 4.5　肉牛采食粗料和副料获得的营养指标

饲料	数量/kg	肉牛能量单位/RND	粗蛋白质数量/g	降解蛋白质/g	非降解蛋白质/g
玉米青贮	15.00(23%DM)	1.20	210	105	—
白酒糟	5.00(20%DM)	0.75	200	80	120
肉牛需要		6.90	906		
还差		5.0	496		

注:"—"表示可忽略,下同。

不足部分用精料满足,精料饲料原料选玉米、棉仁粕、麸皮。

(2)确定精料补充料。

①计算精料营养浓度。

肉牛干物质采食量,查表为,9.26 kg(也可以根据公式计算,DMI(kg)$=0.062W^{0.75}+(1.5296+0.00371W)\times\Delta W$。

式中,ΔW 为日增重,kg;$W^{0.75}$ 为代谢体重,kg;W 为体重,kg;DMI 为干物进食量)。

粗饲料、辅料提供,15×0.23+5×0.20=4.45(kg)干物质。

还差 9.26−4.45=4.81(kg)干物质,4.81÷0.85=5.7(kg)风干物质(精料的干物质含量为 85%)。

即 5.7 kg 风干精料,其中含有能量 5.0 RND,粗蛋白质 496 g。

每千克风干精料为 0.88 RND,粗蛋白质 87 g。

②精料配合。

1 kg 精料组成为:玉米 70%,棉仁粕 10%,麸皮 15%,矿物质部分为 5%,矿物质包括食盐 1%,小苏打 1%、磷酸氢钙 1%,石粉 1%,微量元素和维生素预混料 1%(表 4.6)。

表 4.6　每千克单一饲料原料能量和蛋白质含量,及其在精料中的用量和营养量

饲料	RND/kg	单位质量的粗蛋白质含量/(g/kg)	用量/kg	RND 量	粗蛋白质量/g
棉仁粕	0.80	350	0.10	0.080	35
玉米	1.00	70	0.70	0.700	49
麸皮	0.70	140	0.15	0.105	21
合计			0.95	0.885	105

3. 根据肉牛小肠可消化粗蛋白质体系的参数,配合日粮

小肠可消化蛋白质体系的主要要点是:反刍动物采食的蛋白质在瘤胃中要在一定程度上被瘤胃微生物降解。被降解的微生物蛋白质被称为瘤胃可降解蛋白,没有被降解的蛋白被称为瘤胃非降解蛋白。被降解的饲料蛋白质所产生的肽类、氨基酸和氨,被瘤胃微生物利用合成瘤胃微生物蛋白。饲料的非降解蛋白和微生物蛋白一起流入后部消化道,被反刍动物消化吸收。

根据小肠可消化蛋白质体系配合肉牛的日粮配方，需要了解饲料在瘤胃中的降解率和瘤胃微生物蛋白质合成量，结合各自的消化率，将饲料非降解可消化蛋白和微生物可消化蛋白加在一起，作为到达小肠的可消化蛋白质数量。

(1) 蛋白质需要可以计算。需要总小肠可消化粗蛋白质＝维持需要＋增重需要：361 g＋314 g＝675 g。

综合净能需要量：55.77 MJ(6.9 RDN)。

对于育肥阶段的肉牛，瘤胃的可发酵有机物丰富，而可降解蛋白质不足，因此瘤胃微生物蛋白质产生量由降解蛋白质量估测。

由能量估测的微生物蛋白质产量＝进食瘤胃可发酵有机物(FOM)×136＝6.9×0.45×136＝422(g)(假定进食有机物瘤胃发酵率为45%)。

合成422 g微生物蛋白质需要的降解蛋白质＝MCP÷0.9＝469(g)。

由微生物提供的小肠可消化粗蛋白质＝422×0.7＝295(g)。

还差675－295＝380(g)。

相当非降解蛋白质为380÷0.65＝585(g)。

即450 kg体重日增重1.00 kg的肉牛的能量需要为6.9 RND，降解蛋白需要469 g，非降解蛋白585 g。

(2) 计算粗饲料、副料提供营养量。450 kg体重日增重1.00 kg的肉牛可采食15 kg玉米秸秆青贮饲料(干物质23%)和5 kg白酒糟(干物质20%)。

玉米秸秆青贮饲料提供能量和蛋白质为0.08 RND/kg和14 g/kg，蛋白质的瘤胃降解率50%；白酒糟提供能量和蛋白质为0.15 RND/kg和40 g/kg，蛋白质的瘤胃降解率40%。

肉牛采食粗料和辅料获得的营养指标见表4.7。

表4.7 肉牛采食粗料和副料获得的营养指标

饲料	数量/kg	肉牛能量单位/RND	粗蛋白质数量/g	降解蛋白质/g	非降解蛋白质/g
玉米青贮	15.00(23%DM)	1.20	210	105	—
白酒糟	5.00(20%DM)	0.75	200	80	120
肉牛需要		6.90	906	469	585
还差		5.0	496	284	465

不足部分用精料满足，精料饲料原料选玉米、棉仁粕、麸皮，其营养成分见表4.8。

(3) 确定精料补充料。

①计算精料营养浓度。

肉牛干物质采食量，查表为9.26 kg。

粗饲料、副料提供，15×0.23＋5×0.20＝4.45(kg)干物质。

还差9.26－4.45＝4.81(kg)干物质，4.81÷0.85＝5.7(kg)风干物质。

即5.7 kg风干精料，其中含有能量5.0 RND，降解蛋白质284 g，非降解蛋白质465 g。

每千克风干精料为0.88 RND，降解蛋白质50 g，非降解蛋白质82 g，粗蛋白质132 g。

表 4.8 每千克单一饲料原料能量和蛋白质含量,及其用量和营养量

饲料	RND/kg	粗蛋白质/(g/kg)	蛋白质降解率	用量/kg	RND 量	粗蛋白质/g	降解蛋白质/g	非降解蛋白质/g
棉仁粕	0.80	350	35%	0.25	0.200	87	30	57
玉米	1.00	70	45%	0.65	0.650	45	20	25
麸皮	0.70	140	70%	0.05	0.035	7	5	2
合计				0.95	0.885	139	55	84

②精料配合。

1 kg 精料组成为:玉米 65%,棉粕 25%,麸皮 5%,矿物质部分为 5%,矿物质包括食盐 1%,小苏打%、磷酸氢钙 1%,石粉 1%,微量元素和维生素预混料 1%。

4.2.1.3 精料补充料配方的配制方法

设计肉牛精料补充量的根本出发点,是在最大限度利用粗饲料及各类副产品的前提下,对照营养需要量,根据养分的余缺制订精料配方和喂量。配方计算技术是近代应用数学与动物营养学相结合的产物,是实现饲料合理搭配的先进手段。精料补充饲料配方的计算方法有试差法、方形对角线法和计算机软件计算法。

1. *试差法*

试差法又称凑数法,它是以饲养标准的营养需要量为基础,根据经验初步拟出日粮各种组分的配比,以各种组分的各个营养素含量之和,分别与饲养标准的各个营养素的需要量相比较,出现的差额再用调整日粮配比的方法,直到满足营养需要量。

用试差法设计饲料配方,需要有一定的经验,同时适合饲料原料品种较少,设计时对各种饲料营养素含量特点有所了解。

现为体重 250 kg,日增重 0.8 kg 的生长育肥牛配合精料配方,现有精料原料为玉米、麸皮、豆粕、矿物质饲料,使用粗饲料为玉米秸秆青贮饲料。

第一步,根据给定条件查出主要营养素需要,查表 4.3,该生长牛需要干物质(DMI)5.87 kg,肉牛能量 3.7 RND,粗蛋白质 672 g,钙 29 g,磷 15 g。查我国《肉牛饲养标准》,知道饲料原料的营养含量(最好能实测),同时测定玉米秸秆青贮饲料干物质含量 25%,营养成分如表 4.9 所示。

表 4.9 饲料原料的营养素含量

饲料	能量/(RND/kg)	粗蛋白质/(g/kg)	钙/(g/kg)	磷/(g/kg)
豆粕	0.90	450	3.2	6.0
玉米	1.00	70	0.8	2.1
麸皮	0.70	140	1.4	5.4
玉米秸秆青贮饲料	0.08	8		

第二步,计算粗饲料提供营养量,250 kg 体重日增重 0.8 kg 的生长牛可采食 10 kg 玉米秸秆青贮饲料(干物质 25%),即粗饲料干物质为 2.5 kg,如表 4.10 所示。

表 4.10 肉牛采食粗料和副料获得的营养物质量

饲料	DMI/kg	能量/RND	粗蛋白质/g	钙/g	磷/g
玉米青贮	2.5	0.8	80	—	—
肉牛需要	5.87	3.7	672	29	15
还差	3.37	2.9	592	29	15

不足部分用精料满足，精料营养浓度是 0.86 RND/kg，CP176 g/kg，钙 8.6 g/kg，4.5 g/kg，换算为风干物质（按干物质 94%），则风干精料营养浓度是 0.92 RND/kg，187 g/kg，钙 9.1 g/kg，4.7 g/kg。即为要配合的精料补充料的营养含量。

第三步，根据经验先列出精料配方并分项目计算出各种指标（如能量、粗蛋白、钙、磷等），如表 4.11 所示。

表 4.11 各种精料原料用量及营养素的计算

饲料	用量/kg	能量/(RND/kg)	粗蛋白质/(g/kg)	钙/(g/kg)	磷/(g/kg)
豆粕	0.3	0.3×0.90=0.27	0.3×450=135	0.3×3.2=0.96	0.3×6.0=1.80
玉米	0.6	0.6×1.00=0.6	0.6×70=42	0.6×0.8=0.48	0.6×2.1=1.26
麸皮	0.05	0.05×0.70=0.04	0.05×140= 7	0.05×1.4=0.07	0.05×5.4=0.27
矿物质	0.05	—	—	—	—
合计	1.00	0.91	184	1.51	3.33
要求		0.92	187	9.1	4.7
相差		−0.01	−3	−7.6	−1.4

第四步，检查第三步计算结果，并和需要对比，并对相应的成分进行调整，以达到营养需要。

钙磷的调整，已知磷酸氢钙的钙磷含量为 22%和 18%，碳酸钙（石粉）含钙 30%，1.1 g 磷需要磷酸氢钙为 1.1÷0.18=6.1 g，按 10 g 计算即 1%，需要添加碳酸钙为(7.6−10×0.22)÷0.3=18(g)，即为 2%。

其他原料的调整，减少麸皮用量，分别增加玉米和豆粕，如表 4.12 所示。

表 4.12 调整各种精料原料用量及营养素的计算

饲料	用量	能量/(RND/kg)	粗蛋白质/(g/kg)	钙/(g/kg)	磷/(g/kg)
豆粕	0.31	0.31×0.90=0.28	0.31×450=140	0.31×3.2=0.99	0.31×6.0=1.86
玉米	0.61	0.61×1.00=0.61	0.61×70=43	0.61×0.8=0.49	0.61×2.1=1.28
麸皮	0.03	0.03×0.70=0.02	0.03×140=4	0.03×1.4=0.04	0.03×5.4=0.16
磷酸氢钙	0.01	—	—	0.01×220=2.20	0.01×180=1.80
碳酸钙	0.02	—	—	0.02×300=6.00	—
矿物质	0.02	—	—	—	—
合计	1.00	0.91	187	9.72	5.1
需要要求		0.92	187	9.1	4.7
相差		−0.01	0	+0.62	+0.4

第五步，配方的确定。微量元素维生素预混料一般要市场采购，其主要载体为碳酸钙，添加比例多为1%，5%。按采购1%的微量元素维生素预混料，这样5%的矿物质部分可分别为1%微量元素维生素预混料、1%磷酸氢钙、1%碳酸钙、1%食盐、1%小苏打。如购买了5%微量元素维生素预混料，可以不需要在配方中额外添加矿物质部分，有条件也可以添加特殊矿物质如氧化镁、硫酸镁、硫酸钠等，可按说明要求添加。

本例题精料的配方为61%玉米，31%豆粕，3%麸皮，1%微量元素维生素预混料，1%磷酸氢钙，1%碳酸钙，1%食盐，1%小苏打，营养指标为能量0.91 RND，粗蛋白质18.7%，钙0.97%，磷0.51%。

2. 方形对角线法

方形对角线法的优点是简单易行，尤其是当仅有能量饲料如玉米和一种蛋白质饲料如棉仁粕时很方便，但饲料品种较多时尤其是能量饲料有2种以上时就繁琐了。其方法是先画一个长方形的对角线，先将补充料中需要的营养要求，例如蛋白质百分数写于方形的中央，把拟选用的蛋白质饲料（或浓缩料）的蛋白质百分数写于方形的左上角，再把补充料中拟选用的能量饲料（如玉米）的蛋白质百分数写在方形的左下角。用中央的数和左上角、左下角的数字之差（计算时不分正负号）写在右下角和右上角。即：左上角和中央数字之差写在右下角，左下角和中央数字之差写在右上角；右上角的数字就表示配合饲料中需要的蛋白质饲料的份数，右下角的数字就表示配合饲料中需要的能量饲料的份数。现举例如下。

例①：给400 kg体重的育肥牛（无补偿生长）设计育肥期精料补充饲料的配方。补充料要求粗蛋白质水平为15%。蛋白质饲料为棉仁粕（含粗蛋白质40.0%），能量饲料为玉米（含粗蛋白质为7.0%）。计算方法如下。

第一步，画一个正方形，将玉米和棉仁粕的粗蛋白质含量写在左边两个角上，将所要求日粮精料的粗蛋白质水平写在正方形的中间。

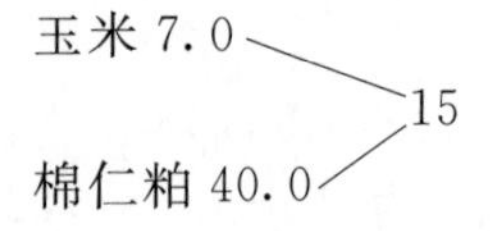

第二步，确定原料的份数，把需要原料的份数写在正方形的右角。

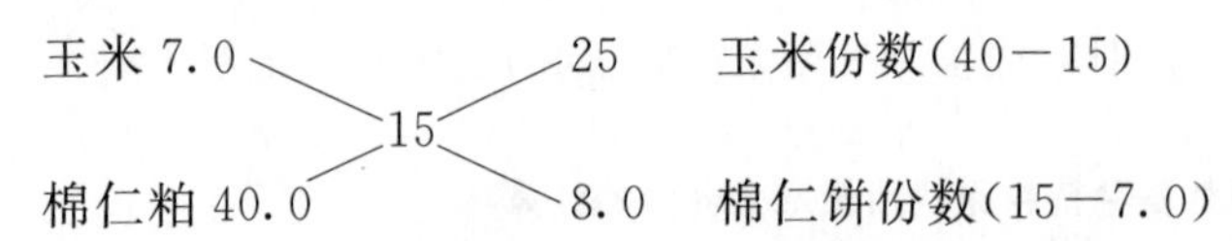

左上角数和中央数之差为25.0，代表配合饲料中玉米的份数。

左下角数和中央数之差为8.0，代表配合饲料中棉仁粕的份数。

但是在实际喂牛时，将8.0份和25.0份直接用于补充饲料的配合，计算不方便，而要把这2种份额折算成百分数。将8.0和25.0换算成为百分数时，则棉仁粕在补充饲料中占有24.2%[8.0÷(8.0+25.0)×100%]，玉米在补充饲料中占有75.8%[25.0÷(8.0+25.0)×100%]。用24.2%的棉仁粕和75.8%的玉米配制的配合精料，其蛋白质水平即为15%，达到设计要求。

第三步，应用时的微调，即增加矿物质。在应用此法时要注意，还要补充矿物质、维生素、缓冲剂等，一般要占5%～6%的比例，因此要提高棉仁粕的比例（约提高6%×15%÷40%＝2.25%，按2%计），减少玉米的比例（约降低6%+2%＝8%）以加入矿物质部分，如棉仁粕、玉米、矿物质的比例分别为26%、68%、6%，补充饲料的蛋白质约为15.1%（=26%×40%+68%×7%）。矿物质的比例组成为小苏打1%、食盐1%、磷酸氢钙2%、矿物质维生素预混料1%。

因此，由68%的玉米、26%的棉仁饼、6%矿物质，即可为400 kg育肥肉牛配合粗蛋白质含量为15%的精料补充料。

例②：现有玉米、小麦麸和棉籽粕3种原料，3种原料的粗蛋白质含量分别为7%、14%和35%，3种原料的综合净能含量分别为1.00 RND/kg、0.73 RND/kg和0.84 RND/kg。现需要为体重450 kg的育肥牛配合粗蛋白质含量为12%、综合净能为0.90 RND/kg的肉牛精料混合料。

精料补充料的配合需要分3步进行。

第一步，首先配合玉米与棉籽粕混合料A，其蛋白质为12%：

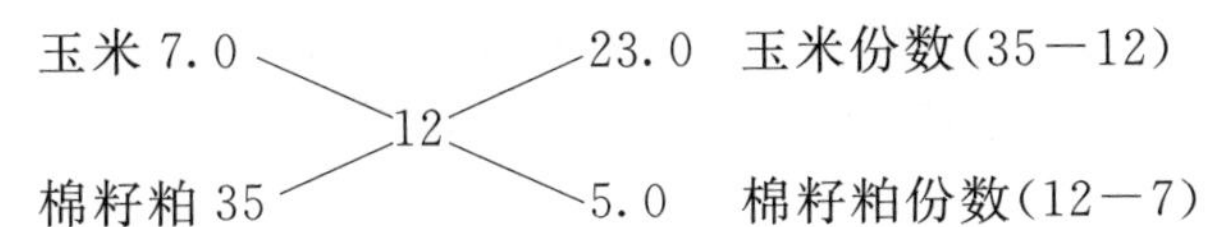

需要玉米的份数为23÷(23+5)×100%=82.1%；

需要棉籽粕的份数为5÷(23+5)×100%=17.9%。

则玉米提供的综合净能为：82.1%×1.00=0.82(RND/kg)；

棉籽粕提供的综合净能为：17.9%×0.84=0.15(RND/kg)。

玉米和棉籽粕混合料(混合料A)的综合净能含量为：0.82+0.15=0.97(RND/kg)。

第二步，配合小麦麸和玉米混合料B，其蛋白质为12%：

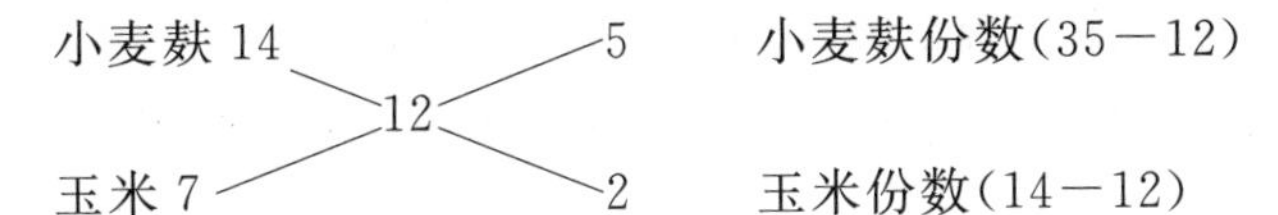

需要小麦麸的份数为：5÷(5+2)×100%=71.4%；

需要玉米的份数为：2÷(5+2)×100%=28.6%。

小麦麸提供的综合净能为：71.4%×0.73=0.521(RND/kg)；

玉米提供的综合净能为：28.6%×1.00=0.286(RND/kg)。

则小麦麸和玉米混合料(混合料B)的综合净能含量为：0.521+0.286=0.81(RND/kg)。

第三步，以综合净能为指标，配合混合料，其能量为0.90 RND/kg：

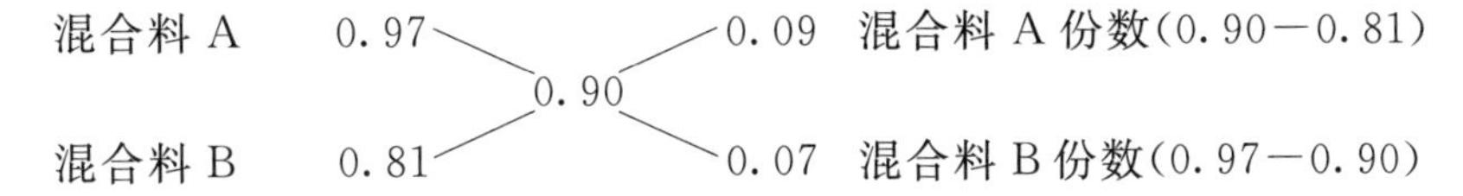

需要混合料A的份数为0.09；

需要混合料B的份数为0.07。

混合料A在最后的配合料中所占的百分比为：0.09÷(0.09+0.07)×100%=56.3%；

混合料B在最后的配合料中所占的百分比为：0.07÷(0.09+0.07)×100%=43.7%。

玉米、棉籽粕和小麦麸3种原料在最后的混合料中所占的百分比为：

玉米56.3%×82.1%+43.7%×28.6%=58.7%；

小麦麸43.7%×71.4%=31.2%；

棉籽粕 56.3%×17.9%=10.1%(或 100%-31.2%-58.7%)。

这是以玉米、小麦麸和棉籽粕为原料配合的粗蛋白质含量为 12%、综合净能为 0.90 RND/kg 的肉牛精料混合料。

第四步,在应用时要加入矿物质等,按 6%添加,可以占用小麦麸的比例,而矿物质中不含能量和蛋白质,因此需要增加玉米和棉籽粕比例,棉籽粕增加比例 4.5%((6%×12%+6%×14%)÷35%=4.5%),玉米增加比例为 6.0%(6%×0.90+4.5%×(0.84-0.73)÷1.00),因此精料的配方为:

玉米 58.7%+6.0%=64.7%;

棉籽粕 10.1%+4.5%=14.6%;

小麦麸 31.2%-6.0%-6.0%-4.5%=14.7%;

矿物质等 6%;

精料的蛋白质含量为 64.7%×7%+14.6%×35%+14.7%×14%=11.7%;

精料的综合净能含量为 64.7%×1.00+14.6%×0.84+14.7%×0.73=0.88。

能量和蛋白质稍低,这样配方可以调整为:

玉米 67%;

棉籽粕 17%;

小麦麸 10%;

矿物质等 6%(组成为小苏打 1%、食盐 1%、磷酸氢钙 1.5%、石粉 1.5%、矿物质维生素预混料 1%)。

例③:有现有玉米、棉籽粕和玉米酒精蛋白(DDGS)3 种原料,3 种原料的粗蛋白质含量分别为 7.0%、35%和 20%,3 种原料的综合净能含量分别为 1.00 RND/kg、0.84 RND/kg 和 0.73 RND/kg。现需要配合粗蛋白质含量为 15%、综合净能为 0.89 RND/kg 的肉牛精料混合料。

可以先配合一蛋白质浓缩料,蛋白质为 30%,再由蛋白质浓缩料与玉米组成一混合精料补充料。

第一步,首先配合棉籽粕和玉米酒精蛋白(DDGS)的蛋白质浓缩料 30%,A:

DDGS 20.0　　　　5.0　DDGS 份数(35-30)

　　　　30

棉籽粕 35.0　　　　10.0　棉籽粕份数(30-20)

需要 DDGS 的比例为 5.0÷(10+5)×100%=33.3%;

需要棉籽粕的比例为 10.0÷(10+5)×100%=66.7%。

第二步,用浓缩料和玉米配合精料蛋白质为 15%的精料。

玉米 7.0　　　　15.0　玉米份数(30-12)

　　　　15

浓缩料 30　　　　8.0　浓缩料份数(12-7)

需要玉米的比例为 15÷(15+8)×100%=65.2%;

需要浓缩料的比例为 8÷(15+8)×100%=34.8%。

这样:

需要 DDGS 的比例为 34.8%×33.3%=11.6%;

需要棉籽粕的比例为 34.8%×66.7%=23.2%。

第三步，在应用时要加入矿物质等，按 5%添加，可以占用玉米的比例，而矿物质中不含蛋白质和能量，因此需要增加蛋白质饲料的比例（拟增加 DDGS 比例，即 3%），因此精料的配方为

玉米 65.2%−5%−3%=57.2%；

棉籽粕 23.2%；

DDGS 11.6%+3%=14.6%；

矿物质等 5%；

精料的蛋白质含量为 57.2%×7%+23.2%×35%+14.6%×20%=15.0%。

如果 DDGS 价格合算，可以提高比例，则可如下配合：

可以先配合一蛋白质浓缩料，蛋白质为 25%，后由蛋白质浓缩料与玉米组成一混合精料补充料。

第一步，首先配合棉籽粕和玉米酒精蛋白（DDGS）的蛋白质浓缩料 25%。

DDGS 20.0　　　　10.0　DDGS 份数（35−25）

　　　　25

棉籽粕 35.0　　　　5.0　棉籽粕份数（25−20）

需要 DDGS 的比例为 10.0÷(10+5)×100%=66.7%；

需要棉籽粕的比例为 5.0÷(10+5)×100%=33.3%。

第二步，用浓缩料和玉米配合精料蛋白质为 15%的精料。

玉米 7.0　　　　10.0　玉米份数（25−15）

　　　　15

浓缩料 25　　　　8.0　浓缩料份数（15−7）

需要玉米的比例为 10÷(10+8)×100%=55.6%；

需要浓缩料的比例为 8÷(10+8)×100%=44.4%。

这样，

需要 DDGS 的比例为 44.4%×66.7%=29.6%；

需要棉籽粕的比例为 44.4%×33.3%=14.8%。

第三步，在应用时要加入矿物质等，按 5%添加，可以占用 DDGS 的比例，而矿物质中不含蛋白质和能量，因此需要增加蛋白质饲料的比例（拟增加棉籽粕比例，即 4%），因此精料的配方为

玉米 55.6%；

棉籽粕 14.8%+4%=18.8%；

DDGS 29.6−5%−4%=20.6%；

矿物质等 5%。

为了方便，可调整为

玉米 55%；

棉籽粕 19%；

DDGS 21%；

矿物质等 5%；

精料的蛋白质含量为 55％×7％＋19％×35％＋21％×20％＝14.7％。

3. 计算机软件计算法

试差法、方形对角线法仅适用于牛场的饲料原料较少时，且计算麻烦；为了降低养殖成本和广泛应用地方饲料资源，丰富养牛的饲料，生产上就要使用多种原料，如粗饲料可以是干草、秸秆、青贮等，还有副料如糟渣类、多汁类，精料的原料品种更多如干酒槽、不同玉米加工副产品、各种饼(粕)类等，上述两方法显得无能了，这就需要借助电子计算机和有关的饲料配方软件来计算，同时筛选出最佳饲料配方。目前较大规模养殖企业多数采用计算机计算配方，最好计算出来后，再请专业科技人员结合本场生产实际情况进行必要的修改或调整，以达到用最低成本获得最高效益的目的。

4.2.2 肉牛育肥典型日粮的精料配方实例

各育肥类型的牛依体重和生长特点分阶段对精料种类和数量作相应调整。育肥初期的小牛，蛋白质饲料比例稍高，育肥后期相应降低。能量饲料相反，前期较低，育肥后期逐渐提高。育肥肉牛包括幼龄牛、成年牛和老残牛，育肥的目的是科学应用饲料和管理技术，以尽可能少的饲料消耗获得尽可能高的日增重，提高出栏率，生产出大量优质牛肉。

4.2.2.1 持续育肥日粮要求

强度育肥，12 月龄左右出栏。选择良种牛或其改良牛，在犊牛阶段采取较合理的饲养，使日增重达 0.8～0.9 kg，180 日龄体重超过 200 kg 后，按日增重大于 1.2 kg 配制日粮，12 月龄体重达 450 kg 左右，上等膘时出栏。黄应祥(1998)用 6 月龄断奶的晋南牛公牛进行了 182 d 强度育肥试验。氨化秸秆自由采食。150～250 kg 体重阶段为每日每头补苜蓿干草 0.5 kg，精料 3.1～3.7 kg(其中玉米 65.3％，菜籽饼 16％，麸皮 16％，磷酸氢钙 1.2％，食盐 1％，小苏打 0.5％)。250～400 kg 体重阶段为每日每头补喂苜蓿干草 0.8 kg，精料 4～5 kg(其中玉米 70％，菜籽饼 9％，麸皮 18％，磷酸氢钙 1.5％，食盐 1％，小苏打 0.5％)。

18 月龄出栏。杂交肉牛 7 月龄体重 150 kg，开始育肥至 18 月龄出栏，体重达到 500 kg 以上，平均日增重 1 kg。精料营养水平(每千克含量)：7～10 月龄肉牛能量单位 0.84，粗蛋白质 201.3 g，钙 7.5 g，磷 5.6 g；11～14 月龄肉牛能量单位 0.88，粗蛋白质 171.9 g，钙 7.2 g，磷 4.6 g；15～18 月龄肉牛能量单位 0.92，粗蛋白质 149 g，钙 3.2 g，磷 4 g。

4.2.2.2 架子牛育肥日粮要求

青贮玉米秸类型日粮典型配方营养要求。育肥全程采取日粮精料高比例玉米，精料中可占 70％以上，精料营养水平(每千克含量)达到肉牛能量单位 0.8，粗蛋白质 140 g，钙 7 g，磷 4.5 g，日粮中注意补充小苏打等瘤胃缓冲剂。

干玉米秸类型日粮配方。农区有大量的作物秸秆，是廉价的饲料资源。但秸秆的粗蛋白质、矿物质、维生素含量低。对干玉米秸类型日粮进行合理营养调控，可改善饲料养分利用率。育肥全程采取日粮精料高比例玉米，精料中可占 75％以上，精料营养水平(每千克含量)达到肉牛能量单位 0.85，粗蛋白质 150 g，钙 7 g，磷 4.5 g，日粮中注意补充小苏打等瘤胃缓冲剂及微量元素预混料。

6～12 月龄小架子牛的日粮精料配方玉米 50％，麸皮 15％，蛋白质补充料 35％。其中蛋白质补充料的组成为：棉籽粕 15％，豆粕 28％，葵花籽饼 14％，酒精糟 25％，磷酸氢钙 5.5％，食盐2.8%,肉牛补饲预混料1.7%,玉米8%。

育肥肉牛(1.0～1.5岁或以上)日粮的精料配方,玉米55%,麸皮15%,蛋白质补充料30%。

其中蛋白质补充料的组成为:棉籽粕47%,葵花籽饼17%,酒糟20%,磷酸氢钙3%,食盐4%,贝壳粉(或石粉)1%,小苏打3%,肉牛育肥预混料5%。

育肥肉牛(1.5～2.0岁或以上)日粮的精料配方,玉米60%,麸皮15%,蛋白质补充料25%。其中蛋白质补充料的组成为:棉籽粕44%,葵花籽饼20%,酒糟16%,磷酸氢钙4%,食盐4%,贝壳粉(或石粉)3.6%,小苏打4%,肉牛育肥预混料4.4%。

4.3 肉牛常用的饲料与加工调制技术

牛常用的饲料主要有植物性饲料、矿物质饲料、特殊性饲料、动物性饲料4大类型。以植物性饲料为基本饲料;矿物质饲料、特殊性饲料都是牛的补充饲料。

养牛生产上常用的动物性饲料主要有奶及奶制品等,主要用于培育犊牛及补充犊牛料中的蛋白质;应用较多的矿物质饲料是食盐、石粉、贝壳粉、小苏打、磷酸氢钙等,主要补充混合精料中的矿物质;而特殊饲料是为了补充日粮中某些营养物质的缺乏,有的是为了强化日粮的生产效用,有的是为了调整体内代谢,主要有微生物饲料、抗生素饲料、尿素和过瘤胃养分饲料等。

植物性饲料是来源最丰富、利用最广泛的一类饲料,用于牛的植物性饲料有青绿饲料、粗饲料、多汁饲料、精饲料等。牛可利用的粗饲料主要有各种作物秸秆饲料,如玉米秸、麦秸、稻草、花生蔓等;这类饲料体积大,纤维含量高,可消化养分少,营养价值低;多数经加工调制后,可作为粗饲料或枯草季节的补充料(填饱肚子),产生饱腹感。

饲料的营养价值,不仅取决于饲料本身,而且还受饲料加工调制和贮存管理的影响。科学的加工调制不仅可改善适口性,提高采食量、营养价值及饲料利用率,并且还是提高养牛经济效益的有效技术手段。

4.3.1 青绿饲料

青绿饲料是指天然水分含量较大的植物性饲料,以其富含叶绿素而得名。包括天然草地牧草、栽培牧草、田间杂草、幼枝嫩叶、水生植物及菜叶瓜藤类饲料等。常见的青绿饲料有天然牧草(野草)、栽培牧草(主要有苜蓿、三叶草、草木樨、紫云英、黑麦草、苏丹草、青饲玉米等)、树叶类饲料(槐树、榆树、杨树等的树叶)、叶菜类饲料(苦荬菜、聚合草、甘蓝等)、水生饲料(水浮莲、水葫芦、水花生、绿萍等)。青绿饲料具有来源广、成本低、采集方便、加工简单、营养较全面等优点,其重要性甚至大于精、粗饲料。

青绿饲料是处于青绿状态的饲料,中国的青绿饲料资源很丰富,有4亿hm^2草地和果实收获后的鲜秸秆及广泛的山区或平原的闲散青绿饲料植物。处于青绿状态的饲料,特点是含水率较高,通常在80%以上,青绿饲料的粗纤维含量介于精饲料与粗饲料之间。

铡短和切碎是青绿饲料最简单的加工方法,一般青绿饲料可以铡成3 cm长的短草,加工后不仅便于牛咀嚼、吞咽，还能减少饲料的浪费。青绿饲料的利用方法有：

(1) 放牧。青绿饲料是牛放牧的优良草料，是蛋白质和维生素的良好来源。青绿饲料幼嫩时不耐践踏，放牧会影响其生长发育，因此不宜过早放牧。青草地雨后或有露水时，要根据青草的种类和具体情况决定是否放牧，以防草地破坏或由豆科牧草导致臌胀病的发生。应注意每次放牧时间不宜过长。

(2) 青饲。青饲费工较多，成本高，但可避免放牧时的践踏、粪尿污染和干燥贮存时养分的损失。与放牧一样，青饲可使牛采食到新鲜幼嫩的饲草，与干草和青贮相比可提高增重、增加产乳量，生物效价高。青饲时，青绿饲料的收割和利用时间应根据各种青绿饲料的适宜刈割期来确定。一般豆科牧草在盛花期收割，禾本科牧草在蜡熟期收割，单位面积产量高，营养价值也较好。青绿饲料饲喂量应根据青绿饲料的营养价值、牛的生长阶段等灵活掌握。在不影响牛生长、生产性能的基础上，尽量增加喂量，以节省精料、降低生产成本。饲喂方法根据具体情况选择，可以整株饲喂，也可经切短、粉碎和揉碎等方法处理再饲用。

(3) 调制干草。调制干草的方法有自然干燥法、人工干燥法、人工化学干燥法和机械干燥法，干草的饲用价值受调制方法或调制技术水平的影响。自然条件下晒制的干草，干物质损失率达到 10%～30%，可消化养分损失达到 50%以上；人工快速干燥的干草，养分损失不到 5%，对消化率几乎无影响。

(4) 调制青贮饲料。青贮是青绿饲料在密封条件下，经过物理、化学和微生物等因素的相互作用后，在相当长的时间内仍能保持其质量相对不变的一种保鲜技术。能有效保持青绿饲料的营养品质，养分损失较少。一般禾本科青绿饲料含糖量高，容易青贮；豆科牧草含糖量低，含蛋白质高，易发生酪酸发酵，使青贮料腐败变质，较难制作青贮；但作为优良的牧草资源，进行豆科青绿饲料的青贮调制对养牛业的发展有着重要的实践意义；因此，豆科牧草在青贮时可使用青贮添加剂或与含糖量较多的饲料混合青贮。

(5) 打成草捆。草捆是应用较为广泛的草产品，其他草产品基本上都是在草捆的基础上进一步加工而来的。草捆的加工工艺简单，成本低，主要通过自然干燥法使青绿饲料脱水干燥，然后打捆。

(6) 生产草粉和草颗粒。草粉是将适时刈割的青绿饲料经快速干燥粉碎而成的青绿状草产品。目前，许多国家都把青草粉作为重要的蛋白质、维生素饲料来源。青草粉加工业已逐渐形成一种产业，称为青绿饲料脱水工业，就是把优质牧草经人工快速干燥后，粉碎成草粉或者再加工成草颗粒，或者切成碎段后压制成草块、草饼等。草粉可以使用于牛的配合饲料，使用量一般为 10%～15%。

(7) 生产叶蛋白饲料。叶蛋白或称植物浓缩蛋白、绿色蛋白浓缩物，它是以新鲜牧草或青绿饲料作物茎叶为原料，经磨碎、压榨分离后所取得高质量的蛋白质浓缩物(简称 LPC)。叶蛋白饲料相对于青绿饲料而言纤维素含量低，不会因冲淡日粮的能量浓度而降低生产性能，蛋白质利用率高。发展叶蛋白加工工业已成为解决蛋白质饲料供给不足的主要措施之一。

4.3.2 粗饲料

干物质中粗纤维含量在 18%以上的饲料均属粗饲料。包括青干草、秸秆及秕壳等。

4.3.2.1 **干草**

干草是青绿饲料在尚未结籽时刈割，经过日晒或人工干燥制成的，优质干草叶多，适口性好，胡萝卜素、维生素D、维生素E含量丰富。不同种类的牧草质量不同，禾本科干草粗蛋白质含量为7%～13%，豆科干草为10%～21%，粗纤维含量为20%～30%，所含可利用能量为玉米的30%～60%。

调制干草的牧草应适时收割，刈割时间过早水分多，不易晒干；过晚营养价值降低。禾本科草类在抽穗期，豆科草类在孕蕾及初花期刈割为好。制作青干草时应尽量缩短干燥时间，保证均匀一致，减少营养物质损失，另外，在干燥过程中尽可能减少机械、雨淋等损失。

(1) 干草的饲喂方法。干草的饲喂方法有自由采食或限量饲喂。在自由采食时，牛对同样质量的干草颗粒或草块的采食量高于长草或切短的草；限量饲喂多见于将精饲料和粗饲料按供给量人工饲喂或采用全混合日粮(TMR)的情况。如果数量充足，给牛饲喂禾本科干草的数量可以不受限制。对于豆科干草来说，采食数量应逐步提高，否则，易引起臌胀。单独饲喂干草时，其进食量为肉牛体重的1.5%～2.0%，干草质量越好，进食量越高，干草尽量与一定的精饲料搭配饲喂。

(2) 干草贮存与管理。调制好的青干草应及时妥善收藏保存，以免引起青干草发酵、发热、发霉变质，降低其饲用价值。具体收藏方法可因具体情况和需要而定，但不论采用什么方法贮藏，都应尽量缩小与空气的接触面，减少日晒雨淋等影响(图4.1a,b)。干草贮藏库应建在牛群饲养相对集中的区域。选择向阳、背风、干燥、平坦、管理方便、便于运输的地段，与周围建筑物应保持20 m以上距离。为降低运输费用及减小贮藏库面积，干草应先进行打捆处理。青干草的贮藏可临时露天堆垛或建造干草棚或青干草专用贮存仓库，避免日晒雨淋。堆垛时干草和棚顶应保持一定距离，有利于通风散热。为了保证垛藏青干草的品质和避免损失，对贮藏的青干草要指定专人负责检查和管理，应注意防水、防潮、防霉、防火、防人为破坏，更要注意防止啮齿类动物的破坏和污染。堆垛初期，定期检查，如发现棚顶有漏缝，应及时加以修补，当垛内的发酵温度超过45～55℃时，应及时采取散热措施，否则干草会被毁坏，或有可能发生自燃着火。散热办法是用一根粗细和长短适当的直木棍，末端削尖，在草垛适当部位打几个通风眼，使草垛内部降温。

4.3.2.2 **秸秆**

农作物收获籽实后的茎秆、叶片等统称为秸秆。秸秆中粗纤维含量高，可达30%～45%，其中木质素多，一般为6%～12%。单独饲喂秸秆时，难以满足牛对能量和蛋白质的需要。秸秆中无氮浸出物含量低，此外还缺乏一些必需的微量元素和维生素，并且利用率很低。

(1) 玉米秸。玉米秸粗蛋白质含量为3%～6%，粗纤维为25%左右。同一株玉米秸的营养价值，上部比下部高，叶片较茎秆高。玉米穗苞叶和玉米芯营养价值很低。

(2) 麦秸。营养价值低于玉米秸。其中木质素含量很高，可利用能量低，消化率低，适口性差，是质量较差的粗饲料。小麦秸蛋白质含量低于大麦秸，春小麦秸比冬小麦秸好，燕麦秸的饲用价值较高。该类饲料不经处理，对牛没有多大营养价值。

(3) 稻草。是我国南方地区的主要粗饲料来源。粗蛋白质含量为2.6%～3.2%，粗纤维21%～33%。可利用能值低于玉米秸、谷草，优于小麦秸。灰分含量高，主要是不可利用的硅酸盐，而钙、磷含量均低。

(4) 谷草。质地柔软，营养价值较麦秸、稻草高。

(5) 豆秸。指豆科秸秆,大豆秸木质素含量高达为20%～23%,消化率极低,对牛营养价值不大。与禾本科秸秆相比,粗蛋白质含量较高。在豆秸中,蚕豆秸和豌豆秸品质较好。

(6) 棉秆。在没有其他秸秆类粗饲料条件下经晒干粉碎后可做粗饲料使用,粗纤维含量高,且木质化程度高。

(7) 秸秆的贮存。秸秆的贮藏方法是否合理,对秸秆品质影响很大。若秸秆含水较多,堆垛时营养物质发生分解和破坏,严重时会引起秸秆发酵、发热、发霉而使秸秆变质,染有不良气味,营养价值会大大降低,所以应注意堆垛技术。不论用什么方法贮藏,都应尽量缩小与大气接触面积,减少日晒雨淋等影响(图4.2a,b,c,d)。

a. 草棚

b. 临时露天堆放

图4.1 青干草的贮存

a. 秸秆的晾晒

b. 秸秆露天堆放

c. 秸秆的晾晒、堆放

d. 库内堆放

图4.2 秸秆的晾晒和堆放

调制好的秸秆应及时收藏，收藏的方法可因具体情况和需要而定。数量较多时可露天堆放，选择通风干燥且不易积水的地方，有条件时将秸秆晾晒成小捆，捆扎好上垛，垛好，上要封顶，以防止漏雨；数量不大时，一般多采取室内堆放的方法，或垛于草棚内以防止日晒雨淋。严禁把麦秸、玉米秸运到居住区储存或者集中村边成片存放，必须远离村庄，与村庄或居民区距离至少保持 500 m 以上，并远离高压线、加油站，避免对国家、集体和群众的利益造成损害。秸秆经过长期贮存后，适口性也差，营养价值下降。因此，过长时间的贮存或是隔年贮藏的方法是不适宜的。

4.3.2.3 秕壳

指籽实脱离时分离出的夹皮、外皮等，营养价值不高，尤其是稻壳和花生壳质量较差。

(1) 豆荚。含粗蛋白质 5%～10%，无氮浸出物 42%～50%，在没有其他粗饲料时可作牛的粗饲料。

(2) 谷类皮壳。包括小麦壳、大麦壳、高粱壳、稻壳、谷壳等，营养价值低于豆荚，稻壳的营养价值最差。

(3) 棉籽壳。含粗蛋白质 4.0%～4.3%，粗纤维 41%～50%，无氮浸出物 34%～43%。棉籽壳含棉酚 0.01%，注意喂量要逐渐增加，1～2 周即可适应，注意防止棉酚中毒。

(4) 玉米穗轴。玉米穗轴中含有 45%～55% 的纤维性物质，1%～3% 的蛋白质和 0.5%～3% 的脂肪。玉米穗轴碾压或粉碎成豆粒大小的碎屑，然后用清水浸泡 2～6 h，与精料混合可以饲喂育肥肉牛，但要适当补充优质青贮或干草。

4.3.2.4 低质秸秆饲料的加工调制与处理

低质粗饲料如秸秆、秕壳、荚壳、竹笋壳等，由于适口性差、消化率低、营养价值不高，直接单独饲喂肉牛，往往难以达到应有的饲喂效果。为了提高牛对秸秆的消化利用率，生产实践中常对这些低质粗饲料进行适当的加工调制和处理，加工处理的方法可分为物理加工、化学处理、微生物学处理和复合处理。

(1) 物理方法。对秸秆进行切短、粉碎、揉搓、制成颗粒饲料、碾青、盐化等（图 4.3，图 4.4）。物理方法一般不能改善秸秆的消化利用率，但可以改善适口性，减少浪费。秸秆粉碎后与精料混合使用，提高秸秆采食量。

图 4.3 干秸秆的粉碎加工

图 4.4 玉米秸秆的打捆

铡短和粉碎:秸秆类饲料多为长的纤维性物质。适当铡短或粉碎有助于改善牛的采食状况,减少挑食,增加采食量。但粉碎过细会使粗料通过瘤胃的速度加快,以致发酵不完全。与切短的秸秆相比,粉碎很细可以降低有机物和粗纤维的消化率,秸秆饲料粉碎长度不宜小于0.7 cm。

秸秆挤丝揉搓:粗饲料送入秸秆揉搓机料槽,在锤片及空气流的作用下,进入揉搓室,受到锤片、定刀、斜齿板及抛送叶片的综合作用,使饲料切短,揉搓成丝条状,进出料口送出机外。将传统铡草机沿秸秆横向铡切,改为沿秸秆纵向挤丝揉搓,解决了传统铡草机不能破坏玉米秸秆表面的蜡质层,从而使秸秆大部分硬皮和硬结存在,造成秸秆饲料的浪费问题。采用秸秆挤丝揉搓技术,将秸秆加工成丝状饲料,适宜牲畜饲喂,增加了适口性,采食率达到95%以上。

秸秆颗粒饲料:粗饲料经粉碎与其他饲料配成平衡饲粮,然后制成颗粒,适口性好,营养平衡,粉尘减少,颗粒大小适宜,便于咀嚼,改善适口性,从而提高采食量。粗饲料或优质干草经粉碎制成颗粒饲料,可减少粗饲料的体积,便于贮藏和运输。

秸秆碾青:将秸秆铺在地面上,厚度为30~40 cm,上铺同样高度的青饲料,最上面再铺秸秆,然后用磙碾压,青饲料流出的汁液被上下两层秸秆吸收,经过该处理,可缩短青饲料晒制的时间,并提高粗饲料的适口性和营养价值,青饲料以豆科牧草较好。

秸秆盐化方法:秸秆盐化,就是将盐溶液(1%~2%的食盐水)喷洒在切碎秸秆(秸秆切短1~2 cm)上,再添加适量的温水,并搅拌均匀,湿润程度以用手握能成团,松手后能散开为度,然后将其堆放,经一定时间(12~24 h),使秸秆软化,也可现拌现喂。通过盐化作用,增加适口性和采食量,是提高秸秆利用率的一种简单方法。

(2) 化学处理——氨化和碱化。粗饲料中纤维素和木质素结合紧密,木质素对消化率的影响最大。碱化或氨化处理的主要目的是用化学方法使木质素和纤维素、半纤维素分离,从而提高瘤胃微生物对纤维素和半纤维素的消化利用率。

碱化:适合生产使用的碱化法是用石灰乳处理秸秆,100 kg秸秆,需3 kg生石灰,加水200~250 kg,将石灰乳均匀喷洒在粉碎的秸秆上,堆放在水泥地面上,经1~2 d后即可直接饲喂牲畜。这种方法成本低,生石灰到处都有,方法简便,效果明显。

氨化处理:氨化处理使秸秆质地变软,气味糊香,适口性大大增强,消化率提高。氨化能使秸秆粗纤维消化率提高15%~20%,采食量提高30%以上,含氮量增加1~1.5倍,但氨化时氮的利用率低,大量的氮以氨的形式放掉。氨化处理适用于清洁未霉变的秸秆饲料,一般在氨化前先铡短至2~3 cm,氨化处理有用液氨处理堆贮法和用氨水处理及尿素处理的窖贮法、小垛处理法(图4.5,图4.6)。氨化的时间应根据气温来确定,一般1个月左右。饲喂时一般经2~5 d自然通风将氨味放掉后才能饲喂,如暂时不喂可不必开封放氨。

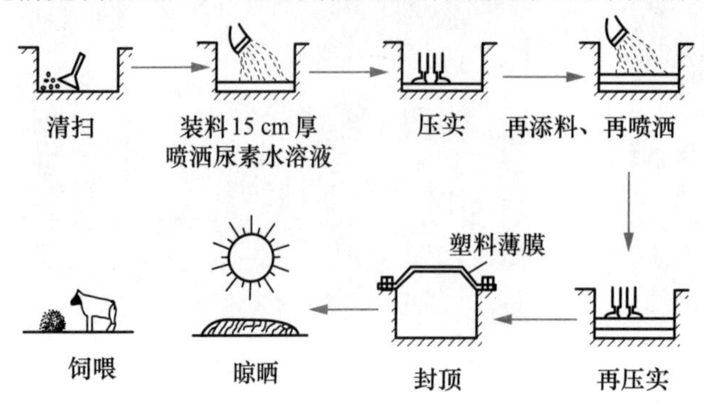

图4.5 氨化秸秆的制作示意图

液氨或氨水氨源处理:在一个能隔绝空气的容器(氨化池、氨化炉或塑料袋)先充填好秸秆饲料(玉米秆铡短为4~5 cm,稻草、麦秸10~15 cm分层填、分层压紧)密封,然后在这密封体中通入无水液氨或氨的水溶液，用量以每千克干物质用氨 40 g 计。处理完毕后密封 4～8 周(依气温而定)。使用时开池通风 2～3 d 再喂。此法避免了碱法的缺点，并增加了粗饲料中粗蛋白质的含量，但氮的浪费很大。

图 4.6 氨化秸秆——液氨处理

尿素作氨源处理：利用尿素在粗饲料中的微生物尿素酶作用下分解产生氨对粗饲料进行氨化处理，将粗料切短，逐层喷洒尿素溶液(按 100 kg 秸秆加入 3～5 kg 尿素)后压实密闭，加水量要根据秸秆含水量而使处理时水分为 40%左右而定。处理时间，冬天需 4～8 周，夏天 7～20 d 即可。其他操作和优缺点同液氨处理。

氨碱复合处理：为了使秸秆饲料既能提高营养成分含量，又能提高饲料的消化率，把氨化与碱化二者的优点结合利用。即秸秆饲料氨化后再进行碱化。如稻草氨化处理的消化率仅 55%，而复合处理后则达到 71.2%。当然复合处理投入成本较高，但能够充分发挥秸秆饲料的经济效益和生产潜力。

所有化学处理方法中，氨化法最为理想。氨化法的主要优点有：①较大幅度提高有机物消化率；②补充非蛋白氮；③将贮存与防腐(对高水分秸秆)结合起来；④处理方便，简单易行；⑤处理后的秸秆易于贮存和饲喂。

(3) 秸秆饲料生物学处理技术。秸秆饲料常见的生物处理方法有 3 种：①自然发酵法，青贮是最常见的一种；②微生物发酵法，另加微生物发酵，即目前常称的微贮；③酶解技术。生物学方法是通过微生物和酶的作用，使粗饲料纤维部分降解，并且产生乳酸和菌体蛋白，改善适口性、消化率和营养价值。秸秆饲料的生物处理对粗纤维分解作用不大，主要起到软化秸秆的作用，并能产生一些糖、有机酸，可提高适口性。但在发酵时产生热能，使饲料中的能量损失。秸秆饲料添加微生物处理就是在农作物秸秆中，加入微生物高效活性菌种(如乳酸菌类或真菌类)与可溶性碳水化合物、食盐混合物，放入密封的容器(如水泥池、土窖)中贮藏，经一定的发酵过程，使农作物秸秆变柔、变软，有酸味。

(4) 复合机械处理技术。将物理、化学处理和机械成型加工调制相结合，即先对秸秆饲料进行切碎或粗粉碎，再进行碱化或氨化等化学预处理，然后添加必要的营养补充剂，进一步通过机械加工调制成秸秆颗粒饲料或草块。通过复合处理技术，既可达到秸秆氨化或碱化处理的效果，又可显著改善秸秆饲料的物理性状和适口性，大大提高秸秆饲料的密度，有利于其运输、储存和利用，因而有利于实施工厂化高效处理(莫放等，2007)。

4.3.2.5 常用青粗饲料的加工调制

(1) 玉米秸。玉米秸在所有秸秆中的消化率是较高的，特别是在青绿时期，消化率可达 55%～60%，同时还含有一定量的糖分，可制作出质量较为满意的青贮饲料。因此，对于玉米秸应及时收割制作青贮。玉米秸干黄后，消化率和营养物质的含量迅速下降，即使经过氨化或复合化学处理后，消化率也基本上只能达到玉米秸青贮的水平。干黄后的玉米秸茎秆粗大，质量粗糙，但消化率相对较高，因此在用玉米秸饲喂肉牛时，可以不进行化学处理，但要进行切碎或粗粉碎处理(大筛孔或无筛底粉碎)(图 4.3)，也可切碎后再进行化学处理。

(2) 稻草和麦秸。干的稻草和麦秸均不能制作青贮,其消化率较低。要获得较好的饲喂效果,最好进行氨化或尿素加氢氧化钙处理后再饲喂。稻草和麦秸可以不切或切短后饲喂,过细粉碎对肉牛没有必要。

(3) 豆秸等。豆秸的细胞内容物比稻草和麦秸高,但细胞壁的木质化程度较高,目前所采用的化学处理对豆科秸秆的效果较差,这类秸秆可粉碎后直接饲喂。

(4) 青干草。铡短后直接或与麦秸、玉米秸等饲草混合后饲喂。

(5) 青绿饲料。鲜饲时宜铡短后与麦秸、玉米秸混合后饲喂。鲜苜蓿草饲喂过多易造成牛的瘤胃臌胀,有条件时可调制"花草",方法是将鲜刈割的青绿饲草如苜蓿或玉米青及时运到晒场上迅速铺开,在其上、下各铺一层干秸秆,用石磙或拖拉机来回碾压,使青绿饲料的汁液能渗透到秸秆中,晒干后混合堆垛,铡短饲喂。

4.3.3 青贮饲料

青贮饲料是牛的理想粗饲料,已成为日粮中不可缺少的部分。青秸秆青贮就是将新鲜的作物秸秆切(铡)碎,装入密闭的容器内,造成厌氧条件,利用微生物的发酵作用,调制出营养丰富、消化率高的饲料,达到长期贮存的一种简单可靠而经济的方法。用青贮的方法保存秸秆饲料,比制干草的方法效果好。一般农作物秸秆青绿时都可青贮,常用的有专门种植的青贮玉米(带穗),收获后的青绿玉米秸、高粱秸、甘薯秧等,其中以青玉米秸青贮最多。一般制作青贮饲料的原料含干物质 30%～35%为宜,可溶性碳水化合物含量按干物质计以 7%～8%较为理想。青贮原料水分高时,可先割下,放在田中使其凋萎一段时间后再行加工贮存;如直接贮制,因青贮原料水分过高,则会产生质量差的青贮饲料。

4.3.3.1 常用的青贮原料

(1) 青刈带穗玉米。玉米带穗青贮,即在玉米乳熟后期收割,将茎叶与玉米穗整株切碎进行青贮,这样可以最大限度地保存蛋白、碳水化合物和维生素,具有较高的营养价值和良好的适口性,是牛的优质饲料。玉米带穗青贮干物质中含粗蛋白 8.4%,碳水化合物 12.7%。

(2) 青玉米秸。收获果穗后的玉米秸上能保留 1/2 的绿色叶片,应尽快青贮,不应长期放置。若部分秸秆发黄,3/4 的叶片干枯视为青黄秸,青贮时每 100 kg 需加水 5～15 kg。

(3) 各种青草。各种禾本科青草所含的水分与糖分均适宜用于调制青贮饲料。豆科牧草如苜蓿因粗蛋白质含量高,可制成半干青贮或混合青贮。青贮时禾本科草类在抽穗期,豆科草类在孕蕾及初花期刈割为好。

(4) 其他原料。甘薯蔓(藤)、白菜叶、萝卜叶等都可作为青贮原料,将原料晾晒到含水 60%～70%,然后青贮;如直接青贮需加入麸皮,调节水分至 70%。

(5) 青贮原料的切短长度。细茎牧草以 7～8 cm 为宜,玉米等较粗的作物秸秆不要超过 1 cm。

4.3.3.2 青贮容器类型

(1) 青贮窖青贮(图 4.7a,b,c,d,e,f,g,h)。如是土窖,四壁和底衬上塑料薄膜(永久性窖可不铺衬)。先在窖底铺一层 10 cm 厚的干草,以便吸收青贮液汁,然后把铡短的原料逐层装入压实(图 4.8,图 4.9,图 4.10a,b,c)。最后一层应高出窖口 0.5～1 m,用塑料薄膜覆盖,然后用土封严,四周挖好排水沟(图 4.9,图 4.10d)。封顶后 2～3 d,在下陷处填土,使其紧实隆凸。

（2）塑料袋青贮（图 4.7b）。青贮原料切得很短，喷入（或装入）塑料袋，逐层压实，排尽空气压紧后扎口即可。

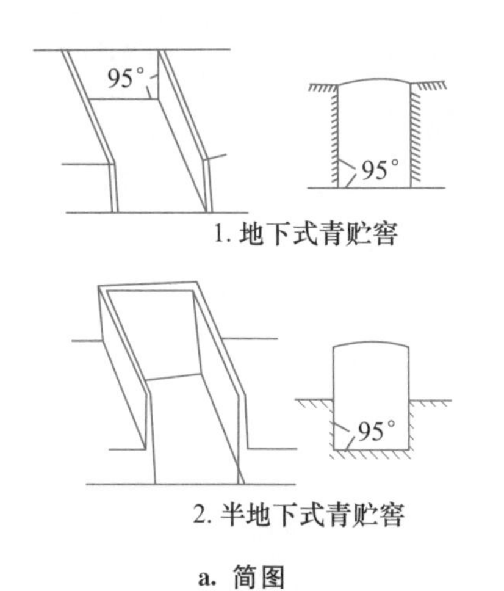

a. 简图

b. 塑料袋式

c. 地上青贮池

d. 地上青贮垄

e. 地下窖

图 4.7 青贮的容器

f. 地下窖(简易)

g. 半地下窖(简易)

h. 半地下窖

(续)图 4.7 青贮的容器

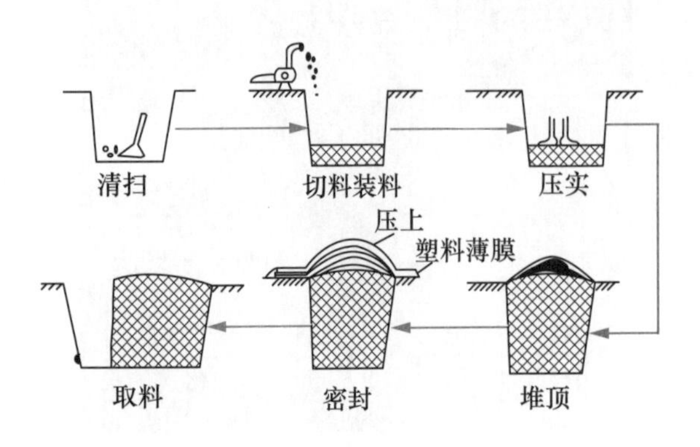

图 4.8 青贮过程示意图

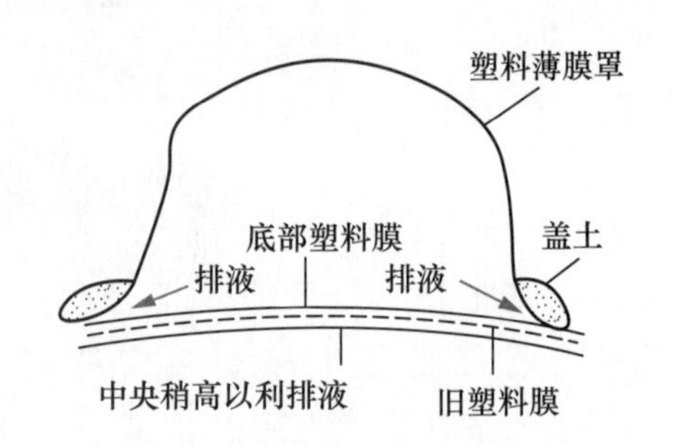

图 4.9 青贮封窖时封闭示意图

a. 窖的准备

b. 原料的装填

c. 原料压实

d. 窖顶的密封

图 4.10　青贮调制

4.3.3.3　青贮饲料添加剂

青贮饲料添加剂的种类根据其作用性质可分为发酵促进剂、发酵抑制剂、二次发酵抑制剂、营养性添加剂。生产中常用的是乳酸发酵促进剂，主要有乳酸菌、糖蜜、葡萄糖、乳糖、非蛋白氮、谷物籽实等。糖蜜添加量一般视原料含糖量而定，为 3%～5%，禾本科原料添加 4%，豆科原料添加 6%；葡萄糖一般添加 1%～2%；谷物籽实视原料含水量而定，含水量 80%的添加 10%，含水量 70%左右的添加 5%。常用防止二次发酵的添加剂有丙酸、乙二烯酸、己酸、甲酸钙等，添加量分别为 3～5 L/t。

青贮细菌接种剂：主要作用是增加乳酸类细菌，促进其更快地产生乳酸，有目的地调节青贮料内的微生物和生化过程，加速饲料酸化和促进多糖与粗纤维的转化，从而有效地提高青贮饲料的质量。我国市售的接种剂多为均一发酵型乳酸菌。如果青贮原料中的干物质>25%，则加入足量的乳酸菌(要求每克原料中含乳酸菌 100 万个)，可迅速地产生大量乳酸，使 pH 值降低，从而有效地抑制其他微生物的生长，保证青贮饲料的安全和质量。添加细菌接种剂的青贮料由于产乳酸较多，而发酵的终产物中醋酸和乙醇较少，故干物质损失减少。为了使细菌在青贮料中接种均匀，接种剂应以液体形式使用，一般是先复活，用水悬浮制成菌液，再洒在青贮料中，边装填边洒，原料每 30 cm 一层洒一次，20 d 左右即可开窖使用。

4.3.3.4　青贮质量简易评定

主要根据色、香、味和质地判断青贮饲料的品质。优良的青贮饲料颜色呈黄绿色或青绿色,有光泽;气味芳香,有酒酸味;表面湿润,结构完好,疏松,容易分离。不良的青贮料呈黑色或褐色,气味刺鼻,腐烂,黏滑结块,不能饲喂。用 pH 值试纸测定值为 4.2 以下为优良的青贮(图 4.11)。

4.3.3.5 青贮窖管理

为了提高青贮饲料的品质和营养水平,青贮饲料贮好后,要加强对青贮窖管理(图 4.12a,b,c)。

(1) 防止进水,再次密封。距青贮窖四周 0.5～1.0 m 处挖一条排水沟,防止雨水向窖内渗入,并经常检查青贮窖四壁、窖顶有无裂纹,有裂纹时应及时覆土压实,防止透气和进水。窖顶应高出四周窖壁,类似馒头状,下雨时雨水能及时流到窖外,冬天下雪时也要及时清除窖顶积雪,以保证窖顶没有积水。

(2) 经常检查,防止踩压出洞,防止受冻。密封的青贮池要经常检查,严防人畜踩踏,一旦发现踩踏和裂缝要及时用土填平。青贮窖密封以后,要严格防止踩压出漏洞,引起透气变质。要用砖、土坯或树枝把窖围起来,防止牲畜进入踩坏窖顶。若出现结冰的青贮饲料,不要直接饲喂给家畜,尤其是妊娠期的母牛,容易造成流产。青贮时,要在窖上堆垛一些干草、秸秆等,以防青贮饲料受冻。

(3) 防止二次发酵。青贮饲料开封取样后,及时的密封,避免与空气进行长时间接触。开窖取用青贮饲料时,要从窖的一端开始,按一定的厚度,自表面一层一层地往下取,使青绿饲料始终保持一个平面,切忌由一处挖洞掏取或全部掀开,每次取用后必须用塑料布或草帘盖严,以免霉烂、冻结或掉进泥土(图 4.13a,b,c,d)。青贮过程中,可利用青贮添加剂,防止青贮饲料二次发酵(图 4.14,图 4.15)。

4.3.3.6 青贮饲料的饲喂技术及饲喂注意事项

一般青贮在制作 45 d 后即可取用。开始饲喂时,有些牛不习惯采食,为使牛有个适应过程,喂量应由少到多,循序渐进。一般母牛与育肥牛每天喂量 18～25 kg,役牛 10～15 kg。

注意取料数量,每次取料数量够饲喂一天为宜,不要一次取料长期饲喂,以免饲料腐烂变质。建议每天上、下午各取 1 次,每次取用的厚度应不少于 10 cm,保证青贮饲料的新鲜品质,适口性也好,营养损失降到最低点,达到饲喂青贮饲料的最佳效果。取出的青贮饲料不能暴露在日光下,应放置在牛舍内阴凉处。

图 4.11 青贮质量的评定——测定 pH 值

a. 挖排水沟

图 4.12 青贮窖的管理

b. 窖顶防护

c. 防雨淋

(续)图 4.12 青贮窖的管理

a. 一端开取

b. 取后注意覆盖

c. 分层切块取用

d. 注意保持卫生

图 4.13 青贮的取用管理

图 4.14 青贮添加剂切碎时添加

图 4.15 青贮添加剂池中添加

4.3.4 糟渣类饲料

糟渣类饲料是甜菜、禾谷类、豆类等生产糖、酒、醋、酱油等的工业副产品，如甜菜渣、淀粉渣、醋糟、啤酒糟、白酒糟、饴糖渣、豆腐渣、酱油渣等，都可以作肉牛的饲料。糟渣类饲料特点是水分含量高，干物质中蛋白质含量因原料而异，不耐贮存，适口性较好，价格低廉，合理饲用可降低饲料成本；如果喂量不加限制，或单独饲喂，效果不好，牛容易患消化障碍病和营养缺乏病；各种糟渣因原料不同、生产工艺不同、水分不同，营养价值差异很大，长期固定饲喂某种糟渣时，应对其所含主要营养物质进行测定。

(1) 啤酒糟。鲜糟中含水分75%以上，干糟中蛋白质为20%～25%，体积大，纤维含量高。可用于奶牛和肉牛日粮。鲜糟日用量不超过10～15 kg，干糟不超过精料的20%为宜。

(2) 白酒糟。因制酒原料不同，营养价值各异，干酒糟蛋白质含量一般为16%～25%，是育肥牛的良好饲料原料，鲜糟日用量不超过10～15 kg。白酒糟一般不用来饲喂繁殖母牛，妊娠母牛更不能饲喂白酒糟。不宜把糟渣类饲料作为日粮的唯一粗料，应和秸秆饲料、青贮饲料、干草和优质青绿饲料搭配。长期使用白酒糟时应在日粮中补充维生素A，每日每头1万～10万IU。

(3) 甜菜渣。主要成分是碳水化合物，含蛋白质低，缺乏维生素，含有高消化率纤维素，适口性好，有利于维持夏天的采食量。新鲜的甜菜渣含水90%，粗蛋白0.9%，粗脂肪0.1%，粗纤维2.6%，无氮浸出物3.5%，不含胡萝卜素和维生素D。甜菜渣含有甜菜碱，有毒害作用，鲜饲成年肉牛日喂量10～15 kg，应与蛋白质较多的混合料和青绿饲料搭配饲用，干甜菜渣颗粒每日每头肉牛可喂2～3 kg。

(4) 豆腐渣。鲜渣含水多，含少量蛋白质和淀粉，缺乏维生素，适口性好，消化率高。豆腐渣易酸败，适于鲜喂，饲喂量控制在2.5～5 kg为宜，与青饲搭配饲喂，效果好。

(5) 粉渣。是制作粉条和淀粉的副产品。用豆类、薯类等作原料生产的粉渣，所含营养主要是淀粉和粗纤维，粗蛋白极少。用豌豆、绿豆、蚕豆做原料生产的粉渣，含蛋白质较高，质量较好。粉渣夏天易腐败，饲后容易中毒。粉渣的日喂量应控制在3～5 kg为宜，一般与青饲、粗饲料搭配饲用。

(6) 玉米淀粉渣。玉米加工用湿法提取淀粉后的剩余物称为玉米淀粉渣。含有少量的淀粉和粗纤维，适口性较好。因加工时含有少量亚硫酸，易造成肉牛发生臌胀病和酸中毒，可在饲料中加入小苏打。玉米淀粉渣易酸败，应鲜喂或风干后保存，鲜喂日喂量10～15 kg。

(7) 果渣。果渣是鲜果(如苹果、草莓、西红柿等)加工以后的副产品。含有果皮、果核(籽)以及少量的果肉。以苹果渣为例，含水80%，粗蛋白质0.9%，粗纤维5%，钙0.02%，磷0.02%，钾0.10%，苹果渣含有果胶、果糖和苹果酸。果渣含水量高，粗纤维多，可以作为粗饲料和多汁饲料使用，也可以晒(或烘)干后与别的饲料混合使用，对于一时用不完的果渣可以和其他干饲料混合后青贮。果渣在肉牛日粮中的用量为饲料干物质的20%以下，新鲜果渣的用量不超过6～10 kg/(头·d)。

(8) 酱油渣。是黄豆经米曲霉菌发酵浸提出呈味物质后的残渣，酱油渣含有较高蛋白质，营养价值相对较高。酱油渣干物质中含粗蛋白质21.40%、脂肪18.10%、粗纤维23.90%、无氮浸出物9.10%、矿物质15.50%。酱油渣价格低廉，可用作肉牛饲料，但含盐量较高，一般含量为2%～3%，不可多喂，以4～5 kg为宜，以防食盐中毒。

(9) 醋糟。是酿醋的主要下脚料，其干物质中含有粗蛋白6%～10%，粗脂肪2%～5%，无氮浸出物20%～30%，粗灰分13%～17%，钙0.25%～0.5%，磷0.16%～0.37%，营养丰富，可用作牛饲料。

(10) 植物提取物残渣——菊花粉。菊花粉是东北、内蒙古、新疆等地种植万寿菊的花经过提取色素后的下脚料，呈淡绿色，带纤维状。菊花粉水分含量<12%，用量为在精料中占2%～3%或用5%替代麸皮作牛饲料。

(11) 枣粉。适口性好，消化吸收率高，含糖量达50%～70%，富含动物必要的维生素P(又叫芦丁)和维生素C(抗坏血酸)，用作牛饲料原料——高能量饲料，提高饲料适口性，用量可达精料的5%～10%。

4.3.5 多汁类饲料

多汁饲料是指胡萝卜、饲用甜萝卜、甘薯、木薯、马铃薯等块茎、块根饲料和南瓜、番瓜等瓜类饲料。该类饲料含水量高，70%～95%，松脆多汁，适口性好，容易消化，有机物消化率高达85%～90%。多汁饲料干物质中主要是无氮浸出物，粗纤维仅含3%～10%，粗蛋白质含量只有1%～2%，钙、磷、钠含量少，钾含量丰富。维生素含量因饲料种类差别很大。胡萝卜、南瓜中含胡萝卜素丰富，甜菜中维生素C含量高，但均缺乏维生素D。多汁饲料只能作为牛的副料，适宜切碎生喂，或制成青贮料，也可晒干备用(但胡萝卜素损失较多)。块根块茎类饲料不能代替精料，一般多用于饲喂肉牛，要限量饲喂，尤其是木薯。

(1) 胡萝卜。产量高，耐贮藏，营养丰富。胡萝卜的大部分营养物质是无氮浸出物，因含蔗糖和果糖，多汁味甜，胡萝卜素丰富，每千克含胡萝卜素36 mg以上，为其他饲料所不及。胡萝卜是种公畜、产奶畜和幼畜的优质多汁饲料，种公牛5～7 kg。在饲喂时，应先洗净切细。在储藏时，最好用湿沙掩埋，以防止腐烂及营养物损耗。

(2) 甜菜。饲用甜菜产量高，含糖5%～11%，含干物质8%～11%，粗纤维和粗蛋白质含量少，矿物质中钾盐较多，呈硝酸盐形式(要防止发热，喂时放置过久易中毒)。饲喂时，应先洗净、切碎(图4.16)，每日每头牛可喂20～30 kg。收获的甜菜若立即喂牛，易引起腹泻，须经短暂贮存后再喂，因其中大部分硝酸盐经过贮存可转化为无害的天门冬酰胺。饲喂的甜菜饲料不能放置时间过长，以免形成亚硝酸盐引起中毒。

(3) 马铃薯。也称土豆，马铃薯平均含干物质为22%，粗蛋白1.6%，粗脂肪0.1%，粗纤维0.7%，无氮浸出物18.7%，而且干物质中约80%为淀粉，容易消化，但缺蛋氨酸、钙、磷和胡萝卜素等。每日每头牛喂20～25 kg，并注意在日粮中搭配好蛋白质、矿物质和维生素补充料，防马铃薯中毒(发芽或腐烂的马铃薯，要除掉芽煮熟才可饲用)。

(4) 木薯。木薯中因含有一定量的氢氰酸，直接饲用时，应通过水浸、切片干燥、剥皮蒸煮等手段进行去毒处理。木薯加工后的残渣，含毒不多，可以直接饲喂；木薯青贮后也是很好的饲料(图4.17)。木薯富含淀粉，大量饲喂时容易导致酸中毒，因此无论是鲜饲或青贮，一般用量以每天5～6 kg为宜。

(5) 甘薯。又名红薯、白薯、红苕、地瓜、山芋、番薯，是一种良好的粮菜饲三用作物。甘薯中含有丰富的淀粉、膳食纤维、胡萝卜素、维生素B、维生素C、维生素E以及钾、铁、铜、硒、钙等10余种微量元素和亚油酸等，是一种优良的多汁饲料，经过简单切碎处理即可饲喂牛，但要防黑斑病甘薯中毒。

(6) 瓜果类饲料。目前栽种最多的是饲料南瓜，产量比食用南瓜高1倍；此外西葫芦、西瓜、甜瓜皮等瓜类均可喂牛。这类饲料含水量高，如南瓜含水量为90%～95%，干物质10%左右，其中粗蛋白质为1%，粗脂肪0.3%，粗纤维1.2%，无氮浸出物6.8%，并含有大量的胡萝卜素。在饲喂时，应先洗净切细，每日每头喂量10～15 kg。

图4.16 多汁饲料的切碎

图4.17 木薯的饲用——青贮

4.3.6 蛋白质饲料

蛋白质饲料指干物质中粗纤维含量在18%以下，粗蛋白质含量为20%及20%以上的饲料，包括植物性蛋白质饲料和糟渣类饲料等。我国规定，禁止使用动物性饲料饲喂反刍动物。常用的蛋白质饲料主要包括豆科籽实、饼(粕)类及其他加工副产品。其中以榨油副产品为主，如大豆饼(粕)、花生饼(粕)、棉籽饼(粕)、椰子饼、菜籽饼等，啤酒糟、豆腐渣也属蛋白质饲料，其中大豆饼(粕)是最好的植物蛋白质饲料。植物蛋白质饲料如加工不善，常含有一定的毒素，在生产中一定注意。

4.3.6.1 **籽实类**

豆类籽实粗蛋白质含量高，占干物质的20%～40%，钙磷比例不恰当，钙多磷少，胡萝卜素缺乏。无氮浸出物含量为30%～50%，纤维素易消化，是牛重要的蛋白质饲料。

(1) 双低(低芥酸、低硫代葡萄糖甙)油菜籽。双低油菜籽的营养价值在于蛋白质和油的含量，粗蛋白的平均含量为21%～24%，油的平均含量为31%～42%，籽实成熟程度越高的含油越高。油菜籽在肉牛日粮中使用量取决于饲粮中脂肪或油的总量，使用量以日粮干物质中脂肪总含量低于6%为参考。

(2) 膨化大豆。是将整颗大豆以膨化机进行热加工，膨化处理而成，能提高油脂的利用率。在加工过程中温度可达到130～145℃，破坏了抗营养因子(胰蛋白酶抑制因子、尿素酶、血球凝集素等不利于动物消化的成分)。全脂膨化大豆的一般含水量小于12%，粗脂肪17%～19%，粗蛋白质35%～39%，粗纤维5.0%～6.0%，粗灰分5.0%～6.0%，钙0.24%，磷0.58%，高可利用能、高蛋白，适口性好，养分浓度高。

(3) 全棉籽。适口性好，蛋白质(29%)、能量(消化能28.9 MJ/kg)、脂肪(17%)以及纤维素（ADF29%）都很高，加上棉籽壳本身可以保护其中的营养物质免受瘤胃微生物的降解，增加了过瘤胃营养物质的数量，因此被称作“全能”性饲料。生长育肥牛可以按照日粮干物质总量的 3%～5%饲喂全棉籽。

和全棉籽一样，向日葵、菜籽等也可以作为饲料。

4.3.6.2　**饼(粕)类**

(1) 大豆饼(粕)。大豆饼(粕)是我国最常用的主要植物性蛋白质饲料。大豆饼(粕)含蛋白质较高，达 40%～45%，必需氨基酸的组成比例也比较好，尤其赖氨酸含量是饼(粕)类饲料中最高者，高达 2.5%～3.0%，蛋氨酸含量较少，仅含 0.5%～0.7%。生豆粕中含有大豆中的胰蛋白酶抑制剂，在使用前应经 113℃、3 min 的处理。大豆饼(粕)适口性好，饲喂肉牛、奶牛都具有良好的生产效果，在日粮中，大豆饼(粕)可占精料的 20%～30%。

(2) 棉籽饼(粕)。由于棉籽脱壳程度及制油方法不同，营养价值差异很大。由完全脱壳的棉仁制成的棉仁饼(粕)粗蛋白质可达 40%～44%，而由不脱壳的棉籽直接榨油生产出的棉籽饼(粕)粗纤维含量达 16%～20%，粗蛋白质仅为 20%～30%。带有一部分棉籽壳的棉仁(籽)饼(粕)蛋白质含量为 34%～36%。棉籽饼(粕)蛋白质的品质不太理想，赖氨酸含量较低，蛋氨酸也不足，分别为 1.48%和 0.54%，精氨酸含量过高，达 3.6%～3.8%。棉籽饼(粕)中含有对牛有害的游离棉酚，牛如果摄取过量或食用时间过长，可导致中毒。在犊牛、种公牛日粮中一定要限制用量，同时注意补充维生素和微量元素。棉籽饼(粕)在瘤胃内降解速度较慢，是肉牛良好的蛋白质饲料来源。

①脱酚棉籽蛋白。在加工过程中采用低温一次浸出及 2 种溶剂分步萃取等新工艺，极大地减少了蛋白质的变性，降低游离棉酚含量，粗蛋白质含量在 50%以上。

②棉籽饼。棉籽饼是带壳棉籽经过榨油后的副产品。棉籽饼既具有蛋白质饲料的特性（含粗蛋白质 24%～28%），又具有能量饲料的特性（脂肪含量较高），还具有粗饲料的特性（含粗纤维达 20%以上），在育肥牛的日粮中可以大量搭配使用。棉籽饼可直接与其他饲料混合制成配合饲料喂肉牛，也可以用粉碎机粉碎或用水淹没浸泡 4 h 以上后直接饲喂。

(3) 花生仁饼(粕)。花生仁饼(粕)饲用价值因含壳量的多少而有差异，脱壳后制油的花生饼(粕)营养价值较高，仅次于豆粕，其粗蛋白质可达 44%～48%。氨基酸组成不好，赖氨酸含量只有大豆饼(粕)的一半，蛋氨酸含量也较低。带壳的花生饼(粕)粗纤维含量为 20%～25%，粗蛋白质及有效能相对较低。花生饼(粕)适口性好，有香味，牛都喜欢采食，可用于犊牛的开食料。花生饼的瘤胃降解率达 75%以上，因此不适合作为唯一的蛋白质饲料原料。花生仁饼(粕)易染上黄曲霉菌，在贮存时要注意，并尽快用完。

(4) 菜籽饼(粕)。粗蛋白质含量在 30%～38%，矿物质中钙和磷的含量高，硒含量为 1.0 mg/kg，适口性较差，菜籽饼(粕)中含有硫葡萄糖苷、芥酸等毒素，在母牛日粮中应控制在 10%以内，肉牛日粮应控制在 15%之内，或日喂量 1～1.5 kg。菜籽饼(粕)在瘤胃中的降解速度低于豆粕，过瘤胃蛋白质较多，犊牛和怀孕母牛最好不喂。经去毒处理后可保证饲喂安全。

(5) 葵花饼(粕)。葵花饼(粕)的饲用价值，取决于脱壳程度。我国葵花饼(粕)的粗蛋白质含量低，一般在 28%～32%之间，可利用能量较低，赖氨酸含量不足（低于大豆饼(粕)、花生饼(粕)和棉仁饼(粕)），为 1.1%～1.2%，蛋氨酸含量较高，为 0.6%～0.7%，在牛日粮精料中葵花饼(粕)可以用到 20%。

(6) 亚麻饼(粕)。亚麻饼(粕)又叫胡麻饼(粕)，其粗蛋白质含量为 32%～36%，赖氨酸和蛋氨酸含量分别为1.10%和0.47%，亚麻籽饼(粕)应与其他含赖氨酸较高的蛋白质饲料混合饲喂。犊牛、母牛和肉牛饲粮中均可使用，但亚麻籽饼(粕)中含有生氰糖甙，可引起氢氰酸中毒，亚麻籽饼(粕)在日粮中的用量应控制在10%以内，另外，育肥牛饲喂量太多会使脂肪变软，影响胴体品质。

(7) 芝麻饼(粕)。芝麻饼(粕)的粗蛋白质含量可达35%以上。氨基酸组成中蛋氨酸、色氨酸含量丰富，缺乏赖氨酸。芝麻饼(粕)可作为牛的良好蛋白质来源，应用时与豆饼(粕)搭配使用。

(8) 棕榈仁饼。棕榈仁饼为棕榈果实提油后的副产品，压榨法所得产品适口性优于浸提法。严格地讲，它不属于蛋白质饲料，其粗蛋白质含量低，仅14%～19%，且赖氨酸、蛋氨酸和色氨酸等缺乏，脂肪酸以饱和脂肪酸为主，矿物质中锰含量高且利用率差；棕榈仁饼适口性差，牛日粮中用量应控制在10%以内。

(9) 椰子粕。椰子粕又称椰子干粕，是将椰子胚乳部分干燥为椰子干，提油后所得的副产品，粗蛋白质含量为20%～23%，氨基酸组成欠佳，缺乏赖氨酸、蛋氨酸及组氨酸，但精氨酸含量高。有椰子的烤香味，适口性好，是牛良好的蛋白质来源，但采食过多易便秘，为防止便秘，精料中使用量应在20%以下。

(10) 玉米蛋白粉。又称玉米麸质粉，是玉米湿法加工工艺生产玉米淀粉的主要副产品，通常由50%～75%的蛋白质、15%～30%的淀粉、少量的酯类物质和纤维素组成。玉米蛋白粉中的蛋白质主要是玉米醇溶蛋白(即玉米朊，占60%)、谷蛋白(占22%)、球蛋白和白蛋白，过瘤胃蛋白质含量高，可用作母牛、肉牛的部分蛋白质饲料原料。在使用玉米蛋白粉的过程中，应注意霉菌含量，尤其是黄曲霉毒素含量。

(11) 玉米酒精糟或玉米酒精蛋白饲料(DDGS)。玉米酒精糟因加工工艺与原料品质差别，其成分差异较大。一般粗蛋白质含量在24%～32%之间。酒精糟气味芳香，是牛良好的饲料。在牛精料中添加可以调节饲料的适口性。既可作能量饲料，也可作蛋白质饲料，在牛精料中用量应在30%以内，要注意黄曲霉毒素的含量。

(12) 玉米胚芽饼(粕)。玉米胚芽饼(粕)是玉米胚芽经提油后的副产物，含粗蛋白质14%～29%。氨基酸组成较差，赖氨酸含量0.75%，蛋氨酸和色氨酸含量较低，钙少磷多，钙磷比例不平衡；维生素E含量非常丰富，适口性好；但品质不稳定，易变质，使用时要小心，一般在牛精料中可用到15%～20%。

(13) 非蛋白氮饲料。非蛋白氮可被瘤胃微生物合成菌体蛋白，被牛利用。常用的非蛋白氮主要是尿素，含氮46%左右，相当于粗蛋白质288%，使用不当会引起中毒。用量一般为15～20 g/100 kg体重，与富含淀粉的精料混匀饲喂，喂后2 h饮水。9月龄以上的牛日粮中才能使用尿素。其他非蛋白氮产品如磷酸脲、双缩脲、异丁基二脲等，其特点是比尿素难溶解，分解为氨的速度比尿素要慢，比较安全，利用率高。利用尿素等非蛋白氮饲料作为蛋白质补充料必须与谷物饲料混匀饲喂，且在日粮中的含量不超过1%，避免与含脲酶高的饲料如豆饼(粕)等混喂，可以按75%玉米面+24%尿素+1%食盐和缓解剂比例加工成糊化淀粉尿素，使瘤胃释放氨的速度减慢，提高微生物利用氨合成菌体蛋白质效率。

4.3.7 能量饲料

指干物质中粗纤维含量在18%以下，粗蛋白质含量在20%以下的饲料，是牛能量的主要来源。主要包括谷实类及其加工副产品(糠麸类)、块根、块茎类及其他。

4.3.7.1 **谷物籽实类饲料**

主要包括玉米、小麦、大麦、高粱、燕麦、稻谷等,其主要特点是无氮浸出物含量高,一般占干物质的66%~80%,其中主要是淀粉;粗纤维一般在10%以下,适口性好,可利用能量高;粗脂肪含量在3.5%左右,粗蛋白质一般在7%~10%,缺乏赖氨酸、蛋氨酸、色氨酸;钙及维生素A、维生素D含量不能满足牛的需要,钙低磷高,钙、磷比例不当。

(1) 玉米。玉米被称为"饲料之王",其特点是含可利用能高,黄玉米中胡萝卜素含量丰富,蛋白质含量7%~8%,钙、磷均少,是一种养分不平衡的高能饲料,但玉米是一种理想的过瘤胃淀粉来源。高油玉米由于含蛋白质和能量比普通玉米高,替代普通玉米可以提高牛肉品质,使牛肉大理石花纹等级和不饱和脂肪酸含量提高。玉米的加工方法有3种,即蒸汽处理、压片和粉碎。在育肥牛日粮含70%~80%的玉米时,蒸汽处理或压片可使净能提高5%~10%,能量沉积提高6%~10%。饲喂前浸泡,可使玉米的消化率提高5%。如果没有条件进行蒸汽处理或压片,可以将玉米粗粉碎(颗粒大小为2.5 mm),若粉碎太细则影响粗饲料的消化率。

高油玉米:高油玉米不仅比传统玉米含油量大大提高,而且蛋白质、赖氨酸、维生素等含量也大大高于普通玉米,是一种优质高能的粮食、饲料和工业原料。

(2) 高粱。能量仅次于玉米,蛋白质含量略高于玉米。高粱在瘤胃中的降解率低,因含有鞣酸(丹宁),适口性差,与玉米配合使用效果增强,可提高饲料的利用率。要注意用高粱喂牛易引起便秘。当日粮内粗饲料的含量小于20%时,对高粱进行蒸汽处理和压片可使能量利用率提高5%~10%,淀粉消化率提高3%~5%。在没有条件进行蒸汽处理或压片的地区,可将整粒高粱在水中浸泡4 h,晾干,粉碎,这样可以提高能量和淀粉的消化率,效果与蒸汽处理相同。其优点是成本低,还可增加肉牛的采食量。与粗粉碎相比,细粉碎(1 mm)可使高粱的净能提高8%,与蒸汽处理效果相等。因此,最简单实用的方法是将高粱细粉碎到1 mm后饲喂。

(3) 大麦。蛋白质含量高于玉米,品质好,赖氨酸、色氨酸和异亮氨酸含量高于玉米;粗纤维较玉米多,能值低于玉米;富含B族维生素,缺乏胡萝卜素和维生素D、维生素K、及维生素B_{12}。用大麦喂牛可改善牛奶、黄油和体脂肪的品质。粉碎或压扁能提高大麦的消化率和利用率。为了增加采食量,减少瘤胃臌胀等消化性疾病,对大麦不要粉碎过细,粗粉碎效果较好,对大麦进行蒸汽处理没有改善饲喂效果。

(4) 小麦。与玉米相比,能量较低,但蛋白质及维生素含量较高,缺乏赖氨酸,所含B族维生素及维生素E较多。小麦的过瘤胃淀粉较玉米、高粱低,牛饲料中的用量以不超过50%为宜,并以粗碎和压片效果较佳,不能整粒饲喂或粉碎得过细。在牛饲料中较少直接使用小麦,一般使用面粉作为颗粒饲料的成分,起到黏合的作用。

(5) 燕麦。因带壳燕麦的外壳占20%以上(一般占26%左右,高的可达50%),所以带壳燕麦含粗纤维10%~13%。而不带壳的燕麦(即莜麦)含蛋白质高达17.24%,脂肪含量在4.5%以上,其无氮浸出物含量在主要的几种谷物饲料中最低。燕麦籽实的壳坚实,不易透水,若牛咀嚼不完全进入胃肠时,则会整粒排出影响养分的消化率。所以在饲喂前,需要进行压片或粉碎等加工调制。但不可磨碎过细,否则粉状饲料的适口性变差,容易糊口,在胃肠里容易形成面团状物难以消化。

4.3.7.2　**谷实类饲料的加工调制**

谷物籽实富含淀粉，经过适当加工调制后，可以改善饲料适口性，增强食欲，提高饲料的消化吸收率，有利于降低饲养成本，提高养牛效益。

(1) 粉碎。粉碎是最简单、最实用的一种加工调制方法。整粒籽实被粉碎后，饲料表面积增大，有利于和消化液接触，也容易被逆呕到口腔重新咀嚼，可提高饲料的消化率。谷物粉碎的程度可根据日粮中精料的比例确定。粉碎过细时，适口性下降，采食量减少，精料不能与唾液充分混合，会妨碍消化。尤其当精料比例过大时，过细的精料会在瘤胃内迅速发酵，使饱食的瘤胃内气体急剧增加，酸度增加，反刍减少，造成慢性瘤胃臌胀与酸中毒。通常当日粮含精料 30%以下时，玉米籽实的消化率与细度呈正相关，细磨玉米较整粒玉米消化率提高 10%左右，但以蒸汽压扁最好。日粮中精料比例超过 60%时，不可粉碎太细，以 2～4 mm 为宜。谷物粉碎过细与空气接触面增大，易吸潮、氧化和霉变等，不易保存，应在配料前才粉碎或破碎。

(2) 浸泡。对一些坚硬籽实，经浸泡可软化或溶去饲料中的一些有害物质，减轻饲料异味，提高饲料适口性，也有利于咀嚼。浸泡用水量依浸泡目的而异，用于软化时，料水比(容积比)为 1∶(1～1.5)，即以手握指缝渗水为准；用于减轻异味时如高粱，可用热水浸泡，料水比为 1∶2 浸泡 24 h，中间搅拌几次。

(3) 熟化。谷物熟化处理均能有效降低原料中所含淀粉和蛋白质的降解率，生淀粉转化为糊精，使其在瘤胃后段消化道的消化有改善，谷物熟化有几种方法。

①压扁。蒸汽压片技术工艺流程：原料(玉米)三级去杂→水分调质处理→蒸汽加热→蒸煮→压薄片→干燥、冷却→包装→成品入库。将谷物饲料在特制的蒸汽加热室中加热到 120℃，保持 10～30 min，使含水量达到 18%～22%，再用机器压成 1 mm 厚的薄片，将薄片迅速干燥，使水分降到 15%以下保存。土办法可将谷物饲料在近 100℃水中煮 12～26 min，使水分达 20%左右，捞出后通过辊轴或石碾压扁，随后干燥保存。大量试验和生产实践表明，蒸汽压片高粱的效果明显优于蒸汽压片玉米。

②焙炒熟化。焙炒可使谷物等籽实饲料熟化。谷物籽实饲料，特别是玉米，经过 130～150℃短时间的高温焙炒后，一部分淀粉转变糊精而产生香味，适口性提高，也有利于消化。焙炒谷物籽实主要用于犊牛诱食料和开食料。

③膨化熟化。谷物饲料膨化处理使淀粉的糊化程度比例更高，可破坏和软化纤维结构的细胞壁，使蛋白质变性，脂肪稳定，而且脂肪可从谷物内部渗透到表面，使谷物具有一种特殊的香味。经膨化处理的谷物更疏松，有利于消化。膨化的高温处理几乎可杀死所有的微生物，从而减少饲料对消化道的感染，但成本高。谷物饲料膨化处理主要用于膨化玉米，作为犊牛的诱食料、开食料和犊牛料。

(4) 发芽。籽实的发芽过程是一个复杂而有质变的过程。大麦发芽后，部分蛋白质分解成氨化物，而糖、维生素、各种酶、纤维素增加，无氮浸出物减少。从 1 kg 大麦中含有的有机物质来看，发芽后的总量减少，但是在冬季缺乏青绿饲料的情况下，为使日粮具有一定的青绿饲料性质，可以适当地应用发芽饲料。籽实发芽有长芽与短芽之分。长芽(6～8 cm)以供给维生素为主要目的，短芽则利用其中含有的各种酶，以供制作糖化饲料或促进食欲。

(5) 保存高水分谷物的方法。高水分谷物是指收获时谷物水分含量在 22%～40%，不经晒干就制成青贮的谷物，谷物如玉米含水量达 30%以上保存的称为高水分玉米保存。高水分谷物可整粒贮存在青贮塔内，但喂前要破碎。高水分玉米密闭贮藏，避免了高温(120～130℃)

烘干造成的氨基酸利用率下降,过瘤胃蛋白的降低(湿玉米80%而干玉米仅40%)和维生素的破坏,以及晒干所带来的氧化损失,最大限度地保持玉米作为饲料的营养成分。节省饲料玉米的昂贵烘干费用。高水分谷物有2种保存方法:一是制成青贮;二是用有机酸或碱(氨)保存。有机酸保存即谷物与1%~1.5%的丙酸或丙酸乙酸、丙酸甲酸混合物彻底混合。用有机酸处理高水分谷物时能杀死其中的霉菌等大部分微生物,酸还能穿透种皮,杀死胚芽,阻止呼吸和酶的活性,最终防止发酵产热,保存各种营养成分。用氢氧化钠等碱性物质保存高水分谷物是一种常用方法,能使玉米和高粱的利用效率比干燥保存时高。与晒干的玉米相比,高水分玉米使肉牛日增重提高3%,饲料效率提高10%,高水分高粱也有较好的效果。高水分小麦与晒干的小麦效果相同。

4.3.7.3 油脂类的应用

油脂包括过瘤胃脂肪和植物油脂类如花生油、大豆油、菜籽油、葵花籽油、芝麻油、玉米油、橄榄油、椰子油、棕榈油、亚麻油等。目前油脂作为能量饲料在肉牛饲粮中已广泛应用。用油脂作为能量补充的同时,也保证了维生素的补充,提高肉牛日增重和母牛繁殖机能。作为油脂添加剂添加,对于饲料的生产加工过程,则产生的粉尘少,降低车间的空气污染。

油脂下脚料和大豆磷脂:肉牛日粮中添加油脂下脚料和大豆磷脂能显著地提高日粮能量浓度水平,提高生产性能,既为油厂解决了副产品综合利用问题,又为饲料厂提供了优质的添加剂。但其适口性较差,降低了采食量,若能采取加工处理,情况可得到进一步改善。

过瘤胃保护脂肪:许多研究表明,直接添加大量的油脂(日粮粗脂肪超过9%)对反刍动物效果不好,油脂在瘤胃中影响微生物对纤维的消化,所以添加的油脂应采取某种方法保护起来,形成过瘤胃保护脂肪。常见的产品有氢化棕榈脂肪和脂肪酸钙盐,不仅能提高牛生产性能,而且能改善奶产品质量和牛肉品质。目前过瘤胃脂肪的种类有脂肪酸钙(动物油脂、植物如棕榈油脂)、氢化饱和棕榈油脂脂肪酸、分馏脂肪,其特点见表4.13。

表4.13 过瘤胃脂肪产品种类 %

产品类型	分馏脂肪	脂肪钙皂	氢化脂肪
脂肪含量	>99.5	80~84	99
脂肪酸组成(占脂肪的百分比)			
C14:0以下	<3.5	<2	<3.5
C16:0	75~90	43~45	45~55
C18:0	5~10	4~8	35~47
C18:1	5~10	38~42	4~8
C18:2和C18:3	<1	8~11	1~2
C20:0以上	<1	<1	<1

4.3.8 糠麸类饲料

糠麸类饲料为谷实类原料的加工副产品,主要包括麸皮和稻糠以及其他糠麸。其特点是无氮浸出物含量(30%~52%)较少,其他各种养分含量均较其原料高,有效能值低,钙少磷多,含有丰富的B族维生素,胡萝卜素、维生素E含量较少。

(1) 麸皮。包括小麦麸和大麦麸等。其营养价值随麦类品种和出粉率的高低而变化。粗纤维含量较高，属于低能饲料。大麦麸在能量、蛋白质、粗纤维含量上均优于小麦麸。麸皮具有轻泻作用，质地蓬松，适口性较好，过量使用易造成便秘，应掌握使用比例，一般在日粮中用量不宜超过 20%。

(2) 米糠。米糠的有效营养变化较大，随含壳量的增加而降低，粗脂肪含量高，易发生酸败。为使米糠便于保存，可经脱脂生产米糠饼。经榨油后的米糠饼脂肪和维生素减少，其他营养成分基本被保留下来。肉牛采食适量的米糠，可改善胴体品质，增加肥度。但采食过量，可使肉牛体脂变软变黄。

(3) 其他糠麸。主要包括玉米糠、高粱糠和小米糠，其中以小米糠的营养价值较高。高粱糠的消化能和代谢能较高，但因含有丹宁，适口性差，易引起便秘，应限制使用。

(4) 玉米喷浆蛋白。也称玉米麸，或玉米纤维饲料，玉米喷浆蛋白是把玉米生产淀粉及胚芽后的副产品(主要为玉米皮)进行加工，把含蛋白质、氨基酸的玉米浆喷上去，使其蛋白质、能量、氨基酸含量增加，干燥后即成玉米喷浆蛋白，主要成分为玉米皮。颜色呈黄色，适口性好，蛋白质含量变化大(14%～27%)，能量含量低，富含非蛋白氮。

(5) 大豆皮。大豆皮是大豆制油工艺的副产品，颜色为米黄色或浅黄色，主要成分是细胞壁和植物纤维，粗纤维含量为 38%，粗蛋白 12.2%，氧化钙 0.53%，磷 0.18%，木质素含量低于 2%。大豆皮无须加工便可喂牛，大豆皮可代替部分秸秆和干草。Owen(1987)试验结果表明：大豆皮的 NDF 可消化率高达 95%。大豆皮含有适量的蛋白质和能量，可代替反刍动物部分精料补充料。

(6) 玉米皮。玉米皮(糠)(CGF)，亦称玉米皮渣，或玉米纤维饲料，玉米皮糠等。它是湿法生产淀粉时将玉米浸泡、粉碎、水选之后的筛上部分，经脱水制成的玉米麸质饲料。其粗纤维在 16.20%左右(6%～16%)，无氮浸出物 57.45%(其中淀粉 40%以上)，粗蛋白质 3.0%(2.5%～9%)。可以代替 20%～50%的麸皮。

4.3.9 矿物质饲料

肉牛每天消化代谢需要大量的矿物质，且肉牛一般以秸秆等粗饲料作为主要饲料，所以其植物性日粮中钙、磷、钠、氯等矿物质均不能满足肉牛生长育肥的需要，必须额外补充。

(1) 食盐。主要成分是氯化钠，牛喂量为精料的 1%～2%。通常不计算饲料中盐的含量，只是按常规量补加。但在日粮中使用酱油渣时要特别注意，因为酱油渣中的盐分含量较高，必要时可减少食盐的补加量或降低酱油渣用量。

(2) 含钙的矿物质饲料。常用的有石粉、贝壳、蛋壳等，主要成分为碳酸钙。这类饲料来源广，价格低，但动物利用率不高。石粉和贝壳粉是廉价的钙源，含钙量分别为 38%和 33%左右。石粉主要指石灰石粉，为天然的碳酸钙；贝壳粉是用天然海贝类的壳加工而成，它的钙含量一般低于石粉。

(3) 含磷的矿物质饲料。单纯含磷的矿物质饲料并不多，且因其价格昂贵，一般不单独使用。这类饲料有磷酸氢钠、磷酸氢二钠、磷酸盐等。

(4) 含钙、磷的饲料。常用的有磷酸钙、磷酸氢钙等，它们既含钙又含磷，消化利用率相对较高，且价格适中。在牛日粮中出现钙和磷同时不足的情况时，多以这类饲料补给。磷酸氢钙的磷含量18%以上，含钙不低于23%，是常用的无机磷源饲料。

其他的一些矿物性饲料有沸白粉、麦饭石粉，都含有多种常量和微量元素。

4.3.10 饲料添加剂

饲料添加剂的作用是完善饲料的营养性，提高饲料的利用率，促进牛的生产性能和预防疾病，减少饲料在贮存期间的营养损失，改善产品品质。牛常用的饲料添加剂主要有维生素添加剂，如维生素A、维生素D、维生素E、烟酸等；微量元素添加剂，如铁、锌、铜、锰、碘、钴、硒等；氨基酸添加剂，如保护性赖氨酸、蛋氨酸；瘤胃缓冲调控剂，如碳酸氢钠等。

4.3.10.1 氨基酸添加剂—瘤胃保护性氨基酸(RPAA)

一般对于肉牛不必过多考虑必需氨基酸的需要，对哺乳母牛或生长快的肉牛，蛋氨酸和赖氨酸通常是日粮的第一、第二限制性氨基酸，添加过瘤胃保护氨基酸，可改善蛋白质利用效率，提高母牛泌乳量和育肥牛日增重。

所谓过瘤胃保护氨基酸(rumen protected amino acids，RPAA)，就是将氨基酸以某种方式修饰或保护起来以免在瘤胃内被微生物降解，而在小肠中还原或释放出来被吸收和利用的保护性氨基酸。RPAA主要采用3种技术：①用脂肪酸或pH敏感的多聚物包被于氨基酸的表面。②RPAA表面包膜涉及油脂或饱和脂肪酸和矿物质。③液体来源的Met羟基类似物(HMB)。使用少量的瘤胃保护氨基酸(RPAA)不但可以代替数量可观的瘤胃非降解蛋白(UIP)，还能提高泌乳母牛产乳量和育肥牛的增重，降低日粮蛋白质水平和饲料成本。瘤胃保护性氨基酸的产品有化学保护方法产品氨基酸类似物(MHA)、氨基酸金属螯合物、氨基酸聚合物如*N*-羟甲基-*DL*-蛋氨酸钙(固体)，*DL*-蛋氨酸羟基类似物(methionine hydroxyl analogue，MHA)及其钙盐(MHA-Ca)，氨基酸金属螯合物(蛋氨酸锌、蛋氨酸硒、蛋氨酸铜、蛋氨酸钙、赖氨酸锌等)以及包被氨基酸(蛋氨酸、赖氨酸)。

4.3.10.2 微量元素添加剂

主要是补充日粮中微量元素的不足。对于牛一般需要补充铁、铜、锌、锰、钴、碘、硒等微量元素，按需要量制成微量元素预混剂后方可使用。

4.3.10.3 维生素添加剂

由于牛瘤胃微生物能够合成维生素K、B族维生素，肝脏和肾脏可合成维生素C，一般情况下，除犊牛外，不需额外添加以上维生素。日粮中必须提供足够的维生素A、维生素D和维生素E，以满足肉牛不同增重水平的需要。

4.3.10.4 瘤胃缓冲剂

牛采食精饲料较多时，易造成瘤胃内酸度增加，瘤胃微生物活动受到抑制，引起消化紊乱，因此需要加入可以调节瘤胃酸碱平衡的缓冲剂。碳酸氢钠是常用的瘤胃缓冲剂，其添加量占精料混合料的1%～1.5%。氧化镁的作用效果同碳酸氢钠；二者混合使用效果更好(混合物中碳酸氢钠占70%，氧化镁占30%)，用量为精料的1%～1.2%。

4.3.10.5 其他添加剂

养牛生产中使用的添加剂有许多，饲料添加剂能促进肉牛生长，增加采食量，提高饲料利用率。但是使用不当会使牛肉质量下降，影响养牛经济效益，在肉牛养殖中常用的主要有以下几种。

(1) 酵母培养物。酵母培养物的作用机制主要是维持稳定的瘤胃 pH 值,刺激瘤胃纤维消化,提高挥发酸的产量,有利于干物质采食量的提高。在转群到新养殖场的肉牛每头每天添加 15～115 g,有助于防止进食量下降,较快适应新饲养环境。米曲霉和酿酒酵母是目前国内外制备酵母培养物的常用菌种。在热应激状态下,日粮中添加酵母培养物能减缓粗饲料采食下降。

(2) 酶制剂、复合酶制剂。酶制剂可破坏植物饲料的细胞壁,使营养物质释放出来,提高营养成分,尤其是粗纤维的利用率。酶制剂还可消除抗营养因子如应用瘤胃稳定的纤维素酶制剂尤其是复合酶制剂可提高饲料维素性物质瘤胃发酵率,使生产性能提高。外源酶在幼龄肉牛中应用效果明显,Burrough 等(1960)通过大量的饲养实验首次发现外源酶能够提高肉牛的日增重和饲料利用率。

(3) 益生素。是一种平衡胃肠道内微生态系统中一种或多种菌系作用的微生物剂,如乳酸杆菌剂、双歧杆菌剂、枯草杆菌剂等,能激发自身菌种的增殖,抑制别种菌系的生长;产生酶、合成 B 族维生素,提高机体免疫功能,促进食欲,减少胃肠道疾病的发病率,具有催肥作用。益生素可用于育肥牛的饲料添加剂,其添加比例,占饲料的 0.02%～0.2%。

(4) 丙酸钠。是一种适用于小公牛的能量添加剂。日粮中添加丙酸钠(占饲料量的 3%),可提高牛的能量营养水平。

(5) 抗生素。抗生素主要用于犊牛阶段,可以维护犊牛健康,促进其生长。提高对传染病的抵抗能力。但对 6 月龄以后的牛作用不大。一般用于促进犊牛生长常用的有金霉素、杆菌肽锌等。用法:金霉素用量为 3～6 月龄犊牛每日每头 30～70 mg,添加于饲料中喂给;在每千克混合料中杆菌肽锌添加量为:3 月龄犊牛 10～100 mg、4～6 月龄为 4～40 mg。

莫能菌素又叫瘤胃素。在牛消化道中几乎不吸收,因此,一般不存在组织中残留和向可食性畜产品转移的问题。在对架子牛进行高精料育肥时应用莫能菌素,抑制甲烷形成,能增加丙酸的产生,提高饲料转化率和蛋白质的利用率。按规定量添加并与精料均匀混合,每头牛每天 50～360 mg 混于精料中饲喂,或把混有莫能菌素的精料与粗饲料混合饲喂,一般增重可提高 10%以上。其安全用量为:①放牧育肥时用量。前 7 d 每头每日加入 100 mg,7 d 以后每天每头 200 mg。②舍饲育肥时用量:以精料为主时,每头每日 150～200 mg,或每千克精料 30 mg,以粗饲料为主时每头每日 200 mg,没有停药期,可一直饲喂到出栏前 5 d。瘤胃素添加量很少,为了便于添加饲喂前要先制成预混料,最好向预混料厂家直接购买含有莫能霉素的预混料。搅拌不匀时易发生中毒,另外莫能霉素对马属动物有致命毒性。

其他抗生素,应用见表 4.14。

表 4.14　肉牛饲料药物添加剂使用规范

品　名	用　量	休药期/d	其他注意事项
莫能菌素钠预混剂	每头每天 200～360 mg(以有效成分计)	5	禁止与泰乐菌素、竹桃霉素并用;搅拌配料时禁止与人的皮肤、眼睛接触
杆菌肽锌预混剂	每饲料添加犊牛 10～100 g(3 月龄以下)、4～40 g(6 月龄以下)(以有效成分计)	0	

续表 4.14

品名	用量	休药期	其他注意事项
黄霉素预混剂	肉牛每头每天 30～50 mg(以有效成分计)	0	
盐霉素钠预混剂	每吨饲料添加 10～30 g(以有效成分计)	5	禁止与泰乐菌素、竹桃霉素并用
硫酸黏杆菌素预混剂	犊牛每吨饲料添加 5～40 g(以有效成分计)	7	

注 1:摘自中华人民共和国农业部公布的《饲料药物添加剂使用规范》《中华人民共和国农业部公告第 168 号》。

注 2:出口肉牛产品中药物饲料添加剂的使用按双方签订的合同进行。

(6)抗热应激类添加剂。夏季高温天气,如饲养管理不当,牛会发生不同程度的热应激反应,严重影响肉牛生产性能和健康。如果在日粮中加入某些药物添加剂,便可以缓解热应激对肉牛的不良影响。

氯化钾:炎热气候条件下,肉牛皮肤蒸发量、饮水量和排尿量均增加,从而增加了体内电解质的排出,而钾的丧失显著高于最适环境下,使血浆钾水平下降。氯化钾的添加可提高高温季节肉牛日粮中钾水平以维持机体电解质的平衡,既有利于健康,又能提高生产性能。

有机铬:铬是一种微量元素,主要以 Cr^{3+} 形式构成葡萄糖耐受因子,协助胰岛素作用,影响糖类、脂类和核酸的代谢。在基础日粮中添加 0.3 mg/kg 酵母铬饲喂肉牛补充有机铬,可降低肉牛血清中皮质醇浓度,提高其抗应激能力,改善生产性能,增强抗病力和适应性。

中草药:一些具有清热解毒、凉血解暑作用的中草药,能够全面协调生理功能,减轻热应激造成的机能紊乱,增强肉牛对高温的适应性,增加营养物质的消化吸收利用,调整免疫机能,缓解热应激反应。采用石膏、板蓝根、苍术、白芍、黄芪、党参、淡竹叶、甘草等中草药,一定比例配制粉碎后于夏季添加于肉牛饲料中饲喂 2 个月,对缓解肉牛夏季热应激有很好的作用,还有无残留、无污染的优点,是今后肉牛抗热应激的一个新途径。

4.4 肉牛场的饲料管理

饲料是养牛生产的物质基础,均衡、合理的饲料供应是保证牛场生产正常进行的前提,全价饲养是保证牛正常生长、产乳、增重的必要条件;饲料费用的支出是牛场生产经营支出中最重要的一个项目,如以舍饲为主的牛场来计算,该费用在全部费用中所占比例约为 50%,甚至更高,管理的好坏不仅影响到饲养成本,而且对牛群的健康和生产性能均有影响。

科学地保管饲料,不会造成饲料发霉变质,脂肪氧化增多,虫蛀,鼠害等现象。存放要做到避光、清洁、通风、防虫防鼠,一旦发现问题,及时处理。

1. 管理原则

注意质和量并重的原则,不能随意偏重哪一方面,要根据生产上的要求,尽量发挥当地饲料资源的优势,扩大来源渠道,既要满足生产上的需要,又要力争降低饲料成本。饲料供给要注意合理配制日粮的要求,做到均衡供应,各类饲料合理配给,避免单一性。为了保证配合日粮的质量，对于各种精、粗料，要定期做营养成分的测定。

2. 合理的计划

按照全年的需要量，对所需的各种饲料提出计划储备量。在制定下一年的饲料计划时，需知道牛群的发展情况，主要是牛群中的繁殖母牛数、青年牛数、育肥牛数，测算出每头牛的日粮需要及组成（营养需要量），再累计到月、年需要量。编制计划时，在理论计算值的基础上提高15％～20％为预计储备量。

3. 饲料的供应

了解市场的供求信息，熟悉产地，摸清当前的市场产销情况，联系采购点，把握好价格、质量、数量、验收和运输，对一些季节性强的饲料、饲草，要做好收购后的贮藏工作，以保证不受损失。

4. 加工和贮藏

玉米（秸秆）青贮的制备要按规定要求，保证质量。青贮窖要防止漏水，不然易发生霉烂。精料加工需符合生产工艺规定，混合均匀，加工为成品后应在 10 d 内用完，每次发 1～2 d 的量，特别是潮湿季节，要注意防止霉变。干草、稻草本身要求干燥无泥，堆码整齐，棚顶不漏水，否则会引起霉烂，还要注意防火灾。青绿多汁料，要逐日按次序将其堆好，堆码时不能过厚过宽，尤其是返销青菜，否则易发生中毒。另外，大头菜、胡萝卜等也可利用青贮方法延长其保存时间。

5. 饲料的开发利用

能满足肉牛营养需要的饲料丰富多样，除种植的豆科、禾本科牧草外，粮食作物如谷类、薯类副产品可作能量饲料，经济作物主要是油料作物副产品可提供大量饼类，是植物蛋白的主要来源。

6. 饲料的保管和合理利用

饲料收购的季节性很强，收购后必须做好保管工作，防止霉烂变质，保持其原有的营养价值。根据牛群结构对饲料的需求，制定饲料定额，按定额标准组织饲料供应，定期采购，妥善保管。经济合理地利用饲料是通过合理的饲料配合和采用科学的饲养方法来实现的。根据不同生理时期、不同年龄、不同生产要求的牛群对营养的需求不同，经过试验和计算配制不同日粮，既满足牛的营养需要，也不浪费饲料。要经常开展饲喂方法的研究和探索，以提高饲料的消化率。

7. 定期考核饲料利用率

对牛群供应的饲料是否合理，要经常对牛群进行分析，如架子牛的生长情况，育肥牛的增重效果，成年牛的体膘和繁殖情况等。此外，定期考核饲料转化率或计算饲料报酬，是加强对饲料管理的有效措施。可用下列公式计算：

饲料转化率＝（饲料消化量/饲料的消耗量）×100％

饲料报酬＝增加的体重或胴体重/饲料消耗量

单位增重饲料成本＝饲料成本/增重量

单位增重生产费用＝生产费用/增重量

第5章

肉牛场的建设与环境控制

我国部分地区的肉牛业已成为农村经济的支柱产业和农民增收的重要来源，肉牛养殖的经营模式有家庭副业（母牛带犊养殖）或单一目的（养牛专业户或育肥或母牛养殖）或专业化生产（育肥场或繁育场），与奶牛养殖相比，肉牛的牛舍以及附属设施也就比较单一。在饲养过程，应根据繁殖母牛、犊牛、育成牛、架子牛、育肥牛的生理特点，对肉牛进行合群、分舍饲养，有条件可按群设运动场。肉牛养殖牛舍的修建要本着勤俭节约、因地制宜、科学实用的原则。

5.1 肉牛对牛舍环境的要求

养牛，尤其是现代工厂化养牛的生产效果，既取决于牛本身的健康状况，遗传性能和生产水平，又取决于饲喂饲料的数量和质量，同时也取决于牛所处的生产环境。建筑牛舍，根据南北方差别及气候因素，对牛舍的温度、湿度、气流、光照及环境条件都有一定的要求，只有满足牛对环境条件的要求，才能获得好的饲养效果。

5.1.1 环境因素对肉牛生产性能的影响

肉牛所在的环境即是牛舍或放牧过程和牧地，也就是肉牛环境包括外界环境和牛舍内局部小环境。外界环境常指大气环境，其中包括气温、气湿、气流、光辐射以及大气卫生状况等因素；局部小环境包括局部的气温、气湿、气流、光辐射以及大气卫生状况等因素，更直接的对牛体产生明显的作用。在各种环境因素中，对育肥架子牛增重起主导作用的因素是环境温度；空气中 NH_3 的含量（空气质量）是第二影响因素；环境湿度和饲养密度 2 个因素对育肥牛增重的影响处于次要地位（郭艳芹等，2010），见表 5.1 和表 5.2。

1. 温度

温度与牛的生产性能关系密切，其影响主要是通过牛的热调节而起作用。气温对牛机体的影响最大，主要影响牛体健康及其生产力，在低温中生产力下降主要是由于大量的饲料能量消耗于维持体温，使用于生产的能量减少；在高温中，生产力下降是机体为减少产热的一种保护性反应。肉牛生长适宜的环境温度范围为0～25℃，温度在5～21℃时，牛的增重最快，一般肉牛舍温的要求范围为8～15℃。温度过高，肉牛增重缓慢，温度过低，降低饲料消化率，同时又提高代谢率，以增加产热量来维持体温，显著增加饲料消耗。因此夏季要做好防暑降温工作，冬季要注意防寒保暖，提供适宜的环境温度。

表5.1 不同环境温度对肉牛自由采食量的影响

环境温度/℃	肉牛的采食量估计值
>35	降低总日粮的10%～35%
25～30	采食量降低3%～10%
15～25	采食量正常
5～15	采食量增加2%～5%
−15～−5	采食量增加5%～10%
<−15	采食量增加8%～25%
<−25	采食量暂时降低

引自刘振宇和杨桂青，2006。

表5.2 环境温度对阉牛育肥效果的影响

月份	阉牛平均体重/kg	气温/℃	平均日增重/kg	日采食量/kg	饲料报酬
12～2	419	−17	1.03	8.95	9.8
3～5	390	2	1.33	9.18	7.8
6～8	372	17	1.51	7.97	5.6
9～11	431	3	1.30	10.68	6.9

引自刘振宇和杨桂青，2006。

2. 湿度

空气湿度对牛体机能的影响，主要是通过水分蒸发影响牛体散热，干扰牛体调节。在适宜温度环境中，气湿对牛体的调节没有影响，但在高温和低温环境中，气湿高低对牛体热调节产生作用。一般是湿度越大，体温调节范围越小。高温高湿会导致牛的体表水分蒸发受阻，体热散发受阻，体温很快上升，机体机能失调，呼吸困难，最后致死。低温高湿会增加牛体热散发，使体温下降，生长发育受阻，饲料报酬率降低。另外，舍内湿度过高，会使机体抵抗力减弱，发病率增高，有利于传染病的蔓延，使病程加重。同时湿度过高有利于病原性真菌、细菌和寄生虫的孳生(图5.1至图5.4)。在适宜的温度范围内，湿度对肉牛影响不明显，如气温升高时，高温高湿对肉牛影响较大。

3. 气流

气流(又称风)通过对流作用，使牛体散发热量。牛体周围的冷热空气不断对流，带走牛体所散发的热量，起到降温作用。一般来说，风速越大，降温效果越明显。寒冷季节，若受大风侵袭，会加重低温效应，见表5.3，使肉牛的抗病力减弱，尤其对于犊牛，易患呼吸道、消化道疾病，如肺炎、肠炎等，同时气流增强了机体散热，从而加重了寒冷对牛的影响，增加能量消耗，使生产力下降因而对肉牛的生长有不利影响。炎热季节，加强通风换气，有助于防暑降温，并排出牛舍中的有害气体,改善牛舍环境卫生状况,有利于肉牛增重和提高饲料转化率。在寒冷季节,要求气流速度在 0.1～0.2 m/s,不超过 0.25 m/s;随着气流速度增加使牛非蒸发散热量增加,产热量增加,在低温环境下随着气流速度增加,产热量增加的幅度更大。

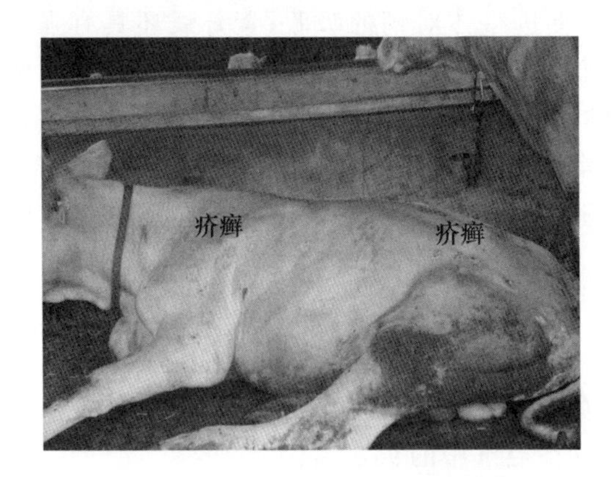

图 5.1　湿度大肉牛易发生寄生虫病

图 5.2　粪尿不及时清理使湿度大

图 5.3　缺乏通风使舍内湿度大

图 5.4　湿度大,饲道潮湿

表 5.3　不同气温与风速结合时对环境产生冷却温度

温度/℃	风速/(m/s)				
	无风	2.2	4.5	6.7	8.9
7.2	7.2	6	1.4	−2.4	−4.2
1.7	1.7	0.1	−6	−9	−11.6
−3.9	−3.9	−6.2	−13.8	−16.6	−19.4
−9.4	−9.4	−11.6	−19.3	−24	−27.4
−15	−15	−18.2	−26	−31.5	−35.4
−26.6	−26.6	−23.3	−33.3	−39	−43.5

引自刘卫东和孔庆友,2000(中国农业大学出版社)。▇ 表示"冷应激区"。

4. 光照(日照、光辐射)

阳光中的紫外线在太阳辐射总能量中占 50%,其对动物起的作用是热效应,即照射部位因受热而温度升高。冬季牛体受日光照射有利于防寒，对牛的健康有好处；夏季高温下受日光照射会使牛体体温升高，导致日射病(中暑)。因此，夏季应采取遮阳措施，加强防护。阳光紫外线中1%～2%在太阳辐射没有热效应，但它具有强大的生物学效应；照射紫外线可使牛体皮肤中的7-脱氢胆固醇转化为维生素D_3促进牛体对钙的吸收；紫外线还具有强力杀菌作用，从而具有消毒效应；紫外线还使畜体血液中的红、白细胞数量增加，可提高机体的抗病能力；但紫外线过强照射也有害于牛的健康，会导致日射病。可见光约占太阳辐射能总量的50%，除具有一定的热效应外，还为人畜活动提供了方便。

一般条件下，牛舍常采用自然光照，为了生产需要也采用人工光照。光照不仅对肉牛繁殖有显著作用，对肉牛生长也有一定影响。夏季以自然日光为主，冬季通过塑膜透光为主，夜间可根据需要适当增加光照控制。

5. 尘埃、有害气体和噪声

空气中浮游的灰尘和水滴是微生物附着和生存的好地方。为防止疾病的传播，牛舍一定要避免粉尘飞扬，保持圈舍通风换气良好，尽量减少空气中的灰尘。

有害气体主要是氨气(NH_3)、硫化氢(H_2S)、二氧化碳(CO_2)，有害气体对牛影响较大，氨气过高，会使牛采食减少，日增重下降，出现氨中毒症状。一般养殖户不具备测定有害气体的条件，以饲养人员的嗅觉和眼睛感觉判断，人进入牛舍只要不感觉气体刺激眼睛流泪，刺激呼吸道咳嗽为宜。只要做好适时的通风换气，可以防止湿度、有害气体浓度过高的影响。

肉牛在较强噪声环境中生长发育缓慢，繁殖性能不良，可在小区或牛场周围植树种草，离住宅区、铁路、公路、畜产品加工厂500 m外，可降低噪声与灰尘的影响。

5.1.2 肉牛饲养对环境的要求

肉牛业的生产效益不仅取决于牛的品种和科学的饲养管理，也取决于牛的饲养环境。牛舍的标准化设计和环境控制是目前我国养牛业向高层次发展的重要环节。就饲养环境条件影响来讲，最直接的就是冬季的温度控制和夏季的防暑降温问题。除控制好牛舍内的温度外，还有牛舍内的湿度、有害气体、饲养密度以及采光和风速，噪声与灰尘等。

1. 温度和湿度

我国的南北自然气候环境相差很大，对肉牛养殖的影响也会各有差别，但重点仍是以夏季防暑降温和冬季的防寒保暖为主，无论是高温还是低温主要会造成肉牛的饲料消耗增加，繁殖能力下降，饲养成本提高。受寒冷气温影响，一是肉牛的应激反应增强；为了保持牛体自身体温的恒定，需要增加采食量，提高机体的代谢功能，以增加产热量来维持体温，这样使得肉牛的饲料消耗量显著增加，并且增重明显降低。二是母牛的繁殖能力降低，主要是抑制了母牛发情排卵功能，使受胎率下降；母牛的繁殖周期延长，饲养成本提高。肉牛抵抗高温的能力比较差，为了消除或缓和高温对牛的有害影响，必须做好牛舍的防暑、降温工作。

牛舍内的气温和湿度有一定的要求，表5.4数据可供参考。

饲养肉牛适宜温度范围在5～21℃，就可以保证肉牛正常生长，但是，为了促进肉牛快速生长，提高饲料报酬率，最适宜的温度范围最好控制在10～15℃。适宜湿度50%～70%，最高不要超过75%，可在牛舍内挂一个温湿度表来准确测定。

表 5.4 牛舍保温和湿度要求

牛的类群	适宜温度/℃	最低温度/℃	相对湿度/%
育肥公牛	6	3	≤85
繁殖母牛	8	6	≤85
哺乳犊牛	12	7	≤75
青年牛	8	3	≤85
产房牛	12	10	≤75
治疗牛	15	12	≤75

2. 气流

新鲜的空气是促进肉牛新陈代谢的必需条件，并可减少疾病的传播。气流对母牛生产期和犊牛影响较大，牛体周围气流风速应控制在 0.3 m/s 左右，最高不要超过 0.5 m/s；一般以饲养人员进入牛舍内感觉空气流畅、舒适为宜。

3. 牛舍内采光

肉牛舍采光系数 1∶16，日光照时间 6～8 h，强度 10～30 lx(勒克斯)适宜。

4. 尘埃、有害气体和噪声

牛的呼吸、排泄以及排泄物的腐化分解，不仅使舍内空气中的氧气减少，二氧化碳增加，而且产生了氨气、硫化氢、甲烷等有毒有害气体，对牛的健康和生产都有极其不利的影响。在敞棚、开放式或半开放式牛舍中，空气流动性大，所以牛舍中的空气成分与大气差异很小。而封闭式牛舍(表 5.5)，如设计不当或使用管理不善，会由于牛的呼吸、排泄物的腐败分解，使空气中的氨气、硫化氢、二氧化碳等增多，影响肉牛生产力。牛舍中二氧化碳含量不超过 0.25%，硫化氢不超过 0.001%，氨气不超过 0.002 6 mg/L。

表 5.5 夏季不同牛舍类型对舍内氨气和二氧化碳的影响 mg/kg

项　目	有窗牛舍	半开放牛舍	牛棚舍
氨气	0.60±0.25b	0.81±0.12c	0.38±0.25a
二氧化碳	504.43±114.51a	690.89±203.05b	407.72±48.14a

注：同行数据肩标不同字母表示差异显著($P<0.05$)。

引自仲庆振等，2010(吉林)。

舍外传入的、舍内机械产生的种种噪声，还有牛自身产生的噪声，对牛的休息、采食、增重等环节都有不良影响。一般要求牛舍的噪声水平白天不超过 90 dB，夜间不超过 50 dB。现代工厂化养牛应选用噪声小的机械设备或带有消声器。有条件时，在牛舍内放轻音乐更好。此外，舍内的灰尘和微生物落在牛体和饲料上也是一大危害。故加强卫生与消毒工作应为养牛生产的日常程序，国家对养牛场规定空气中微粒量不超过 0.5～4 mg/m^3。

4. 饲养密度

牛舍内头均面积要达到 4.5 m^2 以上，运动场头均面积达到 10～15 m^2。

5.1.3 牛舍建筑的环境要求

肉牛的生长和繁殖、犊牛的发育与她们所处的环境条件有很大关系，因此对牛舍的建筑有较高的要求。为给肉牛创造适宜的环境条件，肉牛舍应在合理标准化设计的基础上，采用保暖、降温、通风、光照等措施，加强对牛舍环境的控制，通过科学的设计有效地减弱舍内环境因子对牛个体造成的不良影响（表 5.6），获得肉牛生产的效益。

表 5.6　不同类型牛舍温热指标的测定结果的对比

项　目	有窗牛舍	半开放牛舍	牛棚舍
温度/℃	27.69±2.18	28.45±2.16	26.71±2.79
相对湿度/%	58.52a±8.76	69.59b±5.91	52.17a±8.35
风速/(m/s)	0.46±0.24	0.35±0.06	0.45±0.19
温湿指数	76.26ab±2.19	78.88bc±2.43	68.55ab±2.34

注：同行数据不同字母表示差异显著（$P<0.05$），有相同字母表示差异不显著（$P>0.05$）。

引自仲庆振等，2010（吉林）。

牛舍建筑，要根据当地的气温变化和牛场生产、用途等因素来确定。建牛舍因陋就简，就地取材，经济实用，还要符合兽医卫生要求，做到科学合理。有条件的，可建质量好的、经久耐用的牛舍。根据南北方差别及气候因素，对牛舍的温度、湿度、气流、光照及环境条件都有一定的要求，只有满足牛对环境条件的要求，才能获得好的饲养效果。牛舍内应干燥，冬暖夏凉，地面应保温，不透水，不打滑，且污水、粪尿易于排出舍外。舍内清洁卫生，空气新鲜。由于冬季春季风向多偏西北，牛舍以坐北朝南或朝东南好。牛舍要有一定数量和大小的窗户，以保证太阳光线充足和空气流通。房顶有一定厚度，隔热保温性能好。舍内各种设施的安置应科学合理，以利于牛生长。

1. 牛舍温度

气温对牛体的影响很大，影响牛体健康及其生产力的发挥。研究表明牛的适宜环境温度为 5～21℃，故一般以适宜温度为标准。大牛 5～31℃，小牛 10～24℃（表 5.7）。牛只的散热机能较差，应解决牛舍的通风，朝向、日照以及屋面，外墙的保温隔热问题。牛耐寒不耐热，当气温在－15℃时，牛仍能正常生活，但当气温升到 30℃时，肉牛生长和母牛繁殖都受影响。所以牛舍应着重注意防热、降温问题。南方温暖地区，采用开敞式或半开敞式牛舍能达到防暑降温目的。但北方寒冷地区，冬季的大风也会影响肉牛生长，须采取防风措施（表 5.8）。因此，在北方适合于采用有窗开放型牛舍，冬季舍温以 6～12℃为宜。能满足建筑通风、降温和采光要求的结构形式很多，例如，炎热地区的开敞式牛舍，就可以选用带天窗或不带天窗的钢筋混凝土门式钢架；北方寒冷地区，可采用砖混结构的房屋。

表 5.7　牛对温度要求　℃

类别	牛　舍			饮水温度	
	最适温度	最低温度	最高温度	夏季	冬季
育肥牛	10～15	2	25	10～15	20～25
哺乳犊牛	12～15	6	27	20	20～25
一般牛	10～20	4	27	15～20	20
产期母牛	15	10	25	20	25

表 5.8 肉牛的下界温度(LCT)和气温低于 LCT 时代谢能需要量的增长情况

牛 别	体重/kg	气候状况	无冷应激时产热量/(MJ/d)	LCT	气温比 LCT 每下降 1℃所增加的代谢能需要量	
					/(MJ/d)	/%
1 周龄犊牛	50	干燥,微风	12.3	7.7	0.35	2.83
6 月龄小母牛	100	干燥,微风	24.7	−17	0.33	1.64
6 月龄小母牛	100	湿,0.28 m/s 风	24.7	9.9	0.82	3.28
1 岁小公牛	300	干燥,微风	63.4	−34.1	0.85	1.3
1 岁小公牛	300	雪,0.28 m/s 风	63.4	−9.5	1.3	1.99
母牛,怀孕中期	500	干燥,微风	68.6	−25	0.99	1.45
母牛,怀孕中期	500	雪,0.28 m/s 风	68.6	−7.3	1.4	2.04

注:下界温度是牛开始冷应激的温度(作者解释)。

引自李震钟,1999。

在建造牛舍的时候要充分考虑牛舍的保温、隔热设计,同时还要方便在饲养过程中采取炎夏做好防暑降温,严寒能做防寒保温的措施。设计中常用的增温措施包括加大采光面积、利用太阳能加热、空气式太阳能供暖系统的采用、采光天棚的设置、牛舍墙与天棚的保温隔热设计等。在生产管理过程中,防寒可采用暖风机、热风炉、地火龙等设施。此外,还可采用挡风、加热饮用水、铺设褥草等措施。降温一般采用强力通风设备、洒雾设备、洒雾通风设备等。在饲养过程中,一般采用强力通风、洒水和遮阳等措施来降低温度,还可采用湿帘、饮冷水等措施。

在采取增温和降温措施时,舍内温度要分布均匀,同时温度梯度小也很必要。不同牛因个体差异对环境温度要求不同,针对不同情况,适时做出调整。各种牛要求的温度见表 5.7。具体要求是天棚和地面附近温差不超过 2.5~3℃;墙内表面与舍内平均温差不超过 3~5℃;墙壁附近的空气温度与舍中间相差不超过 3℃。

2. 牛舍湿度

湿度对牛体机能的影响,是通过水分蒸发影响牛体散热,影响肉牛体热调节。高温高湿是对牛生产最不利的环境,会导致牛的体表水分蒸发受阻,体热散发受阻,产生热应激,严重时使牛体温上升加快,机体机能失调,呼吸困难,最后致死(表 5.9)。低温高湿会增加牛体热散发,使体温下降,生长受阻,饲料报酬降低,增加生产成本,过冷也造成牛的死亡,尤其是初生犊牛。此外,空气湿度过高,也会致使有害微生物的孳生,为各种寄生虫的繁殖发育提供条件,引起一些疾病产生,特别是一些皮肤病和肢蹄病发病率增高,对肉牛健康不利。

肉牛用水量大,舍内湿度会高,故应及时清除粪尿,污水,保持良好通风,尽量减少水汽。由于牛舍四周墙壁的阻挡,空气流通不畅,牛体排出的水汽及牛舍内的潮湿物体表面的蒸发,有时加上阴雨天气的影响,使得牛舍内空气湿度大于舍外。湿度大的牛舍利于微生物的生长繁殖,使牛易患湿疹、疥癣等皮肤病,气温低时,还会引起感冒、肺炎等。

牛舍内相对湿度应控制在 50%~75%为宜。牛舍的湿度主要由通风和洒水来调节。一般情况下,牛舍的湿度不会过低,只要控制不要过高。对于牛的生产性能来说,50%~70%的相对湿度是比较适宜的,但在冬天牛舍要保持这样的湿度水平比较困难。

表 5.9 高温高湿和低温高湿与环境温湿指数(THI)的关系

温度/℃	相对湿度/%								
	20	30	40	50	60	70	80	90	99
40	83.8	86.3	88.8	91.4	93.9	96.4	98.9	101.5	103.7
38	81.7	84.1	86.4	88.7	91.1	93.4	95.7	98.1	100.2
36	79.7	81.9	84.0	86.1	88.3	90.4	92.5	94.7	96.6
34	77.7	79.6	81.6	83.5	85.5	87.4	89.3	91.3	93.0
32	75.7	77.4	79.2	80.9	82.6	84.4	86.1	87.9	89.4
30	73.7	75.2	76.8	78.3	79.8	81.4	82.9	84.5	85.8
28	71.7	73.0	74.3	75.7	77.0	78.4	79.7	81.1	82.3
26	69.6	70.8	71.9	73.1	74.2	75.4	76.5	77.7	78.7
25	68.6	69.7	70.7	71.8	72.8	73.9	74.9	76.0	76.9
23	66.6	67.5	68.3	69.2	70.0	70.9	71.7	72.6	73.3
21	64.6	65.3	65.9	66.6	67.2	67.9	68.5	69.2	69.7
20	63.6	64.2	64.7	65.3	65.8	66.4	66.9	67.5	67.9
18	61.6	61.9	62.3	62.6	63.0	63.3	63.7	64.0	64.4
15	58.6	58.6	58.7	58.7	58.8	58.8	58.9	58.9	59.0
5	48.5	47.5	46.6	45.7	44.7	43.8	42.9	41.9	41.1
0	43.4	42.0	40.6	39.2	37.7	36.3	34.9	33.4	32.1
−5	38.4	36.5	34.6	32.6	30.7	28.8	26.9	24.9	23.2
−7	36.4	34.3	32.1	30.0	27.9	25.8	23.6	21.5	19.6
−9	34.4	32.0	29.7	27.4	25.1	22.8	20.4	18.1	16.0
−11	32.4	29.8	27.3	24.8	22.3	19.8	17.2	14.7	12.5
−13	30.3	27.6	24.9	22.2	19.5	16.8	14.0	11.3	8.9
−15	28.3	25.4	22.5	19.6	16.7	13.7	10.8	7.9	5.3
−18	25.3	22.1	18.9	15.7	12.4	9.2	6.0	2.8	−0.1
−20	23.3	19.9	16.5	13.1	9.6	6.2	2.8	−0.6	−3.7
−22	21.3	17.7	14.0	10.4	6.8	3.2	−0.4	−4.0	−7.2
−25	18.2	14.3	10.4	6.5	2.6	−1.3	−5.2	−9.1	−12.6
−30	13.2	8.8	4.4	0.0	−4.4	−8.8	−13.2	−17.6	−21.6
−35	8.2	3.3	−1.6	−6.5	−11.4	−16.3	−21.2	−26.1	−30.5

注:温湿指数 THI=0.81Td+(0.99Td−14.3)RH+46.3。其中,Td表示温度(干球温度),RH表示相对湿度。

:热应激(THI>70);:冷应激(THI<18)。

3. 牛舍气流

空气流动可使牛舍内的冷热空气对流,带走牛体所产生的热量,调节牛体温度。适当空气流动可以保持牛舍空气清新,维持牛体正常的体温。牛舍气流的控制及调节,除受牛舍朝向与主风向进行自然调节以外,还可人为进行控制,在舍外有风时,地脚窗可加强对流通风(图 5.5),形成“穿堂风”,可对牛起到有效的防暑作用。

通风的主要作用是排除过多的水汽、热量、有害气体、尘埃和细菌等。通风量的确定可根据舍内外的温度差、湿度差、换气量及牛只数量来计算。高温时风会缓和暑热,低温时风会助长寒冷。在我国北方地区,在生产中通常将夏季通风量作为牛舍最大通风量,冬季通风量作为最小通风量进行设计。为了适应季节和气候的不同,在屋顶风管中应设翻板调节阀,可调节其开启大小或完全关闭,而地脚窗则应做成保温窗,在寒冷季节时可以把它关闭。此外,必要时还可以在屋顶风管中或山墙上加设风机排风，可使空气流通，加快热量排放(图 5.6)。例如夏季通过安装电风扇或通风加喷淋等设备改变气流速度(表 5.10)，冬季寒风袭击时，可适当关闭门窗，牛舍四周用篷布遮挡，使牛舍空气温度保持相对稳定，减少牛只呼吸道、消化道疾病，冬季要注意贼风的侵袭(图 5.7，图 5.8)。一般舍内气流速度以 0.2～0.3 m/s 为宜，气温超过 30℃的酷热天气，气流速度可提高到 0.9～1 m/s，以加快降温速度。

图 5.5 地脚窗的形式

图 5.6 顶部出气口的形式

表 5.10 喷雾冷风机降温对试验组和对照组肉牛增重的影响

组别	下午 14:00 舍外气温(34.0±0.4)℃，舍内				初始体重/kg	试验期增重/kg
	温度/℃	相对湿度/%	THI	风速/(m/s)		
试验组	29.4±0.4a	74.3±2.9a	80.3±1.2	1.05±0.14a	364.4±5.8	28.5±1.6a
对照组	31.5±0.6b	59.2±3.6b	81.9±1.2	0.42±0.07b	364.7±6.3	23.9±0.9b

注：同列数据不同字母表示差异显著($P<0.05$)。2 组牛各 12 头饲养在双列敞棚式牛舍，小群饲养。进行为期 30 d 的试验。试验阶段肉牛日粮精粗比为 30∶70，精饲料组成为玉米 58%，麦麸 10%，豆粕 15%，米糠 15%，石粉 1%，食盐 1%。每日 7:00 和 17:00 人工饲喂，自由采食和饮水，人工清粪。

引自郭永立等，2009。

图 5.7 牛舍保温——风帘保温

图 5.8 牛舍保温——简易塑料膜保温

4. 光照

牛舍一般为自然采光，进入牛舍的光分直射和散射 2 种，夏季应避免直射光，以防增加舍温，冬季为保持牛床干燥，应使直射光射到牛床。一般情况下，牛舍的采光系数为 1∶16，犊牛舍为 1∶(10～14)。为了保持采光效果，窗户面积应接近于墙壁面积的 1/4，以大些为佳。

牛舍的朝向是影响采光效果的重要因素,我国北方地区太阳高度角冬季小、夏季长。牛舍朝向以正南朝向为宜,这样在夏季直射阳光不能进入牛舍,避免了温度的升高;冬季直射阳光能进入舍内,提高了舍内温度,并使地面保持干燥。在牛舍的具体设计和布局中,由于受各种因素的影响不能完全采用正南朝向的,可向东或向西做15°~30°的偏转(王海彬等,2008)。

5. 尘埃

牛舍内的灰尘来源于空气的带入、刷拭牛体、清扫地面、抖动饲草等,为防止疾病的传播,牛舍一定要避免灰尘飞扬,保持圈舍通风换气良好,尽量减少空气中的灰尘。

6. 噪声

强烈的噪声可使牛产生惊吓,烦躁不安,出现应激等不良现象。从而导致牛休息不好,食欲下降,抑制牛的增重,降低生长速度,因此牛舍应远离噪音源,牛场内保持安静。国际组织规定暂用人的标准90 dB为极限,一般要求牛舍内的噪声水平白天不能超过90 dB,夜间不超过50 dB。

7. 有害气体

要对舍内气体实行有效控制,主要途径就是通过通风换气排放水汽和有害气体,引进新鲜空气,使牛舍内的空气质量得到改善,牛舍可设地脚窗、屋顶天窗、通风管等方法来加强通风。在敞棚、开放式或半开放式牛舍内,空气流动性大,所以牛舍中的空气成分与外界大气相差不大。而封闭式牛舍,由于空气流动不流畅,如果设计不当(墙壁没有设透气孔、过于封闭)和管理不善,牛体排出的粪尿、呼出的气体以及排泄物和饲槽内剩余残渣的腐败分解,造成牛舍内有害气体(如氨气、硫化氢、二氧化碳)增多,诱发牛的呼吸道疾病,影响牛的身体健康。所以,必须重视牛舍通风换气,保持空气清新卫生。

8. 牛舍外部环境的控制

植树种草进行牛场的绿化:绿化可以美化环境,改善牛场的小气候。在盛夏,强烈的直射日光和高温不仅使牛的生产能力降低,而且容易发生日射病。有绿化的牛场,场内树木可起到良好的遮阳作用(图5.9,图5.10)。当温度高时,植物茎叶表面水分的蒸发,吸收空气中大量的热,使局部温度降低,同时提高了空气中的湿度,使牛感觉更舒适。树干、树叶还能阻挡风沙的侵袭,对空气中携带的病原微生物具有过滤作用,有利于防止疾病的传播(表5.11)。绿化牛舍常用的乔木品种有大青杨、洋槐、垂柳等,灌木可选用紫穗槐、刺枚、丁香等。空闲地带还可种一些草坪和牧草,如紫羊茅、三叶草、苜蓿等。

图5.9　牛舍绿化——植树种草

图5.10　牛舍绿化——运动场外植树

表 5.11 不同的绿色植物叶子面积上的滞尘量 g/m²

种类	滞尘量	种类	滞尘量	种类	滞尘量	种类	滞尘量
绣球	0.63	乌桕	3.39	夹竹桃	5.28	女贞	6.63
栀子	1.47	五角枫	3.45	桑树	5.39	重阳木	6.81
桂花	2.02	泡桐	3.53	槐树	5.87	广玉兰	7.10
黄金树	2.05	悬铃木	3.73	臭椿	5.88	木槿	8.13
白杨	2.06	紫薇	4.42	楝树	5.89	朴树	9.37
腊梅	2.42	丝绵木	4.77	刺槐	6.37	榆树	12.27
樱花	2.75	三角枫	5.52	大叶黄杨	6.63	刺楸	14.53

引自刘凤华，2004(家畜环境卫生学，中国农业大学出版社)。

搞好粪污处理：1 头肉牛的日排泄粪尿按 6 kg 计，是人排粪尿量的 5 倍，年产粪尿约达 2.5 t。如果采用水冲式清粪，1 头牛日污水排放量约为 30 kg。1 个千头牛场日排泄粪尿达 6 t，年排泄粪尿达 2 500 t；采用水冲清粪则日产污水达 30 t，年排污水 1 万多吨。据测定成年牛每日粪尿中的 BOD(生化需气量)是人粪尿的 13 倍。这些高浓度的有机污水若得不到有效地处理，冗积场内，必然造成粪污漫溢，臭气熏天，蚊蝇孳生。其中超标的酸、碱、酚、醛和氯化物等残留的消毒药液，可致死鱼、虾，能使植物枯萎。如果忽视或没有搞好牛场的粪污处理，不仅直接危害到牛群的健康，也影响到附近人们的生活环境。

5.2 牛舍的类型

建造卫生、舒适的牛舍是促进肉牛生产性能得到较好发挥的重要条件。牛舍是牛生活的小环境，牛舍建筑必须要符合牛的生物学特点和考虑牛对环境的要求。根据牛舍四周外墙的封闭程度，可分为封闭式牛舍、开放式牛舍及半开放式牛舍等。根据屋顶情况又可分为钟楼式牛舍、双坡式牛舍、单坡式牛舍等。牛舍式样与大小取决于牛群规模、经济能力和气候条件。对于家庭养殖，属小型牛场，适于采用混合牛舍，即繁殖母牛、育成牛、犊牛、育肥牛同在一个牛舍饲养。如果是专业养殖，宜采用专用牛舍，可分为繁殖母牛舍、育肥牛舍、犊牛舍、产房等。国内常见的肉牛养殖方式有拴系式和散放式 2 类，牛舍建筑有牛栏舍、牛棚舍、塑料大棚等。北方的肉牛舍，要求能保暖、防寒；南方要求通风，防暑。牛舍内应设牛床、牛槽、粪尿沟、通道、工作室或值班室。有条件的可在牛舍南侧设运动场，内设自动饮水槽、凉棚和饲槽等，牛舍四周和道路两旁应绿化，以调节小气候。

5.2.1 拴系式牛舍的类型

拴系式牛舍亦称常规牛舍，每头牛都用链绳或牛颈枷固定拴系于食槽或栏杆上，限制活动；每头牛都有固定的槽位和牛床，互不干扰，便于饲喂和个体观察，适合当前农村的饲养习惯、饲养水平和牛群素质，应用十分普通。缺点是饲养管理比较麻烦，上下槽、牛系放工作量大，有时也不太安全。如能很好地解决牛舍内通风、光照、卫生等问题，是值得推广的一种饲养方式。

拴系式牛舍从环境控制的角度，可分为封闭式牛舍、半开放式牛舍、开放式牛舍和牛棚舍等几种(图 5.11)。封闭式牛舍四面都有墙,门窗可以启闭;半开放式牛舍 3 面有墙,另一面为半截墙;棚舍为四面均无墙,仅有一些柱子支撑梁架。封闭式牛舍有利于冬季保温,适宜北方寒冷地区采用,其他 3 种牛舍有利于夏季防暑,造价较低,适合南方温暖地区采用。

a. 封闭式牛舍

b. 开放式牛舍

c. 肉牛棚

图 5.11　肉牛舍类型

1. 封闭式牛舍

牛舍的上面有屋顶,四面有墙壁(图 5.12a,b),南北墙上都开有通风窗,有条件时可在舍内安装若干大排量电风扇。这样一来既可以完全阻挡日光照射,又可以加强空气流通,阻挡干热风侵袭,使舍内温度降低。封闭式牛舍多采用拴系饲养,又分为单列式和双列式 2 种。

a. 双列对头式

b. 单列式

图 5.12　封闭式牛舍

单列式:只有一排牛床。这类牛舍跨度小,易于建造,通风良好,适宜于建成半开放式或开放式牛舍。这类牛舍,适用于小型牛场。

双列式:有两排牛床。一般以 100 头左右建一幢牛舍,分成左右两个单元,跨度 12 m 左右,能满足自然通风的要求。尾对尾式中间为清粪道,两边各有一条饲料通道。头对头式中间为送料道,两边各有一条清粪通道。在肉牛饲养中,以双列对头式应用较多,饲喂方便,便于机械作业,缺点是清粪不方便。

封闭式牛舍若饲养母牛、犊牛则要求设置隔牛栏,此种牛舍造价稍高,但保暖、防寒性好,适合我国的北方或西北较寒冷的地区建设,这种牛舍保温防寒机能好,在北方地区饲养育肥牛多采取此牛舍,封闭式牛舍根据条件有不同类型。

(1) 普通肉牛舍。为双列式或单列式牛舍,牛舍长度可根据饲养牛数或地理位置而定,中间设走道，走道两侧为饲槽和饮水器，牛对头站立采食，适合我国大部分地区建设。

(2) 庭院牛舍的建造。农户饲养规模在10头以内的小规模肉牛养殖，可在庭院内建造牛舍饲养。养牛规模超过10头以上的适度规模养殖要在村外选择场地建牛场饲养。庭院牛舍要本着因地制宜、经济适用、卫生清洁、有利于人和牛健康的原则进行建造。牛舍位置要建在庭院内地势高燥、排水良好的地方，建筑面积依据养牛规模，以饲养每头能繁母牛需牛舍占地面积8～10 m^2，生长育肥牛需7～8 m^2 的标准确定。牛舍的跨度约4 m，靠庭院的前檐高度约2.8 m，后墙约2.5 m。四周为半截砖墙或木围栏，靠庭院的前墙(围栏)约高1.5 m，其余3面高2～2.5 m。牛舍地面向排粪沟倾斜2°左右。牛槽和水槽设在前墙或便于饲喂的地方。牛舍后墙外设排粪沟，便于清除粪便和排水。

(3) 冬季暖棚牛舍。这是在北方地区利用塑料膜保温与牛棚舍结合的一种形式。塑料膜笼盖牛棚面积2/3。选用的塑料膜为白色透明不结水滴的塑料膜，厚度为0.02～0.05 mm。塑料膜盖棚的坡度在40°～60°，根据实际情况，如地形、面积等确定坡度。封盖时间从11月份到翌年3月份，依各地天气前提适时进行。暖棚塑料膜要拉紧绷平，不通风，北方在天气过冷时还要加盖草帘等以加强保温效果。白天利用设在南墙上的进气孔和排气进行1～2次通风换气，以排出棚内湿气和有毒气体。

(4) 农村库房牛舍(图5.13a，b)。农村不用的库房或其他闲置房屋，可用作牛舍进行肉牛饲养。但这种房屋因不是按牛舍要求建造的，不能简单移作牛舍使用，必须加以改造。根据当地冬季防寒、夏季透风避暑的要求，首先改造和安装门窗；再把地面做防滑、不透水的水泥或三合土地面；修建饲槽、通道等，以使饲养管理能正常进行。

(5) 太阳能牛舍。这是北方在屋顶为双坡式牛舍的基础上，在向阳半坡用双层塑料膜封盖。同时，把向阳外墙涂黑，再搭一斜木架，用双层塑料膜封盖，这样就在向阳墙形状成一个三角形的太阳能接收间，通过在墙上等间隔开通上下对称的通气孔与牛舍相通，使三角形接受间被太阳能加热的热空气通过上通气孔不断流入牛舍，起到保温作用。

a. 简易型

b. 利用旧房

图5.13 农村牛舍

2. 半开放式牛舍

在冬季寒冷时，可以将敞开部分用塑料薄膜遮拦成封闭状态，气温转暖时可把塑料薄膜收起，从而达到夏季利于通风、冬季能够保暖的目的，使牛舍的小气候得到改善(图5.14a，b；图5.15a，b；图5.16a，b)。

塑料暖棚式牛舍:属于半开放式牛舍的一种,是近年来北方寒冷地区推出的一种较保温的半开放式牛舍,与一般的半开放式牛舍相比,保温效果较好(图 5.14a)。塑料暖棚式牛舍二面全墙,向阳一面有半截墙,有 1/2～2/3 的顶棚。向阳的一面在温暖季节露天开放,寒冷季节在露天一面用竹片、钢筋等材料做支架,上覆单层或双层塑料,两层膜间留有间隙,使牛舍呈封闭的状态,借助太阳能和牛体自身散发热量,使牛舍温度升高,防止热量散失。暖棚舍顶类型可分为平顶式、半坡式、平拱式、联合式(基本为双坡式,但北墙高于南墙),其中以联合式暖棚为好,其优点是扣棚面积小,光照充足,易保温,省工省料,易于推广,塑料膜的扣棚面积占棚面积的 1/3 为佳。

a. 冬季保温——饲道采光

b. 冬季保温——粪道采光

图 5.14　半开放式牛舍

a. 饲道前半敞开

b. 粪道后墙半敞开

图 5.15　半开放式牛舍——夏季

a. 养育肥牛

b. 养母牛

图 5.16　简易牛舍

3. 开放式牛舍

牛舍的种类有一面敞开式牛舍、半墙式牛舍、全敞开式牛舍。

一面敞开式牛舍，东、西、北面设立墙体起支撑作用外，南面完全敞开（图 5.17a，b）。由于这种牛舍成本低，因此非常适合在投资较小的牛场中使用。

a. 饲养母牛开放式牛舍

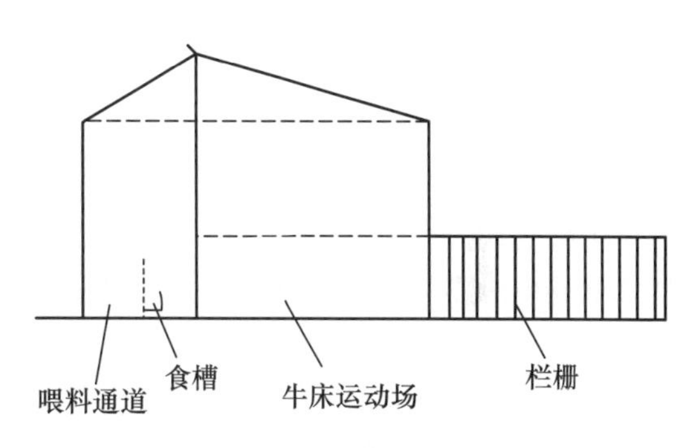

b. 示意图

图 5.17 带运动场的敞开式牛舍

半墙式牛舍，它的建筑结构与封闭式牛舍类似，上面有屋顶，4 面有墙壁，只是南北墙只有 1 m 多高，上面敞开。这样屋顶可遮住太阳，而南北墙的敞开也加大了通风面积，可达到良好的降温作用。这种牛舍最适宜在湿度中等的华北、中原地区使用。

全敞开式牛舍，即棚舍，为四面均无墙，以围栏和牛棚结合起来，修建的敞棚式牛舍。内部结构与牛栏舍相同或类似。但造价低，经济适用。适宜在南方暖和地区使用。

肉牛棚的结构简朴，造价低，透风性好。在牛棚一侧有一定面积的露天场地，肉牛棚适合用于冬季不太冷的南方地区。牛棚面积要能使所有牛在雨天时站、卧。棚的一侧设置饲槽和饮水器，另一侧设草架。

4. 装配式牛舍

牛舍以钢材为原料，工厂制作，现场装备，属敞开式牛舍（图 5.18a，b）。屋顶为镀锌板或太阳板，屋梁为角铁焊接；U 字形食槽和水槽为不锈钢制作，可随牛只的体高随意调节；隔栏和围栏为钢管。

a. 装配式开放牛舍

b. 装配式半开放牛舍

图 5.18 装配式牛舍

装配式牛舍室内设置与普通牛舍基本相同，其适用性、科学性主要体现在屋架、屋顶和墙体及可调节饲喂设备上。屋架梁是由角钢预制，待柱墩建好后装上即可。架梁上边是由角钢与圆钢焊制的檩条。屋顶自下往上是由 3 mm 厚的镀锌铁皮，4 cm 厚的聚苯乙烯泡沫板和 5 mm 厚的镀锌铁皮瓦构成，屋顶材料由螺丝贯串固定在檩条上，屋脊上设有可调节的风帽。墙体四周 60 cm 以下为砖混结构（围栏散养牛舍可不建墙体）。每根梁柱下面有一钢筋水混柱墩，其他部分为水泥砂浆面。牛舍前后两面 60 cm 以上墙体部分安装活动卷帘。

5.2.2 围栏式散放牛舍

围栏式散放牛舍是牛在牛舍内不拴系，散放饲养，自由采食、自由饮水的一种饲养方式，围栏式散放牛舍多为开放式或棚舍式，并与围栏结合使用。

1. 开放式围栏牛舍

牛舍 3 面有墙，向阳面敞开，与围栏相接（图 5.19a，b）。舍内及围栏内均铺水泥地面。对于跨度较小的牛舍，休息场所与活动场所合为一体，牛可自由进出。屋顶防水层用石棉瓦、油毡、瓦等，结构保温层可选用木板、高粱秆。围栏一侧要有活门，宽度可通过小型拖拉机，以利于运进垫草和清出粪污。厚墙一侧留有小门，主要为了人和牛的进出，保证日常管理工作的进行，门的宽度以通过单个人和牛为宜。这种牛舍结构紧凑，造价低廉，但冬季防寒性能差。

a. 外观

b. 母牛舍——犊牛补饲槽

图 5.19 开放式围栏牛舍

2. 棚舍式围栏牛舍

此类牛舍多为双坡式，棚舍四周无围墙，仅有水泥柱子做支撑结构，屋顶结构与常规牛舍相近，只是用料更简单、轻便，采用双列对头式槽位，中间为饲料通道。

5.2.3 不同类型牛舍的设计

修建不同类型牛舍的同时，也应根据用地条件建设辅助性房舍，如饲料库、饲料调制室、青粗饲料贮藏室、青贮设备存放室等；对母牛养殖场还应按牛的饲养头数建兽医室、隔离室及人工授精室。

1. 拴系式牛舍

按照牛舍跨度大小和牛床排列形式，可以将拴系式牛舍分为单列式和双列式。双列式牛舍又分为对头式和对尾式两种。

(1) 单列式牛舍(图5.12b，图5.20)。只有一排牛床，跨度小，一般为4～5 m，舍顶可采用平顶式、半坡式或平拱式，易于建筑，通风良好，但散热面大。该种牛舍适于农户或小型牛场(50头以下)。北方的单列封闭牛舍为四面有墙和窗户，顶棚全部覆盖，只有一排牛床，舍宽6 m，高2.6～2.8 m，舍顶可修成平项也可修成起脊形顶，单列封闭牛舍适用于小型肉牛场。

(2) 双列式牛舍(图5.12a，图5.21，图5.22)。有2排牛床，分左右2个单元，能满足自然通风要求。在肉牛饲养中，以对头式应用较多。

双列式牛舍的舍顶为双坡式，牛舍跨度为12 m，最少也不能低于9 m，因饲道宽窄而定；牛舍长可视养牛数量和地势而定。北方寒冷，也可采用封闭式牛舍；南方气温高，两侧棚舍可敞开，不要侧墙，不同类型牛舍见图5.11。饲槽可沿中间通道装置，这种牛舍饲喂架子牛(育肥牛)较适合；若喂母牛、犊牛则要求设置隔牛栏，此种牛舍造价稍高，但保暖、防寒性好，适于北方地区采用。

北方的双列封闭牛舍四面有墙，并安装窗户采光，顶棚全部覆盖，牛舍内设有两排牛床，多采取对头式饲养，中间为通道。舍宽12 m，高2.7～2.9 m，脊形棚顶。双列式封闭牛舍适用于规模较大的肉牛场，以每栋舍饲养100头牛为宜。

(3) 塑料暖棚式牛舍(图5.12a，图5.14a，图5.23，图5.24a，b)。在北方气候寒冷的冬春季，可利用塑料薄膜暖棚养牛，不仅保温好，而且造价低，投资少，是一项适用成熟的技术，适于广大农牧户尤其冬春季进行短期育肥的养牛户采用。选用白色透明的不凝结水珠的塑料薄膜，规格0.02～0.05 mm厚，塑料棚的构造见图5.23。

塑料暖棚牛舍建造。塑料暖棚式牛舍3面全墙，向阳一面有半截墙，有1/2～2/3的顶棚。向阳的一面在温暖季节露天开放，寒冷季节在露天一面用竹片、钢筋等材料做支架，上面覆单层或双层塑料，两层膜间留有间隙，使牛舍呈封闭的状态，借助太阳能和牛体自身散发热量，使牛舍温度升高，防止热量散失。棚舍一般坐北朝南，偏东一定的角度(如5°～10°)，屋顶斜面与水平地面的夹角(仰角)应大于当地冬至时的太阳高度角，使进入舍内的入射角增大，有利于采光。塑料薄膜覆盖暖棚的扣棚时间一般在11月中旬以后，具体时间应根据当地当时的气候情况决定。扣棚时，将标准塑膜或粘接好的塑膜卷好，从棚的上方或一侧向下方或另一侧轻轻覆盖。为了保温和保护前沿墙，覆盖膜应将前沿墙全部包过去，固定在距前沿墙外侧10 cm处的地面上。棚膜上面用竹片或木条(加保护层)压紧，四周用泥或水泥固定。对于较为寒冷的地方，塑料薄膜要深入冻层之下或设防冻层，见图5.23。天气过冷时还要加盖草帘等以确实保温。白天利用设在南墙上的进气孔和排气进行1～2次通风换气，以排出棚内湿气和有毒气体。多采用一排牛床，棚舍长度因头数和地块而定，暖棚牛舍饲养育肥牛的密度以4～6 m^2/头为宜。

(4) 太阳能牛舍(或冬季暖棚牛舍)。这是北方在屋顶为双坡式牛舍的基础上，在向阳半坡再搭一斜木架，用双层塑料膜封闭，这样就在向阳墙外形成一个三角形的太阳能接收间，起到保温作用。

(5) 露天式牛栏。主要是季节性肉牛育肥，形式有无任何挡风屏障或牛棚的全露天式、有挡风屏障的全露天式、仅有饲槽的简易全露天式。投资少，但饲料成本比有舍高，饲槽设计一侧可实现机械化饲喂和清粪，为了节省劳力，降低劳动强度，可以采用散放式露天育肥。

(6) 棚舍式舍。为双坡式牛结构，结构简单，造价低，适用于冬季不太寒冷的地区，见图 5.21。棚舍四周无墙壁，仅有钢筋水泥柱代为支撑结构。棚顶的结构与常规牛舍相近，但用料简单、重量轻。采用双列头对头饲养，中间为饲料通道，通道两侧皆为饲槽，棚舍宽度为 11 m，最少也不能低于 8 m。棚舍长度则因牛的数量而定。

图 5.20　单列式肉牛舍

图 5.21　双列式对头式肉牛舍

图 5.22　双列式牛舍的饲槽

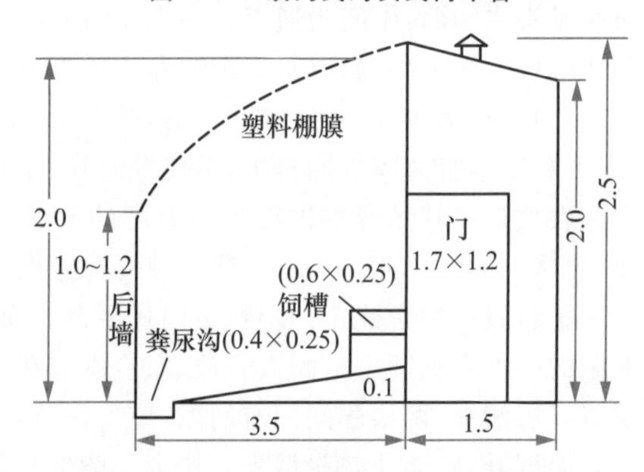

图 5.23　塑料暖棚牛舍侧面图(单位:m)

a. 单列式牛舍

b. 双列式牛舍

图 5.24　冬季暖棚牛舍

2. 围栏式散养牛舍

围栏式散养是肉牛在牛舍内不拴系,散放饲养,牛自由采食、自由饮水。围栏式牛舍多为开放式或棚舍,并与运动场围栏相结合使用。

(1) 开放式围栏牛舍。牛舍3面有墙,向阳面敞开,与运动场围栏相接。水槽、食槽设在舍内,刮风、下雨天气,使牛得到保护,也避免饲草、饲料淋雨变质。舍内及围栏内均铺水泥地面。牛舍内牛床面积以每头牛2 m^2 为宜,每栏15~20头牛。牛舍跨度较小,有单坡式和双坡式2种,休息场所与活动场所合为一体,牛可自由进出。舍外场地每头牛占地面积为3~5 m^2。

(2) 棚舍式围栏牛舍。与拴系式的棚舍式牛舍类似,但不拴系,如图5.25、图5.26所示。

图5.25 肉牛育肥露天散养

图5.26 肉牛露天围栏散养育肥

3. 农村闲置用房改为牛舍

农村不用的库房或其他闲置房屋,可用作牛舍进行肉牛饲养。但这种房屋因不是按牛舍要求建造的,不能简单移作牛舍使用,必须加以改造。根据当地冬季防寒、夏季通风避暑的要求,首先改造和安装门窗,再把地面做不滑、不透水的水泥地面或三合土地面,如图5.27、图5.28所示。修建饲槽、饮水槽、粪道、通道等设施,以使饲养管理措施能正常进行。

图5.27 农村房屋改为牛舍

图5.28 农户的简易肉牛养殖

5.3 牛场建设与牛舍布局

建设牛场和建筑牛舍,需要根据饲养牛的数量和今后发展规模的大小、资金多少、机械化程度和设备而确定;应符合畜牧兽医卫生、经济适用、便于管理和有利于提高利用率、降低生产成本等条件。

5.3.1 场址选择

选择符合环保要求与畜牧卫生学条件，并与城乡总体规划保持一致的场址，是建筑肉牛舍的第一步工作，也是关键的一环，以免造成迁址的麻烦或不必要的经济损失。选址的基本原则和要点可以仿照其他畜舍建筑原则执行。一般牛舍及相关房屋的建筑面积约为场址总面积的10%～20%。

肉牛场址应符合下列条件，即地势高燥、排水良好、土质坚实、背风向阳、空气流通、平坦开阔并稍有坡度（总坡度应向南倾斜不超过2.5%）；交通便利、水电充足、水质良好、饲料来源方便；距离城市工业区、铁路、机场、牲畜交易市场、屠宰厂等1 000 m以上；距离交通路线不少于100 m，距交通主干线不少于200 m；在居民区（点）的下风头，距住宅区不少于300 m。

5.3.2 牛场分区规划

牛场的分区规划，主要根据规模大小来决定。存栏100头以下的小牛场可以因陋就简，用旧房舍改造为牛舍，运动场可以利用的篷幕搭建或利用树荫等，以降低建设成本，见图5.29。养殖者要通过精心管理来弥补设备上的不足，而存栏100头以上，有一定规模的规范化母牛繁殖牛场或肉牛育肥场建设就要考虑完善的设施，主要的建筑有牛舍（牛棚）、运动场或牛休息栏（喂料后供牛休息用，主要用围栏建筑）（图5.30）。如是母牛繁殖牛场，还应有各龄母牛舍（犊母牛、青年母牛、育成母牛和成年母牛）及产房。此外还有饲料库、饲料加工间、氨化池、青贮窖、兽医室、配种室、水塔或泵房、车库、地磅房、堆粪场、病牛舍、场区道路、宿舍、绿化带以及管理区和职工生活区等。

图5.29 农村简易小牛场

图5.30 规范化肉牛养殖场

牛场按各建筑用房的具体功能一般把牛场分为4个功能区：管理区，包括与经营管理有关的建筑物及与职工文化生活有关的建筑物与设施等；生产区及其辅助区，包括各类牛舍等；辅助区，包括饲料贮存与加工调制及设备维修等建筑物；病畜隔离治疗区，包括病畜隔离舍、兽医室；畜粪尿处理区，主要是粪尿处理场地。根据规模的大小，各区建筑的功能和内容不同，小规模的肉牛场以生产区为主，大规模的肉牛场，则各区密切配合，协同工作，功能齐全，见图5.31。

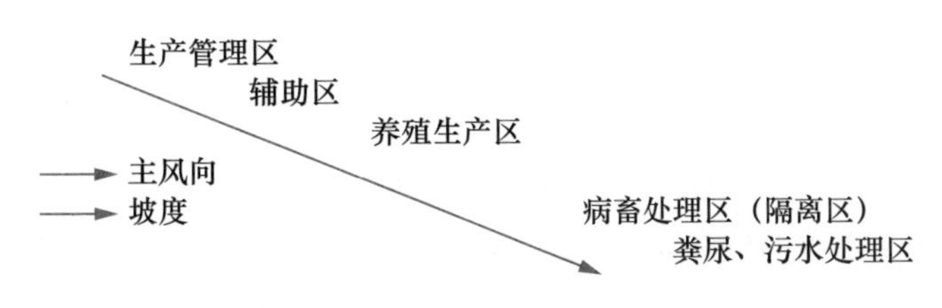

图 5.31 养牛场分区布局

(1) 管理区。为全场生产指挥、对外接待等管理部门。包括办公室、财务室、接待室、档案资料室、化验室等。管理区应建在牛场入场口的上风处，与生产区隔离，保证 50 m 以上距离，这是建筑布局的基本原则。另外，根据主风向，办公区和生活区要区别开来，不要在同一条线上，生活区还应在水流或排污的上游方向，并与生产区保持 100 m 以上的距离，以保证生活区良好的卫生环境。

(2) 生产及辅助区。生产及其辅助区是牛场的核心区，主要由一幢幢牛舍和饲料库组成，位于整个牛场的中心地段。对于生产区，场外人员和车辆不能直接进入，要保证安全、安静。

生产区和辅助生产区要用围栏或围墙隔离，大门口设立门卫传达室、消毒室、更衣室和车辆消毒池，严禁非生产人员出入场内，出入人员和车辆必须经过消毒室或消毒池进行消毒后方可入内。

(3) 病牛隔离观察治疗区。此区应设在下风头，地势较低处，应与生产区距离 100 m 以上，病牛区应便于隔离，单独通道，便于消毒，便于污物处理。

(4) 废弃物及无害化处理区。包括病畜隔离室、病死畜无害化处理间和粪污无害化处理设施(沼气池、粪便堆积发酵池等)，应位居下风向地势较低处的牛场偏僻地带，并距生产区一定距离，由围墙和绿化带隔开，防止粪尿恶臭味四处扩散，蚊蝇孳生蔓延，影响整个牛场环境卫生。

5.3.3 场内规划原则

牛场位置选择后，本着因地制宜和科学管理的原则，对肉牛场还需进行统一规划和合理布局，以使牛场整齐美观、经济实用，利于生产流程和便于防疫、安全等。

(1) 牛舍与各类建筑物的综合规划应协调一致，符合牛的生物学特性与饲养管理要求，并留有扩大生产的余地。

(2) 配置牛舍及其他房屋时应考虑到运作方便，有利于运输，适宜机械化操作。

(3) 各类建筑物既要遵守卫生学要求，又要便于防火、防水、防自然灾害。一般要求牛舍间隔 30～60 m，贮藏畜产品的库房应设在上风头；生产区有良好的供水、排水设备及绿化带；牛舍的出粪口设在牛舍的侧端，不可与草料运输共用一个出入口；贮粪堆距牛舍不小于 50 m；兽医室及病牛隔离室应建在下风头，距牛舍 300 m 远，并用围墙隔开；牛的运动场应距牛舍 6～8 m，运动场的面积每头成年牛 20 m^2，育成牛 15 m^2，犊牛 10 m^2；人工授精室设在牛场一侧，距牛舍 50 m 以上，授精室设有专用出入口。

5.3.4 牛舍布局

牛舍布局应周密考虑，要根据牛场全盘的规划来安排。确定牛舍的位置，还应根据当地主要风向而定，避免冬季寒风的侵袭，保证夏季凉爽。一般牛舍要安置在与主风向平行的下风头的位置，如北方建牛舍应坐北朝南(或东南方向)，或是坐西朝东，但均应依当地地势和主风向等因素而定。

牛舍还要高于贮粪池、运动场、污水排泄通道的地方。为了便于工作，可依坡度由高向低依次设置饲料仓库、饲料调制室、牛舍、贮粪池等，这既可方便运输，又能防止污染。

牛舍应平行整齐排列，两墙端之间距离不少于 15 m，配置牛舍及其他房舍时，应考虑便于给料给草、运牛和拉粪，以及适应机械化操作的要求，见图 5.32。各类建筑物配置要遵守卫生及防火要求，宿舍距离牛舍应在 50 m 以上，牛舍间相隔 60 m(不可少于 30 m)。

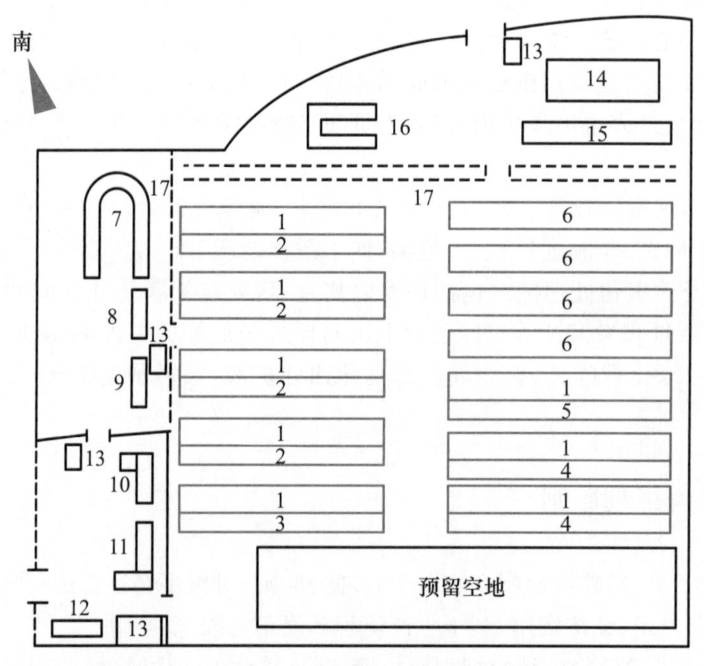

图 5.32　**400 头母牛的繁育—育肥牛场场区示意图**

1. 运动场　2. 母牛舍　3. 产房及犊头栏　4. 犊头舍　5. 育成牛舍　6. 育肥牛舍　7. 青贮窖
8. 饲料库及配料间　9. 车库及用具间　10. 办公室、资料室、培训室、配种室、兽医室
11. 宿舍及食堂、浴室　12. 配电室及工具房　13. 门卫及消毒通道　14. 堆粪池
15. 病牛舍　16. 污水处理　17. 绿化隔离带

数栋牛舍排列时，每栋前后距离应视饲养头数所占运动场面积大小来确定。如肉牛场是采用站桩时，要有足够的拴牛桩位置和人员的安全走道，有上下牛台。

车库、料库、饲料加工应设在场门两侧，以方便出入；青贮窖、干草棚建于安全、卫生、取用方便之处，粪尿，污水地应建于场外下风向。

人工授精室设在牛场一侧，靠近成年母牛舍，为工作联系方便不应与兽医室距离太远，授精室要有单独的入口；兽医室、病牛舍建于其他建筑物的下风向。

5.4 牛舍建筑要求与牛舍建筑

牛舍建筑必须综合考虑饲养目的、饲养场所的条件规模及养牛设施等因素。在大规模饲养时，要考虑节省劳力；小规模分散饲养时，要便于详细观察每头牛的状态，以充分发挥牛的生理特点，提高经济效益。牛舍结构要求坚实，对养殖户来说应尽可能利用旧材料，以节省财力和物力。建牛舍要符合兽医卫生要求，做到科学合理，简单适用，有条件可建经久耐用的牛舍，使用材料要就地取材，经济实用。

5.4.1 肉牛牛舍建筑要求

肉牛场牛舍的设计与建造应做到有利通风、采光、冬季保暖和夏季降温；要根据当地取材，经济实用，还要符合兽医卫生的要求，利于防疫，防止或减少疫病发生与传播；保持肉牛适当活动空间，便于添加草料和保持清洁卫生；经济合理，规范适用，要求牛舍建筑必须做到：

(1) 牛舍内应干燥，冬季能保温。要求墙壁、天棚等结构的导热性小，耐热，防潮。

(2) 牛舍内要有一定数量和大小的窗户，以保证太阳光线直接射入和散射光线射入。

(3) 牛舍地面应保温，不透水，不滑。

(4) 要求供水充足，污水、粪尿能排净，舍内清洁卫生，空气新鲜。

(5) 依照不同用途和条件建辅助性房舍，如饲料库、饲料调制室、青饲料贮藏室、青贮设备室等；还应按照牛的饲养头数建兽医室、隔离室或人工授精室。

(6) 配套设施齐全，包括场区门口消毒池、消毒室、饲料混合机（全混合饲料搅拌机或精料搅拌机）、热带地区配有通风降温设备、上下牛台、贮粪场、运动场、贮料区等。

封闭型单列式跨度为 4.5～5 m，双列式跨度为 9～10 m，牛舍长度以养牛头数而定。牛舍一端可设 1 间工作室（值班室），一间调料室 12～14 m^2。舍外设运动场（拴牛场、圈），向外坡度 3°～5°。两栋牛舍间距不少于 30～35 m。

5.4.2 牛舍结构要求(以永久性牛舍为例)

牛舍建筑的设计，要根据饲养规模的大小而定，房舍和牛舍之间及各牛舍之间，应该有 50 m 以上的距离。牛舍建筑面积，可按成年牛占地 8 m^2/头、育成牛 6 m^2/头、犊牛 4 m^2/头计算。牛舍的向阳面应设运动场，运动场按母牛 15 m^2/头和育肥肉牛 10 m^2/头的标准进行设置。采用舍饲拴系饲养的大、中型肉牛场，每舍应饲养 100 头为宜，一般采用双列式，饲养 50 头以下的小型肉牛场应采用单列式。牛舍建筑类型可分为封闭式、开放式、半开放扣塑料棚式、敞棚式。房盖型式分为起脊式（双坡式）、平顶式、单坡式、半单坡式。建筑材料可为砖瓦结构、土木结构。内部结构有单列式、双列式、多列式，牛舍内应干燥，冬暖夏凉，房顶有一定厚度，隔热保温性能好。

1. 牛舍结构要求原则

舍内各种设施的安置应科学合理，以利于肉牛生长，要求做到以下几点。

(1) 基础应有足够强度和稳定性，坚固，防止地基下沉、塌陷和建筑物发生裂缝倾斜，具备良好的清粪排污系统。

(2) 墙壁要求坚固结实、抗震、防水、防火，具有良好的保温和隔热性能，便于清洗和消毒，多采用砖墙并用石灰粉刷。

(3) 屋顶能防雨水、风沙侵入，隔绝太阳辐射，要求质轻、坚固耐用、防水、防火、隔热保温；能抵抗雨雪、强风等外力因素的影响。

(4) 牛舍的大门应坚实牢固，门一般设成双开门，也可设上下翻卷门。

(5) 窗能满足良好的通风换气和采光。

(6) 运动场要求结实，场内另设饮水槽、凉棚等。

2. 具体牛舍建筑结构要求

(1) 地基。土地坚实、干燥，可利用天然的地基，墙基结实并高于地面。若是疏松的黏土，需用石块或砖砌好墙壁基并高出地面，地基深 80～100 cm，要密致，地基与墙壁之间要有防潮层。地基与墙壁之间最好要有油毡绝缘防潮层。

(2) 墙壁。砖墙厚 0.2～0.3 m，土墙厚 0.4～0.5 m，墙体要密致无缝；从地面算起，应抹 100 cm 高的墙裙，以便冲洗、消毒。在农村也可用土坯墙、土打墙等，土墙造价低，投资少，但不耐久，用土墙应在距从地面算起砌 100 cm 高的石块。

(3) 屋顶(顶棚)。牛舍顶棚应距地面 3.2～3.8 m，四周抹严，保障隔热保温。最常用的是双坡式屋顶，这种形式的屋顶可适用于较大跨度的牛舍，可用于各种规模的各类牛群。这种屋顶既经济，保温性能又好，而且容易施工修建。双坡式牛舍脊高 3.2～3.5 m，前后墙高 3.0～2.50 m；单坡式牛舍前墙高 2.5～2 m，后墙高 2.2～1.8 m，宜于采光和通风。北方寒冷地区，顶棚应用导热性低和保温的材料建造。南方则要求防暑、防雨，顶距地面 3.8 m，有利于通风。

(4) 屋檐。屋檐距地面为 2.8～3.2 m，宜于采光和通风。屋檐和顶棚太高，不利于保温；过低则影响舍内光照和通风。可视各地最高温度和最低温度等而定。

(5) 门。牛舍门高 2.1～2.2 m，宽 2.2～2.4 m，坐北朝南的牛舍，东西门对着中央通道，不用门槛，牛舍一般应向外开门，最好设置推拉门，百头成年牛的牛舍通到运动场的门不少于 2～3 个，宽 2.0～2.5 m，高 2～2.5 m。

(6) 窗。牛舍内的阳光照射量受牛舍的方向，窗户的形式、大小、位置、反射面积的影响，所以要求不同。一般南窗应较多、较大(100 cm × 120 cm)，北窗则宜少、较小(80 cm × 100 cm)。封闭式的窗应大一些，高 1.5 m，宽 1.5 m；窗台距地面 1.2 m～1.5 m。光照系数肉牛为 1∶(12～14)。

(7) 通气孔。通气孔一般设在屋顶，大小因牛舍类型不同而异，并设在尿道沟正上方屋顶上(图 5.6)。单列式牛舍的通气孔为 70 cm×70 cm，双列式为 90 cm×90 cm，每孔间距 3.5～5 m，且高于屋脊 0.5 m，可以自由启闭。北方牛舍通气孔总面积为牛舍面积的 0.15%左右。

(8) 运动场。与牛舍墙紧密相连，成年牛的运动场面积应为每头 20～25 m^2；青年牛的运动场面积应为每头 15～20 m^2；育成牛的运动场面积应为每头 10～15 m^2；犊牛的运动场面积应为每头 8～10 m^2，运动场可按 50～100 头的规模用围栏分成小的区域，运动场围栏要求结实，高 1.5 m 左右；夏季也可搭建凉棚，同时运动场的周围应植树绿化(图 5.33，图 5.34)，以创造荫凉的小气候，美化环境。

图5.33 运动场

图5.34 凉棚

(9) 凉棚。应为南北向，棚顶应隔热防雨，小为单坡式；大凉棚为双坡式，脊高2.8～3.5 m。

(10) 青贮窖和氨化池。修建青贮窖按每头牛10～12 m^3 计算，氨化池按每头牛5 m^3 计算。若仅在冬春季使用，青贮窖按5～6 m^3 计算，池深2.5～3 m，长度根据地形地貌和秸秆使用量计算。青贮窖和氨化池要求光滑、无裂缝、无渗水。

(11) 尿粪沟和污水池。为了保持舍内的清洁和清扫方便，尿粪沟应不透水，表面应光滑。尿粪沟宽28～30 cm，深5～10 cm，倾斜度1∶(100～200)。尿粪沟应通到舍外污水池。污水池应距牛舍6～8 m，其容积以牛舍大小和牛的头数多少而定，一般可按每头成年牛0.3 m^3、每头犊牛0.1 m^3 计算，以能贮满1个月的粪尿为准，每月清除一次。为了保持清洁，舍内的粪便必须每天清除，运到距牛舍50 m远的粪堆上。要保持尿沟的畅通，并定期用水冲洗。

5.4.3 牛舍建筑设计要求

牛舍建筑基本要求要根据当地的气温变化和牛场生产用途等因素来确定。建牛舍不仅要因陋就简，就地取材，还要符合兽医卫生要求，做到科学合理。有条件的，可建质量好的、经久耐用的牛舍。牛舍以坐北朝南或朝东南好；牛舍要有一定数量和大小的窗户，以保证光线充足和空气流通；房顶有一定厚度，隔热保温性能好。

1. 农村牛舍的建筑设计

肉牛养殖多以家庭养殖为主，家庭型肉牛养殖牛舍分为简易牛舍、塑料棚牛舍、平拱式牛舍和双坡式牛舍。其中农村的牛舍以单列式和双列式为多。单列式牛舍内宽4～4.5 m，南面敞开或半敞开，东、西、北墙有小窗，南面为运动场。双列式以双列对头式为主，牛舍内宽7.5～8 m，东西有墙，南北留有矮墙、窗及出入运动场的门。

2. 简易牛舍的建筑设计

牛舍以背风向阳、坐北朝南，其宽度不少于4 m，长度视养牛数量多少和现有的条件而定。在一侧的大山开门，以保证冬季光照充足。简易牛舍，属于开放式，只能挡雨，无保温能力，造价低，牛舍位置选择在人居住房屋的一侧或远离人居房，建筑材料主要有圆木杆或木方、长条瓦、砖及水泥。先以圆木杆或木方做成前高后低的单坡框架。前柱高2.3～2.4 m，后柱高2.0～2.1 m，前柱与后柱相对应，距离4 m。柱间距离2 m，上部的顺杆距离根据长条瓦的宽度来确定。牛舍两侧用长条瓦或其他材料进行挡雨，地面为砖地面或水泥地面，排尿沟留在后面。沟深 5～10 cm，沟宽 20～30 cm；料槽为木制或铁制，也有用水泥槽；水泥牛槽以砖砌，水泥抹浆，并用水泥将槽内外抹光，槽高度 0.7～0.8 m，宽 0.6 m。冬季寒冷时开放一侧设置草帘或棉布帘，夜间放下，白天卷起采光，以利牛舍保温。

3. 塑料棚保温牛舍的建筑设计

塑料保温牛舍应选择在背风向阳，地势高燥庭院内。坐北朝南，以增加采光时间和光照度，有利于提高牛舍温度，切不可建成坐南朝北牛舍。建舍材料应选择直径 5～6 cm 原木方、砖、水泥、厚度为 0.02～0.05 mm 白色透明塑料薄膜，长条的石棉瓦或水泥瓦或彩钢瓦，4.5 m 长的圆木杆。

塑料棚保温牛舍的建造。塑料棚保温牛舍 3 面都用砖砌墙，墙厚 37 cm 或 50 cm。两侧墙前部高 2.4 m，后墙高度 2.0 m，呈单坡形，侧坡长度 5.0 m，前部立柱间距 4.0～4.5 m，前后柱间距 2.0 m。按长条瓦的宽度，先钉木杆，然后进行铺瓦，三面墙檐用泥堵好。在扣塑料薄膜时，第一层塑料薄膜要紧贴瓦面进行铺设，绷紧拉平四周压实，沿瓦面铺苯板，随后铺设第二层塑料薄膜，拉紧后四周用土压实。第一层与第二层塑料薄膜之间要留有 5 cm 的间距。

塑料棚保温牛舍的使用。塑料保温牛舍在使用中有一个最大的问题，就是冬天舍内的污气排放。牛的体重大，粪便都积攒在舍内，形成大量的氨气和二氧化碳气体，同时也产生大量的水蒸气，这些污浊物与水共同凝结在冰冷的墙上和棚板上，甚至在塑料薄膜上也集结成霜，造成潮湿污浊的环境，对人和牛造成不利的影响(图 5.3)。所以，在生产中每天要定时清扫粪尿，定时排气，及时清扫棚面的雪霜，以保证充足的光照。

4. 永久性牛舍的建筑设计

牛舍建造材料以砖、江沙、石头、红瓦或彩钢板或薄铁皮(0.5～1.0 cm 厚)、油毡纸、4 cm×6 cm 木方，直径 8～10 cm 圆木以及苇帘等主要建造材料。地基要求土质坚实，干燥，用石头砖砌好，并高出地面。地基与墙壁之间用油毡纸或厚塑料布做绝缘防潮层。墙壁为砖墙，墙壁从地面算起，应抹 80～100 cm 高的墙裙。

饲养繁殖母牛、犊牛的牛舍，应设运动场。运动场多设在两舍间的空余地带，四周栅栏围起，将牛拴系或散放其内，每头牛应占面积为成年牛 15～20 m^2，育成牛 10～15 m^2，犊牛 5～10 m^2。运动场的地面以三合土为宜。补饲槽和水槽应设置在运动场一侧，其数量要充足，布局要合理，以免牛争食、争饮、顶撞。

(1) 单坡式牛舍。牛舍建造的材料主要以 8～10 cm 原木、砖、水泥、石棉瓦和泥土为主要材料。要求土地坚实干燥，用石块或砖砌好，并且高出地面。地基深一般为 0.8～1.0 m，地基与墙壁之间用油毡纸或厚度为 0.05 mm 的塑料薄膜做绝缘防潮层。砖墙厚度 40～50 cm，从地面算起，应抹 60～80 cm 高的墙裙，单坡式一侧墙(前墙)的高度 2.3～2.6 m，对侧(后墙)为高 1.8～2.2 m，跨度不少于 4 m。牛舍的大门应坚实牢固，高 1.9～2.0 m，宽 2.5 m，最好不安门槛，设置推拉门。一般东西(南)窗户较多、较大，一般为 1.0 m×1.2 m 或 1.5 m×1.5 m。西(北)面则宜小宜少，一般为 0.8 m×1.0 m 或 1.0 m×1.0 m。窗台距离地面 1.0～1.2 m 为宜。顶棚用直径 6～8 cm 的圆木，间距 25～30 cm，在房檐平摆，铺 10～15 cm 厚苇帘，用半干泥土抹成厚 6～10 cm 棚盖，盖上石棉瓦，同时顶棚上每隔 5～6 m 做一个高出房盖 30～40 cm、大小为 30 cm×30 cm 大的排气孔(图 5.6d)，也可用角钢代替原木；对于南方可建开放式或半开放式，用圆钢或砖墩做支持房顶的支架。

（2）双坡式牛舍。双坡式牛舍即屋顶为双坡，可适用于较大跨度的牛舍，可用于各种规模的各类牛群，屋顶既经济，保温性又好，而且容易施工修建。双坡式牛舍前屋檐距地面（墙高）2.5～3.0 m，后屋檐距地面 2.0～2.5 m，顶棚应距地面 3.2～3.8 m。北方寒冷地区，顶棚应用导热性低和保温的材料建造。南方则要求防暑、防雨，顶距地面 3.8 m，有利于通风。北方寒冷地区顶棚应用导热性低和保温性强的材料，它距离地面 3.3～3.5 m。使用石棉瓦时，应铺一层 5 cm 厚苇帘，抹泥超平铺瓦。使用彩钢板时，应考虑做一层保温棚，棚上每隔 5～6 m 做一个高出房盖 30～50 cm，大小为 30 cm×30 cm 或 40 cm×40 cm 的排气孔。门位置、大小应根据饲养规模因地制宜设置。大规模饲养的直线形牛舍，应设置两道门，分别设置在两侧大山墙处，“凹”字幢牛舍的门应设置在中间。在舍两端，即正对中央饲料通道设两个侧门，较长牛舍在纵墙背风向阳侧也设门，以便于人、牛出入，门应做成双推门，不设槛，其大小为（2～2.2 m）×（2～2.2 m）为宜。窗户应南多北少，南大北小。南窗户规格 150 cm×150 cm，北窗户规格 100 cm×100 cm 或 80 cm×80 cm，窗台距离地面 120～140 cm 为宜。

5.4.4 牛舍内部建筑要求

拴系式的肉牛舍大小按每 100 头牛占地面积为 950～1 000 m^2 计算设计，牛舍内的主要设施有牛栏、牛床、颈枷、食槽、喂料通道和清粪通道、粪沟等。牛舍的辅助用房有饲料间、杂物间等。牛舍地面平坦，防滑性好。牛舍地面高于舍外地面，牛床高于粪道 3～5 cm，牛床前走道高于牛床 5 cm，牛床坡度为 1%（图 5.35a，b；图 5.36a，b）。南方地区可安装接力风扇和喷淋设备，风扇高度离地面 2.5 m，向下倾斜 10°。舍内各种设施的安置应科学合理，以利于肉牛生长。

1. 地面

牛舍地面一般用混凝土浇制，牛床和牛进出通道应划防滑线。

2. 拴牛架

牛床的前方有拴牛架，拴牛架要牢固、光滑、易于肉牛起卧，见图 5.37a，b，成年肉牛拴牛架高 135～145 cm，育成牛架高 130～140 cm，犊牛架高 100～120 cm，拴牛形式为软式，多用麻绳，有些也用活铁链，使牛颈上下左右转动，采食、休息都方便。

3. 隔栏（隔牛栏）

一般在牛床的两头设计隔栏，便于牛只管理工作，其一端与拴牛架连在一起，另一端固定在牛床前 2/3 处，栏杆高 80～90 cm，由前向后倾斜，通常用弯曲的钢管制成，牛床间一般不设隔栏，以方便清洁。

4. 牛床

牛床是牛采食和休息的地方，牛床位于饲槽后面（图 5.37a），有长形和短形 2 种，通常为通床，一般的牛床设计是使牛前躯靠近料槽后壁，后肢接近牛床边缘，粪便能直接落入粪沟内即可；牛床宽度根据牛舍长度和牛头数设计，牛床的长度依牛体大小而异，育肥牛（成年母牛）拴系式牛床长度为 1.85～2.10 m，育成牛为 1.75～1.85 m，犊牛为 1.30～1.65 m。对母牛产房有一定厚度的垫料，沙土、锯末或碎秸秆可作为垫料，也可使用橡胶垫层。牛床应高出地面 5 cm，保持平缓的坡度为宜，牛舍地面要求致密坚实，不打滑，有弹性，便于清洗消毒，具有良好的清粪排污系统。目前多用水泥或砖建成，用水泥抹成麻面，坡度为 1.5%斜坡。牛床最好以三合土为地面，既保温又护蹄，牛床类型有下列几种。

(1) 水泥及石质牛床。其导热性好,比较硬,造价高,但清洗和消毒方便。

(2) 砖牛床。用砖砌,用石灰或水泥抹逢。导热性好,硬度较高。

(3) 木质牛床。导热性差,容易保温,有弹性且易清扫,但容易腐烂,不易消毒,造价高。

(4) 土质牛床。采用土质牛床为好,优点是具有弹性(利于保暖与护蹄),可就地取材,造价低。建造时,先将土地铲平,夯实,上铺砂石或碎砖块,然后再铺一层三合土(石灰、碎石、黏土按 1∶2∶4 配合),夯实即可。

(5) 沥青牛床。保温性好并有弹性,不渗水,易消毒。遇水容易变滑,修建时应掺入煤渣或粗砂。

a. 饲喂通道高于饲槽底

b. 饲槽底高于饲道

图 5.35　拴系式双列式牛舍的饲槽和饲道

a. 半开放式饲道

b. 冬季保温牛舍的饲道

图 5.36　单列式牛舍的饲槽和饲道

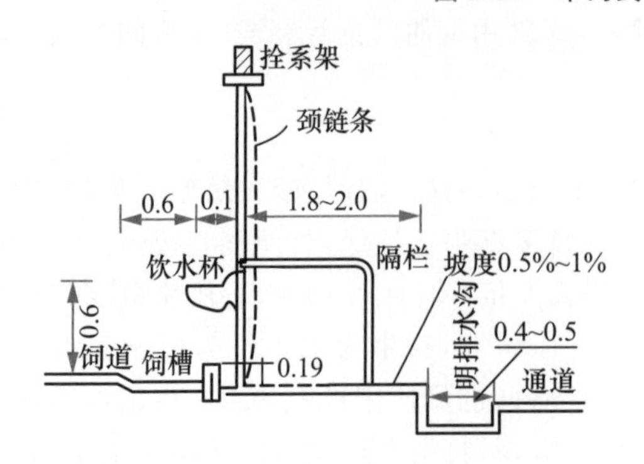

a. 牛舍内部结构示意图(单位:m)

b. 牛舍内部构造

图 5.37　拴系式牛舍内部结构

a. 育肥牛的拴系(一)

b. 育肥牛的拴系(二)

c. 母牛的拴系

d. 犊牛的拴系

图 5.38 固定牛的颈链

5. 饲槽

饲槽设在牛床的前面,有固定式和活动式 2 种,水泥槽、铁槽、木槽均可用作牛的饲槽,图 5.36a,b;图 5.37a,b,饲槽必须坚固、光滑、便于洗刷,槽面不渗水、耐磨、耐酸,以固定式的水泥饲槽为常用,饲槽长度与牛床宽相同,上口宽 60～75 cm,下底宽 40～50 cm,近牛侧槽高 30～35 cm,远牛侧槽高 50～60 cm,见表 5.12,底呈弧形,在饲槽后设栏杆,用于拦牛。饲槽端部装置给水导管及水阀,饲槽两端设有栅栏的排水器,以防草、渣类堵塞阴井。

表 5.12 肉牛饲槽尺寸 cm

	槽上部内宽	槽底部内宽	前沿高	后沿高
成年牛	60～75	40～50	30～35	50～60
初孕牛和育成牛	50～60	30～40	25～30	45～55
犊牛	30～35	25～30	15～20	30～35

6. 饮水槽

有条件可在饲槽旁边离地面约 0.5 m 处都安装自动饮水设备。一般在运动场边设饮水槽,按每头牛 20 cm 计算水槽的长度,槽深 60 cm,水深不超过 40 cm,供水充足,保持饮水新鲜、清洁(图 5.39,图 5.40,图 5.42)。为了让肉牛能经常喝到清洁的饮水,自动饮水器是舍饲肉牛给水的最好办法。每头牛饲槽旁边离地面约 0.5 m 处都应安装自动饮水设备,见图 5.39,图 5.41。自动饮水器系由水碗、弹簧活门和开关活门的压板组成。当牛饮水时,用鼻镜按下压板,亦即压住活门的末端,内部弹簧被压缩而使活门打开,这时输水管中的水便流入饮水器的水碗中。饮毕活门借助弹簧关闭，水即停止流入水碗，见图 5.39；同时在运动场中也可设置类似的自动饮水器(图 5.41)。

但在育肥牛养殖中，牛舍内一般不设饮水槽，用饲槽做饮水槽即通槽饮水，饲喂后在食槽放水让牛自由饮水(图 5.40，图 5.43a，b)。

7. 饲道

在饲槽前设置饲料通道。通道高出地面 10 cm 为宜，应以送料车能通过为原则。若建道槽合一式，道宽 3 m 为宜(含料槽宽)。饲槽和饲料通道分开时，牛舍饲道分两侧和中央饲道 2 种，其中双列式牛舍对头式饲养采用的中间饲道为常用，一般宽为 150～400 cm，而两侧(或一侧)饲道宽多为 80～120 cm。

8. 清粪通道

清粪道和粪沟大多数与牛床合为一体，极少有粪沟的，牛床与排尿沟相连。为了保持舍内的清洁和清扫方便，粪尿沟应不透水，表面应光滑。清粪通道宽度为 0.8～1.2 m，路面最好有大于 1%的拱度，标高一般低于牛床，地面应抹制粗糙。

9. 通风

为了夏季防暑降温，可在屋顶开口下方加装风机以加强换气量，亦可直接对牛体吹风。牛舍内安装大型换气扇和风量较大的风机，加速舍内气体的流通，以利牛体散热，炎热季节送风效果最好，当气温高于 29℃，湿度在 50%以上时，从早晨 5:00 到夜间 1:00 都需要降温。

图 5.39　自动饮水装置

图 5.40　饲槽饮水

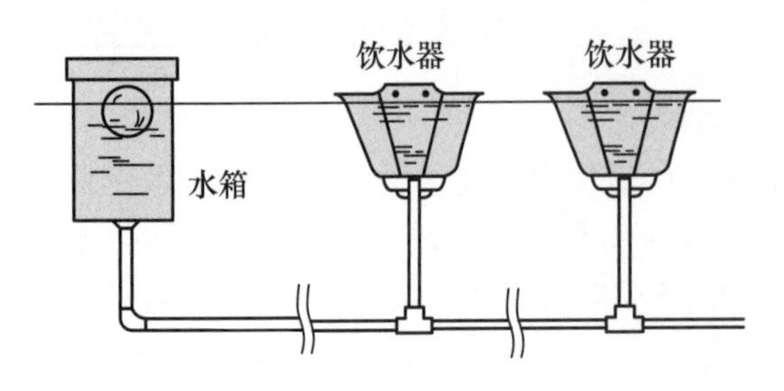

图 5.41　自动饮水器设备简图(冀一伦，2001)

图 5.42　牛场运动场外水供应

a. 水槽饲槽分开

b. 水槽用薄膜防漏

图 5.43 简易饮水槽

5.4.5 肉牛场牛舍外配套设施的建设

牛场牛舍外配套设施主要包括运动场、围栏、凉棚、消毒池、粪尿池、保健架、上牛台、青贮窖、饲料间等。

1. 防疫设施、消毒池和消毒间

为了加强防疫，首先场界划分应明确，在四周建围墙或挖沟壕，并与种树相结合，防止场外人员与其他动物进入场区。牛场生产区大门，各牛舍的进出口处应设脚踏消毒池，大门进口设车辆消毒池（图 5.44a，b），并设有人的脚踏消毒池（槽）或喷雾消毒室、更衣换鞋间。如果在消毒室设紫外线杀菌灯，应强调安全时间（3～5 min），那种一过式（不停留）的紫外线杀菌灯的照射，是达不到消毒目的的。

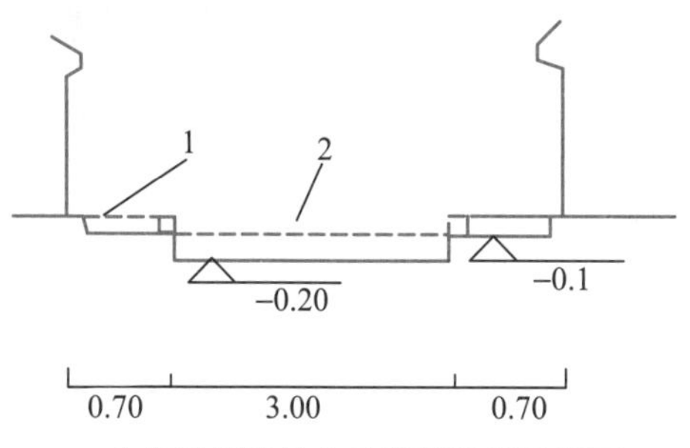

a. 车辆消毒池及人的脚踏消毒池断面

1. 车辆消毒池　2. 脚踏消毒池

b. 车辆消毒池

c. 车辆喷雾消毒

图 5.44 牛场车辆消毒

在饲养区大门口和人员进入饲养区的通道口，分别修建供车辆和人员进行消毒的消毒池，以对进入车辆和人员进行常规消毒(图 5.44)。消毒池结构应坚固，以使其能承载通行车辆的重量。消毒池还必须不透水、耐酸碱。车辆用消毒池的宽度以略大于车轮间距即可。参考尺寸为长 3.8 m、宽 3 m、深 0.2 m。池底低于路面，坚固耐用，不透水。在池上设置棚盖，以防止降水时稀释药液。并设排水孔以便换液。供人用消毒池建在室内，与更衣室相连，通道室内设紫外线灯等消毒设备，消毒池采用踏脚垫浸湿药液放入池内进行消毒，参考尺寸为长 2.8 m、宽 1.4 m、深 0.1 m。池底要有一定坡度，池内设排水孔，同时有条件时尽量延长人走过消毒池通道的时间。

图 5.45 牛场环境消毒

生产区与其他区要建缓冲带，生产区的出入口设消毒池、员工更衣室、紫外线灯、消毒洗手的容器。

2. 运动场设施

(1) 运动场是肉牛每日定时到舍外自由活动、休息的地方，使牛因受到外界气候因素的刺激而得到锻炼，增强肌体代谢机能，提高抗病力。运动场应选择在背风向阳的地方，一般利用牛舍间距，也可设置在牛舍两侧。如受地形限制也可设在场内比较开阔的地方。运动场的面积，应保证牛的活动休息，又要节约用地，一般为牛舍建筑面积的 3～4 倍，见图 5.46a，b；图 5.47a，b。

a. 拴系式

b. 散放式

图 5.46 肉牛运动场

a. 水槽置于场内

b. 水槽置于外侧

图 5.47 运动场饮水槽

运动场内地面结构有水泥地面、砌砖地面、土质地面和半土半水泥地面等数种，各有利弊。运动场地面处理，最好全部用三合土夯实，要求平坦、干燥有一定坡度，中央较高，为排水良好，向东、西、南倾斜。运动场围栏三面挖明沟排水，防止雨后积水运动场泥泞。每天牛上槽时进行清粪并及时运出，随时清除砖头、瓦块、铁丝等物，经常进行平垫保持运动场整洁。

(2) 运动场围栏。运动场围栏用钢筋混凝土立柱式铁管。立柱间距 3 m 一根，立柱高度按地平计算 1.3～1.4 m，横梁 3～4 根。

(3) 运动场饮水槽。按 50～100 头饮水槽长 5 m×宽 1.5 m×高 0.8 m(两侧饮水)。水槽两侧应为混凝土地面。

(4) 运动场凉棚。为了夏季防暑，凉棚长轴应东、西向，并采用隔热性能好的棚顶。凉棚面积一般每头成年牛、育成牛为 3～4 m^2。另外可借助运动场四周植树遮阳，凉棚内地面要用三合土夯实，地面经常保持 20～30 cm 沙土垫层，见图 5.48。

(5) 运动场补饲槽。在围栏一面运动场内设补饲槽、矿物质添加剂槽、饮水池，根据条件可设棚，见图 5.49。

图 5.48 运动场中凉棚

图 5.49 运动场一侧的饲草槽

3. 青贮窖、草库

青贮窖(池)应建在牛场附近地势高燥处，窖(池)地面高出地下水位 2 m 以上，窖壁平滑，窖壁窖底可用水泥或石块等材料筑成，也可建成简易式即土窖，土窖窖壁、窖底以无毒农用塑料薄膜做衬，每次更换。窖形上宽下窄，稍有坡度，窖底设排水沟(沟可开在中间或两旁)。青贮窖的四角呈圆形，一般尺寸为宽 3.5～4 m，深 2.5～3 m，长度因贮量和地形而定，见图 5.50a,b,c。窖的大小应视贮量而定，窖不宜过宽、过大，以免开窖后青贮饲料暴露面过大而影响质量。

秸秆及草垛棚设在下风向，与周围房舍至少保持 50 m 以上距离，以便于防火，见图 5.51。

4. 饲料库与饲料加工室

饲料库要靠近饲料加工室，运输方便，车辆可以直接到达饲料库门口，加工饲料取用方便。饲料加工室应设在距牛舍 20～30 m 以外，在牛场边上靠近公路，可在围墙一侧另开一侧门，以便于饲料原料运入，又可防止噪音影响牛的安静环境和灰尘污染。

5. 技术室

包括生产资料室，是一个牛场生产的“中枢”，负责生产表格设计、资料的收集、记录、分类整理和分析，配备精干懂肉牛养殖技术的管理人员及电脑软硬件设备；繁殖室，根据繁殖母牛养殖规模配备人员及设备如烘箱、液氮罐等，输精室的位置应合理布局，一般位于生产区；兽医室，一般与输精室毗邻，根据规模配备人员及设备。

6. 保健设施

为确保肉牛身体健康，牛场的保健设施要充足够用，主要保健设施包括保定架、蹄浴池（修蹄架）等。

保定架是用于日常检查的，如人工授精、妊娠诊断、疾病检查、修蹄，见图5.52。蹄浴池是为预防蹄病发生而设专门的蹄浴池，其池大小要求为长2 m，深15 cm，设在牛进出栏的过道或专门通道上，其药浴池的宽要同过道宽保持一致，以防有蹄浴漏浴情况出现。

a. 青贮窖设棚

b. 地面青贮窖

c. 地下青贮窖

图5.50 牛场的青贮窖

图5.51 草库

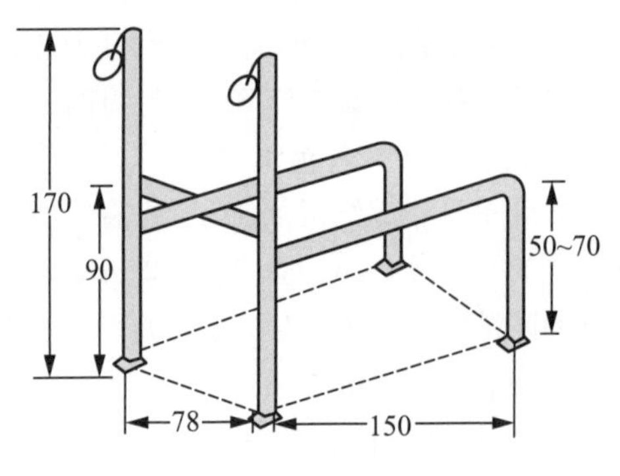

图5.52 保定架（单位：cm）

a. 固定式

b. 移动式

c. 简易、临时土坡

图 5.53 上牛台

7. 粪尿池

牛舍和粪尿池之间要保持200～300 m的距离。粪尿池的容积应由饲养牛的头数和贮粪周期确定，100头成年牛一天按需要2 m^3的贮粪池容积计算。

8. 病牛隔离舍

设在牛舍下风向的地势低洼处。要建筑在牛舍200 m以外的偏僻地方，以免疾病传播。

9. 其他设备

包括管理设备，主要包括上牛台(图5.53a，b，c)、刷拭牛体器具、清理牛舍器具、地秤(图5.54，图5.55)、体尺测量器械等；饲料生产和输送设备，兽医防疫消毒设备、场内外运输设备及公用工程设备等。

图 5.54 牛场的地磅

图 5.55 牛场的称牛设施

5.5 牛舍的管理与环境保护

在建设或改建牛场时要充分考虑到各种环境因素对牛生长影响的程度，根据需要合理管理牛舍及各种配套设施，消除和减缓自然因素对牛的不利影响，保证牛体健康，以达到高产、降低成本的目的。

5.5.1 牛舍管理系统与设备

牛场的建筑与设备为肉牛提供了饲喂、休息的场所，这个场所几乎与肉牛场管理的各个方面相联系，牛舍和设备是牛场的主要资本投资，加上年度折旧，保险，维修，税收与利息，一起构成了牛场经营中的主要生产成本之一。牛舍和设备的管理好坏在相当大程度上决定了劳动生产率和肉牛的增重，如饲喂设备管理不到位则影响饲料投放，轻者造成采食不够，重则会造成饲料霉变而浪费。因此肉牛生产其实就是在人的管理下，肉牛通过牛舍、设备把饲料转化为产品（增重），实现增值。

（1）饲料配制和输送设备。饲料配制加工主要设备有饲草加工设备和青贮切碎机、运输设备、全混合日粮饲喂设备（牵引式、自走式和少量固定式搅拌站）等。饲喂输送设施包括饲料的装运、输送、分配设备以及饲料通道等设施。

（2）消防设施。消防设施需符合 GBJ 39 的规定，保证消防通道通畅，做到紧急情况下能与场外干道相通，采用生产、生活、消防合一的供水系统，在牛舍中央两门口处的饲槽一端，各设一个储水池，每池储水 2 m^3 左右，以备停电用水，采用经济合理、安全可靠的消防设施。

（3）供水、排水设施。供水能力按每 100 头存栏牛每日供水 10～20 t 设计，水质应符合 GB 5749 的规定；场区内污水由地下暗管排放，雨、雪水设明沟排放，做到雨后运动场、道路不存水。

（4）供电设施。电力负荷为民用建筑供电等级二级，自备电源的供电容量不低于日常全场电力负荷的 1/2。

（5）兽医卫生防疫设施。牛场四周需建设围墙、防疫沟隔离带；牛场入口处设车辆强制消毒设施；生产区、生活管理区、隔离区严格隔离，生产区前后出入口设人员更衣、消毒室，人员跨区作业时均应严格消毒生产区运输工具专用，尽量不让其他区域运输工具进入生产区，不得已时应经过强制消毒方可进入生产区；病死牛只处理应符合 GB 16548 的规定。

（6）养牛管理与卫生设备。管理设备主要包括刷拭牛体器具、拴系器具、清理畜舍器具、体重测试器具，另外还需要配备耳标、无血去势器、体尺测量器械、牛装卸台、保定架等。卫生设备如竹扫把、铁锨、平锨、架子车或独轮车等是牛场清扫粪便、垃圾必备物资。这些物品在饲料加工运送时同样需要，但必须分开使用。

（7）牛舍内部环境的控制和防暑降温设施。牛舍环境控制首在防寒保暖和防暑降温，我国大多数地区冬季气候寒冷，应通过对肉牛舍的外围结构合理设计，解决防寒保暖的问题。防暑降温对策应采多管齐下，要由牛舍方位与结构设计上去考虑，减少热量进入并且弹性使用侧遮阳，善用自然风并且在风量不足时要加强通风量，考虑使用蒸发冷却方式来降温。因此，规模化牛场牛舍的结构和工艺设计都要围绕着这些问题来考虑。而这些因素又是相互影响、相互制约的。例如,在冬季为了保持舍温,门窗紧闭,但造成了空气的污浊;夏季向牛体和牛圈冲水可以降温,但增加了舍内的湿度。牛舍内的小气候调节必须进行综合考虑,以创造一个有利于牛群生长发育的环境条件。牛舍的防暑与降温措施如下。

① 搭凉棚,一般要求东西走向,凉棚高度约为 3.5 m。

② 设计隔热的屋顶,加强强制通风,主要依靠风机强制进行舍内外空气交换的通风方式。

③ 遮阳,可采用水平和垂直的遮阳板,牛舍悬挂喷湿的布帘降低牛舍温度。

④ 喷雾降温,在牛床上方安装喷雾器喷头,靠自来水的压力往牛身体上喷雾。

⑤ 蒸发垫降温,用麻布、刨花等吸水材料,喷水以后放在通风口,进行降温。

⑥ 在牛场周边种植杨树、柳树、榆树,不仅可净化空气,美化环境,还可降低牛场的小环境温度。

5.5.2 拴系式牛舍管理

在高度集约化的生产条件下更加依赖人的饲养管理,越是发达地区,肉牛福利待遇也体现得越明显,为争创高产、优质,人们不惜动用机械化、电能化及计算机设备,为肉牛提供良好的养育环境,给以人性化的待遇。

(1) 至少每周清洗一次水槽,保证水压正常。应有足够的水压,可同时供应数个水槽。

(2) 每日清扫饲槽。修补坑洞,保持饲槽底部的平整。

(3) 保持牛床干净、干燥,犊牛舍和产房有铺垫。

(4) 保持正常的通风。在敞棚、开放式或半开放式牛舍中,空气流动性大,所以牛舍中的空气成分与大气差异很小。而封闭式牛舍,如设计不当或使用管理不善,会由于牛的呼吸、排泄物的腐败分解,使空气中的氨气、硫化氢、二氧化碳等增多,影响肉牛生产力;牛舍内聚集的氨气会造成呼吸系统疾病,一旦闻到异味,应立即通风;在通风良好的牛舍内,牛排尿产生的异味会马上消散。

建议冬季每小时进行 4～6 次彻底通风,简单的夏季通风方法是在牛舍一端开口,另一端安装一台引风机,使气流通过整个牛舍,重要的是将牛呼出的浊气排出去,良好的通风也能清除致病菌。

塑料暖棚牛舍,棚舍内中午温度高,舍内外温差较大,因此通风换气应在中午前后进行。每次通风换气时间以 10～20 min 为宜。如果牛体大,饲养密度又偏高,每日可通风 2 次。

(5) 做好保温工作。要备有棉帘、草帘等保暖设施,夜晚没有太阳辐射,为增强保温效果,应将棉帘或草帘覆盖在塑料膜的表面,白天将其卷起来固定在棚舍顶部。要定期擦拭塑料膜,及时去掉塑料膜表面的水滴或冰霜。

(6) 犊牛舍卫生管理,犊牛移入犊牛栏之前,应用煤酚皂溶液将牛栏消毒,平时做到"三勤",即勤打扫,勤换垫草,勤观察,保持犊牛舍干燥卫生。舍内有适当的通风设备或通风出口,保证通风良好,空气新鲜,阳光充足,冬暖夏凉。

(7) 牛粪储存和处理管理。为了预防疾病的传播和维护肉牛健康,牛粪必须按时从牛舍和饲养设施中清除,而且,其在被用于土地肥料之前,必须储存一段时间。加强牛粪的管理,减少不良气味和飞虫出没,预防其对地下水的污染,可提高牛场综合管理效益。

(8) 确保牛粪储存区有足够容量,以便储存牛粪、垫料、废弃饲料,应该根据自己的实际情况制定牛粪储存时间,以防止牛粪泄露,污染地面和地下水。

5.5.3　牛粪的综合处理

牛粪的处理技术发展很快,包括采用好氧处理(氧化塘)、厌氧消化和高温发酵等途径来处理畜禽粪便。我国已具有一系列粪污处理综合系统,粪污固液分离技术(包括前分离和后分离),厌氧发酵生物技术,好氧曝气技术,空气净化和利用技术,沼渣沼液生产复合有机肥技术,生物氧化塘技术等。

对牛粪的无害化处理及利用技术有牛粪堆肥化处理,生产沼气并建立"草-牛-沼"生态系统,综合利用等。

1. 堆肥发酵处理

牛粪的发酵处理是利用各种微生物的活动来分解粪中的有机成分,可以有效地提高这些有机物质的利用率(图 5.56,图 5.57)。在发酵过程中形成的特殊理化环境也可基本杀灭粪中的病原体,主要方法有充氧动态发酵、堆肥处理、堆肥药物处理,其中堆肥处理方法简单,无需专用设备,处理费用低。

2. 牛粪的有机肥加工

相对于传统牛粪便处理(图 5.57),有机肥为养殖场创造极其优良的牧场环境,实现优质、高效、低耗生产,改善产品质量,提高效益。利用微生物发酵技术,将牛粪便经过多重发酵,使其完全腐熟,并彻底杀死有害病菌,使粪便成为无臭、完全腐熟的活性有机肥,从而实现牛粪便的资源化、无害化、无机化;同时解决了畜牧场因粪便所产生的环境污染。所生产的有机肥,广泛应用于农作物种植、城市绿化以及家庭花卉种植等。

图 5.56　贮粪场——堆肥发酵

图 5.57　牛场粪污处理——无害化处理

粪尿从牛舍运来后在粪池中发酵,以增加肥力和杀死病原体。根据牛场规模和数量修建若干个粪池和足够面积的晾晒场地。

牛粪商品有机肥生产技术工艺路线如下:

牛粪便为原料收集于发酵车间内→加入配料平衡氮、磷、钾→接种微生物发酵菌剂→移动翻抛式翻动、通氧发酵→发酵、脱臭、脱水→粉碎→包装(粉状肥)或→造粒→包装(颗粒肥)。

3. 生产沼气

利用牛粪有机物在高温(35～55℃)厌氧条件下经微生物(厌氧细菌，主要是甲烷菌)降解成沼气，同时杀灭粪水中大肠杆菌、蠕虫卵等，见图 5.58。沼气作能源，发酵的残渣又可作肥料，因而生产沼气既能合理利用牛粪，又能防治环境污染。除严寒地区外，我国各地都有用沼气发酵开展粪尿污水综合利用的成功经验。但我国北方冬季为了提高产气率往往需给发酵罐加热，主要原因是沼气发酵在 15～25℃时产气率低，从而加大沼气成本。

沼气发电，实现牧场粪便污水无公害、无污染、零排放，形成牧场种植、养牛、产品加工良性循环的经济体系。把畜粪变为可作燃料使用的沼气和种庄稼的肥料，建成的沼气站，既集中处理了牛粪和污水，有效地保护了生态环境，又变牛粪为沼气，变沼液、沼渣为高效有机肥，变废为宝，发展了循环经济，同时还有效防止了人畜寄生虫病的传播，实现经济效益、社会效益和生态效益的有机统一。

4. 蚯蚓养殖综合利用

利用牛粪养殖蚯蚓近年来发展很快，日本、美国、加拿大、法国等许多国家先后建立不同规模的蚯蚓养殖场，我国目前已广泛进行人工养殖。利用粪肥养殖蚯蚓的场地，地面为水泥面或用砖铺设，以养殖蚯蚓的规模决定场地面积，见图 5.59。

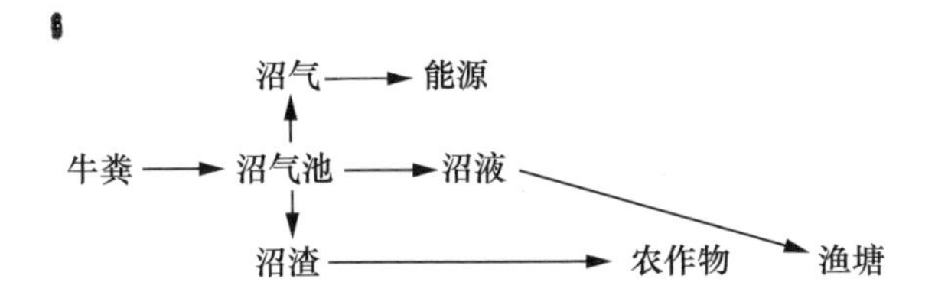

图 5.58 牛场粪污厌氧发酵沼气处理示意图

图 5.59 牛场粪污处理——养蚯蚓

5. 大力推进健康养殖模式

健康养殖模式多是与农业生产结合，形成一个完整的生态系统链条，有“牛-沼-果(菜)”、“牛-菌-沼-果(菜)”、“草-牛-沼-草”、“牛-沼-鱼-果(菜)”等生态模式，把沼气作为生态农业的纽带，产生的沼渣作为高质量的肥料再进入种植环节，健康养殖模式并不是固定而一成不变的，应根据当地的气候条件、农业生产特点、养殖规模等诸多方面综合考虑，根据实际情况科学规划，同时兼顾经济效益、社会效益和生态效益。

第6章

肉牛的饲养管理技术

科学的饲养管理是发展肉牛养殖业的重要保证，任何具有高产性能的优良品种，如饲养管理不当，那么，再好的生产潜力和优势都无法显示出来，甚至会使优良品种退化，造成个体健康下降，体质衰退，以至丧失生产能力，已有的饲养试验已证明，改变传统的饲养环境可显著减少肉牛疾病发生率，并提高肉牛生产性能，生产优质肉牛产品。只有在科学的饲养管理条件下，才能真正反映出优良品种的高产水平，从而促进肉牛生产力的提高，达到高产、高效的目的。

6.1 肉牛饲喂技术

肉牛的任何饲喂技术最终目的都是希望肉牛在恰当阶段能够采食适量的平衡营养来取得最高增重、最佳饲料报酬和最大利润。

6.1.1 肉牛的饲养特点

肉牛饲养技术并不很复杂，但是必须掌握好基本知识，做好疾病防治，降低饲养成本，促进肉牛生长，缩短育肥期，保证生产正常进行，达到预期目的。肉牛科学饲养目的是科学地应用饲料和管理技术，以较少的饲料和较低的成本获得最高的产肉量和营养价值高的优质牛肉。

6.1.1.1 肉牛的消化生理特点

牛是反刍动物，也称复胃动物，牛的消化系统主要由胃肠道和其消化液分泌腺体组成，牛有4个胃，从前向后分别称为瘤胃、网胃（又称蜂窝胃）、瓣胃和皱胃（又称为真胃）。这4部分在消化过程中均起着重要作用。牛的消化生理最突出的特点是可以依靠瘤胃微生物消化粗饲料，合成可为动物利用的营养物质，因此养牛要先养胃（瘤胃）。

1. 采食特点

肉牛对饲料采食量是影响肉牛生产的重要因素，肉牛生产需要的全部营养均源于采食的饲料，牛因口腔结构特殊，有明显的采食特性。

(1) 牛上腭无门齿，啃食能力较差，主要依靠长而灵活的舌将饲料卷入口腔。牛舌表面粗糙，肌肉发达、结实，适于卷食草料。饲料第一次通过口腔时不充分咀嚼，吞咽很快，牛舌卷入的异物吐不出来，如果饲料中混入铁丝、铁钉等尖锐异物时，就会随饲料进入胃内，当牛进行反刍，胃壁强烈收缩，尖锐物受压会刺破胃壁，造成创伤性胃炎，有时还会刺伤胃邻近的脏器(如横膈膜、心包、心脏等)，引起这些器官发炎。因此，饲喂前清除饲草的异物是关键，即对饲料中的异物(毒草、铁钉、玻璃碴等)要剔除，防止误食并吞咽入胃中。

(2) 肉牛的采食快而粗糙，不经细嚼即咽下，饱食后进行反刍。饲喂给整粒谷料时，大部分未经嚼碎而被咽下沉入瘤胃底，未能进行反刍便转入第三、第四胃，造成消化不完全(过料)，即整粒的饲料未被消化，随粪便排出。饲喂未经切碎或搅拌的块根块茎类饲料时，常发生大块的根、茎饲料卡在食道部，引起食道梗阻，可危及牛的生命，因此饲料要进行加工调制。

(3) 牛喜采食新鲜饲料，饲喂时宜“少喂、勤添”。一次投喂过多，在饲槽中被牛拱食较久，又粘上牛鼻镜等处的分泌物，牛就不喜欢采食，因此牛下槽后要及时清除剩草，晾干或晒干后再喂。肉牛喜食青绿饲料、多汁料，其次是优质青干草，再次是低水分的青贮料；最不喜食的是秸秆类粗饲料。牛对青绿饲料、精料、多汁饲料和优质青干草采食快，秸秆类饲料则采食慢；对精料，牛爱食拇指大小的颗粒料，但不喜欢吃粉料；秸秆饲料铡短拌入精料或搅碎的块根、块茎饲料，可以增进牛的食欲和采食量。此外秸秆饲料粉碎后混合精料压成颗粒饲料饲喂，也可增加采食量，提高饲料利用率。

(4) 牛有较强的竞食性，即在自由采食或群养时互相抢食，可用这一特性来增加粗饲料的采食量。日粮中磷、钙或食盐不足，牛会舔土，舔盐、碱渍、尿渍等，这时应检查饲料日粮，补充欠缺的矿物质元素。

(5) 牛没有上门齿，不能采食过矮的牧草，故在早春季节，牧草生长高度不超过 5 cm 时不要放牧，否则牛难以吃饱，并因“跑青”而过分消耗体力，也会由于抢食行进速度过快，践踏牧草，造成浪费。

(6) 放牧牛应保持相对安静，减少追赶和游走时间，防止惊群或狂奔。游走时间多，采食时间会相对减少，牛运动量增加，消耗能量增多，增重下降。肉牛平地行走的能量消耗为站立时的 1.5～2 倍，在倾斜角为 10°的坡上行走，消耗能量比平地行走多 5 倍。为寻找好草而驱赶放牧，容易导致采食不匀、草地遭践踏，优质牧草易被淘汰，使劣草、毒草容易繁殖，破坏植被，降低草地生产力，甚至破坏草地生态系统。放牧牛容易误食毒草，特别是冬季一直采食枯草的牛，初在青草地上放牧，很容易误食毒草而中毒。

(7) 牛在采食时分泌大量的唾液，特别是饲喂干粗料含量高的日粮时，唾液的分泌量更多，以便湿润草料，便于咀嚼，形成食团，也便于吞咽和反刍。牛的唾液分泌量很大，成年肉牛约为 150 L/d，小公肉牛 24～37 L/d，唾液中氮的含量为 0.1%～0.2%，其中 60%～80%是尿素氮；牛唾液呈碱性，pH 约为 8.2，可中和瘤胃内细菌作用产生的有机酸，使瘤胃的 pH 值维持在 6.5～7.5 之间，这也给瘤胃微生物繁殖提供了适宜的条件。

2. 采食时间

在自由采食的情况下，每天采食时间为 6～7 h。若饲草粗糙，如长草、秸秆等，则采食时间更长，日粮质量差时，应延长饲喂时间；若饲用的饲草软、嫩，如短草、鲜草，采食时间就短。肉牛具有早晚采食和夜间采食的习性，可早晚饲喂精料，夜间让其自由采食粗饲料。舍饲时环境的温度也影响牛的采食，当气温低于 20℃时，有 68%的采食时间在白天；气温在 27℃时，仅有 37%的采食时间在白天，因此夏天可以夜饲为主，特别是夏季白天气温高，采食时间缩短，采食量不足，更应加强夜饲。冬季舍饲饲料质量较差时，也要延长饲喂时间或加强夜间饲喂(添夜草)。

3. 采食量

牛一昼夜的采食量与其体重相关，相对采食量随体重增加而减少，如育肥的周岁牛体重 250 kg 时，日采食干物质可达其体重的 2.8%；500 kg 时，则为其体重的 2.3%。膘情好的牛，按单位体重计算的采食量低于膘情差的牛；健康牛采食量则比瘦弱牛多。牛对切短的干草比长草采食量要大，对草粉的采食量要少，若把草粉制成颗粒，采食量可增加近 50%。日粮中营养不全时，牛的采食量减少；日粮中精料增加，牛的采食量也随之增加；但精料量占日粮的 30%以上时，对干物质的采食量不再增加；若精料占日粮的 70%以上时，采食量反而下降。日粮中脂肪含量超过 6%时，粗纤维的消化率下降；超过 12%时，牛的食欲受到抑制。此外，安静的环境、延长采食时间，均可增加采食量。

放牧的肉牛，日采食鲜草量占其活重的 10%左右，日采食干物质 6～12 kg。放牧的普通黄牛、西门塔尔牛、夏洛来牛等，日采食牧草口数约 2.4 万口，平均每分钟采食 50～80 口；放牧的牦牛日采食牧草口数为 1.54 万～3.75 万，平均每分钟采食 48 口。

4. 反刍特性

牛在采食时，草料最初被牛舌卷进口腔，其咀嚼作用是很轻微的，只是使草料与唾液充分混合，形成食团，便于吞咽。当牛在采食后休息时，才把食物从瘤胃返回到口腔，进行充分的咀嚼，这就是反刍。反刍是一个生理过程，牛反刍行为的建立与瘤胃的发育有关，犊牛一般在 3～4 月龄开始出现反刍，成年牛每天反刍 9～16 次，每次 15～45 min，牛在昼夜中采食的时间为 6～7 h，反刍时间为 7～8 h 时，反刍时需要安静的环境。

经过反刍将饲料磨碎，可使饲料暴露的表面积更大，有助于微生物对粗纤维的消化。反刍不能提高消化率，只能增加牛利用的饲料总量，因为饲料颗粒必须小到一定细度才能通过瘤胃。反刍时，每一个柔软的饲料团(即食团)，从瘤胃经食管到口腔需要的时间不到 1 s。每个食团的咀嚼时间约 1 min，然后全部吞咽。采食优质牧草用的反刍时间少，过瘤胃的速度快，因此采食量较大，牛采食的粗饲料量最多不应该超过反刍 9 h 的数量，否则容易引起消化性和营养性疾病。

5. 饮水

牛饮水时把嘴插进水里吸水，鼻孔露在水面上，一般每天至少饮水 4 次以上，饮水行为多发生在午前和傍晚，很少在夜间或黎明时饮水。饮水量因环境温度和采食饲料的种类不同而有较大差异，一般每天饮水 15～30 L。饮水量可按干物质与水 1∶5 左右的比例供给。冬天应饮温水，水温不低于 15℃，冰冷水最好将水加热到 10～25℃，以促进采食量和肠胃的消化吸收，对减少体热的消耗也有好处。牛忌饮冰碴水，否则容易引发消化不良，从而诱发消化道疾病。

肉牛在高温状态下，主要依靠水分蒸发来散发体热，饮水充足有利于体液蒸发，带走多余的体热。夏季肉牛饮水量可较平时增加 30%～50%，饮水不足时使牛的耐热性能下降。因此，应给肉牛提供无限制的、新鲜的、干净的饮水，最好用凉水或深井水或新放出的自来水，并可适量加入一些盐，以补充体内电解质。水质要符合饮用水卫生标准，每次饮水后，应将水槽洗净。水槽应放在荫凉、肉牛容易走到的地方。

6. 瘤胃消化特点

瘤胃是肉牛对饲料营养物质进行消化利用的重要器官，瘤胃壁没有消化腺，不分泌胃液，只有皱胃是能分泌胃液的真胃；但瘤胃含有大量微生物，每克瘤胃内容物中有 500 亿～1 000 亿个细菌和 20 万～200 万纤毛虫。瘤胃具有适于微生物繁衍的环境条件，如适宜的温度(39～40.5℃)，适宜的酸碱度(pH 5.0～7.5)，以及厌氧的环境，瘤胃微生物依靠饲料中所提供的能量和粗蛋白质、微量元素和维生素而进行生长和繁殖，同时发酵饲料中的碳水化合物生成挥发性脂肪酸、合成菌体蛋白质以供牛体利用。

牛采食过量精料后，是以在瘤胃内积蓄大量乳酸为特征的全身性代谢紊乱的疾病。一般发病后呈现消化系统紊乱、血酸过高；当出现一系列全身性酸中毒症状而不及时治疗或正确用药会造成死亡，给养牛业造成一定损失。

6.1.1.2 肉牛的饲养特点

生长育肥肉牛的特点是既不产奶、也不怀孕，而且也不像奶牛那样易于得病，因此，尤其在育成期，饲养上往往得不到应有的重视，从而严重影响了培育的预期效果。

1. 肉用犊牛饲养特点

肉用犊牛以随母哺乳为主，也有采用保姆牛来哺乳的，为了提高犊牛增重或提早断奶，亦可用代乳粉兑水哺喂，犊牛生后 3 周开始训练吃料草，以刺激瘤胃发育，促进瘤胃功能完善，补充母乳不足的营养。训练犊牛所用饲料每次都是新鲜料，最好是颗粒料，一般情况下经 1 周训练饲喂便可自己采食精料。2 月龄每天 0.4～0.5 kg，第 3 月龄日喂 0.8～1 kg，以后每增加 2 月龄，日增加精料 0.5 kg，至 4～6 月龄断奶时犊牛日喂犊精料达 2 kg。

肉用犊牛培养目标。尽早地哺喂初乳，提早补料给草，提高犊牛成活率。

2. 肉用育成牛饲养特点

犊牛满 6 月龄后，转入育成牛群，将公、母牛分开饲养，进行后备母牛培育和商品肉牛的生产。

肉用育成母牛饲养特点和培养目标：促进消化器官的发育及性成熟，12～15 月龄达到 300～350 kg 初配体重。12～18 月龄的育成母牛，体躯接近成年母牛，消化器官已基本发育完善，可大量利用低质粗料，锻炼瘤胃消化功能。为降低饲养成本，其日粮应以粗饲料和多汁饲料为主；18～24 月龄的后备母牛，已开始配种，生长变缓，体内容易贮积过多的脂肪，对这阶段的青年母牛，应适当控制精料的喂量，以免牛体过肥，到妊娠后期，体内胎儿生长迅速，则须每日补充适量的精料；在有放牧条件的情况下，后备母牛应以放牧为主，在优良的草地上放牧，可减少精料 30%～50%；但如草地质量不好，则不能减少精料；放牧回舍，如未吃饱，仍需补喂干草和多汁料。

育成牛育肥：也称幼牛育肥，指犊牛断奶后地转入育肥阶段，根据肉牛的生长特点，在其生长发育高峰期给予充足营养，进行强度育肥。它有利于提高饲料报酬，能充分发挥肉用牛的增重效果，经过育肥体重达到 450 kg 以上即出栏屠宰，是生产高档牛肉的主要手段。

吊架子期幼牛饲养特点：饲养目标是促进幼牛骨骼、肌肉生长发育，在15～18月龄(20月龄)体重达350 kg，其日粮主要应以粗饲料为主，以降低成本为主要目标，日增重0.5～0.8 kg，不得低于0.4 kg。若饲养水平过低，日增重在0.4 kg以下，则会影响后期育肥效果。

架子牛育肥饲养特点：利用架子牛补偿生长的特点，进行分期饲养，先适应后育肥；先以粗饲料为主，后期以精料为主；前期高蛋白饲料，后期高能饲料，适时出栏。

3. 成年牛育肥饲养特点

多采取舍饲补料育肥，饲养时间一般为2～3个月；驱虫去势，分期饲养，逐渐加料，充分利用各地草料资源，以脂肪沉积为主，提高肉质量。

6.1.2 肉牛饲喂技术

根据不同生理阶段犊牛、育成牛、育肥牛、母牛合理搭配日粮，做到全价营养，饲料种类多样化，适口性强，易消化，精、粗、青、辅料科学搭配。犊牛要使其及早哺足初乳，确保健康；哺乳犊牛可及早放牧，补喂植物性饲料，促进瘤胃机能发育，并加强犊牛对外界环境的适应能力；生长牛日粮以粗料为主，并根据生产目的和粗料品质，合理配比精料；育肥牛则以高精料日粮为主进行育肥；对繁殖母牛妊娠后期进行补饲以保证胎儿后期正常的生长发育。

6.1.2.1 肉牛一般饲喂原则和饲喂技巧

科学应用饲料和饲喂技术，以尽可能少的饲料消耗获得尽可能高的日增重，提高肉牛出栏率，生产出大量优质牛肉。

1. 一般饲喂原则

(1) 日粮组成多样化。精、粗饲料要合理搭配，粗饲料是根本，粗饲料要求要喂饱，青绿饲草现割现喂，青绿苜蓿等晒干后喂，霉变饲草、冰冻饲草严禁饲喂。

(2) 定时定量，少给勤添。长时间的饲养会使肉牛形成固定的条件反射，这对保持消化道内环境稳定和正常消化机能有重要作用。饲喂过迟过早，均会打乱肉牛的消化腺活动，影响消化机能。只有定时饲喂，才能保证牛消化机能的正常和提高饲料营养物质消化率。

(3) 饲料更换切忌突然，稳定日粮。肉牛瘤胃内微生物区系的形成需要30 d左右的时间，一旦打乱，恢复很慢。因此，有必要保持饲料种类的相对稳定。在必须更换饲料种类时，一定要逐渐进行，以便使瘤胃内微生物区系能够逐渐适应。尤其是在青粗饲料之间更换时，应有7～10 d的过渡时间，这样才能使肉牛能够适应，不至于产生消化紊乱现象。时青时干或时喂时停，均会使瘤胃消化受到影响，造成生长受阻，甚至导致疾病。

(4) 防异物、防霉烂。由于肉牛的采食特点，饲料不经咀嚼即咽下，故对饲料中的异物反应不敏感，因此饲喂肉牛的精料要用带有磁铁的筛子进行过筛，而在青粗饲料铡草机入口处安装强力磁铁，以除去其中夹杂的铁针、铁丝等尖锐异物，避免网胃-心包创伤。对于含泥较多的青粗饲料，还应浸在水中淘洗，晾干后再进行饲喂；切忌使用霉烂、冰冻的饲料喂牛，保证饲料的新鲜和清洁。

(5) 保证充足清洁的饮水。饮水的方法有多种形式，最好在食槽边或运动场安装自动饮水器，或在运动场设置水槽，经常放足清洁饮水，让牛自由饮用，目前肉牛场一般是食槽作水槽，饲喂后饮水，但要保持槽内有水，让牛自由饮水。

(6) 饲料的合理使用。肉牛的饲料成本占70%,饲料的使用技术直接影响到养殖成本,因此配制肉牛日粮时,应结合当地饲料资源,既满足营养需要,又要降低饲料成本,争取最大的经济效益。

①粗饲料占日粮比例。根据肉牛的生理特点,选择适当的饲料原料,以干物质为基础,日粮中粗料比例应在40%~70%,也就是说日粮中粗纤维含量应占干物质的15%~24%。在育肥后期粗料比例也应在30%,才会保证牛体健康。

②精料喂量。在满足青贮(占体重3%~6%)或干草(2 kg)饲喂量的基础上,根据增重要求精料一般按体重0.8%~1.2%提供,育肥后期可达1.5%,但瘤胃缓冲剂要占精料的1%~1.2%。

③采食量。为了保证肉牛有足够的采食量,日粮中应保证有足够的容积和干物质含量,干物质需要量为体重的1.3%~2.2%。

(7) 市场中肉牛饲料产品的合理使用。市场上肉牛商品饲料品种很多,类型有添加剂、预混料、浓缩料、精料补充料,用户要根据本身的饲料资源情况合理选择,不同饲料产品类型在日粮中的使用比例不同,同一类型产品因肉牛不同生理阶段需要使用不同产品型号。各种产品的营养成分也有很大差异,养殖户要根据自己的矿物质饲料、蛋白质饲料、能量饲料(玉米、麸皮)合理选择搭配。

2. 一般的饲喂技巧

饲喂的饲料必须符合肉牛的采食特点,在喂饲前进行适当加工。如谷物饲料不粉碎,则牛食后不易消化利用,出现消化不良现象;而粉碎过细牛又不爱吃。因此,要根据日粮中精料量区别饲喂。

精料少,可把精料同粗料混拌饲喂;精料多时,可把粉料压为颗粒料,或全混合日粮饲喂;粗料应该切短后饲喂;牛喜欢吃短草,即寸草三刀,可提高牛的采食量,还可减少浪费。当肉牛快速育肥时精料超过60%,为了使其瘤胃能得到适当的机械刺激,粗料可以切得长些,最好提供优质长草如干苜蓿或羊草。

鲜野青草或叶菜之类饲料可直接投喂,不必切短。块根、块茎和瓜类饲料,喂前一定要切成小块,绝不可整块喂给,特别是马铃薯、甘薯、胡萝卜、茄子等,以免发生食道梗阻。豆腐渣、啤酒糟、粉渣等,虽然含水分多,但其干物质中的营养与精料相近,喂用这类饲料可减少精料喂量。谷壳、高粱壳、豆荚、棉籽壳等,只能用作粗饲料。糟渣类的适口性好,牛很爱吃,但要避免过食而造成牛食滞、前胃活动弛缓、膨胀等,如以450 kg体重的育肥肉牛为例,湿酒糟日喂量最多为15 kg,糖渣为15 kg,豆腐渣为10 kg,粉渣为15 kg。

6.1.2.2 肉牛饲喂技术

肉牛的饲喂技术,根据肉牛的生理特点和习性决定饲喂次数和饲喂量,不同肉牛生理或育肥阶段给予不同营养水平的饲料。

1. 饲喂次数

国内外差别较大,国内做法是,一般肉牛场多采用日喂2次,也有日喂3次的情况,尤其夏季在夜里补饲粗饲料,少数实行自由采食;国外较普遍采用自由采食。自由采食能满足肉牛生长发育的营养需要,肉牛长得快,屠宰率高,育肥肉牛能在短时间内出栏。

2. 饲喂方法

同样的饲料,不同的饲喂方法,会产生不同的饲养效果。具体的饲喂技术有传统饲喂方法和全混合日粮(TMR)技术。

(1) 传统饲喂方法。传统饲喂方法是在饲喂上把精料和粗料、副料分开单独饲喂，或精料和粗料进行简单的人工混合后饲喂。

饲喂有序，在饲喂顺序上，应根据精粗饲料的品质、适口性，安排饲喂顺序，当肉牛建立起饲喂顺序的条件反射后，不得随意改动，否则会打乱肉牛采食饲料的正常生理反应，影响采食量。一般的饲喂顺序为：先粗后精、先干后湿、先喂后饮。如干草—辅料—青贮料—块根、块茎类—精料混合料。但喂牛最好的方法是精粗料混喂，采用完全混合日粮。

具体饲喂顺序为：①以精料→多汁料→粗料的顺序先后投料；②先喂粗料，再喂精料、多汁料，使肉牛能大量采食青粗饲料；③粗料→精料、多汁料→粗料的顺序。即先喂一部分粗料（干草），接着喂精料、多汁料，再喂粗料（青贮）。

传统饲喂方式多为精粗料分开饲喂，使肉牛所采食饲料的精粗比不易控制，肉牛个体间的嗜好性差异很大，易造成肉牛的干物质摄取量偏少或偏多，尤其要保证育肥后期肉牛群对精料和粗料足量采食难度大；传统饲喂方式一般不按生产性能和生理阶段分群饲养，难以运用营养学的最新知识来配制日粮；传统饲喂方式难以适应机械化、规模化、集约化经营的发展。

(2) 肉牛全混合日粮饲喂技术。全混合日粮（total mixed ration，TMR）饲喂技术在配套技术措施和性能优良的混合机械基础上，能够保证肉牛每采食一口日粮都是精粗比例稳定、营养浓度一致的全价日粮。所谓“TMR”就是根据牛群营养需要的粗蛋白、能量、粗纤维、矿物质和维生素等，把揉切短的粗料、精料和各种预混料添加剂进行充分混合（图 6.1 和图 6.2），将水分调整为 45%左右而得的营养较平衡的日粮。全混合日粮用机械设备运送，直接投放食槽中，牛习惯后不再挑拣、等候，饲喂过程快捷简便，也有人认为饲料中的长干草不应打碎混合其中，而应取出单独喂，因为长干草能刺激口腔分泌唾液，刺激瘤胃蠕动，有利于瘤胃内饲料的混合和消化。

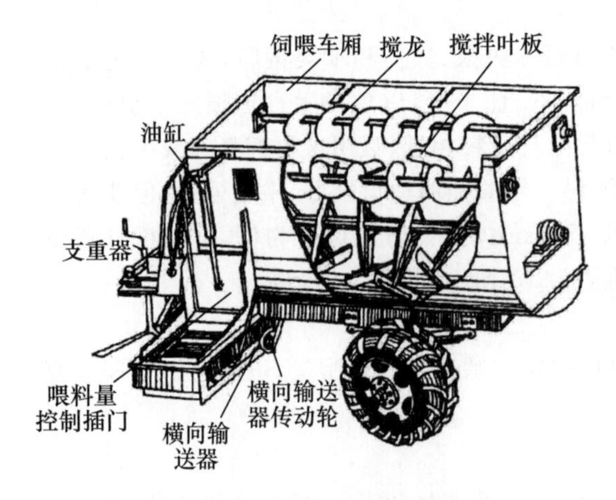

图 6.1 全混合日粮搅拌车

图 6.2 肉牛采食全混合日粮

TMR 日粮的饲喂效果：大量试验表明，使用 TMR 日粮可明显提高增重即正效果，但徐磊等(2010)在进行 2 种饲喂方法对育肥牛产肉性能、饲料报酬和经济效益的分析比较也表明采用先粗料后精料的传统饲喂方式有明显高的全期增重和日增重。

不同饲喂方法对肉牛育肥增重和产肉性能的影响见表 6.1 至表 6.3。

表 6.1 不同饲喂方法对肉牛育肥增重和产肉性能的影响

处理	日粮 DM 进食/kg	试验初重/kg	试验末重/kg	累计增重/kg	平均日增重/(kg/d)	胴体重/kg	屠宰率/%	净肉率/%
精粗分饲	9.6±0.4	433.2±27.2	512.6±34.5	79.4±6.2a	1.18±0.05a	286.0±23.1	55.8±5.1a	40.5
精粗全混合	11.2±0.3	430.1±26.7	536.3±33.2	106.2±8.2b	0.88±0.06b	310.2±20.1	58.0±5.2b	48.8

注:($n=20$,试验天数为 90 d),同列肩标不同小写字母表示差异显著($P<0.05$)。日粮是精料、干草和青贮,精料由玉米 67.2%,豆粕 19.2%,米糠 11.1%,食盐 0.9%,预混料 1.6%。

引自李理,2007(延边大学硕士论文)。

表 6.2 不同饲喂方法对西门塔尔杂交育肥牛增重和产肉性能的影响

处理	试验初重/kg	试验末重/kg	累计增重/kg	平均日增重/(g/d)	胴体重/kg	屠宰率/%	净肉率/%
精粗分饲	467.5±5.40	615.6±17.84	148.1±13.29a	968.2±86.84a	368.8±10.77	59.97±0.54	48.86±1.14
精粗全混合	459.5±11.10	624.5±12.67	165.0±6.12b	1 078.5±40.04b	374.3±13.60	60.45±1.73	47.77±0.83

注:($n=7$,试验天数为 153 d),同列肩标不同小写字母表示差异显著($P<0.05$)。日粮是精料 5.41 kg 和粗料 5.07 kg 组成,其中粗料由玉米芯 27.81%、玉米秸秆青贮 40.40%、苹果渣 31.79%组成,精料由玉米 54%,麸皮 15%,豆粕 6%,棉仁粕 12%,菜籽粕 7%,预混料 6%组成。

引自罗晓瑜等,2011(宁夏中卫)。

表 6.3 不同饲喂方法对西门塔尔杂交育肥牛增重和产肉性能的影响

处理	日粮组成			体重变化			
	粗料量	精料量	粗料种类	初重/kg	末重/kg	增重/kg	日增重/(g/d)
精粗分饲	12.97±0.12a	5.72±0.07a	玉米全株青贮和稻草	450.75±6.3	560.75±8.4	110.00±4.6a	1.20±0.05a
精粗全混合	13.49±0.23b	4.21±0.07b	玉米全株青贮和稻草	440.35±8.2	515.65±9.0	75.30±3.5b	0.82±0.04b

注:($n=20$,试验天数为 92 d),同列肩标不同小写字母表示差异显著($P<0.05$)。精料的配方:玉米 80.0%,酒糟蛋白饲料 7.5%,芝麻饼 5.0%,豆粕 2.5%,预混料 4.0%,小苏打 0.5%,食盐 0.5%。

引自徐磊等,2010(安徽)。

TMR 饲养技术制作工艺流程:肉牛全混合日粮饲养技术是一种对肉牛的各个生长阶段均适用的饲养方式,TMR 要根据肉牛场实际情况,饲料资源特点等因素合理配制配方。依据肉牛群的规模大小,每个肉牛群应有各自的 TMR,或者制作基础 TMR 饲料的方式满足不同肉牛群的需要。肉牛养殖场要应用 TMR 必须具备能够进行彻底混合的饲料搅拌设备,采用全混合日粮可避免肉牛挑食,便于控制肉牛养殖饲料成本。

全混日粮(TMR)为自由采食,该日粮适口性较好,营养全面,牛能采食到较多的干物质,对增重有利,而且便于实施机械化,这种饲喂要求把肉牛按生理阶段或育肥阶段分群。目前这种成熟的肉牛饲喂技术在我国部分肉牛场中广泛应用,全混合日粮饲喂技术有移动式 TMR 和固定式的 TMR 即场站式 TMR 技术。

①TMR 的日粮配合与投料。各群(栏)肉牛根据营养需要的量再增加 10%配合日粮,确定不同饲料的日用量,依据投放次数确定每次投入到混合机的各种饲料量,投(进)料的程序是先粗后精,一般按干草(秸秆)类→青贮类→糟渣类、青绿、块根类→籽实饼粕类、添加剂(或混合精料)。在 TMR 搅拌机的作用下,料中粗纤维揉切成 2～3 cm 长为度;生产中可另给予一些长纤维干草(苜蓿)或秸秆自由采食。

②TMR的日粮混合时间和混合料含水率。采用边加料边混合，饲料全部填充后再混合3～6 min，全部饲料混合均匀后其含水量在40%～50%，可以加水或精料泡水后加入，有条件的牛场可以用红外烤箱或烘箱检测饲料的概略水分。

③肉牛料槽管理。在TMR分发料后，根据气候等因素对日粮水分、保鲜状况和混合态势的影响，尽可能地延长在槽时间，以适应不同牛只的采食行为，每日饲喂2～3次，如每日饲喂2次，有益于采食均匀和采食量的提高，在饲料容易变质的情况下，可日喂3次。记录每天每次每槽的采食情况、肉牛食欲、剩料量等，以便于及时发现问题，防患于未然；每次饲喂前应保证有3%～5%的剩料量，还要注意TMR日粮在料槽中的一致性（采食前与采食后）和每天保持饲料新鲜。

使用TMR饲养技术的优点：TMR可以固定精、粗料比，牛采食的饲料可能更符合营养需要，使精粗饲料均匀混合，避免肉牛挑食，维持相对稳定的瘤胃pH值，防止瘤胃酸中毒，有利于瘤胃健康；TMR日粮为瘤胃微生物同时提供蛋白、能量、纤维等均衡的营养物质，促进瘤胃微生物的生长，提高菌体蛋白的合成效率；增加肉牛干物质采食量，提高饲料转化效率；某些适口性不好的饲料，如尿素，混匀后可顺利采食；充分利用农副产品和一些适口性差的饲料原料，减少饲料浪费，降低饲料成本；根据饲料品质、价格，灵活调整日粮，有效利用非粗饲料的NDF；简化饲喂程序，减少饲养的随意性，使管理精准程度大大提高；实行分群管理，便于机械饲喂，提高劳产率，降低劳动力成本；实现一定区域小规模牛场的日粮集中统一配送，节省劳力，从而提高养牛生产的专业化程度。

全混合日粮在国外应用时间较长，有许多优点，也有缺点，具体有：①需要专用的大型混合机械设备。②同小群舍饲、个别喂养相比，饲料消耗可能会多些。③不适用于放牧牛群。④很难控制和管理个别牛不采食现象，由此带来诸如生产性能降低、发病、代谢失调等症，这些问题很难及时发现，积累一段时间后才明显而发现。⑤用计算机饲料配方软件配制饲料，仍然需要符合生产实际或符合生产趋势的参数，以及准确的饲料原料成分分析数据，才能计算出好的饲料配方，为此，对技术和管理人员的水平要求较高。

TMR饲养技术应注意事项：主要适用于大型肉牛场，需要饲料计量和配合机械设备，投资较大。为使所有原料均匀混合，长草等需要切割，切割机需要投资和运转；要经常调查、分析饲料原料营养成分的变化，特别要注意各种原料的水分变化；饲养体制转变应有一定的过渡期；饲槽中应经常保持有饲料；注意肉牛日采食量及体重的变化；保证TMR的营养平衡；应用TMR饲养技术，必须把牛群分成若干组，如育肥前期组、育肥中期组、育肥后期组、生长期组、育成牛组、犊牛组，为此需有必要的牛舍条件，尤其要考虑不足营养部分由精料补充时的精料配方、所需设备条件、补充方法等。

6.2 肉牛一般饲养管理措施

合理饲养技术能增重，科学管理能增效，只有对肉牛进行科学饲养，才能增重快，产肉多，质量好，如夏天气温过高或冬天气温过低，都会影响肉牛增重，因此要科学管理，即做好牛舍暑天降温冬天保温，此外如肉牛饲养管理不当引起动物疾病，甚至死亡。

6.2.1 肉牛饲养方式

我国肉牛业的生产现状是以农户、牧户分散饲养为主，小规模饲养和中等规模育肥场育肥为辅，大规模饲养很少；以地方品种生产为主，杂交改良生产为辅；以副业为主，以产业为辅。一般每户饲养都是3～5头，多的也只有十几头或几十头。一些专业化的大型肉牛育肥场和饲养规模较大的肉牛育肥专业户出栏的屠宰牛数量十分有限，占总出栏量的比例也很小。肉牛散养可以充分利用家庭的各种资源如劳动力、闲散资金、农作物秸秆等，有效地降低饲养成本，提高家庭经济收入。根据管理方式肉牛饲养方式主要有放牧饲养、舍饲和放牧舍饲相结合3种方式。不同饲养方式对肉牛育肥效果的影响见表6.4。

表6.4 不同饲养方式对肉牛育肥效果的影响 kg

组别	日粮	始重	末重	总增重	日增重
放牧后补饲	放牧，精料1 kg	281.80±6.34	307.47±6.78	25.67±1.56a	855.60±51.96a
放牧为主	放牧	281.20±14.36	300.40±17.33	19.20±5.49b	640.40±182.83b

注：同列字母不同表示差异显著（$P<0.05$）。精料配方玉米77.3%，菜籽13.6%，食盐9.1%。

引自田原和邬隅波，2008（贵州石阡）。

1. 放牧饲养

放牧饲养主要依靠草原、山地、草山、草坡、河滩、海滩等饲养肉牛，在牧区利用草地放牧适用于各个年龄和生产目的的牛，在农区主要是利用江滩、海滩、草山、草坡放牧饲养繁殖母牛和吊架子期的育成牛。放牧饲养省草料，省人力、设备，饲养成本低，但不利于快速育肥，而对犊牛、小架子牛、繁殖母牛通过放牧，可促进骨骼发育；合理的放牧，对提高牛的繁殖率有明显效果。但放牧饲养所消耗的营养物质多，使饲养效果降低。另外，由于牛的践踏，牧草利用率一般不到50%，同时还受季节、气候的影响，特别在冬季放牧饲养得不偿失。因此，农区饲养育肥肉牛，一般不宜采用放牧饲养。

2. 舍饲饲养

舍饲饲养方式能按照饲养者的要求，合理调节饲料喂量和饲喂方法，便于创造一个合理的牛舍环境，抵御自然条件的不良影响；减少了因放牧行走的营养消耗，提高饲料转化效率。舍饲是集约化产业化生产时常用的饲养方式，具有生产快，经济效益高的特点。肉牛舍饲方式可分为不拴系群体饲喂、拴系通槽饲喂和拴系独槽饲喂等，以群饲（不拴系）较好。

（1）不拴系群体饲喂（图6.3a，b）。每头肉牛占有圈舍面积4～6 m^2，食槽为通槽，肉牛可以自由采食、饮水，15～30头为一圈。这种方式喂肉牛，省劳动力，肉牛采食有竞争性，增重较好。

（2）拴系通槽饲喂（图6.4a）。其特点是能造成肉牛采食的错觉竞争采食，有利用增重，但拴系影响肉牛的活动，容易造成肉牛长期的紧张。

（3）拴系独槽饲喂（图6.5b）。适合小规模饲养，最大的优点是便于控制肉牛的采食量和增量，易于检查病患，缺点是每头肉牛占地面积大，采食无竞争性，影响采食量。

此外，肉牛的舍饲育肥根据饲料资源分为以精料为主；以酒糟甜菜渣等副产品为主，精料为辅；以秸秆为主；以割草为主，适当补充精料等方式，依据育肥牛的年龄和性别有小公牛的育肥、成年牛育肥和淘汰母牛育肥等。

a. 小群围栏

b. 大群围栏

图 6.3　不拴系群体饲喂

a. 通槽饲喂

b. 独槽饲喂

图 6.4　拴系饲喂

3. 半放牧半舍饲

放牧与舍饲结合的方式在很多地区均可使用，在牧草生长旺盛的夏秋季节可采用放牧为主，适当补饲精料的方法，即白天放牧晚上收牧补饲，而在冬季枯草期必须完全舍饲。在南方热带亚热带地区，因为夏季牧草丰盛，可以满足肉牛生长发育的需要，而冬季低温少雨，牧草生长不良或不能生长，需要补饲；在华北、西北、东北地区，也可采用这种方式。

6.2.2　肉牛一般饲养管理原则

正确的饲养管理是维护肉牛健康，发挥生长潜力，保持正常消化道机能的最基本工作。虽然在不同阶段有不同的饲养管理重点，但有许多基本的饲养管理技术在整个饲养期都应该遵守执行。合理的饲养技术可以为肉牛提供营养均衡的养分，保持机体良好的免疫力，提高增重，改善饲料报酬，降低饲养成本，增加经济效益。

1. 分群饲养管理

分群饲养管理就是将肉牛按公母或不同月龄或品种或育肥目标分别集中管理，肉牛处在不同生长阶段，其消化代谢、营养需求都有所不同。肉牛场各阶段的肉牛应分群（槽）管理，合理安排饲喂、饮水、清扫、休息等工作日程，作息时间不应轻易变动。严格执行兽医卫生制度，定期防疫，定期清扫消毒，夏天要防暑降温，冬天要防寒保暖。

2. 合理确定日粮

①根据瘤胃的生理特点，合理调配日粮的精粗比，以干物质计算精粗饲料的比例保持在45：55为合理精粗料比例，切忌长时间大量使用精饲料。②选择合适的饲料原料，青绿、多汁饲料由于体积较大，其喂量应有一定的限度。在以秸秆为主要粗饲料的日粮中，应将秸秆切碎或用揉搓机搓成丝状，并与精饲料或切碎的青绿、多汁饲料混合饲喂。③保持饲料的新鲜和洁净。肉牛习性喜欢新饲料，对受到唾液污染的饲料经常拒绝采食。饲喂日粮时，应尽量采用少喂勤添的饲喂方法，以使肉牛保持良好的采食量。在饲料原料的收割、加工过程中，避免将铁丝、玻璃、石块、塑料等异物混入。

3. 干拌料和湿拌料

在饲喂育肥牛时，可以采用干拌料，也可以采用湿拌料。理想的育肥牛饲料应常年饲喂全株青贮玉米或玉米秸秆青贮或糟渣饲料。没有使用TMR日粮时，饲喂前将蛋白质饲料、能量饲料、青贮饲料、糟渣饲料、矿物质添加剂及其他饲料按比例称量放在一起来混合(回翻倒3次)，并调节含水量在40%～50%，属于半干半湿状。育肥牛不宜采食干粉状饲料，因为它一边采食一边呼吸，极容易把粉状料吹起，也影响牛本身的呼吸。

4. 饲喂要定时、定量

定时饲喂会使肉牛消化腺体的分泌形成固定规律，有利于提高饲料的利用率，生产中应尽量使饲喂间隔时间相近。

5. 合理的饲喂顺序

对于没有采用全混合日粮饲喂的肉牛场，应确定合理的精粗饲料饲喂次序。从营养生理的角度考虑，较理想的饲喂次序是：粗饲料—精饲料—块根类多汁饲料—粗饲料。在大量使用青贮饲料的牛场，多采用先饲喂青贮，然后饲喂精饲料，最后饲喂优质牧草的方法。肉牛的饲喂次序一旦确定后要尽量保持不变，否则会打乱肉牛采食饲料的正常生理反应。

6. 投料方式

少添勤喂，早上采食量大，因此早上第一次投料量要大一些，防止因料过少引起牛争料而顶撞斗架；晚上饲养人员休息前，最后一次添饲料要多一些，以使肉牛在夜间也采食。

7. 保证充足、清洁、优质的饮水

自由饮水最为适宜。

6.2.3 肉牛分群管理技术

不同年龄的后备公、母牛及不同育肥阶段的育肥牛在日粮、营养需要和饲养管理方法上都是不一样的。所以，大型肉牛养殖场和肉牛养殖大户要想提高饲养效益，肉牛要按月龄、体重大小、公母、品种等分群饲养管理。

1. 肉牛按公母分群

分公牛群、母牛群，当牛群数量少时，尤其是放牧饲养，可这样分群。

2. 肉牛按生长发育阶段分群

一般把基础母牛群(后备母牛和繁殖母牛)可分为6群：

(1) 哺乳期犊牛(0～3月龄)：此阶段是后备母牛中发病率、死亡率最高的时期。

(2) 断奶期犊牛(3～6 月龄):此阶段是生长发育最快的时期。

(3) 小育成母牛(6～12 月龄):此阶段是母牛性成熟时期,母牛的初情期发生在 10～12 月龄。

(4) 大育成母牛(12～16 月龄):此阶段是母牛体成熟时期,16～17 月龄是母牛的初配期。

(5) 妊娠期青年母牛(16～24 月龄):此阶段是母牛妊娠期,初期是乳腺发育的重要时期,后期是母牛初产和泌乳的准备时期,是由后备母牛向成年母牛的过渡时期。

(6) 成年母牛(24 月龄后):此阶段母牛繁殖期,根据需要可以分为空怀期、妊娠期。

3. 肉牛按生长育肥阶段分群

一般把商品育肥牛群可分为若干群。

(1) 哺乳期犊牛(0～3 月龄):此阶段是犊牛期中发病率、死亡率最高的时期。

(2) 断奶期犊牛(3～6 月龄):此阶段是生长发育最快的时期。

(3) 犊牛育肥,根据商品生产目标,分为小白牛肉生产群和犊牛肉生产群。

(4) 幼牛育肥(强度育肥)(6～13 月龄):此阶段是小公牛快速生长期,在幼牛性成熟前结束育肥达到屠宰月龄。

(5) 强度育肥肌肉生长期(14～19 月龄):对于采用直线育肥生产高档牛肉,该期主要是促进肌肉的发育和蛋白质沉积。

(6) 强度育肥肉质改善期(脂肪沉积期)(20 月龄后):对于采用直线育肥生产高档牛肉,该期主要是促进脂肪沉积,形式大理石纹或“雪花”。

(7) 吊架子阶段(6～15 月龄):此阶段是牧区或饲料资源不充裕的农户培育架子牛的时期,充分利用粗饲料资源,保证适当增重。

(8) 架子牛育肥阶段(16～30 月龄):此阶段是架子牛转入或购进进行育肥,又可分为隔离观察期、适应期、增重期(补偿生长期)、育肥期(催肥或脂肪沉积期)。

(9) 成年育肥期(30 月龄后):此阶段属于老牛育肥。

4. 肉牛按架子牛育肥品种分群

把商品育肥牛群架子牛按品种类型分群,分为本地牛群、西杂牛群、夏杂牛群、利杂牛群等。

5. 肉牛按架子牛育肥阶段分群

把商品育肥牛群架子牛按年龄阶段分群,分为初生至 20 月龄牛群、21～24 月龄牛群、25～29 月龄牛群、30 月龄后牛群等。

6.2.4 肉牛饲养一般管理技术

对不同月龄、不同品种类型、不同生产水平的牛只分群饲养,给予不同的饲料配方和不同的喂量,在做好日常饲喂的同时,要加强对牛的管理,做好编号、分群、去势、驱虫、消毒、防疫等工作。

1. 编号

编号对生产管理、称重统计和防疫治疗工作都具有重要意义。犊牛出生后或购进后,应立即给予编号。编号时要注意同一牛场或选育(保种)区,不应有 2 头牛相同的号码,从外地购入的牛可继续沿用其原来的号码,以便日后查考。给牛编号后,就要进行标记,也称标号。常用的标号方法是打耳标和电子标记。塑料耳标法已被广泛采用，是用不褪色的色笔将牛号写在2 cm×3.5 cm的塑料耳标牌上。用专用的耳标钳固定于耳朵中央，标记清晰，站在2～3 m远处也能看清号码。

2. 分群

育肥前应根据育肥牛的品种、体重、性别、年龄、性质及膘情情况合理分群饲养。

3. 驱虫、防疫和消毒

购进的牛只或自养架子牛转入育肥前，应做一次全面的体内外驱虫和防疫注射；作强度育肥前还应驱虫一次。放牧饲养的牛应定期驱虫。牛舍、牛场院应定期消毒。每出栏一批牛，牛舍要彻底清扫消毒。

4. 去势

根据育肥目的确定去势时间，如高档肉生产可在5～6月龄或12～13月龄去势；如没有特定育肥目的，公牛在2岁前不去势育肥效果好，生长速度快，胴体品质好，瘦肉率高，饲料转化率高。但2岁以上公牛应考虑去势，否则不便管理，且肉中有腥味，影响胴体品质。

5. 限制运动

拴系舍饲育肥牛，应定时牵到运动场适当运动，每天要进行2～3 h的户外运动；对于散养的肉牛，每天在运动场自由活动的时间不应少于8 h。运动时间夏季在早晚，冬季在中午。放牧饲养的，在育肥后期要近牧和补饲，增加营养物质在体内沉积。

6. 刷拭

刷拭可增加牛体血液循环，提高牛的采食量，提高代谢水平，有助于增重；肉牛每天应刷拭2～3次，保持皮肤清洁。

7. 饲料更换

饲养过程中，经常会遇到饲料更换现象，应采取逐渐变换的办法，绝不可骤然变更，打乱牛的原有采食习惯，有5～7 d的过渡期，逐渐让牛适应新更换的饲料。第1天可以更换10%，第2天更换20%～30%，第3天更换40%～50%，经过1周时间全部更换过来为宜。如突然全部更换，将打乱牛的原有采食习惯，牛胃内微生物菌群紊乱，消化机能下降，发生疾病，给养牛者带来损失。因此，在更换草料时，饲养管理人员要认真观察牛的采食情况，如果发现异常，要及时采取措施，避免发生损失。

8. 肢蹄护理

四肢应经常护理，以防肢蹄疾病的发生。牛床、运动场以及其他活动场所应保持干燥、清洁，尤其通道及运动场上不能有尖锐铁器和碎石等异物，以免伤蹄。肢蹄尽可能干刷或每年修蹄1次，以保持清洁干燥，减少蹄病的发生。

9. 严冬保暖，酷暑降温

气温低于－15℃要采取防寒保暖措施，气温高于26℃，要采取防暑降温措施。

10. 做好观察和记录

饲养员每天要认真观察每头牛的精神、采食、粪便和饮水状况，以便及时发现异常情况，并要做好详细记录。对可能患病的牛，要及时请兽医诊治；对体弱、消化不良的牛，要给予特殊照顾。发现采食或饮水异常，要及时找出原因，并采取相关措施纠正。

11. 肉牛饲养的日常管理

(1) 做好肉牛场饲草饲料的储备工作，保证秋冬季节饲料的均衡供给。加强牛场安全措施，经常对电源、火源进行安全检查，杜绝火灾的发生。

(2) 加强育肥牛场的日常管理，经常打扫卫生、刷拭牛体。对牛场实行五定六净三观察：定人员、定饲养头数、定饲料种类、定喂饮时间、定管理日程。六净：料净，不含沙石、金属等异物，不发霉腐败，不受农药污染；草净，不含泥沙、铁钉及塑料等；水净，保持饮水卫生；牛床净，勤除粪，保持牛舍卫生；食槽净，喂后及时清扫，防止草料残渣腐败；牛体净，每天刷拭牛体，经常保持清洁。三观察：观察精神状态，观察食欲，观察粪便，发现异常及时处理。

6.3 肉牛饲养技术

肉牛的饲养是肉牛产业链中的基础环节，通过这一环节的转化，把良种、饲料与肉牛生产衔接起来，把饲料资源优势转化成产业优势，在带动养殖业发展的同时，也促进了种植业结构的调整和相关第三产业的发展，给整个农业经济的振兴注入生机和活力。在我国生产力水平还不发达的今天，充分、合理地利用资源优势发展养牛事业是必需的，但同时我们还应注重科技的投入，节约成本和增加投入应齐头并进。

6.3.1 不同季节肉牛饲养技术

肉牛生产性能受许多方面的影响，其中包括外界环境的变化，即养殖季节。季节不同反映在青粗饲料的供应和牛舍的环境，这方面对小型养殖场，尤其是农户养殖影响更为明显。虽然全年均可从事肉牛养殖生产，但受到青粗饲料资源、饲料贮存、环境温湿度等影响，不同季节的饲养管理技术和管理工作重点各有侧重。

1. 春季肉牛的饲养技术

春季气温逐步回升，但牛的代谢功能仍然处于低谷时期，抵抗能力还较差，既容易感染传染性疾病，也容易发生消化系统疾病，因此，在初春季节需要采取正确的饲养管理措施，才能保证肉牛养殖的经济效益。

(1) 牛舍环境上要尽量不漏雨雪，地不潮湿，墙无贼风；白天通风换气，晚上关好门窗；平时要保持圈舍干净卫生，勤扫勤换垫草，及时清理牛粪尿，尽量减少水冲式清粪和刷洗牛舍，控制用水量；怀孕母牛、犊牛舍能铺以柔软干净的垫草更好；牛舍内温度应控制在 3～10℃，在牧区散栏育肥也应设简易的牛舍挡风防寒设施。

(2) 供给牛只足够数量的优质干草和青贮、副料或秸秆，能搭配多汁块根类饲料拌喂则效果会更好，对怀孕母牛和瘦弱牛应适当增加精料喂量(每日补喂 1～2 kg 精料)和适量食盐。

(3) 让牛饮温水，将水加热到 10℃以上即可，不宜空腹饮水，切忌初春给牛饮带冰碴的水。饮太凉的水容易导致牛的瘤胃痉挛，致使消化不良，食欲减退。

(4) 春季进行疫病预防、防疫、驱虫，以达到有效预防传染病和寄生虫病的目的；平时注意饲养和管理，提高对疾病的抵抗力；每天细心观察牛的精神、粪便、采食和身体状况，做到有病早发现、早治疗。

(5) 随着气温升高，天气开始转暖，这是肉牛一年中生长最快的季节，要充分利用肉牛的补偿生长原理，提供充足营养，保证肉牛有较快的生长速度，进行快速育肥，改变原饲料配方，提高能量和蛋白质供给，合理搭配饲料。

(6) 不过早春牧。过早春牧，不仅容易“跑青”，破坏草场，使草原退化，而且容易中毒。

(7) 入夏后我国大部分地区是雨季，给农村养牛业造成重大的经济损失。根据历年状况入夏前养牛场要备足土石料、沙袋、水桶等防洪工具和设备。同时必备常用的消毒药品，如消毒净化水的漂白粉、次氯酸钠；环境器具消毒的苯酚、火碱；畜禽舍消毒的甲醛、醋酸，还要常备治疗痢疾、肠炎、寄生虫、皮肤病、外创伤等药品，以便发生灾害时实施自救。

2. 夏季肉牛的饲养技术

夏季饲养管理技术的重点是做好防暑降温工作，利用春末夏初的温暖气候和肉牛快速生长的特点，加强饲养管理，做到快长强育，提高经济效益。

(1) 初夏气温不断上升，春夏之交也是肉牛发病的多发季节，在气温骤变，天气多变，忽冷忽热，气温如“过山车”般变幻莫测，加上多雨季节，春季营养不良体况尚未恢复，牛舍粪污不清或潮湿等原因，而使呼吸道黏膜的抗病力下降，致使肉牛患病，因此做好春夏的疫病防治、消毒、驱虫仍是兽医管理的重点。

(2) 初夏适度放牧或休牧。避免牛采食过量的青草，更不能让牛吃露水草。受气温偏低的影响，牧草返青推迟，建议草原牧区要休牧，加强草原保护，对肉牛进行必要的补饲，加强棚舍管理，预防冷雨湿雪。对放牧的牛或过度供给青草的牛，最好每日每头在精饲料中添加氯化镁 50～60 g，以补充镁的不足。

(3) 夏季肉牛放牧技术。夏季虽然天气炎热，但正是牧草丰盛时期，如果在养牛场附近有河滩、草地甚至草场，利用草地资源育肥肉牛，是夏季饲养肉牛较好的选择。夏季使用草地放牧育肥肉牛的优点很多，首先利用草地放牧可以利用天然饲草，降低饲养成本，提高肉牛饲养的经济效益；其次青草是牛最喜爱吃的饲草，而且它富含多种肉牛需要的营养物质，可以克服肉牛夏季厌食的问题；此外在夏季利用草地放牧育肥肉牛可以使肉牛呼吸新鲜空气，增加肉牛运动量，增强肉牛的体质。在夏季利用草地育肥肉牛也要注意，如夏季日光强烈，气温较高，放牧应利用早晚天气凉爽时进行放牧，防止中午放牧造成日射病，影响肉牛健康；一般放牧时间以上午 5:00～10:00，下午 4:00～7:00 为宜，这段时间天气凉爽，牛的食欲好，不会因为日照过于强烈而出现热害；由于牧草中缺少能量蛋白质和部分无机盐，单纯使用放牧形式育肥肉牛会出现营养不均衡的情况，因此在放牧归来后要为肉牛补饲一些能量饲料、蛋白质饲料和无机盐，补饲配方为 85%能量饲料，13%蛋白饲料，2%食盐。

(4) 盛夏高温季节，完善防暑降温措施，给肉牛提供一个凉爽、清洁、安静的牛舍环境。在肉牛舍屋顶及太阳直射的东西两侧拉防晒网遮阳，尽可能打开所有门窗和透气孔通风，采用电扇、排风机加强舍内空气流动，必要时安装强风机加强通风或安装喷水降温设施，但切不可将凉井水直接泼到肉牛身上。

(5) 调整饲喂时间，夜间多饲喂。在清晨和傍晚凉爽时喂料，尽量避开正午高温时段饲喂，做到早上早喂，晚上多喂，夜间不断料。喂料时间应循序渐进，随着温度的变化逐渐调整，不能突然改变。要提高肉牛在夏季高温季节的采食量，可采用每晚饲喂 3 次的方法，在晚 19:00、夜间 23:00、凌晨 4:00 时各喂一次饲料，白天则需在上午 10:00 和下午 14:30 各饮一次 0.5%的食盐水。

(6) 调整日粮营养水平，提高肉牛采食量。高温环境下精料保持较高的营养水平，可添加

2%～5%脂肪粉或5%全脂膨化大豆；选用优质新鲜原料，采用湿拌料（水料比为1∶1），要现拌现喂，防止酸败变质；多喂青绿多汁饲料，或多喂些清凉类饲料和添加剂如麦麸、豆饼、花生饼、南瓜、人工盐等，保持肉牛较高生长速度。

（7）驱除蚊蝇，做好消毒工作，改善场内小气候，保持栏舍卫生。每天至少清理粪便2～3次，每周消毒1次，并做好栏舍周围清洁卫生及灭蚊蝇工作，避免病菌的传染。

（8）供给清洁用水，饮水充足。在饮水中添加0.1%～0.2%的人工盐、多维或0.5%小苏打，调节肉牛体内电解质平衡，减少热应激的发生。尽量使用深井水，水管不要暴晒在阳光下，随时供应清洁饮水。

（9）降低饲养密度，可避免拥挤，改善空气质量，减少热应激。尤其是繁殖妊娠母牛或育肥后期，若密度过大，会因炎热烦躁打架引起流产或中暑；合理安排牛群调动、出售、去势、疫苗注射时间，此工作宜在早晚天气凉爽时进行，避免高温季节牛长途调运。

3. 秋季肉牛的饲养技术

秋季饲草饲料充足，营养丰富，气温适宜，是肉牛育肥的大好时机，青绿饲料、作物茎叶藤蔓种类繁多，它们不但青绿，鲜嫩多汁，容易消化，而且含有丰富的蛋白质、维生素和矿物质，是小规模牛场育肥肉牛理想的优质饲料。

（1）科学放牧，抓好补饲，抓好牧草结籽期的育肥。秋季天高气爽，中午炎热，早晚凉爽，放牧时应该坚持早出晚收，中午避暑，午间在牧场休息，晚上收牧后于食槽处补料，每天的放牧距离不要超过4～5 km。有霜天放牧时要晚出晚归，以防止牛吃带霜的草。秋季饲草的营养价值最高，是抓好秋膘的良好时机，也是保证肉牛安全越冬的关键时期。

（2）秋季是收获的季节，百草成熟，饲料充足，除加强常规饲料管理外，还要做好肉牛饲料的储备和保贮工作，包括青贮饲料、干草的调制，干草和秸秆的收拾与存贮，做好入冬草料的防火、防雨雪、防鼠等。在晴好天气，做好牛舍的修缮工作，确保牛舍能保持良好的通风、保暖性能，同时要及时关注天气情况，根据天气情况合理调节牛舍的通风和保暖工作。

（3）利用气温由酷暑转为凉爽的有利气候，加强肉牛饲养管理，提高日增重，同时丰富饲料的来源，多利用不易贮存的副产品如糟渣类，降低肉牛养殖的成本。秋季干燥，水分蒸发量大，舍饲时要注意清洁饮水的补给。

（4）北方地区随着深秋季节的到来，气温由凉爽转为寒冷，牧草由青绿转为枯黄。以放牧为主的牛只逐渐转为舍饲，而农区育肥牛的饲养管理也由露天或敞棚饲养逐渐转为舍饲饲养。秋冬季节气温低，青绿多汁饲料匮乏，粗饲料品种单一，营养价值也较低，使肉牛育肥成本提高；如果草料准备不充裕，必须对牛群进行调整，对能出栏的和体弱繁殖母牛、犊牛加强饲养，预期快出栏和体况好转，减少冬季耗料和死亡。

（5）加强牛舍通风管理和消毒。秋冬季节育肥牛多数时间在舍内，过分重视牛舍的保温，使牛舍小气候环境处于通风不良、空气污浊、湿度较大的状态，牛的生长发育速度就会下降，因此秋冬季节饲养要充分考虑牛舍通风，同时要保证肉牛有充足的光照，可在晴朗的天气将牛牵出舍外进行自然光照。入冬前用2%～3%火碱水溶液对牛舍地面及墙壁、大棚定期消毒。

（6）做好防疫，驱除牛体内外寄生虫，保证牛只正常生长。定期对传染性疾病进行检疫及检测，制定防疫措施，对牛结核、副结核、病毒性腹泻、牛传染性鼻气管炎、布氏秆菌病、炭疽病等定期免疫接种及检疫，发现病牛，及时处理。深秋气候多变，易诱导肉牛发病如流感，如果预防不及时，会给肉牛养殖户带来较大的经济损失。

(7) 做好常见疾病的防治。秋末注意防止放牧引起的饲料中毒和消化道病，如收割后的高粱、玉米二茬苗，半干半湿的藤蔓秧类，玉米穗的软皮，高湿的玉米等，如果发生要及时诊治，否则很容易造成死亡。肉牛秋冬季节常见疾病主要有消化道疾病、寄生虫疾病、传染病及外伤等，如发现病情，应及早诊治，具体情况由兽医人员处理。

4. 冬季肉牛的饲养技术

冬季天气寒冷，青绿饲料缺乏，对肉牛的增重不利；但只要精、粗饲料搭配科学，饲养管理方法得当，冬季寒冷季节仍然可使肉牛快速生长和增重。

(1) 及时补饲。在冬春枯草期，仅靠放牧很难满足牛营养需要，所以在冬春二季实行半日放牧、半日补饲，这样既可避免牛消耗体力，又可达到牛保膘的目的。冬春补饲秸秆、干草可分早晚2次补给；也可补给青贮饲料，补饲精料可晚上一次喂给，可用稻谷粉、玉米粉、米糠、油饼等组成混合精料。要注意怀孕后期、哺乳期母牛与犊牛的补饲和蛋白质、矿物质、维生素的供应。

(2) 注意牛舍保暖防寒。冬季气温低，牛体消耗热能多，要做好保暖工作。入冬后要彻底检查牛圈牛舍，如墙壁，尤其是西北墙要修整好，堵塞透风洞，使之不透风，塑料温棚要随天气逐渐变冷，加盖草帘。牛舍要不漏雨、不透风、地面不潮湿、清洁卫生。室温要达到0℃以上，最好要保持在3～10℃。

(3) 要保持暖棚、牛舍的卫生。冬季保持牛舍环境的干燥比保持牛舍的温度更重要，及时清除牛粪，勤打扫牛舍及饲槽，每天喂完牛之后要扫净剩料，及时扫净饲槽；牛舍及时进行通风换气，防止有害气体含量过高或环境过湿；做好牛舍的消毒，每月进行一次，用1%的氢氧化钠溶液对牛舍地面和墙壁进行喷雾消毒，氨味浓时用过氧乙酸消毒，牛舍门口可用白灰消毒。

(4) 科学饲喂，供足饮水。按饲养标准配合日粮，科学加工，丰富饲料品种，合理饲喂，草料要少添、勤添，使牛在每次饲喂时都保持旺盛的食欲，以提高饲料的利用率。结冻的饲草如青贮或副料，要提前运到牛舍预温，如有冻块可及时挑出。供给充足的饮水，采食后1 h饮水，供给的水要清洁卫生，温度要适宜(20℃左右)，饮完牛后要把余水弃掉，防止饮冻水、冷水。

6.3.2 应用不同糟渣类饲料饲喂肉牛的饲养技术与效果

随着酿酒业、豆制品加工业的兴旺，酒、糖、淀粉、酱油和豆腐等加工过程中形成的大量副产物，为养牛业提供了大量价廉物美的饲料，糟渣类饲料有酒糟、糖渣、酱渣、粉渣、豆腐渣等，糟渣类饲料来源广泛，价格低廉，且能直接饲喂肉牛，极易为家庭饲养业接受采用，且能明显降低饲料成本。养牛场利用糟渣类作饲料的方法有直接鲜饲利用、风干后饲喂、贮存一段时间后饲喂，其中直接鲜喂是一种经济而简便的方法。但是各类糟渣有不同特点，其营养价值各有高低(表6.5)，这些饲料的缺点是营养不平衡，单独饲喂效果不好，有时如不正确使用将会带来相反的效果。如酒糟、果渣等酸度较大，育肥肉牛长期使用，对牛的体质就会产生影响，牛只会出现毛焦、皮紧等不良症状，育肥效果也不理想，同时对牛肉品质影响也很大，淀粉渣过多饲养会引起酸中毒等。

6.3.2.1 应用酒糟饲喂肉牛饲养技术与效果

酒糟有白酒糟和啤酒糟之分，肉牛生产上多用白酒糟，一般称酒糟。酒糟是酿酒的副产品，通常使用含碳水化合物比较丰富的原料，如谷粒、玉米、高粱、小麦等。酒糟的营养成分与造酒的原料有关，变动幅度很大，在酒糟营养成分中，蛋白质中等，粗纤维含量高(表6.5)，缺乏维生素 A、维生素 D、维生素 E 和钠；钙高磷低；微量元素不足。

玉米、高粱、薯类为原料的酒糟干物质中含粗蛋白 20%～25%，粗纤维 11%～17%；啤酒糟蛋白质、粗纤维、脂肪、维生素及矿物质含量，与酿酒谷类相似，其粗蛋白质含量占干物质重的 22%～27%，粗脂肪占 6%～8%，粗纤维占 14%～18%。干酒糟没有鲜酒糟营养价值高，白酒糟没有啤酒糟营养价值高(表 6.6)。

表 6.5　我国主要糟渣的营养特点　%

糟渣类	营养特点(风干物)	
	粗蛋白	粗纤维
酒糟	13～22	13～34
酱糟和醋糟	10～31	13～28
豆渣	25～34	14～20
粉渣	4.5～12.6	9.0～22.5
玉米淀粉渣	11.2	11.5 左右
甜菜渣	9.2～12.9	16.7～23.3
甘蔗渣	1.2 左右	51.9 左右
饴糖渣	27 左右	1.95 左右

引自王恬，2011。

表 6.6　饲料各种常规成分含量(以风干物质为基础)　%

饲料	干物质	有机物	粗脂肪	粗蛋白	粗纤维	无氮浸出物	中性洗涤纤维	酸性洗涤纤维
白酒糟(大厂)	94.50	80.45	1.67	14.53	20.11	44.14	73.48	50.64
白酒糟(围场)	93.20	77.33	3.61	13.04	26.85	33.83	73.24	52.49
啤酒糟	93.66	89.93	7.20	22.53	14.41	45.79	77.69	25.77
麦芽根	90.64	83.50	1.77	22.26	11.09	48.38	64.80	17.33
酱油渣 1	93.07	84.64	8.70	15.69	20.73	39.52	65.62	35.75
酱油渣 2	94.08	76.82	7.24	16.17	17.71	35.70	54.73	33.47

引自莫放等，1995，无氮浸出物＝有机物－(粗脂肪＋粗蛋白＋粗纤维)。

1. *酒糟的贮藏*

酒糟的缺点是含水量高，达 70%以上，易自行发酵而腐败变质，新鲜酒糟应尽可能新鲜喂饲，力争在短时间内用完，如果暂时用不完，可隔绝空气保存。酒糟的贮藏，以鲜贮为主，要求水分含量在 65%左右，温度 10～20℃，可贮存 40～60 d。具体贮藏方法有以下几种。

(1) 缸窖式贮藏法：把新鲜酒糟放入清洁的缸内，层层压实后，用塑料薄膜封顶不通气，适合小批量。

(2) 堆式贮藏法。先在高岗无水地方，把酒糟堆成馒头状压实，用塑料薄膜封闭不透气，短时间较合适。

(3) 青贮藏法。将酒糟放入暂时不用的青贮窖或氨化池内压实密封，造成厌氧环境，抑制大多数腐败菌的繁殖，在窖底和窖壁周围放一层干草或草袋子，周围也可用无毒塑料薄膜或草席子，然后把酒糟装窖内，装一层踩实一层，直至把窖装满。然后在酒糟上部盖一层草，在草上盖上塑料薄膜，培上 0.3 m 厚的土，窖顶呈馒头形，再用草或塑料薄膜盖上，用土压好，尤其窖的四周，要把塑料薄膜用土压实、压紧，不漏水，不渗水，可长期贮藏，窖的大小取决于所贮酒糟数量的多少。

(4) 塑料袋贮藏法。用刷洗干净的无毒塑料薄膜袋，把酒糟装入袋内层层踩实，把袋口扎紧，保持不透空气、不漏进水，堆放于低温避光地方，随取随用，取后随即扎紧袋口。

(5) 风干贮存。喂不完的酒糟要薄摊于水泥地面上晾晒，含水量降到15%左右时便可较长时间保存。缺点是需要较大的场地，不适于阴雨天气，空气中湿度大时晒干也需较长时间，损失营养达50%左右。

2. 肉牛饲喂酒糟注意事项

酒糟饲养育肥肉牛是一项实用技术，已普遍应用。

(1) 酒糟不能饲喂种牛、繁殖母牛和犊牛。喂种牛容易造成精液品质下降；喂繁殖母牛容易造成流产，胎衣不下，影响发情；喂犊牛容易造成失明。

(2) 牛采食酒糟的数量在很大程度上决定着育肥牛的效益。用酒糟喂牛一般适用于短期育肥，饲喂时间不超过90 d为比较适宜，如果饲喂时间过长，酒糟中富含B族维生素，但维生素A、维生素D不足就可造成严重缺乏，而使牛软骨病的发病率剧增，对育肥的效果和效益产生不良影响；长期饲喂酒糟，每头牛每日应添加维生素A 5万～10万IU。

(3) 开始，牛不习惯采食酒糟，需进行训练，即饲喂量从少量逐渐增加，使之适应，必要时可将酒糟拌入少许食盐涂抹口腔。

(4) 酒糟务必要求质优，新鲜，凡已陈腐发霉一律不可喂给。注意掌握酒糟的温度，以平常的料温为准，切勿喂给冰冻糟块。

(5) 在育肥过程中发现牛体出现湿疹，膝部及球关节红肿与腹部膨胀等症状，应暂时停喂酒糟，适当调整饲料，适量增加干草喂量，以调整消化机能。

3. 肉牛酒糟使用量和效果

如果是普通育肥牛，育肥中后期可全用酒糟替代粗料。如果是优质育肥牛，不能把酒糟作为唯一的粗料。酒糟应占日粮的35%～45%为好，最高不超过日粮的60%～70%，酒糟过多，会影响胴体品质，影响牛肉的大理石花纹。日粮中精饲料和粗饲料的含量对酒糟采食量有影响，如果精饲料增加1 kg，酒糟采食量则减少8～10 kg，日粮中粗饲料减少2 kg，则酒糟采食量增加8～10 kg，夏季酒糟的日采食量通常比冬季高5～6 kg。

为较好利用酒糟，牛在育肥期，日粮饲喂标准一般为干草3.0～4.0 kg或青贮玉米秸秆8～10 kg，酒糟10～15 kg，用精料1.5～10 kg。在杂交肉牛的短期快速育肥日粮配方中加入适当比例的白酒糟，既不影响其增重速度与效果，又可节省大量的能量饲料(表6.7至表6.9)。

表6.7 不同比例白酒糟及营养水平对肉牛育肥效果的影响

组别	日粮组成/%							增重效果/kg			
	玉米秸	稻草	酒糟	玉米	油饼类	其他	日干物质采食量/kg	始重	末重	120 d增重	日增重
第1组	16	12.4	30	30	10	1.6	5.8	234.6	370.8	136.2	1.14
第2组	9	8.1	50	24	7	1.9	6.0	229.5	360.7	131.2	1.09
第3组	3	2.8	70	18	4	2.2	6.5	242.2	349.8	107.6	0.90

注：实验动物为西门塔尔牛与本地牛的杂交F_1代，每组7头牛，日粮精料的其他为磷酸氢钙、食盐、微量元素和维生素A。

引自张兴会和刘庆权，2008(辽宁辽阳)。

表 6.8　白酒糟补饲精料对肉牛育肥效果的影响

组别	日粮组成/kg		增重效果/kg			
	精料	酒糟	始重	末重	92 d 增重	日增重
试验组	1	16.0	282.8±19.7	391.4±19.4	108.7±18.4	1.18±0.2
对照组	0	17.5	298.5±18.9	385.5±23.4	87.0±33.2	0.95±0.25

注：每组 10 头牛，精料组成玉米 50%、油渣 20%、麸皮 27%、钙磷饲料 2%、食盐 1%。有 15 d 的预试期，开始时参试牛饲料以麦秸为添加少量酒糟，使牛习惯采食酒糟。而后由少到多逐渐加大酒糟比例，最后以酒糟取代麦秸，转入正试期，正试期 92 d。

引自王培芬等，1990（甘肃临夏）。

表 6.9　青贮青稞酒糟不同喂量对育肥牛增重的影响

处理组	日粮组成/kg			增重效果			
	青贮青稞酒糟	精饲料	小麦秸秆	始重/kg	末重/kg	试期增重/kg	头日增重/g
试验 1 组	3.5	4.0	5.5	403.0±32.4	490.0±36.6	89.0b±10.2	989.0b±136.3
试验 2 组	4.5	3.5	4.5	405.0±34.6	505.0±38.2	100.0b±13.4	1 243.0b±136.4
对照组	0	5	7.5	406.0±36.2	483.0±39.6	76.0a±9.8	745.0a±128.2

注：同列数据肩标含有不同字母表示差异显著（$P>0.05$）。安格斯牛与本地牛的杂交 F_1 代，每组 12 头牛，先喂精料（玉米 50%、小麦 23%、豌豆 15%、菜籽饼 10%、食盐 1%、其他 1%），再喂青贮青稞酒糟，最后喂秸秆，共分 2 次饲喂。

引自曹亚男，2011（青海互助）。

4. 肉牛饲喂啤酒糟的效果

啤酒糟为啤酒生产的副产品，它含有一定的粗蛋白质、粗脂肪、粗纤维等营养成分。可溶性碳水化合物发酵成醇被提取，无氮浸出物含量相应降低。营养物质的消化率与原料相比没有大的变化，当地的养殖户主要用来饲喂奶牛，也可直接利用湿糟饲喂肉牛（梁怡等，2009），肉牛合理饲喂啤酒糟可获得理想的日增重（表 6.10）。

表 6.10　不同啤酒糟比例对杂交牛增重结果的影响

组别	日粮中各种饲料风干物构成/%			体重变化				
	青干草	精料补充料	啤酒糟	始重/kg	末重/kg	总增重/kg	平均日增重/kg	单位增重的日粮消耗量/(kg/kg)
1 组	25	55	20	270.75±20.08	372.48±36.01	814	1.130a	6.36
2 组	25	40	35	266.38±12.51	365.99±13.79	797	1.107ab	6.27
3 组	25	25	50	267.50±20.83	336.88±27.21	755	0.771b	8.25

注：表内同列数据无相同小写字母的差异显著（$P<0.05$）。BMY 牛[50%婆罗门×(25%墨累灰×25%云南黄牛)]，每组 8 头牛，90 d 育肥，精料补充料市场采购。

引自杨世平等，2010（云南小哨）。

5. 用酒糟育肥肉牛的技术关键

酒糟是育肥牛良好的廉价饲料，合理利用可取得明显的经济效益。

(1) 保证日粮中有效纤维含量。肉牛日粮中必须含有一定量的有效粗纤维，否则将影响反刍，导致瘤胃酸中毒和瘤胃弛缓，使消化机能紊乱；同时过高纤维又是影响有机物消化率的重要因素，日粮中纤维含量增加，有机物的消化率就会下降。酒糟的纤维含量高，而有效纤维含量低，因此日粮要搭配干草或秸秆，并控制用量，以保证有13%有效纤维。

(2) 保证日粮的营养浓度。酒糟的含水量较高，过多饲喂将挤占日粮中的精料比例，使日粮能量浓度降低，同时过高的日粮水分也影响干物质的摄取，酒糟适量饲喂是保证日增重的关键，见表6.7的例子。在肉牛育肥的后期，尤其是体重达450 kg以上时，由于维持及单位增重所需能量的增加，必须使精饲料的喂量在4 kg以上，如果酒糟饲喂量影响精饲料喂量，将使育肥期延长，增加精饲料的消耗，虽然提供日粮单价低于高精料，但总体饲料成本增加，也是不合算的。

(3) 以酒糟为主的育肥牛日粮，如不补充矿物质元素和维生素A、维生素D，育肥效果必然受到明显影响。酒糟和玉米等精饲料普遍缺乏矿物元素，而且磷高于钙，钙磷比例极不平衡，日粮所需补充磷酸氢钙50～80 g、食盐40～60 g、石粉100～120 g。

(4) 酒糟价格的选择。酒糟本是廉价饲料资源，大量使用使价格拉涨，有些肉牛育肥场(户)过多依赖酒糟，使用时不考虑价格，使肉牛养殖成本增加。在选择时可以通过折算的方法判断选择是否合算，可以用风干物的方法，首先要估测鲜酒糟的含水量，如某酒厂鲜酒糟拉到牛场的价格为每吨400元，估测含水为75%，即干酒糟为每吨1 600元，而当地的玉米为每吨2 100元，麸皮1 400元，折算70%玉米+30%麸皮的价格1 890元，这时用酒糟较合算；但当鲜酒糟的进价为每吨500元，干酒糟为每吨2 000元，则建议选择其他原料。

6.3.2.2 应用糖渣饲喂肉牛饲养技术与效果

糖渣是饴糖加工或制糖工业的下脚料，包括饴糖渣、甜菜渣、甘蔗渣，饴糖渣、甜菜渣可直接做饲用，而甘蔗渣一般不作饲用。

1. 应用甜菜渣饲喂肉牛技术

甜菜糖渣是制糖工业的产品，由于它水分较大，只有在生产季节才能毫无损失地加以利用。甜菜渣是一种适口性好，营养较丰富的廉价优质多汁饲料，主要成分是碳水化合物，含蛋白质低，缺乏维生素，含有高消化率纤维素，适口性好，有利于维持夏天的采食量。新鲜的甜菜渣含水90%，粗蛋白质0.9%，粗脂肪0.1%，粗纤维2.6%，无氮浸出物3.5%，但不含胡萝卜素和维生素D，其粗纤维较易消化。但含有甜菜碱，对幼牛和胎儿有毒害作用，鲜饲时肉牛10～15 kg/头，最大不要超过25 kg。

(1) 甜菜渣青贮技术。在秋冬季糖厂大量出售甜菜渣时，应集中力量尽快贮存，采用装窖青贮方法。贮存甜菜渣有单存和混合青贮。单存就是甜菜渣单独贮存。混合青贮分以下几种：①甜菜渣+稻草(麦秸、干玉米秸)(10：(1～1.5))；②甜菜渣+(米糠)麸皮(10：(1～2))；稻草、麦秸、干玉米秸要铡成5～10 cm长，秸秆、糠麸分层压在甜菜渣中，也可以分别加上食盐3%或尿素3%。

(2) 秸秆甜菜渣混合青贮技术。秸秆粉碎，以玉米秸秆为例，为了易于压实和提高青贮池的利用率，保证秸秆青贮饲料的制作质量，用于青贮的秸秆一定要进行粉碎或揉碎处理，长度为1～3 cm。

甜菜渣不必粉碎，可以直接入池。

秸秆装池方法：在池底铺一层20～30 cm厚的麦秸或稻草或碎玉米秸秆，铡入玉米秸秆20～30 cm，摊平，铺一层20～30 cm厚的甜菜渣，摊平，撒一层麸皮，压实。再铡入玉米秸秆20～30 cm，摊平，再铺一层20～30 cm厚的甜菜渣，摊平，撒一层麸皮，再压实。如此反复，直到高于池口 80～100 cm,然后封口。分层压实的目的是为了排出原料和空隙中的空气,造成厌氧环境。每天工作结束后,盖上塑料薄膜,第二天揭开塑料薄膜继续装池。青贮池装池要在 7～8 d 完成。

机械压实:最好是履带式推土机或拖拉机(即有一定的自重),每装一层用机械在池内来回反复碾压 8～10 次,边角由人力踩压。

青贮的水分控制,要求在 60%～70%,不可过高或过低,过高或过低都会影响青贮的质量。一般是手捏成团,指缝有水滴,不流下,即可。要根据甜菜渣水分和玉米秸秆水分来确定,不足需要加入水或增加甜菜渣的比例。

封口:秸秆分层压实到高出池 80～100 cm 时,再进行充分的压实,盖上塑料薄膜后,上面再压一层 20 cm 土,拍实。或在最上面均匀撒一层食盐粉,食盐的用量是每平方米 0.25 kg,压实,再覆盖塑料薄膜,培土压实。

青贮 40 d 后,即可开窖饲喂,经鉴定,品质优良、正常的青贮甜菜渣都可饲喂肉牛。如出现拉稀等异常症状时,可酌减喂量或暂停数日后再喂。怀孕后期要限量饲喂青贮甜菜渣,质地不好或冰冻的青贮甜菜渣不能饲喂孕牛。青贮甜菜渣饲喂时,日粮要添加小苏打、矿物质预混料等。

(3) 甜菜渣的应用饲养肉牛的实例

具体见表 6.11。

表 6.11 甜菜渣和碎秸秆组成粗饲料对西杂牛与哈萨克牛育肥效果的影响 kg

处理	日粮组成		增重效果			
组别	粗饲料	精料	始重	末重	增重	日增重/g
西杂牛 F_1	甜菜渣和碎秸秆,15.6	2.9	184.5±26.1	302.9±33.1	118.4±17.7	986.5±120.5
哈萨克牛	甜菜渣和碎秸秆,15.6	2.9	131.3±20.3	191.1±27.7	59.8±11.5	498.2±97.3

注:每组 12 头数,月龄为 15 月龄,育肥 120 d,饲喂顺序为甜菜渣—碎秸秆-精料,精饲料由玉米 45%,葵籽饼 20%,麸皮 17%,大麦 15%,钙粉 1.5%,食盐 1%,添加剂 0.5%组成。

引自于跃武等,2004(新疆塔城)。

2. 饴糖渣

饴糖渣是玉米、白薯干等为原料加工饴糖的副产品,鲜样含水较高,如当以玉米为原料时,鲜样含水 83.6%,蛋白质为 1.4%,粗纤维 1.7%(彭国华等,1986)。饴糖渣可直接鲜饲,过多时可晒干或贮藏后饲用。鲜饲在 5～8 kg 以内,因快速发酵碳水化合物含量高。风干后在肉牛日粮中的配合比例为 10%～15%。

3. 甘蔗渣

甘蔗渣是甘蔗榨糖后的残渣,非常粗糙,蛋白质和能量含量均比较低。甘蔗渣细胞壁物质含量高达 90%,木质素含量为 13.5%,粗蛋白含量为 2.3%,只有加入 NaOH 才能使体外有机物消化率明显提高(毛华明等,2000)。杨膺白等(1997)以甘蔗渣、糖蜜、尿素和木薯粉为原料,按一定比例组成混合料,对越冬黄牛进行饲喂试验,可获得平均日增重 120～210 g 的饲养效果。

6.3.2.3 应用淀粉渣饲喂肉牛饲养技术与效果

粉渣(淀粉渣)是淀粉加工的副产品,生产淀粉的原料有玉米、高粱、甘薯、马铃薯、绿豆等。

用这些原料所得的粉渣一般不含有毒物质，但当原料品质不良或发生霉变时，可存在某种有毒物质，例如，玉米易被黄曲霉污染，有时可产生黄曲霉毒素；黑斑病甘薯渣中常含有甘薯酮等多种有毒成分；发芽马铃薯渣中含有茄碱。

淀粉渣有玉米淀粉渣、甘薯淀粉渣、马铃薯淀粉渣等，淀粉渣的营养价值取决于含水量和原料的种类，这类饲料含水量高，一般都在80%甚至90%以上，干物质很少，其中主要是碳水化合物，蛋白质含量仅2%～4%，绿豆粉渣含蛋白质较多，品质较好。用普通鲜粉渣喂肉牛每头每日喂15 kg，干渣可喂到2.5 kg。饲喂时量要由少逐渐增多，必须搭配其他优质饲料，防止单一喂粉渣。

1. 玉米淀粉渣在肉牛生产中的应用

含有较多的粗纤维和极少量的淀粉和蛋白质，适口性较好，可以鲜喂。因加工时含有少量亚硫酸，易造成肉牛发生瘤胃臌胀病和酸中毒，可在饲料中加入小苏打缓解，为了预防中毒，可采取水浸洗法或晒(烘)干法以降低粉渣中亚硫酸的含量，并采用限制喂量、间歇饲喂的方法。鲜玉米淀粉渣可以窖贮或风干保存。玉米淀粉渣鲜饲喂效果优于风干，鲜渣饲喂量不宜过大，饲喂时间不能过长，饲喂量在8～10 kg/头为宜，最高日喂量不超过15～20 kg，且饲喂1周停喂1周，并应搭配一定量的青绿饲料(内含维生素B_1)。鲜玉米淀粉渣很易酸败，尤其夏天堆放时，绝不可饲喂腐败变质或发霉变质的淀粉渣。

陆东林和雷化云等(1986，新疆)用玉米淀粉渣饲喂6月龄以后的乳用公牛，日粮主要由干草、玉米秸秆、玉米淀粉渣、精料组成，获得满意的育肥效果，12月龄体重达330.0 kg(7头)，18月龄乳用公牛体重达493.9 kg(4头)。同时也进行了日粮以粉渣为主，精料为辅的乳用公牛育肥，全期育肥92 d，获得日增重1 044 g/d，每天每头平均消耗玉米淀粉渣14.2 kg，混合料0.6 kg(玉米57%、麸皮24%、油渣17%、矿剂和盐2%)，氨化稻草2.5 kg，稻草0.2 kg。

2. 薯类淀粉渣在肉牛生产中的应用

以马铃薯、甘薯为原料的淀粉渣主要是鲜饲。甘薯淀粉渣、马铃薯淀粉渣是肉牛的好饲料，粉渣饲喂肉牛要求12月龄以上，鲜粉渣最大用量为体重的2%～4%，干粉渣占精料的8%～10%。

3. 木薯粉渣在肉牛生产中的应用

木薯渣是木薯被提取了淀粉以后的下脚料混合物，产于广东、广西、福建、云南等地。鲜木薯渣因含水分高(80%～90%)，在1～2 d内就变成黄色或黑色(黄曲霉素污染)，新鲜木薯渣可以鲜饲也可以青贮后饲用，或混合青贮后饲用，鲜粉渣最大用量为体重的3%～4%。

(1) 木薯渣青贮的制作。青贮池要求：地面稍斜，四周用砖砌好并用水泥砂浆抹平呈方形池，池的前方留一个小门取用木薯渣，在低处开一两个排水孔(10 cm宽)，也可选在地势高处挖沟(能排水为宜)用塑料薄膜做衬，成简易青贮窖。

青贮：将木薯渣倒进池中，每1 000 kg木薯渣可加尿素5 kg，分层均匀地洒在木薯渣上，装池踩实盖上一层薄膜密封，膜顶再盖上一层厚20～25 cm的沙土。4～5周后即可开封饲用。

与糠麸混合青贮，见甜菜渣部分。

(2) 木薯渣和青贮木薯渣的饲用效果。

具体见表6.12和表6.13。

表 6.12 木薯渣和氨化甘蔗梢育肥肉牛的增重效果　kg

组别	日粮组成			增重效果			
	木薯渣	氨化甘蔗梢	精料	始重	末重	全期增重	平均日增重
Ⅰ组	自由采食	1.5	3.0	291.7±23.7	434.3±26.4	142.6±14.4	1.30±0.16a
Ⅱ组	—	自由采食	3.0	295.4±23.0	404.6±25.5	109.1±14.1	0.99±0.16b

注:同列肩标不同字母表示差异显著($P<0.05$)。每组 7 头数,18 月龄西本杂(西门塔尔牛×云南黄牛)公牛,拴系饲养,3 次饲喂 3 次饮水。

引自刘建勇等,2011(云南省红河县)。

表 6.13 青贮木薯渣和氨化稻育肥肉牛的增重效果　kg

组别	日粮组成			增重效果			
	木薯渣,象草	氨化甘蔗梢	精料	始重	末重	全期增重	平均日增重
试验组	象草 30%,青贮木薯渣 70%	19	2.0	270.3±7.27	355.89±5.67	85.59±0.84a	0.95±0.09a
对照组	象草 30%,氨化稻草 70%	16	2.0	272.5±6.95	336.04±6.67	63.54±0.58b	0.71±0.06b

注:同列肩标不同字母表示差异显著($P<0.05$)。每组 15 头数,月龄为 12～15 月龄的利木赞杂交公牛(未去势),精饲料由玉米 46.5%,麦麸 30%,豆饼 16%,菜籽饼 6%,钙粉 1%,食盐 0.5%组成。

引自蔡永权和杨文巧,2007(广东雷州)。

6.3.2.4 应用豆腐渣饲喂肉牛饲养技术与效果

豆腐渣是以大豆为原料生产豆腐时产生的副产品,在我国具有十分广泛的来源。豆腐渣含水多,含少量蛋白质和淀粉,缺乏维生素,但适口性好,消化率高,但由于豆类含有胰蛋白酶抑制剂、植物性红细胞凝集素、致甲状腺肿物质等多种有害物质,且豆腐渣易酸败,适于鲜喂,饲喂量控制在 2.5～5 kg 为宜,与青饲料搭配饲喂,效果好。

具体见表 6.14。

表 6.14 利用干豆腐渣饲喂去势荷斯坦育肥公牛的增重效果　kg

组别	日粮组成			增重效果			
	精料	稻草	干物质进食	平均始重	平均末重	头总增重	日增重
1 组	4.48	6.08	9.23	287.6±16.3	345.2±21.2	57.6±7.8	0.93±0.23
2 组	4.56	5.42	8.27	275.3±13.1	334.7±16.4	59.4±6.5	0.99±0.20
3 组	4.64	4.51	7.86	282.2±18.4	343.4±20.6	61.2±8.3	1.03±0.18

注:正试期 60 d,每处理组为 12 月龄去势荷斯坦育肥公牛。1 组精料配方,豆粕 0%,干豆腐渣 16%,玉米 57%,棉仁饼 12%,麸皮 12%,食盐 0.65%,磷酸氢钙 1.35%,预混料添加剂 1.0%;2 组精料配方,豆粕 8%,干豆腐渣 8%,玉米 57%,棉仁饼 12%,麸皮 12%,食盐 0.65%,磷酸氢钙 1.35%,预混料添加剂 1.0%;3 组精料配方,豆粕 16%,干豆腐渣 0%,玉米 57%,棉仁饼 12%,麸皮 12%,食盐 0.65%,磷酸氢钙 1.35%,预混料添加剂 1.0%。

引自王治华等,2004(安徽淮南市)。

6.3.2.5 应用酱油渣和醋糟饲喂肉牛饲养技术与效果

酱油渣是制作酱油的副产品,酱油渣价格低廉,可用作肉牛饲料,但含盐量较高,不可多喂,以防食盐中毒,一般饲喂量应控制在体重的 1%～1.5%,饲喂酱油渣期间,应经常供给充足的饮水。

醋糟是酿醋的主要下脚料，含有粗蛋白 6%～12%，粗脂肪 2%～5%，无氮浸出物 20%～30%，粗灰分 13%～17%，钙 0.25%～0.5%，磷 0.16%～0.37%，营养丰富，多用作肉牛饲料。

醋渣和酒渣对育肥牛增重的影响见表 6.15。

表 6.15 对比醋渣和酒渣对育肥牛增重的影响 kg

处理	日粮组成(风干重)				体重变化			
	玉米秸秆	酒糟	醋糟	混合精料	平均始重	平均末重	增重	60 d 平均日增重
醋糟组	3.05(2.81)	2.72(2.54)	11.50(10.59)	2.5(2.27)	434.8	503.2	68.4	1.14
酒糟组	3.14(2.89)	15.31(14.28)	—	2.5(2.27)	433.8	505.4	72.3	1.20

注：括号内为干物质进食量(根据文中数据值计算)(每组 5 头西杂牛，混合精料组成，玉米 52%、麸皮 15%、棉仁饼 10%、胡麻饼 15%、玉米蛋白粉 5%、钙粉 2%、食盐 1%)

引自崔保维和郑晓忠，1993(山西榆社)。

6.3.2.6 应用果渣饲喂肉牛饲养技术与效果

果渣是鲜果(如苹果、葡萄、西红柿等)榨汁以后的副产品，含有果皮、果核(籽)以及少量的果肉。

果渣的营养成分见表 6.16。

表 6.16 果渣的营养成分(以干物质计) %

果渣	粗蛋白质	粗脂肪	粗纤维	粗灰分
沙棘籽	26.06	9.02	12.33	6.48
沙棘果渣	18.34	12.36	12.65	1.96
葡萄皮梗	14.03	3.60	—	12.68
葡萄饼(粕)	13.02	1.78	—	3.96
葡萄渣粉	13.00	7.90	31.90	10.30
越橘渣粉	11.83	10.88	18.75	2.35
柑橘渣粉	6.70	3.70	12.70	6.60
苹果渣粉	5.10	5.20	20.00	3.50

引自李建国，2005。

1. 果渣的贮藏处理

果渣是水果经过榨汁、生产罐头等过程得到的副产物，种类尤为丰富。新鲜的果渣中水分含量高，一般含水量为 80%～90%，如未及时饲喂或处理不及时很容易发生腐败、霉变，影响饲喂效果。果渣中还含有很多果胶和单宁，果胶属多糖类物质，具有黏性，与营养物质结合，阻碍其消化作用；单宁属多酚类物质，其分解产物有刺激性和苦涩味。且鲜果渣酸度大，pH 值一般在 3～5，这些都会影响果渣饲料的适口性，降低其利用率，通过适当的加工或贮藏，提高其利用效率，具体方法有烘干和青贮。

(1) 烘干加工。果渣加工成果渣干粉，可以加入到饲料产品或颗粒料中，还可进一步进行膨化处理(图 6.5)。

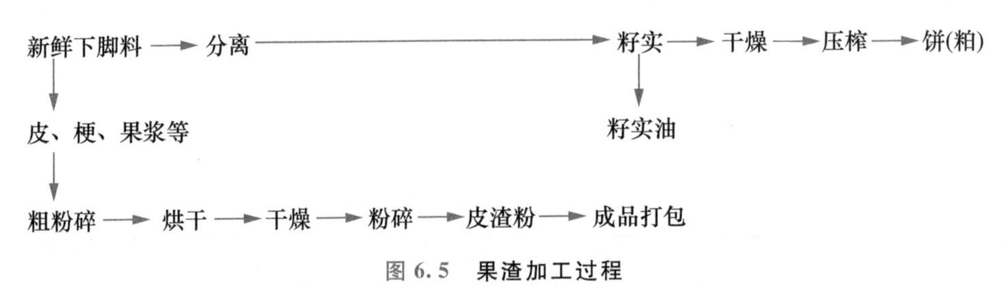

图 6.5 果渣加工过程

(2) 果渣青贮饲料的调制。

选料：尽量新鲜，如选用果品加工厂 1～2 d 内生产的新鲜果渣，无霉变、无污染，必须除去混入的异物。

控制含水量：青贮原料适宜含水量为 60%～70%，新鲜果渣一般含水量较高，故而不能直接装填于窖，需降低水分含量，一般采用的方法有，①晾晒。尽可能在阳光下暴晒，使水分迅速地降至 60%～70%，以减少营养物质的损失。②挤压。通过自体重量或机械挤压作用，使果渣中一部分水分流失。③与其他低水分饲料原料如麸皮、米糠、玉米、玉米秸秆等混合，通过与其他低水分饲料原料按照一定比例混合在一起，进行混贮，从而达到对水分的要求。

原料装填：果渣原料在压实装填前，最好在窖底铺一层生石灰和秸秆做垫物，然后将合适水分的果渣装填入窖中，边装填、边踏实。边角处一定要踩压结实，尽量减少窖中的空气量。装填时，应尽量缩短装填时间，最好在 3～4 d 内装完。当原料装至高出窖口 80～100 cm 时，停止装填，进行封顶。

封顶：先在原料上盖一层塑料薄膜密封，压上 20～30 cm 厚的湿麦秸或湿稻草，草上再压 20～30 cm 厚的沙土，土层表面要压实拍平，窖顶隆起形成一个馒头形，以利排水。

启用：果渣经 40～50 d 的密闭发酵后即成青贮饲料，可以饲用。

其他方式青贮，根据原料来源和牛的头数可选用其他容器调制青贮，如小窖、塑料袋等。

(3) 鲜果渣与玉米秸秆分层混贮饲料制作。分层混合比例与水分含量：玉米秸秆与果渣混贮比例为 60∶40 或 70∶30，水分含量较低的半干秸秆，需要在铡碎装填时适当加水，使混贮原料总含水量达到 65%～70%。

混贮方法：准备好待贮的玉米秸秆和新鲜果渣，然后将玉米秸秆切短，以 1～2 cm 为宜。

分层混贮：先在青贮窖的最底层装入铡短的玉米秸秆(由于果渣含水量较高，所以使秸秆料含水量保持在 50%)，约 50 cm 厚，用拖拉机碾压，青贮窖的边、角部位安排专人用脚踏实。之后在秸秆层上铺约 30 cm 厚的果渣，摊平、压实；重复之前的 2 个步骤；最后以果渣作为顶层直接封顶，厚度以 80～100 cm 为宜，做成圆锥形或者馒头形，再盖一层塑料薄膜，之后用土压实密封。

(4) 果渣与玉米秸混合青贮。在铡玉米秸的同时，添加果渣，以便混合均匀，果渣与玉米秸的比例为 1∶(2～3)。每装入 50 cm 厚原料就碾压，其他步骤同青贮。青贮原料装到高于窖面 80 cm 后，铺盖塑料布，覆土盖严，以防止漏气。封窖 40 d 后开窖取喂，取料时要分段分层取喂，严禁掏洞，合格的青贮料为黄绿色，有较浓的果酸香味。

2. 苹果渣饲喂肉牛饲养技术与效果

鲜苹果渣含水 80%，粗蛋白质 0.9%，粗纤维素 5%，钙 0.02%，磷 0.02%，钾 0.10%。苹果渣含有果胶、果糖和苹果酸，这都有利于瘤胃微生物的生长。苹果渣可发酵纤维素较多，新鲜时可作为牛的粗饲料和多汁饲料使用，也可以晒（或烘）干后与别的饲料混合使用，对于一时用不完的果渣可与其他干饲料混合后青贮。干苹果渣（苹果渣粕，颗粒）属于中等能量低蛋白质粗饲料，外观呈淡黄色或棕黄色，是配制全价饲料或颗粒料的良好原料。干苹果渣颗粒可以不经处理直接饲喂，用量为 2～3 kg/(头・d)，在精料中干苹果渣用量可达 10%。

鲜苹果渣酸度较大，pH 值为 3.5～4.8，饲喂前可以用小苏打（鲜果渣的 0.5%～1.0%，）中和处理以增强其适口性。鲜苹果渣含水量较大，能量相对较低，因此饲用量不宜过大，每头肉牛每天用量不超过 8～10 kg。

鲜苹果渣青贮的调制：如果水分过大则要添加 10%～20%的草粉和麸皮，最好与禾本科草类、青玉米秸、红薯蔓等混合青贮，鲜苹果渣可占 30%～50%，方法同上。

苹果渣对肉牛增重效果的影响见表 6.17。

表 6.17 日粮中苹果渣应用对肉牛增重效果的影响

组别	日粮组成		体重变化			
	精料	粗料	试验初重/kg	试验末重/kg	总增重/kg	头均日增重/(g/d)
试验 1 组	3.80	9.40	316.50±49.41	410.70±50.53	94.20±15.74	1 046.67±174.88
试验 2 组	3.80	9.40	315.50±42.78	412.10±37.93	96.60±34.93	1 073.33±388.07

注：每组 10 头西杂架子牛，育肥 90 d。试验 1 组精饲料组成，玉米 58%，苹果渣 13%，浓缩料 29%；粗料组成麦秸 53.57%，青贮苜蓿 46.43%。试验 2 组精饲料组成，玉米 58%，麸皮 13%，浓缩料 29%；粗料组成麦秸 53.57%，苜蓿 46.43%。

引自张国坪等，2011（宁夏隆德）。

3. 西红柿渣饲喂肉牛饲养技术与效果

西红柿渣为新鲜西红柿经加工制成西红柿汁、西红柿酱及西红柿糊等产品后所残留的废弃物，包括果皮、种籽及果渣等，约占加工原料的 10%。西红柿酱渣水分含量高达 80%左右，以干物质计，粗蛋白质含量在 14%～22%之间，粗纤维为 34%左右，另外还含有番茄红素（番茄红素是一种类胡萝卜素）等营养成分，是一种较好饲料资源。西红柿酱渣水分含量高，可鲜饲 8～10 kg 添加于肉牛的日粮中。

因西红柿渣易发霉变质，对于一时用不完的可以和其他干饲料混合后青贮（西红柿渣与玉米秸混合比例为 60∶40），亦可以晒（或烘）干以后与别的饲料混合使用。

西红柿酱渣对荷斯坦公牛增重的影响见表 6.18。

表 6.18 荷斯坦公牛育肥阶段额外补饲西红柿酱渣对增重的影响 kg

项目	14 月龄体重	17 月龄体重	育肥期增重	育肥期日增重
试验组	357.90±11.23a	458.83±7.85a	100.93±3.38a	1.12±0.03a
对照组	287.46±8.67b	371.52±8.46b	94.06±4.43b	1.01±0.05b

注：同列肩标不同字母表示差异显著（$P<0.05$）。育肥期（14～17 月龄）试验组和对照组同样采用传统饲喂方式，但试验组日粮每天添加 4 kg 左右的西红柿酱渣。

引自陈宁等，2008（新疆石河子）。

4. 菠萝皮渣饲喂肉牛饲养技术与效果

菠萝皮渣为食品加工菠萝果皮废弃物，其残渣约占加工原料的 50%，可为肉牛的粗饲料，主要是青贮后饲用。其饲喂效果见表 6.19。

表 6.19　菠萝渣对雷州杂交肉牛的补饲效果比较

组别	试验牛群		日　粮	体重变化/kg			
	公牛	母牛		初重	末重	90 d 增重	日增重
试验组	5	5	白天放牧,夜间补喂菠萝渣,自由采食	150	250	100	1.10
对照组	5	5	白天放牧,夜间补喂象草,自由采食	140	225	85	0.95

注:对照组和试验组预试期 60 d,正试期 90 d。对照组白天放牧,夜间补喂象草,任牛自由采食。试验组白天放牧,夜间补喂菠萝渣,任牛自由采食。

引自黄保,2007(广东徐闻)。

菠萝皮渣的青贮方法:菠萝皮具有含水、含糖多,易腐烂变质的特点。青贮最好在 1～2 d 内快速贮存,快速密封,进料时,每层进料 40～50 cm 厚,踩紧压实一次,每增高一层,踩紧压实后再填一层,直至原料高出窖缘 1 m 后,即盖上塑料薄膜,加泥土压紧接缝。1 周后检查窖顶下沉情况,如发现塑料薄膜漏气应立即加盖封严。菠萝皮渣经过 40～50 d 青贮后,便可饲用。品质优良的青贮菠萝皮渣基本上保持原料的结构和鲜绿的颜色,气味芳香、酸味浓、质地柔软。

6.3.3　不同秸秆饲料的肉牛饲养技术与效果

农作物秸秆是农业生产的副产品,是肉牛赖以生存的主要饲草饲料资源,现行农作物秸秆有效利用技术措施是秸秆青贮、氨化、碱化,秸秆调制的方法主要有 3 大类,即物理、化学和生物方法。用物理方法对秸秆进行铡碎、揉碎压捆、制粒、压块和挤压制成棒状,牛对后 3 种加工出来的秸秆采食量最高,铡碎为最低,但研究发现秸秆颗粒料消化率最低,秸秆压块和饲料棒饲喂肉牛增重效果最好,铡碎最差,揉碎压捆较好;用化学如氨化处理秸秆可以弥补秸秆的营养不足,并能显著提高肉牛的生产性能(苏秀侠,2007)。当用干玉米秸、微生物处理秸秆、氨化秸秆、整株青贮玉米秸秆饲喂肉牛,后 3 种的采食量显著高于干玉米秸秆,并且日增重显著提高。考虑到饲料成本,饲养模式,以整株青贮最好,依次为秸秆青贮、氨化和微生物处理秸秆(表 6.20)。

表 6.20　黄玉米秸秆青贮和全株玉米青贮对肉牛增重效果的对比试验

组　别	日粮组成/kg		体重变化			
	精料	粗料(鲜重)	初重/kg	末重/kg	增重/g	日增重/g
黄玉米秸秆青贮	2.5	18	440.9	486.7	45.8±6.9a	763.7±114.3a
全株玉米青贮	2.5	20.6	440.2	501.8	61.6±8.4b	1 026.4±140.3b

注:试验期 60 d,每组 12 头西杂肉牛,同列有不同字母表示差异显著($P<0.05$)。精料配方:玉米 58.5%,蚕豆 10.0%,胡麻饼 20.0%,麸皮 10.0%,钙粉 1.0%,食盐 0.5%。

引自马文涛,2004(甘肃广河)。

最大限度地提高秸秆的营养价值和适口性,是广大养牛户十分关心的问题,以玉米秸秆为例,物理加工程度不同,对饲喂的影响不同,如表 6.21 所示。从表 6.21 中可见,玉米秸若不切短切碎,肉牛只能采食叶子和细的茎梢,绝大部分茎秆剩余下来。已有的试验测定表明玉米秸的粗硬茎秆与节所含营养高于茎梢和叶片,不粉碎加工则肉牛无法采食,是巨大的浪费。

表 6.21 物理加工对玉米秸秆喂肉牛的影响

项 目	整秸秆	切短(5～10 cm)	切短(2～3 cm)	揉碎	粉碎(小于 0.3 cm)
采食率(采食量/投喂量)/%	20～25	60～70	75～85	95～100	100
100 kg 体重干物质采食量/kg	2.35	2.41	2.31	2.56	2.2
采食所用时间/min	155	132	122	86	80
每日反刍时间/min	430	428	432	406	62
表观消化率/%	45.7	48.7	48.7	48.9	40.2

引自任建兰,2011(山西)。

6.3.3.1 秸秆的种类与分布

农作物按用途和植物学系统分类,可分为 3 大作物、8 大类别:①粮食作物,包括谷类作物(水稻、小麦、玉米等)、豆科作物(大豆、豌豆、绿豆等)和薯类作物(甘薯、马铃薯等);②经济作物,包括纤维作物(棉花、红麻、黄麻等)、油料作物(油菜、花生、芝麻等)、糖料作物(甘蔗、甜菜等)和其他作物(烟草、茶叶、薄荷等);③绿肥及饲料作物(紫云英、苜蓿等)。

秸秆产量最大的玉米秸秆,主要分布在黑龙江、吉林、辽宁、河北、内蒙古、山东、河南等省(区);稻草主要分布在湖南、湖北、广东、广西、江苏、江西、安徽、四川、黑龙江等省(区);小麦秸主要分布在山东、河南、河北等省。不同作物秸秆产量的估测和营养物质含量见表 6.22 和表 6.23。

表 6.22 主要秸秆产量估测参数

作物名称	草谷比	作物名称	草谷比
稻谷	0.97	马铃薯	0.4×5=2.0
小麦	1.03	花生	1.52
玉米	1.37	油菜	1.5
大豆	1.71	棉花	3.4

表 6.23 各种秸秆的营养成分表 干物质,%

品种	小麦秸	玉米秸	稻草	谷草	大麦秸	燕麦秸	大豆秸
粗蛋白质	2.7～5.0	5.7～6.5	2.7～3.8	3.1～5.0	5.5～6.4	7.5	8.9
粗脂肪	1.1	1.6	0.8	1.4	1.6	—	1.6
粗纤维	35.6～44.7	24～29.3	32.9	28～35.6	33.4～38.2	28.4	39.8
无氮浸出物	35.9	51.3	41.8	37.9	37.8	—	34.7
粗灰分	9.8	6.6	14.7	8.5	7.9	—	8.2

6.3.3.2 玉米秸秆饲养肉牛技术

玉米籽实成熟收穗后的玉米秸秆是农区发展肉牛生产潜力巨大的饲草资源,但由于玉米秸秆风干后,干秸秆中纤维素、半纤维素、木质素含量高,结构稳定,营养成分难以被家畜消化吸收,从而限制了其利用,为提高其饲用价值,近年来,在广大农区大力推广秸秆青贮、氨化与微生物处理技术,收到了显著效果。收获时期不同,玉米秸秆中 NDF、ADF 含量呈规律性变化。试验结果表明,秸秆中 NDF、ADF 随着收割时间的推迟,其含量呈明显上升趋势(朱顺国等,2001)。以粮食为主的玉米品种,可在不影响产量的前提下适当提早收割或者至少在收获籽粒后，尽快收获秸秆，以提高秸秆饲用价值。

青玉米秸秆青贮或添加尿素青贮处理后饲喂肉牛，无论从增重速度、经济效益上都优于未经处理的秸秆(表 6.24，表 6.25)，青贮玉米秸方法具有原料来源广、制作简单等优点。

表 6.24　不同处理秸秆对鲁西黄牛生产性能影响　kg

组　别	日粮组成/kg		体重变化/kg		
	精料	粗料(鲜重)	试验始重	试验末重	平均日增重
尿素青贮玉米秸组	3	28	279.56±5.41	350.30±6.02	1.179±0.037b
青贮玉米秸组	3	36	281.20±6.30	349.36±7.10	1.136±0.062b
干玉米秸秆组	3	8.1	280.18±5.90	321.70±6.42	0.692±0.043a

注：同列有不同字母表示差异显著($P<0.05$)。试验期 60 d，每组 10 头鲁西黄牛，精料配方为：玉米 65%、麸皮 10%、豆饼 5%、棉籽饼 15%、钙粉 1.8%、食盐 1.2%、添加剂 2%。

引自许腾和谷朝勇，2005(山东菏泽)。

表 6.25　玉米全株青贮对肉牛增重效果的对比试验

组　别	日粮组成/kg		体重变化			
	精料	粗料(作者推算值)	初重/kg	末重/kg	增重/kg	日增重/g
干玉米秸秆	4.5	5.75(风干)	423.2±36.5	473.7±36.5	50.5±8.5	1 009±441.1a
全株玉米青贮	4.5	9.38(鲜重)	426.2±31.9	496.0±28.8	69.6±9.6	1 392±434.3b

注：同列有不同字母表示差异显著($P<0.05$)。试验期 50 d，每组 10 头西杂肉牛，精料配方：玉米 76%，豆粕 16%，小苏打 1%，磷酸氢钙 2%，食盐 1%，预混料 4%。

引自孙金艳等，2007(黑龙江穆棱市)。

1. 干玉米秸秆饲喂

取收获后无霉变的干玉米秸，经粉碎为 1～2 cm 以下碎草，喂牛须加适量水拌湿，以防牛患异物性肺炎。也可以将粉碎或揉碎的秸秆泡在淡盐水(浓度 1%～2%)中几个小时后饲用，具有软化秸秆、增加盐分含量、提高适口性的作用。若在湿拌前加入 2%～3%的玉米粉，存放半天后饲喂，能提高采食量，收到好的效果，见表 6.26。

表 6.26　玉米秸秆青贮和干玉米秸粉碎对育肥牛增重效果的影响

组　别	日粮组成/kg		体重变化			
	精料	粗料，折干	始重/kg	末重/kg	试期增重/kg	日增重/g
干玉米秸粉碎组	1.1	12.7±0.3	446±3	507±2	61	763
玉米秸秆青贮组	1.1	9.2±0.5	452±3	516±2	64	800
氨化麦秸组	1.1	13.1±0.6	448±5	504±3	56	700

注：试验期 80 d，每组 10 头阉牛。

引自程运梅，1991(山东省单县)。

2. 半干玉米秸秆青贮(黄贮)

利用玉米植株籽实收获后，含水量 45%以下的半干秸秆粉碎或揉碎，加入适量盐水，使秸秆含水量达到 65%～75%，含盐量 0.5%～1%，其他过程与青贮相同。气温降至－5℃以下时，半干青贮应在室内进行，以防因冻而难以踩实封严，影响质量。

半干玉米秸秆原料来源广，操作简单，技术容易掌握，青贮后的秸秆质地柔软，适口性好。

3. 氨化玉米秸制作

氨源：一般用尿素，按占秸秆干物质的3%～4%提供氨源。

尿素溶液制备：按每1 000 kg干玉米秸称取30 kg尿素，溶于300～400 kg水中，制成尿素溶液备用。

秸秆氨化：将备用的尿素水溶液，每30 kg尿素均匀喷洒于1 000 kg干玉米秸中，装填于氨化池中，装填要踩紧压实，排尽空气，最后严密封顶，1个月后启封，摊开晾晒放净余氨即可饲喂。氨化处理后玉米秸质地柔软松散，颜色深黄，有糊香味。

4. 纤维素复合酶制剂处理玉米秸秆（李丰成，2011）

纤维素复合酶：纤维素复合酶制剂添加量按说明添加，先用麸皮或玉米粉将纤维素复合酶制剂稀释。

秸秆：切碎成2～3 cm，调节水分至50%～60%（青玉米秸秆或青贮时可不加水）。

处理：纤维素复合酶制剂稀释物撒到玉米秸秆中，充分拌匀、压实，盖上塑料布密封，10 d后即可用来饲喂。处理好的玉米秸秆有酒醇香味，饲喂肉牛的效果见表6.27。

表6.27 纤维素复合酶制剂处理青贮玉米秸秆对增重的影响

组别	日粮组成/kg		体重变化			
	精料	粗料，鲜重	始重/kg	末重/kg	试期增重/kg	日增重/g
青贮玉米秸秆组	6.0	25	517.4±28.8	619.2±31.3	101.8±33.5	1.27±0.47
纤维素复合酶青贮玉米秸秆组	6.0	25	518.6±29.5	637.9±30.6	119.3±31.6	1.49±0.53

注：试验期80 d，每组20头西杂公牛，组间差异不显著（$P>0.05$）。

引自李丰成，2011（青海民和）。

5. 复合玉米秸秆青贮饲料制作（李春泉和巩蕾，2011）

按照青贮饲料制作规程，10月初将复种的初花期箭舌豌豆刈割晾晒，使水分含量降至70%～75%，然后与收获籽实后的青绿玉米秸秆以1∶2的比例（重量比）混合，铡碎成2 cm，随铡随装窖（窖底铺干麦秸20 cm），每装20 cm厚将原料压实一次，要特别注意压实靠近青贮窖窖壁和四角的原料。青贮窖装满后（原料高出窖口30 cm），上压20 cm干麦秸，用塑料薄盖严，再压40 cm湿土，打实拍平，并随时检查漏气和进水情况。2009年11月下旬开窖观察，青贮饲料感官呈黄绿色，有浓郁的酒香味，质地柔软、疏松、稍湿润，饲喂肉牛的效果见表6.28。

表6.28 玉米秸秆与箭舌豌豆复合青贮对育肥肉牛增重的影响

组别	日粮组成/kg		体重变化			
	精料	粗料	初重/kg	末重/kg	增重/g	日增重/g
箭舌豌豆复合青贮组	2.0	10.5	290.35	338.59	48.24	804b
单一玉米秸秆青贮组	2.0	9.5	292.76	330.44	37.68	628a

注：试验期60 d，每组9头秦杂阉牛，同列有不同字母表示差异显著（$P<0.05$）。精料配方：玉米55%，胡麻饼15%，麸皮28%，石粉1%，食盐1%。

引自李春泉和巩蕾，2011（甘肃会宁）。

6. 微生物处理玉米秸制作

菌种：专用秸秆发酵活干菌，按说明一般为每袋 3 g，发酵干秸秆 1 000 kg。

菌种激活：将一包菌种倒入 0.5%的 200 mL 糖水中，常温下静置 1～2 h，待充分溶解后备用，激活后的菌种不可放置时间过长，要及时使用。

菌液制备：将 200 mL 激活后的菌种倒入 1%的 800 kg 盐水中，充分拌匀，制得菌液备用。每 1 000 kg 干玉米秸用菌液 800 kg。

秸秆发酵处理：将粉碎后的玉米秸（长度不超过 1～2 cm 为宜）加入 0.3%的麸皮或玉米粉或其他淀粉类饲料，按 10∶8 的比例与菌液混合拌匀，装填于池窖内，装填时尽量踩紧压实，封闭严密，不漏气，1 个月后可开窖饲喂。微生物处理后的玉米秸质地柔软松散，颜色黄褐，有果香味，酸味浓而纯。

张海棠等（1999）在比较青贮、微生物处理、氨化与干玉米秸对育肥牛增重效果时表明，青贮、微生物处理与氨化玉米秸增重效果均明显高于常规干玉米秸，而以青贮玉米秸效果更好（表 6.29）。

表 6.29　玉米秸秆的青贮、微生物处理、氨化对育肥牛增重效果的影响

组别	日粮组成/kg			体重变化			
	精料	粗料，鲜重	粗料，DM	始重/kg	末重/kg	试期增重/kg	头日增重/g
青贮组	3.5	18	5.0	404±65.6	488±70.3	85±9.7	1 209±132.7a
微生物处理组	3.5	12	5.3	399±69.9	482±76.6	83±8.1	1 184±115.3a
氨化组	3.5	10.5	6.1	403±66.4	481±73.4	78±9.4	1 117±128.0a
干玉米秸组	3.5	7.5	6.7	408±62.8	476±66.6	68±10.2	969±145.0b

注：试验期 70 d，每组 10 头杂交阉牛，同列有不同字母表示差异显著（$P<0.05$）。精料配方：玉米 65%，棉籽饼 20%，麸皮 10%，贝壳粉 2%，小苏打 2%，食盐 1%，每吨外加 1.5 kg 微量元素预混料。

引自张海棠等，1999（河南新乡）。

6.3.3.3　稻草饲养肉牛的方法

稻草是水稻成熟收获后除去谷粒（籽实）剩下的茎秆和叶片的统称，俗称禾稿，又叫禾秆，水稻草营养价值低，又难消化，长期单纯饲喂稻草时，牛机体越来越消瘦（表 6.30），更因钙磷缺乏而导致钙磷不足，且维生素 D 缺乏而影响钙磷的吸收，从而引起成年牛（特别是孕牛和泌乳牛）的软骨症和犊牛佝偻病，产科病增多。在粗纤维消化过程中，又产生大量马尿酸，机体为了中和马尿酸而消耗大量钾、钠，引起钾、钠缺乏症，因此，必须要根据其特性合理使用，才能充分发挥其效能。

表 6.30　肉牛最大采食单一粗饲料时的能量利用情况

日粮类型	优质羊草	中等羊草	稻草	稻草颗粒
体重/(kg/头)	393	384	372	410
DE 进食量/(kJ/$W^{0.75}$)	1 279.9	955.2	361.9	649.8
能量消化率/%	80.3	54.3	49.3	51.8
总能沉积率/%	12.80	6.64	−16.22	3.48
沉积能/(kJ/$W^{0.75}$)	269.2	116.8	−119.0	43.7
蛋白质沉积/(g/头)	203.63	70.48	5.35	59.22
脂肪沉积/(g/头)	480.35	212.57	−258.88	64.44

引自李爱科，1990（北京农大博士论文）。

稻草要得以合理利用，必须解决3个问题：①改善适口性；②要破坏稻草的组织结构和细胞壁成分；③提供平衡营养，为瘤胃微生物提供良好的活动环境，促使纤维素分解酶的分泌。

1. 稻草的饲喂

不要单一喂稻草，给牛喂稻草时，要适当搭配些豆科饲草，如粉碎的豆秸、苜蓿草、沙打旺等，因豆科饲草含钙多，可弥补稻草含钙的不足。再加适量粉碎的豆饼、糠麸、稻谷等精料和补饲矿物质如食盐、贝壳粉、磷酸氢钙、石粉、微量元素等，不要过多喂糠麸如小麦麸，在管理上应加强日光照射，有利于调节钙、磷的吸收。

要选用带叶较多，黄绿色、质地柔软的稻草做饲料，因各种营养物质多含在叶里，其次是叶柄、茎。

注意保管：农村有相当一部分农户将稻草垛在野外，草垛顶上一定要盖好防雨挡露的塑料布。稻草装在草房里，也应经常检修房顶，防止漏雨。

不宜粗喂：喂牛要挑选干净的稻草，喂时要铡碎至3～4 cm。

2. 发霉的稻草不可喂牛

稻草在收获期间被雨淋或在贮藏期间受潮，均可引起发霉。发霉的稻草喂牛后，易引起以镰刀菌为主的真菌感染，导致蹄冠肿痛，并有横行的裂隙渗出黄色液体，常继发感染而使皮肤破裂，发出腥臭气味，甚至蹄匣脱落，俗称“冻脚疮”；常发生于深冬、早春季节，黄牛发病率11.6%，死残率17.5%；目前尚无特效药物防治，防治的根本措施唯有不喂发霉的稻草。

不喂霉污草：霉败稻草含有害物质，污秽稻草沾满病菌，做到不是干燥无霉败污染的稻草坚决不喂。喂这些稻草会使肉牛患四肢肿胀病，造成跛行，严重的蹄壳脱落，有的还造成剧烈腹泻，导致贫血、脱水甚至心力衰竭而死亡。

3. 稻草喂牛前的科学加工

稻草饲喂前最好进行碱化处理，即将稻草放到缸里或水泥池里，分层装填，每层约30 cm厚，踩实后，倒入1%生石灰或3%熟石灰的石灰乳浸泡稻草。待草浸透后，再装草，踩实。加石灰乳，依次装满踩实。经一昼夜，稻草泡软变黄，略带香味，即可喂牛。最好当天喂完，不宜久放。

在喂碱化稻草中拌入少量切碎的青饲料和精料，不仅有利于牛的咀嚼、吞咽和反刍，提高饲料营养价值和消化率，而且可以增加适口性。

有条件时也可进行氨化处理或氢氧化钙碱化或碱化与尿素氨化进行复合处理稻草。

4. 稻草的青贮（半干青贮）

稻草青贮发酵后可使秸秆变软，有香味，提高稻草的适口性、消化率和营养价值，并且起到长期保存的目的。收割后及时青贮是制作优质稻草青贮的关键。但由于水稻茎坚且中空，内部空气含量较高，含水量不足，可溶性糖含量低约2.3%～2.8%（吴晓杰等，2005），自身乳酸菌含量低于1 000 CFU/g，直接青贮不易成功。稻草青贮的适宜水稻收获期是在蜡熟后期，完熟前期，此时茎秆半带黄色，穗全部呈黄色，谷粒全失青色并已变硬。

在不添加任何物质的情况下，稻草青贮以梭菌发酵为主，发酵品质差。添加麸皮后，提高了稻草的可溶性糖（WSC）含量，促进乳酸发酵，青贮料的pH、NH_3-N/TN比值和丁酸含量逐渐下降，乳酸含量逐渐提高，添加玉米面、糖蜜和胡萝卜等也有同样的效果。

5. 稻草氨化及其饲喂效果。

用尿素(含氮 46.3%)作氨源,将稻草铡切至 5～6 cm。

氨化稻草每 100 kg 用 3～4 kg 尿素,加水 40 kg 完全溶解,为防漏气在地底部铺设厚度为 0.12 mm 的聚乙烯塑膜,并贴窖四壁延伸出池外。将铡短的稻草层层装池,每层厚 20～30 cm,将尿素溶液喷到稻草上,边喷洒边搅拌,一层一层喷洒,一层一层踩压,每层洒拌 0.1%的大豆粉,直到高出池口 50～60 cm,再压实,最后将从池底伸出预留的薄膜从四面拢折叠好,用砖头和土块压紧封严,最上部应盖一大于水泥池底面积的覆盖物,以防雨水浸入。

液氨氨化处理稻草:用占稻草重量 3%的无水氨,充入稻草垛密封,在 15～30℃条件下,密封 1～4 周后即成为氨化稻草饲料。

氨化稻草饲料饲喂肉牛的效果见表 6.31。

表 6.31 氨化稻草对短期育肥青年牛增重的影响

组别	日粮组成/kg				体重变化			
	精料	鲜青草	氨化稻草	稻草	始重/kg	末重/kg	试期增重/kg	日增重/g
氨化稻草组	0	25.4	5.0	0	296.3±24.8	325.7±25.3	29.4±2.1	490
稻草组	0	26.2	0	5.0	289.7±25.2	314.5±27.9	24.8±2.9	413

注:试验期 63 d,每组 6 头青年牛。

引自郭以信等,1998(四川通江、平昌)。

6. 酶和微生物处理稻草

酶制剂处理稻草主要是纤维素酶,其他还有半纤维素酶、β-葡聚糖酶、植酸酶和果胶酸酶等。在适宜处理条件下,用青贮专用酶制剂可以提高青贮稻草的采食量,添加乳酸菌可改善稻草自身乳酸菌不足的情况,有效提高稻草青贮品质。

稻草微生物处理:用秸秆发酵活干菌,方法同玉米秸秆,直到高出池顶,顶部一层按每平方米撒 250 g 食盐,封池。一般 40 d 后即可取用,饲喂肉牛的效果见表 6.32。

表 6.32 不同处理稻草为粗料时对育肥牛体重变化的影响

组 别	日粮组成/kg		体重变化			
	小麦麸	粗料,DM	始重/kg	末重/kg	试期增重/kg	日增重/g
微生物处理稻草组	1.5	6.6	277.0	321.3	44.3a	492.2a
氨化稻草组	1.5	7.0	292.5	340.0	47.5a	527.8a
干稻草组	1.5	6.0	274.7	295.8	21.1b	235.0b

注:试验期 90 d,每组 4 头西镇黄牛,同列有不同字母表示差异显著($P<0.05$)。

引自刘强等,2003(陕西西乡)。

6.3.3.4 麦秸饲养肉牛的方法

在很多区域受种植条件的限制,麦秸可能是该区域冬、春季节肉牛养殖的主要粗饲料,在麦秸饲喂时仅作简单的铡切处理,营养价值低,适口性差,消化率低,很难满足肉牛生长和生产需要,因此需要适当的加工,最好是氨化,可明显提高其营养价值(表 6.33)和消化率。

表 6.33 不同化学处理秸秆的化学成分 %

种类	粗蛋白	中性洗涤纤维	酸性洗涤纤维	半纤维素	木质素	粗纤维
稻草	4.8±0.5	67.2±0.9	46.3±1.0	20.9±0.8	5.2a±0.8	33.1a±0.9
氨化稻草	8.8±0.9	63.3±1.8	42.2±2.7	20.8±1.1	3.5ab±1.2	32.5a±1.3
复合稻草	10.2±1.6	60.1±1.9	41.2±2.9	18.2±1.9	3.4ab±1.1	28.1b±1.6
三化稻草	10.4±1.7	58.9±2.0	40.5±3.4	18.3±1.7	3.1b±1.1	26.9b±2.1
麦秸	4.4±0.6	69.1±0.8	54.9±0.9	23.8±0.6	7.9a±0.6	40.1±1.0
氨化麦秸	8.6±1.2	65.7±1.9	54.3±2.0	20.5±2.1	4.8ab±1.1	38.6±1.2
复合麦秸	9.9±1.3	63.8±1.7	50.8±2.6	18.8±1.8	3.6b±1.1	38.9±1.7
三化麦秸	9.8±1.5	62.9±1.5	49.7±2.9	18.9±1.5	3.4b±1.3	38.5±1.6

注:同列肩标字母不同者表示差异显著($P<0.5$)。

引自陈艳珍,2004(黑龙江 852 农场)。

1. 麦秸加工的处理

(1) 普通氨化麦秸的制作。夏收新麦秸,按每 100 kg 喷水 20 kg,堆成宽和高各为 4 m×2.5 m 的长垛,用宽幅农膜密封,按每 100 kg 麦秸通入纯氨 3 kg,密封 40 d 以上制成,饲喂时摊开晾晒 1～2 d,放尽余氨,待含水量 20%后堆垛保存,饲喂前用揉碎机揉碎或铡草机铡短。

(2) 碱化与氨化复合处理秸秆。按每 100 kg 秸秆取尿素 2.5 kg 溶于 50 kg 水,加入 2.5 kg 石灰的比例制成混悬液,其余操作和饲喂方法与氨化方法相同。

(3) 氨化与盐水法结合处理麦秸(稻草)。按每 100 kg 秸秆取尿素 3.2 kg、食盐 1 kg 溶于 50 kg 水的比例,制成尿素溶液备用。将麦秸或稻草逐层放入水泥池中,每层装入厚度为 20～30 cm,喷洒尿素溶液,草上覆盖塑料布,四周用土压住,密封。30 d 后开池放氨,取出摊晾 1～2 d 后饲喂。

(4) "三化"复合处理秸秆。具体制作方法是:先制备复合处理液,50 kg 水加食盐 1 kg,加尿素 2 kg,加生石灰 3 kg,处理 100 kg 秸秆。将麦秸铡短至 2～3 cm,放入土窖、砖窖或水泥窖中,窖深一般掌握在 1.5～2 m,窖的长度与宽度视贮量而定。在装入麦秸时,每层装 20～30 cm 厚,每装一层喷一次复合处理液,用量按每 100 kg 麦秸喷 30 kg 复合处理液,窖内麦秸要分层踩实,最后用塑料布盖严窖口,四周用泥土压实封闭严密。密封时间视环境温度而定,气温越高时间越短,环境温度 30℃以上,7 d 即可开窖使用;15～30℃ 要 7～15 d;7～15℃ 要 28～56 d;5℃ 以下要 56 d 以上。

(5) 微生物处理。微生物处理菌剂品种繁多,使用方法各异,总的目的是利用微生物菌剂处理粉碎或揉碎的秸秆,达到提高秸秆的适口性的目的,方法同玉米秸秆的处理。

2. 不同处理麦秸的饲养效果

不同处理麦秸饲养肉牛的效果见表 6.34 和表 6.35。

表 6.34 小麦秸秆不同处理对肉牛生产性能影响 kg

组别	日粮组成		体重变化		
	精料	粗料	试验始重	试验末重	平均日增重
氨化小麦秸组	3.0	7.2	271.80±8.02	327.64±9.07	0.931±0.060a
微生物处理小麦秸组	3.0	7.5	269.20±7.12	328.32±8.16	0.985±0.041a
小麦秸对照组	3.0	6.5	270.20±8.16	311.26±9.03	0.684±0.045b

注:试验期 60 d,每组 5 头鲁西黄牛,同列有不同字母表示差异显著($P<0.05$)。精料配方为:玉米 65%,麸皮 10%,豆饼 5%,棉籽饼 15%,磷酸氢钙 1.8%,食盐 1.2%,添加剂 2%。

引自许腾,2005(山东成武)。

表 6.35 小麦秸秆不同氨化处理对肉牛增重的影响

组　别	日粮组成		体重变化/kg		
	精料	粗料	试验始重	试验末重	平均日增重
小麦秸组	2.83	3.28	274.8	306.8	0.58
氨化小麦秸组	2.83	3.49	272.8	312.6	0.66
盐水复合氨化小麦秸	2.83	4.08	276.8	321.0	0.74

注:试验期 60 d,每组 9 头西杂母牛。精料配方为:玉米 35%,高粱 7%,饼粕类 44%,麸皮 10%,磷酸氢钙 1.5%,食盐 1.0%,小苏打 1%,其他 0.5%。

引自郝丽梅和杨致玲,2009(山西省芮城)。

6.3.3.5 以花生秧作粗料饲养肉牛的方法

花生秧属豆科植物,所含营养物质丰富,花生秧营养丰富(表 6.36),味甘芳香,是肉牛喜食的饲料。但由于花生秧的粗纤维不易被消化,尤其饲喂半干的花生秧时,稍有不慎,就会使牛发生前胃弛缓或形成瘤胃积食等前胃疾患,从而影响生产,严重者可引起死亡。

表 6.36 花生秧营养价值

营养物质	含　量	营养物质	含　量
粗蛋白	8.11±0.5	酸性洗涤纤维	36.44±2.17
粗脂肪	1.35±0.32	粗灰分	15.03±2.89
中性洗涤纤维	51.79±10.17		

引自张峰等,2010(河北)。

1. 花生秧的收获与贮存

在花生的收获季节,应兼顾花生与藤蔓的同时收获,藤蔓收获后应及时晒干堆放;如遇雨天应避开雨天收获,更不可在花生秧高水分时堆放,以免发热、发黄或发霉变质,营养价值降低。如属地膜覆盖花生,在收获花生秧时应将残留的地膜挑剔干净。

花生秧收获后可直接与玉米秸、甘薯藤、胡萝卜等混合青贮,也可及时摊放晒干。收获的花生藤蔓摊放晒干后,除去杂质和泥土,可直接粉碎或贮存备用,贮存期间要特别注意防潮防霉。粉碎的花生藤蔓粉可直接拌入饲料中喂肉牛。

2. 花生秧的青贮及饲养效果

目前花生秧利用方式是鲜饲或与其他含碳水化合物较高的青贮原料进行混合青贮,如甘薯藤、玉米秸秆等。

花生秧青贮:花生秧,摘取果实后去泥土,在太阳下晒 1～1.5 d,半干后切成 3～4 cm,再加入 0.5%食盐进行青贮。

与甘薯藤混合青贮:花生收获的季节恰是甘薯收获的季节,花生秧水分、碳水化合物含量较少,而甘薯藤水分、碳水化合物含量较高,因此将两者混贮较为理想,可以弥补双方的不足。

与玉米秸秆混合青贮:花生秧作为豆科作物,秧中富含粗蛋白质、各种矿物质及维生素,而且适口性很好,能够弥补青贮玉米秸秆营养的不足。在玉米秸秆青贮过程中加入适量的花生秧可显著提高青贮饲料的营养价值,可适当降低配合饲料中谷物原料的配比。

花生秧青贮饲养肉牛的效果见表 6.37。

表 6.37 花生秧青贮饲喂肉牛对增重效果的影响 kg

组别	日粮组成						体重变化		
	稻草	青黑麦草	鲜豆渣	干花生秧	花生秧青贮	精料	始重	末重	日增重
对照组	3	10	1.5	0	0	2.5	260.8	291.2	0.98
试Ⅰ组	2	10	1.5	1	0	2.5	255.3	286.9	1.02
试Ⅱ组	2	10	1.5	0	2	2.5	255.8	294.2	1.24

注:试验期(30+30)d,每组5头1岁西杂生长牛。精料配方为玉米55%,麸皮33%,棉籽饼6%,菜籽饼6%,另每天加钙粉50 g,食盐20 g。

引自丁松林,2002(江西高安)。

6.3.3.6 以红薯藤作粗料饲养肉牛的方法

红薯藤叶,青绿多汁,适口性好,含有丰富的粗蛋白质、粗脂肪和粗纤维,是肉牛的优质饲料,特别是母牛饲养。

1. 半湿半干的红薯秧不能喂牛

红薯藤确实是一种牛非常喜食的青饲料(表6.38),但不能用半湿半干的红薯藤饲喂。因为这时红薯藤纤维柔软,牛采食后容易缠绕成团,形成坚硬的纤维球,或阻塞网瓣胃或阻塞小肠或阻塞大肠,若诊治不及时,死亡率很高。

红薯藤喂牛要鲜喂或晒干或青贮,饲喂时要铡短喂;要把牛拴好管理好,否则会偷吃半湿半干的红薯藤。

表 6.38 红薯藤为主要粗料补饲对西杂肉牛对增重效果的影响 kg

组别	日粮组成				体重变化		
	红薯藤	白菜	稻草	精料	始重	末重	日增重
放牧育肥	0	0	0	0	384.7	394.1	0.234
补饲舍饲	5.1	0.5	10	2.1	394.1	436.0	1.047

注:试验期40 d,每组11头1岁西杂生长牛。精料配方由玉米、芝麻渣、麸皮、食盐等组成。

引自童碧泉等,1989(湖北随州)。

2. 红薯藤青贮

(1) 袋贮:薯藤割下后铡成3.0~4.5 cm,装入聚氯己烯塑料袋内,逐层压实,装满后立即扎口,严防进气,根据条件可就地堆放或埋入地下,定期检查有无破裂漏气现象,以免腐烂变质。

(2) 按照青玉米秸秆青贮方法进行红薯藤青贮,但含水量高,需要用吸水的饲料如麸皮做载体。

铡短:当红薯藤长到50 cm时,刈割鲜红薯藤,用铡草机把其铡短,长度为1 cm左右。

混合:将已铡短红薯藤与吸附剂(葡萄渣、麦麸或糠类)按比例(80%∶20%)混合均匀。

压实:先在窖底铺一层5 cm厚的干净、新鲜的青草或稻草(可不切断),再将切断的薯藤倒入窖内,每倒一层压实一层,特别是沿窖壁处更要注意踩紧压实,尽量不留空隙。

封严:堆高高出窖顶0.6~0.8 m即用塑料膜密封,也可以在封塑料膜前撒一层吸附剂如麸皮,盖上复合塑料薄膜,压上0.3 m的沙土,顶部及四周用废旧轮胎压好,四周与地面接触点用泥土压紧封严。

启用:40~45 d后即可饲用。

6.3.3.7 棉秆也可作肉牛的粗料

棉花秸秆中营养成分含量为粗蛋白 6.5%、半纤维素 10.7%、纤维素 44.1%、木质素 15.2%、钙 0.65%、磷 0.09%、游离棉酚 0.03%。粗蛋白、纤维素和木质素含量高于主要农作物秸秆;但棉花秆各部位营养成分含量不同,如叶高于秸秆。

1. 棉花秸秆科学饲喂肉牛的方法

晾晒秸秆:将经彻底干燥后确认无霉烂的棉花秸秆收贮上垛堆放。

秸秆粉碎:采用直径孔为 1 cm 的筛孔粉碎。

泡草处理:对粉碎的秸秆进行处理,达到软化粗纤维、促进消化和去除饲草杂质的目的。一般对粉碎的秸秆浸泡 4~5 h,即采用喂上一次接着泡下一次的方法。泡后过滤,去除杂质。

与精料混合:①按秸秆量的 5%~10%添加精料,或玉米粉或麸皮等,以增强肉牛适口性并能提高营养成分。②补充尿素增加非蛋白质含氮物,尿素的添加量为干草与所添加精料量的 1%~2%。③按要求添加复方维生素粉,补充维生素。维生素 A 可以预防肉牛长期饲喂棉花秸秆引起的尿道上皮角化造成的尿道结石;维生素 E 可以增强氧化功能,保证母牛繁育机能正常发挥;维生素 C 具有解毒功能,能解棉花秸秆中的毒素等。④均匀搅拌草料再投入槽中饲喂肉牛。

保证供给充足的饮水。

2. 应用实例

棉花秸秆虽为木质化粗纤维含量高的饲草,但经处理后能起到提高牲畜适口性、增加采食量的作用。张苏江等(2005)的试验表明通过“2.5%石灰+3.5%尿素+3%食盐”复合处理秸秆可明显提高棉秆在瘤胃中的降解率,从而提高棉秆的饲用价值和利用率,处理后的饲喂效果见表 6.39。

表 6.39 棉秆的处理后饲喂对肉牛增重效果的影响 kg

组别	日粮组成				体重变化		
	青干草	发酵棉秆	棉秆	精料	始重	末重	日增重
棉秆组	2.7	0	8.9	1.58	248.6	279.2	0.51
发酵棉秆组	2.2	11.0	0	1.35	245.2	285.4	0.67

注:试验期 60 d,每组 4 头 12~15 月龄的秦川牛与黄牛杂交牛。精料配方为玉米 65%,麸皮 14%,蛋白浓缩料 20%,食盐 1%。引自杨皓,2003(甘肃敦煌)。

6.3.3.8 谷草作肉牛粗料的应用效果

粟的秸秆通称谷草,质地柔软厚实,营养丰富,谷草主要用于制备干草,供冬、春饲用。

在开始抽穗时收割的干草含粗蛋白质 9%~10%,粗脂肪 2%~3%,质地柔软,适口性好,谷草用于喂肉牛与和稻草麦秸相比,差别不大,处理后的饲喂效果见表 6.40。

表 6.40 谷草氨碱化复合处理对育成牛增重效果的影响 kg

组 别	日粮组成			体重变化			
	玉米秸秆青贮	氨碱化谷草	精料	始重	末重	增重	日增重
氨-碱复合处理谷草组	自由采食	3.0	2.5	210.9	257.6	46.7	0.75
玉米秸秆青贮组	自由采食	0	2.5	207.6	242.9	35.3	0.57

注:60 d 试验,每组 15 头育成母牛,精料配合比例:玉米 46.0%,棉仁饼 15.0%,豆饼 8.0%,麸皮 28.5%,钙粉 2.0%,碳酸钙 1.0%,盐 1.5%。

引自王俊峰和刘景鼎,1999(河北邯郸)。

6.3.3.9 **青绿饲料的应用效果**

夏秋季节，青绿饲草生长旺盛，种类繁多，它们不但颜色青绿，鲜嫩多汁、容易消化，而且含有丰富的蛋白质、氨基酸、维生素和矿物质，是育肥肉牛和耕牛理想的优质饲料。青绿饲料种类多，产量和质量差异也很大。牧草与作物，进行配套种植利用，合理调整种植业结构，以利“种养结合”，互补优势。增加青绿料的饲喂比例，采用“青绿、青贮饲料＋秸秆粗料＋渣糟料＋混合精料”的低精料结构，可有效地改善日粮质量，降低饲养成本，提高养牛的经济效益（表6.41），可以种植的有黑麦草（冬闲田）、紫云英、大麦、青饲玉米、青饲高粱、箭舌豌豆、籽粒苋等。

表 6.41 不同补饲条件下青绿饲料与秸秆混合饲喂对西杂肉牛增重的影响

饲料组合	饲料	头数	初始月龄	始重/kg	末重/kg	日增重/kg
秸秆(59.7)* ＋野草(26.2)＋玉米面(13.1)	0.7 kg 玉米	10	7.60a	146.90a	156.12a	0.14a
秸秆(59.1)＋野草(24.8)＋肉牛浓缩料(9.2)	0.5 kg 浓缩料	9	9.89b	142.16a	163.67a	0.32b
秸秆(58.5)＋牧草(24.9)＋肉牛浓缩料(7.4)	0.5 kg 浓缩料	12	8.50c	175.42ab	220.50b	0.63c
秸秆(46.6)＋野草(21.2)＋肉牛精料补充料(27.7)	2 kg 精料	13	7.85 d	171.65a	232.97b	0.90d
秸秆(51.4)＋牧草(20.4)＋肉牛精料补充料(23.4)	2 kg 精料	11	9.00e	205.64b	286.54c	1.08e

注：同列肩标字母不同者差异显著（$P<0.05$）。*：括号内数字表示该饲料占总采食量的百分比。

引自余梅等，2008（云南巍山）。

6.3.4 肉牛放牧的技术

利用天然草原或人工草地放牧养牛，饲养管理程序简便，节省劳力和物力，饲养成本低，是一种饲养肉牛的好方式，且牛在牧场上自由活动，接触阳光，呼吸新鲜空气和充分运动，能有效提高生产性能，对生长幼牛还能起到适应气候条件和增强对疾病抵抗力等作用，有利于生长。因地制宜，依靠草原或草山草坡的饲料资源，采用肉牛放牧育肥，并根据目标和季节适当补饲精料，也能收到肉牛育肥出栏的良好效果。但要获取高的生产性能和经济效益，取决于2个条件，一是草场状况及合理利用，二是放牧技术。

1. 草场的合理利用

草场的合理利用，就是既要充分利用牧草，而又不致草场践踏严重，利用过度，降低牧草再生能力而使草场退化。合理利用草场，一是要确定合适的载畜量，二是要采取划区轮牧，三是要对草场牧地轮换利用。

(1) 载畜量。指在一定草场面积上的放牧时期内，不影响草场生产力和保证家畜正常生长情况下所能容纳放牧家畜的头数。放牧养牛时，可用牛的采食量、草地的产草量来确定载畜量，可按下式计算：

$$H=Y/R$$

式中：H 为草地载畜量（每头每日需公顷数）；R 为牛的青草采食量（kg/d）；Y 为草场产草量（kg/hm^2）。

牛每日青草采食量一般是：种公牛 30～40 kg；活重 400～500 kg 的母牛及青年牛（包括妊娠牛）40～55 kg；产乳量 10～12 kg 的母牛 45～55 kg；1 岁以内的小牛 18～20 kg；平均日增重 600 g 育成牛 25～30 kg，活重 400～500 kg 日增重 600 g 的肉牛 50～60 kg。

草地产草量应在未放牧前 5 d 之内，选择若干有代表性的样区，小面积测定后估出大面积的产草量。

所在草场到底可养多少牛，应根据自己的草场质量进行仔细的估算。

（2）划区轮牧。是先把草场划分成季节牧场，然后把每个季节牧场再划分成若干个轮牧分区，按照合理的载畜量，使牛按照一定的顺序逐区放牧采食，轮回利用草场。

分区数目的确定是轮牧周期除以每分区一次放牧时间。轮牧周期是指依次放牧全部分区所需要的时间。一般是干旱草场 30～35 d，荒漠草场 30～50 d，草甸及森林草场 25～30 d，高山、亚高山草场 30～45 d。每分区一次放牧时间一般为 4～5 d。分区的大小按产草量和牛群大小而定。一般优等草场每公顷放牛 12～15 头，中等草场 8～12 头，贫瘠草场 3～4 头。

（3）放牧地的轮换利用。是指在每个季节牧场内，各分区各年的利用时间和方式按照一定规律顺序变动，以避免年年在同一时间，以同样方式利用同一草场。轮换利用可提高草场生产力，清除品质不良和有害有毒植物，是合理利用草场的一种有效措施。

2. 放牧方法

利用天然草场养牛具有饲养成本低、病害少，效益好等优点，要充分利用每年的 7～10 月份牧草茂盛时期，尤其要抓好牧草结籽期的放牧，并做好计划留足冬季草地或饲草。

（1）根据草场情况，放牧时应采取不同的队形。在良好的草场上划区轮牧时，出牧和归牧要迎头压道控制牛群纵队行进，以免乱跑践踏牧草。进入草场后，将牛群控制成横队采食（“一条鞭”）。放牧员一人在牛群前 8～10 m 处面对牛群，控制和引导牛群前进，一人在后防止牛掉群。这样可保证每头牛充分采食而避免牧草被践踏浪费。

在牧草生长不均匀或质量差的草场放牧时，若采用横队前进就会使一些牛无草可食，则需改为散牧（“满天星”），让牛在牧地上相对分散自由采食，使其在较大面积上每头牛同时都能采食较多的牧草。

（2）牛群在放牧过程中，初牧时采食时间多，比较安静，逐渐饱食后，游走时间随之增多，放牧员要控制牛群，防止行进过快而导致牧场利用不完全。为了充分利用草场，最好采用 2 次放牧方式，即在初牧时先到前一天放过的草地放牧，让牛饥饿时先吃残余牧草，吃完后再转到新的牧地放牧。

大部分牛饱食后，会有卧息现象。此时可控制牛群停止前进，让其卧息或反刍，休息 40～60 min 后，继续放牧。

（3）放牧时要根据天气情况，早晨及傍晚天气凉爽或雨天，要顺风放牧；天气炎热时，要在地势高，通风好，凉爽的高山、平滩顶风放牧，但要避免阳光直射牛的眼睛。中午赶到凉爽地方卧息。

夏季要早出牧，多采食带露水牧草。秋末蚊蝇多，牧草枯黄，要逐渐减少放牧时间。带霜牧草采食后容易引起腹泻或母牛流产，秋季要在霜消后出牧。

（4）要保证牛饮水并注意水源卫生，防止寄生虫病感染。在有条件的情况下，设置饮水槽是防止水源污染的好办法。牛饮水时，要注意管理，防止拥挤和角斗。

3. 放牧时的注意事项

(1) 牛群放牧饲养时，为了便于管理，应将牛按性别、年龄、体重、营养状况、生产性能等分别组群。哺乳牛及妊娠后期、育肥后期牛群分配草质优良且较近的草场；育成牛、空怀牛、架子牛(包括种公牛)群分配草质较次和较远的草场。犊牛断奶后，即可随母牛一起放牧。放牧时，犊牛每头每天补 0.25 kg 精料。6 月龄断奶后至 12 月龄，白天放牧，晚间则应补饲精料 0.5 kg，加尿素、食盐各 25 g。短期放牧育肥适宜于从春天开始，出牧前，应对牧牛进行编号和分组，同时安排驱虫、修蹄和截除牛角。

(2) 放牧饲养由舍饲转入放牧，要有过渡阶段，严防“抢青”拉稀，甚至造成母牛流产。舍饲牛在放牧前 10～15 d 增加多汁饲料和青贮饲料的喂量，并增加舍外停留和运动时间，使其逐渐转向放牧，以免因环境和饲养条件的突然改变造成失重和疾病。开始放牧后，要逐渐延长放牧时间。完全放牧的牛群，全天放牧时间不得少于 10 h，采食量大的牛群应在 12 h 以上。牧草稀疏低矮时，为使肉牛达到应有的采食量，也应延长放牧时间。根据季节和牛群，制定并严格执行出牧、归牧和补饲等的时间，以提高放牧效果。

(3) 早春草太短和初冬草已粗硬时，牛一般吃不饱，特别是对育肥牛、妊娠后期母牛、哺乳牛及刚断乳的幼牛，要注意补饲。放牧后干草、青贮料最好自由采食，必要时可补喂少量精料。草场条件不好牧草产量不足时，也要进行补饲，特别是体弱、初胎和产犊的母牛，以补粗饲料为主，必要时补一定量的精料，补精料 1～2 kg，饮水 5～6 次。

(4) 在有大量豆科牧草的草场(特别是栽培草地)，放牧时间不得超过 20 min，也不能在露水未干时放牧，以防发生瘤胃臌胀。或先在其他牧场放牧，待快吃饱后再到豆科为主的草场放牧。此外，牛在放牧饲养时，要注意矿物质的补饲，特别是磷和食盐。

4. 肉牛放牧育肥方法

放牧育肥牛是以利用天然牧场为主的育肥方法。放牧育肥法具有饲养成本低，育肥效果好，尤其南方天然牧场可四季放牧。牛在 150 d 左右的放牧育肥期中，本地牛日增重达 0.5～0.7 kg，肉用杂交牛日增重达 0.8～1.2 kg，5 个月可增重 100～180 kg。

(1) 放牧时间。放牧一般从 5 月份开始，10 月下旬结束(南方可延长时间)，放牧时公、母牛分开，放牧方法可因地制宜(表 6.42)。一般采取小群放牧方法较好，每群 10 头左右，夏季天热，蚊、蛇较多，影响牛的放牧采食，可上午早出早归，下午晚出晚归，中午多休息，尽量避开高温放牧。气候适宜时每日放牧 2 次，中午将牛群赶进棚圈或树荫下休息，每次放牧后饮水一次。放牧时间，5 月份和 9 月份每天 12～13 h，6～8 月份每天 15～16 h，每天饮水 3～4 次。

表 6.42 不同月份放牧对 3 月龄公犊牛日增重的影响 kg

品种	初始体重	放牧月份						
		5 月上旬	5 月下旬	6 月上旬	6 月下旬	7 月上旬	7 月下旬	8 月上旬
安杂牛 6 头	78.50±9.19	0.37±0.00	0.55±0.25	1.05±0.07	0.43±0.42	0.60±0.14	0.22±0.26	0.22±0.49
新褐杂牛 8 头	76.08±9.00	0.38±0.19	0.60±0.20	0.83±0.16	0.53±0.43	0.65±0.24	0.51±0.13	0.21±0.37
荷斯坦牛 6 头	71.06±5.20	0.31±0.23	0.48±0.15	0.75±0.16	0.54±0.22	0.71±0.08	0.35±0.09	0.52±0.29

注：每天 7:00—13:00 放牧，16:00—20:00 再次放牧。全天自由饮水，水质清洁。放牧期间跟踪观察犊牛食欲、精神及行为状态，观察粪便有无稀、软、臭等异常现象，发现疾病及时治疗。日补饲精料水平为 1.3 kg/头，分早晚 2 次等量投喂，精料组成为玉米 50%，棉粕 18%，麦麸 18%，葵饼 13%，预混料 1%。

引自蔺宏凯等，2009(新疆尼勒克)。

(2) 分群育肥。一般 30～50 头一群较好。牛群的组群原则是同质性要高,即同一群放牧牛,性别、年龄、体重、膘情等方面要基本一致,一致程度越高,生产效果越好,否则,就会影响育肥牛的增重,比如,在阉牛群中放入母牛则牛群不能安静。不同年龄的牛不仅对植被的爱好有别,而且采食能力、耐劳程度、游走速度也不相同,混群放牧易导致采食量较大差异而影响育肥效果。不同体重牛要求草场的面积不同,要根据体重合理配置。

(3) 合理放牧。南方地区可全年放牧育肥,北方可在每年 5～9 月份作为放牧育肥期。放牧的最好季节是牧草结籽期,每天应不少于 12 h 放牧,至少补水 1 次,同时注意补盐。放牧期夜间最好能补饲适量混合精料。如果有条件,每天补给精料量为育肥牛活重的 1%,补饲后要保证饮水。

(4) 在管理上要有专人负责,要饮用清洁水,不饮非活动水源的水;不到低洼处放牧,以防感染寄生虫病。同时要防止烈日暴晒和雨淋;放牧要看管好牛群,防止误食打过农药的作物。

5. 放牧育肥肉牛的注意事项

育肥牛以采食天然牧草为主,在枯草季节适当补饲精料。我国肉牛放牧育肥主要适合于草原地区或部分丘陵地区,其优点是成本低,劳动力消耗少,无须考虑粪便污染;缺点是营养难以控制,育肥时间长,商品率低。

(1) 分区轮牧。分区轮牧是有计划地合理利用天然草场的有效方法,可以在有限的草场内放牧较多的牲畜,达到草场的适度利用,并相应地提高生产力。

轮牧区的大小,主要根据草场产草量和牛群大小确定。一般优良的草场,每公顷可养牛 18～20 头;中等草场,每公顷可养牛 15 头,而较差的草场则只能养 3 头牛。每个小区轮牧的次数,因草场类型、气候和水源条件的不同而可能差异很大,水源较好的草甸草场可轮牧 4～5 次,一般草场可轮牧 2～4 次,而较差的草场只可轮牧 2 次。

(2) 搞好放牧加补饲。有条件的养牛户可采取放牧加补饲的育肥方法(表 6.43),补饲可在晚上收牧后半小时内进行,在放牧加补饲的条件下,肉用改良牛日增重可达 1.0～1.5 kg,本地黄牛日增重可达 0.8～1.0 kg,可以补饲青干草或秸秆或精料,补饲前先喂青草,然后将精饲料及各种添加剂混合均匀后拌在青草中喂饱为止。精料补饲量根据牛体重和草质而异,一般为体重的 1%～1.5%,或按每增重 1 000 g 补饲 2 kg。补饲精料的配方可选用有 50%玉米,10%糠麸类,30%饼类,7%高粱或大麦,2%矿物质(如石粉等),1%食盐组成,每千克精料另加维生素 A 100 万 IU。

表 6.43 在夏季天然草场放牧加补饲对瑞士褐牛与新疆褐牛杂交后代体重的影响

试验天数/d	体重变化/kg	
	放牧	放牧加补饲
0	133.23±26.58	133.96±25.26
14	144.74±29.27	148.97±27.68
28	166.84±24.43	173.34±124.72
42	165.84±32.67	174.95±31.87

注:每组 8 头(公母各半),试验牛混群放牧,放牧时间为早 8:00—20:00,下午放牧结束后 1 h 补饲精料,自由饮水。每天补饲精料 0.1 kg。精料日粮配方为玉米 58.2%,葵粕 13.0%,麸皮 10.0%,棉粕 14.0%,磷酸氢钙 1.0%,食盐 0.8%,预混料 1.0%。

引自赵芸君等,2010(新疆昭苏)。

(3) 放牧育肥牛要定期健胃、驱虫、防疫。牛采食杂草,其消化道内经常感染各种线虫,体外也易感染螨、蜱、蝇蛆、虱等寄生虫,可降低日增重25%以上。因此,在放牧育肥肉牛前要驱除体内、外寄生虫,同时要健胃,以提高增重效果(表6.44)。健胃可用健胃散等药,每日1次,每次250 g,连用2 d,对于体弱的牛灌服健胃散后再灌服酵母粉,每日1次,每次250 g,也可用酵母片50～100片。为防牛皮蝇的侵蚀而损伤皮肤,可用亚胺硫磷乳油外用,每千克体重30 mL,喷洒于牛背部皮肤。目前驱虫药很多,应以较大商家生产的驱虫药物为首选,可灌服或拌精料中喂服,驱虫时间最好在下午或晚上,使其在第2天排出虫体,便于观察和收集。驱虫与健胃可同时进行。

表6.44 驱虫对肉牛生产性能的影响

年龄组别	处理	日增重	采食量/(kgDM/d)	饲料消耗/[kgDM/(kgADG)]
12～25月龄	驱虫	637	7.06	11.08
	不驱虫	443	5.35	12.08
2岁以上	驱虫	768	6.99	9.10
	不驱虫	598	5.95	9.95

注:开始前用丙硫苯咪唑驱虫,另一组不驱虫。ADG=日增重。

引自毛华明等,1999(云南会泽)。

(4) 适时出栏。12月龄肉牛经6～10个月放牧育肥期,体重可达450～500 kg时即可出栏,如不及时出栏会增加成本,降低经济效益。如果此时不出栏,可从10月下旬进入舍饲育肥期,经过2～3个月的强度育肥体重达500～550 kg。

6.4 肉牛育肥技术

肉牛育肥的目的是科学应用饲料和管理技术,以尽可能少的饲料消耗、较低的成本在较短的时间内获得尽可能高的日增重,提高出栏率,肉牛育肥以获得优质牛肉和取得最大经济效益为中心,各个年龄阶段或不同体重的牛都可用来育肥。要使牛尽快育肥,给牛的营养物质必须高于正常生长发育需要,所以育肥又叫过量饲养。除品种因素外,国内外十分注重各种饲养管理技术在肉牛生产中的应用,如饲料加工调制,添加剂的应用,环境控制等。

6.4.1 肉牛育肥原理

所谓育肥,就是必须使日粮中的营养成分高于牛本身维持和正常生长所需的营养,使多余的营养以脂肪的形式沉积于体内,获得高于正常生长的日增重,缩短出栏年龄,达到育肥的目的。对于幼牛,其日粮营养应高于维持营养需要和正常生长所需营养;对于成年牛,只大于维持营养需要即可(图6.6)。

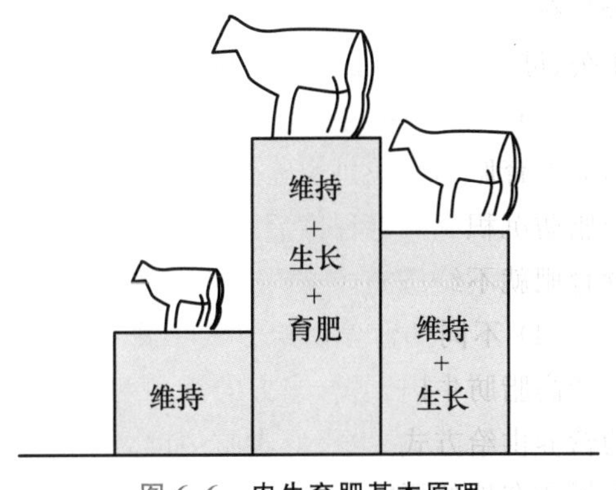

图6.6 肉牛育肥基本原理

(1) 由于维持需要没有直接产品,又是维持生命活动所必需,所以在育肥过程中,日增重愈高,维持需要所占的比重愈小,饲料的转化效率就愈高(表 6.45)。各种牛只要体重一致,其维持需要量相差不大,仅仅是沉积的体组织成分的差别,所以降低维持需要量的比例是肉牛育肥的中心问题,或者说,提高日增重是肉牛育肥的核心问题。

表 6.45　**450 kg 体重肉牛不同增重水平时维持需要占总需要的比例**

日增重/kg	干物质/kg	维持需要占总需要的比例	肉牛能量单位(RND)	维持需要占总需要的比例	粗蛋白质/g	维持需要占总需要的比例
0	6.06	100.0	3.63	100.0	537.4	100.0
0.3	7.02	86.4	4.63	78.5	657.0	81.8
0.4	7.34	82.6	4.87	74.6	695.1	77.3
0.5	7.66	79.1	5.12	70.9	732.3	73.4
0.6	7.98	76.0	5.40	67.3	768.5	69.9
0.7	8.30	73.0	5.68	63.9	803.9	66.9
0.8	8.62	70.3	6.03	60.2	838.3	64.1
0.9	8.94	67.8	6.42	56.5	871.8	61.6
1	9.26	65.5	6.90	52.6	904.5	59.4
1.1	9.58	63.3	7.42	48.9	936.2	57.4
1.2	9.90	61.2	7.99	45.4	967.0	55.6
1.3	10.22	59.3	8.63	42.1	996.9	53.9

(2) 日增重会受到不同生产类型、不同品种、不同年龄,不同的营养水平、不同的饲养管理方式的直接影响,同时确定日增重的大小也必须考虑经济效益、牛的健康状况。过高的日增重,有时也不太经济。在我国现有生产条件下,最后 3 个月育肥的日增重以 1.0～1.5 kg 较经济。

不同品种的牛,在育肥期对营养的需要量是有差别的。如果要达到相同的日增重,则非肉用品种牛所需的营养物质高于肉用品种和肉用杂种。以去势幼龄牛为例,乳用品种牛所需的营养物质比肉用品种牛高出 10%～20%。

不同生长阶段的牛,其生长发育的重点不同。幼龄牛以肌肉、骨骼和内脏为生长重点,所以饲料中蛋白质含量应高一些。成年牛主要是沉积脂肪,所以饲料中能量应增加一些。由于两者增重成分不同,单位增重所需的营养量以幼龄牛最少,成年牛最多。当脂肪沉积到一定程度后,成年牛的生活力降低,食欲减退,饲料转化率降低,日增重减少,必须及时出栏,以免浪费饲料。公牛在丰富的饲养条件下增重极快,每单位增重平均消耗草料几乎较母牛省 10%以上,阉牛则介于公、母牛之间。阉牛、母牛则在饲养水平高的时候较公牛易于沉积脂肪,达到“雪花”肉。

(3) 架子牛在育肥期间,前期体重的增加是以骨骼和肌肉为主,后期是以沉积脂肪为主,因而在育肥前期应供应充足的蛋白质和适当的热能,后期要供给充足的能量,任何年龄的牛,当脂肪沉积到一定程度后,其生活力下降,食欲减退,饲料转化效率降低,日增重减少,如再继续育肥就不经济了。

(4) 不同的营养供给方式会影响肉质。养殖户可根据市场需要,生产适销对路的牛肉。生产高脂肪牛肉,适合东方的消费习惯口味如日本、韩国料理,应采取低—高、中—高、高—高的营养供给方式,生产低脂肪牛肉,宜采取中—中的营养供给方式。各地应该根据市场需求和牛场所在地的可能条件来决定选用何种牛(年龄、品种、性别),用什么日粮,用什么方法育肥,以取得最大的经济效益。

6.4.2 影响肉牛育肥效果的因素

肉牛养殖已成为部分农民脱贫致富的主导产业之一,然而由于农民沿袭传统的饲养方式和养殖习惯,导致养牛周期长,生长缓慢,耗料高,出栏率低,经济效益不明显。在肉牛育肥过程中,影响肉牛育肥效益的因素很多,只有在充分认识这些因素的基础上,采取选择好牛源、降低饲养成本、搞好管理、保健与驱虫、控制育肥牛的年龄、科学饲养等技术措施,才能显著地提高育肥效益。

1. 肉牛育肥品种选择

不同品种,育肥期的增重速度是不一样的,肉用品种的增重速度比本地黄牛(耕牛)快,我国自己培育的肉用牛品种较少,实际可以用来作为商品肉牛进行育肥的,大量还是利用肉牛品种和我国地方品种母牛杂交产生的改良牛,这类牛的生长速度、饲料利用率和肉的品质都超过本地品种。如我国地方品种用西门塔尔牛改良,产肉产奶效果都很好。用安格斯牛改良,能提高早熟性,后代抗逆性强,牛肉品质;用利木赞牛改良,牛肉的大理石花纹明显改善;用夏洛来牛或皮埃蒙特牛改良,后代的生长速度快,瘦肉率、屠宰率和净肉率高,肉质好。在地方黄牛中体型大、肉用性能好的地方品种有秦川牛、南阳牛、鲁西牛、晋南牛、延边牛等优良品种。

公牛育肥与阉牛育肥比较,对24月龄以内育肥屠宰的公牛,以不去势为好(表6.46)。不同品种与本地黄牛杂交对增重的影响,各杂交组合在育肥期的增重效果明显高于本地牛,见表6.47。

表6.46 荷斯坦公牛去势对育肥效果的影响

年度	去势情况	头数	入栏均重/kg	出栏均重/kg	头均日增重/kg
1991	未去势	81	382	491.5	1.46
	去势	80	351	432.0	1.08
1992	未去势	146	353	470.8	1.57
	去势	50	365	453.5	1.18

注:为18月龄至24月龄,体重350~400 kg的荷斯坦公牛去势与没去势架子牛进行育肥对比试验。

引自甄万清等,1993(黑龙江安达)。

表6.47 不同品种杂交(二元)肉牛与黄牛育肥期增重效果比较

杂交组合	日粮组成		体重变化			
	粗饲料	精料	育肥始重/kg	中期体重/kg	出栏重/kg	日增重/g
皮埃蒙特牛×延边牛的F_1公牛	13.1	6.3	383.12±12	430±9	495.30±5.6	1 121±95b
夏洛来牛×延边牛的F_1公牛	15.8	6.3	416.25±10	494±11	552.70±6.2	1 334±121c
西门塔尔牛×延边牛的F_1公牛	13.7	6.3	404.36±13	479±14	535.30±5.4	1 309±18c
延边牛(公)	12.1	6.3	330.72±7	372±9	413.50±5.2	827±18a

注:表中同列字数带有不同肩注字母表示差异显著($P<0.05$)。每组公牛各5头,进行了100 d育肥,日粮由玉米青贮14.8%,玉米秸22.1%,玉米30.6%,白酒糟32.4%,食盐0.10%组成。

引自苗树君等,2005。

不同品种的牛,在育肥期对营养的需要有较大差别。一般来说,肉用品种的牛得到相同日增重所需要的营养物质低于非肉用品种(表6.48)。

表 6.48 不同肉牛品种的增重、日增重比较

组别	头数	初试重/kg	末重/kg	总增重/kg	日增重/g
美新褐 F_1 代牛	8	92.63±11.39	205.38±27.17	112.75±18.73	939.6±0.17
新疆褐牛	10	88.70±11.89	173.40±15.29	84.70±14.78	705.8±0.13
西门塔尔牛	5	95.00±4.08	191.40±9.29	96.40±7.04	803.3±0.20

注:育肥期 120 d,精料预试期 0.5 kg/(d·头),正试期 2.0 kg/(d·头);苜蓿草 2.0 kg/(d·头),青贮各 1.8 kg/(d·头);日粮精料组成玉米 50%,麸皮 10%,葵粕 20%,豆粕 8%,燕麦 8%,预混料 1%,食盐 1.5%,磷酸氢钙 1.5%。

引自张金山等,2006(新疆塔城)。

2. 适宜育肥的牛年龄(月龄)

肉牛的增重与饲料转化效率和年龄关系很大,见表 6.49 和表 6.50。一般地讲,年龄越大,增重速度越慢,饲料报酬越低。肉牛在出生第一年增重最快;第二年增重仅为第一年增重的 70%;第三年增重仅为第二年增重的 50%。青年牛的增重主要是增长肌肉、器官和骨骼,而老年牛的增重则主要增加脂肪。故国外一般肉牛多在 1.5 岁左右屠宰,最迟不超过 2 岁。根据各地经验,我国地方品种牛成熟较晚,一般 1.5～2 岁增重较快,故在 2 岁左右屠宰。过晚屠宰,肉的品质下降,饲料转化效率低,成本提高。由此可见 1～2 岁以内的牛最适宜育肥。

不同生长阶段的牛,在育肥期间所要求的营养水平也不同。幼龄牛正处在生长发育旺盛阶段,增重的重要部分是骨骼、肌肉和内脏,所以日粮中蛋白质的含量应当高一些。成年牛在育肥阶段增重的主要部分是脂肪,此时日粮中的蛋白质含量可相对低一些,而能量则应该高些。单位增重所需的营养物质总量以幼牛最少、老龄牛最多。但幼龄牛的消化机能不如老龄牛完善,所以幼龄牛对饲料品质的要求较高。

任何年龄的牛,当脂肪沉积到一定程度后,其生活力下降,食欲减退,饲料转化率降低,日增重降低,若再继续育肥就不经济了。通常,年龄越小,育肥期越长,如幼牛需 1 年以上。年龄越大,则育肥期越短,如成年牛仅需 3～4 个月。育肥期的长短,还受饲料品质和饲养方式的影响,放牧的饲料效率低于舍饲,所以放牧牛的育肥期比舍饲牛要长。

表 6.49 小月龄肉牛育肥对增重的影响 kg

组别	头均初试重	头均试末重	头均总增重	头均日增重
0.5 岁	207.71±35.35	308.05±20.12	91.786 3±22.47	1.02±0.42
1 岁	219.87±10.57	320.96±11.44	101.09±20.62	1.12±0.50
1.5 岁	385.34±10.71	500.12±15.781	114.81±37.48	1.27±0.41

注:每组 6～10 头西杂牛,育肥期 90 d,粗饲料以氨化小麦秸、苜蓿为主,精料组成玉米 56%,麸皮 19%,胡麻饼 20.5%,食盐 1.5%,预混料 1%,碳酸钙 2%。

引自张晓琴等,2005(甘肃张家川)。

表 6.50 大月龄试牛的增重及耗料对比

月龄	平均日增重/kg	每千克增重耗料量		
		精料/kg	CP/kg	RND/个
21 月龄	1.076±0.204a	3.67±0.19	0.77±0.10	4.91±0.35
26 月龄	0.772±0.201b	6.06±0.45	1.15±0.36	8.36±0.57

注:同列有不同字母表示差异显著($P<0.05$)。每组 10 头西杂牛,育肥期 90 d,日粮组成为干玉米秸 50%,玉米 42.5%,干玉米酒精糟 4.25%,尿素 0.75%,钙粉 1.5%,食盐 0.5%,预混料 0.5%。

引自王艳荣等,2006(吉林)。

3. 饲养管理和饲料条件

饲料搭配的科学与否决定了肉牛的产肉率以及产肉的质量，所以饲料配比的科学性问题在一定程度上决定了饲养肉牛的效益。只有科学合理地搭配粗、精饲料，才能满足肉牛生长、育肥的营养需求，才能最大限度地发挥其生产性能。对于肉牛育肥，在育肥牛的购买价格和出售价格基本稳定的情况下，育肥肉牛经济效益的高低决定于饲养成本，饲养成本越低，经济效益越高，影响饲养成本的关键是增重，在不大幅增加饲料成本的前提下提高日增重是饲养肉牛的关键。

(1) 增加采食量。增加采食量，也就是增加了营养物质的摄入量。在同样的饲养条件下，采取措施，提高采食量，可以提高牛的生长速度，见表 6.51 至表 6.53。①保证饲料质量，提高饲料适口性，饲料应多样化，饲料要新鲜、无异物、无泥沙、无霉烂变质，更换饲料要逐渐过渡；②肉牛强度育肥，当肉牛出现厌食时，加喂优质、适口性好的青饲草，恢复胃的功能；③延长饲喂时间，围栏群饲时，可让牛自由采食和饮水；拴系舍饲时，可增加牛的饲喂次数和饮水次数，少喂勤添；④保持环境安静，避免牛群受惊吓，尽量减少牛运动量，降低能量消耗；⑤防止酸中毒，保持胃肠正常生理功能，高精料日粮易发生精料酸中毒，出现腹泻现象，预防的主要办法是日粮中要保持适当比例的粗饲料，日粮中适当添加碳酸氢钠，可以预防精料过多的酸中毒；⑥合理搭配饲料，一般来说，日粮中精料与粗料之比直接影响到肉牛的生长效率，日粮中精料量越大，肉牛增重效率就越高。但是，肉牛增重单位重量的成本不一定与日粮中精料含量成正比，牛的育肥阶段不同，营养水平就不同。所以，应在牛育肥的不同阶段饲喂不同精粗比和营养水平的日粮。

表 6.51 不同物理性状的玉米秸饲料对肉牛进食量及增重效果的影响

组别	日粮采食量/kg				体重变化		
	精料	酒糟	玉米秸	DM	始重/kg	末重/kg	日增重/g
秸秆压缩捆	3.92	5.50	4.28±0.22	8.789±0.198	334.84±45.14	436.81±28.31	1 153±164b
秸秆颗粒	3.92	5.50	5.98	10.287	342.62±37.26	445.76±32.56	1 146±286b
秸秆饲料块	3.92	5.50	5.98	10.287	338.37±32.78	460.41±29.87	1 356±178c
秸秆饲料棒	3.92	5.50	5.98	10.287	328.80±38.54	453.81±31.34	1 389±193c
铡碎玉米秸	3.92	5.50	3.02±0.10	7.690±0.091	347.42±37.77	438.22±24.16	1 009±212a
揉碎玉米秸	3.92	5.50	4.31±0.19	8.848±0.171	332.60±42.36	437.36±27.07	1 163±257b

注：同列不同字母表示差异显著（$P<0.01$）。每组头数 5 头西门塔尔和本地黄牛杂交一代，18 月龄左右的公牛，育肥 90 d，混合精料配方相同：玉米 64.8%、大豆粕 4.5%、葵花粕 2.0%、玉米干酒糟及其可溶物 8.0%、玉米纤维饲料 14.8%、食盐 1.4%、尿素 1.5%、矿物质和维生素预混料 3.0%。

引自苏秀侠等，2007（吉林双辽）。

表 6.52 冬季精料补饲对大别山黄牛增重效果的影响

组别	日粮组成/kg			体重变化/kg		
	精料	玉米秸秆青贮，鲜样	稻草，鲜样	初始平均体重/kg	45 d 平均体重/kg	45 d 平均日增重/g
稻草自由采食	—	—	10.05	337.13±37.36	317.32±62.11a	−440.28±52.65a
粗料+精料	2.89	8.10	2.59	339.75±17.44	365.31±31.67b	568.11±53.18b

注：同列不同字母表示差异显著（$P<0.01$）。每组头数 10 头 3.5 岁月龄左右的大别山黄牛，育肥 90 d，混合精料配方为玉米 60%，DDGS 15%，麸皮 10%，豆粕 5%，芝麻饼 5.5%，石粉 1.5%，磷酸氢钙 0.5%，食盐 1%，小苏打 0.5%，预混料 1%。

引自汤继顺等，2011（安徽凤阳）。

表 6.53　不同补饲水平对盘江黄牛放牧育肥增重的影响

项目	日粮组成		体重变化/kg			
	粗料	补饲精料/kg	始重	末重	增重	日增重
对照组	放牧	—	248.14±6.34	268.93±3.09	20.79±3.02	0.231±0.035
试验 1 组	放牧	2.0	248.33±9.39	307.19±7.67	58.86±3.12	0.654±0.034
试验 2 组	放牧	2.5	249.13±8.86	319.60±7.92	70.47±4.20	0.783±0.048
试验 3 组	放牧	3.0	249.07±7.07	327.55±6.84	78.48±3.52	0.872±0.041

注:试验时间 90 d,试验牛为每组盘江黄牛公牛 15 头,每天 8:00—9:00 出牧,16:00—17:00 收牧。一般放牧至少在 8 h 左右。收牧后先饮水,休息 4 h 后,按设计要求进行补饲。精料用玉米 55%,菜籽饼 21%,统糠 14%,麦麸 8%,磷酸氢钙 1%,食盐 1%配合而成。

引自何光中等,1999(贵州兴义)。

(2) 日粮营养提供对肉牛增重的影响。饲养是决定肉牛生产水平和效率的重要因素之一,饲养条件的改善可明显提高肉牛的增重效果(表 6.54),提高日粮的饲养水平和精料水平也可明显提高日增重(表 6.52 至表 6.57),随着精料补饲量的增加,日增重显著增加,但过高的精料明显降低每千克精料的增重即精料转化率(表 6.55,表 6.57);此外日粮蛋白质水平明显对肉牛增重变化影响,见表 6.58 和表 6.59。但综合分析以低蛋白水平经济效益较好,原因是日粮蛋白每提高 1 个百分点,每千克饲料价格提高 0.10 元以上,按 10 kg 日粮计算,饲料要多投入 1.0 元,增重才 50 g。对肉牛短期育肥应充分利用农村的秸秆、饲草和精料资源,合理科学地配制肉牛日粮,以满足肉牛的营养需要,才能降低饲料成本。

提高肉牛育肥日粮的过瘤胃营养如过瘤胃脂肪或过瘤胃淀粉也可明显影响肉牛的增重(表 6.60 和表 6.61),同时应用添加剂如瘤胃素等对育肥牛增重有明显的促进作用(表 6.62 和表 6.63)。

表 6.54　不同饲养条件(水平)对试验 180 d 肉牛育肥试验增重效果的影响

饲养条件	牛品种	开始重/kg	末重/kg	头均增重/kg	平均日增重/g
集中	皮西本	130.1±18.7	288.4±36.4	158.3±11.8	879.2±65.3
	利西本	106.9±20.4	259.1±42.1	152.3±34.9	845.9±193.8
农户	皮西本	113.9±22.8	228.1±42.3	114.3±26.0	634.7±144.2
	利西本	111.3±26.7	214.8±22.6	103.5±10.3	575.0±57.0

注:育肥后期的日饲喂配合精料 4.5 kg,苜蓿和玉米秸草块各 2 kg。

引自孟积善等,2003(甘肃高台)。

表 6.55　不同精料水平对科尔沁黄牛增重的影响

组别	日粮组成/kg		体重变化/kg				
	玉米秸秆	精料	始重	末重	增重	日增重	精料转化率/%
A	自由采食	3.0	380.20±40.63	401.50±39.52	21.30±6.80A	0.71±0.23A	23.75
B	自由采食	3.5	367.67±35.00	394.67±35.85	27.00±11.52A	0.90±0.38A	25.75
C	自由采食	4.0	368.73±39.37	403.00±39.47	34.27±8.43A	1.14±0.28A	28.50
D	自由采食	4.5	353.60±26.95	402.30±25.03	48.70±7.20B	1.62±0.24B	36.00
E	自由采食	5.0	368.13±38.86	418.07±44.06	49.93±14.36B	1.66±0.48B	33.20
F	自由采食	5.5	363.13±41.04	413.53±40.65	50.40±10.34B	1.68±0.34B	30.56

注:同列标不同字母表示差异极显著($P<0.05$)。每组 15 头牛,试验期 30 d,用同一精料,配方为玉米 66%,棉籽粕 10%,大豆粕 8%,DDGS 5%,菜籽粕 4%,生物蛋白饲料 2%,小苏打 3%,预混料 5%。

引自高丽南等,2011(内蒙古通辽)。

表 6.56 日粮不同营养水平对肉牛增重的影响

组别	日粮组成/kg				体重变化			
	皇竹草	白酒糟	黑麦草	玉米	始体重/kg	体重/kg	总增重/kg	日增重/g
对照组	15.04	9.2	5.31	—	294.44±53.56	335.56±70.18	41.11±31.34	685.17
高能组	15.68	9.2	4.72	1.5	306.67±54.01	383.33±82.16	76.66±36.51	1 277.83
高能补氮组	15.67	9.2	4.62	1.5	308.33±35.36	367.22±50.50	58.89±28.56	981.50

注:①高能组精料组成,玉米 1 500 g、碳酸钙 10.5 g、磷酸氢钙 21 g、食盐 7.5 g;②高能补氮组精料组成,玉米 1 500 g、碳酸钙 10.5 g、磷酸氢钙 21 g、食盐 7.5 g、磷酸脲 100 g。每组有海福特牛、安格斯牛和海安杂种牛各 3 头,育肥试验 60 d。

引自王淮和徐载春,2003(四川彭州)。

表 6.57 日粮精料水平对试验肉牛增重及耗料的影响 kg

精料水平/%	日增重	每千克增重耗料量		
		精料	粗料	日粮
35	0.718±0.129a	3.18	5.90	9.08
45	0.772±0.145a	2.89	3.53	6.42
55	1.051±0.189b	3.75	3.07	6.82
65	0.946±0.117b	4.59	2.47	7.06

注:表中同列字数带有不同肩注字母表示差异显著($P<0.05$)。每组 10 头牛,试验期 90 d,揉碎的干玉米秸为主要粗料,精料为同一配方,为玉米 77%,干玉米酒精糟 16.5%,尿素 1.5%,钙粉 3%,食盐 1%,预混料 1%。

引自王艳荣等,2005(吉林)。

表 6.58 不同蛋白质水平对肉牛的增重影响

组别	均始重/kg	均末重/kg	均增重/kg	均日增重/g	精粗比
10.6%CP	247.53±21.32	296.36±17.72	48.83±4.54	813.83±181.69	55/45
11.8%CP	248.27±13.64	298.58±14.31	50.31±3.82	838.50±166.52	65/35
13%CP	246.89±23.47	301.65±21.24	54.76±4.27	912.67±185.90	75/25

注:每组 8 头西杂牛,育肥期 60 d,10.6%CP 组日粮组成为麦秸 45.0%,玉米 28.7%,麸皮 12.0%,豆饼 8.0%,棉籽饼 6.0%,矿物质 1.8%(矿物质 1.8%,包括钙粉 0.5%,贝壳粉 0.5%,食盐 0.3%,预混料 0.5%,下同)。11.8%CP 组日粮组成为麦秸 35.0%,玉米 35.7%,麸皮 12.0%,豆饼 10.0%,棉籽饼 6.0%,矿物质 1.8%。13.0%CP 组日粮组成为麦秸 25.0%,玉米 43.7%,麸皮 12.0%,豆饼 12.0%,棉籽饼 6.0%,矿物质 1.8%。

引自王立克等,2005(安徽凤阳)。

表 6.59 豆粕和棉粕蛋白质补充料对育肥肉牛增重的影响

组别	日粮组成/kg(干物质)				体重变化/kg				增重成本/(元/kg)
	精料	玉米秸秆青贮	棉籽壳	麦秸	始体重	末体重	总增重	日增重	
豆粕组	3.8	1.8	4.0	0.6	282±16	430±10	148	1.64	9.3
棉粕组	3.8	1.9	4.0	0.6	284±22	405±8	120	1.33	9.4

注:每组 5 头西杂牛,育肥期 90 d。豆粕组的精饲料配方为碎玉米 55.9%,麦麸 13.2%,豆粕 25.4%,小苏打 1.0%,肉牛复合预混料 3%,食盐 1%。棉粕组的精饲料配方为碎玉米 56%,麦麸 13.3%,棉粕 25.2%,小苏打 1.0%,肉牛复合预混料 3%,食盐 1%。

引自艾比布拉·伊马木等,2011(新疆新和)。

表 6.60 过瘤胃脂肪对肉牛增重和饲料转化率的影响 kg

组别	日粮组成				体重变化			
	精料	玉米秸秆青贮	啤酒渣	日 DM 采食量	始体重	末体重	总增重	日增重
一般日粮组	6.0	15.0	8.0	11.4	495.6±11.5	562.4±8.4a	66.8±6.5a	1 113±109a
补充脂肪组	6.0	15.0	8.0	11.4	495.0±13.7	570.3±13.8b	75.3±9.4b	1 255±106b

注:表中同列字数带有不同字母表示差异显著($P<0.05$)。每组 10 头西杂牛,育肥期 60 d。一般日粮组的精料配方为玉米 55%,棉仁粕 22%,麸皮 19%,小苏打 1%,食盐 1%,石粉 1%,磷酸氢钙 0.5%,复合预混料 0.5%;添加脂肪的精料配方为玉米 55%,棉仁粕 22%,麸皮 14%,过瘤胃脂肪(氢化脂肪)5%,小苏打 1%,食盐 1%,石粉 1%,磷酸氢钙 0.5%,复合预混料 0.5%。

引自张微等,2008(北京顺义)。

表 6.61 过瘤胃淀粉(包被玉米)对肉牛增重和饲料转化率的影响 kg

组别	日粮组成				体重变化			
	精料	玉米秸秆青贮	啤酒渣	日 DM 采食量	始体重	末体重	总增重	日增重
一般日粮组	6.0	16.0	10.0	12.2	521.3±20.4	587.8±22.7	66.5±6.3b	1.11±0.10b
过瘤胃淀粉组	6.0	16.0	10.0	12.2	518.6±31.8	595.6±30.4	76.9±6.8a	1.28±0.13a

注:表中同列字数带有不同字母表示差异显著($P<0.05$)。每组 10 头西杂牛,育肥期 60 d。一般日粮组的精料配方为玉米 57%,棉籽饼 20%,麸皮 16%,包被剂 3%,小苏打 1%,食盐 1%,磷酸氢钙 1.5%,复合预混料 0.5%;添加过瘤胃淀粉的精料配方为包被玉米 60%,棉籽饼 20%,麸皮 16%,小苏打 1%,食盐 1%,磷酸氢钙 1.5%,复合预混料 0.5%。

引自于晓丽等,2008(北京顺义)。

表 6.62 新疆本地黄牛添加瘤胃素 40 d 试验对增重的影响 kg

分组处理	始重	末重	总增重	日增重
50 mg	111.8±15.7	145.0±21.9	33.2±8.1	0.830
80 mg	115.8±22.9	147.6±30.4	31.8±10.5	0.795
对照组	103.9±22.6	132.7±28.9	28.8±6.8	0.720

注:日粮为精料 2 kg,干草 4 kg,精料配方:玉米面 69%,麸皮 15%,油饼 15%,盐 1%,干草为湖草。

引自王强等,1994(新疆巩留)。

表 6.63 热应激条件下(2009 年 7~10 月,河南许昌)烟酸铬与氯化钾对肉牛生产性能的影响 kg

组 别	日粮 DM 采食量	体重变化		
		始体重	末体重	日增重
基础日粮	8.93±1.61	406.22±33.06	478.91±33.26	1.08±0.17a
基础日粮+烟酸铬 33 mg/d	9.06±1.73	412.10±37.02	504.10±34.27	1.37±0.27b
饲喂基础日粮+氯化钾 40 g/d	9.04±1.44	402.90±40.59	493.92±49.48	1.36±0.27b
基础日粮+烟酸铬 33 mg/d+氯化钾 40 g/d	9.20±1.89	410.60±37.01	496.31±36.52	1.28±0.18ab

注:表中同列字数带有不同字母表示差异显著($P<0.05$)。每组 10 头西杂二代杂交牛,试验期 60 d。

引自孙凯佳等,2011(河南许昌)。

4. 肉牛适宜育肥的季节

环境温度对育肥牛的营养需要和日增重影响较大。牛在低温环境中,为了抵御寒冷,需增加产热量以维持体温,使相对多的营养物质通过代谢热转化为热能而散失,饲料利用率下降

（表 6.64）。

当在高温环境中时，牛的呼吸次数增加，采食量减少，温度过高会导致停食，特别是育肥期后期的牛膘较肥，高温危害更为严重。根据牛的生理特点，适宜的温度为 16～24℃。春秋季节气候温和，蚊蝇较少，牛的采食量大，生长快，育肥效果好。因此，要抓住这 2 个黄金季节，进行肉牛育肥。夏季育肥，天气炎热，食欲下降，不利于牛的增重，当外界气温高于 27℃时，在牛舍外要搭凉棚，避免暴晒，适当降低日粮中能量饲料比例（一般为 5%左右），相应增加蛋白质饲料比例。冬季育肥，气温较低，牛体用于维持需要的热量多，增重减慢，要采取保暖措施，白天喂后让牛在舍外多晒太阳，傍晚入牛舍。建造塑膜暖棚牛舍，防寒保温效果好，可提高牛的成活率、出栏率，减少饲料消耗，适当增加牛日粮中能量饲料比例（一般为 5%左右），相应减少蛋白质饲料比例，提高牛的御寒能力。

在四季分明的地区，春、秋季节育肥效果好，此时气候温和，蚊蝇少，适宜肉牛的生长，牛的采食量大，生长快。夏季天气炎热，食欲下降，不利于牛的增重，冬季由于气温低，牛体用于维持需要的热能多，增重减慢，因此冬季育肥，饲料消耗多，饲料报酬低，经济上不合算；而且冬季青饲料缺乏，用于贮备草料的费用增加，也提高了饲养成本。

一般说来，在气温 5～21℃环境中，最适宜牛的生长。夏季（特别是气温高于 27℃时）注意防暑工作，在舍外搭凉棚，避免暴晒。冬季，白天喂后可让牛在舍外晒太阳，傍晚入棚舍。为了避免在冬季育肥肉牛，可调节配种产犊季节，进行季节性育肥。调整的方法是集中在 4～5 月份配种，第二年的早春 2～3 月份产犊，18～20 月龄进入冬季前出栏。

表 6.64 肉牛日光暖棚与敞圈全舍饲饲养对增重效果的影响 kg

组别	日粮中精料	体重变化			
		始体重	末体重	增重	日增重
日光“两用”暖棚	4.0	151.3±1.52	241.6±3.11a	90.3±1.59a	1.00±0.02a
敞圈饲养	4.0	151.5±1.58	184.8±3.06b	33.3±1.48b	0.37±0.02b

注：表中同列字数带有不同字母表示差异显著（$P<0.05$）。每组 20 头西杂牛，试验期 90 d。基础日粮为豆杂惹、麦秸秆、青稞、蚕豆、麻渣、青干草、胡萝卜，每天每头牛补饲 50 g 食盐。

引自刘红献和铁桂春，2011（青海大通）。

5. 育肥牛的出栏

根据育肥目的，适当育肥，适时出栏，一般规律是，牛的出栏体重越大，饲料利用率就越低。在肉牛生产中，达到屠宰出栏体重时间越短，其经济效益越高，在任何情况下，育肥时间越长，用于维持生命的饲料消耗就越多。在不影响牛的消化吸收的前提下，喂给营养物质越多，日增重就越大，单位增重所消耗饲料就越少，但育肥时间过短会影响牛肉品质。根据牛的生长规律，犊牛在育肥期应供给充足的蛋白质和适当的热能，而后期则要供应充足的热能，当育肥牛脂肪沉积到一定程度后，生产力下降，食欲减退，饲料转化率降低，日增重减少，再育肥就不合算。因此，一般情况下，老牛育肥持续时间在 3 个月左右，膘情好的架子牛以 3 个月为宜，膘情中等以下的架子牛，体重在 250～350 kg，育肥 4～6 个月体重达到 450～500 kg 出栏，就能获得较好的经济效益。

同一品种中，肉品质与出栏体重有密切的关系。出栏体重小，牛肉品质不如出栏体重大的，目前，我国尚无标准。要依据育肥牛的膘情、体重、去势而定。对膘情好有相应体重，但增重低的牛要及时出栏。同时要及时淘汰牛群中的劣质牛。

6. 肉牛育肥结束的正确判断

育肥牛育肥后期每头牛每日的饲养费用较高，而增重较低，日增重的回报率较低，如不及时结束育肥会增加肉牛饲养的成本，使养牛户造成较大的经济损失，可通过眼看手摸判断育肥牛是否育肥充分。

眼看：①看育肥牛的采食量下降，下降量达正常采食量的10%～20%；②体膘丰满，看不到骨头外露；③背部平宽而厚实；④尾根两侧可以看到明显的脂肪突起；⑤臀部丰满平坦（尾根下的凹沟消失），圆而突出；⑥胸前端非常丰满、圆而大，并且突出明显；⑦阴囊周边脂肪沉积明显；⑧躯体体积大，体态臃肿；⑨走动迟缓，四肢高度张开；⑩不愿意活动或很少活动，显得很安静，对周边环境反应迟钝，卧下后不愿站起。

手摸：①摸（压）牛背部、腰部时感到厚实，并且柔软、有弹性；②用手指捻摸胸肋部牛皮时，感觉特别厚实，大拇指和食指很难将牛皮捻住；③摸牛尾根两侧柔软，充满脂肪；④摸牛肷窝部牛皮时有厚实感；⑤摸牛肘部牛皮时感觉非常厚实，大拇指和食指不易将牛皮捻住。

6.4.3 育肥牛的饲养方式和育肥方式

肉牛的育肥，依其性能、目的和对象不同，可分为不同类型的育肥，按提供产品可分为普通肉牛育肥、高档牛肉育肥；按年龄划分，可分为幼牛育肥、青年牛育肥、成年牛和淘汰牛育肥；按饲料种类划分，可分为精料型育肥、粗精料结合型育肥，按圈舍条件和管理方式分舍饲和放牧育肥。

1. 育肥牛的饲养方式

我国育肥牛的饲养方式按其饲养管理方式可分为放牧育肥、半舍半牧育肥和舍饲育肥。

(1) 放牧育肥。我国草原牧区和山地牧场主要采用草地草山的牧草放牧饲养肉牛。放牧育肥是指从犊牛到出栏牛，完全采用草地放牧而不补充任何饲料的育肥方式，也称草地畜牧业。这种育肥方式适于人口较少、土地充足、草地广阔、降雨量充沛、牧草丰盛的牧区和部分半农半牧区。例如新西兰肉牛育肥基本上以这种方式为主，一般自出生到饲养至18月龄，体重达400 kg便可出栏。如果有较大面积的草山草坡可以种植牧草，在夏天青草期除供放牧外，还可保留一部分草地，收割调制青干草或青贮料，作为越冬饲用。这种方式也可称为放牧育肥，且最为经济，但饲养周期长。

放牧饲养可节省草料、人力、圈舍与设备，同时放牧行走也使牛得到了充分的锻炼，提高了抗病力，所以放牧饲养成本最低。放牧饲养的缺点是由于觅食行走增加了营养消耗，育肥效果受牧草丰茂、牧草质量、季节、气候的影响，牛的放牧践踏也会使牧草利用率下降，还有不安全因素。放牧一般不会有非常理想的效果，但却是一种非常经济的饲养方式，凡有荒山草地的地方，在牧草丰盛的季节都可放牧饲养，其他季节如果以放牧结合补饲方式则会有较好的效果，尤其是补充矿物质如食盐、石粉、磷酸氢钙等。

(2) 半舍半牧育肥。放牧和舍饲相结合育肥，夏季青草期牛群采取放牧育肥，秋冬季节的枯草期把牛群于舍内圈养，或放牧时充分利用草场，归牧后大量给予农副产品类、秸秆类及谷实类饲料，育肥效果理想。

(3) 舍饲育肥。肉牛从出生到屠宰全部实行圈养的育肥方式称为舍饲育肥。舍饲的突出优点是使用土地少，饲养周期短，牛肉质量好，经济效益高。缺点是投资多，需较多的精料。舍饲是农区养牛的常见方式，与放牧相比，舍饲可根据牛的体重，健康状况、生理状况给予不同的饲养，使牛生长均匀，减少饲草料浪费，不受气候等自然条件的影响，减少行走、气候变化等的营养消耗，提高饲料利用率。但舍饲会加大设备、人工、饲草料加工等的开支，使饲养成本加大，并由于运动量减少而增加了疾病发生的机会。

肉牛舍饲育肥有3种饲养方法。①每日定时饲喂2～3次，饲喂后放于运动场自由运动、自由饮水，或饮水后拴于舍外，每牛都有固定槽位，这是一种传统的舍饲方式，由于采食、饮水、活动都受到不同程度的限制，使牛的生长受到抑制，同时上下槽加大了饲养员的工作量；②小围栏自由饲养，每个小围栏放若干头牛，自由采食、饮水、运动，由于牛的采食时间充足，饮水充分，并充分应用了牛的竞食性，因此能提高饲料利用率，充分发挥其生长的潜力，同时省人工；③全天拴系饲养，自由采食和饮水，定时补料，这种方式省工、省场地，在同样饲料条件下，由于活动量减少到最低限度，提高日增重。

舍饲育肥方式又可分为拴饲和群饲。

拴饲育肥是每头牛分别拴系给料。其优点是便于管理，能保证同期增重，饲料报酬高。缺点是运动少，影响生长，不利于育肥前期增重。一般情况下，给料量一定时，拴饲效果较好。

群饲一般10～15头为一群，每头所占面积为6～8 m^2。为避免斗架，育肥初期可多些，然后逐渐减少头数。或者在给料时，用链或连动式颈枷保定。如在采食时不保定，可设简易牛栏小圈，将牛分开自由采食，以防止抢食而造成增重不均。但如果发现有被挤出采食行列而怯食的牛，应另设饲槽单独喂养。

群饲的优点是节省劳动力，牛不受约束，有利于生长。缺点是：一旦抢食，体重会参差不齐；在限量饲喂时，应该用于增重的饲料会用到活动上，降低了饲料报酬。当饲料充分，自由采食时，群饲效果较好。

2. 肉牛的育肥方式

根据育肥形式和目的及饲料资源情况，育肥牛的育肥方式按营养水平可分为持续育肥（直线育肥）和后期集中育肥即架子牛育肥。

(1) 肉牛直线育肥技术

直线育肥也叫持续强度育肥，就是犊牛断奶后不吊架子，采用营养一贯制的供给方法，直接转入生长育肥阶段。持续育肥由于充分利用了牛体自身的生长规律，故日增重较高，饲料利用率也高，并可获得优质的牛肉。持续育肥方式适合于肉牛品种及改良牛和乳用公犊，饲养方式既可用放牧补饲的育肥方式，也可用舍饲拴系的育肥方式。持续育肥肉牛饲养期短，日粮中精料用量较多，成本较高，但效益也高，按管理方式有如下几种方法。

全放牧育肥：因地制宜，依靠草原资源，采用全放牧育肥，适当补饲精料，也能收到良好的效果。放牧育肥的时间应选择每年的7～10月份牧草茂盛时期，尤其要抓好牧草结籽期的育肥。

放牧加补饲育肥：犊牛断奶后，就地以放牧为主，根据草场情况适当补以精料或干草。同时进入冬季，气温较低，草场牧草质量下降，放牧牛采食量很低。为减少冬季放牧牛的能量损失，可改为全舍饲。这种育肥方式，精料消耗较少，但要求草场的载畜量高。

舍饲育肥法：采用舍饲与全价日粮饲喂的方法，使犊牛一直保持很高的日增重量，直到达到屠宰体重时为止。一般12～15个月时，体重可达500 kg以上，日增重量可达0.8 kg以上，平均每千克增重消耗精饲料 2 kg。肉牛直线育肥的优点是缩短了生产周期，较好地提高了出栏率；改善了肉质，满足市场高档牛肉的需求；降低了肉牛饲养的整体成本，提高了肉牛生产的经济效益。

舍饲育肥饲喂方式有限制采食和自由采食。前者是将按照育肥所需营养配制的日粮，每日限定饲喂时间、次数和给量，一般每天饲喂 2～3 次；后者是将配制的日粮投入饲槽，昼夜不断，牛可以任意采食。

自由采食能满足牛生长的营养需要，因此生长快，牛的屠宰率高，出肉多，育肥牛能在较短时间内出栏，省劳力。但饲料浪费较多，不易控制牛只生长速度。限制采食时，牛不能根据自身需要采食饲料，因此限制了牛的生长速度，且需要劳力多，但饲料浪费少，能有效控制牛的生长。表 6.65 和表 6.66 是蒋洪茂对肉牛围栏自由采食和拴系限制采食的肉用性能测定结果。

表 6.65　自由采食和限制采食肉牛的增重比较

饲喂方式	试验头数	始重/kg	终重/kg	日增重/g	饲养日/d
限制采食	58	374.1±65.5	433.1±59.2	509±292	123.1±50.5
自由采食	82	317.7±57.3	438.9±38.8	805±340	150.6±39.3

引自蒋洪茂，1995。

表 6.66　自由采食和限制采食肉牛屠宰成绩比较

饲喂方式	头数	宰前活重/kg	胴体重/kg	屠宰率/%	净肉重/kg	净肉率/%	肉、骨比
限制采食	14	402.0±30.0	209.2±17.9	52.04±1.89	167.4±15.4	41.63±1.72	(5.09∶1)±0.53
自由采食	14	409.1±24.1	229.3±19.5	56.05±3.79	183.2±15.6	44.79±2.44	(5.15∶1)±3.53

引自蒋洪茂，1995。

从表 6.65 可以看出，自由采食组的平均日增重较限制采食组高 58%(296 g)，从表 6.66 可以看出，自由采食组的屠宰率较限制组高 7.71%，净肉率高 7.59%，差异非常显著。

要做到自由采食，应采用围栏育肥饲养。另外，牛有争食的习性，群饲时采食量大于单槽饲养。因此有条件的育肥场应采用群饲方式喂牛。投料采用少给勤添，使牛总有不足之感，争食而不厌食或挑食。但少给勤添时要注意牛的采食习惯，一般的规律是早上采食量大，因此第一次添料要多些，太少了容易引起牛争料而顶撞斗架；晚上最后一次添料也要多一些，以供牛夜间采食。

根据生产肉牛产品的目的，舍饲肉牛直线育肥生产有如下几种育肥方法。

①100 d 出栏的全乳犊牛育肥生产小白牛肉，多用奶公犊牛和兼用品种公犊，以乳为唯一饲料，100～130 kg 出栏。

②8 月龄出栏的犊牛直线育肥，生产小肥牛肉，以肉用公犊牛和兼用品种公犊为主；断奶后继续用优质饲料饲喂，250～300 kg 出栏。这种育肥方式由于屠宰日龄短，肉色淡红，肉质特别鲜嫩。8 月龄以下的犊牛，其瘤胃的生长发育仍在继续，瘤胃功能尚未完善，因而对日粮的要求很严格，各种营养物质要齐全，比例要合适，营养浓度也必须达到，营养可消化性要好，除哺乳以外，必须补料，精料的成本也较高。

③12 月龄出栏的强度育肥，即犊牛直线育肥生产肥牛肉，以肉用公犊牛和兼用品种公犊

为主;犊牛出生后随母哺乳或人工哺乳,日增重稍高于正常生长发育,断奶后以高营养水平持续喂至1周岁左右。180日龄体重达到180 kg以上,断奶后精料喂量占日粮的35%~45%。周岁体重达400 kg以上,平均日增重1 kg左右,则可获得优质牛肉,即生产高档牛肉。

④西餐高档大理石纹牛肉(红肉)生产。犊牛要求在6月龄断奶,育肥期11~13个月;也可选用12~16月龄,育肥至为24~27月龄,但要去势。6月龄体重应不低于140 kg,以后按照体重日增重1 kg的标准饲喂日粮,22~26月龄肉牛体重达到650 kg;也可选择12月龄、体重300 kg的牛进行育肥,同样按日增重1 kg的标准饲喂日粮,到22月龄时体重达到600 kg。此时,脂肪已充分沉积到肌肉纤维之间,眼肌切面上呈现理想的大理石纹。屠宰前的最后2个月内,不喂大豆饼粕、黄玉米、胡萝卜、青草等含各种加重脂肪组织颜色的草料,改喂能使脂肪白而坚硬的饲料,如麦类、麸皮、马铃薯和淀粉渣等,粗饲料也最好使用谷草、干草、玉米秸秆等。

⑤24~36月龄的"雪花"牛肉生产。6月龄犊牛、饲养育肥期22~24个月,出栏体重650 kg。为了有效地育肥与改善肉质,必须调节育肥期间的饲料供给量,特别是在育肥前半期,要采取高(日增重1.0 kg左右)、中(日增重0.8 kg)、低(日增重0.7 kg)与后半期高(饱食,自由采食)相结合。已证实从生后10个月到18个月,牛里脊肉重量迅速增加,脂肪含量在14个月后加速增加。随着体重增大,皮下脂肪极厚,饲料效率很差。育肥后期禁止饲喂影响牛肉颜色的饲料如酒糟和青贮类粗饲料。

(2) 肉牛吊架子育肥技术—后期集中育肥。犊牛断奶后,因饲料条件较差,不能保持较高的日增重,首先长成骨架,当体重达到250 kg以上时,逐步提高日粮水平,进行强度育肥,除加大体重外,进一步增加体脂肪的沉积,以改善肉质,一直至达到450~600 kg时出栏。这种育肥方式,在长骨架阶段使牛的消化器官得到了充分的发育,所以对日粮品质的要求较低,可充分利用农副产品,降低精料消耗,使饲养费用减少,是一种国内外普遍应用的育肥方式,尤其是资源互补性的异地育肥。

犊牛断奶后以放牧或以粗饲料喂养,日增重维持在0.4 kg左右,饲养到16~18月龄,体重达到300~350 kg,然后育肥90~120 d出栏,使体重达到400~450 kg。这种育肥法就是在育肥之前利用廉价的饲草使牛的骨架和消化器官得到充分的发育。进入育肥期后,提高营养水平,强度育肥。其优点是适用范围广,精料用量较少,经济效益较好;特别是在国内市场价格较低或对经济条件不太好的山区更适用。

我国育肥牛源多是改良牛或当地黄牛,当地黄牛的繁殖有明显的季节性,北方地区,一般于夏收前配种,次年春季产犊,断奶后即到枯草季节,营养贫乏,日增重较低,以简单的粗饲料拉骨架,到第二年夏季用放牧或舍饲进行集中强度育肥,3~4个月达到出栏体重,这样可降低成本,提高饲料报酬,同时也是牛肉销售的旺季。因此,后期集中育肥非常适合我国北方的生产条件。

后期集中架子牛育肥也称强度育肥或快速育肥。即从市场上选购15~20月龄的架子牛,经过驱除体内外寄生虫后,利用精料型的日粮(以精料为主搭配少量的秸秆、青干草或青贮饲料),为节约精料用量,可利用加工副产品(如糟渣类等)、干草、尿素和少量精料,或青贮料(青草青贮或玉米青贮)、干草、尿素和少量精料,进行3个月左右的短期强度育肥,达到出栏体重(400~450 kg),即屠宰出售。这种育肥方法育肥期短,育肥期消耗精料不多,成本较低,并可增加周转次数,对肉牛育肥者来说是比较经济的。

具体的后期集中架子牛育肥因饲料资源不同有如下几种方法。

①放牧及放牧加补饲育肥法。此法简单易行，便于广大养牛户掌握使用，适宜山区、半农半牧区和牧区采用。由于以本地饲料资源为主，尤其是农户或牧户较为适用。1～3月龄，犊牛以哺乳为主；4～6月龄，除哺乳外，每日补给0.2 kg精料，随母牛放牧自由采食，至6月龄断奶；7～12月龄，半放牧半舍饲，收牧后补饲，每天补玉米500 g，盐20 g，人工盐25 g，尿素25 g，微量元素等；13～15月龄放牧增膘；16～18月龄经驱虫后，实行后期短期快速育肥，放牧为辅，补料为主，每天分3次补饲精料混合料2～3 kg，一般育肥前期每头每日喂精料2 kg，后期3 kg，每日喂2次；粗饲料每日喂3次，自由采食和饮水，达到出栏要求出栏，并在枯草季前全部出栏。

此外，我国北方地区冬季寒冷，牧草枯萎季节放牧达不到育肥效果，可转入舍饲育肥，也可采用塑料暖棚育肥，或转到农区异地舍饲育肥。

②利用秸秆或秸秆青贮或氨化秸秆的舍饲育肥。该技术适合农区或农牧交错区的养殖户育肥架子牛，农作物秸秆是丰富且廉价的饲料资源，秸秆经过粉碎加工或青贮或氨化处理后，改善适口性，或提高营养价值和消化率，让肉牛自由采食加工的秸秆并补喂适量能量饲料，可以满足肉牛的增重需要(表6.67)。如体重350 kg的架子牛在简易的牛棚内拴系饲养，日喂青贮玉米秸15 kg，混合精料3～4 kg，每日单槽定时饲喂2次，并限制其过量运动，平均日增重可达1 kg以上，到架子牛达450 kg后，改喂青贮玉米秸20 kg，混合精料4.5 kg，强度育肥50 d，达500 kg以上出栏。又如体重200 kg的西杂杂种公牛，每天自由采食粉碎小麦秸2.5 kg，补饲2.5 kg的精料，日增重可达0.8 kg；当体重达400 kg时，自由采食粉碎小麦秸5.0 kg，补饲5～5.5 kg的精料，日增重可达1.0 kg，强度育肥90 d，达500 kg以上出栏。

表6.67　以青贮玉米秸为主的日粮配方　　kg

日粮	体重				
	200	300	400	500	550
青贮玉米秸	12	16～18	19～20	22～24	20～22
饼类	1.0	1.2	1.2	1.5	1.5
玉米面	0.5	0.5	0.8	0.9	1.2
麸皮	0.3	0.4	0.4	0.4	0.4
优质秸秆	1	2	2	2	2
食盐	0.03	0.03	0.03	0.03	0.03
碳酸氢钙	0.07	0.07	0.07	0.07	0.07

③以糟渣类农副产品为主育肥架子牛。酒糟、啤酒糟、甜菜渣、豆腐渣等都是肉牛育肥的好饲料。用白酒糟加精料育肥肉牛，可取得较高日增重(表6.68)。如400 kg架子牛可饲喂白酒糟15～20 kg，玉米面2.5 kg，油饼1 kg，磷酸氢钙50 g，食盐50 g，玉米秸(或稻草)2.5 kg，中午以饲草为主，添加少量精料，早晚以酒糟、精料为主，育肥肉牛平均日增重1.3～1.5 kg。又架子牛350 kg，每日每头饲喂豆腐渣15 kg，玉米面2.5 kg，食盐50 g，玉米秸秆5 kg，平均日增重可达1 kg左右。此外还可以用甜菜渣育肥架子牛，400 kg架子牛每日每头饲喂甜菜渣15～20 kg，干草2 kg，秸秆3 kg，混合精料1.0～2.5 kg，食盐50 g，尿素50 g，可

获得日增重 1 kg。

表 6.68 以酒糟为主体的日粮配方 kg

日粮	体重					
	200～250	250～300	300～350	350～400	400～450	450～550
酒糟	9	12	15	20	25	25
饼类	0.4	0.4	0.5	0.5	0.6	0.5
玉米面	0.8	1.0	1.2	1.5	1.5	2.0
麸皮	0.3	0.4	0.4	0.5	0.5	0.5
优质秸秆	1.0	1.5	2.0	2.0	2.0	2.0
尿素	0.04	0.05	0.05	0.06	0.06	0.06
碳酸氢钙	0.07	0.07	0.07	0.07	0.07	0.07
食盐	0.03	0.03	0.03	0.03	0.03	0.03

④高精料日粮强度育肥法。体重 300 kg 的架子牛，可采用高能量混合料或精料型(70%)日粮进行强度育肥，以达到快速增重、提早出栏的目的。在由粗料型日粮向精料型日粮转变时，要有 15～20 d 的过渡期。1～20 d，日粮粗料比例为 45%，粗蛋白质 12%左右，每头日采食干物质 7.6 kg；21～60 d，日粮中粗料比例为 25%，粗蛋白质 10%，每头日采食干物质 8.5 kg；61～150 d，日粮中粗料比例为 20%～15%，粗蛋白质 10%，每头日采食干物质 10.2 kg。应注意的是，过渡期要实行一日多次饲喂，防止育肥牛臌胀病及腹泻的发生。要经常观察反刍情况，发现异常及时治疗，保证饮水充足。

⑤成年牛育肥法。成年牛来源于各种用途的淘汰牛，这类牛由于年龄较大，所以体重大，绝对出肉量大，但自身生长优势已消失，消化功能减退，沉积的体组织以脂肪为主，故单位增重所消耗的饲料量远超过育成牛，在育肥期间只恢复肌肉组织的重量和体积，并在其间沉积脂肪来改善肉的嫩度和风味，因此肉质也不如育成牛。老牛与成年牛的育肥期不宜过长，因为其体内沉积脂肪的能力是有限的，随着体脂肪的不断沉积，牛的生活力下降，疾病增多，以育肥到近乎满膘时出栏即可，所以育肥期一般以 3 个月左右为宜，根据个体情况不同，日粮中蛋白质含量应少，但为了维持瘤胃正常消化功能和牛的食欲，日粮粗蛋白质不能低于 10%。

为了提高育肥效果，成年公牛在育肥前 10 d 可去势，母牛在育肥期可配种，使其进入妊娠状态，利用孕期合成代谢的生理反应促使育肥。

第7章

肉牛的直线育肥技术

肉牛生产的实质就是通过牛体把植物营养(饲料)转化为动物蛋白和脂肪(肉牛)的过程,肉牛生产是营养的转化过程,肉牛个体既是生产资料也是产品。在肉牛生产过程中,营养的供给方式或营养模式不同有2种不同模式,一种是根据生长和增重的营养需要平衡供给,也称直线供给;另一种是由于季节、饲料资源等原因无法做到直线供给,采用叠浪式,即某一时间段无法按照正常生长需要供给而使增重受到一定的控制。因此,按照营养供给的模式肉牛的育肥生产有2种决然不同的育肥技术,前者称直线育肥技术(也称持续育肥技术),后者为后期集中育肥技术(也称架子牛育肥技术)。

提高肉牛经济效益主要表现在日增重方面,充分利用肉牛的生长规律,根据肉牛在不同的生长阶段的生长特点,配制和饲喂不同营养水平和类型的日粮,使其在规定的年龄内达到屠宰体重,这是生产优质、高档牛肉的重要因素。

肉牛直线育肥就是依据肉牛生长、增重规律,给予平衡的营养,一直保持很高的日增重量,直到出栏,也称持续强度育肥,与后期集中育肥比较,肉牛直线育肥的优点是缩短了生产周期,较好地提高了出栏率;改善了肉质,满足市场高档次牛肉的需求;降低了肉牛饲养生产的整体成本,提高了肉牛生产的经济效益;提高繁殖母牛养殖者的经济效益,促进当地养牛业的发展,对于牧区可以减少草场载畜量,提高生态效益。

7.1 肉牛持续育肥技术原理

肉牛持续育肥阶段,也是肉牛自身的生长阶段,要使肉牛尽快达到要求的出栏体重,则给牛的营养物质必须高于维持和正常生长发育之需要,旨在使构成体组织和贮备的营养物质在肉牛机体的软组织中最大限度地积累。持续育肥实际是利用这样一种生长规律,即在动物营养水平的影响下,在骨骼平稳变化的情况下,使肉牛体的软组织(肌肉和脂肪)数量、结构和成分发生迅速的变化。从肉牛生产中,是为了使牛的生长发育遗传潜力尽量发挥完全,使出售的供屠宰肉牛达到尽量高的等级，或屠宰后能得到尽量多的优质牛肉，而投入的生产成本又比较适宜。

7.1.1 肉牛直线育肥的生长发育规律

肉牛的生长育肥是通过细胞增殖(即体细胞的增多)、细胞增大(即现有细胞体积的增大)，以及细胞外液的增加而实现的。动物细胞、组织及机体的最大生长，取决于遗传因素。然而，只有满足各种养分需要量时，才能充分发挥动物的遗传潜力。因此，营养是肉牛生长育肥的物质基础。

肉牛的生长实质上是饲料营养物质在肉牛体内的同化作用，即在体内的累积，肉牛在整个过程中的绝对生长速度即日增重的速度不一，日增重随年龄增长呈现先快后慢，至成年后几乎为零，呈“S”形曲线，即犊牛出生后的最初阶段生长较慢，之后(6～12 月龄)，是快速生长期，接近初情期年龄(12 月龄)时，体重生长开始减慢，到 18 月龄以后逐渐停止生长，直至达到成年体重或屠宰体重(图 7.1，图 7.2)。初情期前生长主要特点是内脏器官，骨骼和肌肉组织的生长较快时期，且肌肉组织生长最快，但脂肪发育较差，骨骼占胴体的比例高，之后肌肉生长减慢而脂肪的沉积率增高，特别是在 1 岁以后，肌肉最后慢慢停止生长。

日增重由快变慢之处称为生长转折点。生长转折点到来之前，肉牛对饲料的利用率最高，投入饲料的收益最大，是加强饲养求得最佳饲养效益的大好时机。生长转折点过后，维持需要所占比例增大，饲料转化率渐降进入收益递减阶段，此时应控制投喂饲料的数量和质量。

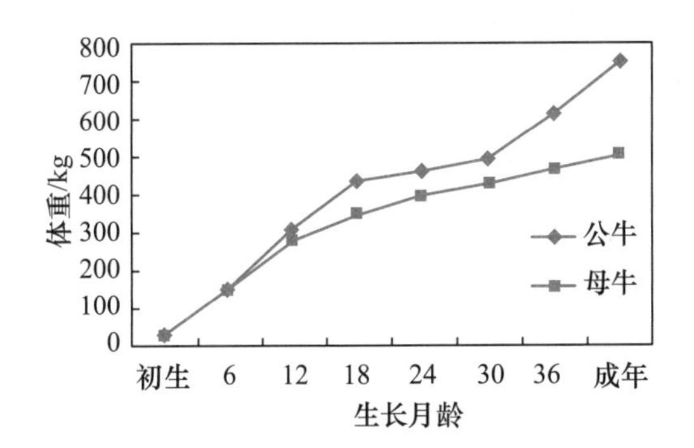

图 7.1 肉牛体重增加的曲线

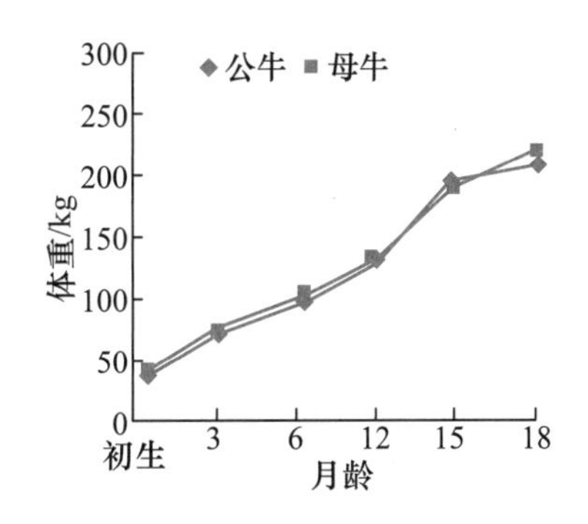

图 7.2 安杂 F_1 体重增长趋势(马发顺等，2009)

7.1.2 生长期肌肉蛋白和脂肪沉积的能量需要

肉牛生长每克肌肉或脂肪组织时，实际的能量沉积量分别为 23.84 kJ/g 沉积蛋白，39.74 kJ/g 沉积脂肪(表 7.1)，可见增重沉积脂肪的能量明显大于沉积蛋白质需要的能量，即在快速生长期沉积蛋白质比沉积脂肪更省能量，即饲料利用效率高，合成肌肉蛋白时，体重增加较快，且耗料较少。

同时我们的试验也表明，体重 400 kg 的肉牛当体蛋白质沉积为 112 g/d 时，日粮粗蛋白质或可消化粗蛋白质转化为体沉积蛋白质的效率分别仅为 17%或 30%；当体蛋白质沉积量增加到 224 g/d 时，则转化效率分别提高到 34%或 54%(表 7.2)。因此根据本试验结果，较高的日蛋白质沉积可以达到较高的蛋白质转化效率；如果日粮蛋白质供给量过低，导致体蛋白质沉积量下降，反而会增加饲养成本。

表 7.1　370～380 kg 体重肉牛日粮中额外添加脂肪对蛋白质和脂肪沉积的量比例

代谢体重	84.36	85.22	84.36	85.22
植物油添加/(g/d)	0	150	300	450
能量沉积/(MJ/d)	3.07	7.10	10.96	11.64
蛋白质沉积量/(g/d)	105.7	144.6	179.6	134.3
蛋白质沉积能量/(MJ/d)	2.52	3.45	4.28	3.20
脂肪沉积量/(g/d)	13.84	91.83	168.06	212.34
脂肪沉积能量/(MJ/d)	0.55	3.65	6.68	8.44

注：沉积 1 g 蛋白需要沉积能 23.84 kJ/g，沉积 1 g 脂肪需要沉积能 39.74 kJ/g。日粮组成，4.4 kg 羊草，0.8 kg 玉米，0.7 kg 豆粕，50 g 盐，50 g 预混料。

引自郑晓中，1998(中国农业大学博士论文)。

表 7.2　400 kg 体重肉牛体蛋白质沉积量与进食可消化粗蛋白质的关系　g/d

沉积蛋白质	进食可消化粗蛋白质	沉积蛋白质	进食可消化粗蛋白质
9	224	170	392
63	280	224	447
117	335	331	559

引自冯仰廉等，1998。

因此，犊牛断奶后进行持续强度育肥，目的是利用幼牛的快速生长期，提供高蛋白日粮，以促进蛋白质沉积，提高日增重，如为保持较高的营养水平，充分发挥肉牛增重的遗传潜力，12 月龄前供给粗蛋白质 14%～16%的全价日粮，12 月龄以后再改用粗蛋白质 12%～13%的全价日粮，直到 12～18 月龄时，体重达到 450～500 kg 以上时屠宰，完成育肥全过程。

7.1.3　幼牛体组织的生长发育规律

肉牛的生长曲线呈 S 形，即犊牛出生后的最初阶段生长较慢，之后生长加快，接近初情期的年龄或体重时，生长开始减慢，然后逐渐停止生长，直至达到成年体重。所以，初情期前的一段时间是肉牛的快速生长期，其特点是内脏器官、骨骼和肌肉组织的生长较快，而肌肉组织生长最快(表 7.3)。牛体生长速度降低的标志是肌肉生长减慢而脂肪的沉积率增高。生产优质胴体的关键是具有较多的肌肉和适量的脂肪，在肉牛生长曲线的最适当时期屠宰上市。

幼牛肌肉组织的生长主要集中于 8 月龄前，如初生至 8 月龄肌肉组织的生长系数为 5.3；8～12 月龄为 1.7；到 1.5 岁时降为 1.2。肌肉的生长在出生后主要是肌肉纤维体积的增大，并随着年龄的增长，肉的纹理变粗，故老龄牛肉质粗硬。肌肉内的脂肪沉积发生在牛生长曲线上相对较晚的一段时间内，因此，1 岁以上的牛比同样饲养条件下的犊牛较易形成大理石状脂肪沉积。用高能日粮饲喂1周岁达到成年体型，其骨骼和肌肉生长达到高峰的阉牛，其增重主要表现为脂肪量的增加，可强化大理石纹理的形成。

表7.3 体组织的生长强度顺序

体组织	强度顺序			
	1	2	3	4
部位	头颈和四肢	头颈和四肢	胸部	腰部
组织	神经	骨骼	肌肉	脂肪
骨骼	管骨	腓骨	股骨	骨盘
脂肪	肾脂	肌间脂	皮下脂	肌内脂

胴体重量是一项具有经济价值的重要性状，它表明胴体的综合价值。一般来说，胴体越重，价值越高，为达到符合标准的胴体重，在育肥牛的体型大小和生长潜力的基础上，应在生长早期注重体格的生长。营养水平对幼牛的体型发育有明显影响，营养水平高，幼牛的生长速度加快，体躯各部位发育也快；反之幼牛发育延缓或停滞。

幼牛体型的变化，取决于骨骼的发育情况；犊牛出生时腿相对较长，和整体结构不成比例，体高发育较早，体长、体宽发育较晚。幼牛的营养需要决定于生长速度与发育阶段。牛的生长转折点在1岁左右，而哺乳期的1～6月龄与断奶后的7～12月龄，都有着一定的规律性。一般2月龄内主要长头骨和躯体高度；2月龄后体躯长度增加较快；断奶到性成熟，骨骼和肌肉生长较强烈，各种组织器官相应增大，性机能开始活动，体躯结构和消化类型渐趋于固定，其骨骼和体型主要向宽深度发展。

此外，犊牛出生时发育是否良好，与母牛妊娠期的营养状况密切相关，因为胚胎期的营养依赖母体的供应，所以培育好犊牛应从胚胎期开始。胚胎后期增重较快，特别是妊娠后期或产前2～3个月。

7.1.4 肉牛直线育肥的方法

持续育肥法是指犊牛断奶后，保持均衡营养供给，进入生长和育肥阶段进行饲养，一直到出栏，既可采用放牧加补饲的饲养方式，也可采用舍饲饲养方式，即按饲料资源和管理模式有几种不同的方法。使用这种方法，日粮中的精料大约可占总营养物质的50%以上。

1. 放牧加补饲持续育肥法

以青粗饲料为主，18月龄出栏的育肥模式。在牧草条件较好的地区，犊牛断奶后，以放牧为主，根据草场情况，适当补充精料或干草，使其在18月龄体重达400 kg。随母牛哺乳阶段，犊牛平均日增重达到0.9～1 kg。冬季日增重保持0.4～0.6 kg，第二个夏季日增重在0.9 kg，在枯草季节，对杂交牛每天每头补喂精料1～2 kg。

在放牧条件下，一般春季饲草水分含量、蛋白质含量和维生素食量都比较高，利于犊牛发育生长，但能量、纤维和钙、磷、矿物质不足，应给予一些补充料。一般补喂一定量的干草和矿物质添加剂和矿物舔砖等。由于采食青草的牛对干草的食欲下降，因此应在放牧前补饲干草，并且应适当控制放牧时间，否则干草采食量不足，容易发生消化不良和瘤胃膨胀。冬季大雪封地后可转入舍饲育肥。根据我国草场的实际情况，以春季产犊，在经过1个冬季于第2年秋季体重达到 500 kg 左右出栏较好，饲养全程 18 个月。

2. 放牧＋舍饲＋放牧持续育肥法

此种育肥方法适应于 9～11 月份出生的秋犊。哺乳期日增重 0.6 kg，断奶时体重达到 70 kg。断奶后以喂粗饲料为主，进行冬季舍饲，自由采食青贮料或干草，日喂精料不超过 2 kg，平均日增重 0.9 kg。到 6 月龄体重达到 180 kg。然后在优良牧草地放牧，要求平均日增重保持 0.8 kg，到 12 月龄达到 320 kg 左右转入舍饲，自由采食青贮料或青干草，日喂精料 2～5 kg，平均日增重 0.9 kg，到 18 月龄，体重达 490 kg。

3. 舍饲持续育肥法

犊牛断奶后即进行持续育肥，犊牛的饲养取决于培育的强度和屠宰时的月龄，强度培育到 12～15 月龄屠宰时，需要提供较高的饲养水平，以使育肥牛的平均日增重在 1 kg 以上。要考虑到市场需求、饲养成本、牛场的条件、品种、培育强度及屠宰上市的月龄等制订育肥生产计划。

此外，肉牛的直线育肥根据市场产品定位和肉牛出栏的时间，有小白牛肉生产、犊牛肉生产、幼牛强度育肥生产、高档肉生产（雪花肉和大理石纹肉）等。

7.2 犊牛育肥技术

犊牛育肥就是充分利用犊牛阶段生长发育迅速的特点，提高饲料利用率，缩短出栏期，生产高档牛肉。断奶后的肉用犊牛或乳用公犊牛，均可采用持续育肥方式进行以舍饲育肥为主的饲养。

犊牛的育肥包括小牛肉（小白牛肉）的生产和优质高档牛肉的生产。在畜牧业发达国家，大部分公犊和淘汰的母犊用作生产小牛肉和犊牛肉，即完全用全乳、脱脂乳或代用乳，或者用较多数量牛奶搭配少量混合精料饲喂犊牛，哺乳期可分为 3 月龄或 7～8 月龄，断奶后屠宰。优良的乳肉兼用品种或乳用品种牛犊，均可生产优质犊牛肉。严格说来，犊牛生后 90～100 d，体重达到 100～120 kg，完全由乳或代用乳培育所产的牛肉，称为"小白牛肉"。而在生后 7～8 月龄或 12 月龄以前，以乳为主，辅以少量精料培育，体重达到 300～400 kg 所产的肉，称为"小牛肉"。

犊牛直线育肥的技术环节包括：①确定育肥指标，育肥指标包括育肥时间、日增重及出栏体重等，其中重要一点是市场定位即育肥后产品的出路；②育肥犊牛品种的选择，选择夏洛来牛、西门塔尔牛、利木赞牛或荷斯坦牛等优良公牛与本地母牛杂交改良所生的犊牛；③确定育肥的饲养方案，包括圈舍管理技术、犊牛饲养技术、育肥技术，如哺乳方案、饲料投喂方案、育肥技术方案、管理方案等，如以放牧补饲饲养，还要确定牧地、补饲方案等；④确定饲料种类，以选用当地易获取的为宜，并核算阶段饲料日投放量，做好饲料供应计划。

7.2.1 白牛肉生产

白牛肉是世界牛肉贸易中最优质高档的牛肉，出生 3～5 个月的犊牛，完全靠牛乳和代乳料供给营养，不加任何其他饲料，体重达到 180～200 kg 时进行屠宰所产出的牛肉即为犊白牛肉，因其肉色显白色，故俗称“白牛肉”。白牛肉肉质极嫩，汁液充足，蛋白质含量高，脂肪少，是西方高档牛肉中的珍品，可以和东方的顶级牛肉（神户牛肉）相媲美，被西餐界认为是牛肉中的顶级食材。

7.2.1.1 **犊牛肉生产主要类型与饲养模式（王文奇等，2006）**

（1）鲍布小牛肉（Bob veal）。犊牛的屠宰年龄小于4周，有的甚至公犊牛出生2～3 d就被屠宰，活重少于57 kg（胴体重为31 kg），其瘦肉颜色呈淡粉红色，肉质极嫩。

（2）犊牛小牛肉（vealers）。犊牛的屠宰年龄为4～12周龄，活重57～140 kg（胴体重为31～77 kg）。

（3）特殊饲喂小犊牛肉（special-fed veal）。特殊饲喂小犊牛肉又分为全乳饲喂生产的犊牛肉（milk-fed veal或者white veal）和代乳料生产的犊牛肉（formula-fed veal）。这种犊牛屠宰年龄为12～20周龄，活重140～220 kg，胴体重为77～125 kg，其瘦肉呈粉红色，肉质有弹性且柔软，光滑可口。Milk-fed veal又称小白牛肉，全乳饲喂120～150 d，体重达150～200 kg时屠宰，肉细嫩，肉色呈白色或浅红色，味鲜美。Formula-fed veal又称小红牛肉，用代乳品饲喂犊牛至7～8个月，体重达250～300 kg时屠宰，这种牛肉呈浅红色，有光泽，纹理较细，肌肉柔嫩多汁，易咀嚼，香味浓郁。色泽光润，纹理较细，肌肉柔嫩多汁，易咀嚼，香味浓郁。

（4）精料饲喂的小牛肉（grain-fed veal）。又称为non-formula fed veal，犊牛前6周以牛乳为基础饲喂，然后喂以全谷物和蛋白的日粮，这种犊牛肉肉色较深，有大理石纹和可见的脂肪，屠宰年龄5～6月龄，活重220～260 kg。

（5）犊牛肉生产的饲养模式。犊牛肉生产通常采用特殊集约化的饲养模式生产，育肥用的大部分公犊牛是荷斯坦公犊牛，也有用其他品种的，如肉牛和奶牛的杂交后代、西门塔尔牛等。根据饲养条件分为单笼拴系饲养和圈舍群养，都要求将每头牛拴系起来进行饲喂，地面选用条形板或漏缝地板，公犊牛大多以全乳或代乳料用奶桶哺喂。

7.2.1.2 **小白牛肉（白色牛肉）的生产方式**

小白牛肉是犊牛早期育肥技术的产品，是将不作繁殖用的公母犊经过全乳或代乳品育肥的牛肉。通过牛栏的特殊设计，减少犊牛运动量，增加脂肪沉积率；在犊牛饲料里增加能量和特殊营养，使犊牛体重增长快，脂肪沉积效率高；引用生物技术保证犊牛体质健康，提高育肥效果；不使用药物和含重金属的矿物质添加剂，使犊牛肉更加环保，提高育肥品质。犊牛从出生到出栏，经过90～100 d，完全用脱脂乳或代用乳饲养，不喂任何其他饲料，让牛始终保持单胃（真胃）消化和贫血状态（食物中铁含量少），体重达100 kg左右屠宰。若要犊牛增重快，应加喂植物油，但植物油必须氢化如氢化棕榈油。

1. 犊牛选择

优良的肉用品种、兼用品种、乳用品种或杂交种均可。选健康无病，身体健康、消化吸收机能强、生长发育快，初生体重一般要求在38～45 kg。

选好犊牛后，1～30日龄，平均每日喂乳6.4 kg；31～45日龄，平均每日喂乳8.3 kg；46～100日龄，平均每日喂乳9.5 kg。从出生到100 d，完全靠牛乳来供给营养，不喂其他任何饲料，其体重就可达到100 kg左右。育肥犊牛的牛栏地板采用漏粪地板，并做到平时供给其充足清洁的饮水。

2. 饲养方案

犊牛从初生至3月龄（或100 d），完全靠牛乳（或代用乳）来供应营养，不喂给其他任何饲料，甚至连垫草也不能让其采食。生产小白牛肉的饲养方案如表 7.4、表 7.5 所示。

犊牛出生后要尽早喂给第一次初乳，不限量，吃饱为止，在 1 周龄内，一定要吃足初乳，实行人工哺乳，哺喂常乳，每日哺喂 3 次。

表 7.4　小白牛肉生产方案 1　　kg

日龄	日喂乳量	需乳总量	日增重
1～30	6.5	195.0	0.80
31～45	9.0	135.0	1.10
46～100	10.0	550.0	0.85

表 7.5　小白牛肉生产方案 2　　kg

日龄	期末体重	日给乳量	日增重	需乳总量
1～30	40.0	6.40	0.80	192.0
31～45	56.1	8.30	1.07	133.0
46～100	103.0	9.50	0.84	513.0

3. 喂好初乳

饲喂初乳越早越好，应在犊牛出生后 2 h 内喂足初乳，第一次喂量不予限制，尽可能多喂，一般可达 1.5～2 kg(占犊牛体重的 4%～5%)。保证犊牛在出生 24 h 内喂初乳量要达到体重的 10%以上，否则死亡率较高。尤其在刚出生 3 d 内喂初乳量要达到 12 kg 以上。后几天，可按体重 1/10～1/8 喂给初乳。每日分 3 次饲喂，每次间隔时间基本相同。同时，应注意入口奶温要控制在 37～38℃。犊牛生后一般随母哺乳，或几头幼犊由一头泌乳牛代哺，以及人工哺乳等几种育犊方式。不管以哪种方式育犊，都必须坚持让新生犊牛吃上 1 周左右的初乳。

4. 喂好常乳期的犊牛

经过 7 d 的初乳期之后，即可开始饲喂常乳。用奶瓶(带人工乳头)饲喂犊牛，以保证犊牛食管沟闭合充分。哺乳量可根据实际情况适当调整，一般每日饲喂量为体重的 1/9～1/7，平均为 1/8 左右。每天观察犊牛的食欲、行为及其健康状况，严格监测和防治犊牛疾病，确保犊牛健康和正常生长发育。饲喂常乳要做到定质、定量、定温、定时、定人。

定质：指乳汁的质量。为保证犊牛健康，切忌喂给劣质或变质的牛乳，如母牛产犊后患乳房炎，其犊牛可喂给产犊时间基本相同的健康母牛的牛乳。

定量：根据体重和生长速度确定饮乳量，一般为体重的 1/9～1/7，平均为 1/8 左右。

定温：入口奶温在 37～38℃。奶温过高容易烫伤犊牛口腔，过低引起犊牛消化不良。

定时：每日喂奶 3 次，喂奶间隔时间尽量一致，例如：5:00、13:00、20:00。

定人：每头牛专人饲养，以避免由于人员交换而引起犊牛的应激，以及避免饲养错误。

犊牛吃完乳后，用干净的毛巾擦干嘴角遗乳，以免细菌滋生及犊牛之间的相互舔食，从而避免造成犊牛舔癖及疾病传染。盛奶用具每次使用后必须彻底清洗并消毒干净。1 周龄后开始自由饮水，水温 35℃左右(炎热的夏季饮清凉的水，以利于防暑降温)，水体保持清洁。

5. 环境控制

在小白牛肉生产过程中，要获得较好的经济效益，给犊牛提供适宜的环境十分重要，包括牛舍类型、温度、湿度、光照、通风条件及微生物环境等。小牛生长环境温度为 15～22℃，相对湿度为50%～80%。

牛舍：犊牛舍的形式可以选择群养或者单栏饲养，要根据具体环境以及资本、劳力、管理资源选择适合自己的牛场运作方式。如果环境、资金等条件允许的情况下，建议采用单栏饲养模式，这样有利于饲养管理和疾病控制。

温度：选择犊牛舍时要考虑到当地的气温变化，犊牛适宜的温度为15～22℃，但温度在7～27℃时犊牛能够保持体温的相对恒定，低于7℃，高于27℃，需要额外的管理即防寒防暑(通风)。当环境温度较高时，应增加饮水，否则犊牛容易脱水。

相对湿度：相对湿度应保持在50%～80%为好。在控制湿度的同时，还要考虑对其他环境因素的影响，如温度、通风条件等。如果为了维持舍内温度，犊牛舍内通风不畅，就很容易导致湿度问题的出现。

通风控制：大部分的犊牛舍采用自然通风，自然通风牛舍夏季需要为犊牛提供遮阳设施，冬季通过侧墙上的卷帘来控制通风。

遮阳：当温度较高时，需要遮阳以减少太阳光的直接照射。在低温环境下，太阳辐射，有利于提高环境温度及犊牛保持体温，同时还可以使垫草、走道保持干燥。

定期消毒：牛圈3 d消毒一次，随时清粪。每天早、晚2次喂牛时刷拭牛体，保持牛体清洁。培养犊牛良好的卫生习惯，保持牛舍的环境卫生；每次喂乳后及时清洗、消毒饲喂用具。小牛出售或淘汰后，牛舍必须空栏1周以上，并进行彻底的清洁消毒才可引入下一批犊牛，以防止疫病传播。

6. 代乳粉的应用

生产小白牛肉每增重1 kg牛肉约消耗10 kg鲜牛乳，很不经济。近来采用代乳料(严格控制其中含铁量)和人工乳来喂养，平均每生产1 kg小白牛肉需要1.3 kg的代乳料或人工乳干物质，降低生产成本，育肥期平均日增重0.8～1.0 kg。犊牛初生时，瘤胃发育较差，如生后完全用全乳或代用乳饲喂，可以抑制胃的活动和发育，使犊牛不反刍和不发生“空腹感”，从而使犊牛快速生长发育，代乳粉的使用见产品说明。国内有用全乳或者代乳料，或是牛奶加饲料生产小牛肉的报道。

7.2.1.3 乳用公犊牛的肉用生产

乳用公犊育肥，就是利用奶牛饲料转化率高、产犊成本低这一特点生产优质牛肉，这已成为国外肉牛业发展的一大热点。

西方奶业发达国家利用大量的奶牛公犊资源生产高档小牛肉，不仅缓解了部分地区的牛奶过剩问题，也为他们奶牛业生产的公犊找到了出路，创造了可观的经济效益。在欧洲和北美，根据饲养方式、肉的色泽和品质将小牛肉生产分为3种类型，分别是特殊饲喂犊牛(special-fed veal)、Bob犊牛(Bob veal)和谷物饲喂犊牛(grain-fed veal)。特殊饲喂犊牛全部饲喂代乳料，到18～20周龄，体重为400～450 lb(182～204 kg)时屠宰出售，这种肉占全美小牛肉生产的85%。Bob犊牛仅喂牛奶，大约3周龄、体重在150 lb(68 kg)以内便屠宰出售，肉质松软，呈微红色。谷物饲喂犊牛是在断奶后饲喂谷物、干草以及添加剂等，是利用传统方法，即用牛奶生产小牛肉之外的一种可供选择的方法。这样生产的小牛肉肉色较暗，并有大理石纹，常有脂肪可见。这种犊牛通常饲喂至5～6月龄、体重450～600 lb(204～270 kg)时屠宰出售。

因小牛肉是犊牛经特殊饲养方式饲养，因此价格较高，为一般牛肉的8～10倍。目前，欧盟是小牛肉最主要的生产和消费区域。在欧盟，法国、意大利和比利时这3个国家人均消费量比较高。法国是欧盟中最大的消费国,意大利是最大的进口国,荷兰是最大的出口国。欧宇(2002)报道,荷兰在2000年有120万头犊牛用于生产小白牛肉,其平均胴体重为138 kg,主要用于出口,90%出口到欧陆国家。

我国已开始发展乳用犊公牛生产小牛肉的产业,并有相关的报道,下列根据已报道的成功饲养方案,供生产者参考。

1. 付尚杰等(2000)的试验方案

(1) 试牛的选择。选择2胎以上中国荷斯坦母牛所产的健康公犊牛10头,犊牛初生重为(38.61±3.52)kg。

(2)公犊牛的饲养管理。公犊牛于出生后全乳饲养100~150 d。公犊牛喂乳量参照国家《奶牛饲养标准》和黑龙江省《黑白花奶牛饲养标准》,并根据营养需要每隔5 d调整一次乳量。每天喂乳3次,喂乳温度为38~40℃。从15日龄以后自由饮水。公犊要取单栏饲养,每天刷拭牛体2次,随时清除牛体粪便,以保持牛体和牛栏卫生,牛舍、牛栏每隔10 d消毒一次,使公犊牛有一个清洁卫生环境。每天观察公犊牛的哺乳和排便情况,发现疾病及时治疗,确保牛体健康。每隔10 d测定一次体重。

公犊牛喂乳量与生长发育情况见表7.6。

表7.6 公犊牛不同阶段喂乳量与生长发育情况统计 kg

项目	1~30 d	31~60 d	61~90 d	91~120 d	121~150 d	1~100 d	1~120 d	1~150 d
头数	10	10	10	9	4	9	9	4
日喂乳量	5.04±0.55	9.97±0.45	16.20±1.38	22.09±0.73	23.57±1.23	11.52±0.66	13.36±0.58	15.72±0.49
总喂乳量	—	—	—	—	—	1 151.88±65.90	1 602.88±69.50	2 358.38±73.34
日增重	0.419±0.091	0.873±0.062	1.154±0.195	1.344±0.35	1.319±0.335	0.877±0.104	0.948±0.143	1.105±0.092
体重	—	—	—	—	—	126.3±9.14	153.4±15.92	204.83±13.45

引自付尚杰等,2000(黑龙江齐齐哈尔)。

(3) 结果分析。公犊牛在1~60日龄期间,随着犊牛体重的增大,乳的转化效率提高,在61~150日龄期间,随着体重的增大,生长速度加快,乳的转化效率降低。分析其原因,一是随着公犊牛体重的增大,维持营养需要量增加,使乳的转化效率降低;二是由于全乳饲养,不喂给任何精粗饲料,使公犊牛不出现反刍行为,消化生理与单胃幼畜相同,从而改变了反刍动物的消化生理特性,致使乳的转化效率降低。

小公牛饲养期100 d的转化效率最高,饲养期120 d和150 d乳的转化效率相近。并认为生产小白牛肉的中国荷斯坦公犊牛最佳饲养期应在120~150 d。

2. 王文奇等(2006)的试验方案

(1) 选取11头出生重(43.05±4.52)kg的健康荷斯坦公犊牛作为实验动物。

(2) 试验犊牛的饲养管理。公犊牛出生后即作为实验动物开始饲养,出生后1~3 h内尽早让公犊牛吃上初乳,前7 d喂初乳,7 d后转入常乳饲喂,将牛奶(混合牛奶)水浴加热至38~39.5℃,每天5:00,19:00定温定时定人饲喂,喂乳量根据犊牛的营养需要量确定。

所有公犊牛集中在大圈里群养,牛圈3 d消毒一次,2 d清粪一次,每天早、晚两次喂牛时刷拭牛体,保持牛体清洁。

犊牛自由饮水,水体保持清洁。

0～2 月龄犊牛用奶瓶(带人工乳头)饲喂,牛奶添加食盐 0.5 g/kg,保证犊牛前期食管沟闭合充分;3～4 月龄犊牛用盆子喂乳,饲喂量准确记录。在实验期的 1 月龄、2 月龄、3 月龄和 4 月龄在 13:00—14:00 空腹称重,并准确对犊牛体尺(体斜长、体高、胸围和管围)进行测量。每天观察犊牛的食欲、行为及其健康状况,并做详细记录。整个实验为期 4 个月。

公犊牛生长不同阶段的喂乳量见表 7.7。如表 7.7 所示,公犊牛喂乳量随日龄增加而逐渐增加。

表 7.7　公犊牛生长不同阶段的喂乳量　kg/头

项目	1～30 d	31～60 d	61～90 d	91～120 d	1～90 d	1～120 d
平均日喂乳量	5.95±0.61	8.03±1.15	11.45±1.26	14.53±0.70	8.48±0.21	9.99±0.21
平均总喂乳量	178.6±3.95	241.0±10.58	343.5±9.41	435.9±7.25	763.1±19.24	1 199.0±25.05

引自王文奇等,2006(新疆库尔勒)。

(3) 公犊牛生长不同阶段的体重及日增重情况见表 7.8。公犊牛平均出生重为(43.05±4.52)kg,如表 7.8 所示,公犊牛随日龄增大,体重和日增重呈上升规律,91～120 日龄公犊牛的增重出现减缓趋势。

(4) 屠宰测定结果。犊牛屠宰后,随机对 1 头牛进行胴体测定,其测定结果见表 7.9。

表 7.8　公犊牛不同生长阶段的体重及日增重情况　kg

项目	1～30 d	31～60 d	61～90 d	91～120 d	1～90 d	1～120 d
头数	11	11	11	11	11	11
平均末重	59.9±4.48	86.4±3.83	119.7±3.73	153.5±4.38	119.7±3.73	153.6±4.38
平均日增重	0.56±0.07	0.88±0.10	1.11±0.08	1.13±0.1	0.85±0.05	0.92±0.05

引自王文奇等,2006(新疆库尔勒)。

表 7.9　公犊牛屠宰测定结果

项目	宰前重/kg	胴体重/kg	屠宰率/%	产肉率/%	净肉率/%	肉骨比	眼肌面积/cm^2
犊牛	162.0	97.2	60.0	76.13	45.68	3.19	45.03

引自王文奇等,2006(新疆库尔勒)。

(5) 经济效益分析。荷斯坦公犊牛在全乳饲喂 120 日龄后,其屠宰日龄为 120 日龄,体重为 162 kg,公犊牛可产净肉 74 kg,市场上按每千克小白牛肉 80 元计,净肉收入为 5 920 元,副产品收入 90 元,总计每头公犊牛主副产品收入为 6 010 元。公犊牛饲养 120 日龄,平均消耗牛奶 1 199.0 kg,每千克牛奶按 2.00 元计,牛奶支出费用为 2 398.0 元。其他费用包括水费、电费、运输费、屠宰费等合计 689 元。每头公犊牛可获纯利润 2 923.0 元,平均每千克小白牛肉获纯利润 39.5 元。

3. 苏华维等(2008)的试验方案

(1) 试验动物与饲养管理。选择 5 头初生重相近((42.88±2.97)kg)的荷斯坦公犊牛,哺喂 7 d 初乳后饲养在面积为 6.08 m^2(1.6 m×3.8 m)的砖制单栏内,1 牛 1 栏。全乳饲喂,饲喂的全乳温度控制在 37～38℃,每天在 6:00、13:00 和 20:00 饲喂,每日饮乳量约为体重的 1/8,10 日龄后自由饮水,3 d 消毒 1 次,每日清粪,环境温度、湿度尽量保持稳定,采用自然通风。至 90 日龄结束试验。

(2) 结果测定。见表 7.10。

表 7.10 全乳哺喂对公犊生产性能的影响

项　目	数　值
初生重/kg	41.20±2.08
干物质采食总量/kg	88.44±0.24
干物质日均采食量/kg	1.60±0.00
35 日龄体重/kg	71.40±2.18
90 日龄体重/kg	128.40±2.69
35～90 日龄体增重/kg	57.00±1.14
0～35 日龄耗乳量/kg	71.83±3.11
35～90 日龄耗乳量/kg	677.66±1.82
日均增重/kg	1.04±0.02
料重比	1.55±0.03
每千克体增重的饲料成本/元	28.58±0.56

引自苏华维等，2008(河北三河)。

4. 曲永利等(2009)的试验方案

(1) 犊牛的选择。选择在奶牛场 2 胎以上的中国荷斯坦母牛所产的健康小公牛 10 头，小公牛平均初生重为(41.11±3.17)kg。

(2) 公犊牛的饲养管理。公犊牛出生后 1～3 h 内吃上初乳，最初喂量为 3 L，12 h 后再饲喂 1 次，连续饲喂 5 d。常乳于每天 7:00、17:00 进行饲喂。0～10 d 犊牛用奶瓶饲喂，10 d 后犊牛用奶盆饲喂，喂乳量根据犊牛的营养需要量确定，具体饲喂量及营养水平见表 7.11。公犊牛采用单栏饲养。牛栏 3 d 消毒一次，2 d 清粪一次，每天早晚两次刷拭牛体。自由饮水，水质保持清洁。每天观察犊牛食欲、行为及其健康状况。整个实验为期 100 d，均用全乳进行饲喂，日增重变化见表 7.12。

表 7.11 公犊牛不同生长阶段喂乳量　　kg

项　目	日喂乳量	总喂乳量
1～30 日龄	5.06±0.29	152.42±7.98
31～60 日龄	7.85±0.48	235.54±11.52
61～90 日龄	10.58±0.18	317.44±4.28
91～100 日龄	12.57±0.77	125.76±0.56

引自曲永利等，2009(黑龙江大庆)。

表 7.12 乳用公犊牛 0～100 日龄生长阶段体重及日增重变化情况　　kg

项　目	1～7 日龄	8～30 日龄	31～60 日龄	61～90 日龄	91～100 日龄
头数	10	10	10	10	10
平均初生重	41.11±3.17	41.11±3.17	41.11±3.17	41.11±3.17	41.11±3.17
平均末重	43.58±2.09	61.52±4.22	86.45±4.35	115.58±7.53	126.46±10.63
平均日增重	0.21±90.24	0.65±95.76	0.83±0.67	0.97±0.89	1.09±0.97

引自曲永利等，2009(黑龙江大庆)。

(3) 经济效益分析。荷斯坦公犊牛在全乳饲喂100日龄后，宰前体重为(125.32±10.28) kg，犊牛可产净肉(57.78±5.46)kg，市场上按每千克小白牛肉80元计，净肉收入为4 622.4元，副产品收入90元，总计每头公犊牛主副产品收入为4 712.4元。公犊牛饲养100日龄平均消耗牛奶831.16 kg，牛奶按3元/kg计算，牛奶支出费用为2 493.48元。其他支出费用包括水费、电费、运输费、屠宰费等合计689元。每头公犊牛可获纯利润1 529.92元。

5. 杨再俊等(2010)的试验方案

(1) 犊牛的选择。选取健康、无病的20头饲喂完初乳(3～7 d)的中国荷斯坦奶牛公犊。将犊牛按体重随机分为试验组和对照组，每组犊牛10头，其中试验组饲喂代乳粉，对照组饲喂全乳。

(2) 公犊牛的饲养管理。全乳使用试验所在牛场生产的鲜牛奶。代乳粉市售犊牛代乳粉。全乳饲喂时，将牛奶加热38℃，即刻饲喂；代乳粉饲喂时，用38℃温水按7∶1的比例将代乳粉冲调并充分搅拌均匀(调和乳)。

犊牛全部饲养在室内以木板制成的围栏里，每天3次定时饲喂给牛奶或代乳粉。4周龄以前定时让犊牛出去晒太阳。及时清扫圈舍、定期消毒，保证犊牛舍的环境干净、卫生，预防疾病。

犊牛出现腹泻及时治疗。全乳与调和乳均用奶桶进行饲喂。饲喂过后将奶桶清洗干净，犊牛之间木板隔断以防止犊牛采食完毕后的互相吸吮，各阶段犊牛饲喂量见表7.13，各阶段犊牛体重变化见表7.14。

表7.13 各阶段犊牛日喂全乳及代乳粉量统计 kgDM/d

项目	1～4周	5～8周	9～12周	13～16周	1～16周
平均日喂全乳量	0.69±0.09	1.37±0.34	1.96±0.25	2.86±0.35	1.72±0.14
平均日喂代乳粉量	0.67±0.19	1.34±0.12	2.03±0.27	2.7±0.19	1.68±0.24

引自杨再俊等，2010。

表7.14 各阶段犊牛体重和日增重情况 kg

项目	1～4周	5～8周	9～12周	13～16周	1～16周合计
全乳组平均末重	51.63±2.06	68.88±3.33	92.25±9.22	119.50±15.97	119.50±15.97
全乳组平均日增重	0.38±0.03	0.62±0.05	0.83±0.22	0.97±0.26	0.70±0.12
代乳粉组平均末重	49.25±1.44	66.00±2.94	84.13±3.33	106.88±4.40	106.88±4.40
代乳粉组平均日增重	0.37±0.05	0.60±0.06	0.65±0.03	0.81±0.06	0.61±0.04

引自杨再俊等，2010。

(3) 结论。饲喂代乳粉与饲喂全乳相比，小白牛增重速度、胴体性状略低，而优质肉块比例高，但差异均不显著。用代乳粉饲喂小白牛比用全乳饲喂显著节省饲养成本，特别是在奶价高时，饲喂代乳粉效益更加可观。

7.2.2 小牛肉生产——犊牛育肥

小牛肉生产(veal beef production)指犊牛从出生到6～8个月内，在特定条件育肥至250～

300 kg 时屠宰的牛肉生产过程。

1. 小牛肉生产技术

小牛肉生产过程其实是全乳和全精料育肥，实行分阶段饲养。

(1) 育肥指标，育肥结束体重：活重达 300～350 kg，胴体重 150～250 kg。

(2) 小牛的选择，肉牛的纯种或杂种犊牛或奶用公犊，纯种本地良种犊牛 35 kg 以上，杂种犊牛 38 kg 以上，奶用公犊 45 kg 以上，要求生长发育正常，健康无病，食欲旺盛，5～6 d 喂过初乳后即可转入育肥场。

(3) 饲养管理技术要点：①哺喂初乳后，可以用全乳，也可用代乳品。②制订小公犊饲喂计划，一般因地制宜制订计划，如表 7.15 所示。③严格控制饲料和饮水的含铁量，犊牛栏应采用漏粪地板，严格禁止犊牛接触泥土，饮水充足，按计划饲喂人工代乳、饲料、干草。每天刷拭 1 次食槽。

(4) 生产小牛肉生产犊牛饲养方案(表 7.15)。

表 7.15 小牛肉生产犊牛饲养方案 kg

周龄	体重	日增重	喂全乳量	喂配合料	青草或青干草
0～4	40～59	0.6～0.8	5～7，初乳	训练采食	—
5～7	60～79	0.9～1.0	7～7.9	0.1，训练采食	训练采食
8～16	80～99	0.9～1.1	8	0.4	自由采食
11～13	100～124	1.0～1.2	9	0.6	自由采食
14～16	125～149	1.1～1.3	10	0.9	自由采食
17～21	150～199	1.2～1.4	10	1.3	自由采食
22～27	200～250	1.1～1.3	9	2.0	自由采食
合计			1 918	188.3	折合干草 150

引自林清等，2009。

(5) 犊牛育肥期配合料配方(表 7.16)。

表 7.16 犊牛育肥期配合料配方 %

饲料	玉米	豆饼或豆粕	大麦	奶粉或蛋粉	油脂或膨化大豆	磷酸氢钙	食盐
比例	52	15	15	5	10	2	1

注：每吨加入维生素 A 2 000 万 IU；土霉素 22 g。

(6) 饲养管理。每头犊牛有专用全木制牛栏，栏长 140 cm，高 180 cm，宽 45 cm，底板离地面高 50 cm；犊牛从第八周开始增加配合料和青草或干草的喂量；犊牛舍内每日要清扫粪尿一次，并用清水冲洗地面，每周室内消毒 1 次。

3 个月内饲养是关键，严格按计划饲喂代乳料和补料，牛床最好是采用漏粪地板，防止与泥土接触，严格防止犊牛下痢。

牛舍温度适宜在 7～21℃；天气好时可放犊牛于室外活动，但场地宜小些，使其能充分晒太阳而又不至于运动量过大。

其他饲养管理同犊牛的饲养管理。

2. 奶用公犊生产小牛肉

利用奶用公犊生产小牛肉，可以利用大量奶牛公犊资源，同时能够生产高档优质牛肉，适应国内外市场需求。

有关乳牛犊牛肉用育肥试验，我国早在20世纪70年代就有报道(辽宁师范学院生物系等，1974年，辽宁畜牧兽医)，付尚杰等(2000)也对该技术进行详细的报道，关键是犊牛颗粒饲料的应用，现引用如下，供参考。

技术要求，初生犊牛生后先以奶类(包括脱脂乳代乳粉)哺喂，以后用配合饲料，育肥到7～8月龄，日增重0.6～1.2 kg，体重达200～250 kg屠宰上市，肉质略低于小白牛。

(1) 试验动物。选择2胎以上中国荷斯坦母牛所产的健康公犊牛作为供试犊牛，犊牛初生体重达38 kg以上，犊牛出生后7 d内喂足其母亲的初乳。

(2) 饲养管理。犊牛采用牛乳和颗粒饲料进行饲养，在整个试验期不喂给任何粗饲料，因此，犊牛不出现反刍现象。犊牛采取单栏饲养，从15日龄开始训练采食颗粒饲料，1～90日龄每天喂乳3次，91～175日龄每天喂乳2次，每日饮水3次，根据营养需要，颗粒饲料采食量因生长发育情况每隔10 d调整一次喂量。喂乳温度38～40℃，试验期犊牛颗粒饲料自由采食。在犊牛饲养上实行“三定”，即定时、定温、定量，管理上实行“五净”，即牛舍净、牛栏净、牛体净、饲料净、工具净。定期称量体重，分别在初生、30日龄、60日龄、90日龄、120日龄、150日龄、175日龄早晨喂饲前空腹称量体重。严格监测和防治犊牛疾病，确保犊牛健康和正常生长发育。

(3) 犊牛的喂乳量。主要根据犊牛的营养需要量和犊牛颗粒饲料的采食量而定，犊牛的喂乳量原则上在90日龄前逐渐增加，每隔10 d调整1次喂乳量；91日龄以后逐渐减少，每隔10 d下调1次，另外，根据犊牛的消化状况随时调整喂乳量，犊牛各阶段喂乳量、全期颗粒饲料喂量、日增重统计见表7.17，体重变化见表7.18。

表7.17 犊牛各阶段喂乳量和全期颗粒饲料喂量统计 kg

月龄	1～30日龄	31～60日龄	61～90日龄	91～120日龄	121～150日龄	151～170日龄	全期	
							奶消耗	饲料消耗
总喂乳量/kg	152.88±8.52	205.07±12.73	227.25±3.42	193.61±1.23	91.50±0.19	48.90±1.31	919.21±32.34	322.57
日喂乳量/kg	5.04±0.25	6.83±0.43	7.58±0.15	6.45±0.04	3.05±0.23	1.96±0.20	5.25±0.13	1.84
日增重/g	421.33	810.67	1 034.67	1 084.67	1 129.67	1 181.21	936.91	

引自付尚杰等，2000(黑龙江齐齐哈尔)。

表7.18 各阶段犊牛体重情况统计 kg

指标	头数	初生重	30日龄	60日龄	90日龄	120日龄	150日龄	175日龄
体重	7	39.25±1.51	51.89±5.25	76.21±7.81	107.25±15.22	139.78±13.95	173.68±12.41	203.21±9.19

引自付尚杰等，2000(黑龙江齐齐哈尔)。

(4) 犊牛颗粒饲料配方为，豆粕23.8%、玉米54%、小麦麸14%，高效蛋白预混料6.7%、油脂1.5%。颗粒饲料中含代谢能11.44 MJ/kg、粗蛋白20%、Ca 1.0%、P 0.5%、Mg 0.1%、Co 0.1%、Cu 16 mg、Mn 60 mg、Zn 600 mg、I 0.25 mg、Se 0.3 mg、维生素A 2 000 IU、维生素D 300 IU、维生素E 25 mg。

犊牛高效蛋白质预混料配方为:鱼粉 59.61%,氨基酸 0.45%,维生素 0.3%和矿物质饲料 39.63%。

(5) 经济效益分析。生产优质犊牛肉的中国荷斯坦公犊牛,饲养期为 175 d,平均体重为 209.53 kg(另一组为添加酶制剂试验,体重为 214.42 kg,未引用,作者注)。经屠宰净肉率达 46.65%,每头屠宰犊牛可产净肉 97.50 kg,净肉切块率按 95%计算,可产切块净肉 92.62 kg,经项目组在市场上试销,优质犊牛肉平均售价 40.0 元/kg,每头犊牛净肉收入为 3 705.00 元,副产品收入为 100.00 元,总计每头犊牛收入为 3 805.00 元,扣除每头犊牛饲养费用 2 100.00 元,屠宰加工、包装和销售费用 700.00 元,总计 2 800.00 元,每头犊牛获纯利润 1 005.00 元,平均优质犊牛肉获纯利润 10.85 元/kg。

3. 犊牛育肥

用作育肥的犊牛,在断奶后就转入生长育肥阶段,一直保持很高的日增重,达到屠宰体重为止。由于该期正处于幼龄阶段,骨骼生长比较稳定,肌肉生长速度快,蓄积脂肪能力差,体内蛋白质和水分含量高,所以在整个育肥期内日增重快,饲料报酬高。

(1) 规模化、集约化犊牛育肥饲养。对于母牛养殖场,没有条件生产小牛肉,犊牛可以进行常规的直线育肥,并可获得较高增重,有好的经济效益。也可以收购已完成了初乳期的犊牛,采用人工哺乳或鲜乳或代乳粉。

选择犊牛:优良的肉用品种、兼用品种、乳用品种或杂交种均可。选头方大,前管围粗壮,蹄大,健康无病,初生体重不少于 35 kg 的公犊。

哺乳期饲喂:初生犊牛要尽早喂给第一次初乳,不限量,吃饱为止,按 35 kg 体重计,第一次喂量为 1~1.5 kg,以后至 4 周龄前,每日可按体重的 10%~12%喂给。从 5 周龄开始,训练犊牛采食犊牛料、干草;10 周龄起,减少乳的饲喂,喂乳量按体重的 8%~9%哺喂,精料日喂量增加到 0.4→0.6→0.8 kg。16 周龄以后喂乳量进一步减少,按体重的 5%~6%哺喂,直到断奶,而精料喂量却逐渐增加,达到断奶时的 1.5~2.0 kg。粗料(青干草或青草)任犊牛自由采食。为了节省用乳量,提高犊牛增重效果和减少疾病的发生,所用犊牛精料要具有热能高、易消化的特点,并要加入少量的抑菌药物。哺乳期犊牛混合精料配方为玉米 60%,豆饼(豆粕)18%~20%,大麦 10%,糠麸类 10%~12%,植物油脂类或膨化大豆 5%,磷酸氢钙 2.5%,食盐 1.5%,微量元素维生素预混料 1%。混合精料加适量抗生素。

断奶后的饲养:在原圈中饲养,保持断奶的日粮,为了降低饲料成本,精料配方慢慢过渡到犊牛育肥期混合精料配方为玉米 60%,油饼类 18%~20%,大麦 10%,糠麸类 10%~12%,植物油脂类或膨化大豆 3%,磷酸氢钙 2.5%,食盐 1.5%,小苏打 1%,微量元素维生素预混料 1%。混合精料加适量抗生素。其他饲养管理同犊牛的日常饲养管理,如饮水等。

管理:注意哺乳卫生,喂乳应做到定时、定量、定温。天气好时可放犊牛于室外活动,但场地宜小些,使其能充分晒太阳而又不至于运动量过大。5 周龄后,应拴系饲养,减少运动,但每天应能晒太阳 3~4 h,夏季要注意防暑降温,冬季宜在室内饲养,室温应保持在 0℃以上。在育肥期间,每天喂 3 次,自由饮水,夏季饮凉水,冬季饮 20℃左右的温水。犊牛若出现消化不良,可酌情减喂精料,并给予药物治疗。为预防胃肠病和呼吸道病,还可在牛乳中加入抗生素。

出栏:犊牛直线育肥至 7~8 月龄,体重达到 300 kg 左右时,用以生产小牛肉;12 月龄左右达 450 kg,或继续育肥至体重达到 550 kg 以上时,则生产优质牛肉。饲养者根据市场需求,适时安排出栏。

(2) 农户的犊牛直线育肥饲养方案。

随母哺乳:1月龄内开始,补喂精料,料量由50 g逐渐增加到0.2 kg,不断增加,2月龄后达0.5～0.8 kg,继续随母哺乳,3～4月龄补料达1.5 kg,粗料(青干草或青草)自由采食,断奶,可以在此阶段出售,也可以继续育肥到7～8月龄或1周岁出栏。

补料:为犊牛饲料,或按配方配合或采购。

人工哺乳:初生犊牛可以采用随母哺乳,哺喂初乳,10 d后可以人工哺乳,每日每头平均3～5 kg,1月龄内可按体重的8%～9%喂给牛奶,补喂精料,料量由0.1 kg逐渐增加到0.5 kg。2月龄后日喂奶量基本保持不变,喂料量要逐渐增加,达0.8～1.0 kg,粗料(青干草或青草)自由采食,喂奶(或代用乳)直到4月龄为止,可以在此阶段出售,也可以继续育肥到7～8月龄或1周岁出栏。

犊牛直线育肥的饲料配方:玉米55%,豆饼15%,大麦10%,玉米蛋白粉5%,膨化大豆10%,磷酸氢钙2%,食盐1%,小苏打或人工盐1%,微量元素维生素预混料1%,每千克饲料加入22 mg土霉素或金霉素。冬春季节在此基础上额外每千克饲料添加维生素A 1万～2万IU。

(3) 犊牛直线育肥生产方案,见表7.19。

表7.19 犊牛直线育肥生产方案 kg

周龄	日增重	日喂乳量	配合料喂量	青干草
0～4	0.85	8.5	训练采食	—
5～7	0.90	10.5	自由采食	训练采食
8～10	1.10	13	0.5～0.8	自由采食
11～13	1.10	14	1.0	自由采食
14～16	1.10	10	1.5	自由采食
17～21	1.20	6	2.0	自由采食
22～27	1.20	0	2.5	自由采食
27～	1.20	0	2.5～	自由采食

(4) 放牧加补饲的犊牛育肥方法。

饲养:可选用肉用牛、兼用牛及其杂交品种和荷斯坦乳用公犊,断奶后进行放牧加补饲育肥。断奶后犊牛转入育肥群舍,补精料并训饲青草,使其适应放牧环境和补饲饲料,逐渐过渡到补饲育肥日粮。夏季水草茂盛,也是放牧的最好季节,充分利用野生青草的营养价值高、适口性好和消化率高的优点,采用放牧育肥方式。当温度超过30℃,注意防暑降温,可采取夜间放牧的方式,秋季时白天放牧,收牧后夜间均要补饲,包括青(干)草,秸秆,青贮、氨化秸秆等粗饲料和少量精料。冬季转入舍饲,并要加大补充精料量,适当增加能量饲料。日粮精料配方可参考以上的介绍,也可按玉米55%,棉籽粕26%,麸皮15%,磷酸氢钙1.0%,食盐1.0%,小苏打1.0%,预混料1%配合,每100 kg加100万IU维生素A。

适时出栏:犊牛直线育肥至周岁左右,体重达到350 kg左右时,可以出栏,也可继续育肥体重达到500 kg以上时,则生产优质牛肉。饲养者根据市场需求和草场情况,适时安排出栏。

4. 犊牛育肥的饲养管理

犊牛育肥就是充分利用犊牛阶段生长发育迅速的特点,提高饲料利用率,缩短出栏期,生产高档牛肉。

(1) 犊牛的饲养。

吃足初乳:肉用犊牛一般为自然哺乳,犊牛生后 1～1.5 h 及时喂给初乳,7 d 内一定要吃足。乳用公犊采用人工哺乳,有条件可以补充一些维生素 A、维生素 D 和维生素 E。

饮水:1 周龄时开始训练饮用温水。随着犊牛采食量的增加,必须保证充足的饮水。

补料补草:一般在 10～20 日龄开始训料,开始训料时将精料制成粥状,并加入少许牛奶,初日喂 10～20 g,逐渐增加喂量;20 日龄开始每日给 10～20 g 胡萝卜碎块,以后逐渐增加喂量;30 日龄时,栏内设干草架,诱其采食;6 月龄开始加喂青贮饲料,首次喂量为 100～150 g。

自繁自养的犊牛,做好犊牛与母牛分栏饲养,定时放出哺乳。犊牛要有适度的运动,随母牛在牛舍附近牧场放牧,放牧时适当放慢行进速度,保证休息时间。犊牛达 3～4 月龄时断奶。

(2) 犊牛育肥的管理。初生犊牛管理,按常规进行管理(见《繁殖母牛饲养管理技术》一书)。

哺乳期管理:对 4 周龄以内的犊牛,注意哺乳卫生,喂奶要做到定时、定量、定温,并保证奶及喂奶用具的卫生,以预防消化不良和下痢的发生。

育肥期管理:在犊牛转入育肥舍前,对育肥舍地面、墙壁用 2%火碱溶液喷洒,器具用 1%的新洁尔灭溶液或 0.1%的高锰酸钾溶液消毒。每天饲喂 3 次,自由饮水,夏季饮凉水,冬季饮 20℃左右的温水;舍温要保持在 6～25℃范围内,确保冬暖夏凉。

日常管理:保持牛体清洁,日刷拭牛体 2 次,以增加血液循环,促进食欲;天气好时可放犊牛于室外活动,但场地宜小些,使其能充分晒太阳而又不至于运动量过大。如无条件晒太阳,可每日每头补饲维生素 D 500～1 000 IU;5 周龄后,应拴系饲养,减少运动,但每天应能晒太阳 3～4 h。犊牛育肥的最适温度为 18～20℃,相对湿度 80%以下,夏季要注意防暑降温,冬季宜在室内饲养,室温应保持在 0℃以上;犊牛若出现消化不良,可酌情减喂精料,并给予药物治疗。为预防胃肠病和呼吸道病,还可在牛乳或精料中加入抗生素。

7.3 幼牛育肥技术

幼牛育肥主要指一般幼牛与奶用幼年牛的育肥,其实就是育成牛的直线育肥,包括强度育肥(幼龄牛)、周岁牛出栏、1.5～2 岁出栏育肥。犊牛断乳后直接转入生长育肥阶段,一直保持很高的日增重,达到出栏屠宰。育肥期间可采用全舍饲、高营养饲养法集中育肥,也可以放牧加补饲,使牛日增重保持在 1.2 kg 以上,达到出栏,或周岁时结束育肥,体重达 450 kg 以上,或 15～18 月龄达到 550 kg 出栏。这种方法生产的牛肉仅次于小牛肉。一般有幼龄牛强度育肥、周岁出栏直线育肥、1.5～2 岁出栏育肥等方法。

一般情况下,年龄小的牛增重 1 000 g 活重需要的饲料量比年龄大的牛要少,故年龄小的牛增重经济好于年龄大的牛。主要原因是:①年龄小的牛维持需要较少;②年龄小的牛体重增加的部分主要是肌肉、骨骼和内脏器官,年龄大的牛体重增加大部分是脂肪,从饲料转化为脂肪的效率大大低于饲料转化为蛋白质的效率。因此,充分利用育成牛处在生长的旺盛时间段进行持续育肥,可明显降低总的饲料消耗,提高养殖的效益。

7.3.1 幼龄牛强度育肥

幼龄牛强度育肥是指犊牛断乳后直接转入生长育肥阶段，一直保持很高的日增重，达到屠宰体重时为止，也叫持续育肥。育肥期间采用全舍饲、高营养饲养法集中育肥，使牛日增重保持在1.2 kg以上，周岁时结束育肥，体重达400 kg以上。这种方法生产的牛肉仅次于犊牛肉。

育肥牛的选择：优良的改良杂种牛或纯种不做种用的公犊、奶公犊，不去势，发育良好，体质健壮，6月龄体重在150 kg以上，都可以作为强度育肥牛。

犊牛出生后，必须吃到初乳，每天哺喂3～4次，从7～15 d开始训练犊牛吃代乳料，同时训练吃干料。

犊牛到90日龄期间，每天每头加到精饲料1.5 kg左右，并逐渐喂些植物性饲料，用少量的优质牧草切碎加入精饲料中喂饲，由于提早采食青粗饲料，促进了育成前期的发育，从而提高了利用青粗饲料的能力，后期生长发育补偿作用非常强。

1. 育成前期

即非哺乳犊牛期，这个时期在4～6月龄，育成前期正是发育旺盛期。

放牧补饲：在牧草丰盛的夏季，可以在人工草场上放牧，可放牧3个月，每天补给混合精饲料1.5 kg，为了使育肥牛18月龄体重达到450 kg，日增重必须达到1 000 g以上。

舍饲：提供足够干草或青贮粗饲料，同时补给混合精饲料2.0～2.5 kg。饲料配方：玉米55%，豆饼15%，大麦10%，玉米蛋白粉5%，膨化大豆10%，磷酸氢钙2%，食盐1%，小苏打或人工盐1%，微量元素维生素预混料1%，每千克饲料加入22 mg土霉素或金霉素。冬春季节在此基础上额外每千克饲料添加维生素A 1万～2万IU。

2. 育成后期

即育肥期，在7～18月龄，这个时期采食量增加。利用青草、干草、青秸秆青贮等粗饲料即能保持正常发育。可以根据饲养模式按体重补给精饲料。育肥期混合精料配方为玉米75%，油饼类10%～12%，糠麸类10%～12%，石粉或磷酸氢钙2%，食盐1%，混合精料加适量微量元素和维生素。精料日喂量达到3～5 kg。

放牧：夏秋季放牧1 kg增重额外补精料2 kg，其他按舍饲补给。有条件再每天补饲1 kg谷物饲料和0.5～1 kg饼类饲料，育肥效果更佳。

舍饲：在农区，可以利用玉米秸秆做基础饲料，如青贮和氨化、盐化玉米秸饲料，每天每头牛不少于15 kg，体重在250～350 kg时，每头每天补给混合精饲料2.5～3.5 kg，体重在350～450 kg时，每天每头补混合精饲料4.0～4.5 kg，体重在450～550 kg时，每天每头补混合精饲料5.0～5.5 kg。为降低成本，普遍应用尿素混入玉米秸秆青贮中与精饲料一起喂饲，以节省植物蛋白质饲料。或用尿素(每天每头50～80 g)搅拌在粗饲料或精饲料中喂饲，但喂时要由少到多，循序渐进，以防中毒。

3. 范例

(1) 胡成华等(2005)的草原红牛和草原红牛×丹麦红牛F_1持续育肥试验(吉林通榆)。犊牛人工哺乳，哺乳期4个月；育成牛及成年牛以放牧饲养为主，冬春枯草期归牧后补饲少量精料，干草和玉米青贮定量补饲。从放牧牛群中选择出生日期相同8月龄的小公牛15头，在封闭式牛舍小圈围栏散养，育肥期 320 d，全期平均每头日饲喂混合精料 2.5 kg，预混料 0.35 kg，羊草 7.3 kg。结果见表 7.20。

表 7.20 草原红牛和草原红牛×丹麦红牛 F_1 的持续育肥增重结果比较 kg

组　别	头数	开始重	结束重	增重	日增重
草原红牛	5	210.4	507.6	297.2	0.929
草原红牛×丹麦红牛 F_1	10	198.8	526.0	327.2	1.023

引自胡成华等，2005(吉林通榆)。

(2) 李军祖(2003)皮埃蒙特、利木赞牛三元杂交组合幼牛产肉性能的试验(甘肃高台)。选择 3 月龄断乳发育正常，健壮无病的皮西黄和利西黄犊牛各 6 头。

饲养管理阶段如下。

第 1 阶段(30 d)。开始时在早晨空腹称重，第 3～5 天对所有参试牛用驱虫净按每千克体重 10～15 mg 逐头口服驱虫。期间，在保证供给饮水的条件下，饲喂以优质青草为主，加适量干草。每头喂精料 1 kg(玉米粉 0.5 kg，麸皮 0.5 kg，食盐 25 g)的日粮。以调理胃肠，促进食欲，增加适应性。

第 2 阶段(32 d)。期间以粗饲料为主，每头日喂苜蓿、玉米秸草块(各半)2.5 kg，加青草 1 kg，精饲料为辅，每头日喂 1.5 kg(玉米粉 0.5 kg，麸皮 0.6 kg，黄豆饼 0.2 kg，胡麻饼 0.2 kg，食盐 30 g)，每天 7:00—9:00，17:00—19:00 各喂 1 次，上午下午定时饮用水 3 次。

第 3～6 阶段(158 d)。期间按幼牛育肥期饲养标准(表 7.21)配制日粮，加强饲养管理。其中第 3～4 阶段(60 d)每头日喂苜蓿、玉米秸草块(各半)3 kg，按此阶段饲料配方每头日喂配合精料 3 kg，第 6 阶段(28 d)，每头日喂苜蓿、玉米秸草块(各半)2 kg，按此阶段饲料配方每头日喂配合精料 4.5 kg。饲喂饮水时间和次数同第 2 阶段，根据季节变化适当推迟，但每次饲喂时间不少于 2 h，饲喂时先粗后精。供试牛均在同一单列式牛舍中饲养，冷季进入塑料暖棚期间，做好通风换气和棚舍保温工作，增重结果见表 7.22。

表 7.21 两组幼牛的饲料配方 %

饲料组成	第 3～4 阶段	第 5 阶段	第 6 阶段
玉米	30.0	33.0	34.0
麸皮	36.0	39.0	38.0
黄豆饼	9.0	9.0	9.0
胡麻饼	6.0	9.0	11.0
酒糟	16.9	7.3	5.5
石粉	0.6	1.2	1.0
食盐	1.5	1.5	1.5

引自李军祖，2003(甘肃高台)。

表 7.22 两组幼牛各阶段增重 kg

组　别	项目	皮西黄	利西黄
第一阶段(30 d)	总增重	19.00±1.78	20.63±2.50
	日增重	0.63±0.06	0.69±0.08

续表 7.22

组 别	项目	皮西黄	利西黄
第二阶段(32 d)	总增重	27.25±7.63	29.88±10.31
	日增重	0.85±0.24	0.93±0.32
第三阶段(37 d)	总增重	28.25±3.07	29.88±5.54
	日增重	0.76±0.14	0.81±0.15
第四阶段(23 d)	总增重	16.13±6.05	14.38±4.99
	日增重	0.70±0.26	0.63±0.22
第五阶阶段(30 d)	总增重	31.75±6.98	26.25±6.09
	日增重	1.06±0.23	0.87±0.20
第六阶段(28 d)	总增重	35.90±6.20	31.13±12.40
	日增重	1.16±0.28	1.01±0.56
全期	初重	130.13±38.18	106.88±20.43
	末重	288.40±34.51	259.0±42.10
	总重	158.30±11.80	152.3±34.90
	日增重	0.88±0.07	0.85±0.19

引自李军祖,2003(甘肃高台)。

(3) 陈静等(2012)、王消消等(2012)、李雪娇等(2012)、曹琼等(2012)的西杂公牛的幼牛强度育肥的试验(甘肃甘州)。

由确定的繁殖母牛饲养户中选择 3 月龄断乳后生长发育正常,健壮无病的西杂公犊牛 12 头进行消化和代谢试验。

饲养管理过程如下。

开始时在早晨空腹称重,第 3～5 天对所有参试牛用阿维菌素肌肉注射驱虫,按每千克体重 10 mg 逐头驱虫。根据体重大小分为 3 组,每组 4 头,精料量给量不同,每个月称重后更换投放量,见表 7.23;麦秸自由采食,体重变化见表 7.23。

表 7.23 不同精料进食水平对幼牛直线育肥体重增加的影响 kg

处理	日粮精料给量/(kg/d)	试验初体重	60 d 体重	120 d 体重	平均日增重
1 组小公牛	1.8→2.4→2.7→3.0	148.50±6.04	187.83±16.83	230.35±5.63	0.68
2 组小公牛	2.1→2.7→3.0→3.3	171.30±9.50	221.00±18.40	259.58±11.24	0.74
3 组小公牛	2.4→3.0→3.3→3.6	201.84±6.12	252.80±6.97	300.88±10.67	0.83

引自陈静等,2012;王消消等,2012;李雪娇等,2012;曹琼等,2012(甘肃甘州)。

(4)于青云等(2006)放牧加补饲育肥幼牛增重的影响(新疆尼勒克)。5～6 月龄的断奶小公犊试验于 2005 年 6 月 6 日至 10 月 18 日进行,其中 6 月 6～18 日为预试期,6 月 18 日至 10 月18 日的 120 d 为试期在新疆伊犁尼勒克县草场牧场(草场属天然牧场,牧草以早熟禾、三叶草、鸭茅等为主。牧草的生长旺期多在 6～8 月份雨水丰富的季节。6～7 月底牧草丰盛,以后牧草质量变差。)进行放牧加补饲的育肥试验,试验牛混群放牧,放牧时间为早 8:00 至晚 8:00,自由饮水。每天在结束放牧后 1 h 补饲精料 1.5 kg。补饲日粮精料配方为玉米 50%,棉粕 18%,麸皮 18%,葵饼 13%,预混料 1%,试验结果见表 7.24。

表 7.24 放牧补饲对幼牛体重变化的影响 kg

品种	头数	6月龄	7月龄	9月龄	10月龄	总增重	平均日增重
新疆褐牛	9	94.24±15.75	119.87±17.07	150.31±17.16	187.86±22.35	93.63±21.05	0.78±0.18
西门塔尔牛	5	103.82±18.09	133.92±29.44	160.36±34.41	198.60±41.74	94.78±24.63	0.79±0.21
安格斯牛	9	115.71±23.34	160.64±28.26	181.09±33.81	212.60±35.96	96.89±17.35	0.81±0.14
荷斯坦牛	10	143.20±15.95	164.28±15.43	189.18±20.91	233.66±21.62	90.46±13.14	0.75±0.11

引自于青云等,2006(新疆尼勒克)。

7.3.2 周岁出栏的幼牛强度育肥

犊牛断奶重越大,断奶后生长潜力越大,杂交肉牛具备了亲本的优良基因和杂种优势,出生重大、生长速度快,要对犊牛进行早期补料,这样不仅可以节省饲养成本,还可以促进犊牛消化道特别是瘤胃的早期发育,使犊牛更早地适应大量采食粗饲料,解决单纯母乳不能满足犊牛营养需要的矛盾,从而为以后的育肥获得较高的日增重奠定基础。

断奶犊牛经持续育肥后,一般 12 月龄可达 400 kg 以上,达到周岁出栏标准。犊牛出生后,随哺乳或人工哺乳,日增重稍高于正常生长发育。断奶后以高营养水平持续饲养 ,180 日龄体重达 180 kg 以上。断奶后精料喂量占日粮的 35%～45%,周岁体重达 450 kg,平均日增重 1 kg 左右,则可获得优质高档牛肉,屠宰率达到 63%以上,净肉率达 54%以上。

1. 技术要求

育成牛完全采用舍饲育肥,一般采用高精饲料育肥日粮,辅以优质粗饲料和精心管理,使牛始终保持高达 1 000 g 以上的日增重。这种方法虽然饲养成本高,但可大大缩短饲养周期(周岁即可出栏),提高饲料转化率,而且出栏牛的肉质非常细嫩,牛肉等级评价较高。

2. 具体方案

选择牛品种。优良的改良杂种牛或纯种不做种用的公牛犊。

准备期:犊牛 3～4 月龄断奶后,体重达 130 kg,转入育肥阶段,第 1 个月为适应期,此期主要使其适应更换的育肥日粮,并进行驱虫、健胃。驱虫可选用左旋咪唑、阿维菌素、伊维菌素等,健胃可选用健胃散等。

强度育肥期:从第 2 个月开始,转入强度育肥。强度育肥的精饲料用玉米、豆饼、棉籽饼等高能、高蛋白饲料为主配制而成的全价混合饲料;粗饲料以优质青干草、氨化秸秆和青贮饲料为主。

日粮要求含粗蛋白 11%～16%,日粮干物质采食量占体重的 2%～3%。

强度育肥前期,肉牛的增重以蛋白质增加为主,要求混合精饲料中的蛋白含量要高一些,为 17%～19%,占日粮比例的 40%～60%,为体重的 0.8%～1.2%。混合精饲料配方:玉米 60%,麸皮 5%,豆饼(豆粕)15%,棉籽饼或花生饼 15%,磷酸氢钙 2%,食盐 1%,小苏打 1%,肉牛预混料 1%。

强度育肥后期,混合精饲料蛋白含量为 14%～15%,占日粮比例的 60%～70%,为体重的 1.2%～1.5%。精料配方,玉米 70%,棉籽粕 15%,豆粕 5%,麸皮 5%,磷酸氢钙 2%,食盐 1%,小苏打 1%,肉牛预混料 1%。

混合精饲料可以是粉状或颗粒料,粗饲料要铡短,任牛自由采食,不限量。

也可将精、粗饲料混合制成颗粒饲料，以提高饲料的利用率和饲养的经济效益。

育肥牛一般日喂2～3次，饲后饮水。

断奶犊牛经持续育肥后，一般12月龄可达400 kg以上，达到周岁出栏标准。

3. 范例

宋恩亮等(2002)以4种杂交组合肉牛饲养12月龄达400 kg以上的试验(山东高密)。

犊牛选择：选择健康无病、发育正常、膘情中等的夏洛来牛×西门塔尔牛×本地牛(夏西本)、皮埃蒙特牛×西门塔尔牛×本地牛(皮西本)、利木赞牛×西门塔尔牛×本地牛(利西本)、西门塔尔牛×西门塔尔牛×本地牛(西杂二代)4种杂交组合肉用公牛各10头，平均年龄为6月龄，平均体重为224.67 kg。

饲养管理：试验牛统一打耳号，驱虫、健胃(每头牛皮下注射伊维菌素0.2 mg/kg体重，灌服健胃散250 g)。采用敞棚式拴系饲养，单槽单独饲喂。根据《肉牛营养需要和饲养标准》(冯仰廉，2000)和实际生产条件以及增重要求确定饲料配方和喂量。试验日粮为混合精料、铡短的风干玉米秸和白酒糟。混合精料配方(%)为：玉米62.0，豆饼15.0，棉籽饼8.0，麸皮10.0，钙粉2.0，食盐1.0，添加剂2.0，营养水平(/100 kg体重)为DM 3.2 kg，RND 1.9，NE 15.1 MJ，CP 443.4 g，Ca 22.7 g，P 10.0 g。

日喂2次，先精后粗，酒糟喂量为1.5 kg/d。试验牛自由采食玉米秸，自由饮水，试验结果见表7.25，表7.26。

表7.25 不同杂交组合试验牛体重变化

月龄	体重	夏西本	皮西本	利西本	西杂二代
6～9	始重	225.30±23.16	231.50±25.90	211.20±23.80	226.10±14.22
	末重	308.40±35.80	350.90±45.30	302.50±31.90	293.00±34.84
	日增重	0.92±0.03b	1.33±0.18a	1.01±0.17b	0.74±0.14c
9～12	始重	308.40±35.80	350.90±45.30	302.50±31.90	293.00±34.84
	末重	401.50±22.70	454.30±21.90	412.00±27.60	389.20±26.76
	日增重	1.01±0.14a	1.12±0.21a	1.19±0.11a	1.03±0.27a
6～12	日增重	0.97±0.13bc	1.22±0.19a	1.10±0.12ab	0.90±0.16c

注：同一行中，标有相同字母者表示差异不显著($P>0.05$)，不同字母表示差异显著($P<0.05$)。

引自宋恩亮等，2002(山东高密)。

表7.26 试验牛6～12月龄的饲料消耗和饲料报酬 kg

品种	饲料消耗			饲料报酬		
	精料	粗料	饲料总量	精料	粗料	饲料总量
夏西本	520.35±39.20	929.34±32.54	1 448.14±63.29	2.97±0.21b	5.32±0.41a	8.28±0.50ab
皮西本	602.65±46.15	1 004.88±53.18	1 607.53±59.33	2.75±0.30b	4.57±0.47c	7.33±0.75c
利西本	569.29±24.35	956.19±20.09	1 523.51±44.27	2.87±0.28b	4.80±0.44bc	7.66±0.72bc
西杂二代	573.15±23.89	881.00±21.24	1 631.57±41.65	3.42±0.37a	5.18±0.30ab	8.60±0.62a

注：同一列中，标有相同字母者表示差异不显著($P>0.05$)，不同字母表示差异显著($P<0.05$)。

引自宋恩亮等，2002(山东高密)。

7.3.3 1.5～2岁出栏育肥牛的育成牛持续育肥技术

犊牛断奶后就地转入育肥阶段进行育肥，或由专门化育肥场集中育肥。犊牛直线育肥的方法很多，既可采取放牧加舍饲的方法，也可全部舍饲。若拥有优良的草场还可全部采用放牧的方式。放牧加舍饲的方法又可分为白天放牧、夜间舍饲；盛草季节放牧、枯草季节舍饲。放牧和放牧加舍饲的方法可以大量节省精饲料，降低饲养成本，但日增重稍低，一般15～18月龄才能出栏。

在良好的放牧条件下，采取半强度育肥方式，以减少精料消耗。

1. 放牧加补饲育肥模式

以青粗饲料为主，18月龄出栏的育肥模式。在放牧条件下，一般春季夏初饲草水分含量、蛋白质含量和维生素食量都比较高，利于犊牛发育生长，但能量、纤维和钙、磷、矿物质不足，必须给予一些补充料如干草、秸秆、副产品、精料等。

根据我国北方草场的实际情况，以春季产犊，在经过1个冬季于第2年秋季体重达到500 kg左右出栏较好，饲养全程18个月。对于南方的山地草场等，有些可以长期放牧，补饲是为了提高经济效益，早出栏。

全放牧育肥牛是以利用天然牧场为主，选择体格高大，健康无病的夏洛来牛、利木赞牛、西门塔尔牛等肉用杂种公犊进行放牧育肥。放牧育肥前要进行驱虫和健胃，北方牧区放牧育肥期一般多从5月下旬开始，到10月下旬放牧育肥期结束。放牧方法可因地制宜，根据牧地牧草采取分区轮牧等技术，见放牧育肥技术一节。当草地枯黄时，要补饲，冬季转入舍饲育肥。

2. 舍饲精料育肥法

精料育肥法是一种强化育肥的方法，要求完全舍饲，使牛在不到1周岁时活重达到400 kg以上，平均日增重达1 000 g以上。要达到这个指标，可在3～4月龄时断奶，使犊牛在3月龄时体重达到110 kg。到6月龄时，体重达200 kg，使牛在接近12月龄时体重达400 kg，或出栏或再育肥3～4个月，体重达500～550 kg出栏。

用精料强化育肥，每千克增重需4～6 kg精料，典型试验和生产总结证明，如果用糟渣料和杂饼（或添加非蛋白氮）等为主的日粮，每千克增重仍需3 kg精料。从品种上考虑，要达到这种高效的育肥效果必须是大型牛品种及其改良牛，一般黄牛品种是无法达到的。

3. 粗饲料为主的育肥法

（1）以全株青贮玉米或玉米秸秆青贮为主的育肥法。全株青贮玉米是高能量饲料，蛋白质含量较低，鲜样一般不超过2%，要获得高日增重如1.3 kg，要求搭配1.5 kg以上的混合精料（配方为玉米50%，棉籽饼粕15%，DDGS 15%，麸皮10.0%，钙粉1.5%，食盐1.0%，小苏打1.5%，预混料1%）。

以全株玉米青贮或玉米秸秆青贮为主的育肥法，增重的高低与饲草的质量、混合精料中蛋白质的含量有关，见表7.27。如果干草是苜蓿、沙打旺、红豆草、串叶松香草或优质禾本科牧草，精料中有20%杂饼，5%豆粕，则日增重可达1.2 kg以上。

表 7.27 全株玉米青贮饲喂10月龄西×本 F_1 代肉牛的效果试验 kg

组别	日粮组成					体重变化			
	精料	干草	青草	全株玉米青贮	总 DM	始重	末重	增重	日增重
试验组	0.5	2	4	10	6.3	254.3±14.5	330±14.5a	75.7a	1.081a
对照组	0.5	2	25	0	6.3	254.9±13.1	311±13.9b	55.1b	0.807b

注：同列不同字母表示差异显著($P<0.05$)。每组公母各半的肉牛10头，试验期70 d，精料配方为：玉米50%，小麦麸25%，菜粕20%，磷酸氢钙3%，食盐2%。

引自王元清等，2009(四川达州)。

(2) 干草为主的育肥法。在盛产干草的地区，秋冬季能够贮存大量优质干草，可采用干草育肥。具体方法是：优质干草随意采食，日补饲1.5 kg精料。干草的质量对增重效果起关键性作用，大量的生产实践证明，豆科和禾本科混合干草饲喂效果较好，而且还可节约精料。

(3) 其他粗饲料。如苜蓿草，成本高，不能以其为主；如秸秆类，因营养价值低，不能以其为主，像麦秸、稻草即使氨化加工也与玉米秸秆相当。

4. 范例

(1) 吴乃科等(2005)三元杂交牛18月龄出栏的试验(山东高密)。

犊牛选择：选择健康无病、发育正常、体重相近的夏洛来牛×西门塔尔牛×本地牛(夏西本)、皮埃蒙特牛×西门塔尔牛×本地牛(皮西本)、利木赞牛×西门塔尔牛×本地牛(利西本)、西门塔尔牛×西门塔尔牛×本地牛(西杂二代)4种杂交组合6月龄肉用公牛各10头。

试验日粮与管理：根据《肉牛营养需要和饲养标准》和实际生产条件及增重要求，确定试验日粮为混合精料、铡短的风干玉米秸和白酒糟。白酒糟(按风干物质计)6～12月龄每头1.5 kg/d，13～18月龄2 kg/d。玉米秸自由采食，自由饮水。

6～12月龄混合精料配方(%)为：玉米62.0，豆饼15.0，棉籽饼8.0，麸皮10.0，磷酸氢钙2.0，食盐1.0，添加剂2.0；营养水平(每100 kg体重)为DM 3.2 kg，RND 1.97，NE 15.1 MJ，CP 443.4 g，Ca 22.7 g，P 10.0 g。

12～18月龄混合精料配方(%)为：玉米75.2，豆饼4.0，棉籽饼10.0，麸皮5.0，油脂1.0，磷酸氢钙1.5，食盐1.0，小苏打0.3，添加剂2.0；营养水平(每100 kg体重)为DM 2.5 kg，RND 1.6，NE12.9 MJ，CP 235.4 g，Ca 9.49 g，P 5.4 g，试验结果见表7.28。

表 7.28 试验牛6～18月龄增重与饲料报酬 kg

品种	始重	末重	日增重	饲料报酬		
				精料	粗料	总量
夏西本	225.30±23.16	529.50±23.38	0.83±0.06bc	4.12±0.23b	6.43±0.47ab	10.55±0.71ab
皮西本	231.50±25.90	582.25±29.25	0.96±0.09a	4.03±0.45b	5.98±0.66b	10.01±1.11b
利西本	211.20±23.80	535.63±27.88	0.90±0.06ab	4.07±0.24b	6.13±0.42ab	10.19±0.65b
西杂二代	226.10±14.22	504.00±24.25	0.77±0.08 c	4.70±0.34a	6.69±0.52a	11.39±0.85a

注：同一列中，标有相同字母者差异不显著($P>0.05$)，不同字母者差异显著($P<0.05$)。

引自吴乃科等，2005(山东高密)。

(2) 田茂林和夏先(2007)贵州黄牛杂交 F_1 代直线育肥试验，17月龄出栏(贵州织金)。

犊牛选择：农村选购农户家中养殖的杂交一代6月龄左右的公犊牛，其中西门塔尔牛×关岭牛F_1、利木赞牛×关岭牛F_1、安格斯牛×关岭牛F_1各10头。

饲养管理：日粮为切碎稻草和精料混合料；试验期330 d(11个月)。精料混合料(粗蛋白质17.2%)组成：玉米44%，紫花苜草粉43%，菜籽饼10%，磷酸氢钙2%，食盐1%。每250 kg另添加Na_2SO_4 250 g、$FeSO_4$ 40 g、$CuSO_4$ 5 g、$ZnSO_4$ 32 g、$MnSO_4$ 35 g、Met(蛋氨酸，作者注) 250 g、Monensin(瘤胃素，作者注)63 g。

试验牛拴养于同一牛舍中，每头牛单槽喂养，预试期对肉牛进行驱虫、注射疫苗。试验期间每天定时喂料2次(8:30，17:00，一牛一槽)，精料混合料每天饲喂量为牛体重的1.5%，草料计量不限量，以牛每天有少量剩料为准。每次先喂精料，待精料采食完后再投喂草料。日饮水3次(9:00，12:00，18:00)，上、下午各清扫牛舍1次，试验结果见表7.29。

表7.29 种杂交牛试验全期增重和饲料消耗 kg

品种	始重	末重	增重	平均日增重/g	总耗精料	总耗稻草	精料/kg增重
西×关F_1	127.0±10.4	551.0±35.7	424.0	1 413	8 545.22	15 214.20	2.879
利×关F_1	126.5±11.3	572.1±41.2	455.6	1 485	8 529.52	15 185.43	2.675
安×关F_1	125.3±9.8	535.5±28.9	410.2	1 367	8 497.49	15 126.62	2.959

引自田茂林和夏先，2007(贵州织金)。

(3) 李剑波等(2008)放牧与舍饲补饲对利西本三元杂交牛增重影响(湖南省新晃侗族自治县)。

犊牛选择：6月龄利西本F_2代杂交牛42头，分2组。

饲养管理：不补料组，农户饲养，以放牧为主，晚上和雨雪天舍饲喂黑麦草、稻草、狼尾草、玉米秸、红薯藤等青粗草料，以吃饱为度。

补料组，每头每天补饲精料0.5～1.5 kg(前期少，后期多，优质粗料多，少喂，优质粗料少，多喂，冬春季多喂，夏秋少喂)，精料配方为玉米50%，饼粕15%，米糠33%，尿素1.5%，食盐0.5%。在补饲条件下利西本6～18月龄体重变化见表7.30。

补饲效益分析：利西本杂交牛在6月龄开始补饲至18月龄，头均补料547.5 kg，所需精料成本为634.75元，而补饲后比放牧的利西本杂交牛多增重127.30 kg，按市场育肥牛活重价格为8元/kg计算，可增加毛收入1 018.4元，扣除饲料成本，头均可获纯利383.65元。

表7.30 在补饲条件下利西本6～18月龄体重变化

月 龄	6月龄	12月龄	18月龄
利西本牛(放牧)	157.07±15.96	240.91±17.20	313.49±21.64
利西本牛(补饲)	156.85±15.60	292.47±36.47	440.79±13.44

引自李剑波等，2008(湖南省新晃侗族自治县)。

7.4 高档肉牛育肥技术

高档肉牛即生产高档牛肉的牛，它在嫩度、风味、多汁性等主要指标上，均须达到规定的等级标准。高档牛肉主要指肉牛胴体上的里、外眼肌(即背最长肌)和臂肉、短腰肉4部分。这4部分肉的重量约占肉牛活重的5%～6%,即育肥牛宰前重为500 kg时,则这4部分高档牛肉约有25～30 kg(邱怀,1999)。生产高档牛肉的牛年龄为18～24月龄,膘情为满膘,屠宰活重在450 kg以上(蒋洪茂等,1992),超过30月龄牛不宜育肥生产高档牛肉(冯家保,1995),在育肥实践上,宜改3个月的短期育肥为更长时间,才能生产出更多高档牛肉(陈幼春,2003),见表7.31。

表7.31 肉牛不同屠宰体重的屠宰指标和优质肉块比例的比较

项　目	一组	二组	三组
宰前活重/kg	401.6	491.5	528.7
胴体重/kg	203.9	271.8	300.5
屠宰率/%	50.8	55.3	56.8
胴体出肉率/%	79.3	82.2	84.1
眼肌面积/cm^2	51.5	64.4	68.6
背膘厚/cm	0.00	0.07	0.29
肉骨比	3.84∶1	4.67∶1	5.33∶1
优质肉块总重/kg	88.7	109.5	121.3
优质肉块占胴体重比例/%	54.9	48.9	47.9
牛柳、西冷、眼肉重占胴体重比例/%	6.55	6.56	6.57
牛柳、西冷、眼肉重占优质肉块比例/%	15.01	15.81	16.27
牛柳、西冷、眼肉、上脑重占胴体重比例/%	9.91	10.04	11.04
牛柳、西冷、眼肉重占优质肉块比例/%	20.22	24.94	27.38

引自陈幼春,2003。

因此高档肉牛育肥技术的关键是:①严格控制年龄。育肥牛要求挑选6月龄断奶的犊牛,体重180 kg以上,育肥到18～24月龄或更长时间屠宰。②严格要求屠宰体重,即活重出栏体重达到500 kg以上,屠宰体重600 kg以上更好,尤以阉牛为最好。③选择优良品种,育肥高档肉牛挑选杂交牛(肉用牛品种与本地黄牛杂交的后代),选用我国优良的地方品种牛(如鲁西黄牛、南阳黄牛等),也可以生产出高档牛肉。④加强科学规范化饲养管理,按增重要求设计日粮,育肥牛要采用舍饲(拴系或围栏饲养)。⑤高档(价)牛肉的生产与肉牛性别关系密切,只有阉公牛才能生产出质量好、价格高的牛肉。

7.4.1 高档肉牛育肥技术的品种选择

从各国市场来看,牛肉的供应,一是满足普通消费为主的大众化牛肉;二是满足高星级饭店西式牛排的要求;三是以日式为代表的东方消费牛肉。后两者除在大理石状等级,成熟度上都有较高的特殊评价外,在胴体分割上各国市场对切块部位也是不同的,牛的品种不同,各体躯部位比例和肉质也有区别,在分割上也不尽相同,但最值钱的部位是里外脊,专门肉用品种的眼肌面积都比较大,后躯部位都比较发达。在大理石状的形成能力上各品种有很大差异(陈幼春,1995)。专门肉用品种的胴体中以肋肉、腰肉、臀肉、大腿肉质量好

(冯家保,1995)。

我国黄牛中地方良种(鲁西牛、南阳牛、秦川牛)在高能量日粮育肥后,肌间脂肪丰厚,对日韩市场很适合。其他黄牛用欧洲肉用种(西门塔尔牛、夏洛来牛、利木赞牛等)杂交后,腔脂量明显减少,高级肉块比例增大(表 7.32 至表 7.35),有利于高档牛肉生产,适宜东西方人口味及出口活牛到我国港、澳、台等地区(冯家保,1995)。

表 7.32 杂交牛各部位分割肉产量与本地牛的比较(每组屠宰 4 头阉公牛) kg

分割肉名称	利鲁杂牛	西鲁杂牛	鲁西牛
牛柳	5.45	4.87	4.20
西冷	8.80	8.23	6.56
眼肉	7.93	7.20	4.84
臀肉	16.42	13.32	11.16
大米龙	13.59	12.45	12.32
小米龙	4.98	4.40	3.90
膝圆	11.66	11.56	9.42
腰肉	11.60	10.72	11.80
腱子	14.98	14.12	13.80
嫩肩肉	3.30	3.32	2.80
合计	98.71	90.10	80.80

注:育肥试验期 244 d,每日饲喂 3 次粗料,早 6:00、晚 5:00、夜间各喂 1 次,精料早晚各喂 1 次。粗料自由采食,夜间只给草不喂料。饲喂为先粗后精,少给勤添。喂前清拣料中的杂物;精料按每 100 kg 体重 1.2~1.5 kg/d 饲喂,逐步增加,粗饲料自由采食。粗饲料主要有玉米秸秆、地瓜秧、花生秧蔓、鲜草、干草。

引自刘新朋等,2007(山东嘉祥)。

表 7.33 纯种试验牛眼肌面积、眼肉重和背膘厚的统计分析结果(体重为 150 kg 屠宰)

品　种	个体数	眼肌面积/cm²	眼肉重/kg	背膘厚/cm
安格斯牛	30	66.80±7.889a	1.416±0.178ab	0.992±0.351abc
海福特牛	30	62.27±7.071b	1.455±0.239a	0.992±0.501ac
中国西门塔尔牛	28	63.25±6.340ab	1.319±0.181b	0.644±0.217b

注:同一列中,标有相同字母者差异不显著($P>0.05$),不同字母者差异显著($P<0.05$)。眼肌面积是预测胴体重的一个重要指标,也是选择瘦肉率的一个间接(辅助)指标,它几乎与肉骨比的估测作用相当。眼肌面积越大,胴体净肉率越高,优质切块比例也越大。

引自王国富等,2010(内蒙古通辽)。

表 7.34 秦川牛导入短角牛外血对胴体部位产肉量的影响(每组屠宰 5 头)

组别	前肢肉		后肢肉		体躯肉		合计/kg
	重量/kg	百分比	重量/kg	百分比	重量/kg	百分比	
短秦 F_2	28.32±1.54	16.16	58.93±2.94	33.62	88.04±10.27	50.231	175.29±11.92
短秦 F_1	22.42±2.59	13.77	55.35±4.91	34.00	85.02±13.31	52.23	162.79±19.37
秦川牛	25.49±1.5	14.63	54.30±4.82	31.17	94.44±10.67	54.2	174.23±12.5

引自邱怀,1994。

表 7.35 不同品种杂交牛对优质肉块产量的影响

项 目		秦川牛×蒙古牛（秦蒙牛）	丹麦红牛×秦蒙牛	利木赞牛×秦蒙牛	红安格斯牛×秦蒙牛
短腰肉	重量/kg	12.45±2.67	22.92±3.34	24.01±3.95	23.73±2.29
	占胴体重/%	8.35	9.42	9.51	10.03
膝圆肉	重量/kg	10.14±2.41	18.98±2.69	19.79±3.51	18.68±1.51
	占胴体重/%	6.78	7.81	7.83	7.91
臀部肉	重量/kg	8.47±2.24	14.81±2.68	15.31±2.17	14.44±1.17
	占胴体重/%	5.64	6.08	6.09	6.11
后腿肉	重量/kg	14.51±4.60	24.68±5.09	25.61±3.91	24.07±1.87
	占胴体重/%	9.63	10.11	10.16	10.19
里脊肉	重量/kg	2.75±0.69	4.09±0.83	5.29±0.70	4.92±0.62
	占胴体重/%	1.83	2.01	2.12	2.08
优质	重量/kg	54.98±13.59	97.33±14.22	101.68±15.30	97.00±8.13
切块	占胴体重/%	36.70	39.94	40.33	41.03

供试牛全部为经 100 d 育肥的育肥牛，膘情多数为一等，个别牛为特等和二等。

引自陈生会等，2005（陕西神木）。

目前的高档牛肉市场基本上分“大理石纹”和“略带大理石纹的红肉”2 个阵营，前者的商品价值要远远高于后者。在大理石纹牛肉阵营中，依照脂肪的沉积程度基本上还细分成“大理石纹”、“高密度大理石纹”和“雪花”牛肉。顾名思义，雪花牛肉是脂肪与肌肉相互呈点状或粉状分布的极品牛肉（曹兵海等，2007）。高档肉牛的生产就是生产“大理石纹”牛肉，包括“大理石纹”、“高密度大理石纹”和“雪花”牛肉。在胴体分级体系中，大理石纹得分通常由肌内脂肪含量来决定，得分越高，大理石纹密度越大，说明肌内脂肪含量越高。因此生产“大理石纹”的高档牛肉需要育肥的时间较长，即只有采取长期育肥模式，延长育肥时间，可获得较大的活重，同时使脂肪在肌肉内获得最大沉积。

我国生产牛肉的肉牛品种存在 4 大类型：①用中、小型早熟品种如短角牛、安格斯牛、海福特牛、德国黄牛、日本和牛等与本地牛的杂交牛；②以大型品种如西门塔尔牛、夏洛来牛、利木赞牛、皮埃蒙特牛等对本地牛进行改良的二元、三元、四元杂交牛；③多年培育的兼用品种牛及其改良后代，有中国西门塔尔牛、三河牛、新疆褐牛、草原红牛等品种；④体重小，绝对产肉量不高，但耐粗饲、肉质风味好的地方品种。

理论上有些纯种是很难生产出“大理石纹”或“高密度大理石纹”牛肉的，这是品种特性所致（冯仰廉，1995），但由于我国引进品种目的是改良本地牛，而不是生产商品牛肉，本地牛品种无论在“大理石纹”牛肉或肉质风味都有她的优越性（邱怀，1994），因此国内大部分的改良牛或杂交牛都具有生产“大理石纹”牛肉的基础，只是不同品种达到体成熟时（即脂肪沉积的优势时间）需要的育肥时间不同（见第 3 章表 3.2），即生产“大理石纹”牛肉的饲养成本有明显的差异，为了在饲养高档肉牛生产获得较大的利润空间，在进行生产“大理石纹”牛肉时根据牛品种的特性（早熟性）科学选择牛品种。

以生产“雪花”牛肉时，优先选择早熟型品种如安格斯牛、海福特牛、日本和牛等及其本地牛的杂交牛，或地方优良品种。

以生产“大理石纹”牛肉（称红肉或高档牛肉）时，更多考虑优质肉块的重量，大型品种如西门塔尔牛、夏洛来牛、皮埃蒙特牛等与本地牛进行改良后代比早熟型品种的后代更有优势，地方优良品种也是较好的选择。

7.4.2 高档牛肉(红牛肉)生产的肉牛育肥技术

高档肉牛生产效益的实现是通过牛肉产品的加工增值(分割)和产品的流通增值来实现，在没有实行养殖、加工、流通的效益一体化时，保证养殖者利益才能使产业得以延续，即实现肉牛养殖者完成饲草饲料及秸秆等过腹时能增值。因此有条件要建立高档牛肉生产体系，走专业化生产和规模经营的道路。

1. 牛源基地的稳定

肉牛生产不同于其他肉畜的生产，即母牛提供的牛源影响整个肉牛产业链，如母牛哺乳量影响犊牛的生长，母牛的品种影响牛肉的档次，母牛的繁殖率影响提供的犊牛，母牛的养殖效益决定农牧户或母牛养殖场是否继续养母牛，等等。目前都说牛源紧张，高档肉牛养殖效益可观，也同样遇到牛源的现实问题，这问题比普通肉牛育肥还要棘手，尤其是在大部分地区没有对肉牛生产实行产业化生产，产业化经营，把分散的农户与大市场有效地连接起来。因此，养牛基地的母牛养殖才是根本，而龙头企业、产品深加工是肉牛产业化的手段，母牛和犊牛的饲养是生产高附加牛肉的基础，是高档、优质等不同的档次牛肉生产技术模式的分水岭。只有抓根本、促手段，才能有效益。

目前肉牛生产体系已广泛利用杂交优势生产牛源，在牛源基地，要组装各代杂交配套母系，对母牛的要求：①终生稳定的高受孕力；②以每头母牛计算的低饲养成本和低土地占有成本；③性成熟早，不易难产；④良好的泌乳性能；⑤适应当地的气候地理条件；⑥结实的体质；⑦高饲料报酬；⑧鲜嫩的肉质等(陈幼春，2003)。

在农业发达地区以及草场条件好的牧区是牛源生产的重要基地，除大力开展黄牛杂交改良外，重点是用科学技术指导农户改善牛只的饲养管理条件，促进幼牛生长发育以适应高档牛肉生产所需的牛源。

2. 高档牛肉生产技术

选择肉牛品种：选择体型较大的品种，较大体型肉牛的标志是育肥结束体重达 600 kg 以上者(纯种肉牛如秦川牛、晋南牛、鲁西牛、南阳牛、延边牛、郏县红牛、复州牛、渤海黑牛、草原红牛、新疆褐牛、三河牛；以上述品种为母本和引入纯种肉牛的杂交牛)，较大型肉牛品种才适合生产高档牛肉(蒋洪茂，2009)。

性别与年龄：生产高档牛肉以阉牛育肥最好。阉牛的增重速度虽比公牛慢 10%左右，但阉牛育肥的大理石花纹较好，牛肉等级高。育肥牛最好选择 6 月龄断乳的公犊(杂交)，体重在 200 kg 以上，采用直线育肥技术，在 18～20 月龄时达到 500～550 kg 体重。也可选择开始育肥的年龄为 12～16 月龄，终止育肥年龄为 24～27 月龄。超过 30 月龄以上的肉牛，肉质老化，达不到生产高档牛肉的标准。欲使牛肉达到优质标准，生产出高档牛肉，育肥牛的年龄和宰前活重这两个标准缺一不可。

营养供给与饲料：生产高档牛肉的肉牛，6 月龄体重应不低于 140 kg，以后按照体重日增重 1 kg 的标准饲喂日粮，22～26 月龄肉牛体重达到 650 kg；也可选择 12 月龄、体重 300 kg 的牛进行育肥，同样按日增重 1 kg 的标准饲喂日粮，到 22 月龄时体重达到 600 kg。此时，脂肪已充分沉积到肌肉纤维之间，眼肌切面上呈现理想的大理石样花纹。

屠宰前的最后 2 个月内，不喂大豆饼粕、黄玉米、胡萝卜、青草等含各种加重脂肪组织颜色的草料，改喂能使脂肪白而坚硬的饲料，如麦类、麸皮、马铃薯和淀粉渣等，粗饲料也最好使用谷草、干草、玉米秸秆等。

育肥牛的管理：①保健与卫生。对新购进的牛要进行隔离饲养，应有 10～15 d 适应期，让牛熟悉环境，适应草料；购新牛后第 1 天应只给饮水，不喂草料，第 2 天喂粗饲料，第 3 天加喂少量精料；进场后 3～4 d 做好称重、防疫、驱虫、健胃、消毒等工作；及时接种疫苗；根据需要对小公牛进行去势或去角、修蹄，对经过检查确认的健康牛再进行编号、称重、登记入册，按体重和牛种分群，进入正式育肥的牛舍。②圈舍清洁。必须每天清洗牛床、牛槽和水槽；及时清除牛舍里的粪尿及剩余的饲料残渣；定期对圈舍消毒；保持圈舍干燥卫生；每天刷拭牛体；保证牛有充足干净的饮水。③其他常规管理同一般肉牛养殖。

3. 范例

(1) 邱怀等(1996)报道的高档优质肉牛育肥方案。

严格控制牛龄：育肥牛要求挑选 6 月龄断奶的犊牛，体重在 200 kg 以上，育肥到 18～24 月龄屠宰；超过 30 月龄以上的肉牛，一般生产不出高档的牛肉。

严格要求屠宰体重：育肥牛到 18～24 月龄屠宰前的活重应达到 450～500 kg，没有这样的宰前活重，牛肉的品质达不到“优质”级标准。因此，育肥高档肉牛，既要求控制育肥牛的年龄，又要求达到一定的宰前体重，两者缺一不可。

选择优良品种：育肥高档肉牛最好挑选肉牛品种公牛与本地黄牛杂交的 F_1 代公牛。因为杂交一代牛具有较强的杂种优势，体格大，增重快，牛肉品质优良，优质肉块比例较高。此外，我国良种黄牛品种中，有一些品种(如秦川牛、晋南牛、鲁西牛、南阳牛、复州牛等)产肉性能非常突出，也可以生产出高档牛肉。

一般饲养阶段(时间是 4 个月)的饲养：在这一育肥阶段中，日粮以粗饲料为主，精料占日粮的 25%；日粮中粗蛋白质含量为 12%；每头牛日采食干物质 4 kg 左右，育肥牛日增重 500 g 左右。

强度饲养阶段(时间是 8 个月)的饲养：如果计划育肥牛 14 月龄、体重 500 kg 左右时屠宰，后 8 个月的饲养应该这样安排：

250～300 kg 体重阶段，日粮中精料比例占 55%，粗蛋白质含 12%，每头牛日采食干物质 6.2 kg，饲养期 55 d，日增重 700 g 左右。

350～400 kg 体重阶段，日粮中精料比例占 75%，粗蛋白质含 10.8%，每头牛日采食干物质 7.6 kg，饲养期 45 d，日增重 1.1 kg。

450～500 kg 体重阶段，日粮中精料比例占 75%～80%，粗蛋白质含量 10%，每头牛日采食干物质 7.6～8.5 kg，日增重 1.1 kg。这一阶段也称肉质改善阶段，育肥牛胴体中肌肉与纤维间能否夹杂脂肪，形成大理石纹状，与此阶段的饲养是否正确关系很大。

科学规范化的饲养管理：育肥牛要采取舍饲或围栏饲养。舍饲时，要一牛一桩固定拴系，缰绳不宜太长，以限制其过量运动，以免消耗热能。围栏舍饲时，育肥牛散养在围栏内，每栏 15 头左右，每头牛占有面积 4～5 m^2，自由采食，自由饮水。日粮中精料比例上升到 75%以上。此时要随时注意育肥牛的消化情况，有无胀肚或拉稀，一旦发现要及时治疗，适当调整日粮结构及喂量。公牛在育肥前可去势或不去势，凡计划在 18 月龄屠宰的公牛，以不去势为好，增重更快，育肥效果更好。

(2) 吴乃科等(2002)优质高档牛肉规范化生产技术规程。

①育肥牛源的选择。选用断奶后体重在 180～200 kg 以上的鲁西黄牛或杂交肉用公牛，或选 1.5～2 岁，体重在 350 kg 以上的鲁西黄牛或杂交肉用阉牛。

②育肥前的准备。

隔离观察：对选用的牛进行 10～15 d 的隔离和观察。观察其饮食、粪便、反刍是否正常，进行布氏杆菌病、结核病的检疫，病牛予以淘汰。

健胃与驱虫：对育肥牛用敌百虫(40 mg/kg 体重)、左旋咪唑(8 mg/kg 体重)、别丁(60 mg/kg 体重)一次性灌服进行驱虫，驱虫后 3 d 灌服健胃散 500 g/次，1 次/d，连服 2～3 d。

编号与分群：对每头牛进行编号，可用耳标标记，以便记录和管理。根据体重、年龄进行合理分群，使每群牛的差异达到最小，以利于饲养管理。

③育肥期育肥。优质肉牛育肥期一般为 6～8 个月；生产高档牛肉所需要的育肥时间较长，视牛的肥度状况而定，一般为 8～13 个月(表 7.36)。育肥期可分为 2 个阶段，增重期和肉质改善期，前期为增重期，育肥 4～6 个月，此期饲养的主要目的是促进肌肉的生长，尽量加大优质肉块的比例；后期为肉质改善期，育肥 2～6 个月，此期饲养的主要目的是向肌纤维间沉积脂肪。

增重期育肥：育肥牛购进后，需经过 1 个月左右的适应期，使其逐步适应以精饲料为主的饲养方式，如果是未去势的牛，去势后的恢复期可以作为适应期。适应期内精饲料饲喂量应由少到多逐渐增加，7～10 d 达到规定喂量，粗饲料要保持均衡供应，不要轻易更换。

增重期的参考精料配方：玉米粉 72%，豆饼 8%，棉籽饼 15%～16%，磷酸氢钙 1.3%，食盐 1.2%、预混料添加剂 1%～2%。每 80～100 kg 体重喂 1 kg 混合精料，精料占总日粮的 50%～60%。粗饲料以青贮玉米秸、氨化麦秸和酒糟等为主，粗饲料占总日粮的 40%～50%。

管理上育肥牛不要喂得太饱，至八九成饱即可，喂时先精料后粗料，日喂 3 次，定槽专人饲养，饲喂后放入运动栏内饮水；做到圈内、牛体环境卫生清洁。

肉质改善期：高档肉牛阉牛体重达到 450～500 kg 时即可逐步换成肉质改善期的日粮，此时，阉牛的增重逐渐变慢，主要以沉积脂肪为主，以形成肌肉的大理石花纹。

肉质改善期的参考精料配方：玉米面 82%～83%，豆饼 12%，油脂 1%，磷酸氢钙 1.2%，小苏打 0.3%～0.5%，预混料添加剂 1%～2%。每 100 kg 体重喂 1.2～1.3 kg 混合精料，精料占总日粮的 60%～70%，粗饲料占日粮 30%～40%。在肉质改善期内，由于牛的肥度逐渐增加，食欲会逐渐减退，加之精料的喂量很大，为增加采食量，最好将各种饲料混合制成颗粒饲料。

肥度评定：高度育肥的牛，背腰宽平，骨结节不明显，阴囊充盈，充满脂肪，肋下手抓脂肪厚度大、后裆向两大腿伸展(俗称开裆)，年龄小于 3.5 岁，体重达 600～700 kg，胴体表面脂肪覆盖率 85%以上。

表 7.36　优质高档牛肉生产利鲁杂牛不同试验阶段日增重情况

项　目		1 组初始重 253.4kg		2 组初始重 247.5kg		3 组初始重 170.4kg	
日期	天数	精料量/kg	日增重/g	精料量/kg	日增重/g	精料量/kg	日增重/g
4 月 1 日		3.2		2.9		2.8	
5 月 2 日	31	3.4	1 097±57	3.1	1 048±133	2.9	1 028±80
6 月 1 日	61	3.4	1 136±96	3.1	1 117±71	2.9	1 083±56
7 月 1 日	91	3.4	927±114	3.1	775±185	2.9	883±49

续表 7.36

项　目		1组		2组		3组	
日期	天数	精料量/kg	日增重/g	精料量/kg	日增重/g	精料量/kg	日增重/g
8月1日	122	3.4	883±99	3.1	766±162	2.9	770±33
9月1日	153	5.3	984±185	4.5	934±175	3.6	944±93
10月1日	183	5.3	1 069±124	4.5	1 017±87	3.6	1 046±110
11月1日	214	5.3	1 117±112	4.5	1 000±65	3.6	1 048±85
12月1日	244	5.5	1 204±106	5.0	1 058±91	4.5	1 117±58
期末重/kg			507.5±10.5		483.5±24.9		411.8±6.8
总日增重/g			1 059		967		989

注：育肥试验从 1993 年 3 月 21 日至同年 12 月 1 日结束，共 254 d，其中预试期 10 d，正试期 244 d。饲养管理，单牛单槽分组管理，专人饲养；精粗饲料混合加水搅拌，日早晚各喂 1 次，日饮井水 2 次，刷拭牛体 1 次；按日增重 1 000 g(1 组)、800 g(2、3 组)制定饲料配方，供试牛每增重 50 kg 调整 1 次日粮，精饲料为豆饼、棉仁饼、玉米、小麦麸，不同阶段配方见表 7.37；粗饲料为小麦秸、带穗玉米青贮料等。

引自祝贵希等，1995(山东曹县)。

表 7.37　试验牛各阶段饲料配方

起止时间	豆饼	棉仁饼	玉米	小麦麸	钙粉	贝壳粉	食盐	微量元素
4.1～8.20	18	20	49.9	10	1	—	1	0.1
8.21～9.27	8	15	67	8	1	—	1	—
9.28～11.1	16.6	6.4	67	8	—	1	1	—
11.2～12.1	22	—	68	8	—	1	1	—

引自祝贵希等，1995(山东曹县)。

(3) 蒋洪茂(1992)望楚高档牛肉生产模式的技术要点。

牛的选择：①我国地方良种黄牛；②以西门塔尔牛或肉用牛为父本的杂交牛；③1～2 岁；④活重 300 kg 左右；⑤犍牛；⑥异地育肥。

过渡饲养：①良好的饲养环境；②粗料日粮；③7～15 d。

育肥：①围栏育肥；②自由采食、饮水；③配合日粮；④防疫卫生；⑤应用肉牛添加剂。

强度育肥：①高能日粮；②改善肉质饲养期 90～120 d。

出栏：体重 500 kg 以上。

实例：利用西门塔尔杂交牛生产高档牛肉试验研究(蒋洪茂等，1993)。

试牛选择：在内蒙古牧区选择 1986 年 6～7 月出生的健康、去势西门塔尔杂交一代小牛 33 头，于当年 11 月底运抵北京房山县豆店村第 12 农场饲养，并经驱虫处理。

试验期：经 2 个月的过渡饲养后，进入持续育肥期，总舍饲育肥期 390 d(表 7.38)。

试牛日粮组成，试验全程日粮组成为：玉米秸 47.95％，棉籽饼 17.27％，玉米 12.08％，青贮玉米 21.67％，食盐和石粉 1.03％。不同试验月龄，其日粮中所含代谢能(MJ/kg)2.50～2.81，粗蛋白质(％)在 11.6～16.0 之间有所变动。

饲养管理：混合精、粗料不加水，充分拌匀后投入食槽，槽中保持昼夜有草料，自由采食，围栏饲养，不拴系，栏内有饮水槽，自由饮水，每日清扫粪尿 1～2 次。

表 7.38 西门塔尔杂交牛不同育肥时间的增重

时间段/d	初始体重/kg	末体重/kg	日增重/g	每增重 1 kg 消耗精、粗饲料
1～207	122.2	297.3	846	9.56 kg
208～390	297.3	424.2	693	12.53 kg
1～390			775	10.94 kg

蒋洪茂等，1993（北京房山）。

7.4.3 “雪花”牛肉生产的肉牛育肥技术

随着国民生活水平的逐渐提高，我国消费者对于牛肉特别是高档牛肉的需求量与日俱增，而近年来，我国也涌现出一批资金实力雄厚，产品质量优秀，并集养殖、加工、销售为一体的现代化肉牛产业集团，这些企业是我国优质高档牛肉产品的重要生产基地之一，形成了“公司＋小区＋农户”的产业化肉牛养殖模式，建成了集繁育、育肥、屠宰加工于一体的高档牛肉生产基地。

目前我国很多城市人均收入已经到达 15 000 元，高档次牛肉的消费更是火爆，国产的高档次牛肉也挺进五星级餐饮业。所谓高档牛肉，是指能够作为高档食品的优质牛肉，如牛排、烤牛肉、肥牛肉等。优质牛肉的生产，肉牛屠宰年龄在 12～18 月龄的公牛，屠宰体重 400～500 kg；高档牛肉的生产，屠宰体重 600 kg，以阉牛育肥为最好。高档牛肉嫩度剪切值 3.62 kg 以下、大理石花纹 1 级或 2 级、质地松弛、多汁色鲜、风味浓香。

1. 影响肌肉内脂肪沉积的因素

“雪花”牛肉不同于“红牛肉”（大理石纹），“雪花”牛肉是让牛机体的脂肪（白色）均匀分布到肌肉中，形成“高密度的大理石纹”（一般称作“雪花”）。影响肉牛肌内脂肪含量的因素有如下几个。

(1) 品种，即遗传因素。王丽哲等（2001）对鲁西牛及其改良品种鲁西牛、利鲁牛、晋南牛在相同的饲养管理条件下育肥，结果表明，不同品种中晋南牛的大理石花纹与其他 3 个品种差异显著，表明其沉积脂肪的能力显著优于其他 3 个品种，说明品种影响肌内脂肪的沉积。张国梁等（2007）对西门塔尔牛、夏洛来牛、安格斯杂交牛进行试验，结果表明，安格斯牛眼肌大理石花纹等级高，品种间存在差异。要生产“雪花肉”，首先是牛种，国内市场上的“雪龙黑牛”就是中国黄牛与日本和牛杂交的后代，还有一些中国黄牛与安格斯牛杂交的后代，也能产生“雪花肉”（曹兵海，2010）。

(2) 年龄因素。脂肪在幼年期主要出现在内脏和肾脏周围，随着年龄的增加，逐渐沉积在皮下和肌肉间，最后在肌肉内沉积，所以脂肪沉积的先后顺序为器官周围脂肪—皮下脂肪—肌间脂肪—肌内脂肪。可见，肌内脂肪的大量沉积一般出现在生长的较晚期（冀一伦，2001）。对于育肥牛，大量的研究结果表明，肉牛体内的脂肪沉积量随年龄增大而增加，1～12 月龄脂肪量很少，大理石花纹等级低；12～24 月龄，脂肪的沉积速度明显加快，大理石花纹迅速增多，30 月龄以后，大理石花纹变化不明显，肌肉内脂肪总的含量随着动物年龄的增加而逐渐升高，并且肌内脂肪的增长率随着动物年龄的增加有逐渐升高的趋势，这说明“雪花”牛肉的生产注定要育肥时间长，即肉牛采用去势长期育肥模式。

(3) 性别。育肥牛在同样饲养条件下,以公牛生长最快,阉牛次之,母牛最慢,但在大理石花纹形成上,一般母牛沉积脂肪最快,阉牛次之,公牛沉积最迟而慢,育肥牛的性别影响其脂肪沉积和肉质风味(王艳荣等,2000),要想获得优质的育肥牛,最好选用早熟品种或阉牛进行育肥。

(4) 营养水平。要达到脂肪沉积到肌肉纤维之间,形成明显的红、白相间的"雪花"牛肉,应在不影响育肥牛正常消化的基础上尽量提高日粮能量水平。同时,蛋白质、矿物质、微量元素和维生素的供给量也要满足,目的是追求较高的日增重,因为只有高日增重,前期的肌肉生长,是优质肉块膨大,育肥后期脂肪沉积到肌纤维之间的比例才会增加。而且高日增重也促使结缔组织如肌膜、肌鞘等已形成的网状交联松散以重新适应肌束的膨大,从而使肉变嫩。

2."雪花"牛肉生产的肉牛育肥技术

(1) 选择适宜的品种。地方良种黄牛如晋南牛、秦川牛、鲁西牛、南阳牛、延边牛,安格斯牛、海福特牛、日本和牛与地方良种的杂交后代。①选择5～6月龄的犊牛,必须基本具备本品种特征;②公犊牛必须去势,体重在180 kg以上;③犊牛无病,胸幅宽,胸垂无脂肪,呈"V"字形;④具备个体生长及其父母情况记录档案。

(2) 育肥期肉牛体重和育肥期增重要求。

①前期育肥300～350 d,体重应达到500 kg以上,不能低于450 kg;②育肥结束体重要求:整个育肥期为650 d,标准体重应达到600 kg以上,理想体重为650～700 kg。

从180日龄(犊牛期结束)开始育肥,其日增重为1.1 kg,生长至350日龄时日增重下降至1.0 kg,生长至500日龄体重达到500～550 kg时,日增重则为0.8 kg,体重增长开始缓慢,当育肥至700～750日龄,体重达到600～650 kg时,其体重增长则停滞或缓慢下降。

(3) 育肥期的饲养管理与饲养要求。育肥期一般为18～22个月,分为增重期和肉质改善期。前期为增重期(8～10个月),体重应达到500 kg以上,不能低于450 kg;后期为肉质改善期(8～12个月),体重应达到650 kg以上。

育肥前期主要以肌肉生长为主,在这期间日粮以高蛋白质饲料为主;后期主要以沉积脂肪为主,让脂肪充分沉积到肌肉纤维层,在此期间应饲喂高能量低蛋白质饲料,以大麦、小麦为主。精饲料中要添加一定量的矿物质微量元素和维生素;粗饲料以苜蓿、玉米秸秆、稻草为主。

(4) 日粮配方。

①育肥前期(增重期)精料参考配方:玉米面65%,豆饼8%,棉籽饼20%,磷酸氢钙2%,食盐1.2%,小苏打1.3%,预混料1.5%,每100 kg体重喂1.2～1.4 kg混合精料,占日粮60%～70%。粗料以青贮玉米秸或氨化麦秸、玉米秸为主,占日粮30%～40%。

②育肥后期(肉质改善期)参考配方:玉米面40%,大麦40%,豆粕13%,油脂2%,磷酸氢钙1.0%,食盐1.0%,预混料1.5%,小苏打1.5%(大麦粉碎太细易引起瘤胃膨胀,应粗粉碎或用水浸泡数小时或压片后饲喂,可起到预防作用。大麦进行压片或蒸汽处理可改善其适口性及肉牛育肥效果。此外,每日要饲喂一定数量脂肪)。每100 kg体重喂给1.5～1.6 kg混合精料,占日粮70%～80%。粗饲料与增重期相同,占日粮20%～30%。为了不影响肉质,肉牛育肥后期禁止使用酒糟和青贮类粗饲料。

也可以根据育肥肉牛不同体重阶段设计日粮配方。

①体重300 kg以前,每头每日精料4～5 kg(玉米60%,麸皮15%,大豆粕14.0%,棉仁

粕 10%，磷酸氢钙 2%，石粉 1%，食盐 1.0%，小苏打 1.0%，预混料 1.0%）；苜蓿草或玉米秸 3～4 kg。

②体重 300～400 kg，每头每日精料 5～7 kg（玉米 60%，大麦 10%，麸皮 4%，大豆粕 10%，棉仁粕 10%，磷酸氢钙 2%，石粉 1%，食盐 1%，小苏打 1%，预混料 1.0%）；苜蓿草或玉米秸 5～6 kg。

③体重 400～500 kg，每头每日精料 6～8 kg（玉米 50%，大麦 20%，麸皮 8%，大豆粕 8%，棉仁粕 8%，磷酸氢钙 2%，石粉 1%，食盐 1%，小苏打 1%，预混料 1.0%）；苜蓿草或玉米秸 5～6 kg。

④体重 500～650 kg，每头每日精料 7～9 kg（玉米 45%，大麦 40%，大豆粕 10%，磷酸氢钙 1%，石粉 1%，食盐 1%，小苏打 1%，预混料 1.0%）；苜蓿草或玉米秸 5～6 kg。

育肥后期不喂含各种能加重脂肪组织颜色的饲料，如生豆粕、黄玉米、南瓜、胡萝卜、青草等，改喂使脂肪白而坚硬的饲料，如麦类、麸皮、马铃薯、淀粉渣等。粗料最好用含叶绿素、叶黄素较少的饲料，如玉米秸、谷草、干草等，在日粮成分变动时，要注意做到逐渐过渡。高精料育肥时应防止肉牛发生酸中毒。

（5）饲喂方法。饲喂方法有 2 种，一是将一次饲喂的饲料品种混合后饲喂；二是将饲喂饲料品种依次投入饲槽，即粗饲料、酒糟、糠麸类等、配合饲料。饲喂时间均采取早晚 2 次饲喂方法。6:00—7:00，17:30—18:30 时饲喂，也可另行规定，或日饲喂 3 次。

（6）管理技术。

①畜舍及畜体卫生，畜舍保持清洁干燥，空气新鲜，每周除粪 1～2 次，畜舍内保持不泥泞，牛腹下不沾粪便为标准。舍内垫料多用锯末或稻壳。畜舍内外半月消毒 1 次，饲槽、水槽 3～4 d 清洗 1 次。育肥前牛要进行体检、体表清洗和驱虫。

②饮水，采用自动饮水器或水槽，可以定期在水中添食的人工盐。

常见疾病的处理：①臌胀。肉牛育肥中由于精饲料饲喂较多，运动量少，经常发生瘤胃臌胀症，对策是平时注意观察，及时治疗。②消化不良。饲料营养高而运动不足，使肉牛瘤胃功能减弱，引发消化道疾病，病牛可投饲生物制剂进行治疗。③防止牛体外伤（防止牛与牛之间的顶撞和饲养人员的体罚）。尤其是后期育肥牛防止外伤意义重大，外伤会影响肉质，降低等级。④在出栏前 20 d 内不准给牛注射任何药物，不准打牛和做出对牛体表有伤害的行为。⑤适时出栏。

第8章

架子牛育肥技术

架子牛育肥是我国目前肉牛生产的主要形式，具有良好的经济效益，它提供市场上大量的优质牛肉，丰富肉品市场，提高了养牛的效益。架子牛育肥周期短、见效快，是农牧区养牛户致富的主要途径之一；架子牛育肥可以充分利用青粗饲料和食品加工副产品资源，促进了农牧业的种植—养殖良性循环。

8.1 架子牛育肥原理

肉牛早期生长发育的速度很快，如果饲料条件很差或营养需要得不到满足，就会造成肉牛的正常生长发育受到限制，使肉牛的生长潜力不能充分发挥，往往造成肉牛的骨架基本长成，而肌肉和脂肪生长较少，这种牛看起来骨架与成年牛相似而身体比较瘦削，这种现象被称为限制生长，这样的肉牛被称为架子牛。架子牛的骨骼基本接近成年牛，而身体肌肉、脂肪较少，当营养水平和饲养管理条件得到改善时，架子牛的肌肉生长速度会明显加快，随育肥时间延长，脂肪沉积，明显提高了牛肉品质，称架子牛育肥，这种饲养方式利用架子牛补偿生长的特点，具有饲养周期短、资金周转快、饲料报酬高、生产成本低、经济效益显著等特点。

8.1.1 架子牛育肥原理

架子牛育肥方式主要是利用了肉牛补偿生长的规律，是获得养牛效益的重要方式。但是，架子牛育肥忽视了牛前期的饲养管理条件，使肉牛养殖时间延长，总体上提高了养殖成本。架子牛的来源不稳定，牛的品种、年龄、体重以及防疫情况均存在很大的差异。因此，不利于生产优质牛肉。从长远观点来看，架子牛的来源也会发生短缺。

1. 架子牛形成的原因

架子牛是指肉牛在犊牛和育成牛阶段比较粗放的饲养管理条件下，牛的骨骼生长较快而肌肉生长相对较慢，骨架基本接近成年牛而身体肌肉、脂肪较少的牛，因此架子牛形成的根本原因没能按幼牛生长的规律提供充足的营养，即营养供给不足而使增重维持在较低水平，甚至某些阶段不增重。

(1) 在我国北方的农区、牧区，在特有气候、季节、农事等因素影响下，春季产犊，犊牛随母哺乳，随牧青草，见图 8.1a，断奶时已是冬季，天气寒冷，使得维持营养需要增加，而越冬饲料营养贫乏，形成架子牛(蒋洪茂，1993)。

(2) 在我国，产牛区(养母牛的地方)多在青草、牧草和秸秆资源较丰富，但经济欠发达，交通不便的丘陵、山区，见图 8.1b。养牛规模较小，较分散，离市场较远，因此在产区采用"吊架子"(童正富等，1999)。

(3) 南方的山区、丘陵地带等利用青绿饲料放牧、半放牧等方式养牛，因饲料资源缺乏或缺乏补饲的意识，造成育成牛发育受阻，形成架子牛(王阳铭等，2006)。

a. 放牧

b. 农区舍饲

图 8.1　带犊母牛繁育体系

2. 架子牛的要求与育肥特点

架子牛通常是指未经育肥或不够屠宰体况的幼牛，是幼牛在恶劣环境条件下或日粮营养水平较低情况下，没有引起牛生长发育的变化，但使牛生长速度下降，骨骼、内脏和部分肌肉优先发育，搭成骨架，形成架子牛。当营养水平和饲养管理条件得到改善时，架子牛的肌肉生长速度会明显加快。

(1) 架子牛的要求。架子牛育肥方式主要是利用了肉牛补偿生长的规律，架子牛补偿生长能力的高低是快速育肥成功与否的关键。一般认为，年龄越小，体重越大，骨架越大的牛，其补偿生长能力越强。根据目前我国架子牛育肥的特点及市场需求，一般来说，架子牛的适宜年龄是 1～2 岁，体重为 300～350 kg；理想要求体重在 350 kg 以上，体格高大，宽嘴宽腰，精神饱满，毛色光亮，年龄在 1.5 岁左右的兼用品种公牛及各代杂交后代公牛如西杂牛、夏杂牛、利杂牛、皮杂牛等品种的架子牛是首选。架子牛按年龄大小可分为犊牛(1 岁以下)、1 岁龄牛(1～2 岁)和 2 岁牛(2～3 岁)。杨正德曾对西杂阉牛(2±0.5)岁、(4±0.5)岁、5～9 岁进行育肥效果、屠宰性能研究，结果表明在相同条件下，增重速度($P<0.05$)及眼肌面积($P<0.05$)均以 2±0.5 效果最好。

(2) 架子牛育肥特点。架子牛具有较强的生长潜力，所以当架子牛一旦饲养管理条件和营养状况得到改善时，架子牛的肌肉和脂肪的生长速度会显著加快，即快速增重，使受到抑制的生长发育过程得到补偿。架子牛转移到产粮区和粮食加工业(酿酒、榨油)较发达,距市场较近,经济较好的地区进行育肥,是比较符合目前我国肉牛生产的实际,也是幼牛育肥的主要方法,架子牛育肥具有风险小、周期短、见效快、效益高等优点,但也存在着运输应激和疫病易传播的不足。

3. 架子牛育肥原理

架子牛育肥的原理是利用动物补偿生长现象,动物在生长过程中,由于环境条件恶变,饲料营养降低,而当这种不良影响仅仅是引起动物生长速度和体重的变化,而没有引起动物生长发育的变化时,这种不良影响因素被消除之后,动物采食能力增强,消化能力提高,营养需要增多,生长速度加快,体重在短时间能赶上没有受限制时应达到的体重。陈幼春等(1999)在研究肉牛育肥时发现大型肉牛品种有明显的补偿生长现象。

(1) 在利用架子牛进行育肥时,选择的架子牛要有明显的补偿生长潜力(表 8.1),育肥时间的长短要依据牛的补偿生长完成时间而定,补偿生长结束后,要及时出栏,否则将影响育肥效果。

表 8.1 鄂西役用黄牛不同体况膘情对补偿生长的影响

膘情等级	头数	日粮	头增重/kg	60 d 日增重/g	育肥前 30 d 日增重/g	育肥后 30 d 日增重/g
四等膘情	7	每天饲喂补饲精料。预饲期第 1 天为 0.5 kg,日补饲 1 次;第 24 天,补饲 0.5 kg,日喂 2 次;以后按 0.5 kg/次,日补饲 3 次,至实验结束。精料补饲方法为一牛一槽,单独补饲。粗料主要为稻草,采取“定量不限量”自由采食的原则。饮水为自由饮水	20.61	344	384	303
三等膘情	8		34.98	583	772	394
二等膘情	6		20.95	349	445	253

注:膘情等级高,膘情好。为鄂西役用黄牛,即郧巴黄牛、恩施黄牛。

引自刘臣华等,2004(鄂西地区)。

(2) 肉牛在生长过程中骨骼、肌肉、脂肪的生长是有先后顺序的,在不同生长阶段组织生长的幅度不同(表 8.2)。不同育肥阶段主要是利用补偿生长的原理,利用细胞的分裂早于生长,先制约生长而后以高于正常生长表现的速度得到某种程度的恢复,这样可以节约精饲料的消耗量,降低生产成本,同时还可以生产出质量较好的牛肉。育肥前期以饲喂粗饲料为主,在低营养状态下维持体格生长,后期以饲喂精饲料为主,在高营养状态下,发挥代偿生长的优势,加速肌肉、脂肪的生长。

表 8.2 鄂西役用黄牛不同年龄段对补偿生长的影响

年龄段	头数	日粮	平均头增重/kg	平均日增重/g
10 岁以下	11	每天饲喂补饲精料。预饲期第 1 天为 0.5 kg,日补饲 1 次;第 24 天,补饲 0.5 kg,日喂 2 次;以后按 0.5 kg/次,日补饲 3 次,至实验结束。精料补饲方法为一牛一槽,单独补饲。粗料主要为稻草,	29.1	485
10～14 岁	7		24.37	406

续表 8.2

年龄段	头数	日粮	平均头增重/kg	平均日增重/g
14 岁及其以上	3	采取“定量不限量”自由采食的原则。饮水为自由饮水	19.73	329

注：表示牛的年龄估测是按牛的角轮数加角尖(约 2 岁)进行计算。鄂西役用黄牛，即郧巴黄牛，恩施黄牛。精料配方玉米 28.5%，麦麸 20%，米糠 25%，豆饼 15%，菜饼 9%，石粉 1.5%，食盐 0.5%，预混料 0.5%。

引自刘臣华等，2004(鄂西地区)。

(3) 架子牛育肥是根据肉牛“先长骨，后增体、长肉，沉脂”的生理发育规律，生长期以长骨骼为主阶段，肌肉比脂肪生长快；恢复期生长需要较高的蛋白质饲料，育肥期需要较高的能量饲料(表 8.3)。

表 8.3 不同月龄阶段(7～8 月龄、12～18 月龄、3～4 岁)云南黄牛育肥的效果 kg

月龄阶段	日粮		体重变化			
	精料	甘蔗稍青贮	始重	末重	增重	日增重
7～8 月龄	3.0	6.37±0.98	106.5±20.5	170.6±19.5	64.1±4.2	712.2±45.7a
12～18 月龄	3.0	10.18±1.33	195.0±24.5	272.2±27.4	77.2±4.0	857.8±43.2ab
3～4 岁	3.0	15.28±1.71	298.5±26.0	389.7±27.6	91.2±5.9	1 012.9±62.1b

注：同一列中有相同字母表示差异不显著($P>0.05$)，不同字母表示差异显著($P<0.05$)。每组有 6 头云南黄牛，正试期为 80 d。精饲料配方：玉米 55%，豆粕 8%，棉粕 6%，菜粕 10%，酵母蛋白 10%，酒糟粉 6%，添加剂预混料 5%。

引自刘建勇，2010(云南芒市)。

8.1.2 肉牛异地育肥

肉牛异(易)地育肥是指在不同的两地(甲地)繁殖并培育犊牛，而乙地专门进行架子牛育肥，发挥各自优势，进行肉牛生产。异地育肥方式是农牧毗邻区尽快致富的一条重要门路，也是发展商品畜牧业生产的有效途径，目前已形成的模式有“牧区繁殖、农区育肥、城市销售”、“北繁南育”、“资源互补”等。异地育肥生产牛肉的方式已不局限在国内，已有多国在搞跨国异地育肥，如美国每年从墨西哥、加拿大进口架子牛数百万头，英国由国外进口的架子牛占本国架子牛总数的 10%。异地育肥是一种高度专业化的肉牛育肥生产制度，是在自然和经济条件不同的地区分别进行犊牛的生产、培育和架子牛的专业化育肥。

1. 异地育肥技术推广意义

在我国的草原牧区和很多山区，饲养牛的头数较多，群体大，一般气候比较冷，草场过度放牧，多年来这些地区养牛往往是秋肥、冬瘦、春乏，甚至死亡，一头牛养 4～5 年才能出栏，经济效益很低。采用异地育肥就可利用该地区秋肥的优势，在进入枯草季节牛只掉膘前，将其转移到农区，此时正值粮食、秸秆收获季节，采用秸秆加精料进行强度育肥，然后出售，屠宰或出口创汇。这种异地育肥技术从地理位置和温差上大大降低了牛只的能量消耗，缓解了草原牧区、半牧区牛多、圈舍少、草原过度放牧的矛盾，从而走出秋肥、冬瘦、春乏的恶性循环，加快牛群周转，提高经济效益。同时也发挥了农区气候温暖、草料丰富、管理精细的优势。在牧区或产犊区充分利用当地草场条件，以放牧方式饲养母牛、繁殖犊牛，犊牛断奶后，立即或者养到1岁后转移到精料条件较好的农区进行短期强度育肥，然后出售或屠宰。异地育肥技术的推广，对搞活牧区和农区、山区和平原的养牛业和经济发展有着重要意义。

目前异地育肥已不限于由牧区购牛，很多都是从农区购进，即从一个繁育和培育肉牛或架子牛地区，被转移到另一个地区进行育肥，可以充分利用当地的牧草及农副产品资源饲养母牛，把断奶犊牛或长到1岁半的犊牛转移到内地精饲料条件较好的地区进行短期强度育肥，然后出售或屠宰。

2. 肉牛异地育肥成败的关键技术

肉牛异地育肥可以获得良好的经济效益，但架子牛异地采购、长途运输对养牛者、架子牛都是挑战，尤其是对异地购入肉牛前后的关键问题没有足够的重视，盲目投资，致使一些牛场在肉牛到场后出现体重不符、疾病较多等诸多问题，而且死淘率较高，给饲养户带来较大损失。

(1) 牛源地的选择，以路程最近为首选，防止二次转运，即有些繁育场的牛源是从异地购入肉用犊牛、役用牛、架子牛等，进行短期饲养过渡后，再转卖到另一育肥地。

(2) 调查牛源地情况，包括两地的气候差异，牛源地的疫病情况，牛源数量，价格差距。

(3) 加强架子牛运输途中的管理，减少掉重(掉膘)和伤亡损失；避免运输造成的应激以及其他疾病，起运前，饲喂肉牛优质干草和足量的清洁饮水和适量淡盐水，但不能喂太饱，长途运输过程中，冬天要注意保暖防寒，夏天要注意遮阳防暑；保证充足的饲料及饮水。

(4) 严格挑选架子牛(包括品种、年龄、体质、体重、健康等)，虽然异地育肥对牛从年龄上没要求，小的刚断奶(即6月龄)，大的有7～8岁甚至更大，均可，但要健壮。

(5) 缩短架子牛到达育肥场后的过渡饲养，10～15 d后便进入育肥期。

(6) 进行有效的育肥(强度育肥技术的应用)；适度规模经营，加强管理，向管理要效益；及时出栏上市或屠宰，减少无谓的维持需要能量的支出。

(7) 灵活掌握并运用架子牛买卖差额规律。

8.1.3　架子牛育肥方法

架子牛育肥按饲养管理方式可分为全舍饲育肥、放牧育肥和放牧结合舍饲育肥3种方式。架子牛的育肥是利用动物补偿生长原理，即当营养状况得到改善时，架子牛的肌肉和脂肪的生长速度会显著加快，快速增重，获得效益，因架子牛的来源杂，有不同品种、不同年龄、不同的前期培育、不同的牛场饲料资源、不同的牛管理方式等，使得架子牛育肥的方法多种多样，如全放牧、放牧补饲、割草舍饲、舍饲全精料，以酒糟为主，以秸秆为主等(图8.2、图8.3)。

1. 粗料型

以牧草、草场、草山、草坡、滩涂等青绿饲料和作物秸秆饲料为主，对架子牛进行饲养育肥，为提高日增重，需要额外补饲精饲料，加快出栏，该饲料类型的育肥方法成本低，疾病少，但周期长，属于典型的长周期低精料型模式。

(1) 全放牧。放牧育肥牛是以天然牧场为主的育肥牛方法，放牧育肥法具有饲养成本低，育肥效果好，易于在广大农牧区推广等优点，我国南方天然牧场广阔，四季牧草丰富，更值得提倡此种育肥牛方法(图 8.2、表 8.4)。以牛龄在 1～4 岁、体格高大、健康无病的杂交公牛效果最好,淘汰的公牛、不孕的母牛、淘汰奶牛及丧失使役能力的耕牛等,在屠宰前也可放牧育肥提高产肉量。在放牧育肥前架子牛要驱除体内外寄生虫,同时要进行健胃,以提高增重效果,青壮牛采食能力强,育肥效果好,年老体弱的牛育肥效果较差,但经过适当调理如健胃驱虫后也能收到较好的增重效果;放牧一般从 5 月开始,10 月下旬结束(南方可提早或延长时间)出栏。肉牛在 150 d 左右的放牧育肥期,本地牛日增重达 0.4～0.8 kg,肉用杂交牛日增重达 0.8～1.0 kg,5 个月可增重 60～150 kg。

表 8.4　舍饲与放牧对本地黄牛体重变化的影响

组别	日粮			体重变化			
	精料/(g/(d·头))	饲养方式	粗料/(kg/(d·头))	始重/kg	末重/kg	增重/kg	日增重/g
秸秆+精料,舍饲	250	全舍饲,秸秆	13.9	154.2±22.73	180.7±23.39	26.6	294.8±99.71ab
氨化秸秆+精料,舍饲	250	全舍饲,氨化秸秆	14.1	155.6±27.70	204.3±22.45	48.8	541.5±173.97c
放牧+精料,半舍饲	250	白天人工草地全放牧	14.0	154.3±47.93	193.4±56.15	39.1	434.1±122.18bc
人工草地全放牧	—	全放牧于人工草地	14.0	153.8±29.63	175.7±21.18	21.9	243.3±152.02a

注:同一列中相同字母表示差异不显著($P>0.05$),不同字母表示差异显著($P<0.05$)。每组有母牛 4 头,公牛 2 头,90 d 试验期。

引自方亮等,1996(贵州丹寨)。

a. 草场放牧

b. 山地放牧

图 8.2　放牧

(2) 放牧加补饲育肥架子牛。此方法简单易行,以充分利用当地资源为主,投入少,效益高。我国牧区、山区可采用此法(表 8.5)。对 6 月龄未断奶的犊牛,7～12 月龄半放牧半舍饲,放牧由 5 月开始至 11 月放牧,每天收牧后有条件可补饲干草、精料或玉米等(补饲时间在晚 8:00 点以后),或 13～15 月龄全放牧,16～18 月龄经驱虫后,进行舍饲强度育肥,整天放牧,每天补喂精料 2.0 kg,另外适当补饲青草,我国北方省份 11 月份以后,进入枯草季节,继续放牧达不到育肥的目的,应转入舍内进行全舍饲育肥;南方山地也要增加补饲饲料量。

表 8.5 放牧安格斯杂交肉牛补饲不同精料对增重的影响

组别	日粮		体重变化/kg			
	精料/(kg/(d·头))	粗料	始重	末重	累积体增重	日增重
对照组	0	放牧	145.4±11.6	203.5±10.62dc	58.14±1.70d	0.32±0.01d
补饲1组	0.5	放牧	145.2±10.2	222.43±11.39cb	77.21±7.49c	0.43±0.04c
补饲2组	1.0	放牧	145.0±12.0	237.36±13.20b	92.36±2.21b	0.51±0.01b
补饲3组	1.5	放牧	144.5±10.7	257.29±12.49a	112.79±5.51a	0.63±0.03a

注:同一列中相同字母表示差异不显著($P>0.05$),不同字母表示差异显著($P<0.05$)。育肥分前期和后期,各 90 d,每组 7 头牛(安格斯牛×本地黄牛)。

引自刘莹莹等,2008(湖南涟源)。

(3) 作物秸秆为主,适当补加精料。农区有大量作物秸秆,是廉价的饲料资源,玉米秸秆可以粉碎饲用,而麦秸、稻草等要经过化学、微生物处理后饲用,改善适口性及提高消化率(表 8.6)。以(氨化)秸秆为主加适量的精料(占体重 0.5%,如 400 kg 体重牛 2 kg)进行肉牛育肥(表 8.7),可以是架子牛的增重速度达 0.6~0.8 kg,精料组成为玉米 60%,棉籽饼 30%,麸皮 15%,钙粉 1.5%,食盐 1.5%,小苏打 1%,预混料 1%。

表 8.6 不同处理秸秆日粮对肉牛增重的影响

项目	干玉米秸	黄贮秸秆	氨化秸秆	微贮秸秆	差异性
秸秆 DM 采食量/(kg/d)	3.84±0.62a	4.30±0.29a	5.22±0.47b	5.89±0.53b	*
精料 DM 进食量/(kg/d)	1.95	1.95	1.95	1.95	ns
DM 进食量/(kg/d)	5.79±0.93a	6.25±0.42a	7.17±0.62b	7.84±0.71b	*
试验期间增重/kg	20.90±1.70a	30.85±2.68b	41.28±2.98d	37.01±3.20c	*
增重/(kg/kg DDM)	0.123±0.052	0.160±0.052	0.180±0.048	0.147±0.019	ns
增重/(kg/kg DOM)	0.133±0.056	0.162±0.052	0.181±0.048	0.157±0.021	ns
增重/(kg/kg DCP)	1.068±0.450	1.437±0.462	1.529±0.408	1.477±0.193	ns

注:表中同一行有相同字母表示差异不显著($P>0.05$),有不同字母表示差异显著($P<0.05$)。精料配方,玉米 37.0%,麸皮 10%,胡麻饼 50%,石粉 1.5%,食盐 1.0%,矿物质维生素预混料 0.5%。每组 4 头西门塔尔(♂)与本地黄牛(♀)杂交一代(F_1)未去势公牛(架子牛),正试期 55 d。

引自肖蕊,2009(山西长治)。

表 8.7 麦秸不同调制方法对肉牛育肥增重效果的影响 kg

组别	日粮		体重变化			
	麦秸	精料	初重	末重	增重	日增重
微生物处理麦秸	6.76	2.40	252.09±8.18	352.55±12.54	100.46±3.12b	1.116±0.162b
氨化麦秸	7.58	2.40	248.20±6.32	346.41±11.52	98.21±3.46b	1.092±0.161b
铡短麦秸	7.48	2.40	250.72±7.82	324.06±13.32	73.35±4.25a	0.815±0.120a

注:同一列中有相同字母表示差异不显著($P>0.05$),不同字母表示差异显著($P<0.05$)。每组 8 头西杂一代公牛,正试期为 90 d。混合精料配方:玉米 45.5%,花生饼 25.5%,麸皮 27.5%,钙粉 1.0%,食盐 0.5%。

引自李助南和肖仕祥,1999(湖北麻城)。

(4) 青贮饲料为主,适当补加精料(表 8.8,表 8.9,图 8.3)。在广大农区,可用青玉米秸秆制作青贮,青贮玉米秸秆是育肥肉牛的优质饲料。完熟后的玉米秸,在尚未成干枯秸之前青贮保存,在低精料水平条件下,饲喂玉米秸秆青贮料能达到较高的增重,达 0.7~0.9 kg。

表 8.8 玉米全株青贮对肉牛增重效果的影响

组别	日粮		体重变化			
	精料/kg	粗料	始重/kg	末重/kg	试期增重/kg	头日增重/g
玉米秸秆组	2.0	自由采食晾干玉米秸	237.0	268.5	32.5	0.65±0.07a
全株青贮组	1.0	自由采食全株青贮	226.0	273.5	47.5	0.95±0.09 b

注:同一列中有相同字母表示差异不显著($P>0.05$),不同字母表示差异显著($P<0.05$)。每组有 12 头鲁本和秦本杂交牛,正试期为 50 d。混合精料配方:玉米 60%,棉籽饼 40%。

引自王景才等,2003(山东泰安)。

表 8.9 玉米全株青贮对肉牛增重效果的影响

组别	日粮		体重变化			
	精料/kg	粗料	始重/kg	末重/kg	试期增重/kg	头日增重/g
玉米秸秆组	4.5	自由采食	423.2±36.5	473.7±30.5	50.5±8.5	1 009±441.1a
全株青贮组	4.5	自由采食	426.4±31.9	496.0±28.8	69.6±9.6	1 392±434.3 b

注:同一列中相同肩标字母表示差异不显著($P>0.05$),小写字母不同者表示差异显著($P<0.05$)。每组有 10 头西门塔尔杂交公牛,正试期为 50 d。混合精料配方:玉米 76%,豆粕 16%,碳酸氢钠 1%,磷酸氢钙 2%,食盐 1%,预混料 4%。

引自孙金艳等,2007(黑龙江穆棱)。

a. 青草为主

b. 秸秆为主

图 8.3 以青粗饲料为主饲养肉牛

(5) 糟渣类饲料为主,适当补加精料(表 8.10)。糟渣类饲料包括酿酒、制粉、制糖的副产品,其大多是提取了原料中的碳水化合物后剩下的多水分残渣物质,这些糟渣类下脚料,富含水分,是育肥肉牛的良好饲料资源。其使用见第 6 章。

表 8.10 酒糟为主对西本杂 1 代、杂 2 代公牛增重效果的影响

组别	日粮/kg			体重变化		
	精料	粗料	酒糟(鲜)	始重/kg	末重/kg	头日增重/g
西本杂 1 代	2.94	自由采食,玉米秸,谷草	10.0	285.1±15.4	376.7± 21.0	1.14±0.09a
西本杂 2 代	2.94	自由采食,玉米秸,谷草	10.0	320.8± 4.6	420.6± 9.7	1.25±0.06 b

注:同一列中有不同字母表示差异显著($P<0.05$)。每组有 6 西杂牛,正试期为 80 d。混合精料由 69.31%的玉米,19.80%的胡麻饼,9.90%的小麦麸和 0.99%的食盐组成。

引自邢彦学等,1989(河北围场)。

2. 精料型

以精饲料为主的肉牛育肥,就是在育肥过程中最大限度地喂给精饲料,最小限度地喂给粗饲料,使肉牛快速生长,快速出栏。该育肥方式的优点是:牛增重速度快,出栏期短,肉质好,便于规模饲养;缺点是育肥期消耗精饲料多。

(1) 以精饲料为主的育肥方式(表 8.11)。也称高能日粮强度育肥法,属于高精料育肥,要求技术含量高,没有一定技术基础的人很难做到,因此在育肥时一定要结合自身的技术素质选择育肥方式。育肥初期日增重可以达到 1.0 kg 以上,但随着体重的增长和体内脂肪的沉积,体重达到 450 kg 以后,日增重明显下降。育肥过程中必须保证喂给一定量的粗饲料。

高能日粮强度育肥法精料用量很大而粗料比例较少的育肥方法。购进后,第一个月为过渡期,主要是饲料的适应过程,逐渐加大精料比例。第二个月开始,即按规定配方强化饲养,其配方的比例为玉米 65%,麸皮 10%,油饼类 20%,矿物质类 5%。日喂量可达到每 100 kg 体重喂给 1.2 kg 混合精料。粗饲料以青贮玉米秸或氨化麦秸为主,任其自由采食,不限量。育肥前期为防止脂肪过早过快沉积,粗饲料的比例应大些,一般控制在 35%左右;育肥后期为加快肌肉和脂肪的生长,粗饲料的比例应尽量缩小,一般控制在 20%左右,最低限度不少于 10%。日喂 2~3 次,食后饮水。尽量限制运动,注意牛舍和牛体卫生,环境要安静。

表 8.11 高精料日粮条件下烟酸对肉牛生长性能的影响 kg

组别	日粮采食量		体重变化			
	精料	稻草	始重	末重	增重	头日增重
1.0%碳酸氢钠组	9.24±0.26	2.24±0.03	434.17±22.78	479.83±31.47	45.66±12.04	1.522±0.401
400 mg/(kgDM)烟酸组	9.30±0.23	2.19±0.03	438.16±19.45	481.64±28.95	43.48±12.17	1.449±0.406

注:统计差异不显著($P>0.05$)。每组有 6 西杂牛,正试期为 30 d。混合精料配方为玉米 66.0%,麦麸 17.0%,豆粕 14.0%,石粉 0.8%,磷酸氢钙 0.6%,食盐 0.6%,预混料 1.0%。

引自欧阳克蕙等,2010(江西分宜)。

(2) 前粗后精育肥方式(表 8.12)。前粗后精育肥就是在肉牛育肥过程中,前期以饲喂粗饲料为主,在低营养状态下维持体格生长;后期以饲喂精饲料为主,在高营养状态下,发挥代偿增长的优势,加速肌肉和脂肪的生长。该育肥方式的优点是育肥期消耗饲料少,后期增重速度快,出栏体重大,肉质好;缺点是总体增重速度慢,育肥期长,如 7~8 月龄、体重 250~270 kg 的幼牛,育肥 16~18 个月,日增重 0.7~0.8 kg,出栏体重 600~650 kg。

表 8.12 不同杂交品种的不同生长阶段的增重比较 kg

组别	生长期(150～250 kg,90 d)			育肥前期(250～400 kg,90 d)		育肥后期(400～500 kg,60 d)		总平均日增重
	始重	期末重	日增重	期末重	日增重	期末重	日增重	
皮黄牛	171.10	284.40	1.26	436.50	1.69	531.10	1.57	1.50
比夏黄牛	169.20	280.6	1.24	430.90	1.67	524.30	1.56	1.48
夏黄牛	150.40	247.60	1.08	370.0	1.36	450.40	1.34	1.25
日粮/精料	2.5			4.5		5.5		
日粮/酒糟	3.0			4.5		4.5		
日粮/玉米秸	2.8			4.0		4.0		

注:选择月龄为8个月的皮夏黄、比夏黄、夏黄杂交公犊各8头,试验时间8个月。精料和酒糟定量喂给,每日2次,粗料(估计量)自由采食和饮水,按生长期、育肥前期和后期分别饲喂3种配方的精料,同时配给酒糟和玉米秸。生长期精料占日粮干物质40%,育肥前期50%,育肥后期60%。

引自高忠喜和朱延旭,2000(辽宁庄河)。

8.2 架子牛吊架子期的饲养管理

架子牛处在幼牛的生长期,是犊牛断奶后至育肥前因饲料营养投入不足造成,也称吊架子期,这是在肉牛生产中不提倡做法,但由于我国肉牛生产现仍是带犊繁育体系,即农牧户养母牛、培育犊牛,限于经济和饲料条件,犊牛断奶后没有足够的投入或赶上枯草期,不得而采取吊架子牛的饲养方法饲养处在生长旺盛期的育成公牛,从获得同等屠体胴体重来说,吊架子牛的饲养方法要比直线育肥投入较多的营养。吊架子牛的饲养主要是以粗饲料为主,适当补以精料,满足生长牛对能量、蛋白质和矿物质的需要,保证骨骼的正常发育。

8.2.1 吊架子期幼牛的饲养

架子牛是我国农牧区普遍存在传统肉牛饲养方式的产物,“吊架子”阶段的饲养目标是促进幼牛骨骼、肌肉生长发育,在15～18月龄(20月龄)体重达300～400 kg。“吊架子”期日增重0.6～0.8 kg,不得低于0.4 kg。架子牛的营养需要由维持和生长发育速度2方面决定。根据补偿生长的规律,在架子阶段的平均日增重,一般大型品种牛不低于0.45 kg,小型品种不低于0.35 kg。架子牛营养贫乏时间不宜过长,否则肌肉发育受阻,影响胴体质量,严重时,丧失补偿生长的机会,形成“小老头牛”。营养贫乏也使得消化器官代偿性地生长,内脏比例较大。当小型品种架子牛体重达到250～300 kg、大型品种牛的架子牛体重在400 kg时,即可开始育肥,架子阶段拉得越长,用于维持营养需要的比例越大,经济效益越低。

架子牛是消化器官发育的高峰阶段,所以饲料应以粗料为主,粗料过少,消化器官发育不良。架子牛体组织的生长是以骨骼生长为主的,日粮中的钙、磷含量及比例必须合适,以避免形成小架子牛,降低其经济价值。架子牛饲料以粗料为主,适当辅以精饲料,一般控制精粗料之比在3∶7(精料1.5～2 kg),充分保证架子牛骨骼生长良好,即吊架子,减少脂肪沉积。应用粗饲料还可以降低饲养成本,所需的精料要注意蛋白质的浓度(在18%以上),精料中蛋白质量不足，能量较高时，增重的主要为脂肪，会大大降低架子牛的生产性能；待达 300 kg 以上时，再选择合适的饲养方法育肥。

1. 育成牛的饲养的目标

犊牛断奶后受营养水平的限制，饲养管理粗放，不能持续保持较高的增重速度，延长了饲养期，形成了“吊架子”阶段，此阶段属于幼牛“吊架子”期，“吊架子”目的是使幼牛的“架子”搭起后，形成骨骼架子，一旦营养改善，促进肌肉生长，称为“架子牛”肥育。

育成牛是经过犊牛培育，由高营养水平转到较低的饲养水平，这一过渡要逐步进行。有充足草地放牧的条件，比较好饲养；草地条件较差时，应补饲优质干草或精料，使牛的生长发育不会严重受阻。

育成牛的饲养目标是促进牛体骨骼、肌肉生长发育，在 15～18 月龄时体重达 350 kg，日增重 0.6～0.8 kg，不得低于 0.4 kg。若在该期内饲养过差，日增重太低，不利于后期育肥。营养上满足牛体生长发育所需供给蛋白质、无机盐和维生素 A，注意蛋白质质量和钙、磷的比例，育成期可采用放牧或舍饲饲养。

2. 放牧饲养(图 8.4)

利用草山、草坡放牧培育“架子牛”，每天采食的干物质为体重的 2%左右，人工牧草或天然牧草养分随季节发生变化，春季牧草幼嫩，含蛋白质高，适口性好，幼牛日增重高；夏季牧草粗纤维含量不高，粗蛋白含量下降，但无氮浸出物和干物质较高，幼牛仍能保持较高日增重；秋季牧草开始枯萎，牧草质地变硬，适口性变差，蛋白质含量下降，不能满足幼牛生长所需。放牧可采用固定放牧、分区轮牧和条牧的方法，冬季放牧应减少牛只体重的下降，注意保膘，要晚出牧、早归牧、充分利用中午暖和时间放牧，午后饮水，同时注意牛舍要向阳、保暖、小气候环境好。暖季放牧要早出牧、早收牧，延长放牧时间，让牛多采食，同时应注意防暑。

a. 草山

b. 山地

图 8.4 架子牛放牧

放牧饲养牛注意补充镁盐和食盐，定期测定幼牛体重情况，每天补充精料 1～2 kg，若生长发育差，夜间补饲青草、精料，以保证其正常增重。还可制作尿素食盐砖，配方为：尿素 40%、糖蜜 10%、食盐 47.5%、磷酸钠 2.5%，压成砖块，供牛舔食。

3. 舍饲

见图 8.5。按照饲养标准投喂饲料，首先应供给充足的青粗饲料，不足部分由精料补充，多喂蛋白质含量高的饲料和青草、豆类等。充分利用当地种植的人工牧草、野青草、秸秆、农副产品等饲喂育肥牛。为提高粗饲料利用率，对麦秆、稻草等要进行氨化处理；玉米秸、红薯藤、花生秧可切碎饲用;大豆秆质地硬,口感和利用率差;青粗饲料让牛自由采食。各种粗饲料每日每头消耗量如下:青饲料 15～40 kg,干草 5～6 kg,青贮料 10～20 kg,氨化秸秆 4～6 kg,糟粕类一般喂量 15～20 kg,酱糟因盐含量高,饲喂时不宜多。干草铡成 5 cm 左右喂牛较好,可增加采食量。

a. 小围栏

b. 运动场

图 8.5　吊架子期幼牛的舍饲

舍饲时,精料早晚各喂一次,夜间补饲粗料,若牛只采食干草而不采食青草,表明日粮中蛋白质过剩,则应减少精料中蛋白含量;相反,只采食青草,而不采食干草,表明蛋白质不足,需增加蛋白质用量;若青草饲喂后还能采食大量精料,表明能量不足;饲喂顺序,一般先喂青草,再喂精料,最后投给干草。

8.2.2　吊架子期幼牛的管理

架子牛的饲养方式可以采取放牧饲养或舍饲饲养,舍饲可采取散放式,不可拴饲(图 8.5),充分利用竞食性提高采食量;采取放牧饲养可节约成本,在夏秋季节放牧,不需要补料也可获得正常日增重;放牧饲养方式要注意补充食盐,牧草中的钾含量是钠的几倍甚至十几倍,在放牧中采食牧草相应吸收大量的钾,容易引起缺钠症;补充食盐的最好方式是自由舔食盐砖,也可按每 100 kg 体重每天按 5～10 g 喂给,不能数天集中补一次。

在管理上主要是要根据自身的牛品种、体重、饲料资源、架子牛市场价格、饲料价格和自身的圈舍条件确定是出售还是自育肥或确定何时出售,一般来说是本地牛或小型品种杂交牛体重达 280～300 kg 就可以进行育肥或出售,大型牛最好达到 400 kg。

1. 冬季应备足饲草

一般情况下,每头牛一年应备足青干草、稻草、玉米秸等饲草 1 500 kg 或青贮饲料 5 000 kg 左右;饲草要码垛好,严防风吹雨淋,确保饲草不霉烂变质;秸秆细铡,寸草三刀;应先喂草料,后喂精料;草料应多样化,青草、稻草、麦秸、玉米秸、甘薯藤、花生秧等混合搭配饲喂;每天除喂足够的粗料外,还应喂给玉米、油饼类、麸皮、大麦等精饲料。

2. 驱虫

架子牛阶段往往是比较寒冷的季节,周围的寄生虫等会聚集于牛体过冬,干扰牛群并使牛体消瘦、致病,牛皮等产品质量下降,可在春秋两季各进行一次体内外驱虫,可选用下列药物:

①虫克星(阿福丁,有效成分为阿维菌素)粉剂每 100 kg 体重 10 mg,灌服或拌于饲料中喂给,也可用虫克星针剂(阿维菌素)皮下注射,剂量为 100 kg 体重 0.2 mL;②左旋咪唑,剂量 8 mg/kg 体重,混料喂服,饮水内服,或溶水灌服 1 次;亦可配成 5%注射液,进行 1 次皮下或肌肉注射;③枸橼酸哌嗪,剂量 0.2 g/kg 体重,混饲或饮水,1 次内服;④哈乐松,剂量 30 mg/kg 体重,制成混悬剂或糊剂,1 次口服;⑤丙硫苯咪唑,剂量 10～20 mg/kg 体重,混饲喂服或制成水悬液,1 次口服。

3. 饮水

由于架子牛是以粗饲料饲养为主,食糜的转移、消化吸收、反刍等都需要大量的水,应供给洁净、充足的温水,自由饮水时,控制水温不结冰即可。

4. 称重

每月或隔月称重,检查牛体生长情况,作为调整日粮的依据,避免形成僵牛。

5. 运动

架子牛有活泼好动的特点,但主要用于育肥,一般不强调运动,可把放牧当作一种运动的方式。

6. 公母分群

混群放牧影响牛的增重,乱配会降低后代质量,在无法分群的情况下,给公牛去势,请兽医按规定的操作执行,摘除睾丸。若为了育肥效果好,可做部分附睾的切割。舍饲时公母分舍饲喂,以提高饲养效果。

8.3 架子牛选择与运输

在架子牛育肥工作中,正确的选购架子牛是做好肉牛育肥工作的前提,也是获得较高经济效益的重要环节。选择的主要原则是架子牛是否具有生长的潜力,选择架子牛的一般要求是:年龄在 1.5 岁左右、体重 350 kg 左右、体格高大、身体健康、精神饱满的优良肉牛品种与本地牛的杂交牛,源于非疫区。

8.3.1 架子牛的选择原则

架子牛的选购要根据市场需要或特定屠宰厂的要求,如没特殊需要,一般进行选购时主要考虑如下因素。

1. 品种选择

在相同的条件下,不同品种牛,无论是育肥还是繁殖,其经济效益差异都比较大,改良牛和地方良种牛在增重速度、肉的品质和饲料报酬等方面明显高于本地黄牛。因此架子牛育肥以杂交牛为佳,利用杂种优势,首先要选良种肉牛或肉乳兼用牛及其与本地牛的杂交牛如西门塔尔杂交牛、利木赞杂交牛、夏洛来杂交牛等,其次选荷斯坦公牛和荷斯坦公牛与本地牛的杂交后代,杂交牛缺乏的地区可选用当地的大架子牛,也可根据屠宰需要选择本地优良品种牛。

目前,地方黄牛与引入肉牛品种的杂交牛就成为架子牛育肥牛的第一选择,西门塔尔牛、夏洛来牛、利木赞牛已成为我国黄牛的 3 大改良父本,其后代是我们育肥牛的对象。是否是肉牛杂交后代，从外貌上很易判断，如西门塔尔杂交牛，骨大“白头”，体色为红黄白花；夏洛来杂交牛，肌肉丰满，全身草白；利木赞杂交牛，体型高大，全身暗红。

2. 体重和年龄

在选择架子牛时，首先应看体重，一般情况下 1～1.5 岁或 12～18 月龄的牛，体重应在 300～350 kg 以上，体高和胸围最好大于其所处月龄发育的平均值，健康状况良好。在月龄相同的情况下，应选择体重大的，增重效果好。体重选择在 300～350 kg，一般经过 4～5 个月育肥，体重可在 450～550 kg 出栏，能获得可观的经济效益；体重在 180～200 kg，经 9 个月育肥，体重才达 450～550 kg。

在生产实践中，应把年龄的选择与饲养计划、生产目的及经济效益结合起来加以考虑。如计划饲养 3～5 个月出售，应选购 1～2 岁的架子牛；利用大量粗饲料育肥时，选购 2 岁牛较为有利。架子牛育肥最好选用 1～2 岁的肉用杂种牛，本地品种牛选 2～4 岁。一般的规律是，牛的年龄越大，饲料利用率越低，增重速度越慢，胴体品质和牛肉品质就越差。

在我国广大农牧区比较粗放的饲养管理条件下，1.5～2 岁的肉用杂种牛，体重多在 250～300 kg。用这样的牛育肥，骨肉增长同步，日增重较慢，经济效益较低。3～5 岁的架子牛，体重多在 350～400 kg，育肥主要是沉积蛋白和脂肪，经 60～90 d 快速育肥体重可达 500 kg 即可出栏，经济效益可观。7 岁以上的老牛，由于消化机能减弱，饲料利用率较低，一般不宜用作育肥。

3. 体况

应选择体型大，结构匀称，被毛光泽，四肢正立，整个体躯呈长方形的牛。体格过大的牛，吃得多，体重也大，但生长慢；体格过小的牛，难于饲养，增重少，育肥效果不好。所以最好选择中间程度的，这种牛买的时候虽然外表差些，但是经过育肥效果一般都很好，发育快，增重快。

4. 性别

在生产实践中，同一品种，在月龄和饲养条件相同条件下，选用公牛为育肥牛，即架子牛育肥多以公犊肥育为主。普通牛肉生产，在体成熟前出栏，多以不去势肥育，以利用其生长快的优势，而需要进行高档牛肉生产时，则以阉牛为好。

5. 健康与性情

育肥架子牛要求来自非疫区，无任何传染病和普通病症状，有检疫证明和免疫证明。

选择健康、生长势强的牛；健康牛的鼻镜是湿润的，带有水滴。如果发生了疾病，鼻镜发绀，发热。健康的牛只毛色光亮，眼睛明亮有神，无消化器官疾病或其他疾病，每天反刍的次数为 9～16 次，每次 15～45 min，每日用于反刍的时间为 4～9 h，如果反刍停止，说明牛瘤胃积食或弛缓。

在选购架子牛时，要特别注意牛的健康状况。趴卧小心有疼痛感，胃中有铁器的牛及疾病严重短时期内不易治愈的牛，不能购买。买牛时经常可以看到一些被毛粗糙、膘情不好的牛在市场上出售，对这类牛要仔细观察其反刍及粪便等是否正常，并通过与畜主交谈了解膘情不好的原因，经分析判断后决定是否购买。对于因饲养管理不当或患某种寄生虫病造成膘情不好的牛，只要反刍正常就可以购买。通过健胃和驱虫可以治愈，育肥后可以获得较好的经济效益。

性情温驯的牛反应略为迟钝，这样的牛活动消耗少，饲料报酬高，且便于饲养管理。脾气大，烈性的牛不购，脾气大的牛的几个特征是：红眼圈、烂眼边，两个犄角没有尖。牛眼越大越老实。

6. 体型外貌的选择

选购的牛一般为未去势的公牛，要求头形粗壮，眼睛清亮有神，耳朵灵活敏捷，鼻镜有汗，健康无病；胸宽，身体低垂，体宽而深，证明内脏生长发育良好，生产潜能大；四肢正立且后躯发育好，站立时后蹄尖与大腿关节突出部、飞节与臀部分别成一条直线与地面垂直，整个体型呈长方形。理想的育肥牛应该是，前面望：头型好（嘴宽大，前额宽，头稍短，眼大有神）；胸宽、深、前肢站立端正。侧面望：体躯呈长方形，十字部高于体高；颈短而厚；背腰平直且宽；尻部平宽，被毛有光泽；后面看：后躯方正、丰满。

选择架子牛要符合肉用牛的一般体型外貌特征，要求身体低垂，紧凑均匀，体宽而深，四肢端正，各部位发育良好、匀称，整个体型呈“长矩形”。头粗颈短，口大、鼻镜宽、眼明亮、胸宽深、胸骨开张良好、突出于前肢。忌胸窄和尖胸。肩宽厚，背平直，肋骨开张良好，忌三棱骨和凸凹背。四肢端正，忌“O”形腿和“X”形腿。尾粗壮，皮肤有弹性，被毛短密而有弹性且光亮。精神状态好，无沉郁感。

主要部位的要求是：

(1) 头。肉用牛的头要短而宽，各品种牛头的形状、大小和角的方向都不相同。

(2) 颈。在鉴别颈部时，注意颈和体躯要自然连接，公牛的颈比母牛粗短。

(3) 鬐甲。应该平坦而宽广。注意前肢要很好地固着地体躯上，并保证前肢的自由运动。不要有尖锐、高突及凹陷的鬐甲。一般公牛的鬐甲比母牛发达，役牛的鬐甲较乳牛高，肉用及乳肉兼用牛的鬐甲较宽阔，乳用牛及役用牛的鬐甲比较狭窄。

(4) 背和腰。要宽阔和平坦，从鬐甲到十字部要成一条水平线，背下垂是体质衰弱的表现。在年老的牛和分娩次数较多的母牛中往往出现垂背，生产力低而不健康。在不良的饲养和管理条件下培育的牛常出现向上弯曲的鲤背。这种背多与狭窄的背相伴随。凡带有垂背的牛则生产力低而不健康。肉用牛的背腰较宽，兼用牛次之，役用牛及乳用牛较为狭窄。

(5) 尻部。要长、宽而平直，母牛尻部宽阔，有利于繁殖，特别在分娩时，容易产出犊牛。役用尻部的肌肉发达，使役力大。肉牛的尻部更要长而阔，因尻部产出品质极高的肉。尻部狭窄呈锥状、向下倾斜都是尻部主要的缺陷，这些缺陷往往会同时造成后肢软弱和肌肉发育不良。

(6) 尾。细而长，下垂到飞节，是骨骼细致高产的特征，尾巴末端应覆盖着细毛。

(7) 胸。各种用途的牛都希望有深而宽的胸部。从牛体前面看，可以断定胸的宽度肋骨凸出，胸部半圆呈桶状，牛的两前肢距离大，则表示胸部发达。胸腔的容积大，体内的心肺脏也比较发达。从牛的体侧，可以看出胸的深度和长度。胸深则肩长，胸浅则肩短，公牛的胸部比母牛发达，无论胸的深度、宽度和桶状都比母牛表现得好。役牛和肉牛的胸部较乳牛广阔而丰满。

(8) 腹。腹的容积要大，形状要圆，不应该下垂或收缩，垂腹常伴有凹背，特别早熟的牛和种公牛不应有草腹，母牛切忌卷腹。

(9) 前肢和后肢。鉴别牲畜的肢势要从前面看、侧面看和后面看，凡是体形优良的牲畜前肢和后肢必须要分开得宽阔，肢势端正健壮。

(10) 皮肤和被毛。毛的细度和皮肤的厚薄有关，皮肤薄则毛细，皮肤厚则毛粗；肉用牛皮肤较乳牛厚而松软；全年在本地进行放牧的牛皮肤往往比较粗厚。从被毛的情况可以判断牛的健康状况。健康的牛被毛平整而发亮光,并且换毛进行得快而均匀,而患病和体弱消瘦的牛则被毛粗而少光泽,且会延长换毛期,换毛的状况很不规整。

8.3.2 架子牛收购和运输

选购架子牛是一门综合技术,它要求买主必须经过多次的买牛实践才能掌握选购架子牛的过硬本领。

1. 牛源地选择

购买架子牛要立足于本地区、本省,因饲料、气候等条件相近,牛购回后很快适应。如必须到外省购买,千万注意不要到疫区购买,以免带回寄生虫病,造成经济损失。

(1) 根据饲养规模选择牛源。如果饲养规模在50头以下,可在本地择优选购,这样购得的架子牛适应快,不容易生病,育肥效果好。如果存栏规模在100头以上,就要考虑到外地购买架子牛,这样可一次性选择较多数量的架子牛。

(2) 仔细调查好牛源地区情况再购牛。要对牛源地区架子牛的品种、货源数量、价格、免疫及疫病情况进行详细了解。品种不好、未免疫、有病的牛坚决不能购买。要对供牛地交易手续和交易费用进行了解。购架子牛最好采取过磅称重的方式购买,但要注意观察牛无灌水灌料。灌水牛不便于运输,坚决不能购买。

(3) 根据两地架子牛的价格差选择牛源。选择购牛地点要算好两地路程距离的运输费用、路途风险和损耗。1 000 km以上,如果架子牛的差价在1.4～1.6元/kg之间时,就没必要选择外地牛源。

(4) 弄清楚架子牛的产地。由于当今市场开放,全国牛源互相流动。在某一个地方上市的牛不一定是当地牛,河南、山东、安徽上市的牛有可能是东北牛,东北某地上市的牛也有可能是草原牧区牛,所以购牛时一定要对牛的产地有所了解。草原牧区牛往往寄生虫较多,购来后应注意适时驱虫。另外,不同产地的牛对气候环境地的适应性也有差异。

(5) 把握架子牛产地收购的价格。收购牛只的价格,包括牛只本身的价格和交易手续费、检疫费、运输费及运输损失等。在确定收购价格前,要测算出育肥期的费用和出栏后的产值,以此确定收购价格标准。同时,还要考虑到市场的供求问题。

2. 架子牛收购的准备工作

以合理的价格买到称心如意的架子牛,除考虑上述因素外,最重要的是买主要有一手高超的估重"绝活"。目前,在集市或养牛户买牛,既没有用地磅称重的条件,又没有用体尺测量估重的可能,买牛全凭目测估重。由于估重准确,无论是按活重计价还是按出肉率计价,买牛时都不可能"掉"进去。

在做好肥育计划、出发收购架子牛前,必须做好以下准备。①计划好所需的总费用。这些费用主要包括牛价、税收、手续费(管理费)、兽医检疫费、运输费、雇工费及公关费用,有些地方还有出境费等。准备的资金数一般应比购牛费用多10%。②联系好收购架子牛产地。一般在收购数量较大的情况下,先与架子牛产地相关政府职能部门取得联系,得到他们的支持和协作,共同商定收购标准,使收购工作更顺利。③出境证件需按《中华人民共和国动物防疫法》、《中华人民共和国畜牧法》和农业部《动物检疫管理办法》及各省(市)制定的动物检疫管理办法执行。大多数在架子牛收购地办理,一般在收购完毕、启程运输前办完。包括准运证(县(市)

工商局签发)、税收证据和由当地兽医站或畜牧局提供的非疫区证明、防疫证、检疫证(铁路运输必用)、车辆消毒证。肉牛运输检疫的主要项目有:牛口蹄疫、牛肺疫、布氏杆菌病等。

3. 做好牛只检疫和运输

选购好架子牛后,要通过当地动物检疫部门对所购牛进行认真的检疫,注射相关疫苗,戴齐耳标,检疫合格后,正确、准确地出具检疫证、车辆消毒证等。在购买地隔离观察 15 d,确认牛群无疫并剔除病弱牛后方可启运。运输架子牛要选派有经验的人员押运,因为了解牛的习性、语言温和、操作适度可降低牛的应激反应。

(1) 必须在购买地注射有关疫苗,隔离观察 15 d 后方可装车,而且在隔离期间,一旦发现病弱牛要坚决剔除,绝对不能迁就。注射免疫疫苗后,取得当地兽医检疫证明书,开具 3 证(车辆消毒证明、产地检疫证明、运输检疫证明)和此地为非疫区证明,仔细检查耳标佩戴情况和防疫注射记录。运到目的地后立即提交有关兽医人员检验。

(2) 运输前的喂饮。架子牛买好后,如何安全运到目的地,也是一门很大的学问。牛买好后首先要让牛充分休息,喂一些优质干草,给予充足的饮水,饮水中可加电解质多维素,可以减少运输过程中体重损失,起运前不要喂得太饱。饲喂具有轻泻性的饲料如青贮饲料、麸皮、新鲜青草,在装运前 3~4 h 就应停止饲喂,否则容易引起牛只排尿过多,污染车厢,牛体弄脏,外观不好,同时会污染运输沿途路面。装运前 2~3 h,架子牛不能过量饮水。

(3) 检查装运车。对装运车辆要仔细检查,车厢内不能有任何金属突起物,在车厢内铺上厚垫料。一年四季都要选择装车篷布,以避免雨淋和风寒,夏季可拆掉雨布,下雨时再盖上。

(4) 装车。逐头牵上车,不要猛打惊吓牛。架子牛上车后可不拴系,散开放置。一般普通汽车可装 250~350 kg 架子牛 30 头,冬夏密度适当掌握。牛装好后,车厢门要关好,仔细检查车厢各部位的安全牢固性。

(5) 路途饲喂管理。路途行车时要缓慢启动停靠,每行车 1 h 要停车检查 1 次。1 500 km 以上路程,途中要给牛饮水。

4. 运输过程中减少应激的方法

架子牛在运输过程中,不论是赶,还是车辆装运,都会因生活条件及规律的变化而改变牛正常的生活节奏,导致生理活动的改变,而处于适应新环境条件的被动状态,这种反应称之为应激反应,架子牛受应激反应越大,受损失也越大,因此要努力使架子牛在运输途中减少应激反应,以减少牛的损失。

(1) 适当增加装车密度。一般在装车时适当增加密度可以限制牛的活动范围,减轻车辆颠簸和振荡,降低牛只摇晃和相互剧烈碰撞,降低应激反应。因此在运牛时,应将车装满,如果运牛较少时,可以用绳索系在车厢上限制牛的活动范围(但是绳索长度要适当,以不让牛卧下为准)。

(2) 选择适宜的时间和季节运输。环境变化、两地气候条件差别,常使牛的应激反应增强,因此长途运输牛时,特别是引种时,宜选择春秋两季、风和日丽的天气进行。冬夏两季运牛时,要做好防寒保暖、防暑降温工作。从北方向南方运牛应在秋冬两季进行,从南方向北方运牛应在春夏两季进行。

(3) 选择有经验的人员进行途中饲养管理。有经验的押车员,了解牛的习性,语言温和,操作适度,可以降低牛的应激反应。据测定,在运输过程中温和的操作或轻度的碰撞可以使小牛的平均心率增加 7~10 次/min,而粗暴的操作或剧烈的碰撞可以使牛心率增加 30~48 次/min。因此，运牛途中要指派有经验的押车人员进行饲养。

(4) 日粮中补充维生素A和维生素C并提高其中K^+的含量。为降低架子牛在运输途中的应激反应，运输前2～3 d每头牛日服或注射维生素A 25万～100万IU。在运输过程中，牛体发生应激反应，合成维生素C的能力降低，而机体的需要量却增加，必须补充维生素C方能满足生理需要，同时牛对K^+的需要量提高20%～30%，因此在运输牛的过程中应同时补充维生素C和K^+；而且补充维生素C还具有抑制应激过程的体温升高、促进食欲、提高抗病力的作用。运输过程一般可在牛的日粮中添加0.06%～0.10%的维生素C，或饮水中添加0.02%～0.05%的维生素C；补充K^+常用的方法是每天每100 kg体重供给牛氯化钾20～30 g。

(5) 使用镇静强心类药物。使用镇静类药物可以降低牛对外界刺激的敏感性，减轻应激反应。在运输之前给牛肌肉注射氯丙嗪，用量为每千克体重1.7 mg(最大剂量为每千克体重2.0 mg)，在运输途中，每隔12 h注射一次，结果表明，运输过程中牛的体温、心率、呼吸等生理指标，均明显优于运输前未注射氯丙嗪的牛群。运输过程中如果有弱牛、病牛出现无法站立，可采用绳子兜立法(即用两根粗绳索从牛腹底穿过，而后将绳索固定于车厢旁)强行使之站立，特别严重的可适量注射安钠咖(10%含量)10～20 mL，细心观察，到达目的地及时进行治疗。

(6) 范例

范例1，曾华和伍金娥(2003)。

起因：广东梅州市某专业户从河南南阳地区引进架子牛30头，途中经30 h到达梅州市，饲喂干草和精料(约占60%)，第1天死亡1头，第2天晚又死1头。经诊断：由于应激，引发金黄色葡萄球菌病，采取相应的防治后，取得了较好的效果。

防治：隔离病牛，加强牛群饲养管理，观察记录病畜症状，如体温、呼吸、脉搏、采食量及饮水量等。全群喂淡盐水及0.3%碳酸氢钠水溶液。

发病牛用4%碳酸氢钠500 mL，生理盐水500 mL，静脉注射，补充体液，维持全身机体酸碱平衡，连续2日；肌肉注射安乃近30 mL(或氨基比林30 mL)、氨茶碱5 mL以对症治疗。

使用抗菌消炎药物：头孢噻吩钠0.029/kg肌肉注射或10%磺胺噻唑钠0.069/kg，静脉注射，连用3 d；一天3次，或用药敏的抗菌药，效果均显著。

范例2，方雨彬等(2007)。

成功将架子牛从1 000多千米外的东北地区向山东临清市运牛近千头，无一伤亡，取得了满意的效果。减轻应激危害的措施：

①车内载牛密度。在9.6 m×2.6 m的斯太尔车内，200 kg的牛装38～40头，300 kg的牛装32～34头，效果非常理想。

②选择有经验的人员押车。有经验的押车员，了解牛的习性，语言温和，操作适度，可以降低牛的应激反应。

③使用必要的药物。在运输之前给牛肌肉注射氯丙嗪，用量为1.7 mg/kg体重。氯丙嗪在运输中的用量为2 mg/kg体重。运输过程中如果有弱牛、病牛出现无法站立情况，可采用绳子兜立法强行使之站立；特别严重的可注射10%安钠咖10～20 mL，到达目的地后及时进行治疗。

④入舍2 h后，每头牛按2～3 L的量喂给加有口服补液盐的温水。

范例3，韩瑾瑾等(2010)(运输应激综合征)。

起因：河南省中牟县一家农户从吉林长春营城子共购进44头杂交肉牛(西门塔尔牛与当

地黄牛杂交)。购进第 2 天大部分牛出现发烧、咳嗽、气喘、流鼻涕、拉稀等症状,偶有严重者出现血便。经治疗,效果不佳。1 个月时间内发病牛极度消瘦。10 月 8 日前往出诊,统计发现,该场的发病率达 79.55%(35/44),死亡率达 31.82%(14/44)。

临床症状:牛只购进第 2 天大部分体温升高,高达 41~42℃,精神沉郁,食欲减退,被毛粗乱,咳嗽,气喘,流黏性或脓性鼻液。随着病情发展,逐渐出现拉稀,甚至血便,严重者血便中混有肠黏膜;部分牛则继发关节炎,出现跛行、关节脓肿等。后期肺部听诊呈湿啰音或哨音,病牛极度消瘦,甚至衰竭死亡。

用药(治疗原则为抗菌消炎、强心利尿、补液):①对发烧达到 40℃的病牛每天肌肉注射热毒冰针 15 mL,每天 1 次,退烧后则停用;②生理盐水 500 mL,头孢诺奇 15 g;③10%葡萄糖 500~1 000 mL,惠瑞顶峰 50 mL,地塞米松 30~50 mg。以上方案每天 1 次,疗程为 1 个星期,头孢诺奇和惠瑞顶峰、地塞米松可肌肉注射也可静脉滴灌,静脉滴灌效果最佳。

5. 架子牛的运输措施

架子牛的运输根据路途远近,主要有赶运、汽车运输和火车运输 3 种。采取何种方式运输架子牛应视情况而定,一般距离短用赶运,距离稍长用汽运,远距离需用火车运输。但相同的距离,汽车运输比火车运输费用高,但牛到场后汽车运输比火车运输牛群恢复体重快。

(1) 赶运。适宜短距离运输,或汽车到不了的山区。在赶运前先让牛在一起活动 5 h 以上,以便合群。赶运前要有人员先行确定运输路线,联系好宿营地、干草和饮水等。在赶运中,牛群的前后左右都要有人,防止零散丢失,赶运速度以日行 25~30 km 为宜,每天行走时间为 8~9 h,中途应有 1~2 h 的休息、饮水、补草时间,防止急赶、快赶,严禁以粗暴的动作对待牛群,防止致伤致残。切忌任何粗暴行为或鞭打牛只,粗暴鞭打的结果是导致应激反应加重,造成架子牛更多的掉重和伤害,从而延长恢复时间,增加养牛的支出。

(2) 汽车运输(图 8.6)。适宜中、短距离运输,速度快,时间短,牛体重损失较小,应激反应不甚剧烈。但运费较高,运输过程中也要注意装卸动作不得粗暴,行车速度不得过快,防止急刹猛拐而引起致伤致残。如果生产规模较大,应定购或改装专用的肉牛运输车,便于装卸,加大容量,可以降低运输费用,减轻牛的应激反应。

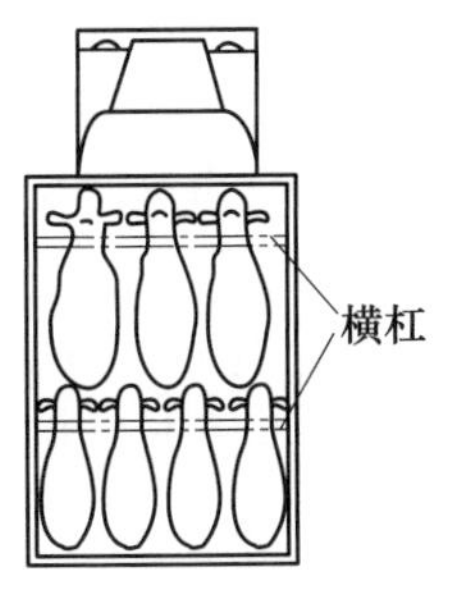

a. 汽车运牛示意图

b. 汽车运牛

图 8.6 架子牛的汽车运输

用汽车运输时,因车厢铁皮坚硬光滑,可在车厢铺 4~7 cm 的一层细土或细沙,有护蹄防滑作用。装车前 3~4 h 喂草料饮水,给牛喂八成饱,以防过饱在途中颠簸伤害肠胃。给予一定的反刍时间,运输时站立不利于反刍。对运输车辆进行全面彻底的消毒,运输汽车的车架捆绑要牢固,车厢底要垫以厚草或垫细土细沙。

载牛的车辆围栏要有足够的高度和强度，拴系缰绳不能过长，以免缠绕脖颈造成窒息。押运员要带一把绳刀，以备急用。车辆要匀速平稳行驶，避免急刹车、急转弯和剧烈的颤动。发现有卧倒的牛要及时哄起，防止互相踏压致伤。如运输时间较长，中途应予饮水。

运牛车要尽量装满，装不满时可用绳索系在车辆上限制牛的活动空间。一般运载密度为体重 300 kg 以下每头牛占车面积 0.7～0.8 m^2，体重 300～350 kg 占车面积为 1.0～1.1 mm^2，400 kg 以上为 1.2 m^2。运输架子牛最好在春秋两季的风和日丽的天气进行，冬夏季节运输时，要根据气候情况，注意防寒、防暑、防雨，并时常观察牛群状况，及时处理异常情况。

行进中保持中速，要稳启动慢停车，少刹车，尽可能做到不急刹车，以防个别牛卧倒被踩伤。运载密度以适当限制牛的活动范围为宜，以减轻车辆对牛群的颠簸和振荡，降低牛只摇晃和互撞。

运途超过 12 h 要停车饮喂，并让牛稍事运动，更换垫草。

(3) 火车运输。适宜远距离运输，运费便宜。但由于火车中途编组、换车头等，需要时间长，牛体重损失大，应激反应剧烈。起运前要将运载车厢进行清扫消毒，并开窗通风，备足途用草料和饮水，要有专人与牛同行，途中及时观察处理异常情况并给牛群喂草饮水。火车运输要注意，装卸动作不得粗暴，以防致伤；按路程远近，有计划地携带饲草、水桶和贮水的大塑料桶。运输途中要关好车门，停车时及时打开车窗通风，途中要注意补草、饮水。

火车到站停车要抓紧时间上水，押运到站，尽快让牛下车。

(4) 卸车。卸车点最好备有卸车平台，也可以借用土坡高岗卸车以防擦伤。千万不可选在水塘或水沟附近卸牛，否则由于牛长途运输口渴跳进水塘或饮污水，造成损伤或生病。卸车后要让牛充分休息，要根据牛的个体大小，体况强弱分群隔离观察饲养，而且不能马上饲喂和饮水，入舍后休息 1～2 h 供给饮水，最好在 2 h 之后给予少量饮水和优质牧草或秸秆。初次饮水要适当限量，间隔 3～4 h 后再任其自由饮水。

隔离观察 1 个月，确定无传染病后方可混入健康群。

8.3.3 架子牛育肥前的准备

架子牛的购进应根据养殖场的饲养规模、经济承受能力来确定数量。一般情况下，大型规模养牛场均采用分批分段引进，对于百头以内的小场而言，可采用整批引进。无论哪种规模牛场，购进的架子牛都要做好充分的准备工作和育肥前的饲养管理。

调入架子牛之前，牛场要准备好充足的饲草、饲料、药物等，搞好饲养人员的分工，对牛舍进行 3 遍彻底的消毒，然后打开门窗通风，并对整个牛场进行消毒，牛场大门和牛舍入门口的消毒池注满消毒液。兽医人员要到场待岗，准备齐全应急处理的药物、器械。

1. 架子牛到场前的准备工作

(1) 准备圈舍。圈舍在进牛前用 20%生石灰或来苏儿等药物消毒，门口设消毒池，消毒池内放置用 2%烧碱水浸湿的草帘，以防病菌带入。每头育肥牛应占有 1 m 左右的槽位，饲养舍和运动场面积以每头牛 10 m^2 左右为宜。

(2) 准备饲草饲料。饲草可用青贮玉米秸秆作主要饲草，按每头每年 7 000 kg 准备，并准备一定数量的氨化秸秆、青干草等，有条件的最好种一些优质牧草，如紫花苜蓿、黑麦草、籽粒苋等。精料应准备玉米、饼类、麸皮、矿物质饲料、微量元素、维生素等。

要根据育肥规模的大小，备足草料。

(3) 根据养牛数量的多少，准备一定量的资金用于疫病防治，购买饲料饲草和机械，每头牛按 2 500～3 500 元准备。

(4) 准备水、电、用具。进牛前应做到水通、电通，并根据牛的数量准备铡草机、饲料加工粉碎机及饲喂用具。

2. 新到架子牛肥育前的适应性饲养

肉牛引进后，需要在隔离舍内单独饲养，不能与场内其他肉牛放在一起混养，一般需隔离 30 d。

(1) 饮水。待牛休息 2 h 后，充分饮淡盐水，可加人工盐，尤其是夏天长途运输。第一次饮水量以 10～15 kg 为宜，可加人工盐(每头 100 g)；第二次饮水在第一次饮水后的 3～4 h，饮水时，水中可加些麸皮，再喂给适量优质干草；3 d 后待牛精神慢慢恢复后，青干草可自由采食，精料要逐渐增加。

(2) 粗饲料饲喂方法。让新购的架子牛自由采食粗饲料，最好的粗饲料为苜蓿干草、禾本科干草，其次是玉米青贮和高粱青贮。上槽后仍以粗饲料为主，可铡成 1 cm，精饲料的喂量应严格控制，必须有近 15 d 的适应期饲养，适应期内以粗料为主。首先饲喂优质青干草、秸秆、青贮饲料，第一次喂量应限制，每头 4～5 kg；第二、三天以后可以逐渐增加喂量，每头每天 8～10 kg；第五、六天以后可以自由采食。注意观察牛采食、饮水、反刍等情况。

(3) 饲喂精饲料方法。架子牛进场以后 4～5 d 可以饲喂混合精饲料，混合精饲料的量由少到多，逐渐添加，10 d 后可喂给正常供给量。

3. 新到架子牛的管理

(1) 适应观察。新购入的架子牛要放到干燥安静的地方休息隔离观察，要缓慢充足给水，饲喂干草和青草，要使新到牛尽快适应新的环境，并注意观察牛的行动、采食、反刍、排粪等是否有异常。

(2) 驱虫与健胃。购回的架子牛 3～5 d 后要进行驱虫，常用的驱虫药物有左旋咪唑、敌百虫等。驱虫最好安排在下午或晚上进行，用驱虫药后，接着要喂些泻药，如芒硝等，及时把虫体排出体外。投药前最好空腹，只给饮水，以利于药物吸收。对个别瘦弱牛可同时灌服酵母片 50～100 片进行健胃(或驱虫结束后，每头牛灌服“大黄去火健胃散”300～400 g 或空腹灌服 1%小苏打水健胃)。可在精料饲喂过程中，同时添加驱虫、健胃类药，待牛完全恢复正常后可进行疫苗接种，要根据当地疫病流行情况对某些特定疫病进行紧急预防接种。

(3) 称重、分群、标记身份。所有到场的架子牛都必须称重，并按体重、品种、性别分群，同时打耳标、编号、标记身份。根据牛的年龄、生理阶段、体重大小、强弱等情况合理分群(厩)饲养。

(4) 去势。根据育肥需要确实是否去势；勤观察架子牛的采食、反刍、粪尿、精神状态。

8.4 架子牛育肥技术

架子牛育肥是我国目前大多数肉牛育肥场所采用育肥方式，牛源一般从牧区和农区选购。架子牛育肥是要求在较高的营养水平条件下，肉牛开始体重在 300～350 kg，经 3～5 个月的育肥，使架子牛迅速增重，体重达 500 kg 以上的出栏体重。

8.4.1 影响架子牛育肥效果的因素

架子牛购进牛场后，经过准备即行饲养，因此饲养中除管理、疾病预防外，架子牛的体重、饲料因素是影响育肥效果和经济效益的主要因素，合理的分群和饲料投放不仅可提高增重，而且可以降低成本。

1. 不同体重范围对架子牛育肥的影响

在选购架子牛时，因牛源市场、育肥场建设、季节、饲料及技术等因素影响，不可能全部按设计方案选择 300 kg 以上的架子牛饲养，架子牛的体重可能为 200～400 kg，对这些不同体重的架子牛应针对其特点，合理分群，科学饲养，才可能获得较高的经济效益(表 8.13)。

(1) 体重相对较小的架子牛育肥。一般新建育肥场，技术不很成熟时，可以选择较小的架子牛饲养，逐渐实践并掌握整套的肉牛饲养管理技术。小架子牛育肥时，特别要注意的是前期应采用吊架子式饲养，即在早期 1～2 个月饲养时，饲料以粗料为主，适当辅以精饲料，一般控制精粗饲料之比在 3∶7，充分保证架子牛骨骼生长良好，即吊架子，减少脂肪沉积，待达 300 kg 以上时，再选择合适的饲养方法。

(2) 分段育肥。对体重在 300 kg 左右的架子牛，则按分段育肥方法科学饲养，即分为过渡期、育肥期和催肥期 3 个饲养阶段，总育肥时间 120～150 d。

(3) 体重相对较大的架子牛育肥。体重在 400 kg 以上的架子牛，应采用快速育肥法，迅速催肥。即在短期(2～3 个月)内使牛迅速增加体重，尽量缩短饲养期，尽快出栏。饲料中应给予高能量，加强各项管理，促使快速增长。

当架子牛达到 500 kg 以上时即为屠宰体重。这种方法肥育效果较好，但牛肉的品质不可能提高很多。

表 8.13 不同体重段夏南牛育肥试验效果

组别	购进个体平均体重/kg	育肥期/d	日增重/kg	精料量/kg	粗料量/kg	出售个体平均体重/kg
1	200.2	304	1.31	1 036	1 419	599.4
2	249.8	221	1.59	903.4	1 137	601.6
3	300.6	165	1.83	791.4	898.5	603.2
4	349.7	127	1.99	677.4	727.5	602.3
5	400.3	98	2.04	575.9	575.5	600.4

注：精料由玉米 42%，棉粕 18%，麦麸 20%，浓缩料 20%组成，粗饲料配方按麦秸、黄贮玉米秸、酒糟，以干物质计算各占 1/3。粗饲料自由采食，精料日供给量按体重 200～300 kg 段、300～400 kg 段、400～500 kg 段、500～600 kg 段各占 0.8%、1.0%、1.2%、1.3%。

引自林凤朋等，2009(河南泌阳)。

2. 不同品种对架子牛育肥的影响

不同品种育肥增重效果差别很大(表 8.14)，选好品种是育肥场成功的第一步。不同育肥目标有不同品种要求。生产肥牛和优质牛肉的企业，应以杂交牛(即改良牛)为主，杂交牛增重快，饲料报酬高。一般说来，良种牛育肥比杂交牛增重快，杂交牛比本地牛增重快，但增重快的牛价格相对也较高。在牛的品种选择上，要因地制宜，要看当地的牛源，看市场行情。如果本地牛牛源充足，价格又比较便宜，市场有销路，也可以选本地牛作架子牛进行育肥。

表 8.14 不同杂交品种对肉牛育肥期日增重的影响

肉牛品种	日粮采食量	初始体重	出栏体重	日增重	料重比
安格斯牛	18.50±1.18a	365.83±14.97	473.33±16.33a	1.39±0.05a	13.28±1.07a
利木赞牛	15.66±0.63b	367.50±14.05	465.83±14.63b	1.29±0.03b	12.12±0.58b
西门塔尔牛	13.75±0.52b	362.50±11.72	451.67±14.72c	1.14±0.49c	12.04±1.27b
夏洛来牛	12.50±0.52c	370.83±16.25	450.00±15.49c	1.07±0.05d	11.60±1.08b

注：同一列中标相同字母表示差异不显著($P>0.05$)，不同字母者表示差异显著($P<0.05$)。每组有 8 头杂交牛，正试期为 80 d。肉牛在预试期间用左旋咪唑每千克体重按 5 mg 计算，进行体内驱虫，并注射口蹄疫疫苗。肉牛入舍前 1 周，对圈舍内的地面、栏、门、料槽、水槽等设施和器具进行消毒。日粮由市场购买精料补充料和青贮玉米、玉米芯、麦草等组成。

引自张作义等，2010（宁夏银川市西夏区）。

3. 不同年龄对架子牛育肥的影响

育肥牛饲料利用效率除受到性别、品种和饲养类型等因素的影响以外，还受到年龄的影响（表 8.15）。幼龄牛每增重 1 kg 活重所消耗的饲料量小于大龄牛；年龄越大，饲料利用效率就越低。由于年龄大的牛在育肥期内增加的体重主要是脂肪，而饲料转化成脂肪的效率远远低于肉牛育肥期饲料转化为肌肉的效率。

牛的性成熟时间为 8～18 月龄，体成熟为 4～5 年。牛在体成熟后主要依靠体内贮积脂肪增加体重。老龄牛的采食、消化和吸收能力有所减退，体况较差，屠宰率较低，肉质较差。而年龄过小的牛饲养成本较高。因此，架子牛应选择以 1.5～2 周岁育肥效果为最好。用作育肥出口的肉牛，架子牛的年龄选择范围以 15～18 月龄为佳。

表 8.15 不同年龄对架子牛育肥增重的影响

组别	始重/kg	末重/kg	增重/kg	平均日增重/kg
2±0.5 岁	440.88±25.55	606.38±45.08	165.50±28.73	1.226±0.213 b
3±0.5 岁	468.44±38.63	619.78±53.31	151.34±26.41	1.121±0.196ab
4±0.5 岁	482.38±33.87	606.75±49.86	124.37±25.16	0.921±0.186ab
5～9 岁	517.44±52.06	637.78±53.26	120.34±21.22	0.891±0.157a

注：同一列中标相同字母表示差异不显著($P>0.05$)，不同字母者表示差异显著($P<0.05$)。每组有 8 头西门塔尔杂交阉牛，正试期为 135 d。正试期分为育肥前期（75 d）、育肥后期（60 d）2 个阶段，育肥前期（75 d）的日粮配方为玉米秸 31.36%，高粱酒糟 24.70%，玉米 21.48%，麦麸 5.92%，棉仁粕 15.24%，食盐 0.30%，添加剂预混料 1.00%；育肥后期（60 d）的配方是玉米秸 13.95%，高粱酒糟 20.89%，玉米 47.12%，麦麸 6.65%，棉仁粕 10.14%，食盐 0.25%，添加剂预混料 1.00%。

引自杨正德，1999（贵州）。

4. 不同性别对架子牛育肥的影响

不同性别牛的生长速度、饲料报酬、屠宰率和肉质是不同的（表 8.16）。据西北农业大学对秦川牛饲养试验，育肥生长速度、饲料报酬和屠宰率，都是公牛高于阉牛，阉牛高于母牛。从肉质上看，公牛瘦肉率最高，母牛肌纤维细、肉质好，阉牛和母牛的脂肪较多。在一般情况下，适龄母牛大都作繁殖用，无人肯卖，老弱母牛肉质差又无生长优势，育肥效果不好。因此，不同性别牛的选择次序是：第一是公牛，第二是阉牛，第三是母牛。

表 8.16 延边黄牛公牛和阉牛增重效果对比 kg

组别	月龄					全期增重	日增重
	12	15	18	21	24		
公牛组	279.50±27.83	341.13±29.50	442.50±30.46	468.63±27.41	542.38±36.92	262.88±40.35b	0.71±0.11b
阉牛组	279.00±18.58	331.50±19.39	417.63±22.71	448.88±27.49	488.63±34.09	209.63±33.17a	0.57±0.09a

注：同一列中不同字母表示差异显著($P<0.05$)。日粮主要由配合饲料、玉米青贮饲料来组成，配合饲料是按育成牛的不同生长阶段(育肥前期为 250～450 kg，育肥后期为 450～550 kg)来分别供给；育肥前期每头每日供给配合饲料 5 kg，育肥后期供给 7 kg。试验期间早晚喂料，自由采食玉米青贮料和饮用水。250～350 kg 阶段的日粮配方为玉米 42.44%，麸皮 2.66%，豆粕 7.93%，食盐 0.5%，预混料 1.0%，玉米青贮 37.10%，稻草 3.71%；350～450 kg 阶段为玉米 49.94%，麸皮 2.16%，豆粕 4.55%，食盐 0.5%，预混料 1.0%，玉米青贮 24.91%，稻草 10.13%；450～500 kg 阶段为玉米 59.22%，麸皮 1.36%，豆粕 3.01%，食盐 0.5%，预混料 1.0%，玉米青贮 25.24%，稻草 4.85%，500～550 kg 阶段为玉米 60.98%，麦麸 1.22%，豆粕 2.91%，食盐 0.5%，预混料 1.0%，玉米青贮 24.39%，稻草 4.69%；总干物质进食量分别为 7.26 kg，8.79 kg，10.30 kg，10.66 kg。

引自姜成国等，2011(吉林延吉)。

5. 不同日粮组合对架子牛育肥的影响

肉牛在不同的生长育肥阶段，对饲料品质的要求不同，幼龄牛处于生长发育阶段，增重以肌肉为主，所以需要较多的蛋白质饲料；而成年牛和育肥后期增重以脂肪为主，所以需要较高的能量饲料。

在牛舍内进行育肥的、体重 300 kg 左右的架子牛，蛋白质饲料在日粮中的比例，可占 10%～13%。以后体重逐渐增加，蛋白质饲料在日粮中的含量，还可有所减少。到育肥末期，蛋白质饲料的含量，占日粮的 10%即可。

(1) 精、粗饲料比例。在肉牛的育肥阶段，精饲料可以提高牛胴体脂肪含量，提高牛肉的等级，改善牛肉风味。粗饲料在育肥前期可锻炼胃肠机能，预防疾病的发生，这主要是由于牛在采食粗料时，能增加唾液分泌并使牛的瘤胃微生物大量繁殖，使肉牛处于正常的生理状态，另外由于粗饲料可消化养分含量低，防止血糖过高，低血糖可刺激牛分泌生长激素，从而促进生长发育。

一般肉牛育肥阶段日粮的精、粗比例为：前期粗料为 55%～65%，精料为 45%～35%；中期粗料为 45%，精料为 55%；后期粗料为 15%～25%，精料为 75%～85%。

(2) 营养水平。采用不同的营养水平，增重效果不同(表 8.17)。在育肥全期使用高营养水平，虽然前期日增重提高，但不利于全期育肥，后期日增重反而下降，所以从日增重和育肥天数综合考虑，育肥前期，营养水平不宜过高，营养类型以中高型为好。

(3) 饲料形状。饲料的不同形状，饲喂肉牛的效果不同。一般来说颗粒料的效果优于粉状料，使日增重明显增加。精料粉碎不宜过细，粗饲料以切短利用效果最好。

表 8.17 不同日粮组合对肉牛日增重的影响

试验处理	基础日粮(自由采食)	每千克体重补充料/(g/d)		平均日增重/(kg/(头·d))	饲料转化率/%	增重 100 kg 所需时间/d
		米糠	棉粕			
Ⅰ	鲜矮象草	0	0	0.33b	20.32	303
Ⅱ	鲜矮象草	5.0	0	0.64a	12.12	156

续表 8.17

试验处理	基础日粮（自由采食）	每千克体重补充料/(g/d)		平均日增重/(kg/(头·d))	饲料转化率/%	增重 100 kg 所需时间/d
		米糠	棉粕			
Ⅲ	鲜矮象草	0	5.0	0.69a	11.20	145
Ⅳ	鲜矮象草	2.5	2.5	0.68a	10.72	147
Ⅴ	鲜矮象草	5.0	5.0	0.80a	10.29	125

注：同一列中标相同字母表示差异不显著（$P>0.05$），不同字母表示差异显著（$P<0.05$）。实验动物为三元杂交肉牛（本地黄牛×西门塔尔牛×夏洛来牛）进行为期 51 d 的正式饲养试验。

引自何余湧等，2006（江西南昌）。

6. 饲料类型对架子牛育肥的影响

用于育肥牛的饲料可分为粗料型、糟渣料型和精料型等几种，按营养物质平衡程度又可把饲料分为非全价型饲料和全价型饲料，在架子牛育肥阶段可以采用粗料型日粮、糟渣料型日粮或非全价型日粮和精料型日粮，在分阶段育肥时，可以灵活应用粗料型、糟渣料型饲料做短期的饲养，达到先长架子后长肉的目的。精料型日粮一般在育肥的最后阶段（90～120 d）使用，主要目的是通过短期育肥，达到改善牛肉品质的目的（表 8.18）。

表 8.18　日粮营养水平对西杂牛日增重的影响　　kg

组别	日粮					体重变化			
	酒糟	青草	秸秆	精料	日粮干物质	初始体重	末重	总增重	平均日增重
试验组	2.5	5.0	2.8	1.5→2.0	6.24	155.39±26.36	194.39±25.34	39±7.49	650±148.32
对照组	2.5	5.0	1.5	1.5→2.0	4.96	156.48±25.24	185.28±27.51	28.8±6.63	480±131.45

注：试验组采用经氨化处理的玉米秸秆，再补饲全价颗粒精料；对照组采用饲喂加工揉碎后浸泡 12～24 h 的玉米秸秆，再补饲混合精料。秸秆粗饲料，以计量不限量的方式饲养，并记录采食量；酒糟和青草均实行定量饲喂，试验组与对照组分别每天早、晚 2 次补饲精料，试验第一个月，每头 1.5 kg/d，第二个月每头 2 kg/d。试验组精料配方玉米 58.5%，麸皮 9%，豆粕 15%，菜籽饼 15%，钙粉 1%，食盐 0.5%，预混料 1%；对照组精料配方玉米 60%，麸皮 29.5%，米糠 6%，菜子饼 3%，食盐 0.5%，预混料 1%。

引自王阳铭等，2006（重庆彭水）。

在架子牛的育肥过程中，按照饲喂育肥牛日粮的营养水平来划分，可以有以下 5 种情况：

（1）高高型。从育肥开始到育肥结束，日粮的营养水平都是高水平。

（2）中高型。育肥前期，日粮为中营养水平，到育肥后期，日粮改为高营养水平。

（3）低高型。育肥前期日粮是低营养水平，到育肥后期，日粮改为高营养水平。

（4）高低型。育肥前期的日粮为高营养水平，到育肥后期，把日粮的营养水平改为低水平。

（5）高中型。育肥前期的日粮为高营养水平，到育肥后期，把日粮改为中营养水平。

7. 规模肉牛场架子牛育肥饲喂方式

根据育肥牛月龄和性别，架子牛可采取散栏饲养（散放圈养）和拴系饲养 2 种方式。

（1）散栏饲养。将体重、品种、年龄相似的架子牛饲养在同一栏内，不拴系，便于控制采食量和日粮的调整，做到全进全出。

散栏饲养适合幼龄期育肥牛。方法是，将体重、月龄相近的牛 10～20 头为一组，放入一个圈内群养，喂给全价日粮，自由采食，自由运动。这种方式优点是节省劳力，提高牛舍利用率。但易出现生长不整齐现象。

一个围栏内的牛只的年龄、体重要基本一致或接近，有条件的最好经过去角处理。要经常观察牛只的采食、反刍及粪便情况，搞好围栏、食槽、水槽的卫生消毒工作。

散栏饲养有两种形式：①围栏肥育。采用自由采食、饮水，牛只要被围在每牛只有 4～5 m^2 的围栏里喂养。食槽昼夜有饲料，水槽内始终有清洁饮水，肥育牛随时可吃料饮水。②小围栏饲养法。在牛舍内部划分隔离成若干个小围栏，使牛在栏内自由活动、采食、饮水，采取小围栏饲养法育肥牛增重快，长得齐，食欲旺盛，采食竞争性强，节省劳力，每一围栏养 8～10 头为宜，或直接养在牛舍内，按每 4 m^2 养 1 头牛。采取小围栏饲养法，最好将相同杂交组合、习性、体重相近的牛组合在一起。围栏饲养法每人可完成 80～120 头牛的饲养任务。

(2) 拴系饲养。即拴系饲养，可个别照顾，利于增重。

拴系饲养在架子牛入栏时可按其大小，强弱，定好槽位。这种方式的优点是便于控制每头牛的采食量，减少互相争斗，爬跨现象，易于掌握每头牛的状况，但用工较多，牛舍利用率较低。

拴系饲养有 2 种不同的形式：①绳拴桩养法，舍饲不放牧，为了使牛增膘快，减少运动消耗营养，喂完牛将其牵到舍外，拴在桩上，拴绳要短，40～50 cm 为宜，以方便牛起卧即可以。拴系每个人可承担 25～30 头饲养任务，这种方法已较少使用。②拴系舍饲肥育。牛只拴系在栏桩上，桩与绳的长度以仅能让牛起卧为准，50～60 cm 为宜，在牛舍内定时采食(2～3 次/d)和饮水(2～3 次/d)，并在牛舍内休息。

8.4.2 架子牛的阶段育肥法

架子牛的育肥要根据肉牛肌肉和脂肪沉积的阶段合理分期，肉牛育肥大致分为 2 个阶段：6～16 月龄为生长育肥期，此阶段利用肉牛旺盛的骨骼和肌肉生长倾向和高的饲料报酬，饲喂蛋白质、矿物质、维生素含量高的优质粗料、青贮料、糟渣类饲料，蛋白质含量占日粮干物质的 13%～14%，促进骨骼和肌肉的生长，使肉牛具备成年肉牛的体型。尽量多用粗料，少用精料，精料喂量为肉牛活重的 0.6%～1%；成熟育肥期，此期约为肉牛 18 月龄左右，骨骼发育完好，肌肉也有相当程度的增长，主要是脂肪的沉积，增加肌肉纤维间脂肪的沉积量，改善牛肉品质是后期的主要任务，在饲养上应增加精料用量，精粗比 55%∶45%或 60%∶40%，日增重应达到 1.3 kg，缩短出栏时间。

因此生产上根据架子牛多为异地购进，依生长情况，通常把育肥分为 3 个阶段：适应过渡期、育肥前期、催肥期。不同的育肥阶段应该采取不同的技术措施，这样才能“牛尽其才、物尽其用”。

(1) 过渡饲养期。到第 15～20 天，对刚从草原或农区买进的架子牛，一定要驱虫，包括驱除体内外寄生虫。实施过渡阶段饲养，即让刚进场的牛自由采食粗饲料，粗饲料不要铡得太短，长约 5 cm；上槽后仍以粗饲料为主，可铡成 1 cm 左右；每天每头牛控制喂 0.5 kg 精料，与粗饲料拌匀后饲喂；精料量逐渐增加到 1.5 kg 尽快完成过渡期。

(2) 育肥前期。也称架子牛增重期(第 15～60 d)，约 40 d。这时架子牛的干物质采食量要逐步达到 8 kg，日粮粗蛋白质水平为 12%，精粗比为 55%∶45%，日增重 1.2 kg 左右。增重期，混合精料约占日粮的 60%～70%，其配方为：玉米面 72%，豆饼 8%，棉籽饼或花生饼 16%，磷酸氢钙(石粉)1.3%，食盐 1.2%，添加剂 1.5%，按 70 kg 体重给混合精料 1 kg，粗饲料为干草、青贮玉米秸各半，折合干物质占日粮的 30%～40%。

(3) 育肥后期。约 60 d。日粮应以精料为主，精料的用量可占到整个日粮总量的 70%～80%，并供应高能量(60%～70%)、低蛋白饲料(10%～20%)，按每 100 kg 体重 1.5%～2% 饲喂精料，粗精料比例为(1∶2)～(1∶3)，适当增加每天饲喂次数。干物质采食量达到 10 kg，并保证饮水供应充足，日增重 1.3～1.5 kg。属于肉质改善期，饲料配合要适合于脂肪的沉积，达到改善肉质的目的，混合精料配方为：玉米面 83%，豆饼 12%，油脂 1%，磷酸氢钙(石粉)1.2%，食盐 0.8%，添加剂 1.0%，小苏打 1.0%，按 60 kg 体重喂给混合精料 1 kg，粗饲料和增重期一样，但应占日粮干物质的 20%～30%。

(4) 饲养管理。强度育肥开始后，精饲料应由少到多，逐渐增加，7～10 d 喂到规定量，日喂 3 次，专人饲养，吃完为止，尽量饮足水，尤其夏天绝不可缺水。要做到舍内通风透光，冬暖夏凉，保持舍内和畜体卫生，为育肥创造良好的环境条件。

(5) 肉牛饲料配方原则和精饲料配方。严格按照肉牛不同阶段的营养需要进行配方设计，参考我国肉牛饲养标准。

按照无公害肉牛的有关要求使用饲料添加剂。

充分考虑营养对牛肉品质的影响(如肌间脂肪、大理石花纹)，采取一系列营养调控措施提高胴体品质(如嫩度、保存性能等)。

采用较为先进的饲料加工工艺如高效蛋白浓缩颗粒饲料、控制谷物饲料的粉碎粒度和淀粉的瘤胃释放速度，采用复合矿物质-糖蜜-尿素饲料舔块，提高饲料利用效率。

例：以体重 300 kg 架子牛，进行 150 d 育肥法。

购进、进栏至 20 d，日粮中精料比例为 55%(以饲草为主的粗饲料比例为 45%)，日粮粗蛋白质水平 12%左右；每头每日采食干物质质(指精、粗饲料总量)约 7.6 kg。

21～60 d，日粮中精料比例为 75%(以饲草为主的粗饲料比例为 25%)，日粮粗蛋白质水平 10%；每头每日干物质采食量(指精、粗饲料总量)为 8.5 kg。目的是补偿生长，增重 80～100 kg。

61～150 d，日粮中精料比例 80%～85%(以饲草为主的粗料比例为 20%～15%)；日粮中粗蛋白质水平为 10%；每头每日采食干物质量(指精、粗饲料总量)为 10.2 kg。目的是脂肪沉积，肉质改善，增重 90～120 kg。

育肥牛每天在固定的时间喂饲 2～3 次，每次饲喂 1.5～2 h。饲喂时按照每头育肥牛应供给的营养所确定的饲料量来饲喂，不可任意增减。一般的饲喂次序为先粗后精，即先喂干草(玉米秸秆)，再喂酒糟、精料、饮水。冬季每天在喂饲后各饮水 1 次，中午再饮 1 次。夏秋季除按冬季的饮水次数外，增加 1 次夜间饮水。

到达 150 d，肉牛膘肥体壮，达 470～520 kg，可以出栏。

8.4.3 架子牛不同饲料资源育肥案例

架子牛育肥根据饲料资源不同的育肥方法主要有高能日粮强度育肥法、酒糟育肥法、青贮饲料育肥法、氨化秸秆育肥法等。

(1) 高能日粮强度育肥法。这是一种精料用量很大而粗料比例较少的育肥方法。

方案一:选择1～1.5岁、体重200 kg左右的杂交牛,要求健康无病、体躯较长、后躯发育良好。育肥期5～6个月,日增重1 kg以上,出栏体重400 kg以上。具体饲喂是,进场后,第一个月为过渡期,主要是饲料的适应过程,逐渐加大精料比例。第二个月开始,即按规定配方强化饲养,其配方的比例为:玉米面65%,麸皮10%,豆饼5%,棉籽饼15%,食盐1.2%,添加剂2%。日喂量为每100 kg体重喂给1.3 kg混合精料。饲草以青贮玉米秸或氨化麦秸为主,任其自由采食,不限量。日喂3次,食后饮水。尽量限制运动,注意牛舍和牛体卫生,环境要安静。

方案二:1.5～2岁、300 kg左右的架子牛,其混合精料配方:玉米面75%～80%,麸皮5%～10%,豆饼10%～20%,食盐1%,添加剂2%。

前期(恢复过渡期,15～20 d),精料日给量1.5～2.0 kg,精粗比为40∶60。

中期(40～50 d),精料日给量3～4 kg,精粗比为(60～70)∶(40～30)。

后期(30～40 d),精料日给量4 kg以上,精粗比为(70～80)∶(30～20)。

(2) 酒糟育肥法。用酒糟为主要饲料育肥肉牛,是我国育肥肉牛的一种传统的方法。

酒糟是酿酒工业的副产品。其原料是富含碳水化合物的小麦、玉米、高粱、薯干等,这些原料中的淀粉在酿酒过程中只有2/3转变为酒精,1/3留在酒糟中。酒糟中还有酵母、甘油、丙酮酸、纤维素、半纤维素、灰分、脂肪和B族维生素。由于酵母的活动,酒糟中蛋白质含量比原料中高,酒糟是一种很好的肉牛饲料。

育肥牛要根据性别、年龄、体重等进行分群。育肥期一般为3～4个月。开始阶段,大量喂给干草和粗饲料,只给少量酒糟,以训练其采食能力,促使胃容积增大。大约经过15～20 d,逐渐增加酒糟,减少干草喂量。到育肥中期,酒糟量可以大幅度增加,最大日喂量可达20kg。日粮组成上,宜合理搭配少量精料和适口性强的其他饲料,以保证其旺盛的食欲。育肥期间所给予的干草要铡短,将酒糟拌入,令其采食。精料在七八分饱时再拌入,以促其饱食。每日喂给2次,饮水3次。要定期喂盐,视食欲、消化情况而定,一般每7～10 d 1次,平时食盐日给量以40～50 g为宜。

饲喂酒糟应注意的事项,见第6章6.3.2。

以下是酒糟育肥的实例。

实例一:选择体重300 kg左右的架子牛,整个育肥期分3个阶段。

第一阶段(育肥第一期,30 d),饲料配合比例:酒糟10 kg,干草2.5 kg,玉米面1 kg,尿素50 g,每5天喂1次食盐,每次50 g。

第二阶段(育肥第二期,30 d),饲料配合比例:酒糟15 kg,干草3.5 kg,玉米面1 kg,尿素50 g,每5天喂1次食盐,每次50 g。

第三阶段(育肥第三期,45 d),饲料配合比例:酒糟20 kg,干草2 kg,玉米面1.5 kg,尿素22.5 g,食盐每天1次,每次50 g。

育肥牛最好拴系饲喂,前2个月每日喂2次,饮水3次,除上槽饲喂外,白天拴于院内,夜间拴于牛舍内,限制运动,同时为增加育肥牛的代谢,每天上、下午各擦拭牛体1次;2个月以后,每日喂3次,饮水4次,一般早晨4:30上槽,喂1.5 h,饮水下槽,19:00饮水后上槽,20:00下槽,晚22:30上槽喂少量饲料,上、下午各擦拭牛体1次,并让其晒晒太阳,每日2.5 h。

实例二:选择 350 kg 以上的杂交牛,育肥期 100 d,日增重 1 kg 以上。

1～15 d 为预饲期,酒糟 5～6 kg,干草 8～10 kg,玉米面 1.5 kg,豆饼 0.5 kg,食盐 50 g。酒糟喂量应由少至多,并逐渐过渡到育肥日粮。

16～30 d,酒糟 10 kg,干草 3 kg,青贮秸秆 4 kg,玉米面 2.0 kg,豆饼 0.5 kg,食盐 50 g。

30～60 d,酒糟 15 kg、干草、青贮秸秆、玉米面、豆饼、食盐与 16～30 d 的相同。

60～100 d,酒糟 20 kg,其他与 30～60 d 的相同。

对架子牛用"虫克星"驱除体内外寄生虫,其粉剂口服剂量为每千克体重 0.1 g,针剂皮下注射量为每千克体重 0.2 mg;或用"左旋咪唑"驱除体内寄生虫,口服剂量为每千克体重 8 mg。在驱虫 3 日后要对架子牛健胃,每头牛口服"人工盐"60～100 g,或每头牛灌服"健胃散"350～450 g。饲喂应先喂酒糟,在喂干草、青贮秸秆,最后喂精料,夏秋日喂 3 次,冬春日喂 2 次,饲喂后 1 h 饮水。

实例三:采用舍饲白酒糟的育肥方式,育肥期 3～4 个月,划分为 3 期。

育肥前期(20～30 d),也是架子牛转入强度育肥的适应期,肉牛饲料以粗料为主,精料占 30%,日粮蛋白质水平 14%。

育肥中期(40～60 d),日粮中精料比例由 40%提高到 60%,日粮蛋白质水平 12%。

育肥后期(20～30 d),日粮中精料比例达 70%以上,提高日粮中能量水平,蛋白质含量 10%。

育肥牛每日精料给量为 5～6 kg。此外,在肉牛饲料中添加 0.002%～0.003%的莫能菌素及 0.5%的碳酸氢钠,每日每头喂 2 万 IU 维生素 A 和 50 g 食盐,日粮组成见表 8.19。

表 8.19 酒糟育肥牛日粮组成 %

阶段	玉米	麸皮	棉子饼	磷酸氢钙(石粉)	贝壳粉	白酒糟	玉米秸秆
前期	25	4.5	10	0.3	0.2	40	20
中期	43	7.7	9	0.3	—	28	12
后期	60.5	7	3.5	—	—	22	7

肉牛不同体重日粮配方示例:

300 kg 以下育肥牛日粮配方。玉米 15%,棉籽饼 13.5%,玉米秸青贮 35%,干草(干玉米秸或稻草)5%,酒糟类 31%,食盐 0.5%,每天每头牛干物质采食量 7.2 kg,预期日增重 900 g。

300～400 kg 育肥牛日粮配方。玉米 25%,棉籽饼 13%,玉米秸青贮 37.5%,干草(干玉米秸或稻草)3%,酒糟类 21.1%,食盐 0.4%,每天每头牛干物质采食量 8.5 kg,预期日增重 1 100 g。

400～500 kg 育肥牛日粮配方。玉米 39%,棉籽饼 9%,玉米秸青贮 22%,干草(干玉米秸或稻草)4%,酒糟类 25.6%,食盐 0.4%,每天每头牛干物质采食量 9.8 kg,预期日增重 1 000 g。

500 kg 以上育肥牛日粮配方。玉米 32%,棉籽饼 8.6%,玉米秸青贮 19%,干草(干玉米秸或稻草)6%,酒糟类 34%,食盐 0.4%,每天每头牛干物质采食量 10.4 kg,预期日增重

1 100 g。

(3) 青贮饲料育肥法。玉米秸青贮是育肥肉牛的好饲料，再补喂一些混合精料，能达到较高的日增重。

选择 300 kg 以上的架子牛，预饲期 10 d，单槽舍饲，日喂 3 次，日给精料 5 kg，精料配方见表 8.20。粗饲料全部为青贮玉米秸，任其自由采食，不限量，饮足水。在 60 d 的试验期中，日增重 1.36 kg，有的达 1.50 kg。

表 8.20 精料配方

项目	玉米	麸皮	棉仁饼	磷酸氢钙(石粉)	食盐	小苏打	预混料
饲料比例/%	61	18	16.5	1.5	1.0	1.0	1.0

据试验，利用青贮玉米秸育肥牛时，随着精料喂量的逐渐增加，青贮玉米秸的采食量逐渐下降，增重提高，但成本增加。

在生产中既要考虑有较高的日增重，同时也要考虑经济效益。在以玉米秸秆青贮为主的日粮育肥架子牛时，不同体重阶段的日粮配比可参照表 8.21。具体饲喂时，应给予 10～15 d 的预饲期，逐渐增加青贮玉米秸喂量，减少干草喂量，一直达到计划定量后，干草自由采食。日粮中豆饼可用棉籽饼、菜籽饼代替，干草要注意质量。如当地有糖蜜饲喂，则玉米青贮的使用比例还可以提高。

表 8.21 育肥牛不同体重阶段的日粮配比表 kg

体重范围	油饼粉	谷实类	青贮玉米秸	干草	无机盐类
160～280	1.2	0.8	12～15	自由采食	0.1
281～410	1.0	1.5	16～20	自由采食	0.1

对架子牛以玉米秸青贮为主育肥的日粮配方：

体重(300～350 kg)：玉米 71.8%，麸皮 3.3%，棉粕 21.0%，尿素 1.4%，食盐 1.5%，石粉 1.0%，精料采食量 5.2 kg，玉米秸青贮 15 kg。

体重(350～400 kg)：玉米 76.8%，麸皮 4.0%，棉粕 15.6%，尿素 1.4%，食盐 1.5%，石粉 0.7%，精料采食量 5.8 kg，玉米秸青贮 15 kg。

体重(400～450 kg)：玉米 77.6%，麸皮 0.7%，棉粕 18.0%，尿素 1.7%，食盐 1.2%，石粉 0.8%，精料采食量 6.6 kg，玉米秸青贮 15 kg。

体重(450～500 kg)：玉米 84.5%，棉粕 11.6%，尿素 1.9%，食盐 1.2%，石粉 0.8%，精料采食量 7.5 kg，玉米秸青贮 15 kg。

(4) 氨化秸秆育肥法。以氨化秸秆为唯一粗饲料，育肥 150 kg 的架子牛至出栏，每头每天补饲 1～2 kg 的精料，能获得 500 g 以上的日增重，到 450 kg 出栏体重需要 500 d 以上，这是一种低精料高粗料长周期的肉牛育肥模式，这种模式不适合规模经营要求快周转、早出栏的特点。但如果选择体重较大的架子牛，日粮中适当加大精料比例，并喂给青绿饲料或优质干草，日增重也可达 1 kg 以上，所以用氨化秸秆作为基础粗饲料短期育肥是可行的。

如：选择体重 350 kg 以上的架子牛，日粮配比见表 8.22。

表 8.22 用氨化秸秆育肥牛的日粮配比 kg

	氨化秸秆	干草	玉米面	豆饼	食盐
1～10 d	2.5～5	10～15	1.5	0	0.04
11～40 d	5～8	4～5	2～2.5	0.5	0.05
41～70 d	8～10	4～5	2.5～4	0.5	0.05
71～100 d	5～8	2～3	4～5	0.5	0.05

具体饲喂是，10 d 内为训饲期，刚开始饲喂氨化秸秆时，牛不习惯采食，只要不喂给其他饲料，由于饥饿下一次饲喂就会采食。开始时少给勤添，逐渐提高饲喂量。进入正式育肥阶段，应注意补充矿物质和维生素。矿物质以钙、磷为主，另外可补饲一定量的微量元素预混料，维生素主要是维生素 A、维生素 E。秸秆的质量以玉米秸最好，其次是麦秸，最差是稻草。在饲喂前应放净余氨，以免引起中毒。

用表 8.22 日粮配比育肥 350 kg 架子牛，平均日增重 1 kg 以上，至 450 kg 体重出栏需 100 d 左右的时间。山东某地采用氨化麦秸为主要粗饲料育肥鲁西黄牛，取得了 1 kg 以上的日增重。但必须适当补饲精料，精料配合比例是玉米 65.9%、豆饼 9.3%、磷酸氢钙(石粉) 1%、贝壳粉 2.5%、微量元素和维生素预混料 0.5%、食盐 0.8%。育肥期 80 d，单槽饲养，日喂 3 次。全期增重 86.8 kg，平均日增重 1 085 g，每头平均耗料 629.4 kg，其中精料 258.4 kg，氨化麦秸 371.1 kg，每增重 1 kg 耗料 7.28 kg，其中精料 2.99 kg。

8.4.4 架子牛育肥的管理

架子牛的管理措施较多，目前研究集中在环境控制、运动、刷拭和日光浴方面。控制环境主要是控制温度、湿度、卫生和通气；多数研究表明架子牛育肥舍温度 5～15℃，相对湿度 50%～75%，空气畅通较好；加强日常的饲养管理，保持牛舍清洁卫生，定期打扫，定期消毒，绝对不给牛饲喂发霉变质的饲料，饮水要清洁，冬季饮水中不能有冰，加强牛舍的保暖防寒，做好疾病防疫工作，牛舍周围保持安静，尽量减少应激因素，具体如下。

(1) 按牛的品种、体重和膘情分群饲养，便于管理。

(2) 饲喂要本着先粗后精喂后饮水的原则，也可将精粗饲料混合均匀后一起饲喂，日喂 2～3 次，粗料要少给勤添。精料限量，粗料自由采食，每次饲喂时间 2 h。饲喂后半小时饮水一次，饮水一定要清洁充足。单独设置水槽的牛舍要保证水槽内长期有水，并要求每日更换一次；喂料、饮水混合使用食槽时，冬季要保证牛饮水 2～3 次，夏季喂料后要保证食槽长期有水。

(3) 采用“五定”管理方式，即定人员、定量、定时、定食槽、定刷拭，确保牛环境的稳定和避免人为应激。

(4) 每天对牛进行刷拭，以促进牛体血液循环，并保持牛体干净无污染。

(5) 搞好环境卫生，避免蚊虫对牛的干扰和传染病的发生。牛舍、牛槽及牛床保持清洁卫生，牛舍每月用 2%～3%的火碱水彻底喷洒一次，对育肥牛出栏后的空圈要彻底消毒，牛场大门口要设立消毒池，可用石灰或火碱水作消毒剂。

(6) 气温低于 0℃时，应采取保温措施，高于 27℃时，采取防暑措施(图 8.7a,b)，夏季温度高时，饲喂时间应避开高温时段。冬季要防寒，避免北风直吹牛体，牛舍后窗要关闭，夏季要注意防暑，避免日光直射，晚上可在舍外过夜（雨天除外）。

(7) 每天观察牛是否正常，发现异常及时处理，尤其要注意牛的消化系统的疾病。

(8) 定期称重，及时根据牛的生长及采食料情况调整日粮，对不增重或增重太慢的牛及时淘汰。

(9) 膘情达一定水平，增重速度减慢时应及早出栏。

a. 拴桩遮阳

b. 食槽遮阳

图 8.7 简易牛舍——遮阳

8.4.5 架子牛育肥的一些管理策略和技巧

我国历来就有利用架子牛进行育肥生产牛肉的做法，并形成许多能提高效益的方法，随着肉牛生产蓬勃发展，这些方法的应用对架子牛育肥养殖者带来收益。

1. 冬季提高肉牛增重的措施策略

肉牛生产中最适宜的温度为 8～16℃，冬季气温在 0℃以下，且饲养管理不善，肉牛增重就会降低，为此冬季要提高肉牛增重，增加经济效益，要做好如下工作。

(1) 提高牛舍舍温，对开放式牛舍要搭建临时保温棚，加盖塑料薄膜进行保温，做到地面不结冰（图 8.8 至图 8.13）。冬季将牛舍西面和北面的门窗、墙缝堵严，防止贼风侵袭；向阳面的门窗要挂帘。一般的圈舍应用塑料布或彩条布等封闭，关闭门窗，防止贼风侵袭；窗户的玻璃应保持干净，以利采光。

图 8.8 牛舍——冬天封闭保温

图 8.9 简易牛舍——冬天封闭保温

图 8.10 卷帘式简易保温肉牛舍

图 8.11 简易牛舍用塑料薄膜保温

图 8.12 简易牛舍用塑料薄膜保温

图 8.13 密闭式牛舍保温

(2) 备足草料,养殖场户应备足饲料和饲草,防止大雪可能产生的饲料饲草供应和运输困难,确保饲料供应(图 8.14 至图 8.16)。

a. 制作青贮

b. 青贮池

图 8.14 玉米秸秆青贮是肉牛首选粗饲料

(3) 加强营养,精心饲养,提高饲料供给量:冬季肉牛身体产生的能量被转用到保持体温上来,应相应地增加肉牛营养,一般比原来饲养标准高 10%～15%,即增加 10%的混合精料,同时粗料也相应作增加。

(4) 饮足温水,冬季肉牛多采食干草,若不能充分饮水,食欲就会下降,致使增重量下降,甚至发生疾病(图 8.17)。肉牛每食 1 kg 干饲料需水 5 kg 左右。饮水的适宜温度为:成年牛 12～14℃;母牛、怀孕牛 15～16℃;犊牛 35～38℃。

(5) 补足食盐,食盐是胃液的主要成分之一。冬季肉牛胃液分泌量增加,食盐的需求量相应增加(图 8.18)。食盐的日供给量视肉牛体重和增重量高低确定,一般每日供给 50 g。除按日粮 1%拌入精料外，也可专设盐槽，让牛自由舔食。

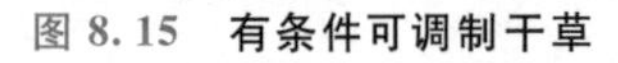

图 8.15　有条件可调制干草

a. 垛堆

b. 粉碎保存

图 8.16　干秸秆要妥善保存

图 8.17　简易牛舍水槽

图 8.18　提供食盐

(6) 加强运动，冬季牛舍光照不足，空气不新鲜，肉牛得不到运动，这样会导致增重量下降及一些疾病的发生。每天中午前后应该将其赶出舍外活动，进行日光浴及呼吸新鲜空气(图 8.19a，b)。

a. 舍外拴桩

b. 舍外拴系

图 8.19　肉牛冬天日光浴

(7) 搞好卫生，做好防疫：每天刷拭牛体 2～3 次，保持体表清洁。保持圈舍清洁干燥，肉牛躺卧的地方垫上软草，潮湿的地方经常撒些草木灰，既可消毒防病，又能吸潮除臭。冬季对牛驱虫一次，并做好防疫注射(图 8.20)。

2. 安排牛槽位(饲位)的技巧

安排牛的槽位(图 8.21a,b),应该考虑个体的脾气、生理状况、健康和年龄等因素,槽位应该长期固定,通常只对个别牛作调整。牛有认槽位的能力和习惯,新进牛舍时,将其拴在其槽位 3～5 d 才放开,再上槽饲喂时他会自动回到该位置,即使开始认不准,重复几次就能认准了。若大幅度打乱槽位重新调整,会造成上槽时乱成一锅粥,拴系赶牛时间倍增,饲养员劳动强度增加,对老弱、胆小、妊娠后期牛、刚产犊母牛等的健康十分不利。

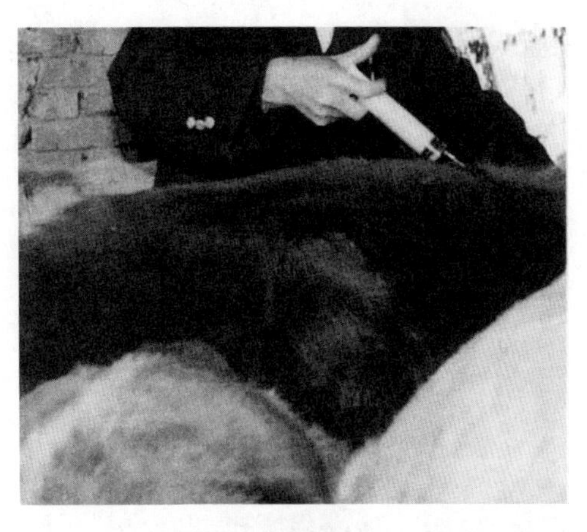

图 8.20 肉牛育肥前驱虫——注射虫克星

a. 舍内饲喂

b. 舍外饲喂

图 8.21 安排牛槽位

在牛槽短缺,必须分批上槽时,可以上槽只喂配合料、块根、块茎、糟渣类及定量的其他草料,每天上槽应该不少于 2 次,每次不少于 2.0 h,有条件可在运动场栏杆方便处设草架(槽)备充足粗饲料让牛全天随意采食,这种方法饲喂效果很好,只是被牛叼撒落地的残草太多,浪费较大。若采用此法,切忌把精料、辅料等集中 1 d 只喂 1 次,因为这样做会明显降低牛的消化能力,使饲料效果大幅度下降。

3. 拴牛技巧

拴牛可用缰绳,也可用颈枷(图 8.22a,b,c)。以用缰绳为经济,虽然其控制牛活动的作用差一些,但对牛的健康负面影响最少。其他形式,尤其硬(金属管、木材)颈枷开起来整齐、控牛作用强,但不利于牛起卧,易导致牛颈部扭伤等毛病,且造价高昂,对于繁殖母牛以不采用为好。牛饲糟应采用低槽,前槽低、后槽高,缰绳应该拴在槽沿下面砌置的拴系环上(图 8.21b),缰绳按可控制牛不能爬槽为宜,切莫按拴驴、马的方法,拴在槽上的栏杆上。缰绳拴于槽沿下,牛要抬头爬槽或欺负两侧的牛均受缰绳制约,而卧下,则缰绳宽松,牛的卧姿大可随意,不受控。若缰绳拴在栏杆上,则必须留足牛能卧下所需的长度,而当牛站立时太宽松,足以爬槽,爬跨相邻牛以及恣意顶架。熟练应用下拴缰绳后,饲槽上的栏杆也可以免掉,节省物力和财力。

散放式饲养也称围栏饲养,牛不拴系,散养于牛圈中(图 8.23)。圈中背风处建简易牛棚,作为冬天抵挡风雪、夏天遮蔽烈日的庇护所,通道侧栏杆处设有简易雨篷的饲槽、草架和水槽。

草架全天保持有粗料，让牛自由采食，若采取“全混合日粮”饲喂则不必设草架。

a. 缰绳拴牛

b. 简易下颈链拴系示意图

1. 上栏杆　2. 拴牛环　3. 饲槽

图 8.22　拴牛

4. 肉牛育肥管理的“五看”、“五净”、“一短”

“五看”指对育肥的肉牛看采食、看饮水、看粪尿、看反刍、看精神状态是否正常。发现异常情况，及时采取相应措施(图 8.24 至图 8.26)。

图 8.23　肉牛散放式饲养

图 8.24　看采食

图 8.25　看精神状态

图 8.26　看粪尿

"五净"指草料净、饲槽净、饮水净、牛体净、圈舍净(图 8.27)。要求饲草饲料不含砂石、泥土、铁钉、铁丝、塑料布等异物,不发霉腐败,不受有毒物质(如农药)污染。牛下槽后要及时清扫饲槽,防止草料残渣在槽发酵或霉变。注意饮水卫生,避免有毒有害物质污染饮水。要经常刷拭牛体,保持体表卫生,特别在春秋季预防体外寄生虫的发生。圈舍要勤垫草、勤除粪,保持舍内空气清洁、冬暖夏凉。

"一短"指短绳。即在舍饲条件下,用 1～1.5 m 长的绳子拴系饲养,减少牛因运动造成的能量消耗,以利于提高增重。采用 1 头牛 1 根桩或 1 头牛 2 根桩,后者是把牛拴在 2 根桩中间,牛头左右距桩 35 cm 左右,用绳固定,牛只能起卧、站立或睡觉,不能左右游走,达到限制运动的目的(参见图 5.38)。

5. 育肥牛适时出栏的判断技巧

当牛肥到一定程度后,抗病力就会下降,适应环境变化的能力降低,食欲和消化机能均衰退,再养下去则得不偿失,故应该及时出栏。

(1) 肥牛外观。当肥牛外观身躯十分丰满,颈显得短粗,鬐甲宽圆,复背、复腰、复臀(总合为双脊梁),全身圆润,关节不明显,触摸颈侧、前胸、脊背、后肋、尾根等处肥大触感软绵而十分宽厚,同时表现懒于行走、动作迟缓并出现厌食,则表明已满膘,应该及时出栏(图 8.28 至图 8.30),最准确的是采用"测膘仪"做活体测定。

图 8.27 牛体净

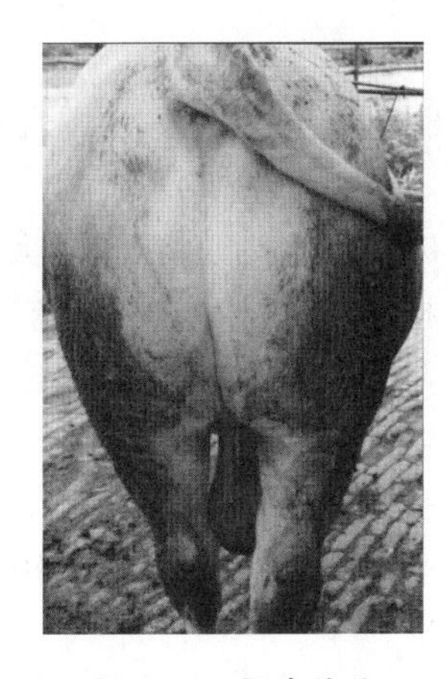

图 8.28 肥牛外貌

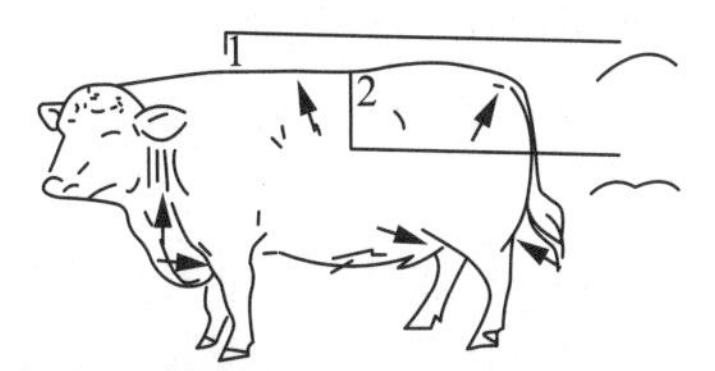

a. 满膘的脂肪型肥牛,箭头所指为触摸估计肥膘厚度的部位
1. 鬐甲横切面均呈丰满的圆弧
2. 背腰横切面均呈"双脊梁"状

b.满膘的瘦肉型肥牛,全身肌肉绷起
1. 鬐甲横切面均呈丰满的圆弧
2. 背腰横切面均呈"双脊梁"状

图 8.29 肥牛外观示意图

(2) 肉牛育肥终了标志(从牛体外表“六看三摸”)。

六看:一看牛体膘,体膘丰满、看不到明显的骨头外突;二看采食量,采食量下降(下降量达正常采食量的10%~20%);三看牛尾根,牛尾根两侧可见明显的脂肪突起;四看牛臀部,牛臀部丰满平坦(尾根下的凹沟消失);五看牛胸前端,牛胸前端突出并且圆大丰满;六看走动,牛不愿意活动或很少活动,行动迟缓,四肢高度张开。

三摸:一摸牛肷部,有厚实感;二摸肘部,有厚实感;三摸(压)背部与腰部,厚实有弹性。

a. 西杂肥牛

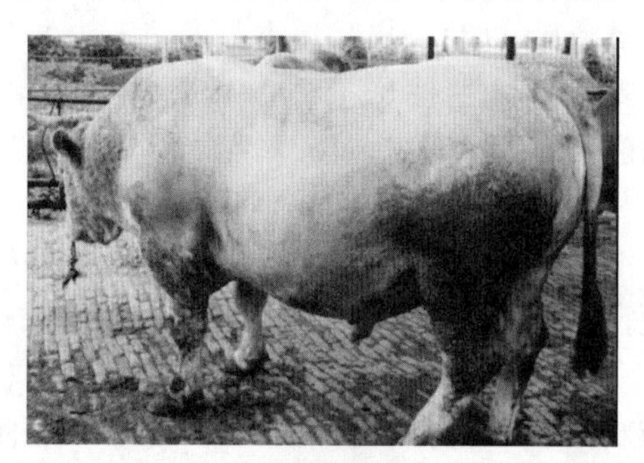

b. 夏杂肥牛

图 8.30　肥牛外观

8.4.6　农户或牧场自繁自育架子牛的育肥方法

肉牛饲养业已经成为广大农户勤劳致富、快速奔小康的有效途径。然而,我国的肉牛饲养刚刚起步,饲养方式还比较落后。饲养肉牛要想取得较好的效益,饲养方式必须符合现代肉牛业的发展要求;一是采取规模化的饲养方式,二是改良肉牛品种,三是采用科学的日粮配方饲养肉牛。农户规模化肉牛饲养一般采取短期育肥方式进行生产,即自繁自育或购买架子牛,然后在场内改善饲养管理条件,集中肥育后售出。

架子牛要经过一段时间的强度肥育,以增加体重,改善肉质。可分为育成期和肥育期2个阶段。

1. 育成期饲养

育成期饲养的目标是促进牛体骨骼、肌肉生长发育,时间为15~18个月,日增重为0.6~0.8 kg。日粮中粗蛋白质含量14%以上,整个育成期粗精饲料比例为7∶3。粗饲料以酒糟、青贮玉米秸、氨化麦秸、青草等为主。育成期可采用放牧或舍饲,见8.2.1。

2. 肥育期

肥育期饲养属强度育肥,分为2期:一是增重期,以增加体重,加大优质肉块为目的,二是肉质改善期,以沉积脂肪为主。

(1) 增重期。幼牛育成期完成后进入增重期,一般3~4个月时间,要求日增重0.9 kg以上,增重期完成后体重达450 kg左右。日粮中蛋白含量10%~12%,日粮精粗饲料比为6∶4。

该期饲养的目的是使肌纤维变粗,脂肪初步形成。饲养上要逐步减少粗饲料,相应增加精饲料喂量,一般精饲料用量占体重的1.5~1.6%。该期牛食欲旺盛,增重快,日喂精饲料4~6 kg。粗饲料供应以青草和干草为主,饲料饲喂方法:先投喂1~2 kg青草,后给2 kg干草,再投喂精饲料，精饲料吃完后，给予充足饮水，夜间自由采食干草。粗饲料也可以青贮玉米秸、氨化麦秸、稻草为主，可喂给少量酒糟，要求日粮中蛋白质水平较高，达13%～14%，有利于增重。

(2) 肉质改善期。育肥牛达到450 kg左右后开始进入肉质改善期，增重速度开始下降。此期致力于脂肪沉积，使脂肪沉积于肌肉内形成“大理石”花纹，以生产出细嫩的中高档牛肉，经过2～3个月的肥育，体重达500 kg以上出栏。日粮蛋白质含量8%～10%，精粗饲料比为7∶3至9∶1，干物质日进食量9～11 kg。

在饲养上可采用高能量、低蛋白质饲料，饲料调配上增大饲粮浓度，使牛摄取足够的营养。另外，保证矿物质、维生素供给，干物质进食量约占体重的2%。该期精饲料喂量由少到多，7～10 d达到规定喂量。粗饲料一般不要变换，采取先精饲料、后粗饲料饲喂方法。喂后饮水，水质要清洁。每天刷拭牛体2次，及时打扫舍内卫生，保持干净和干燥。每月称重1次，以便调整饲料喂量。肉质改善期饲养的关键是增进牛的食欲，注意观察牛的采食量，改进饲喂技术，如改变饲料配比率、饲喂全价颗粒料等，以提高牛的食欲。

3. 牧区架子牛育肥

在青草期，除放牧外，再补饲精料混合料。选择体重200～250 kg的架子牛，上午放牧3 h，下午放牧4 h，在中午、晚上回棚休息时，再补饲混合精料，当体重达到300～350 kg时，便可进入育肥阶段。

青草期放牧补饲育肥法：此法充分利用青草旺季，发挥架子牛快速生长作用，短期快速催肥，有明显经济效益。选择300～350 kg体重的肉牛采取白天野外放牧，青草自由采食，吃饱为宜，放牧后补饲混合饲料(玉米50%，麦麸27%，胡麻饼20%，钙粉2%，食盐1%)2 kg。

8.5 成年牛育肥技术

成年牛育肥一般指30月龄以上牛的育肥。这种牛骨架已长成，只是膘情差，采用3～5个月的短期育肥，以增加膘度，使出栏体重达到470 kg以上。成年牛育肥以沉积体脂肪为主，日粮应以高能量低蛋白为宜。应注意，成年牛育肥生产不出高档牛肉。

1. 育肥原理

用于育肥的成年牛往往是役牛、奶牛和肉用母牛群中的淘汰牛。这类牛一般年龄较大，产肉率低，肉质差，经过育肥，增加肌肉纤维间的脂肪沉积，肉的味道和嫩度得以改善，提高了经济价值。成年牛主要是增加体内脂肪的沉积，日粮以能量饲料为主，其他营养物质只要满足基本生命活动的需要即可。

2. 成年牛育肥技术

由于成年牛已停止生成发育，要增加体内脂肪的沉积，在饲料供给上除热能外，其他营养物质稍低于育成牛，乳用品种牛的营养需要要高于肉用品种10%左右。

(1) 成年牛育肥之前，要进行全面检查，凡是病牛均应治愈后再育肥，无法治疗的病牛不应育肥；过老、采食困难的牛也不要育肥，否则会浪费草料，达不到育肥效果。

(2) 公牛应在育肥前半个月去势。育肥前要驱虫、健胃、称重、编号，以利于记录和管理。

(3) 育肥期不宜过长，一般以2～3个月为宜。对膘情较差的牛，可先用增重较低的营养物质饲喂,使其适应育肥日粮,经过1个月的复膘后再提高日粮营养水平,这样可避免发生消化道疾病。附近有草山、草场或野地,在青草期可先将瘦牛放牧饲养,利用青草使牛复壮,而后在进行育肥,这样可节省饲料,降低成本。育肥期内,应及时调整日粮,灵活掌握育肥期。

(4) 育肥技术。

第一阶段5～10 d,主要是调教牛上槽,学会吃混合饲料。可先用少量配合料拌入粗饲料中饲喂,或先让牛饥饿1～2 d后再投食,经2～3 d调教,役牛就可上槽采食,每头牛每天喂配合料700～800 g。

第二阶段10～20 d,在恢复体况基础上,逐渐增加配合料,每头牛每天喂配合料0.8～1.5 kg,逐渐增加到2.0～3.0 kg,分3次投喂。

第三阶段20～90 d,混合精料的日喂量以体重的1%为宜。粗饲料以青贮玉米或氨化秸秆为主,任其自由采食,不限量。成年牛育肥期一般为3个月左右,平均日增重在1 kg左右。一般日粮精料配方为玉米72%,油饼类16%,糠麸8%,石粉1%,食盐1%,小苏打1%,预混料1%。

(5) 在具体管理上,要在育肥之前为牛驱虫,搞好日常清洁卫生和防疫工作,每出栏一批牛,都要对牛舍进行彻底清扫消毒。育肥场地要保持安静,采取各种措施减少牛的活动,气温低于0℃时要注意防寒。夏天7～8月份气候炎热,不宜安排育肥。

8.6 中高档牛肉的生产技术

对牛肉市场有许多划分方法,根据牛肉的生产过程(育肥程度)一般有高档牛肉、优级肥牛、优质部位牛肉和普通牛肉,见表8.23。

表8.23 牛肉市场结构与育肥方式的关系

档次分类	育肥方式	消费人群	市场定位
高档部位肉	犊牛直线育肥长周期高精料	中高收入者	星级酒店、超市
优级肥牛肉	犊牛直线育肥长周期高精料	中高收入者	饭店、超市
中高档牛肉或优质部位肉	犊牛直线育肥、高精料架子牛育肥	中高收入者	超市、饭馆、批发市场
普通牛肉	低精料架子牛育肥、全放牧育肥、不育肥、老残牛、各种淘汰牛群	百姓消费	超市、小饭馆、批发市场、集贸市场、农贸市场

据表8.23所示,本文的中高档牛肉主要是高精料架子牛育肥技术提供的牛肉,因此参照了邱怀等(1991)、吴乃科等(2002)提出的生产技术规程,稍加总结,读者可以参考其原创论文。

1. 牛源的选择

(1) 品种。我国地方良种黄牛,地方良种黄牛作母本与肉牛品种、兼用品种作父本的杂交后代。用杂种牛来生产高档牛肉,牛肉品质和经济效益更好一些。

(2) 年龄。对肥育牛的年龄要求比较严格,良种黄牛2～2.5岁开始肥育,杂交公牛1～1.5岁开始肥育,阉牛、母牛2～2.5岁开始肥育。

(3) 育成牛 180～200 kg,经 6～8 个月育肥,体重可达 450 kg 以上,体重 300～350 kg 架子牛,育肥期 4～5 个月,体重可达 500 kg 以上,体重 400～500 kg 大架子,育肥期 3～4 个月,体重可达 550 kg 以上,所选的牛小于 1.5 岁一般不去势,架子牛生长发育良好,健康无病,后躯发育好,身体低垂,体宽而深,四肢正立,整个体型呈长方形。

2. 育肥前的准备工作

(1) 隔离观察。对选用的牛进行 10～15 d 的隔离和观察。观察其饮食、粪便、反刍是否正常,进行布氏杆菌病、结核病的检疫,病牛予以淘汰。

(2) 健胃与驱虫。对育肥牛用敌百虫(40 mg/kg 体重)、左旋咪唑(8 mg/kg 体重)、别丁(60 mg/kg 体重)一次性灌服进行驱虫,驱虫后 3 d 灌服健胃散 500 g/次,1 次/d,连服 2～3 d。

(3) 编号与分群。对每头牛进行编号,可用耳标标记,以便记录和管理。根据体重、年龄进行合理分群,使每群牛的差异达到最小,以利于饲养管理。

3. 育肥期

用于生产高档牛肉的优质肉牛必须经过 100～150 d 的强度肥育。犊牛及架子牛阶段可以放牧饲养,也可以围栏或拴系饲养,最后必须经过 100～150 d 的强度肥育,日粮以精料为主。在肥育期所用饲料也必须是品质较好的,对改进胴体品质有利的饲料。

(1) 育肥期长短依牛只年龄、性别、屠宰时年龄和营养水平而定,并应顾及经济效益。

优质肉牛育肥期一般为 6～8 个月;生产高档牛肉所需要的育肥时间较长,视牛的肥度状况而定,一般为 8～13 个月。育肥期可分为 2 个阶段:增重期和肉质改善期,前期为增重期,育肥 4～6 个月,此期饲养的主要目的是促进肌肉的生长,尽量增加优质肉块的比例;后期为肉质改善期,育肥 2～6 个月,此期饲养的主要目的是向肌纤维间沉积脂肪。

(2) 育肥牛的营养与饲料。育肥牛的营养需要参照《肉牛饲养标准与营养需要》(冯仰廉 2000)。

饲料的选择符合《无公害食品肉牛饲养饲料使用准则》。

(3) 牛只的饲养与管理。肥育牛可按舍饲或放牧育肥或放牧补饲的方法进行饲养管理,并参照《无公害食品肉牛饲养管理准则》,饲养中的疾病防治用药符合《无公害食品肉牛饲养兽药使用准则》。

(4) 增重期。育肥牛购进后,需经过 1 个月左右的适应期,使其逐步适应以精饲料为主的饲养方式,如果是未去势的牛,去势后的恢复期可以作为适应期。适应期内精饲料饲喂量应由少到多逐渐增加,7～10 d 达到规定喂量,粗饲料要保持均衡供应,不要轻易更换。

增重期的参考精料配方:玉米粉 60%,豆粕 5%,棉籽饼 22%,麸皮 8%,磷酸氢钙 2%,食盐 1%,小苏打 1%,微量元素维生素预混料添加剂 1%。每 100 kg 体重喂 1.2 kg 混合精料,精料约占总日粮的 50%～60%。粗饲料以青贮玉米秸、氨化麦秸、氨化稻草、干草等为主,可以使用糟渣类饲料,粗饲料占总日粮的 40%～50%。

(5) 肉质改善期。育肥牛体重达到 450～500 kg 时即可逐步换成肉质改善期的日粮,此时,肉牛的增重逐渐变慢,主要以沉积脂肪为主,以形成肌肉的大理石花纹。

肉质改善期的参考精料配方:玉米面 62%,大麦 10%,豆粕 5%,棉仁粕 8%,麸皮 10%,磷酸氢钙 2%,食盐 1%,小苏打 1%,微量元素维生素预混料添加剂 1%。每 100 kg 体重喂 1.2～1.3 kg 混合精料,精料约占总日粮的 60%～70%,粗饲料约占日粮 30%～40%。

(6) 育肥期可采用放牧或舍放结合,但后期必须采用强度育肥技术饲养。

放牧饲养利用草山、草坡放牧,放牧可采用固定放牧、分区轮牧和条牧的方法,冷季放牧应减少牛只体重的下降;保膘,要晚出牧、早归牧,充分利用中午暖和时间放牧,午后饮水,同时注意牛舍要向阳、保暖、小气候环境好。暖季放牧要早出牧、晚收牧,延长放牧时间,让牛多采食,同时应注意防暑。放牧饲养牛注意补镁盐和食盐,定期测定幼牛生产情况,每天补充精料 1～2 kg,若生长发育差,夜间补饲青粗料,以保证其正常增重。

4. 肉牛的管理

(1) 采用“五定”管理方式即:定人员、定量、定时、定槽位、定刷拭,确保牛环境的稳定和避免人为应激,及时发现或观察肥牛的异常现象,及时处理。

(2) 牛舍、牛槽及牛床保持清洁卫生,牛舍每月用 2%～3%的火碱水彻底喷洒一次,对育肥牛出栏后的空圈要彻底消毒,牛场大门口要设立消毒池,可用石灰或火碱水作消毒剂。

(3) 冬季要防寒,避免北风直吹牛体,牛舍后窗要关闭,夏季要注意防暑,避免日光直射,晚上可在舍外过夜(雨天除外)。

(4) 每日饮水 2 次,夏季中午增加一次,饮水一定要清洁充足,每次饲喂时间 2 h。

(5) 每天对牛进行刷拭,以促进牛体血液循环,并保持牛体干净无污染。

(6) 肥育期末体重要求达到 550～600 kg 出栏。

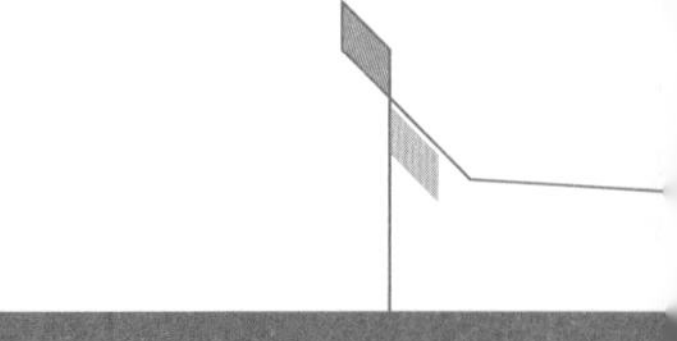

第9章 肉牛养殖场(户)的生产经营管理

经营和管理养殖场的目标是为了盈利和利润,从长远看为了取得利润,必须要做到既懂技术又懂管理。技术是为经济服务的,管理也是为经济服务的,管理就是保证利润最多、质量最优、牛群最健康的措施,要做到这些,必须要保证实现最大的饲料转化率。

9.1 肉牛生产的效益分析

经济效益是指人们从事经济活动所获得的劳动成果(产出)与劳动消耗(投入)的比较。讲求经济效益,就是要在一定的消耗或占用的情况下,尽可能生产出符合社会需要的有效成果;或者是在产出水平一定的情况下,尽可能减少投入。充分利用资源优势,采用新技术,提高肉牛养殖的经济效益是大力发展肉牛养殖业,并促进区域农村经济发展的有效途径之一。

影响肉牛养殖经济效益主要因素包括:①屠宰或出栏的数量;②平均每头屠宰或出栏的活牛体重;③牛肉(含牛皮、其他副产品)或每千克活重的价格;④育肥前的牛价;⑤饲养期及育肥期所消耗的草、料总量;⑥草料价格;⑦劳务工资;⑧牛舍修建、水、电费用;⑨防疫保健费用;⑩草地利用的有关费用,成年牛的空怀、疾病和误产所需要的维持费用等。综上所述10项,①~③项数值越高则肉牛养殖经济效益也越大,反之,则效益越小。因此就要设法增大①~③项的数值,下降或缩小④~⑩项的数值。

当你的企业有财力100万元时,可以买150 kg左右的小牛250头,每头牛约4 000元,每头牛平均日增重约为1.2 kg,大约10个月后,到500 kg出栏,你也可以买400 kg左右的架子牛125头,每头牛约8 000元,每头牛平均日增重约为1.3 kg,大约3个月后,到500 kg出栏;你也可以养优质大理石纹的“雪花”牛肉。同时在出栏前你还要涉及另一问题,如果育肥到450 kg外卖,或者育肥到550 kg外卖,效益如何?

如果再筹集部分资金,扩大企业规模(比如增加存栏,或购买机械提高生产效率),您的效益情况怎么样?

如果将这些问题都计算清楚了,在此基础上进行决策,您的风险会极大降低,在投入的财力、物力、精力相同的情况下,您的效益要远远高于同行。

9.1.1 正确选择肉牛育肥目标

现阶段我国肉牛生产的总市场目标是,根据我国肉牛业的自身优势,以优质和安全为前提,以国内稳定的中低档牛肉消费市场为主目标,在此基础上,以国内、国际标准组织部分高档牛肉生产为次目标,生产出符合中国人风味的牛肉制品,满足国内高端市场的需要和提高出口量。

1. 选择肉牛育肥目标的意义

肉牛的育肥,不管是肉牛的单纯育肥饲养户还是肉牛育肥饲养、屠宰、牛肉销售的联营户,首先都要确定肉牛的育肥目标,确定养什么样的牛,生产什么档次的牛肉,也就是育肥牛及牛肉的市场定位,这样才能在确定牛源时做到有的放矢。肉牛育肥饲养目标确定的依据是牛肉的消费市场即消费者对牛肉需求的档次和需求量、育肥肉牛的交易方式及价格、育肥牛饲养的总成本及总利润等。养牛户只有了解牛肉的市场需求,才能饲养出符合市场需求的肉牛,屠宰行业才能获得市场用户需要的牛肉。确定肉牛育肥目标,避免或减少肉牛育肥目标不明确给投资肉牛生产而造成养牛户的经济损失,也就是说肉牛育肥技术要到位。

肉牛育肥,根据目的市场可分为普通肉牛育肥、高档肉牛育肥;育肥牛饲养户首先要针对上述牛肉市场有较深入的了解,并对周边的肉牛屠宰户所需要的牛肉质量有更深入的了解,适时满足肉牛屠宰户的需求,确定肉牛育肥目标;其次要制定达到育肥目标的技术路线和实施方案,应避免或减少肉牛育肥目标不明确就投资肉牛生产而造成的经济损失。

牛育肥阶段的净收入主要决定于活牛的购买价格、牛肉的销售价格和育肥期间牛的增重数量。在一定时期内,活牛价格、牛肉的销售价格变化较小,因此育肥牛能否盈利主要取决于牛的增重情况。肉牛育肥与牛源生产相比,育肥牛生产单位时间的盈利能力较强,育肥专业户具有扩大育肥规模的经济利益驱动;同时,在同等情况和资源前提下,其他农户也有从事育肥牛生产的利益驱动。

2. 肉牛育肥目标的选择

肉牛育肥前必须首先确定育肥的目标。育肥目标不同,育肥技术路线、措施、成本等也截然不同。肉牛育肥的目标归纳如下:以改善牛肉品质为目标,以增重和肉质改善兼顾为目标和以增重为目标(蒋洪茂,2008)。

(1) 以改善牛肉品质为目标。育肥目标确定为"肉质改善型"时,较小体重开始育肥获得的牛肉质量好,饲养利润大。养牛户要因地制宜选择育肥牛的品种、年龄、性别、体重体膘,以提高养殖效益,降低饲养成本。当前牛肉销售市场高档牛肉的需要量大,利润空间也大,而竞争对手又少,在养殖户资金实力较强,养殖技术水平较高并实施饲养、屠宰、牛肉销售一体化的情况下,可进行以改善牛肉品质为目标的肉牛育肥。要获得高效益必须遵循"循序渐进、忌急于求成,前期多增重、后期多沉积脂肪"的原则。购入体重 300～350 kg 的架子牛(阉公牛),18～24 月龄开始育肥,经过 300 d 以上的育肥,出栏体重可达 570～610 kg、日增重 800～900 g。

(2) 以增重和肉质改善兼顾为目标。在牛肉销售市场上优质牛肉需要量大,利润空间也较大，养殖户具备一定的资金实力，养殖技术水平较高并实施饲养、屠宰、牛肉销售一体化的情况下，采用既增重又改善牛肉品质为育肥目标。生产中，购入体重 200～250 kg 的架子牛（阉公牛），12～16 月龄开始育肥，经过 360 d 的育肥，出栏体重 550～580 kg，日增重 900～950 g。

(3) 以增重为目标。育肥目标确定为“体重增长型”时，体重较大、体膘较瘦的牛增重速度快，饲料利用率高；在牛源的购进价格和育肥后出售价格间的差额较大，市场需要育肥牛的数量大而供应量小，饲养户（人）养牛技术水平一般，追求养牛效益不高，资金来源有限时，常常采用以增重为育肥目标。此种育肥方式要高效、快速，忌日粮营养水平低及长时间育肥。购入体重 400～450 kg 的架子牛（公牛、阉公牛），年龄大小不论，育肥 100～120 d，出栏体重 500～580 kg，日增重 1 000～1 200 g。

9.1.2 育肥牛养殖的效益分析

我国的肉牛生产主要由分散的农户来养殖，具有一定规模的肉牛养殖场在全部养殖主体中所占比例还不大，育肥牛生产中由于养殖户在饲料配置、日饲喂量、育肥期限及饲养管理技术等方面有一定的差距，因此所获得的效益也有所不同。

9.1.2.1 不同肉牛生产规模的经济效益比较分析(张微等，2009)

随着全社会对牛肉需求的不断增长和农业产业结构的调整，中国肉牛生产取得长足发展，形成了不同的肉牛生产经营模式和饲养规模。但当前在饲料等生产资料和劳动力的价格不断上涨的情况下，肉牛养殖经营又将面临生产成本上升、养殖增收的压力加大。因此，了解肉牛养殖的生产经营状况和进行成本收益分析，对探寻更加合理有效的养殖方式、降低生产成本和市场风险、实现增产增收目标具有重要的现实意义。

1. 养殖规模的生产状况调查

我们的团队于 2008 年 10 月对甘肃张掖的部分肉牛养殖户和不同规模肉牛育肥场进行走访调查，见表 9.1。

表 9.1 调查肉牛养殖户和不同规模肉牛育肥场的肉牛生产概况

规模	养殖户	养殖专业户	肉牛养殖小区	小规模养殖场	中等规模养殖场	大型规模养殖场
平均存栏肉牛	5	15	20	60	500	1 000
主要粗饲料	玉米秸秆	玉米秸秆	玉米秸秆青贮	玉米秸秆青贮	玉米秸秆青贮	玉米秸秆青贮
粗饲料来源	自产	自产	自产	50%自产	采购	采购
混合精料来源	50%自产	50%自产	50%自产	25%自产	采购	采购
架子牛	自产＋采购	自产＋采购	自产＋采购	采购	采购	采购
饲养方式	舍饲	舍饲	舍饲	舍饲	舍饲	舍饲
劳动力资源	家庭	家庭	家庭	家庭＋雇佣	雇佣	雇佣
疫病防治	公共服务	公共服务	公共服务	公共服务	公共服务＋自有	公共服务＋自有
粪污处理	肥料或沼气	农家肥	农家肥	堆肥	堆肥	堆肥
销售	交易市场	交易市场	交易市场＋合同	合同	合同	合同

(1) 养殖户。家庭养殖为养牛经济单位，有专门建造的养牛舍，以饲养母牛 2～3 头，带犊牛，培育架子牛并育肥 4～6 头牛。可利用自产粗饲料如玉米秸秆和玉米轴芯，种植饲料作物如玉米青（由于气候未到抽穗就刈割）、令箭豌豆，刈割青杂草，精料以采购浓缩料配与自产玉米，牛粪作农家肥或做沼气原料，充分利用自身劳动力，以出售供育肥的架子小公牛（或后备小母牛）或育肥牛为主要收入。

(2) 养殖专业户。养殖农户根据自身的劳动力、饲草、资金情况来决定饲养的规模，饲养规模在 10～20 头，独立建造的牛舍，架子牛源于自身培育或购买，并组成或参加养牛行业协会、合作社，疾病防治和防疫由畜牧站或养牛协会统一进行并指导。在饲料的供应上，以自产粗饲料如玉米秸秆和玉米轴芯，种植饲料作物，精料以采购浓缩料和自产玉米配合而成，精粗饲料的不足部分外购，牛粪作农家肥，利用自身劳动力，架子牛育肥时间在 4～6 个月，以出售育肥牛为主要收入。养殖户根据市场需要随时出售并购进架子牛进行育肥出售，在这种模式中，畜牧站和养牛协会在推动农业市场化进程中发挥了重要作用，把分散经营的农户与全国统一市场紧密结合起来，有效地解决了小农户与大市场的矛盾。同时在推广科学养牛技术，畜牧站或协会起到纽带作用，促进家庭养殖业的发展，增加农民的收入。

(3) 肉牛养殖小区。在养牛基础扎实、群众参与积极性高的乡村建立肉牛养殖专业小区，小区建设统一规划设计，人畜分离，有专门的青贮窖，小区统一防疫管理、疾病治疗、技术服务等。架子牛源于自身培育或购买，在饲料的供应上，以自产粗饲料如玉米秸秆青贮，精料以采购浓缩料与自产玉米配合而成，饲料的不足部分需要购买，牛粪作农家肥，利用自身劳动力，架子牛育肥时间在 3～5 个月，以出售育肥牛为主要收入。通过建设肉牛养殖小区，强化规模化生产，村容整洁，加快养牛产业化作为新农村建设主要内容的进程。

(4) 小规模肉牛养殖场。存栏 40～60 头育肥牛，盖有专门的牛舍，由具有一定资金和养牛经验丰富的农民承担，配置有青贮窖，架子牛的收购和育肥牛的外销可以自行联系，疾病防治和防疫由畜牧站进行并指导。在饲料的供应上，以外购为主，自产为辅。架子牛育肥时间在 3～5 个月，牛粪自用或出售作农家肥，自身劳动力不足需雇佣劳动力，需要 1 位专职管理人员负责采购和销售，以出售育肥牛为主要收入。

(5) 规模养殖场。存栏 400～600 头肉牛，按照肉牛场规范化建设专门的牛舍，配有青贮窖、饲料混合车间和机械，精粗饲料供应配套，以满足肉牛一年的饲料供应，建立统一防疫体系，并配备相应管理人员以负责采购、销售、兽医、饲料生产、库房管理、出纳、会计、司机、押运等。饲养目的主要是培育高档肉牛，架子牛采购和肉牛出栏有稳定的业务关系，牛粪出售或自用于肥料等。规模化肉牛养殖场建成后，为形成了一个生态、经济效益最佳的肉牛生产模式，配备一定的饲料地以种植青贮玉米，以此形成规范化肉牛养殖的样板，并有良好的经济效益。

(6) 大型规模肉牛养殖场。存栏在 1 000 头左右，对饲料供应体系、卫生防疫体系、配套养殖技术要求较高，充足的粮食生产为肉牛饲养提供了可靠的饲料来源。饲料供应上要配套青贮窖，保证四季的粗饲料供应，实行统一防疫，并配备相应管理人员以负责采购、销售、兽医、生产主管、饲料供应、设备维修、库房管理、出纳、会计、司机、押运等。架子牛育肥 3～4 个月可以出栏，每年供应市场肉牛 2 000～3 000 头，销售方向以出售育肥牛和屠宰深加工为主。

2. 肉牛养殖经济效益计算

在市场经济条件下，养牛的唯一经营目标就是要实现经济效益的最大化，对于肉牛养殖者来讲，有多种因素对其经济效益的大小产生着不同程度的影响。

(1) 肉牛养殖的成本计算。为了便于比较，成本是根据肉牛饲养日按头日成本计算。生产成本包括直接生产费用和间接生产费用。

直接生产费用包括架子牛成本、精粗饲料费用、饲养人工费、固定资产折旧、水电费用、兽药费用。调查资料表明，粗饲料加工不同使肉牛采食量和加工成本不同，研究中养殖户以干玉米秸秆为主，青绿粗饲料为辅，便于比较均按干玉米秸秆计算，采食量为 5 kg，养殖小区、规模养殖场为青玉米秸秆青贮，采食鲜样量分别为 15 kg 和 16 kg，玉米秸秆的成本和加工费均按每吨 20 元及 30 元计算；混合精料中自产部分多为玉米按每吨 1 500 元计算；农户多采购浓缩料，按每吨 2 000 元计算；规模养殖场的混合精料按每吨 1 700 元计算饲料成本，养殖户、养殖小区和规模养殖场的精料投入分别按每天每头平均为 5 kg、5.5 kg 和 6.5 kg，玉米秸秆、秸秆青贮和混合精料（组成按玉米 70%，饼类 20%，麸皮 5%，矿物质类 5%）的肉牛综合净能(RND)值分别按每千克 0.3 RND、0.08 RND 和 0.9 RND 计算肉牛每天的综合净能采食量。

饲养日计算，根据养殖户、专业户、养殖小区和规模养殖场的肉牛每头综合净能的进食量预测日增重 0.90 kg、1.00 kg、1.20 kg、1.25 kg，计算达到 550 kg 的饲养日。

饲养人工费即饲养员报酬和福利费按孙黄初和张立军的方法计算，饲养 4～6 头肉牛的年人工费 1 000 元，10～15 头人工费 2 000 元，20～30 头以上按人工费 3 000 元，60 头人工费 6 000 元计算，综合折算出日头饲养人工费。

固定资产折旧费按每头存栏牛平均投资 3 000 元，10 年折旧，净残值率按照原值的 5%确定，年折旧率为 9.5%，即 285 元/年，0.78 元/(d·头)。

架子牛的采购成本和兽药费不同规模按一致的水平计算，架子牛采购价 14 元/kg，体重为 400 kg，兽药费按每头每年 50 元，水电费按养殖户、专业户（养殖小区）和规模养殖场分别为每头每年 10、20、50 元计算。其他直接费用如修理费、低值易耗品等按一致处理，不列入计算之内。

养殖生产中的间接生产费用主要是管理费和利息，养殖户和专业户的管理费按每头每年 10 元，养殖小区按 20 元计算，规模养殖场按管理人员计算，每人每年为 6 000 元，60 头、500 头、1 000 头存栏的规模养殖场按管理人员 1 人、5 人、12 人计算。利息仅计算架子牛的资金利息，按 6%标准进行计算，确定为年 288 元/头。其他间接生产费按一致处理，也不列入计算之内。

(2) 肉牛养殖收入计算。全部按出售育肥牛计算收入，出售体重均为 550 kg，价格为 15 元/kg，其他收入是牛粪，或做农家肥或做沼气原材料或出售，按每头牛每年 100 元计算收入（每天排粪 20 kg）。

(3) 净收入（利润）计算。总收入－总支出＝净收入，育肥期投入＝天总成本×育肥天数，育肥期收入＝天总收入×育肥天数，计算日头净收入和出栏头净收入。

3. 不同规模养殖水平的生产成本投入分析

从养殖成本对比中可以发现，不同规模养殖的架子牛成本占总成本比例基本一致，其支出在总成本中占很高比例，接近总成本的 75%～77%，饲料费支出在总成本的比例为 20%，其他支出则相对稳定并在很低的水平，合计为 3%～4%，架子牛的成本成为影响总生产成本的决定性因素，架子牛价格的变动直接决定了生产成本，见表 9.2。从表 9.2 不难看出，肉牛养殖总成本中规模化牛场成本最高，小区次之，专业户和养殖户最低。规模化养殖相对于养殖小区、专业户和养殖户有较高的总成本是因为规模养殖的育肥时间较后者短，即较少的出栏天数使每天成本分摊增加，提高资金的利用率(表 9.2)。当养殖专业户、养殖户、养殖小区的自产饲料和设备折旧不计成本时(表 9.1)，其生产成本会更低。

饲料成本的投入明显影响肉牛育肥的效益，以规模养殖的效益为较佳，肉牛生产中架子牛既是生产资料也是终端畜产品，且其占成本达 3/4，因此在生产中肉牛的疾病和疫病防治突显重要。

表 9.2　肉牛养殖户和不同规模肉牛育肥场的肉牛生产成本分析

规　　模	养殖户	养殖专业户	肉牛养殖小区	小规模养殖场	规模养殖场	大型规模养殖场
存栏肉牛	5	15	20	60	500	1 000
粗饲料需要/(kg/(d·头))	5	5	15	16	16	16
综合净能/(RND/d)	1.5	1.5	1.2	1.28	1.28	1.28
粗饲料/(元/(d·头))	0.25	0.25	0.75	0.8	0.8	0.8
混合精投入/(kg/d)	5.0	5.5	6.5	6.5	6.5	6.5
综合净能/(RND/d)	4.50	4.95	5.85	5.85	5.85	5.85
精料成本/(元/d)	8.75	9.63	11.38	11.21	11.05	11.05
饲料费用投入/(元/(d·头))	9.00	9.88	12.13	12.01	11.85	11.85
总综合净能/(RND/d)	6.00	6.45	7.05	7.13	7.13	7.13
预测增重/(kg/d)	0.90	1.00	1.20	1.25	1.25	1.25
达到 550 kg 天数/d	167	150	125	120	120	120
饲养人工费,/(元/(d·头))	0.55	0.55	0.41	0.23	0.23	0.23
固定资产总投入/(万元)	1.5	4.5	6.0	18.0	150.0	300.0
固定资产折旧/(元/(d·头))	0.78	0.78	0.78	0.78	0.78	0.78
架子牛成本/(元/(d·头))	33.53	37.33	44.80	46.67	46.67	46.67
水电费/(元/(d·头))	0.07	0.04	0.03	0.03	0.03	0.03
兽医费/(元/(d·头))	0.18	0.18	0.18	0.18	0.18	0.18
管理费/(元/(d·头))	0.01	0.01	0.01	0.27	0.16	0.20
利息费/(元/(d·头))	0.79	0.79	0.79	0.79	0.79	0.79
总成本/(元/(d·头))	44.86	49.51	59.08	60.92	60.64	60.67
饲料费用投入比重/%	20.1	19.9	20.5	19.7	19.5	19.5
架子牛投入比重/%	74.8	75.4	75.8	76.6	77.0	76.9
其他投入比重/%	4.0	3.5	3.0	3.3	3.1	3.2

4. 肉牛育肥生产不同规模的生产经济收益分析

养殖户、专业户、养殖小区和规模养殖场(小、中、大)购进架子牛饲养达到 550 kg 出栏的饲养日分别为 167 d、150 d、125 d 和 120 d，每头肉牛平均每天的净收入依次为 4.8 元、5.8 元、7.2 元、8.1 元、8.4 元和 8.3 元；整个育肥期的利润以规模养殖场为最高，养殖户为最低，见表 9.3。

表 9.3 肉牛养殖户和不同规模肉牛育肥场的肉牛生产的收入和利润分析

规模	养殖户	养殖专业户	肉牛养殖小区	小规模养殖场	规模养殖场	大型规模养殖场
肉牛出栏收入/(元/头)	8 250	8 250	8 250	8 250	8 250	8 250
出栏牛收入/(元/(d·头))	49.40	55.00	66.00	68.75	68.75	68.75
牛粪等收入/(元/(d·头))	0.27	0.27	0.27	0.27	0.27	0.27
总收入/(元/(d·头))	49.68	55.27	66.27	69.02	69.02	69.02
天净收入/(元/(天·头))	4.82	5.77	7.20	8.11	8.38	8.35
育肥期投入/(元/头)	7 491.60	7 426.41	7 384.86	7 309.93	7 277.28	7 281.22
育肥期收入/(元/头)	8 295.75	8 291.10	8 284.25	8 282.88	8 282.88	8 282.88
育肥期利润/(元/头)	804.15	864.69	899.39	972.95	1 005.60	1 001.65

从表 9.3 可以看出，虽然全部养殖模式的肉牛出栏毛收入一致，并且每天养殖户、专业户每天的投入（总成本）比规模养殖场低（表 9.2），但由于养殖户、专业户的养殖时间长，使每天的收益降低，致使总利润最低。同时由于较长的养殖周期，使养殖户、专业户难以捕捉变化的市场，并减少资金的流动，影响养殖户的全年收益。因此养殖户和专业户一方面要增加投入，即增加饲料投入，缩短育肥时间，另一方面要学习新技术，精心饲养，使养殖户的有限资金投入得到合理的回报。

5. 肉牛养殖盈亏平衡点分析

调查研究表明，市场上的绝大部分牛肉产品来自养殖户或专业户饲养，规模养殖场占较少的比例。无论哪种养殖规模模式，影响肉牛养殖经济效益的主要因素为牛源（原料和产品）价格和饲料价格，虽然架子牛在肉牛生产中成本占到 75%以上，在市场调节下，架子牛价格走向影响肉牛出栏价格，价格消长基本是同步，出栏肉牛价格高于或等于架子牛价格，因此占总成本 20%的饲料成本（表 9.2）是影响肉牛养殖效益的主要因素，另一影响因素是品种的改良和肉牛养殖技术，在调查中育肥的肉牛全部按改良牛计算和分析。

表 9.2 表明，养殖户或专业户的成本低是因为粗饲料为玉米秸秆，混合精料的饲喂量比规模化牛场低，使总成本明显低于规模化牛场。营养进食量明显影响日增重，较低的饲料喂量使肉牛获得的综合净能较低，日增重较低（表 9.2），达到出栏体重（如设定为 550 kg）的育肥时间延长。笔者综合资料分析表明，当育肥肉牛的育肥期超过 240 d（平均日增重小于 0.63 kg）时，经济效益为负值，预测的精料喂量为 3.5 kg。因此在育肥肉牛生产中采用长周期少精料是不可取得，也是不科学的，因为肉牛体重较大，维持需要耗费大量的能量。就以此文资料为例，按 3.5 kg/d 饲喂 240 d 要混合精料 840 kg，而规模养殖场每天饲喂 6.5 kg 混合精料，120 d 就可达到出栏体重消耗精料 780 kg，并取得每头有 970 元以上的利润，当然这要求养殖户和专业户要对粗饲料进行加工调制，提高肉牛科学饲养技术，并要增加相应的资金投入以购买足够精饲料。

6. 引导养殖户发展适度规模养殖，以实现规模经济

农户养殖肉牛可充分利用秸秆等粗饲料资源并大大降低养牛的成本，从而增加经济效益，而且还可以减少资源的浪费和对环境的污染，增加土地的有机质含氧量。随着养殖户饲养规

模的继续扩大，养牛目的也在变，养肉牛由副业变为主业，为了缩短肉牛的饲养周期，在日粮配合上要适当地增加精料，在自产饲料、资金等方面不足时，尤其是作物秸秆、玉米等饲料的外购会陡然加大生产成本。从不同饲养规模的盈利水平来看，规模养殖的经济效益高于养殖户，但规模饲养生产成本已明显加大，养殖户的各方面能力不能满足要求，如饲料外购，投资不足，养殖技术缺乏，市场信息不畅等。因此，可以采用适当的规模或养殖小区，既可发挥饲料和劳动力的资源优势，又可增加农民收入，使农民更加富裕。

肉牛养殖涉及饲养和经营管理，是多学科的综合技术，而大部分养殖户文化素质不高，接受新事物、新技术、新成果的能力较低，因此在经营管理指导服务上尤显重要，提高经营管理水平，使养殖方式由粗放式向规模方向发展，在政府的帮助下实现传统养殖向科技养殖转变，在“公司＋农户，小群体大规模”肉牛生产模式下，需要政府部门拓宽养殖户筹措资金的渠道，为养殖户提供资金保障。政府加大科技资金投入，为广大养殖户提供公共服务，政府通过养殖技术服务体系实施技术培训和技术示范，切实帮助养殖户降低在疾病防治和防疫上的风险，提高养殖户总体应对风险的能力。

9.1.2.2 不同肉牛育肥对象的经济效益比较分析(李雪娇等，2012)

肉牛肥育技术根据育肥对象分犊牛育肥、幼牛直线育肥、架子牛育肥（大、小架子牛）和成年牛育肥，肉牛肥育都以肥育开始的年龄为界。但无论哪种育肥形式都涉及牛源问题，即牛源有 2 种途径，自繁自养或外购。

坚持自繁自养，肉牛生产中我们鼓励坚持自繁自养。俗话说“母牛见母牛，三年五个头”，是说母牛繁殖快，牛的头数增加得多，是发展养牛业的物质基础。这比从市场上买牛育肥成本低得多，效益好。母牛产母牛，增加繁殖母牛数量，使繁殖母牛比例提高；母牛产下公犊，1.5～2 岁即可育成。增加肉牛出栏率，能显著提高养牛经济的回报。即促进养牛生产规模，又可避免牛传染性疾病的传入。

但我国的肉牛生产主要由分散的农户来养殖母牛，繁殖犊牛、育成牛、提供育肥牛的牛源，具有一定规模的肉牛养殖场在全部养殖主体中所占比例还不大，所以下面以购入牛源进行肉牛养殖育肥的成本收益分析。

肉牛养殖成本主要包括牛源成本、饲料费用、人工费、防疫费、水电费等。由于不同地区的社会经济条件的差异，再有各养殖户的养殖规模不同，各个地区的养殖成本也各不相同。由于诸多影响因素，每个地区不同时期的价格也有差异，因此不同时期、不同地区每头肉牛的养殖收益也各不相同。下面是作者团队 2010—2011 年在甘肃张掖完成科研任务进行肉牛的养殖试验和生产调查的结果，并参考肉牛饲养标准，以比对不同肉牛育肥对象的经济效益比较分析，为读者提供养殖时的分析参考。

1. 育肥的牛源选择

肉牛肥育有犊牛、育成牛育肥、架子牛育肥和成年牛肥育，都以肥育开始的年龄为界。什么年龄肥育要根据对产品的要求、肥育时间、饲料情况及资金周转、市场变化等情况而确定。如犊牛肥育增重快，所产肉肌纤维细，肉质鲜嫩多汁，价格高，但出肉率低，对饲料要求高，单位牛肉成本高，资金周转慢；成年牛肥育所产牛肉肉质粗硬、少汁，肉价低，肥育期间主要是沉积脂肪，因而饲料利用率低，肥育效益较差；处于生长发育期的青年牛（1～2 岁）生长能力强，增重较快，饲料利用率高，牛肉质量好，经济效益高。特别是体况较瘦的青年架子牛，因胃肠容积大，采食量多于幼龄牛，因此增重速度比体况瘦的幼龄牛还高。

此外生产高档牛肉时，应选小龄牛肥育；计划饲养期为100～150 d出售，以求资金周转快时，应选大龄牛（1～2岁或3～4岁）肥育，小龄牛不易达到出售体重。秋天饲养架子牛，第二年出栏，应选购1岁左右的牛，大牛越冬时维持消耗多而不经济；利用粗饲料养牛时，选大龄牛合算，小龄牛（1岁以下）消化器官还不能大量利用粗饲料。

2. 育肥技术

肉牛在不同的生长时期，对营养物质的数量和质量的需要是不同的。生产者必须准确根据肉牛的年龄、体重和生长的不同时期，所需营养数量的多少，给予及时按量供应，才能达到育肥增重的预期目的。

（1）小白牛肉生产，是指犊牛从出生到出栏，经过90～100 d，完全用脱脂乳或代用乳饲养，体重达120 kg左右屠宰。按初生体重40 kg计，根据饲养方案（莫放，2010）需要牛奶813 kg，或30日龄以后用代乳粉，需要牛奶192 kg，代乳粉80 kg。育肥时间100 d。

（2）犊牛育肥，按初生体重40 kg计，8月龄体重达250 kg出栏。按需要牛奶500 kg（120 d断奶），精饲料280 kg（犊牛肥育期混合精料配方为玉米60%，油饼类18%～20%，糠麸类13%～15%，植物油脂类3%，石粉或磷酸氢钙2.5%，食盐1.5%）（哺乳期60 kg，非哺乳期220 kg），苜蓿干草230 kg（哺乳期50 kg，非哺乳期180 kg）。育肥时间240 d。

（3）幼龄牛强度育肥，犊牛断乳后直接转入生长肥育阶段，12月龄体重达400 kg以上出栏。按初生体重40 kg计，120 d断奶，体重按130 kg，需要牛奶500 kg，饲料60 kg，苜蓿干草50 kg。断奶后一直保持1.2 kg以上日增重，按需8个月计算，需饲料950 kg（生长期混合精料配方为玉米65%，油饼类20%～22%，糠麸类10%～12%，石粉或磷酸氢钙2%，食盐1%），需苜蓿干草100 kg和玉米秸秆130 kg（犊牛期），育成期需玉米秸秆青贮1 500 kg，玉米秸秆350 kg。育肥时间360 d。

也可以购买断奶犊牛，按130 kg体重计算，需要4 200元（作者2011年在张掖试验的采购价）。达400 kg以上育肥9个月需饲料1 070 kg。苜蓿干草100 kg，玉米秸秆410 kg，玉米秸秆青贮1 800 kg。育肥时间270 d。

（4）架子牛育肥。按购买大小架子牛分开计算。

①购买250 kg架子牛（4 800元），育肥7～8个月，达500 kg出栏，日增重1 kg以上，需饲料960 kg（精料配合比例是玉米65%，油饼类10%～12%，麸皮类18%～20%，矿物质类5%），玉米秸秆青贮3 600 kg，玉米秸秆500 kg。育肥时间240 d。

②购买350 kg架子牛（6 300元），育肥3～4个月，达500 kg出栏，日增重1.2 kg以上，需饲料600 kg，玉米秸秆青贮2 400 kg，玉米秸秆240 kg。育肥时间120 d。

（5）成年牛育肥。购买450 kg成年牛（8 000元），育肥2～3个月，达550 kg出栏，日增重1.0 kg以上，按需育肥3个月，需饲料600 kg，玉米秸秆青贮2 300 kg，玉米秸秆180 kg。育肥时间90 d。

（6）生产“雪花”牛肉。收购6月龄犊牛（4 500元），体重150 kg，饲养育肥期22～24个月，出栏体重平均650 kg/头。育肥时间690 d。

到体重300 kg时，每天饲料4.5 kg，苜蓿草或玉米秸3～4 kg（各半），8个月，需要饲料1 080 kg，苜蓿草480 kg，玉米秸秆480 kg。

到体重400 kg时，每天饲料6.0 kg，苜蓿草或玉米秸5～6 kg（各半），3个月，需要饲料1 080 kg，苜蓿草270 kg，玉米秸秆270 kg。

到体重 500 kg 时，每天饲料 7.0 kg，苜蓿草或玉米秸 5～6 kg(各半)，4 个月，需要饲料 840 kg，苜蓿草 360 kg，玉米秸秆 360 kg。

到体重 650 kg 时，每天饲料 8.0 kg，苜蓿草或玉米秸 5～6 kg(各半)，8 个月，需要饲料 1 920 kg，苜蓿草 720 kg，玉米秸秆 720 kg。

(7) 西餐红肉——生产高档牛肉(大理石纹)。

①购买犊牛(4 200 元)由 130 kg 培育到 300 kg，平均日增重 0.9 kg，7 个月，每天饲料 3.0 kg，需要饲料 630 kg，玉米秸秆青贮 3200 kg，玉米秸秆 420 kg。

300 kg 增至 550 kg，日增重 1.2 kg，7 个月，每天饲料 4.5 kg，需要饲料 950 kg，玉米秸秆青贮 4 200 kg，玉米秸秆 420 kg。育肥时间 420 d。

②购入体重 330 kg(6 000 元)的架子牛(去势)，日增重 0.8 kg，560 kg 出栏，10 个月，每天饲料 4.5 kg，需要饲料 1 350 kg，玉米秸秆青贮 6 000 kg，玉米秸秆 600 kg。育肥时间 300 d。

3. 不同育肥对象的生产成本投入分析

肉牛养殖的成本计算设定。为了便于比较，成本是根据肉牛饲养日按头日成本计算。

(1) 生产成本的计算。包括直接生产费用和间接生产费用。

直接生产费用包括牛源成本、精粗饲料费用、饲养人工费、固定资产折旧、水电费用、兽药费用。

玉米秸秆的成本和加工费按每吨 600 元，苜蓿草的成本按每吨 2 000 元，玉米秸秆青贮按每吨 200 元；

牛奶成本按每吨 3 500 元，代乳粉每吨 20 000 元，犊牛精料每吨 2 600 元，育成牛精料每吨 2 300 元，育肥期精料每吨 2 200 元。

饲养人工费按 1 元/(d·头)，固定资产折旧按 0.8 元/(d·头)，水电费用按 0.5 元/(d·头)，兽药费 0.3 元/(d·头)分别计算。

养殖生产中的间接生产费用主要是管理费和利息，管理费按 0.4 元/(d·头)。利息仅计算牛源的资金利息，按年 6%标准进行计算。

(2) 肉牛养殖的原材料投入。

小白牛肉生产：犊牛成本按 2 700 元计算(莫放，2011)：①牛奶 813 kg；②牛奶 192 kg，代乳粉 80 kg。育肥时间 100 d。

犊牛育肥：犊牛成本 2 700 元，牛奶 500 kg(120 d 断奶)，犊牛精饲料 280 kg，苜蓿干草 230 kg。育肥时间 240 d。

幼龄牛强度育肥：

①犊牛成本 2 700 元，牛奶 500 kg，犊牛饲料 60 kg，育成牛饲料 950 kg，需苜蓿干草 150 kg，玉米秸秆 350 kg，需玉米秸秆青贮 1 500 kg。育肥时间 360 d。

②购犊牛 4 200 元，育成牛饲料 1 070 kg，苜蓿干草 100 kg，玉米秸秆 410 kg，玉米秸秆青贮 1 800 kg。育肥时间 270 d。

架子牛育肥：

①小架子牛 4 800 元，育肥饲料 960 kg，玉米秸秆青贮 3 600 kg，玉米秸秆 500 kg。育肥时间 240 d。

②大架子牛 6 300 元，育肥饲料 600 kg，玉米秸秆青贮 2 400 kg，玉米秸秆 240 kg。育肥

时间 120 d。

成年牛育肥：

牛源 8 000 元，育肥饲料 600 kg，玉米秸秆青贮 2 300 kg，玉米秸秆 180 kg。育肥时间 90 d。

生产“雪花”牛肉。育肥时间 690 d。

犊牛 4 500 元；需要饲料 4 920 kg，苜蓿草 1 830 kg，玉米秸秆 1 830 kg。其中：

到体重 300 kg 时，需要饲料 1 080 kg，苜蓿草 480 kg，玉米秸秆 480 kg。

到体重 400 kg 时，需要饲料 1 080 kg，苜蓿草 270 kg，玉米秸秆 270 kg。

到体重 500 kg 时，需要饲料 840 kg，苜蓿草 360 kg，玉米秸秆 360 kg。

到体重 650 kg 时，需要饲料 1 920 kg，苜蓿草 720 kg，玉米秸秆 720 kg。

西餐红肉—生产高档牛肉（大理石纹）。

①购买犊牛 4 200 元，需要饲料 1 580 kg，玉米秸秆青贮 7 400 kg，玉米秸秆 840 kg。育肥时间 420 d。

②牛源 6 000 元，需要饲料 1 350 kg，玉米秸秆青贮 6 000 kg，玉米秸秆 600 kg。育肥时间 300 d。

(3) 生产成本投入分析。根据上述生产技术和原材料的投入，不同育肥对象的牛肉产品生产投入的成本与分析见表 9.4 和表 9.5。

从生产成本对比中可以发现，不同肉牛产品的生产总成本差别很大，换算到每天的总成本，由较低的幼牛直线育肥到最高的成年牛育肥，所以高档牛肉生产（雪花肉、西餐红肉）的天成本不是最高，与架子牛育肥接近（表 9.5），高档牛肉生产（小白牛肉、犊牛肉、雪花肉、西餐红肉）的成本体现在饲养成本高，即饲养成本占总成本的比例高（49%～82%），而普通大架子牛育肥或成年牛育肥的成本中牛源的成本占比例大，与张微等（2009）的分析相似，因此不同产品生产体现的资源不同，如普通大架子牛育肥或成年牛育肥要求有足够的资金资源购置牛源，而高档牛肉生产（小白牛肉、犊牛肉、雪花肉、西餐红肉）更多体现在养殖技术上。

4. 牛肉产品生产的盈亏平衡点分析

由于本分析仅把肉牛产品作为唯一收入，没考虑养殖中其他收入，其实在肉牛生产中肉牛产品的收入占总收入的 99%以上（张微等，2009）。根据经济原理，净收入＝总收入－总支出，总支出即总成本因不同产品生产种类而明显不同，体现在饲养成本和牛源成本的比例上；总收入即为产品销售收入，具体为活牛出售价值。

使产品生产得以维持，必须净收入为正值，即活牛出售价值大于总成本，根据表 9.5，就要求肉牛出栏时每千克活重售价要大于活重成本，如小白牛肉的活牛每千克要大于 49.1 元，成年牛育肥后的出售价格为每千克 19.1 元，生产“雪花”牛肉的活牛售价为 37.9 元，很显然有些价格在一般屠宰场（或屠宰厂收牛）或集贸市场或牲畜交易市场是不能达到的。据作者饲养试验和调查，2011 年集市的平均交易活牛售价为每千克重 18～20 元，这样小白牛肉、犊牛肉、幼龄牛强度育肥牛肉、雪花牛肉、西餐红肉等的生产就达不到正的盈亏平衡点，如果按集市价格，就必须提高日增重，如小白牛肉和“雪花”牛肉的生产在其他不变的情况下日增重分别要达到 1.8 kg 和 1.7 kg，以目前的技术条件是很难达到，见表 9.6。因为小白牛肉、犊牛肉、幼龄牛强度育肥牛肉、雪花牛肉、西餐红肉等的生产属于高端肉产品，其增值体现在市场运作和屠宰

表 9.4 生产不同肉牛产品的原材料投入

	单价(元/kg，元/(头·d))	小白牛肉生产①	小白牛肉生产②	犊牛育肥	幼龄牛强度育肥①	幼龄牛强度育肥②	架子牛育肥①	架子牛育肥②	成年牛育肥	生产雪花牛肉	生产红牛肉①	生产红牛肉②
起始体重/kg		40	40	40	40	130	250	350	450	150	130	330
育肥天数/d		100	100	240	360	270	240	120	90	690	420	300
牛源成本		2 700	2 700	2 700	2 700	4 200	4 800	6 300	8 000	4 500	4 200	6 000
牛奶/kg	3.5	813	192	500	500	0	0	0	0	0	0	0
代乳粉/kg	20	0	80	0	0	0	0	0	0	0	0	0
精饲料犊牛/kg	2.6	0	0	280	60	0	0	0	0	0	0	0
精饲料育成/kg	2.3	0	0	0	950	1 070	0	0	0	0	0	0
精饲料育肥/kg	2.2	0	0	0	0	0	960	600	600	4 920	1 580	1 350
粗饲料苜蓿/kg	2	0	0	230	150	100	0	0	0	1 830	0	0
粗饲料秸秆/kg	0.6	0	0	0	350	410	500	240	180	1 830	840	600
粗饲料青贮/kg	0.2	0	0	0	1 500	1 800	3 600	2 400	2 300	0	7 400	6 000
饲养人工费/d	1	100	100	240	360	270	240	120	90	690	420	300
固定资产折旧/d	0.8	100	100	240	360	270	240	120	90	690	420	300
水电费用/d	0.5	100	100	240	360	270	240	120	90	690	420	300
兽药费用/d	0.3	100	100	240	360	270	240	120	90	690	420	300
管理费/d	0.4	100	100	240	360	270	240	120	90	690	420	300
利息/d	6	100	100	240	360	270	240	120	90	690	420	300
牛的出栏重/kg		120	120	250	400	400	500	500	550	650	550	560
增重/kg		80	80	210	360	270	250	150	100	500	420	230
日增重/kg		0.800	0.800	0.875	1.000	1.000	1.042	1.250	1.111	0.725	1.000	0.767

表 9.5 生产不同肉牛产品的各种成本投入

（元，kg）

成本项目	小白牛肉生产①	小白牛肉生产②	犊牛育肥	幼龄牛强度育肥①	幼龄牛强度育肥②	架子牛育肥①	架子牛育肥②	成年牛育肥	生产雪花牛肉	生产红牛肉①	生产红牛肉②
起始体重/kg	40	40	40	40	130	250	350	450	150	130	330
育肥天数/d	100	100	240	360	270	240	120	90	690	420	300
牛源成本/元	2 700	2 700	2 700	2 700	4 200	4 800	6 300	8 000	4 500	4 200	6 000
牛奶/元	2 845.5	672	1 750	1 750	0	0	0	0	0	0	0
代乳粉/元	0	1 600	0	0	0	0	0	0	0	0	0
精饲料－犊牛/元	0	0	840	180	0	0	0	0	0	0	0
精饲料－育成/元	0	0	0	2 660	2 996	0	0	0	0	0	0
精饲料－育肥/元	0	0	0	0	0	2 496	1 560	1 560	12 792	4 108	3 510
粗饲料－苜蓿/元	0	0	460	300	200	0	0	0	3 660	0	0
粗饲料－秸秆/元	0	0	0	210	246	300	144	108	1 098	504	360
粗饲料－青贮/元	0	0	0	300	360	720	480	460	0	1 480	1 200
饲养人工费/元	100	100	240	360	270	240	120	90	690	420	300
固定资产折旧/元	80	80	192	288	216	192	96	72	552	336	240
水电费用/元	50	50	120	180	135	120	60	45	345	210	150
兽药费用/元	30	30	72	108	81	72	36	27	207	126	90
管理费/元	40	40	96	144	108	96	48	36	276	168	120
利息/元	44.4	44.4	106.5	159.8	186.4	189.4	124.3	118.4	510.4	290.0	295.9
总成本/元	5 889.9	5 316.4	6 576.5	9 339.8	8 998.4	9 225.4	8 968.3	10 516.4	24 630.4	11 842.0	12 265.9
牛的出栏重/kg	120.0	120.0	250.0	400.0	400.0	500.0	500.0	550.0	650.0	550.0	560.0
增重/kg	80.0	80.0	210.0	360.0	270.0	250.0	150.0	100.0	500.0	420.0	230.0
日增重/kg	0.800	0.800	0.875	1.000	1.000	1.042	1.250	1.111	0.725	1.000	0.8
每天总成本/元	58.9	53.2	27.4	25.9	33.3	38.4	74.7	116.8	35.7	28.2	40.9
饲养成本/元	3 189.9	2 616.4	3 876.5	6 639.8	4 798.4	4 425.4	2 668.3	2 516.4	20 130.4	7 642.0	6 265.9
日饲养成本/元	31.9	26.2	16.2	18.4	17.8	18.4	22.2	28.0	29.2	18.2	20.9
增重 1 kg 成本/元	39.9	32.7	18.5	18.4	17.8	17.7	17.8	25.2	40.3	18.2	27.2
肉牛出栏时每千克活重成本/元	49.1	44.3	26.3	23.3	22.5	18.5	17.9	19.1	37.9	21.5	21.9
饲养成本与总成本之比/%	54.2	49.2	58.9	71.1	53.3	48.0	29.8	23.9	81.7	64.5	51.1

表 9.6 保证不同肉牛产品生产活动的盈亏点分析和销售模式

项目	小白牛肉生产①	小白牛肉生产②	犊牛育肥	幼龄牛强度育肥①	幼龄牛强度育肥②	架子牛育肥①	架子牛育肥②	成年牛育肥	生产雪花牛肉	生产红牛肉①	生产红牛肉②
育肥天数/d	100	100	240	360	270	240	120	90	690	420	300
总成本/元	5 889.9	5 316.4	6 576.5	9 339.8	8 998.4	9 225.4	8 968.3	10 516.4	24 630.4	11 842.0	12 265.9
每天总成本/元	58.9	53.2	27.4	25.9	33.3	38.4	74.7	116.8	35.7	28.2	40.9
日饲养成本/元	31.9	26.2	16.2	18.4	17.8	18.4	22.2	28.0	29.2	18.2	20.9
增重 1 kg 成本/元	39.9	32.7	18.5	18.4	17.8	17.7	17.8	25.2	40.3	18.2	27.2
肉牛出栏时 kg 活重成本/元	49.1	44.3	26.3	23.3	22.5	18.5	17.9	19.1	37.9	21.5	21.9
饲养成本/总成本	54.2	49.2	58.9	71.1	53.3	48.0	29.8	23.9	81.7	64.5	51.1
设计增重/kg	0.800	0.800	0.875	1.000	1.000	1.042	1.250	1.111	0.725	1.000	0.767
按售价 18 元/kg 要达到的日增重	1.772	1.454	0.897	1.025	0.987	1.024	1.235	1.553	1.621	1.011	1.160
现有技术现实要达到日增重的程度	—	—	+	+	+	+	+	—	—	+	+—
饲养实现的方法	—	—	提高日增重，快速出栏	提高日增重，快速出栏	提高日增重，快速出栏	利用补偿生长	利用补偿生长	利用补偿生长，分段饲养	提高优质肉块	提高优质肉块	提高优质肉块
饲养风险来源	日饲养成本高/饲养时间长	日饲养成本高	饲养时间长	总饲养成本高	饲养时间长	架子牛来源	牛源成本高，日饲养成本高	牛源成本高，日饲养成本高	日饲养成本高/饲养时间长	饲养期长，日饲养成本高	饲养时间长
生产活动的方向	自有屠宰或订单	自有屠宰或订单	自有屠宰或订单	自有屠宰或订单或交易	自有屠宰或交易或订单	自有屠宰或交易	自有屠宰或交易	自有屠宰或交易	自有屠宰或订单	自有屠宰或订单	自有屠宰或订单

分割后销售，大部分利润体现在养殖后，需要屠宰和销售去增值，因此小白牛肉、犊牛肉、幼龄牛强度育肥牛肉、雪花牛肉、西餐红肉的生产需要屠宰企业参与，或养殖屠宰一体化或养殖按屠宰厂的订单合同生产（合同中约定活牛的价格）。

同时，根据表 9.5 和表 9.6 的分析，普通大架子牛育肥或成年牛育肥属于资金型，总成本中牛源成本达 70%，生产中盈亏平衡点容易达到正值，且养殖时间短，尤其大架子牛育肥较容易达到盈亏平衡点的增重，而成年牛育肥更是体现在资金周转快，属于改善肉质和牛源买卖的混合经营。从事高端肉产品生产（高档养殖）必须有充分的养殖技术作贮备，或自有或与技术单位合作，同时做到养殖屠宰一体化或养殖订单合同生产。

养殖是有风险的，肉牛养殖的风险来自疫病和养殖技术，在生产中要注重疾病和疫病防治，不断学习养殖技术，尤其是从事小白牛肉、犊牛肉、幼龄牛强度育肥牛肉、雪花牛肉、西餐红肉等高端肉产品生产；因为总成本中饲养成本占的比例达 50%以上，而且幼龄牛强度育肥牛肉、雪花牛肉、西餐红肉的生产养殖周期长，达 300 d 以上，在养殖后期还属于高精料投入，稍有松懈或知识不到位，轻则增重或肉质受影响，严重会造成死亡。

9.2 肉牛养殖场(户)人力资源管理

养殖场成功的关键是要有忠诚的、有资质的、有能力的、有团结精神的人才队伍。如果牧场规模较大，必须要有一个懂动物营养的技术员负责日粮配合，因为饲料费支出占养殖场流动支出的 60%以上。

9.2.1 健全的管理制度

制定一套较完整的管理制度，且管理制度切实可行，紧密结合自身牛场实际，人人遵守制度，按制度办事，尤其牛场经营者和管理者，对遵守规章制度好的人要充分肯定，表扬先进，对违章、违纪的人要批评，把执行规章制度和员工利益结合起来。肉牛养殖场的规章制度主要包括疫病防治条例，肉牛饲养管理制度，饲料出入库登记制度，肉牛进出栏登记制度，运输押运规则，财会、财产管理制度，肉牛疾病治疗病伤登记制度，牛场消毒制度，门卫登记、防火管理制度，牛场精神文明规则，工作人员请假制度，安全、卫生规章制度，职工学习制度等。

9.2.2 生产管理的人力设置

为了保证牛场生产有秩序、高效率地进行，对牛场生产、经营要统一进行组织、计划和调控。肉牛场一般实行场长负责制，主要行使决策、指挥、监督等职能，及时把握市场行情，确保购、销渠道畅通。

根据牛场规模的大小，还要相应设立其他管理人员，如牛舍（车间）管理人员、班组长等。一般规模较小的生产场可采用直线制的组织形式，即一切指挥和管理职能基本上都由场长自己执行，不设专门的职能机构，只有少数职能人员协助场长进行工作。

对于较大规模的肉牛场，由于管理环节增多，工作复杂，因此宜采用职能制的组织形式，即场长下设专门的职能部门和人员，把相应的职责和权力交给职能部门，各职能部门在其职能范围内有权直接指挥下级单位。

9.2.3 实行生产责任制

建立生产责任制，对牛场的各个工种按性质不同，确定需要配备的人数和每个人员的生产任务，做到分工责任明了，奖惩兑现，合理利用劳力，不断提高劳动生产率的目的。

人员配备和劳动分工要注意：

(1) 每个饲养员担负的工作任务必须与其技术水平、体力状况相适应，工作定额要合理，并保持相对稳定，以便逐步走向专业化，发挥其专长，不断提高业务技术水平。

(2) 在分清每个工种、饲养员的职责同时，要保证彼此间的密切联系和相互配合，在人员的配备时，有专人对每个牛群的主要饲养工作全面负责，其余人员则配合搞好其他各项工作。

(3) 一般的肉牛场的工种主要有饲养工，饲料加工(粗饲料、精饲料、糟渣类)配合与运输，清粪工，押运工，兽医等，同时要考虑临时用工，如制作青贮、装卸饲料、消毒、卫生清洁等，较大的养牛场还要设置门卫、仓库保管、后勤、饲料种植等人员。

(4) 牛场生产责任制的形式因地制宜，可以承包到牛舍(车间)、班组或个人，实行大包干；也可以实行定额管理，超产奖励，如确定要求达到日增重或耗料量，完成者实行奖励，劳动定额的制定要合理，并留有余地，如采用平均数或提前进行试验。

1. 养殖场场长责任制度

认真贯彻执行《中华人民共和国动物防疫法》和国家出入境检验检疫局发布的《供港澳活牛检验检疫管理办法》的各项规定。

每日检查场里的各项工作完成情况，检查兽医、饲养员、饲料员的工作，发现问题及时解决。

对采购各种饲料要详细记录来源产地、数量和主要成分。

把好进出栏牛只的质量关，确保肉牛优质、无病。

做好员工思想政治工作，关心员工的疾苦，使员工情绪饱满地投入工作。

提高警惕，做好防盗、防火工作。

2. 养殖场兽医制度

负责养殖场的日常卫生防疫工作，每天对进出场的人员、车辆进行消毒检查，监督并做好每周一次的牛场大消毒工作。

对购进、销售活牛进行监卸监装，负责隔离观察进出场牛的健康状况、驱虫、加施耳牌号，填写活牛健康卡，建立牛只档案。

按规定做好活牛的传染病免疫接种，并做好记录，包括免疫接种日期、疫苗种类、免疫方式、剂量，负责接种人姓名等工作。

遵守国家的有关规定，不得使用任何明文规定禁用药品。将使用的药品名称、种类、使用时间、剂量，给药方式等填入监管手册。

负责出场活牛前 7～10 d 向启运地检验检疫机构报检，提供供港澳活牛的耳牌号和活牛所处育肥场的隔离检疫栏舍号。

发现疫情立即报告有关人员，做好紧急防范工作。

3. 养殖场饲养员责任制度

遵守牛场的各项规章制度，对所饲养的牛只每天必须全面、细致地观察，发现问题及时向场长报告并积极配合处理解决。

每日定时对牛只进行饲喂、饮水、刷拭、清扫牛舍、运动场。

定期用认可兽医配制的消毒液消毒牛舍、牛槽及运动场。

饲喂前对所用的饲料严格认真检查，剔除饲料异物，对变质的饲料坚决不用。

4. 养殖场押运员条例

押运员需由经检验检疫机构培训考核合格，持押运员证书方可押运活牛。

负责做好活牛途中的饲养管理和防疫消毒工作，不得串车，不得沿途出售或随意抛弃病、残、死牛及饲料粪便、垫料等物品，并做好运输记录。

活牛抵达后押运员须向检验检疫机构提交押运记录，押运途中所带物品和用具须在检验检疫机构监督下进行熏蒸消毒处理。

清理好车内的粪便、杂物，洗刷车厢，配合检验检疫机构实施消毒处理并加施消毒合格标志。

途中发现异常情况及时报告主管部门做好事故处理工作。

9.2.4 完善各种规章制度

实行岗位目标责任制，加强内部管理，健全档案管理，做到规章制度落实到人，出现漏洞，处罚当班人员。

1. 安全生产制度

（1）肉牛饲养员安全。肉牛饲养的安全主要是饲养员的安全。饲养员要经体检合格方可从事饲养管理工作，饲养员进围栏打扫卫生时，要防范牛顶人、踢人，尤其是要防范野性较大的牛。

（2）饲料加工安全。

第一，青贮饲料收割时，严禁割台前站人。

第二，粗饲料加工粉碎时，操作人员要戴安全帽，穿戴工作服。严禁戴手套操作，严禁留长发，严禁用手硬推粗饲料入粉碎机。

第三，精饲料加工粉碎时，操作人员要戴安全帽，穿戴工作服。严禁戴手套操作，严禁留长发。

（3）防火安全。

第一，牛场的防火工作应长年抓，在冬季特别要注意粗饲料的防火。

第二，设防火标识，划定防火区。

第三，防火区内严禁吸烟。

（4）用电安全。

第一，电工凭证上岗，无证严禁操作。

第二，制定用电操作规程。

第三，有电击危险点设防电击标识。

2. 牛场饲养防疫管理制度

第一，进场活牛须来自非疫区的健康群，并附有产地县级以上动物防疫检疫机构出具的有效检疫证书。进场前须经兽医逐头实施临床检查，合格后方可进入隔离饲养区。隔离饲养7～10 d后，由认可兽医观察，无动物传染病临床症状并经驱虫，可施耳牌后，方可转入育肥区饲养。认可兽医对进入育肥区的牛要逐头填写牛只健康卡，逐头建立牛只档案。

第二，育肥牛在牛场必须经过饲养60 d、出场前隔离检疫7 d经隔离检疫合格方可出栏。

第三，进入牛场的人员、车辆，必须经严格消毒后方可进入。做好防疫消毒工作，要定期清扫、消毒栏舍、饲槽、运动场。做好废弃物和废水的无害化处理。不得在生产区内宰杀病残死牛。

第四，按规定做好动物传染病的免疫接种并做好记录。包括免疫接种日期、疫苗种类、免疫方式、剂量等。

第五，发现一般传染病应及时报告所在地检验检疫机构；发现可疑一类传染病或发病率、死亡率较高的动物疾病应采取紧急防范措施并于24 h内报告所在地检验检疫机构。

第六，牛场必须遵照国家检疫的有关规定，不得饲喂或存入任何明文规定禁用的抗生素、催眠镇静药、驱虫药、兴奋剂、激素类等药物。使用的药物、饲料应符合国家的规定。

3. 消毒制度

肉牛饲养场的消毒工作必须是经常性的，以及时消灭牛场内部环境中病原微生物和寄生虫。

第一，牛场门口设消毒池和消毒室。消毒池的长度5 m（大于车轮的周长），宽度同门宽，深度20～25 cm，池内填锯末或草帘或棉麻袋，用5%碱水浸湿，进出车辆必须经过消毒池。在消毒池的左侧或右侧设消毒室，出入人员必须通过消毒室（地面设5%碱水浸湿棉麻袋和屋顶设紫外灯）。

第二，围栏消毒。每天清扫围栏1次，每月用生石灰消毒1次，每年用火碱水消毒1次。围栏内的设施，如饲料槽、饮水槽、饲养工具，要勤清洗、勤更换、勤消毒。

第三，车辆消毒。在肉牛肥育饲养场外设车辆消毒处，每次外出回来用浓度0.3%氧乙酸溶液喷雾消毒。

第四，牛舍消毒。出栏一批肉牛后，对牛舍进行一次彻底清扫消毒工作。器械、用具、食槽等可用3%～5%的来苏儿消毒，地面墙壁可用1%～2%的火碱液或10%～20%的生石灰水消毒一遍，用2%漂白粉溶液对牛舍排泄物进行消毒。

牛场常用消毒药、浓度和消毒对象见表9.7。

表9.7 牛场常用消毒药、浓度和消毒对象

消毒药	浓度/%	消毒对象
生石灰乳	10～20	牛舍、围栏、饲料槽、饮水槽
来苏儿溶液	3～5	牛舍、围栏、用具、污染物
漂白粉溶液	2	牛舍、围栏、车辆、粪尿
火碱水溶液	1～2	牛舍、围栏、车辆、污染物

续表 9.7

消毒药	浓度	消毒对象
过氧乙酸	0.3	牛舍、围栏、饲料粮、饮水槽、车辆
过氧乙酸	3～5	仓库(按仓库容积,2 mL/m^3)

4. 卫生管理制度

第一,牛场卫生区、绿化区实行分段包干制,按部门及班组划分,每天打扫一次,保证无牛粪、杂草、垃圾等(特别是主干道)。严禁在场内任何地方乱扔生活垃圾、杂物等。

第二,牛的生活环境应保持干燥、整洁、卫生,走道、槽道无异物(如铁钉、铁丝、塑料袋、玻璃等);食槽每班清理一次;水槽 3 d 清洗一次(夏季每天清洗一次)。

第三,场区、牛体、牛舍、运动场等每周须全面消毒一次。坚持做好春秋季节防疫、检疫和驱虫工作,夏季做好灭除蚊蝇工作。

第四,办公场所要保持干净、卫生、整洁,办公用品摆放整齐有序。办公楼前后,建立绿化带,绿化区内无杂物(如废纸、塑料袋、烟头等)。

第五,职工食堂、宿舍、厕所设立卫生检查员,轮流值班并检查卫生,将生活垃圾堆放在指定地点,每日清理一次。

第六,进入场区时要衣服整洁。工作时间员工穿工作服,兽医、配种人员着蓝大褂,在消毒室充分消毒后进入工作区。全体员工每年体检一次,保证无传染病及身体健康。

第七,每月选定某天固定时间为全场卫生大扫除时间,全体员工必须参加。每周不定期抽查一次,作为班组考核的依据。

5. 育肥牛饲养管理制度

(1) 育肥牛一般饲养管理制度。

第一,饲料配方应根据牛的育肥阶段、体重和当地饲料情况来制定。

第二,肉牛按体重大小、强弱等分群饲养,喂料量按要求定量给予。

第三,饲料加工人员要认真负责,按要求肉牛的各类饲料,特别是预混料或添加剂等必须充分搅拌、混匀后才能喂牛。

第四,自由采食情况下,24 h 食槽有饲料;自由饮水,24 h 水槽有水。如定时饲喂,要制定饲喂计划,按时饲喂,杜绝忽早忽晚。

第五,一次添饲料不能太多,饲料中不能混有铁丝、铁钉等异物,不能用霉烂变质的饲料喂牛。牛下槽后及时清扫饲槽,防止草料残渣在槽内发霉变质,注意饮水卫生,避免有毒有害物质污染饮水。

第六,保持牛舍清洁卫生、干燥、安静。搞好环境卫生,减少蚊蝇干扰牛,影响育肥牛增重。

第七,露天育肥牛场(每个围栏养牛 100 头以上)2～3 个月清除牛粪一次;有牛棚牛舍围栏育肥牛场(每个围栏养牛 10～20 头)一天清除牛粪 2 次。雨天时,做好运动场排水工作。

第八,饲养员喂料、消毒、清粪等要按操作规程进行,动作要轻,保持环境的安静。

第九,肉牛夏季要防暑,冬季防冻保温,以减少应激。

第十,贯彻防重于治的方针,定期做好疫苗注射、防疫保健工作。

第十一,饲养员对牛随时看采食、看饮水、看粪尿、看反刍、看精神状态是否正常。

第十二,每天上、下午定时给牛体刷拭一次,以促进血液循环,增进食欲。

第十三,牛舍及设备常检修,缰绳、围栏等易损品,要经常检修、更换。

第十四,饲养员报酬实行基本工资加奖金制度,奖励工资以育肥牛每日增重量计算。奖励工资的内容还可以增加饲料消耗量(饲料报酬)、劳动纪律、兽药费用(每头牛)、出勤率等,每一项都细化为可衡量的等级,让饲养员体会到奖励制度经过努力可以达到,努力越多,奖励越高。

(2) 新购买架子牛的饲养管理制度。

第一,新购入架子牛进场后应隔离饲养 15 d 以上,防止随牛引入疫病。

第二,饮水。由于运输途中饮水困难,架子牛往往会发生严重缺水,因此架子牛进入围栏后要掌握好饮水。第一次饮水量以 10～15 kg 为宜,可加人工盐(每头 100 g);第二次饮水在第一次饮水后的 3～4 h,饮水时,水中可加些麸皮。

第三,粗饲料饲喂方法。首先饲喂优质青干草、秸秆、青贮饲料,第一次喂量应限制,每头 4～5 kg;第二、三天以后可以逐渐增加喂量,每头每天 8～10 kg;第五、六天以后可以自由采食。

第四,饲喂精饲料方法。架子牛进场以后 4～5 d 可以饲喂混合精饲料,混合精饲料的量由少到多,逐渐添加,10 d 后可喂给正常供给量。

第五,分群饲养。按大小强弱分群饲养,每群牛数量以 10～15 头较好;傍晚时分群容易成功;分群的当天应有专人值班观察,发现格斗,应及时处理。牛围栏要干燥,分群前围栏内铺垫草。每头牛占围栏面积 4～5 m^2。

第六,驱虫。从牛入场的第 5～6 天进行,驱虫 3 d 后,每头牛口服健胃药健胃。驱虫可每隔 2～3 个月进行一次。如购牛是秋天,还应注射倍硫磷,以防治牛皮蝇。

第七,勤观察架子牛的采食、反刍、粪尿、精神状态。

(3) 肉牛一般育肥期和强度育肥(催肥)期的饲养管理制度。

第一,分阶段编制肉牛配合饲料配方,配合饲料中精饲料和粗饲料的比例,一般育肥前期,精饲料占 30%～40%,粗饲料 60%～70%;育肥中期,精饲料占 45%～55%,粗饲料 45%～55%;育肥后期,精饲料占 60%～80%,粗饲料占 20%～35%。

第二,生产高档牛肉时,育肥牛体重达 450 kg,饲料中增加大麦,每头每日 1～2 kg。

第三,饲料加工。玉米不可粉得太细(大于 1.0 mm),否则影响适口性和采食量,使消化率降低。高粱必须粉细至 1.0 mm,才能达到较高的利用率。粗饲料应切碎,为 30 mm 左右。

第四,肉牛肥育要尽早出栏,因为随着体重超过 500 kg,日增重下降,每千克增重的耗料量增加,肥育成本增加,利润下降。

第五,肉牛达到出栏标准时及时出栏,不要等待一批全部完成肥育再出栏。

第六,定期称重。尽快淘汰不增重或有病的牛。

第七,草料净。饲草、饲料不含砂石、泥土、铁钉、铁丝、塑料布等异物,不发霉不变质,没有有毒有害物质污染。

6. 引进架子牛的防疫制度

第一,在架子牛采购前,对产区和运输沿线进行疫情调查。不在有疫情地区收购架子牛。

第二,在肥育牛场的一侧,专设架子牛运输车的消毒点。在架子牛卸车前,将车体、车厢、车轮彻底消毒。

第三,架子牛卸车后,进行检疫。

第四,经过运输的架子牛,到牛场后再次进行检疫、观察,确认健康无病时才入过渡牛舍

（检疫牛舍）。经过5～7 d的检疫、观察，确认健康无病后，转入健康牛舍饲养。

第五，采购架子牛时，架子牛产地必须出具县级以上检疫机构的检疫证、防疫证和非疫区证件。

7. 养殖场管理制度

为了节约和降低成本，提高效益，实施科学、规范、制度化管理，明确员工权力与职责，特制定本制度，请遵照执行。

(1) 个人负责制。养殖场实行个人负责制，赋予一定的权力，承担相应的责任，权责统一。

第一，养殖场人员实行个人负责制，赋予权力，承担责任。

第二，养殖场主管负责场部对全体员工和日常事务的管理，对牛场负责，及时汇报养殖场情况。

第三，各岗位员工坚守岗位职责，做好本职工作，不得擅自离岗。

第四，做好养殖场的安全防盗措施和工作。

第五，晚上轮班，看护好场部的畜禽和其他物品。

第六，做好每日考勤登记，不得作假或叫同事帮忙填写。

第七，分工与协作统一，在一个合作团队下，开展各自的工作。

第八，做好安全防范工作。

(2) 兽医监督员的职责。

第一，遵守检验检疫有关法律和规定，诚实守信，忠实履行职责。

第二，负责养殖场生产、卫生防疫、药物、饲料等管理制度的建立和实施。

第三，负责对养殖用药品、饲料的采购的审核以及技术员开具的处方单进行审核，符合要求方可签字发药。

第四，监管养殖场药物的使用，确保不使用禁用药，并严格遵守停药期。

第五，应积极配合检验检疫人员实施日常监管和抽样。

第六，如实填写各项记录，保证各项记录符合牛场和其他管理和检验检疫机构的要求。

第七，监督员必须持证上岗。

第八，发现重要疫病和事项，及时报告牛场和检验检疫部门。

(3) 技术员的职责。

第一，技术员负责疫病防治、监督员负责药品发放和疫情汇报。

第二，依各个季节不同疾病，根据本场实际情况采取主动积极的措施进行防护。

第三，技术员应根据疾病发生情况开出当日处方用药，监督员根据当日处方用药与配药一起准备药品，监督员应准备好药品交付当日班长，并按当日处方使用方法和剂量全程监督施药。

第四，技术员应每日观察肉牛生长情况，对疾病应做到早预防、早发现、早治疗，并把确定的情况及时告诉牛场主管。

第五，如发生重要疫病及重要事项时，应及时做好隔离措施。

(4) 采购员管理制度。

第一，采购员采购药品、饲料、物品，必须有领导签字，采购单要上交一份到牛场财务办公室存档备案。

第二，合理科学管理备用金，不能拿备用金做其他用途使用，更不能拿去做私人事情。

第三,采购药品、物品及时入库,办好相关手续。

(5) 牛舍内管理制度。

为保障养殖顺利进行,安全生产,特建立如下管理制度,希望全体养殖人员遵守执行。

第一,不准喝酒、不准打架斗殴、不准拉帮结派,一经发现,严肃处理,直至开除。

第二,吸烟应远离易燃物品,不影响工作,不影响环境卫生。

第三,服从领导指挥,认真完成本职工作。

第四,及时发现问题,及时汇报,及时解决。对每位员工提出的好建议进行鼓励并奖励。

第五,保持养殖场环境卫生,不许将生活垃圾乱扔,生活垃圾要选好地址统一堆放,定期销毁。

第六,保持水槽、牛舍清洁,工具摆放有序。

第七,养殖场物品实行个人负责制,注意保管、保养,丢失按价赔偿。如因丢失影响生产,另行处罚。

第八,实行请假销假制度。有事提前请假,以便调整安排,以不耽误生产为原则。

第九,全体员工应团结配合,扎实工作,以场为家,以场为荣。

9.3 肉牛养殖场(户)生产技术管理

影响肉牛养殖场特别是规模化养殖场生产效益的关键是肉牛饲养和生产技术,在确定并且制定养殖场饲养与生产技术实施方案时必须吸取新技术和新工艺等先进技术。

9.3.1 肉牛场的技术管理

技术管理是通过科学管理养牛的技术过程,提高养牛场经济效益。

1. 建立养殖场生产技术管理数据库

技术管理是牛场提高牛产品的产量、质量和经济效益的关键。牛场应不断地应用现代养牛的先进技术,从饲养工艺与方法的改进、防疫体系的建立、技术规程管理等方面,确保各项目标的实现,不断提高生产水平和经济效益。

(1) 原始记录。在牛场的一切生产活动中,每天的各种生产记录和定额完成情况等都要作生产报表和进行数据统计。因此,要建立健全各项原始记录制度,要有专人登记填写各种原始记录表格,要求准确无误、完整。根据肉牛场的规模和具体情况,所作的原始记录主要是牛群情况,包括各龄牛的数量变动和生产情况、饲料消耗情况、育肥牛的育肥情况,经济活动等。对各种原始记录按日、月、年进行统计分析、存档。

(2) 建立档案。①成母牛档案,记载其谱系、配种产犊情况等;②犊牛档案,记载其谱系、出生日期、体尺、体重情况等;③育成牛档案,记载其谱系、各月龄体尺与体重、发情配种情况;④育肥牛档案,记录品种、体重、饲料用量等。

2. 制定养殖场基本生产管理制度

在日常技术管理工作中,制定基本管理制度,并严格执行是维持肉牛正常生产的关键。

(1) 饲养管理制度。根据不同牛的生理特点和生长发育规律制定相应的饲养管理制定。

抓住配种、妊娠、哺乳、育幼、育肥等环节，制定具体的饲养管理制度，进行合理的饲养，科学地管理，充分发挥其生产潜力，以带来最大的经济效益和社会效益；具体有繁殖母牛饲养管理制度、育成牛饲养管理制度、育肥牛生产的饲养管理制度（包括幼牛育肥制度，架子牛育肥制度，肉牛快速育肥制度）。

(2) 冷冻精液人工授精制度。人工授精技术是影响母牛受孕的重要环节之一，操作时必须严格按技术要领进行。要经常检查冷冻精液是否确实浸泡于液氮中。冷冻精液解冻、发情母牛输精的操作规范，输精器械消毒的方法。母牛外阴消毒后，用直肠把握法将精液输到子宫的适当部位。做好记录，注意受孕情况。

(3) 育肥生产的饲养管理制度。根据当地自然条件、饲养条件和技术条件，采用适当的育肥制度。可选择舍饲育肥、放牧育肥和放牧＋舍饲的育肥方式。

①犊牛直线育肥制度。这是一种持续育肥或一贯育肥法，犊牛由母牛自然哺乳，犊牛也可用代乳品，自由采食。可喂少量粗饲料。犊牛 7～9 月龄时，体重达 300 kg 左右，屠宰上市。

②架子牛强度育肥制度。这是一种架子牛育肥方法。春季产犊，夏季放牧，冬季舍饲。第二年夏季放牧与舍饲相结合，补以精料进行育肥。

③架子牛育肥制度。架了牛肥育实行阶段饲养，确定不同阶段的育肥方法。

架子牛驱虫，公牛去势，适应期饲养 10～15 d。育肥前期为 40～45 d，按日增重供给配合精料，粗饲料自由采食，精、粗饲料比例为 4∶6。育肥后期 45 d，精、粗饲料比例为 6∶4。育肥牛膘度和体重达到出栏标准时，及时出栏屠宰。

(4) 疫病防治管理制度。贯彻“防重于治，防治结合”的方针，建立起严格的防疫措施和消毒制度，建立疫病报告制度，传染病的日常预防措施等。

3. 建立疫病防治制度

疫病流行对肉牛生产将产生不可估量的影响。因此，要贯彻“防重于治，防治结合”的方针。建立起严格的防疫措施和消毒制度。随时了解牛群疫病分布的地域性和季节性。注意疫病发生的气象因素、水土环境和社会环境，建立疫病报告制度，实行专业防治和群防群治相结合，做到防止疫病的入侵和发生。

要加强传染病的日常预防措施，严格控制非生产人员进入饲养区。在饲养区入口设置消毒室和消毒池。进入饲养区的人员和车辆要严格消毒。进入饲养区时要穿工作服和工作鞋经消毒室和消毒池进入。每年春、秋季节对易发疫病要进行预防疫苗注射，并定期进行大消毒。当发生疫情时，迅速隔离病牛，建立封锁带，严格消毒污染环境。对病牛实行合理治疗，未发病牛实行综合防治措施，病畜尸体要严格按照防疫条例进行处置。

对寄生虫病要定期检查，夏、秋季节进行全面的灭蚊蝇工作，根据寄生虫病的流行规律，作好驱虫和预防工作。

9.3.2　生产计划管理

为了提高效益，做好饲料贮备，加快牛群周转，肉牛牛场均应有生产计划。制订生产计划是肉牛养殖场（户）生产技术管理的主要工作，是贯彻科学养牛方案的主要支柱。肉牛场的计划相对比较简单，主要内容有：

1. 制订牛群周转计划

养牛场生产牛群因购、销、淘汰、病死等原因，在一定时间内，牛群结构有增减变化，称为牛群周转。牛群周转计划是肉牛场生产的最主要计划，直接反映年终牛群结构状况，表明生产任务完成情况；它是产品计划的基础，也是制定饲料计划、建筑计划、劳力计划的依据。通过牛群周转计划实施，使牛群结构更加合理，增长投入产出比，提高经济效益。依据市场（销售）计划或销售合同、生产目标，确定牛群周转方式，实行全进全出制或流水循环制，编制出进出牛的批次、数量和时间，写出书面计划和牛群周转表，见表 9.8。

表 9.8　某肉牛场某年牛群周转计划　　头

日期	年初头数	本年增加			本年减少			年末头数
		繁殖	购进	转入	出售	转出	淘汰或死亡	

2. 制订牛场饲料供应计划

为了使养牛生产有可靠的饲料基础，每个牛场都要制订饲料供应计划。编制饲料供应计划时，要根据牛群周转计划，按全年牛群的年饲养日数乘以各种饲料的日消耗定额，再增加 10%～15%的损耗量，确定为全年各种饲料的总需要量，在编制饲料供应计划时，要考虑牛场的发展增加牛数量时所需量，对于粗饲料要考虑一年的供应计划，对于精料、糟渣类料要留足一个月的量或保证相应的流动资金，精饲料中各种饲料的供应是在确定精料的基础上按能量饲料（玉米）、蛋白质补充料、辅料（麸皮）、矿物质料之比为 60∶30∶20∶8 考虑，其中矿物质料包括食盐、石粉、小苏打、磷酸氢钙、微量元素预混料等可按等同比例考虑，见表 9.9，更具体的计划可以参考奶牛场的饲料计划编制。

表 9.9　某肉牛场某年饲料计划　　kg

牛别	牛数量/头	粗饲料		青贮饲料	能量饲料	蛋白质补充料			辅料	其他饲料	矿物质料					
		秸秆	干草			油饼类	副产品	其他			食盐	石粉	小苏打	磷酸氢钙	微量元素预混料	其他

3. 确定并制订生产饲养技术实施方案

采用现实可行、可操作的先进技术，并对职工进行技术培训，确保本场用新技术指导生产、促进生产。教育本场员工注意学习经营管理知识，学会从市场需求、竞争对手、市场价格和发展趋势等方面分析运筹牛群的动态平衡，加速周转，利用市场经济规律搞好产销，提高经济效益。

牛场生产饲养技术方案的实行要保持一定时间内的相对稳定性，生产饲养技术方案主要包括各牛舍技术实施要点、饲草与饲料配合加工调制、饲养管理方法与规程、卫生防疫制度落实措施与实施方法、技术员工作要点、购销牛装运规程、职工技术培训计划、定期进行技术经济效果分析、新技术应用效果检查总结等。

9.3.3 肉牛养殖场生产管理

生产管理是按照实现生产目标的要求，对生产活动进行计划、组织、指挥、协调和控制等一系列工作，保证生产顺利进行，并取得好的效益。

1. 牛场主要的生产活动管理

合理组织肉牛场的生产活动的目标是用尽可能少的劳动占有和劳动消耗、饲料消耗使肉牛增重以获得更多的利润。主要生产活动有：

(1) 肉牛的育肥，包括饲料的配比、饲喂、驱虫、分群、防治牛病以及粪便的处理和牛舍管理。

(2) 牛饲料的加工，有粗饲料的加工(青贮)和精饲料的加工。

2. 牛场生产管理内容

在牛场具体生产管理操作中，要合理安排进行各项作业的次序和时间，主要安排好每天的饲喂、清粪、饮水、运动、休息、饲料调制以及放牧等的次数和起止时间。其中饲料调制、饲喂次数和时间间隔要符合技术要求，要规定好每次的具体操作内容和先后程序，以便工人做到规范化操作，使肉牛饲养过程做到科学有序。具体包括：

(1) 饲养方式的选择，有放牧饲养、舍内饲养、放牧与舍饲结合饲养以及不同育肥模式和方法。

(2) 饲料加工方式的选择，有精饲料无库存加工方式，饲料加工工艺和饲料发放计划等。

(3) 生产过程组织即选择适当的饲养周期，饲养作业控制和饲养成本控制，饲养工作质量和进度的控制，控制饲料成本，采用定量发放精饲料等。

(4) 物资的保管和发放，对牛场饲养活动所需的各种物资的供应、保管和合理使用。主要包括物资供应计划的编制，物资的订货和采购，物资消耗定额的制订和管理，物资储备量的控制，仓库管理，物资的节约和综合利用等工作。

9.3.4 肉牛养殖场定额管理

对肉牛场进行定额管理，是加强牛场经营管理，提高生产水平，调动劳动生产积极性的有效措施。定额管理就是对牛场工作人员明确分工，责任到人，以达到充分合理地利用劳动力，不断提高劳动生产率的目的。对主要生产实行定额管理，包括人员及主要劳动定额、饲料消耗定额和成本定额。

1. 定额的确定

牛场以牛舍和班组为单位，按不同工种和技术环节核定劳动用工量，进行定员。在核定劳动量时要充分考虑肉牛生产的特点，不同阶段的特点，生产条件和机械化程度等，也要考虑员工的实践经验和技术水平，综合分析作出合理的劳动定额，以鼓励员工充分发挥劳动积极性。做到"四定一奖"，"四定"是定饲养牛量，定牛增重量，确定每头牛的日增重、成活率等指标；定饲料，根据肉牛具体情况和增产指标，确定饲料定额；定报酬；"一奖"是超额完成指标要奖励，完不成要惩罚。

2. 劳动定额

劳动定额是在一定生产技术和组织条件下，为生产一定的合格产品或完成一定的工作量，所规定的必要劳动消耗量，是计算产量、成本、劳动生产率等各项经济指标和编制生产、成本和劳动等项计划的基础依据。牛场应根据不同的劳动作业、劳动强度，牛场为劳动提供的条件(机械化程度)等确定相应工种定额。

饲养工：负责饲喂、饲槽、牛床的清洁卫生，牛体刷拭以及观察牛只的食欲。哺乳期犊牛4月龄断奶，随母哺乳配合人工哺乳，成活率不低于95%，日增重800～900 g，每人可管理35～40头；幼牛育肥，日增重1 000～1 200 g，14～16月龄体重达450～500 kg，每人可管理40～50头；架子牛育肥，日增重1 200～1 500 g，育肥3～5个月，体重达500～600 kg，每人可管理35～40头。

清洁工：负责拾运运动场粪尿以及周围环境的卫生。每人可管理各类牛120～150头。

饲料加工供应。定额120～150头，手工和机械操作相结合。饲料称重入库，加工粉碎，清除异物，配制混合，按需要供应各牛舍等。

兽医：定额200～250头，手工操作。检疫、治疗、接产，医药和器械的购买、保管及修蹄、牛舍消毒等。

配种：定额250头，人工授精。按配种计划适时配种，肉用繁殖母牛保证受胎率在75%以上，受胎母牛平均使用冻精不超过3.5粒(支)。

3. 饲料消耗定额

饲料消耗定额是生产单位增重所规定的饲料消耗标准，是确定饲料需要量、合理利用饲料、节约饲料和实行经济核算的重要依据。

饲料消耗定额的制订方法。肉牛维持和生产产品，需要从饲料中摄取营养物质。由于肉牛品种、性别和年龄、生长发育阶段及体重不同，其营养需要量亦不同。因此，在制订不同类别育肥牛的饲料消耗定额时，首先应查找其饲养标准中对各种营养成分的需要量，参照不同饲料的营养价值确定日粮的配给量；再以日粮的配给量为基础，计算不同饲料在日粮中的占有量；最后再根据占有量和牛的年饲养头日数即可计算出年饲料的消耗定额。由于各种饲料在实际饲喂时都有一定的损耗，尚需要加上一定损耗量。

饲料消耗定额：饲料消耗定额是根据肉牛的营养需要供给的合理日粮，在制定饲料消耗定额时，要考虑牛的性别、年龄、生长发育阶段、体重或日增重、饲料种类和日粮组成等因素。全价合理的饲养是节约饲料和取得经济效益的基础。

一般情况下，肉牛每头每天平均需2 kg优质干草，鲜玉米(秸)青贮25 kg；架子牛育肥每头每天平均需精料按体重的1.2%配给，直线育肥需要按体重的1.3%～1.4%定额，放牧补饲按 1 kg 增重 2 kg 精料。生产上一般只定额精料，确定增重水平，粗料、辅料不定额。

4. 成本定额

成本定额通常指育肥牛生产 1 kg 增重所消耗的生产资料和所付的劳动报酬的总和，其包括各种育肥牛的饲养日成本和增重单位成本。

牛群饲养日成本等于牛群饲养费用除以牛群饲养头日数。牛群饲养费定额，即构成饲养日成本各项费用定额之和。牛群和产品的成本项目包括：工资和福利费、饲料费、燃料费和动力费、医药费、牛群摊销、固定资产折旧费、固定资产修理费、低值易耗品费、其他直接费用、共同生产费、企业管理费等。这些费用定额的制订，可参照历年的实际费用、当年的生产条件和计划来确定。

对班组或定员进行成本定额是计算生产作业时所消耗的生产数据和付出劳动报酬的总和。肉牛生产成本主要有饲养成本、增重成本、活重成本和牛肉成本，其中重点是增重成本。

9.3.5 肉牛场的成本管理

成本管理是牛场产品成本方面一切管理工作的总称，是对在肉牛养殖整个生产、销售全过程中，所有费用发生和产品成本形成所进行的组织、计划、核算和分析等一系列的管理工作，成本核算是对牛场生产费用支出和产品成本形成的会计核算。

1. 肉牛场生产费用

肉牛场生产费用是场内在一定时期进行生产经营活动所花费的货币总额。生产费用是构成本时期产品成本的基础。生产费用多种多样，按经济性质有直接从事养牛生产人员的工资和福利；饲养牛群消耗饲草、饲料的饲料费；牛群饲养中消耗的燃料和动力费；医药费（防治牛群疫病消耗的药品和医疗费）；种公、母牛折旧费（种公牛从参加配种开始计算，种母牛从产犊开始计算）；固定资产基本折旧费（包括牛舍折旧费和专用饲养机械折旧费）；固定资产修理费（牛舍和专用饲养机械修理费）；低值消耗品费用（饲养牛群使用的低值工具、器具和劳保品）；用于牛群饲养的其他直接费用；共同生产费（分摊到牛群的间接生产费用）；分摊到牛群的管理费用等。

2. 肉牛增重成本计算

牛的活重是牛场的生产成果，牛群的主、副产品或活重是反映产品率和饲养费用的综合经济指针，如在肉牛生产中可计算饲养日成本、增重成本、活重成本和产肉成本等。计算公式如下：

（1）饲养日成本，指一头肉牛饲养 1 d 的费用，反映饲养水平的高低。饲养日成本＝本期饲养费用/本期饲养头日数。

（2）增重单位成本，犊牛或育肥牛增重体重的平均单位成本。增重单位成本＝（本期饲养费用－副产品价值）/本期增重量。

（3）活重单位成本，即牛群全部活重单位成本。活重单位成本＝（期初全群成本＋本期饲养费用－副产品价值）÷（期终全群活重＋本期售出转群活重）。

（4）生长量成本，生长量成本＝生长量饲养日成本×本期饲养日。

（5）牛肉单位成本，牛肉单位成本＝（出栏牛饲养费用－副产品价值）÷出栏牛牛肉总产量。

3. 降低增重成本的管理途径

肉牛增重成本是养殖各个环节中物化劳动的综合反映,降低成本途径是多方面的。在材料采购、储备、饲料消耗、劳动用工、劳动生产率、技术水平、产量、质量等方面都要斤斤计较。

(1) 增加产量,提高质量,做到增产增收。选择优良肉牛品种,在饲养过程中采用先进的技术措施,提高增重量,降低增重成本。

(2) 提高劳动生产率,培训职工,提高技术水平。按劳取酬,充分发挥职工的劳动积极性,合理安排劳动力,采用先进技术。

(3) 节约各种材料、燃料和动力,改进采购、保管工作,降低成本,在饲养中做到合理全价饲养。

(4) 提高设备利用率,抓好设备管理,充分利用机械设备,及时维修保养和技术改造。贯彻岗位责任制,实行专人专机,专管专用,健全设备管理制度,降低折旧费和维修费。

(5) 节约管理费用,管理费属于非生产性支出,开支越少,成本负担越低。因此,要减少非生产人员,以减少不必要的开支。

9.4 肉牛养殖场(户)经营管理

规模化牛场离不开科学的经营管理,这是一个技术性强、管理复杂的系统工程,需要将科学养殖理论和企业经营管理理论应用于牛场的生产实践中,合理地将牛、人、设备等资源有效结合起来,获得利润。牛场的经营管理是为处理好生产、经营的各个环节,减少支出,降低成本,追求最好的经济效益。

9.4.1 肉牛养殖场(户)经营管理的一般经济原则

肉牛养殖场(户)是一个经营经济实体,考察牛场经营的好坏,纯利润的取得是一项综合指标。要取得较理想的经济效果,完成经营的目标,取决于一系列正确的经营决策,经营中经济核算是贯彻生产全过程的活动。

1. 投入与产出

肉牛生产的主要目的,是组织各种资源产出一定数量合格的肥牛,提供适时商品牛,并利用肉牛价格创造价值。为产品的产出而花费的资源价值称为投入;而生产的产品所创造的价值称为产值,即产出。经营得体,一年或一个生产周期其产出应大于投入,即从所得的产值中扣除成本后,应获得较多的盈余。只有这样生产才得以维持并不断扩大再生产。

2. 成本

成本是指组织和开展生产过程所带来的各项经费开支。各项经费开支,分现金开支和非现金开支。现金开支是成本的一部分,它是为进行生产购买资源投入时发生的,如购入架子牛、饲料、药品、用具等所支付的现金。成本的另一方面,还包括非现金开支或隐含的开支项目,如原有的畜舍、不计报酬的家庭劳力、利息、折旧费等,它们也是生产开支,实行成本核算时也应记入成本账。现金开支和非现金开支的总和,构成肉牛养殖场(户)经营的总成本,也只有包括这两类开支,才能充分如实地表述从事养牛经营所投入的成本。

3. 盈利

盈利是对养牛场(户)的生产投入、技术和经营管理的一种报偿，是销售收入减去销售成本、税金之后的余额。销售收入的计算原则是：

(1) 实际销售的产品，如出栏的肉牛，是构成销售收入的第一要素。

(2) 自销的产品值。

(3) 其他销售值，如粪肥出售应计入销售值。

(4) 对存栏的架子牛、育肥牛等不能计入本年度的销售收入，也不能作价计算收入，应按实际成本结转在下年度。

一个养牛场(户)的盈利可能是正值，也可能是零甚至负值。负值说明其投入的报偿低于当时市场上的平均报偿率；零或负值时，连所耗费的实际成本也无法支付，其结果便濒于破产，盈利是正值，说明所投入的生产要素得到了令人满意的报偿，甚至得到一笔超额的收入，反映了养牛场(户)在技术、经济和经营管理方面具有不平凡的能力。一般而言，能获取当时市场价格的满意盈利已颇能令人欣慰了，如追求盈利越高，则投资要多，规模也要扩大，并需要采取相应的先进科学技术措施。

4. 建立养牛场(户)经营核算账目

养牛场(户)的经营核算，是经常持久的经营管理活动，它是提高经营管理水平、正确执行国家有关财经政策和纪律、获取盈利、进行扩大再生产必不可少的重要环节。不仅应认识其重要性，而且应求其准确性和经常性。为此，养牛场(户)都应建立必要的账目。一般有一定规模的养牛场或农牧场都有会计人员，并建立了相应的会计业务和经营核算体系，但养牛户和小型养牛场很多没有专管会计员，有的账目不全或不准确，甚至经营管理者不重视，这都不利于经营核算。

根据养牛户的经济活动，其会计科目大体内容可分支出类(包括“固定资产”和“原材料”)、收入类(主要是“销售”)等作为设置账目的依据。

所谓“固定资产”，一般分为生产用与非生产用固定资产。前者包括畜舍、仓库等建筑物，拖拉机、水电设备等，种畜、农具等，即直接参加或服务于生产经营的固定资产。后者指不是直接用于生产或其他经营活动的固定资产，如住房等。

所谓“原材料”，是指能生产育肥肉牛或其他副产品的各种原料和材料。如饲料等主要原料，疫苗、药品等辅助材料，还有燃料、维修材料、各种器具、低值易耗的生产工具等。

养牛场账户可设下列主要科目：

(1) 收入类，包括育肥肉牛收入、淘汰牛收入、粪肥收入、固定资产收入、折旧收入、其他收入、贷款、暂收款等。

(2) 支出类有饲料支出、架子牛支出、牛死亡支出、医疗费支出、配种支出、人工支出、运费支出、用具支出、其他支出、税利支出、暂付款、集体提留及公益支出等。

(3) 结存类科目为，现金、银行(信用社)存款、固定资产、库存、其他物资等。

9.4.2 肉牛养殖企业经营活动分析

养殖场的经营活动分析是不同时期研究其经营效果的一种好办法，其目的是通过分析影响效益的各种因素，找出差距，提出措施，巩固成绩，克服缺点，使经济效益更上一层楼。分析主要内容有对生产实值(产量、质量、产值)、劳力(劳力分配和使用、技术业务水平)、物质(原材料、动力、燃料等供应和消耗)、设备(设备完好率、利用、检修和更新)、成本(消耗费用升降情况)、利润和财务(对固定资金和流动资金的占用、专项资金的使用、财务收支情况等)的分析。

1. 经营活动分析的方法

在分析中,要从实际出发,充分考虑到市场的动态、场内的生产情况以及人为、自然因素的影响,从而提出具体措施,巩固成绩,改进薄弱环节,达到提高经济效益的目的。

(1) 要收集各种核算的资料,包括各种台账及有关记录数据,并加以综合处理,以计划指标为基础,用实绩与计划对比,与上年同期对比,与本牛场历史最高水平对比,与同行业对比进行分析。至于开展经营活动分析的形式,可分为场级分析、车间(牛舍)分析、班组(饲养员)分析。

(2) 依据经营分析和主客观情况,做好计划调整与调度,安排与调整生产计划。要关注市场变化,尽可能做到以销定产,在考虑国内市场时,要特别注意安排季节性生产,尽可能在重大节日的市场需求旺盛期多出好牛,以获取更好效益;其次是依据本场现有条件和可能变化的情况(如资金、场地、劳力)挖潜增效;再次要考虑架子牛的供应和饲料供应,做到增产节约、产供协调。

(3) 有条件的要用文字形式写出分析报告,包括基本情况、生产经营实绩、问题以及建议等,以利于进一步提高业务管理水平、经营水平和企业综合决策水平,不断增长单位效益。

2. 肉牛育肥场运营盈利模式分析

肉牛育肥场的总体运营模式为从适当地区购入适合育肥的架子牛,在本场进行3～5个月的育肥后出栏(出售活牛或屠宰加工后出售)。肉牛育肥的利润主要来源于如下3个方面。

(1) 架子牛育肥过程中原有体重的增值,其大小取决于架子牛购入价格与育肥后售出价格之差。

(2) 架子牛在育肥过程中增加的体重之价值与饲养成本之差,它取决于饲养成本与增重速度及育肥后牛的售价。

(3) 屠宰增值,即牛屠宰后全部产品的销售收入与出售活牛收入之差,它取决于屠宰产品和活牛销售市场的选择。

根据上述原理及目前市场情况的综合分析,肉牛场在运行过程中可能获得的经济效益作一概略估算,以供参考。

(1) 购牛成本。从目前架子牛市场形势分析,在本地收购合格架子牛的可能价格为18元/kg,如购入的架子牛体重平均为350 kg,则每头架子牛的购入成本为6 300元。

(2) 育肥期饲养成本。根据各种饲料目前的市场价格,架子牛整个育肥期平均体重以450 kg计,平均日增重以1.2 kg计,每头牛每天需各种饲料及相应的成本如表9.10所示,以平均出栏体重550 kg计,须育肥170 d,共需饲养成本3 230元(19.0×170),全期增重200 kg。

表9.10　肉牛育肥期饲养成本的计算

项目	用量/kg	成本/元
精料	5	11.0(2.2×5)
玉米秸秆青贮	15	3.0(0.2×15)

续表 9.10

项目	用量/kg	成本/元
酒糟	5	2.0(0.4×5)
青杂草(干)	2.0	1.0(0.5×2.0)
人工及其他费用		2.0
合计		19.0

(3) 售牛收入。每千克活重售价 18 元，则每头牛销售收入为 9 900 元，利润 9 900－6 300－3 230＝370(元)，售价 20 元，利润＝110 000－6 300－3 230＝1 470(元)。

因此选择合适的出栏时机，买个好价格至关重要。

3. 肉牛养殖场经济效益评价

是对养殖场的技术、管理、资金三项关键要素即具体表现的六项基本要素进行分析。

(1) 人。人是生产力三要素中最活跃、最基本、最重要的因素。肉牛养殖场经济效益的高低与养殖场的员工(包括饲养人员和管理人员)素质高低是密不可分的。具有现代管理知识、科学饲养技术的人，是养殖场取得较高经济效益的最基本的要素。

(2) 物资。主要指饲料、能源、设备、建筑物、生产工具等。这是肉牛养殖场进行经营活动的物质基础。

(3) 肉牛。肉牛是肉牛养殖场生产加工的对象。肉牛的品种和健康状况直接影响产出的数量和质量。

(4) 资金。资金是养殖场从价值形态上占用与支配的财产和物资。没有资金，肉牛养殖场就无法购买设备、燃料、肉牛等生产资料，无法支付员工的工资，也就无法生存和发展。因此，资金是养殖场进行经营活动必不可少的条件。

(5) 任务。销售任务，以及养殖场同其他单位签订的合同等。

(6) 信息。主要包括数据资料、情报、技术等。在肉牛养殖场系统中，信息要及时沟通，以便做出正确的决策。

9.4.3 规模化肉牛场的经营措施

我国肉牛业正在从传统肉牛业向现代肉牛产业发展的过渡阶段，千家万户的分散饲养正在被规模化、集中化、科学化、标准化、商品化养殖肉牛所取代，在市场经济条件下，有规模才有效益，有规模才有市场，规模化养殖既可以增加经济效益和抵抗市场风险的能力，还是实施标准化生产、提高畜产品质量的必要基础。

1. 规模化肉牛场经营的风险

肉牛养殖投资大，养殖周期长，我国肉牛养殖是微利产业，事实上决定肉牛养殖场收入的最主要因素取决于购入的架子牛与出栏肉牛之间的价格差。经营成功的关键在于能够买到价格低廉的架子牛和饲料，减少疾病的损耗，肉牛快速增肥，加快牛群周转，进而谋求出栏肉牛能够卖出更高的价格。

(1) 原材料风险。肉牛育肥场的主要原料为饲料，饲料的产量和价格受到地区环境条件、自然灾害、季节性变化以及市场的饲料价格波动的影响。

(2) 牛源风险。我国的肉牛生产发展很快，很多经营者都已经意识到肉牛的快速育肥效益良好。因此，从事这一工作的人也越来越多，这就存在竞争牛源的问题，实际上近几年架子牛的来源已经有紧张的情况。

(3) 销售市场风险。肉牛经过育肥后能否销售出去是关系到整个肉牛生产过程的价值能否体现的关键环节，及时地确定销售市场及确定售价较高的市场是非常重要的。

(4) 疫病风险。肉牛和其他家畜一样，也可能发生传染病、寄生虫病和消化道病等。特别是在异地集中育肥的条件下，发生疫病的可能性比小规模分散饲养要大得多。疫病的发生对于肉牛场的影响是惨重的，必须引起肉牛场经营者的高度重视。

(5) 质量安全风险。近年来，一些畜产品质量出现问题，其中一个重要原因，就是企业加工和农户养殖脱节，大部分都有中间环节存在，他们千方百计多挣钱，对畜产品质量无须承担责任；企业不愿建稳固的基地，哪里便宜哪里买。一方面，养殖户难以获得稳定的效益，经常是效益好时规模快速膨胀，出现亏损时规模急剧萎缩，这也是导致多年来畜产品市场大起大落的原因之一；另一方面，企业难以获得稳定的原料供应，无法实现对原料质量的控制，因此产品质量安全事件时有发生，而一旦出现质量安全事件，对畜牧业的冲击不容忽视。

2. 经营风险的防范策略

肉牛产业是从产地到餐桌，从生产到消费，从研发到市场的产业，各个环节紧密衔接、环环相扣。肉牛养殖场(户)经营者要掌握市场动态，化解养殖场(户)可能遇到的生产和经营风险，增强养殖场抗风险能力。

(1) 肉牛场的经营体制。为了抵御或避免肉牛场在运行过程中的风险，提高肉牛场的市场应变能力和加大市场竞争力度，最大限度地降低成本，提高项目的经济效益和社会效益，建立肉牛养殖企业独立核算的经济实体，履行企业经营法人义务，实行负责制。

(2) 肉牛场的经营模式。在相关部门的领导下，组织和建立"公司＋农户"的牢固生产体系。为了保证肉牛场有稳定的架子牛来源，生产优质牛肉。肉牛场必须重视与当地养牛农户的分工与协作，采用"公司＋农户"的经营方式，对于农户和肉牛场都是有利的。具体的做法包括：牛场与农户签订架子牛收购合同；牛场对农户肉牛的改良、繁殖及饲养管理提供技术服务；农户为牛场提供架子牛来源等。一方面，继续推进肉牛业的杂交改良工作，激发农户饲养母牛、生产杂交牛的积极性。公司与农户签订协议，在保证农户利益的条件下，使公司的牛源得到保证。另一方面，公司为农户生产杂交牛提供配套服务。定期提供技术培训以及组织联系肉牛及牛肉产品的销售和其他技术服务，形成稳定的合作关系。建立生产杂交肉牛、肉牛育肥及销售的一条龙生产线，使肉牛生产形成一个产业，为当地农民的就业、脱贫致富、带动当地经济的发展发挥作用。

(3) 开拓市场。建立供应和销售网络管理机构，加强宣传，扩大销路，树立风险管理意识，加强风险管理。

(4) 加强管理。加强内部管理，保证质量，打造品牌，建立信誉，加强服务。在严格执行无公害肉牛生产要求的前提下，应用先进的肉牛生产技术，提高产品质量。

(5) 技术培训。职工应具有较高的文化素质和专业技能，对职工应进行相应的业务和技术培训。对管理和技术人员的录用要求应更高，有管理和技术专长。对被聘用人员，除经常考察其实际工作表现和业绩外，还要定期进行业务和技术考核，实行优胜劣汰的用人机制。

肉牛场在投入运行之前，应组织管理人员到国内管理和技术先进的肉牛场进行参观、实习，或进行1～3个月的技术培训，以便作为肉牛场的业务、技术骨干。另外要经常请教学、研究机构的专家到肉牛场，针对肉牛杂交改良新技术、计算机管理技术、优质牧草的种植、肉牛的快速育肥、疫病防治以及肉牛的屠宰加工等方面，对全体职工进行培训，不断提高职工的专业技术水平。

第10章

肉牛疾病预防控制与管理

肉牛养殖业应如何健康和可持续发展，就是我们广大畜牧兽医专业技术人员和行业相关从业人员要认真去思考和做好的一项重要工作。为保证肉牛产业的健康发展，必须建立健全科学的饲养管理制度和严格的动物疫病防制措施，根据牛各阶段生长发育的情况，制定正确的饲养方案和牛群保健管理措施。

10.1 肉牛疾病预防

牛传染病的发生、蔓延甚至流行，常常会造成牛的淘汰或死亡，增加了养殖成本，给养牛业带来一定的或巨大的损失，甚至是毁灭性的打击，因此，要采取严格的措施做好兽医卫生防疫和疾病防治工作。结合不同地区传染病流行情况，制定适合当地的动物疫病预防控制措施；在养殖场下风向建设隔离圈舍，观察新进牛群异常表现，及时发现牛群中出现的发病患牛，及时采取有效治疗和控制措施，防止传染病的流行，减少疫病带来的损失；饲养肉牛应对消化系统（尤其是前胃）和呼吸系统等常见多发病进行必要的监控和管理；某些体内外寄生虫，无论在发病率高或低的地区，都应定期驱虫和制定预防措施；有的养殖场（户）往往很注重学习研究疫病的治疗，而对如何科学的预防动物疫病却重视不够，这种意识和做法对养殖业的稳定健康发展十分不利，因此我们一定要坚持“预防为主，防重于治”的原则。

10.1.1 肉牛育肥场建设的兽医卫生要求

肉牛育肥场场址的选择、环境条件、卫生状况及病原微生物的污染程度与牛群健康及食品安全都有直接的因果关系。因此，牛场建设前应有考察论证和专业设计，生产运行有严格的制度，更重要的是在坚持制度上做好工作。

（1）牛场地址应选择在地势高燥、历史疫情清楚、水源洁净充足（水质应符合饮用水标准)、用电便利、通路(通光纤、网络)及地势较平坦之处,距离村庄、工厂、交通要道等 1 000 m 以上,建设前,要先向当地兽医卫生行政主管部门提出申请,经审核批准后方可建设。

(2) 牛场环境要相对封闭,布局合理,生产区和办公区要严格分开。要考虑牛场的主风向,办公区应设在上风向;其次是生产区(犊牛舍在上风向,其次是育成牛舍,再是成年牛舍);下风向布局,由上到下依次是兽医室、隔离圈舍、病牛舍、粪便及污物处理设施(系统);草料库和青贮窖(池)在生产区上风向;场区内的道路要把净道(草料等洁净物料的运送通道)和污道(污染物及粪尿等物料的运送通道)严格区分,不可混用,以减少交叉感染。场门、生产区和牛舍出入口处应设置消毒池。

(3) 牛舍建造本着冬季保暖、夏季凉爽、环境干燥、安静、通风良好的原则进行;牛的食槽不宜过高,应以牛采食方便、减少人的劳动强度和方便操作的原则来建造;牛床建设时要牢固但不宜过于光滑,以免滑倒对牛造成伤害。

(4) 牛场应有为其服务的畜牧兽医等专业技术人员(最好是专职),以减少疫病风险。

(5) 牛场内不准饲养与牛无关的动物。不能将动物及其产品带入场区清洗、加工;不在场区内进行解剖、屠宰等活动;牛的胎衣要无害化处理,不可随意丢弃;牛及其产品的交易出售应在场外的下风向进行。

(6) 非本场工作人员和车辆,未经场长或兽医部门同意不准随意进入生产区;生产区和牛舍入口应设消毒池,内置消毒液,并定期更换,以保证药效。大门消毒池长度,以进出该场最大车轮周长的 1.5～2 倍进行建设,消毒池的深度,应以浸没半只轮胎以上为宜,任何车辆和人员须经消毒后方可进入;有条件的牛场可设消毒室及更衣间,消毒室设紫外线灯和喷雾消毒设施,设迷路式人行通道,通道地面须铺设可渗水的麻袋等材料,并定期喷洒消毒液,人员更换专用消毒工作服、鞋帽后方可进入;工作人员和饲养等人员的工作服、工具要保持清洁,饲养用具要专用(如草料运送车辆不能拉运其他物品、添草工具不能用于清理粪便,清理污物工具不能用于添加草料,拉运粪污的车辆更不能用于饲草料的运输等),经常清洗消毒,不得带出牛舍,各牛舍的工具不能相互借用;饲草料生产加工人员不得随意进入牛舍,饲养人员也不要进入与自己工作无关的圈舍、饲草料加工等场所。

(7) 制定卫生消毒制度。要注重犊牛舍、隔离舍、病牛舍及整个牛场环境的定期卫生消毒和保洁工作;要加强牛体的刷拭,注意保持牛体卫生;牛舍每天都要进行粪便等污物的清理工作,保持干燥洁净;每年春、夏、秋季,要进行大范围灭虫灭鼠、大扫除和大消毒活动,平时要有经常性的灭虫灭鼠措施,以降低虫鼠害造成的损失;建立符合环保要求的牛粪尿等污物处理系统。

(8) 消毒液的选择要结合本场疫病发生种类、污染程度等因素综合考虑,选取几种不同化学成分的消毒剂交替使用,以减少病原微生物的耐药性和抗药性,提高消毒质量,保证消毒效果。

(9) 牛场全体员工每年必须进行一次健康检查,发现结核病、布鲁氏杆菌病(简称布氏杆菌病或布病)等人畜共患传染病的患者,应及时调离生产区。新来员工必须进行健康检查,证实无上述疫病后方能上岗工作。

(10) 有条件的牛场应设立兽医室,配备相应的治疗及手术器械和设备,如常规治疗及预防用药品(疫苗)、消毒药品、显微镜、冰箱、常规手术器械、消毒设备及试剂等。兽医室应有常规记录登记统计表及日记簿等,如牛的病史卡、疾病统计分析表、药品领用情况记录、结核病及布氏杆菌病的检疫监测结果记录表、预防注射疫苗的记录、寄生虫检测记录、病(死)牛的尸体剖检记录表及尸体处理情况表等,并做好资料的整理和保存工作(表 10.1 和表 10.2)。

表 10.1　肉牛场病(死)牛的尸体剖检记录表

送检日期	简要症状	治疗情况	死亡时间	剖检病理变化								病料采集部位	保存方法	送检单位	诊断结果
				心	肺	肝	脾	肾	淋巴结	胃肠道	其他部位				

剖检单位：　　　　　　　　　　　　剖检技术人员：　　　　剖检日期：　年　月　日

表 10.2　肉牛场病(死)牛尸体处理情况表

死亡时间	诊断方法	诊断结果	主要症状	主要病变	处理方法			处理地点	消毒情况	领导签字	兽医签字	参加人员
					焚烧	深埋	其他					

处理时间：　年　月　日

10.1.2　肉牛疫病综合防制技术方案

随着肉牛养殖方式日趋规模化、集约化，动物疫病流行不断复杂化、多样化，使得限制我国肉牛养殖业发展的瓶颈已不再是肉牛品种、饲料或市场，而是各种疾病所带来的威胁。肉牛养殖场(户)应采取防、检、诊、治相结合的办法，严把疫病进入关，强化现场兽医管理，使各种防检疫技术措施扎实落实，牛群免受疫病的侵害。

1. 平时预防措施

在肉牛养殖生产中，疾病防治工作更应本着“防病重于治病”的方针，做好日常肉牛的疾病防治工作尤为重要，只有这样才能防止和消灭肉牛疾病，特别是传染病、寄生虫病、产科和内科疾病等，使肉牛更好地发挥生产性能，提高养牛经济效益。

(1) 加强饲养管理、增强肉牛的一般抵抗力。保证草料的品质和数量，不要突然更换，饮水洁净充足，勤观察牛采食、饮水、精神、反刍、鼻镜水珠、皮毛色泽及粪便等情况，发现问题及时采取措施加以解决，并相应建立疾病记录卡(表 10.3)，做好病情统计和用药统计(表 10.4、表 10.5)。

(2) 调查疫情，把好检疫关。在肉牛养殖场的选址和引种等环节上，要调查当地的历史疫情和近期疫病流行情况，引进牛(或出栏)时要注意临床检查和规定疫病的检疫(必要时应进行实验室检验)，特别是引进牛后，必须在隔离圈舍饲养观察 2～4 周，确认健康后方可合群饲养。

(3) 合理分群。按牛的品种、性别、年龄、强弱等分群饲养，以便制定适宜的饲养方案和保证出栏时肉牛的均匀度。

(4) 创造适宜的饲养环境。有的肉牛养殖场，采取的是舍内拴系式饲养方式，不运动、采光少、湿度大、空气不良等因素，导致寄生虫病、内科病等疾病逐年增多，所以营造一个阳光充足、通风良好、自由饮水(冬季喝温水)、夏季防暑、冬季保暖、干燥洁净、刷拭牛体、适量活动(特别是在断奶至架子牛期间)，对肉牛的生长发育和提高牛肉品质是十分有益的，牛适宜的温度是8～16℃，湿度是50%～70%。

(5) 定期做好免疫接种和寄生虫的驱治工作。根据当地兽医行政主管部门制定的免疫计划，结合本场疫病流行特点，及时做好免疫接种工作；按当地寄生虫病流行情况，驱虫前做一次寄生虫虫体(卵)检查，根据寄生虫感染种类和程度，有针对性地选择驱虫药，并做好记录工作；不用毒性大、残留期长、严重危害人畜健康和国家明令禁止的各类兽药。大规模的免疫或驱虫之前，要进行小范围的实验，确定免疫或驱虫的安全性和效果后，再开展该项工作。驱虫后还应做一次驱虫效果的检查。

(6) 做好圈舍内外及饲养用具的卫生消毒工作。养殖场要有严格的兽医卫生防疫制度，圈舍内外定期清扫、消毒，饲养用具保持洁净，摆放整齐并定期消毒，做好杀虫灭鼠和粪便的无害化处理。

(7) 预防各类中毒事故发生。毒素和有毒物质不仅使牛中毒，损伤牛的免疫功能，而且给食品安全也会带来严重威胁，因此不用霉烂变质及有毒有害的饲草料喂牛。

(8) 需要淘汰和屠宰的家畜，需经当地官方兽医检疫，确认无传染病，对人和动物无害，出具相关检疫证明后方可进行。

表10.3 肉牛病例卡(表) 年 月 日

序号	畜主	住址	畜别	性别	年龄	免疫耳标号	发病日期	治疗日期	简要主诉	营养	简要症状	诊断结果	治疗情况	备注

单位： 兽医签字：

表10.4 2012年 月 日至201 年 月 日肉牛疾病统计分析表 乡 村 社(场)

畜别	性别	年龄	免疫情况	发病季节	发病种类						治疗情况	死亡情况	备注
					内科病	外科病	传染病	寄生虫病	中毒病	其他			

统计人员签字： 兽医签字：

表 10.5 肉牛场药品领用情况登记表

日期	品名	规格	数量	剂型	是否属限剧药	领导签字	领用人	保管员	备注

2. 发生传染病(尤其是《动物防疫法》中规定一类疫病的发生和二、三类病的暴发)时应采取的措施

(1) 发现疑似某种传染病(尤其是烈性传染病),应及时隔离,及时报告上级兽医卫生行政主管部门,由当地县级以上人民政府动物防疫主管部门派人到场,经确诊后,划定疫点、疫区及受威胁区,进行流行病学调查,并由县级以上人民政府对疫区发布封锁令,实行封锁,并通知友邻。

(2) 对疫区及其动物进行封锁、隔离、消毒、紧急免疫接种、扑杀、无害化处理及销毁等强制性措施,对疫畜、垫草、剩余饲料、饲养用具、粪便及被污染环境要进行严格消毒及无害化处理(焚烧、深埋等);当传染病发生时,根据疫病流行情况和诊断结果,将该牛群分为患病、疑似感染和假定健康 3 类;患病牛和疑似感染牛要分别进行隔离,对假定健康牛进行紧急预防接种;按照《动物防疫法》的规定,病牛隔离治疗、淘汰、急宰或扑杀,可疑牛进行紧急预防接种或治疗,疫情得到有效控制和扑灭后(一般是指最后一头患畜治愈、死亡或扑杀后,该病最长潜伏期之后无新病例发生),解除封锁由发布封锁令的人民政府根据疫情情况和相关法律法规,适时解除。

(3) 在封锁期间,禁止染疫、疑似染疫和易感动物及其产品流出疫区,禁止非疫区动物进入疫区;进出疫区的人员、车辆及有关物品必须进行严格消毒;法规规定可治疗的要及时治疗,某些传染病发生后,要求疫畜及同群畜必须完全扑杀,以利于迅速控制和扑灭疫情。传染病扑灭后及疫区解除封锁前,进行一次大消毒(也称终末消毒),先将牛舍、运动场及污染环境清理干净,或铲去表层土壤,然后再喷洒消毒药液,用药种类和剂量(浓度),应根据地面和墙壁结构,病原微生物种类和污染的程度进行综合考虑。

3. 做好免疫接种

免疫接种是给动物接种免疫原(菌苗、疫苗、类毒素)或免疫血清(抗毒素),使机体自己产生或被动获得特异性免疫力,是预防和治疗传染病的一种重要手段,使易感动物转化为非易感动物(对某种或几种疫病有免疫力的动物)。

根据疫(菌)苗的研制应用状况和传染病流行规律,特制定肉牛饲养场传染病免疫程序。疫苗种类、接种时间、剂量应按免疫程序进行操作(表 10.6,仅供参考)。

必须做好饲养和新购进牛的免疫方案,并做好免疫记录(表 10.7)。

表 10.6 肉牛不同时间的免疫接种表

年龄	疫苗(菌苗)	接种方法和剂量	免疫期
1 月龄	Ⅱ号炭疽芽孢菌(或炭疽无毒芽孢苗)	皮下注射 1 mL	1 年

续表 10.6

年龄	疫苗(菌苗)	接种方法和剂量	免疫期
1月龄	破伤风类毒素	皮下注射 0.5 mL	1年(6个月后需再注射1次)
	牛气肿疽甲醛明矾菌苗	皮下注射 5 mL	6个月(犊牛6月龄时再免1次)
	狂犬病弱毒疫苗	皮下注射 25~50 mL	6个月
6月龄	布氏杆菌19号菌苗	皮下注射 5 mL	9~12个月
	气肿疽牛出败二联苗	皮下注射 1 mL	1年
	口蹄疫弱毒疫苗	皮下或肌肉注射 1 mL	6个月
12月龄	狂犬病弱毒疫苗	皮下注射 25~50 mL	6个月
	口蹄疫弱毒疫苗	皮下或肌肉注射 1 mL	6个月
18月龄	气肿疽牛出败二联苗	皮下注射 1 mL	1年
	口蹄疫弱毒疫苗	皮下或肌肉注射 2 mL	6个月
	Ⅱ号炭疽芽孢苗(或炭疽无毒芽孢苗)	皮下注射 1 mL	1年
	破伤风类毒素	皮下注射 1 mL	1年
	狂犬病疫苗	皮下注射 25~30 mL	6个月
24月龄	口蹄疫弱毒疫苗	定期皮下或肌肉注射 2 mL	6个月
	牛气肿疽甲醛明矾苗	皮下注射 5 mL	6个月(每年春季接种1次)
	炭疽无毒芽孢苗	皮下注射 1 mL	1年(每年春季接种1次)
	破伤风类毒素	皮下注射 1 mL	1年
成年牛	口蹄疫弱毒疫苗	肌肉注射 2 mL	6个月(每年春、秋各免疫1次)
	狂犬病疫苗	皮下注射 25~30 mL	6个月(每年春、秋各免疫1次)

提示:应根据当地兽医行政主管部门的免疫计划和本场疫病发生、流行情况,选择或增加某些疫苗进行免疫注射,不可完全照搬,用法和剂量等以产品使用说明书为准。

表 10.7 肉牛场(户)免疫情况登记表

序号	畜主	住址	免疫耳标号	畜别	性别	年龄	动物状况	疫苗名称及批号			免疫部位	免疫方法	剂量	防疫人员	备注

免疫日期: 年 月 日

4. 坚持定期驱虫和健胃

结合本地寄生虫病的发生和流行情况,选择驱虫药物。一般是每年春秋两季各进行一次全牛群的驱虫,平常结合转群、转饲时实施;犊牛在1月龄和6月龄各驱虫一次,肥育牛在肥育之前也要给牛进行驱虫，母牛在空怀期实施为佳；若采用内服驱虫的方法，应在驱虫前一天晚上不给牛喂草料，但要给足饮水，第二天早晨，根据牛的体重大小来定用药量，驱虫药用温水稀释灌服效果较好，驱虫后 7 d 左右，用同样方法再驱一次，效果更好；驱虫后 3 d 内的粪便要及时清除，因随粪便一同排除的寄生虫和虫卵，不会全部都是死亡的，这样做可减少二次(或交叉)感染的几率。驱虫 2～3 d 后，用健胃散(或适量的人工盐、酵母片及大黄苏打片等)为牛健胃，以增强牛胃肠道的消化功能和对营养物质的吸收作用。驱虫用药期间，要加强护理和必要的对症治疗，对驱虫后出现较重反应的牛，要单槽饲养，多给温的淡盐水，少喂富含脂肪的草料，驱虫 3 d 后，仍有腹泻不止的，可用磺胺咪等药物治疗和补液，症状较重(如瘦弱或浮肿)的牛，可采取强心补液，加强营养和护理等对症治疗措施。

常用驱虫药：

丙硫咪唑，10～20 mg/kg 体重，驱牛新蛔虫、胃肠线虫、肺线虫等；

吡喹酮，30～50 mg/kg 体重，驱绦虫、血吸虫等；

别丁(硫双二氯酚)，40～60 mg/kg 体重，驱肝片吸虫等；

贝尼尔，3～5 mg/kg 体重，配成 5%～7%的溶液，深部肌肉注射，驱伊氏锥虫、梨形虫和牛泰勒虫等；

磺胺二甲基嘧啶，每 100 mg/kg 体重，驱牛球虫等；

近年上市的新驱虫药较多，如伊维菌素、阿维菌素及其复方制剂等效果较好，可根据实际情况选用。

10.1.3 建立疫病检疫监测制度

由于人们的交往频繁，市场流通十分活跃，定期与不定期的疫病监测对养殖业的健康发展是十分重要和必要的。利用血清学、病原学等方法，对仍在养殖场(户)饲养动物疫病的病原或免疫(或感染)抗体进行动态监测，以掌握动物群体的健康状况，及时发现疫病和疫情隐患，尽快采取有效防制措施。在此重点介绍布氏杆菌病和结核病这 2 种人畜共患传染病的检疫监测。

1. 适龄牛必须接受布氏杆菌病、结核病等的检疫监测

牛场每年开展 2 次结核病及一次布氏杆菌病的监测工作，要求对适龄牛的监测率达到 100%。

2. 布氏杆菌病、结核病监测方法

布病和结核病监测及判定方法分别采用平板凝集试验(或虎红平板凝集实验)、试管凝集试验和牛提纯结核菌素(PPD)皮内变态反应方法进行检疫监测。

3. 牛布氏杆菌病的监测

布氏杆菌病的检疫每年牛群监测率 100%，凡检出阳性牛只，应立即淘汰，对疑似反应牛只必须进行复检，连续 2 次为疑似反应者，应判为阳性。犊牛在 80～90 日龄进行第一次监测，6 月龄进行第二次监测，均为阴性者，方可转入健康牛群。

(1) 平板凝集反应技术操作规程和判定标准。

①采血技术。

材料准备：牛鼻钳、剪毛剪、75%酒精、5%～10%碘酊、消毒棉球、消毒 18 号针头若干(或

真空采血管)、消毒并干燥的试管或专用的采血管(或真空采血管)若干、工作服、帽、口罩、胶鞋、采血登记表、玻璃铅笔及冷藏箱等。

牛从颈静脉采血,采血部位应先剪毛后,用75%酒精(或5%碘酊)消毒。采血时,应使血液沿管壁流入试管中,勿使血液直接滴入采血管底部,以免发生气泡,引起溶血而影响试验结果。采血完毕,用5%碘酊消毒伤口。

要求工作人员操作中做到:a. 采血瓶(管)洁净、干燥、无菌;b. 采血过程中确保人畜安全;c. 采血时按“采血登记表”(包括畜主姓名、住址、联系方式、采血日期、畜别、畜号或免疫耳标号及试管编号等)逐一详细登记;d. 采血时须无菌操作,不溶血、无污染、无腐败;e. 做到表、号、血、畜四统一,以防混淆(表10.8)。

表10.8 布氏杆菌病采血登记表

序号	畜主	住址	联系方式	畜别	畜号(耳标号)	采血日期	收到日期	血清质量	血清编号	备注

采血单位: 采血人员:

②采血时须注意下列事项。应在早晨喂饲前或停食后6 h采血,以免血清混浊。冬季采血,防止冻结,以免溶血。趁血液未凝固前将试管斜置,凝固后将试管置于室内(冬季置于温暖处,夏季置于阴凉处),也可把凝固后的全血,置于离心机内离心分离血清(2 000~3 000 r/min,离心2~3 min即可),使血清析出,待血清析出后将血清倾入另一洁净、干燥、无菌试管或小瓶中。采得的血清,应尽可能于24 h内送到实验室进行检验,用冷藏方法运送血清更好,以防止腐败。

③平板凝集反应需准备下列材料。

a. 标准平板阳性抗原(或虎红抗原):本方法所用抗原由兽医生物药品厂生产供应。b. 被检血清:为被检牛采血分离的血清样品。c. 标准平板阴性血清、标准平板阳性血清:由兽医生物药品厂生产供应。抗原、血清要按照说明书保存和使用。d. 备一方形洁净的玻璃板、玻璃铅笔、火柴或牙签、酒精灯、1 mL吸管若干(或微量移液器、移液头若干)。

④平板凝集反应操作方法。

a. 在试验前将抗原、血清须置于温室放置,使其温度达到20℃左右;b. 将玻璃板洗涤干净并干燥后,将玻璃板水平置于酒精灯火焰上方,边晃动边烘烤(注意高度,防止烧破玻板),以除去玻璃板上的脂肪及微小异物;用玻璃铅笔,将玻璃板划成25个方格(或更多),横数5格、纵数5格,每格约9 cm^2,在各行前标注血清号码(或在纸上画好方格后,压在玻璃板下);c. 用1 mL干燥灭菌吸管(或微量移液器),按表10.9所列剂量,加被检血清于各格中:第1格0.08 mL,第2格0.04 mL,第3格0.02 mL,第4格0.01 mL;d. 加布鲁氏菌平板凝集反应标准阳性抗原0.03 mL于上述各血清量中,并用火柴杆(或牙签)混匀,每个被检样,血清和抗原的混合由血清量最小的一格(即第4格)混起,然后依次混匀第2~4格,涂成直径2 cm左右,每个血清样用1根火柴杆或牙签即可,用过的火柴杆要放入固定容器内,工作完毕后集中烧毁;e. 混匀完毕,将玻璃板置于酒精灯火焰上方或凝集反应箱上均匀加温(如室温较高可不加热),使其温度达到30℃左右,5~8 min记录反应结果;f. 每检验一个批次的实验,应用1~

2份标准阴性血清、1～2份标准阳性血清与标准阳性抗原按上述方法作平板凝集反应，以资对照，若前者为阴性，后者是阳性，则该试验应视为对照是正确的，本实验是成功的，否则要查找原因，并重新进行该实验。试验完成后，玻璃板、吸管、移液头及实验用过的容器等应在消毒液中浸泡一定时间后，再进行清洗，以防微生物扩散。

表10.9　平板凝集反应加样方法表

血清号	被检血清量/mL			
	第1格	第2格	第3格	第4格
1	0.08	0.04	0.02	0.01
2	0.08	0.04	0.02	0.01
3	0.08	0.04	0.02	0.01
4	0.08	0.04	0.02	0.01

⑤实验结果判定方法。

轻轻晃动玻璃板，观察检样透明度及凝集状况。按下列标准用加号（或正号）、减号（或负号）记录阳性、阴性及反应强度。

出现大的凝集片或小的粒状物，液体完全透明，即100％凝集，记录为："＋＋＋＋"。

有明显的凝集片，轻晃玻璃板时，有较多似流动细沙状的凝集物，液体几乎完全透明，即75％凝集，记录为："＋＋＋"。

有可见的凝集片，轻晃玻璃板时，有似流动细沙状的凝集物，液体不甚透明，即50％凝集，记录为："＋＋"。

液体混浊，有仅仅可以看出的粒状物（似细沙状），即25％凝集，记录为："＋"。

液体均匀混浊，记录为："－"。

牛（马、骆驼）于0.02 mL的血清量（猪、山羊、绵羊和犬于0.04 mL的血清量），出现"＋＋"以上凝集现象时，被检血清判定为阳性反应，记录为"＋＋"。

牛（马、骆驼）于0.04 mL的血清量（猪、山羊、绵羊和犬于0.08 mL的血清量），出现"＋＋"以上凝集现象时，被检血清判定为可疑反应，记录为"±"。

可疑反应的牲畜，经3～4周，须重新进行采集血清、实验室检验。重检时仍为可疑，该畜判定为平板凝集阳性。无论平板阳性还是疑似反应，均需用试管凝集实验的方法判定。

⑥平板凝集反应与试管凝集反应的对应关系。用兽医生物药品厂生产的平板抗原作平板凝集反应时，平板凝集反应0.08 mL的血清反应相当于试管法中1∶25血清稀释度的反应，0.04 mL的血清反应相当于试管反应的1∶50，0.02 mL的血清反应相当于1∶100，0.01 mL的血清反应相当于1∶200。平板凝集实验有快速、简单、需要的器材少且成本低的特点，但如果平板凝集反应呈阳性时，则必须进行试管凝集实验后方可定论。

⑦监测结果。将试验结果通知畜主时，须注明凝集价。通知单样式如表10.10所示。

表 10.10 布鲁氏杆菌平板(试管)凝集反应结果通知单

登记号		采血日期： 年 月 日				畜主姓名	
通知号		收到日期： 年 月 日				住址	
血清号		检验日期： 年 月 日				电话	
畜别	畜号(耳标号)	血清凝集价				判定结果	备注
		0.08(1∶25)	0.04(1∶50)	0.02(1∶100)	0.01(1∶200)		

检疫单位： 检验员： 检验日期： 年 月 日

(2) 布鲁氏杆菌病试管凝集反应技术操作规程及判定标准。

①试管凝集反应需准备下列材料。

a. 试管凝集反应标准阳性抗原，由兽医生物药品厂生产供应。b. 被检血清，要求及采血同平板凝集实验。c. 试管凝集反应标准阳性血清和阴性血清，由兽医生物药品厂生产供应。d. 试验用稀释液，5%石炭酸生理盐水的配制：用化学纯石炭酸 5 g，化学纯氯化钠 8.5 g，加蒸馏水至 1 000 mL 制成即可，经高压灭菌后备用。

②操作步骤。

a. 被检血清的稀释度用 1∶50、1∶100、1∶200 和 1∶400 的 4 个稀释度。大规模检疫时也可用 2 个稀释度即为 1∶50 和 1∶100。

b. 稀释血清和加入抗原的方法。

血清稀释方法：每份被检血清用 5 支小试管(口径 8～10 mm)，第 1 管加入 2.4 mL 0.5%石炭酸生理盐水，第 2 管不加，第 3、4、5 管各加入 0.5 mL。用 1 mL 吸管(或微量移液器)吸取被检血清 0.1 mL，加入第 1 管中，并混合均匀，混合方法是将该试管中的混合液吸入吸管内，再沿管壁徐徐吹入原试管中，如此吸入、吹出，反复 3～4 次，混匀后，以该吸管吸取混合液分别加入第 2 管和第 3 管，每管 0.5 mL，以该吸管将第 3 管的混合液混匀(各管混匀方法同前)后，吸取 0.5 mL 加入第 4 管，混匀后，又从第 4 管吸取 0.5 mL 加入第 5 管，第 5 管混匀完毕后，吸取 0.5 mL 弃去。如此稀释之后，从第 2 管起至第 5 管，血清稀释度分别为 1∶25、1∶50、1∶100 和 1∶200。

加入抗原的方法：先以 0.5%石炭酸生理盐水将标准抗原原液作 20 倍稀释，然后将稀释后的抗原加入上述各管(第 1 管不加，留作血清蛋白凝集对照)，每管 0.5 mL，加入抗原，振摇均匀，第 2 管至第 5 管各管混合液的容积均为 1 mL，从第 2 管起至第 5 管，血清稀释度依次变为 1∶50、1∶100、1∶200、1∶400。

c. 对照管的制作：每次试验须作 3 种对照各 1 份。

阴性血清对照：阴性血清的稀释和加抗原的方法与被检血清相同。

阳性血清对照：阳性血清对照须稀释到其原有滴度，加抗原的方法与被检血清相同。

抗原对照：加 1∶20 抗原稀释液 0.5 mL 于试管中，再加 0.5 mL 0.5%石炭酸生理盐水。

比浊管的制作法：每次试验须配制比浊管作为判定清亮程度(凝集反应程度)的依据，配制方法如下：取本次试验用的抗原稀释液(即抗原原液 20 倍稀释液)5～10 mL 加入等量的 0.5%石炭酸生理盐水稀释，然后按表 10.11 配制比浊管。

将全部试管于充分振荡后置 37～38℃恒温箱中 22～24 h，然后检查并记录结果，见

表 10.12。

表 10.11　试管凝集反应比浊管配制操作步骤

试管号	抗原稀释液/mL	石炭酸生理盐水/mL	清亮度/%	结果记录
1	0	1.0	100	++++
2	0.25	0.75	75	+++
3	0.50	0.50	50	++
4	0.75	0.25	25	+
5	1.0	0	0	−

表 10.12　布氏杆菌平板(试管)凝集反应情况记录表

序号	编号(耳标号)	畜别	采血日期	检验日期	血清凝集价				诊断结果阳性(+)、阴性(−)、疑似(±)
					0.08(1∶25)	0.04(1∶50)	0.02(1∶100)	0.01(1∶200)	

检疫单位：　　　　　　　　　　　　　　　　　　　　　检验员：　年　月　日

③记录结果。

根据各管中上层液体的清亮度记录凝集反应的强度(凝集价),底部凝集物越多,上层液体清亮度越高,特别是 50%清亮度(即"++"的凝集),对判定结果关系很大,需要与比浊管对照判定。

"++++":等于完全凝集和沉淀,上层液体 100%清亮(即 100%菌体与血清中抗体凝集后下沉)。

"+++":等于几乎完全凝集和沉淀,上层液体 75%清亮。

"++":等于显著凝集和沉淀,液体 50%清亮。

"+":等于沉淀明显,液体 25%清亮。

"−":等于无沉淀,不清亮。

确定每份血清的效价时,应以出现"++"以上的凝集现象(即 50%的清亮)的最高血清稀释度为血清的凝集价。

④试验结果的判定。

于 1∶100 稀释度出现"++"以上的凝集现象时,被检血清判定为阳性反应。

于 1∶50 稀释度出现"++"以上的凝集现象时,被检血清判定为可疑反应。

可疑反应的牲畜,经 3～4 周须重新采血检验。如果重检时仍为可疑,该牛判定为阳性。

将检疫监测结果通知畜主时,须注明凝集价,并解释该病的危害和应采取的防控及处理措施。通知单同平板凝集反应。

4. 结核病检疫监测

初生犊牛，应于20～30日龄时，用牛提纯结核菌素(PPD)皮内注射法进行第一次监测；假定健康牛群的犊牛除隔离饲养外，还应于100～120日龄进行第二次监测；凡检出的阳性牛只应及时淘汰处理，疑似反应者，隔离30 d后进行复检，复检为阳性牛只应立即淘汰处理，若其结果仍为可疑反应时，经30～45 d后再复检，如仍为疑似反应，应判为阳性；检出结核阳性反应的牛群，经淘汰阳性牛后，认定为假定健康牛群。假定健康牛群还应该每年用提纯结核菌素皮内变态反应进行2次以上监测，及时淘汰阳性牛，对可疑牛处理同上方法；连续两次监测不再发现阳性反应牛时，可认为是健康牛群。健康牛群结核病每年监测率需达100%，如在健康牛群中(包括犊牛群)检出阳性反应牛时，应于30～45 d进行复检，连续2次监测未发现阳性反应牛时，认定是健康牛群。

牛结核病的检疫操作方法和判定标准如下。

①材料的准备：牛鼻钳、牛型提纯结核菌素、75%酒精、5%～10%碘酊、灭菌棉球、游标卡尺、剪毛剪、消毒后的1 mL皮试用注射器及针头、工作服、帽、口罩、胶鞋、记录表，如果用冻干提纯结核菌素，还需准备注射用水或灭菌生理盐水。

②操作方法。

a. 注射部位及处理：在牛颈侧中部上1/3处(3月龄以内犊牛也可在肩胛部)，剪毛或剃毛，直径约10 cm，用游标卡尺测量注射部位中央皮皱厚度并记录。

b. 注射方法和剂量：将牛提纯结核菌素稀释成每1 mL含10万IU，无论大小牛，一律皮内注射0.1 mL(即1万IU)；先将注射部位用75%酒精棉球消毒，注射方法为皮内注射，注射器进针与提起的皮肤皱褶呈180°，注射完成后，皮肤表面有突起(类似青霉素皮试)才算正确，注射完毕后用5%碘酊棉球消毒。稀释好的结核菌素应当天用完。

c. 观察与记录：皮内注射后，经72 h，观察注射部位有无热痛、肿胀等炎性反应变化，并用游标卡尺测量皮皱厚度(注射前后皮皱的测量工作最好由同一个人完成，以掌握卡尺的松紧尺度，减少误差)，并记录，见表10.13。对阴性反应和疑似反应的牛，应在96 h、120 h各再观察和测量一次，以防个别牛出现较晚的迟发性变态反应，减少漏判和误判。

表10.13 结核病检疫监测情况记录表

序号	畜主	住址	编号(耳标号)	畜别	检疫日期	注射部位	注射剂量/mL	注射前皮皱厚度/mm	72 h皮皱/mm		96 h皮皱/mm		120皮皱/mm		诊断结果阳性(+)、阴性(-)、疑似(±)
									厚度	皮差	厚度	皮差	厚度	皮差	

检疫单位：　　　　检验员：　　　　检验日期：　年　月　日

注：上表所述的72 h、96 h和120 h的皮差，是指注射后规定的观察时间，即72 h、96 h、120 h所测量的皮皱厚度减去注射前的皮皱厚度之差，这是结核病诊断的一个重要指标。

③结果判定。

a. 阳性反应：局部有明显的炎性反应，注射前后皮皱差≥4 mm者，应判定为阳性；进出口牛的检疫，凡皮差＞2 mm，判为阳性，记录为“(＋)”。b. 疑似反应：注射部位炎性反应不明显，皮皱差在 2.1～3.9 mm，判为疑似，记录为“(±)”。c. 阴性反应：无炎性反应，皮差在 2 mm 以下，判为阴性，记录为“(－)”。

④重复检验。

凡是判为疑似的牛，应在第一次检疫监测 30 d 后进行复检，判为疑似时，经 30～45 d 后再次复检，如仍判为疑似，则定为阳性。

5. 牛的引进与出售时的检疫

从外地引进牛(含种牛)前，应向当地兽医卫生行政主管部门提交申请，经批准后方可实施；由外地引进牛时，运输前应报告引进地动物防疫监督机构，必须在当地进行口蹄疫、布氏杆菌病、结核病等疫病的检疫，呈阴性者，凭当地动物卫生防疫监督机构签发的有效检疫证明，方可运输和引进。禁止将病牛出售和经营疫区内的动物及其产品。到达饲养地入场后，应在隔离圈舍隔离饲养观察一个月，在此期间，最好再进行一次布氏杆菌病、结核病等检疫，呈阴性反应者，转入健康牛群。如发现阳性反应牛只，应立即隔离淘汰，其余阴性牛再进行一次检疫，全部阴性时，方可转入健康牛群。

上述阳性牛的淘汰，要按照《动物防疫法》规定进行，严禁转移出售，以防止新的疫情发生和蔓延，不准当普通牛进行屠宰、加工和出售，以防止该病传染给人，影响食品安全。为了增加养殖效益和保证广大消费者的健康，提高牛肉及其产品档次而进行的有机食品(或绿色食品)认证，上述工作也是不可或缺的重要内容之一。

10.1.4 养殖场(兽医站)兽医室需要配备的设施设备

1. 常用器械

听诊器、兽用体温计、牛鼻钳、胃管、漏斗、叩诊器械、游标卡尺、放大镜、不同型号兽用金属注射器、玻璃注射器(或一次性注射器)、医用手术刀柄及刀片、兽用剪毛剪、医用尖头和钝头剪、医用镊子(齿镊和无齿镊)、医用止血钳、医用缝合针(含棱针、全弯针、半弯针等)、医用缝合线、吸尔球、酒精灯、各种型号注射用针头若干、通乳针、兽用套管针、载玻片及盖玻片各若干、玻片夹、疫苗冷藏箱、出诊箱、喷雾消毒器、耳标钳、耳标针头若干、常规外科手术器械、产科器械(指刀、隐刃刀、产科凿、产科线锯、绳导、产科挺、眼钩、腹钩、助产绳、产科钩、胎儿绞断器等)、解剖器械、修蹄器械、六柱栏等。

2. 常用物品

工作服、口罩、防护服、胶鞋、长胶靴、皮围裙、灭菌橡胶手套、长臂手套、玻璃铅笔、记号笔、滤纸、擦镜纸、纱布、脱脂棉、pH 试纸等。

常用试剂：香柏油、二甲苯、常用染色剂、制作培养基的试剂、洗涤剂、消毒剂等。

3. 常用仪器设备

琼脂板打孔器一套、血细胞计数器、96 孔微量反应板(“V”形板和“U”形板)、微量振荡器、研磨用乳钵、冰箱、冰柜、计算机、打印机、电光显微镜、普通托盘天平、电动离心机、离心管若干、滴瓶若干、磨砂广口试剂瓶(棕色和无色瓶若干)、高压蒸汽灭菌器、酸式滴定管、碱式滴定管、微量移液器、微量移液头若干、多种型号的医用玻璃容器(含量杯、烧杯、烧瓶、量筒、吸管、试管、培养皿等)、试管架、比重计(含酒精比重计)、动物解剖台、药品柜(架)等。有条件的还可配备:白金耳、白金钩、电动高压喷雾器、兽用B超仪、电光分析天平、组织捣碎机、荧光显微镜、电热恒温培养箱、电热水浴箱、干热灭菌箱、生物安全柜、冰冻切片机、接目测微计、接物测微计等。

4. 房间配置

诊疗室、办公室、化验室、药品库房等。

上述器械设备,可根据开展的业务工作范围,按需配置,可适当增减,但常用的物品是不可缺少的。

预防治疗用药(或生物制品),最好综合考虑当地常见病、多发病进行购置并按要求保存,但应常备一些药品:急救药品(如肾上腺素等)、强心药品(如安钠咖等)、抗过敏药品(如强力解毒敏等)、纠正酸中毒药品(如5%的碳酸氢钠注射液)、补充体液的药品(如生理盐水、5%葡萄糖生理盐水、5%和10%葡萄糖注射液、口服补液盐)等。

对具有麻醉、兴奋作用及有毒有害作用的试剂、限制药等,需建立严格的保管使用制度。

建立健全仪器设备(特别是精密仪器)的保管、使用及维护制度,以使仪器的精度不受影响、运转正常和延长其使用年限。

10.2 肉牛养殖场的兽医卫生要求

肉牛养殖业逐步向规模化、集约化方向发展,规模化养牛场也越来越多,这就需要建立健全完善的兽医卫生防疫制度和配套的兽医卫生要求,从而保证养牛业的健康发展。

10.2.1 牛群健康保健管理

牛场和牛舍的环境卫生状况及病原体的污染程度与牛群健康有直接关系,牛场(牛舍)一定要经常清除场内的杂物、污水、粪便及垃圾等,并根据需要进行定期消毒,使牛场(牛舍)保持良好的卫生环境。同时,注意保持牛体卫生,牛场工作人员要注意个人卫生,上下班要更换工作服和鞋;牛场内的土质和水源一定要符合卫生标准。

(1) 严格执行《中华人民共和国动物防疫法》有关规定的防疫措施,建立和健全防疫消毒制度。牛场应建围墙或防疫隔离带,门口应有消毒池、消毒间,工作服、鞋不能穿出场外;车辆、行人不能随意进入牛场内;全年最少大消毒2次,于春季、秋季用2%的苛性钠溶液或10%的生石灰乳等对牛舍、周围环境、运动场地面、饲槽、水槽等进行消毒处理(消毒完成后圈舍内用水冲洗后方可进畜)。尸体、胎衣应深埋;粪便应及时清除,堆积发酵(或沼气发酵)处理;兽医器械、输精用具应按规定消毒后使用。

(2) 坚持定期检疫,在春、秋两季要进行结核病和布氏杆菌病的检疫,按农业部规定标准进行。如发生流产,对流产胎儿胃内容物、肝、脾取样作布氏杆菌病细菌学检查。无论是结核病还是布氏杆菌病,如发现阳性病牛,在动物卫生管理部门监督下及时无害化处理。

(3) 严格执行预防免疫。对每头牛都要免疫和检疫,执行定期预防接种和补种计划。

(4) 建立经常性消毒制度,规范并完善牛场一般防疫消毒设施,切断传播途径,防止疫病的发生或蔓延,保证牛群健康和正常的生产。

(5) 进行牛群健康普查,构建良好生产环境,做好相关业务记录,保存好资料。

(6) 保持牛舍环境、牛体清洁,做好牛体卫生保健措施,预防疾病的发生。

(7) 加强病牛的管理,促进痊愈,减少淘汰。病牛室或病牛栏(圈)应铺垫草,使牛卧得温暖舒适,病牛有的不吃、不反刍,说明瘤胃内发酵微弱,产热也少,这时病牛尤其是犊牛就怕冷,特别是寒冷季节,要注意保温;牛肢蹄受伤或其他疾病不能起卧,卧下又不能翻身或饮食,这时就需要设法用结实肚带数条将牛吊起来;要定期护蹄修蹄,保证牛肢蹄健康;病牛室应天天清扫,消毒,如果牛患的是传染病,须采取特殊消毒措施和特殊的饲养管理日程;病牛应有病历档案,详细记载病史、症状、诊断、治疗情况以及防疫、检疫等情况;凡属患有布氏杆菌病、结核病等疫病死亡或淘汰的牛,必须在兽医防疫人员指导下,在指定的地点剖解或屠宰,尸体应按国家的有关规定处理。

(8) 有条件的牛场应设立兽医室。兽医室应有常规记录登记统计表及日记簿,如牛的病史卡、疾病统计分析表、药品使用情况记录、结核病及布氏杆菌病的检测结果表、预防注射疫苗的记录、寄生虫检测记录、病(死)牛的尸体剖检记录表及尸体处理情况表等,具体见表 10.14 至表 10.20。

表 10.14　肉牛疾病与治疗记录登记表

<table>
<tr><th rowspan="2">牛号</th><th rowspan="2">畜主</th><th rowspan="2">发病日期</th><th rowspan="2">诊断日期</th><th colspan="3">病因病况</th><th rowspan="2">诊断结果</th><th rowspan="2">治疗方法</th><th rowspan="2">治疗结果</th><th rowspan="2">兽医</th></tr>
<tr><th>繁殖疾病</th><th>消化道疾病</th><th>其他疾病</th></tr>
<tr><td></td><td></td><td></td><td></td><td></td><td></td><td></td><td></td><td></td><td></td><td></td></tr>
<tr><td></td><td></td><td></td><td></td><td></td><td></td><td></td><td></td><td></td><td></td><td></td></tr>
<tr><td></td><td></td><td></td><td></td><td></td><td></td><td></td><td></td><td></td><td></td><td></td></tr>
</table>

表 10.15　肉牛疾病与治疗日记簿

牛号	畜主	日期	主诉	营养状况	既往病史	临床症状	兽医

表 10.16　肉牛疾病与治疗日记簿

牛号	畜主	日期	诊断	治疗方案	简要处方	治疗结果	兽医

表 10.17 肉牛疾病统计分析表　　乡镇　　村(社)　　牛场

日期	病种类,头数/治愈数							统计人
	繁殖疾病	呼吸道病	消化道疾病	肢蹄病	中毒症	传染病	其他疾病	

表 10.18 肉牛药品使用情况记录

日期	领用人	药品名称/数量						管理员
		针剂	抗生素	激素类	酊剂	中成药	其他	

表 10.19 肉牛预防注射疫苗的记录表

免疫耳标号	畜主	免疫日期	免疫方法	疫苗名称			动物状态	防疫员

表 10.20 肉牛寄生虫检测记录

牛号	畜主	样品采集时间	样品名称	检测日期	检测方法	寄生虫(卵)名称、数量				检测人

10.2.2 肉牛养殖场兽医日常工作

在肉牛养殖生产中,疫病、疾病的有效防控可以起到保驾护航的作用,因此肉牛场的日常工作除了加强饲养管理外,还要采取兽医卫生保健措施,否则可能引起疫病,轻者肉牛生长育肥受阻,重者个体死亡,给肉牛饲养带来经济损失。

1. 常规性工作

养殖场兽医的工作除落实并执行兽医岗位职责的同时,要做到以下几点。

(1) 严格执行国家《动物防疫法》,建立门禁及卫生制度,建立健全牛场兽医卫生制度(如诊疗制度，防疫制度，器械消毒灭菌制度等）。

（2）建立健全系统的病历档案，处方、病案等病历档案记录是牛场技术管理重要内容的记录，客观、翔实的记录能真实地反映出牛群的健康状况和管理水平，是计算牛群发病率、死亡率和安排生产及总结经验的重要依据。

（3）不定期地对应检疫传染病进行特定病原体、抗体检疫监测，发现疫情及时采取扑灭措施。每年春秋还应坚持结核病检疫2次，布氏杆菌病每年检疫1次。做好肉牛日常的疫病防疫工作，定期防疫和驱虫。

（4）建立牛群健康检查制度，监督饲养人员天天观察牛的精神、采食、反刍、行走、卧姿、粪便等，发现异常要求及时报告，兽医要及时诊治。

（5）做好卫生消毒，保持牛体、牛舍、用具等的清洁卫生，定期或不定期地消毒牛舍及环境。

（6）做好常规药品、器械的采购和保管工作，特殊药品要妥善保存；了解购置药品的特性和用途（表10.21），提高业务素质，做到心中有数，遇病不慌。

2. 应急性工作

兽医在应急方面的工作，就是肉牛个体或群体发生疾病时，养殖场兽医需要做的紧急工作，如有必要请专业或高一级兽医确诊或治疗。

第一，要判断发病性质，即传染性还是常规疾病，区别对待。传染性疾病则按具体步骤操作或按如前述发生传染病时应采取的措施进行。

第二，确定常规病时，询问饲养员或畜主就相关病牛的采食、反刍、活动等情况陈述，迅速判定是消化道病、中毒病、外科、产科等，对体弱体虚、中毒病的病畜要紧急救治，如立刻使用解毒药、强心、补糖、补体液等，臌气病要先放气、止气。

第三，现场确诊或请高一级兽医或实验室确诊，协助提出治疗方案进行治疗。

第四，对育肥牛发病，根据治疗方案可以初步预定治疗费用，建议畜主是否治疗还是淘汰（若肉畜出售但应经过相关部门检疫）。

3. 肉牛场兽医工作职责

（1）在做好自己和牛场员工的安全防护培训工作基础上，做好全场的卫生防检疫、疾病预防控制与治疗，完成规定的定额工作。

（2）负责牛只保健，疾病控制和治疗，认真贯彻执行防疫制度。

（3）每天必须在上槽时巡视牛群，发现问题及时处理，不得坐等就医，做到以预防疾病为主。

（4）认真细致地进行疾病诊治，充分发挥自己的技术水平和聪明才智，及时解决问题，组织并参加会诊。

（5）必须做到诊断准确，用药及时，病历等记录完整。不用国家明令禁止及有毒有害药品。

（6）配合生产技术人员，参与饲养管理，共同提高饲养管理水平。

（7）及时、准确上报各种报表，做好各类资料保存归档工作。

（8）定期进行检疫、防疫、驱虫、修蹄等工作。

（9）普及肉牛卫生保健知识，培训职工饲养管理和疾病防治知识，提高职工素质，掌握先进的饲养方法。

（10）积极学习掌握最新科技信息，结合实际情况，用于生产实践。

(11) 不得有擅自离岗的现象。

(12) 积极配合同事工作,相互学习,共同提高。

(13) 及时完成临时安排的工作。

表 10.21 药物的配伍禁忌表

药物类别	药物名称	禁忌配合药物	变化
抗微生物类药	磺胺类药物	酸类药物	析出沉淀
		普鲁卡因	疗效减弱或无效
		氯化铵、氯化钙	增加泌尿系统毒性
		葡萄糖酸钙注射液	析出磺胺沉淀
	青霉素	氧化剂如碘酊、高锰酸钾	破坏失效
		高浓度甘油、酒精	破坏失效
		重金属盐类	沉淀失效
		酸性药物如氯丙嗪、四环素	分解失效
		四环素、氯霉素	疗效降低
	链霉素	较强酸性、碱性药	破坏失效
		氧化剂、还原剂	破坏失效
	氯霉素	强碱、强酸性药	破坏失效
	四环素类药	中性及碱性溶液	分解失效
		生物碱沉淀剂	沉淀失效
		阳离子(二价或三价)	形成不溶性物
	红霉素	碱性溶液如碳酸氢钠	析出沉淀
		氯化钠、氯化钙	混浊沉淀
防腐消毒药	碘及制剂	氨水、铵盐类	生成爆炸性碘化氮
		碱类	生成碘酸盐
		重金属盐类	沉淀
		红汞	成有腐蚀性碘化汞
		鞣酸、硫代硫酸钠	脱色
		生物碱类药物	析出沉淀
		淀粉	呈蓝色
		龙胆紫	疗效减弱
		挥发油	分解失效
	阳离子消毒剂	阴离子、肥皂、洗涤剂	作用消失
		高锰酸钾、碘化物	沉淀
	利凡诺	碘及制剂	析出沉淀
		0.8%以上氯化钠溶液	疗效减弱
	高锰酸钾	有机物如甘油、酒精等	失效
		氨及制剂	沉淀
		鞣酸、药用炭、甘油等	研磨时爆炸
	过氧化氢	碱、炭、碘制剂、高锰酸钾	分解
	酒精	氧化剂、无机盐等	氧化、沉淀
	漂白粉	酸类	分解释放氯

续表 10.21

药物类别	药物名称	禁忌配合药物	变化
防腐消毒药	乌洛托品	酸或酸性盐	分解失效
		铵盐如氯化铵	产生铵臭
		鞣酸、铁盐、碘	沉淀
影响代谢过程的药物	维生素 B_1	生物碱沉淀剂	沉淀
		氧化剂、还原剂	分解失效
		碱性药液	分解失效
	维生素 B_2	碱性药液、还原剂	分解失效
	维生素 C	碱类、氧化剂、重金属盐	破坏失效
		乌洛托品、磺胺类钠盐	分解沉淀
	醋酸可的松	碱类、强酸液	分解失效
		四环素、卡那霉素氯霉素等	抗菌效果减弱
		利尿素	血液缺钾
	氯化钙	碳酸氢钠、碳酸钠、硫酸钠、硫酸镁	沉淀
	葡萄糖酸钙	碳酸盐、酒精、水杨酸盐、苯甲酸盐	沉淀
	碳酸钙	酸类及酸性盐类	产生气体
	碘化钾	酸类、酸性盐类	游离出碘、变色
		生物碱类	沉淀
		氧化剂	析出碘
		红汞、甘汞	毒性增强
局部麻醉药	普鲁卡因	碱类	水解
		磺胺类药、酸性盐	疗效减弱或失效
		氧化剂	分解
镇痛药	吗啡	碱类	析出沉淀
		生物碱沉淀剂	沉淀
	杜冷丁	碱类、硫喷妥钠	沉淀
解毒药	亚甲蓝	碱类、酸类	变色
		还原剂	褪色
		碘离子、高锰酸钾	沉淀
	碘解磷定	碱性药物	易水解成氰化物
	硫代硫酸钠	酸类	分解、沉淀
		氧化剂	分解
止血药	止血敏	盐酸氯丙嗪、磺胺嘧啶钠	混浊沉淀
	维生素 K_3	碱性药物、还原剂	混浊沉淀分解
健胃药	胃蛋白酶	30%以上酒精	变性失效
		强酸、碱、重金属盐	沉淀
	乳酶生	碘、抗生素、鞣酸蛋白	疗效减弱
	氨茴香精	酸类	中和
		生物碱	析出生物碱
	稀盐酸	有机酸、安钠咖、利尿素	沉淀
	氯化钠	硝酸银、甘汞等	生成不溶解盐类

续表 10.21

药物类别	药物名称	禁忌配合药物	变化
健胃药	碳酸氢钠	酸及酸性盐类	中和失效
		鞣酸类药	分解
		生物碱、镁盐、钙盐	沉淀
		重金属盐	重金属游离变色
		利尿素	沉淀
		铵盐类	分解释放氨
		次硝酸铋、鞣酸	疗效减弱
	人工盐	酸类	中和
		硫酸镁	沉淀
泻药	硫酸钠	钙盐、钡盐等	沉淀
	硫酸镁	碳酸盐、水杨酸盐	沉淀
		氯化钙	沉淀
止泻药	鞣酸	生物碱类	沉淀
		碱及碳酸盐类	分解变色
		重金属及明矾	成不溶性盐、变色
		氧化剂	爆炸或氧化分解
		人工盐	疗效减弱
		蛋白液	沉淀
	次硝酸铋	碳酸盐如碳酸氢钠	产生气体
		鞣酸类	分解变黄色
祛痰药	氯化铵	氢氧化钠及碳酸钠	分解
利尿药	利尿素	碱类如碳酸盐、重金属盐	沉淀
	醋酸钾	利尿素	白色沉淀
		酒精及制剂	沉淀
		无机酸盐如硫酸、盐酸	分解
	呋喃苯胺酸	酸类、酸性盐	白色混浊
		含钙制剂	混浊沉淀
植物神经药	肾上腺素类药	碱类、氧化剂、碘酊	变棕色
		三氯化铁	失效
		洋地黄制剂	心律不齐
	硫酸阿托品	碱、鞣酸、碘及制剂	析出沉淀
		溶解久置后	分解失效
	毛果芸香碱	碱类	析出沉淀
		氧化剂	分解失效
中枢神经兴奋药	咖啡因及安钠咖	鞣酸、碱、酸类含奎宁类	沉淀
	尼可刹米	碱类	水解、混浊
	山根菜碱	碱类	沉淀
中枢神经抑制药	水合氯醛	溶液久置后	分解失效
		碱、氨茴香精、铵盐	分解
		碘化物、溴化物	分解
		安钠咖	减疗效或失效

续表 10.21

药物类别	药物名称	禁忌配合药物	变化
中枢神经抑制药	溴化钠	氧化剂、酸类	游离出溴
		生物碱	析出沉淀
	盐酸氯丙嗪	碳酸氢钠、有机酸盐、巴比妥类	析出沉淀
		生物碱沉淀剂	沉淀
		氧化剂	变色
	静松灵	碱性药物	沉淀
解热镇痛药	氨基比林	硝酸盐、亚硝酸盐、高铁盐	颜色变化
		水杨酸钠、水合氯醛	共溶
		含有鞣酸物	沉淀
	安乃近	鞣酸、氯霉素	分解变色
		鞣酸、奎宁制剂	沉淀
	复方奎宁注射液	水杨酸钠	沉淀
		生物碱沉淀剂	沉淀
		碱类	析出奎宁
	水杨酸钠	无机盐类	析出、沉淀
		碱类、重金属离子	变色
		奎宁制剂	沉淀

氧化剂:漂白粉、碘、双氧水、高锰酸钾;还原剂:碘化物、硫代硫酸钠等;重金属盐:汞盐、银盐、铁盐、铜盐、锌盐等;酸类药物:稀盐酸、硼酸、鞣酸、醋酸、乳酸等;碱类药物:氢氧化钠、碳酸氢钠、氨水、氨茴香精等;生物碱类药物:阿托品、安钠咖、肾上腺素、毛果芸香碱、普鲁卡因、利尿素等;有机酸盐类药物:水杨酸钠、醋酸钾等;生物碱沉淀剂:氢氧化钾、碘、鞣酸、重金属等;药液偏酸性的药物:氯化钙、葡萄糖、硫酸镁、氯化铵、盐酸肾上腺素、硫酸阿托品、水合氯醛、盐酸氯丙嗪、盐酸金霉素、盐酸土霉素、盐酸普鲁卡因、糖盐水、葡萄糖酸钙注射液等;药液偏碱性的药物:安钠咖、碳酸氢钠、氨茶碱、乳酸钠、磺胺嘧啶钠、乌洛托品等。

第11章

肉牛疾(疫)病的防治

近年来,我国肉牛养殖业有了较大发展,牛肉产量持续、稳步增长。但是随着肉牛养殖业的发展和养殖集约化程度的提高,养殖环境有恶化趋势,疫病发生率越来越高,危害也越来越重,肉牛的健康养殖问题已成了人们关注的焦点。

11.1 传染病的防制

动物传染病之所以需要特别的预防和控制(即防制)措施,是因为传染病的发生和流行而导致的损失往往是巨大的,甚至是毁灭性的,不仅对一个地区的养牛产业(或养殖业)带来沉重打击,而且对广大人民群众消费信心带来打击,其恢复过程也是漫长的,因此如何预防和制止疫病的发生是首要的工作,如果发生,应首先考虑控制在尽可能小的范围内并加以消灭,这也是我们的工作重点之一,然后才是采取有效措施积极治疗。简而言之,在养殖生产实践中,应把握预防为主、治疗为辅,防重于治的原则。

牛的主要传染病有口蹄疫、炭疽病、牛出血性败血症、牛结核病、牛布氏杆菌病等,牛群一旦发生某种传染病,应及时准确地进行疾病诊断,并根据该病的特点采取综合防制措施。

11.1.1 口蹄疫

口蹄疫是由口蹄疫病毒引起的一种急性、热性、高度接触性传染病,世界动物卫生组织(OIE)将此病列为A类动物疫病之首,我国将该病归为一类之首,是世界范围内重点防控的动物疫病。其特征是在偶蹄动物的口腔黏膜、蹄部及乳房上发生水泡和烂斑。该病常见于口腔及蹄部,因此叫口蹄疫。

1. 病原体

该病毒属于小核糖核酸病毒科的口蹄疫病毒属,口蹄疫病毒具有多形型、易变性等特点。

根据病毒的血清学特点可分7个主型，即A型、O型、C型、南非1、南非2、南非3和亚洲Ⅰ型。各型在发病症状方面没有什么显著不同，但各型之间抗原性不同，彼此之间不能交互免疫。每一个主型又分若干亚型，目前发现有60多个亚型。

口蹄疫病毒的毒力：该病毒对动物的致病力很强，据资料介绍，1 g新鲜的牛水泡皮捣碎稀释成10万mL，吸取1 mL接种于牛体仍可引起发病。

口蹄疫病毒的抵抗力：对外界环境的抵抗力很强，但怕光、怕热、怕酸、怕碱，不怕干燥、不怕寒冷(即四怕两不怕)；因此可根据其特点进行消毒，如高温、2%的烧碱溶液、30%的草木灰水，1%的甲醛溶液等都是良好的消毒剂或消毒方法。

2. 流行病学

传染源：病畜和潜伏期带毒动物是最危险的传染源。病毒主要存在于发病牛的水泡皮和水泡液中，在发热期的奶、尿、唾液、眼泪及粪便都含有病毒，甚至康复一年的动物仍可排毒。

易感动物：口蹄疫病毒可侵害多种动物(30多种)，但主要是偶蹄动物，其中以奶牛、黄牛最易感，其次是水牛、牦牛、猪，再次是绵羊、山羊、骆驼及大象，野生动物也有发病，如黄羊、野牛、野猪、鹿等，狗、猫也可感染。通常幼畜较成年动物易感，症状更重。

流行特点：

(1) 本病与其他传染病不同的是较易从一种动物传染到另一种动物，在同等饲养条件下，牛总是最先表现临床症状，然后是羊，羊的症状一般较轻，猪的排毒量远远超过牛，因此又有牛是“指示灯”、羊是“保持者”、猪是“放大器”之说。

(2) 本病在不同的地区表现出不同的季节性，一般是秋季开始，冬季加剧，春季减轻，夏季平息。

(3) 本病在自然条件下，常呈流行性或大流行性，或者呈跳跃型大流行性。

(4) 有的单纯性的猪口蹄疫只感染猪，而不感染牛羊，有的只感染牛羊而不感染猪。

3. 发病机理

口蹄疫病毒→经过消化道、呼吸道、破损皮肤、黏膜等途径进入动物机体→在局部组织生长繁殖→出现原发性水泡→病毒血症(在这以前是潜伏期，是1～2 d，这一时期幼畜表现为胃肠炎、心肌炎)→病毒在口腔黏膜、蹄部皮肤、乳房生长繁殖→出现继发性水泡(这一时期是前驱期，体温升高、食欲减退、精神沉郁、流涎)→水泡破溃→烂斑(症状明显期，口腔、蹄、乳房的水泡逐渐破溃变成烂斑)→溃疡愈合，逐渐恢复健康或症状加剧而死亡，但多数康复动物可带毒1年左右，因此该病潜在的危害性也很大。

4. 临床症状

由于易感动物不同、毒力不同、侵入方式不同，潜伏期和症状也不完全一样。牛的潜伏期平均2～4 d，最长为1周左右。体温40～41℃，精神萎靡，食欲减退，流涎，1～2 d后，在舌面、唇内面、齿龈和颊部黏膜发生蚕豆至核桃大的水泡，口温高，此时口角流涎增多，呈白色泡沫状，挂满嘴角，采食反刍完全停止，水泡经一昼夜破溃后形成浅表的边缘整齐的红色烂斑，常常是水泡破溃后体温降至正常，糜烂逐渐愈合；口腔变化的同时，在指(趾)间及蹄冠的皮肤表现为红、肿、痛并发生水泡，很快破溃，形成烂斑，结痂，愈合也较快，饲养管理不当则化脓、坏死，牛表现站立不稳，行走跛行，少数严重的甚至蹄匣脱落(猪更为常见)；乳房皮肤可出现水泡，很快破溃形成烂斑；泌乳量减少，甚至停止泌乳，纯种乳牛发病较重；哺乳犊牛发病时，水泡并不明显，主要表现为出血性肠炎和出血性心肌炎(虎斑心)，致死率较高。

5. 诊断

本病临床症状比较特殊，一般可做初步诊断，要鉴别毒力和毒型则必须通过实验室诊断方法来确定。

结合流行病学调查、临床症状等方面进行初步诊断；确诊则需要由当地兽医行政主管部门采取病畜舌面、水泡皮或水泡液等病料，置于50%的甘油生理盐水中加入双抗，送国家指定的参考实验室诊断。

鉴别诊断：应注意与牛瘟、牛黏膜病、牛恶性卡他热和传染性水泡病相区别。

6. 综合防制措施

为防止口蹄疫传播和扩散蔓延，依据《中华人民共和国动物防疫法》，按照国家有关口蹄疫防治技术规范、应急预案的规定，本着从严处置、分类指导的原则进行综合防制，结合前面所述平时防疫和发生传染病时采取的措施进行操作。

11.1.2 炭疽病

本病是由炭疽杆菌引起的家畜、野生动物和人共患的一种急性、热性、败血性传染病。其解剖特征是败血性变化，脾脏显著肿大，皮下及浆膜下有出血性胶样浸润，血液凝固不良，呈煤焦油样，并引起败血症的症状，常呈散发。

1. 病原体

本菌的繁殖型是一种长而直的大杆菌并能形成菌链（但较短），革兰氏染色呈阳性，而在培养物中能形成数个或数十个菌体相连长链的竹节状，加适量青霉素于培养基中能形成似珍珠项链的串珠状。炭疽杆菌在动物体内不能形成芽孢，而脱离动物体后形成芽孢，造成长期或永久性的疫源地，一旦遇到适合的条件后（如通过各种途径进入动物机体），又可重新生长发育成繁殖型，而导致动物发病，因此疑似炭疽尸体严禁解剖。

炭疽杆菌的繁殖型抵抗力不大，75℃ 5～10 min、煮沸 2～5 min 即可死亡，而炭疽芽孢具有强大的抵抗力，煮沸需 15 min 以上、高压灭菌 110～115℃需 15 min、干热灭菌 120～140℃需 2～3 h 才能杀灭芽孢。临床上常用20%漂白粉混悬液、1%碘溶液、0.5%过氧乙酸溶液、0.1%升汞作为消毒剂，效果好。

2. 流行病学

（1）传染源。主要是病畜和持久疫源地，炭疽杆菌主要存在于病畜和尸体的各器官、组织及血液中，特别在临死前由天然孔流出的血液中含菌量最多，肠型炭疽可随粪便排出细菌，皮肤型炭疽可随分泌物排出炭疽杆菌。

（2）传播途径。主要经消化道传染，其次是昆虫的叮咬及呼吸道传染。尸体处理不当，甚至扒皮吃肉，病畜分泌物、排泄物消毒不严，污染了土壤、水源、饲料、用具和牧场都可传播炭疽病，人多经损伤的皮肤或呼吸道传染。

（3）易感动物。各种家畜、野生动物及人均有不同的易感性，易感性排序一般是，草食畜（马＞牛＞羊＞鹿＞骆驼＞水牛）＞猪＞犬＞猫，人的易感性较低，但仍可导致发病甚至死亡。

（4）流行特点。本病的发生有一定的季节性，多发于6～8月份，常呈地方性流行。夏季大气炎热有利于土壤中的芽孢繁殖，吸血昆虫多，雨水多，江河泛滥及放牧等，容易发生传染，但其他季节如果污染了饲料等也可发生本病。

3. 发病机理

炭疽芽孢侵入易感动物(从消化道、皮肤、呼吸道等)→在局部组织生长→然后分4种情况:

(1) 抵抗力强(抗体水平高、自身免疫力强)→不发病。

(2) 细菌迅速入血→大量繁殖、产生毒素→败血症(突然倒地、天然孔出血)→最急性型(急性死亡,且多数无任何临床表现)。

(3) 细菌繁殖→产生毒素→局部炎性肿胀→菌血症→脾(显著肿胀变形)→败血症(高热不安、呼吸困难、腹痛、痈肿、血尿、血便)→急性或亚急性型(往往导致死亡)。

(4) 颌下、颈、咽、肠系膜等淋巴结或肺部→细菌大量繁殖→炭疽痈→症状不明显→慢性型(常见于猪)。

4. 症状

潜伏期:一般为1～3 d,最长的可达14 d。

各种家畜的共同症状,根据临床上的病程不同可分为3型;最急性型、急性型、亚急性型。

最急性型:多发于炭疽病流行初期。病畜突然发病,全身战栗,呼吸困难,走路摇晃,迅速倒地,昏迷、可视黏膜呈蓝紫色,在濒死期和死后可见口鼻流出血样泡沫,肛门及阴道流出不凝固的血液,有的牛不表现任何临床症状,在放牧、使役(运动)及圈舍中突然死亡。

急性型:此型最为常见。体温高达40～42℃,精神沉郁,食欲减退或废绝,瞳孔散大,恶寒战栗,心悸亢进,脉搏快而弱,呼吸困难,可视黏膜呈蓝紫色,并有小出血点,初便秘,后泻带血,尿暗红色,有的混有血液,母牛泌乳停止,怀孕牛流产,濒死期体温急速下降,呼吸高度困难,一般经1～2 d死亡。

亚急性型:症状与急性型基本相似,但病程较长,一般为2～5 d死亡。病牛常在颈部、胸前、腹下及直肠、口腔黏膜等处出现炭疽痈,肿胀迅速增大,发病初期患部硬有热痛,后逐渐变冷无痛,最后中央部坏死,有的形成溃疡。肠黏膜有炭疽痈时,往往出现腹痛症状。

牛多呈急性经过,一般症状较轻,虽有高热,但还能采食和作业,常在使役、放牧或休息时突然死亡。在濒死期和死后可见口鼻流出血样泡沫,肛门及阴道流出不凝固的血液,重的尿中带血,一般10～36 h死亡。

5. 诊断

炭疽的诊断方法较多,根据临床、流行病学及病理学、细菌学、血清学等。

细菌学诊断:①镜检。生前采静脉血,死后采耳尖血涂片,自然干燥后,用甲醛龙胆紫液染色5～15 s(或用荚膜染色法、美蓝染色法、革兰氏染色法都可以),镜下可见短链,竹节状带荚膜的大杆菌。但死后12 h的病畜血液中很难找到完整的细菌,所以此法只适用于生前或死亡时间较短的疫畜。②培养。新鲜病料接种普通琼脂平板上,37℃培养18～24 h,观察菌落生长情况及形态(菌落呈不透明、灰白色、干燥、表面粗糙、边缘不整齐的火焰状,低倍镜观察,可见有卷发状结构,若每毫升培养基中加10～100 IU的青霉素则可出现串珠状)。

血清学诊断:环状沉淀试验(又称Ascoli反应):这是一种简单、快速、检出率和准确率都很高的方法,无论陈旧还是新鲜的病料均可采用此方法,也是国家规定的确诊方法(方法略)。

6. 防制措施

在经常或近几年内曾发生炭疽病地区的易感动物,每年应作预防接种。发生该病时,应立即上报疫情,划定疫区,封锁发病场所,实施一系列防疫措施。病畜隔离治疗,可疑者用药物防治，假定健康群应紧急免疫接种。

治疗：如发现及时诊断准确，用炭疽血清、抗生素治疗（青霉素和链霉素）及磺胺类药物均能收到良好疗效。

11.1.3 布氏杆菌病

本病是由布鲁氏杆菌引起的人、畜共患的一种慢性传染病。其特征主要是侵害生殖系统，妊娠母畜发生流产、公畜发生睾丸炎，人的发病症状与动物相似并伴有关节炎、波浪热等。布氏杆菌可分为6种型，我国流行的有牛型、羊型和猪型。

1. 病因

本病的传染源是病畜、带菌动物（包括野生动物）及患该病的人。最危险的传染源是受感染的妊娠母畜，其流产后的胎儿、阴道分泌物以及乳汁中都含有布氏杆菌而污染环境。

2. 传播途径

本病的传播途径主要是消化道，其次是经皮肤感染，吸血昆虫可以传播本病，也可从呼吸道和交配而感染。

3. 临床症状

潜伏期一般2周至6个月。母牛最显著的症状是流产，通常发生在怀孕后的5～7个月。流产前一般体温不高，外阴和阴道黏膜潮红肿胀，流出淡褐色或黄红色黏液，乳房肿胀，继而流产；胎儿多为死胎，过半患牛发生胎衣停滞或子宫内膜炎，常继续排出污灰色或棕红色分泌液，有时恶臭，分泌物至1～2周后消失；有关节炎和跛行。牛的易感性是随其生长发育接近性成熟年龄而增高，疫区内大多数初产牛流产较多，再配种后则能正常分娩，但也有连续几胎流产的。性别对易感性并无显著差异，从发病情况看，公牛抵抗力一般高于母牛。

4. 诊断

平板凝集反应（或虎红平板凝集实验）初筛，试管凝集反应判定（或补体结合反应）。见监测一节。

5. 防制措施

应当着重体现“预防为主”的原则。牛群一年一次布氏杆菌病的监测，对流产母牛和胎儿进行诊断性监测，一经发现，即应淘汰，流产胎儿及胎衣要无害化处理，不能随意丢弃，母牛生活及污染过的地方要严格消毒。消灭布氏杆菌病的措施是定时检疫监测、引进畜时隔离检疫、控制传染源、切断传播途径、培养健康牛群及主动免疫接种。本病流行地区，定期检疫监测和疫苗免疫接种是预防和控制本病的最有效措施。消毒药液可用3%石炭酸、3%来苏儿及3%克辽林等。

11.1.4 结核病

结核病是由结核分枝杆菌所引起的多种家畜、家禽、野生动物及人的一种慢性传染病。其病理特点是在多种组织器官形成肉芽肿、干酪样坏死和钙化结节病变。结核分枝杆菌主要有3个型，即牛型、人型和禽型。本病一年四季都可发生。用牛提纯结核菌素作变态反应，对牛群进行检疫监测，是诊断和净化本病的主要方法。

1. 病因

牛结核病主要由牛型结核分枝杆菌所致，也可由人型结核分杆菌引起。结核病患畜及患本病的人是主要的传染源，特别是患畜通过各种途径，向外排菌的开放性结核病患畜。本病主要通过呼吸道和消化道感染，交配也可感染。

2. 临床症状

本病潜伏期长短不一，短者 10～45 d，长的数月甚至数年。牛常发生肺部的结核，病初食欲、反刍无变化，但易疲劳，常发短而干的咳嗽，随后咳嗽加重，胸部听诊可听到摩擦音（初期有湿啰音，逐渐转化为干啰音）。多数病牛乳房常被感染侵害（乳房结核），见乳房上淋巴结肿大、无热无痛，泌乳量减少，严重时乳汁呈水样稀薄。肠道结核多见于犊牛，表现消化不良，食欲不振，顽固性下痢，迅速消瘦；生殖器官结核，可见性机能紊乱，孕畜流产，公畜睾丸肿大，阴茎前部可发生结节、糜烂等。中枢神经系统主要是脑与脑膜发生结核性病变，压迫大脑，常引起神经症状、如癫痫样发作，运动障碍等。还可见浆膜结核和严重时的全身性结核。肠道结核时，便秘下痢交替或持续性下痢。

3. 防制措施

主要采取综合性防制措施，防止疫病传入，净化污染牛群，培育健康牛群（无结核病畜群），平时加强防疫、检疫监测和消毒措施。每年春秋两季定期进行结核病检疫监测。被污染牛群，反复进行多次检疫，一旦发现阳性牛只，均作淘汰处理。犊牛应分别在出生后 1 个月、6 个月、9 个月时进行 3 次检疫，同时加强消毒工作。消毒选用 70％酒精、10％漂白粉、3％甲醛等。

11.1.5 牛巴氏杆菌病

牛巴氏杆菌病又称牛出血性败血症（简称牛出败），是一种由多杀性巴氏杆菌引起的，多种动物共患的一种急性、败血性传染病，本病以高热、肺炎、急性胃肠炎以及内脏器官广泛出血为特征，犊牛多发且症状较重。

1. 传染源及传播途径

病畜和带菌动物是本病的主要传染源，尤其是健康带菌和病愈后带菌的动物更具有危险性（因为其排菌一般不被重视，感染健康牛的几率反而加大），抵抗力下降时，也可能从内源性感染。本病通过直接接触，也可通过被污染的草料、牛床间接接触而传播，其次为呼吸道、受损的皮肤以及吸血昆虫叮咬而感染。本病可发生于各种年龄、不同品种的牛，水牛的易感性更高。该病一年四季均可发生，常见于春、秋两季。畜体抵抗力下降时可引起、促进本病发生，一般呈散发或地方性流行，热带地区比温带地区多发。

2. 临床症状

潜伏期 1～7 d，多数为 2～5 d。最急性型（败血型）病例，通常无临床症状，突然倒地死亡。症状稍轻的有高热、精神萎靡或丧失、反刍停止、流涎、流泪、流浆液性鼻液；下颌、颈部的肿胀蔓延至胸前、前肢（水肿型）；咳嗽、呼吸急迫，继而呼吸困难、卧地不起、体温下降导致死亡（肺炎型）。从发病到死亡，约数小时到 2 d，水牛多呈败血性，牦牛以水肿型常见。

3. 防制措施

(1) 防制。对本病常发生地区，可以定期给牛免疫注射巴氏杆菌病菌苗。对发病地区，除重视对病畜的隔离、治疗外，要加强对环境、圈舍、场地、用具等消毒工作。加强饲养管理，增强畜体抵抗力，避免各种应激，可以减少本病的发生。

(2) 治疗。以抗菌消炎，抑制渗出，强心补液，对症治疗为原则。早期治疗一般效果较好。犊牛用高免血清或磺胺类药物治疗，效果良好，两者同时应用效果更佳。严重病例，加用抗菌药物，如青霉素、链霉素等。补液主要是静脉注射 5%葡萄糖生理盐水、生理盐水、维生素 C 及适量安钠咖强心，10%葡萄糖液体，5%碳酸氢钠液以防止酸中毒。

11.1.6 牛沙门氏菌病

牛沙门氏菌病又称牛副伤寒，是由沙门氏菌属细菌引起的畜禽及人共患的传染病，临床上以病畜菌血症、败血症或胃肠炎（严重的下痢）、孕畜流产为特征，在世界各地均有发生。

1. 病因

病畜和带菌畜是本病的传染源，由患畜粪便、尿液、乳汁及流产胎儿等中的沙门氏菌污染草料和饮水，通过消化道感染，其次经呼吸道感染，亦可通过病畜与健康畜的交配或用病畜污染精液人工授精而感染等。本病往往是其他疾病的继发感染或并发症。

2. 临床症状

牛沙门氏菌病主要症状是下痢。犊牛多发且往往呈流行性发生，出生 20 d 后大批发病，体温 40～42℃，精神沉郁，食欲废绝，呼吸加快，脉搏增速，排灰黄色液状粪便，恶臭，混有黏液和血液，最后脱水而死。成年牛呈散发性，体温升高，精神高度沉郁，食欲废绝，呼吸困难，继而下痢，粪便带血和纤维素碎片，恶臭，脱水，怀孕母牛多流产。

3. 防制措施

综合防制措施：加强牛的饲养管理，保持圈舍清洁卫生；定期消毒；犊牛出生后应及时吃足初乳，注意产房卫生和保暖；发现病畜应及时隔离、治疗（参照上述“平时预防措施”）。

治疗：抗菌消炎，防止菌血症及毒素引起的休克，强心补液。可选庆大霉素、卡那霉素、氨苄青霉素及磺胺嘧啶等都有较好疗效（强心补液可参照牛大肠杆菌病）。

11.1.7 牛狂犬病

狂犬病俗称“疯狗病”，又名“恐水病”，是由狂犬病病毒引起的，人和多种动物共患的急性、直接接触性传染病。本病以侵害神经系统为主，临床特征以发病动物表现狂躁不安、意识紊乱为特征，最终发生麻痹而死亡。

1. 流行特点及发病机理

本病的发生多由咬伤引起，所以流行的连锁反应很明显，以一个连着一个的顺序，呈散发的形式出现。本病没有明显的年龄和性别差异，但雄性动物易发生打斗和咬架，因而患病相对较多。咬伤部位越靠近头部、前肢或伤口越深，其发病率越高，症状更重。一般春夏季比秋冬季发生率高，这与动物（尤其是犬）的生活习性有关。

2. 诊断

当人或家畜被可疑病犬或其他动物咬伤时，应对可疑动物进行隔离观察或捕杀，采取病料进行包涵体的检查、病毒分离鉴定和血清学试验诊断。

3. 防制措施

①捕杀野犬、病犬和拒不免疫的犬类，加强犬类管理，城市不养大型犬，养犬须登记注册，并进行定期免疫接种。②疫区和受威胁区的牛及其易感动物，用狂犬病弱毒疫苗进行定期免疫接种。③加强海关检疫，检出阳性动物就地捕杀和无害化处理。④当人或家畜被患有本病的动物或疑似感染动物咬伤后，应及时用清水或肥皂水冲洗伤口，再用0.1%升汞溶液、消毒用碘酊、70%～75%的酒精等消毒剂处理，并紧急用狂犬病免疫血清进行注射治疗，可治愈。

11.1.8 牛传染性胸膜肺炎(牛肺疫)

牛传染性胸膜肺炎是由支原体(有的书称丝状支原体、丝菌霉形体)引起的，一种危害严重的传染病。其特征主要是呈现纤维素性肺炎和胸膜肺炎症状。常呈现亚急性或慢性经过。该病原体对热的抵抗力较弱，日光和干燥均可迅速将其致死。0.25%来苏儿溶液、0.1%升汞、2%石炭酸、5%漂白粉混悬液和1%～2%氢氧化钠液，均能迅速将其杀死。注射用新胂凡纳明(即“914”)和链霉素，都能抑制本菌生长，而青霉素效果不好。

1. 传染源

病畜是本病的主要传染源。病原微生物主要存在于病畜的肺组织、胸腔渗出液和气管分泌物中，从呼吸道排出体外污染环境而引起其他动物发病。

2. 传播途径及易感动物

主要是由于直接接触，是通过被病原微生物污染的空气飞沫经呼吸道而传染，这是很早就为人们所熟知的，但病牛还能从尿中排菌，污染草料及环境，使牛经消化道而传染。

易感动物：主要侵害黄牛、奶牛、牦牛和犏牛，羊和骆驼多不感染。在本病常发地区，多为慢性或急性传染，呈散发；在新疫区的牛，不论任何品种都可100%感染此病。其发病率和致死率与牛的年龄因素有关，幼龄牛和老龄牛的易感性高，成牛抵抗性强。

3. 症状和病变

潜伏期一般为2～4周，最短的为1周，最长的可达1个月之久。病初，症状不明显，只出现轻微的全身反应，精神不振，食欲减退，被毛粗乱，泌乳量降低，有时体温升高。运动时发生干而短的弱咳，往往易被忽视。随着病程的发展，症状逐渐明显，按其经过不同可分为急性和慢性两型。

(1) 急性型。主要呈急性胸膜肺炎症状。病牛体温升高到40～42℃，呈稽留热。鼻孔扩大，前肢张开，呼吸困难，往往发“吭”声，按压肋间，有疼痛表现，病牛不愿卧下，呈腹式呼吸，常发弱痛咳。有时流浆液性或脓性鼻液(常呈铁锈色)。如果肺的病变面积变大，或有大量的胸腔积液时，胸部叩诊，呈浊音或水平浊音，该部听诊，肺泡音减弱或消失，可听到啰音、支气管呼吸音，常有胸膜摩擦音。病的后期，心脏衰弱，胸前、腹下和肉垂发生水肿，可视黏膜呈蓝紫色。消化机能障碍，反刍迟缓或停止，常有慢性臌胀，或腹泻、便秘交替发生。乳牛则完全停止泌乳。病牛迅速消瘦，多因窒息而死亡。

(2) 慢性型。大多数由急性转来，少数病例从一开始就取慢性经过。病牛消瘦，常发生短咳，胸部听诊、叩诊不如急性明显。运动能力降低，食欲时好时坏。这种病畜在良好护理及妥善治疗下，可以逐渐恢复，但成为带菌者；若病变区域广泛，则病畜日益衰竭，预后不良。

病理变化：牛肺疫病理解剖具有特征性变化。主要病理变化在肺脏和胸腔。初期，以小叶性支气管肺炎为特征，肺炎灶充血、水肿，呈鲜红色或紫红色。中期，呈纤维素性肺炎和浆液性纤维素性胸膜炎变化；肺实质往往同时见到不同时期的肝变，红色与灰白色互相掺杂，外观似大理石样；肺间质水肿、增宽，呈灰白色，淋巴管高度扩张，也可看到病死灶；胸膜增厚，有纤维素性附着物，胸腔积液，内杂有纤维蛋白凝块。后期，肺部病灶坏死，被结缔组织包围，有的结缔组织崩解（液化），形成脓腔或空洞，有的病灶全部疤痕化；胸膜肥厚，肺、胸膜和肋骨互相粘连。肺门淋巴结和纵隔淋巴结肿大、出血。

4. 治疗

早期治疗可以得到临床治愈，病牛症状消失，肺部病灶被结缔组织包围。但是这种病灶较难迅速消散，所以治愈的牛仍长期带菌，应继续隔离饲养，以防传染。

治疗：用“914”治疗，黄牛（包括奶牛）用 3～4 g（按牛 100 kg 体重，用 1 g 计算），溶于 5%葡萄糖溶液或生理盐水 50～500 mL 中，一次静脉注射，间隔 4～7 d，用同剂量重复注射一次或两次。疗效可达 80%左右。

链霉素、土霉素和泰乐霉素均有效，但症状消失后多为带菌牛。此外还应根据病情，施行强心、利尿、健胃等对症治疗。

中药治疗：牛患病初期应用清肺热、祛痰、止咳、镇痛药物治疗，有一定的疗效。

处方：郁金 25 g，当归 25 g，制乳香 19 g，制没药 19 g，延胡索 19 g，连翘 25 g，黄芩 19 g，牡丹皮 19 g，花粉 19 g，贝母 19 g，青皮 19 g，白芍 19 g，柴胡 12 g，甘草 9 g。共研为细末，用开水冲，候温灌服。每天一剂，连用 5～6 剂。

上述处方加减：出现胸水用柴胡、甘草、花粉，加泽泻、猪苓、木通各 19 g；心脏衰竭时，减去郁金、黄芩，加入党参 31 g；久病体虚无力而消瘦时，减去郁金、黄芩、花粉、柴胡、青皮，加入党参 25 g、黄芪 31 g、白术 19 g。

5. 防疫措施

（1）在非疫区，做到不从疫区买牛，已购买的牛，要隔离观察 1 个月后，确认健康，方可混群饲养。

（2）在牛肺疫的地区，每年定期注射牛肺疫菌苗，连续注射 2～3 年。

（3）在暴发牛肺疫的地区，要通过临床检查，同时采血送检，以便及时检出病牛，加以隔离、治疗或扑杀。饲养管理用具、牛舍等用漂白粉、氢氧化钠等消毒。

11.1.9 牛大肠杆菌病

1. 病因

大肠杆菌病又称大肠杆菌性腹泻（犊牛发生本病称犊牛白痢），是由致病性大肠杆菌引起的一种以新生幼畜发病为主的急性传染病。本病特征为败血症和严重腹泻、脱水，引起犊牛大量死亡或发育不良。传染源主要是病畜和能排出致病性大肠杆菌的带菌动物，通过消化道、脐带或产道传播，多见于 2～3 周犊牛，尤其 2～3 日龄犊牛最易感，成年牛为慢性经过或带菌者。本病多见于冬春季节，呈地方流行性或散发性。

2. 临床症状

本病潜伏期很短，仅为数小时，常以败血型、肠毒血型、肠型的形式出现。败血型，常见于出生后至 7 日龄没有吃过初乳的犊牛，病犊体温升高到 40℃左右，精神委顿，腹泻，拉水样稀便，突然死亡。肠毒血症，见于生后 7 d 内吃过初乳的犊牛，病犊肠道内大肠杆菌大量繁殖，产生毒素，进入犊牛血液，引起突然死亡。肠型，见于 7～10 日龄吃过乳的犊牛，病犊体温升高到 39.5～40℃，食欲减少，喜卧，水样下痢，粪便开始为黄色，后变为灰白色，混有凝乳块，血丝或气泡，病后期，大便失禁，体温正常或下降，脱水而死亡。病程稍长的病犊出现肺炎、关节炎、脑炎症状。成年牛引起急性乳房炎等症状。

3. 防制措施

综合防制措施：对初生幼畜注射大肠杆菌高免血清；对孕畜要供给充足的蛋白质、维生素和矿物质；保持圈舍干燥，清洁卫生；分娩前要将产房进行消毒，母畜乳房洗净；初生幼畜 1 h 内要吃到初乳；发病牛要及时隔离和治疗（主要参照上述“平时预防措施”）。

治疗：治疗原则为抗菌消炎、强心补液、调节胃肠机能。

抗菌主要是用庆大霉素、卡那霉素、磺胺类药物。

补液主要是静脉滴注生理盐水或葡萄糖生理盐水，必要时加入碳酸氢钠防止酸中毒，若不具备静脉注射技术，可用口服补液盐饮水或灌服。

调节胃肠机能主要是指病初对体质强壮的牛犊投服泻盐，因为前期粪便中的含菌量大，肠道内腐败发酵的产物多，粪便很臭，需要缓泻，使胃肠内大肠杆菌及毒素等内容物排出，此后投服收敛药止泻和健胃药以促进胃肠道恢复功能。

11.1.10 副结核病

副结核病（又称副结核性肠炎）是由副结核分枝杆菌引起的反刍动物，尤其是牛的一种慢性消化道传染病。其特征是呈现周期性或持续性腹泻和进行性消瘦；解剖特征是小肠黏膜增生变厚呈脑回状皱褶。

1. 病原体

本菌是一种细长呈短棒状、球杆状的杆菌，革兰氏染色阳性，萋-尼氏抗酸染色时，菌体呈红色，对诊断有意义的是在病料中菌体呈团或成丛排列的特征；该菌对外界环境的抵抗力强，在粪便中能存活 200～300 d，3%的来苏儿 30 min、2%～3%烧碱 2 h 才能将其杀死。

2. 传染源和传播途径

病畜是本病的主要传染源，隐性感染期也可排菌而感染；该菌主要存在于患畜的肠壁黏膜和肠系膜淋巴结中，随粪便排出污染周围环境。牛主要由于采食被该菌污染的饲料、饮水及牧草而经消化道感染，也可经胎盘传播。牛的易感性最高（尤其是乳牛和幼龄牛）。

3. 发病机理和症状

副结核杆菌→经消化道进入→在小肠后 2/3 段的黏膜及肠系膜淋巴结生长繁殖→慢性增生性肠炎→引起上皮细胞、淋巴细胞、嗜酸性白细胞和浆细胞等增生→由于炎性刺激使肠蠕动增强→消化吸收障碍、持续性腹泻→机体营养物质缺乏和合成代谢严重减退→脱水、营养障碍、渐进性消瘦→最终导致衰竭而死。

潜伏期长短不一，数月至 2 年左右；眼球塌陷无神，长期持续性排出污绿色稀便，常呈喷射状，恶臭，带有气泡，一般初期为间歇性，后期为持续性；体温无明显变化，病牛食欲、精神差，逐渐消瘦，臀部尖锐似刀削状（狭尻）、骨骼清晰可见，身体各部出现水肿，尤其是下颌及胸部下方更明显。患牛一般 3～4 个月死亡，有的可拖至 6 个月至 2 年。

4. 病变

主要变化在消化道和肠系膜淋巴结。常见于空场、回肠和结肠前段，以回肠变化显著和更为多见。肠黏膜高度增厚，较正常厚3～30倍，并形成硬而弯曲似脑回状的皱褶。肠黏膜呈黄白色或灰黄色，皱褶突起部充血，覆有混浊黏液，有的牛在真胃和直肠也有病变。相应的肠系膜淋巴结高度肿胀，比正常大2～3倍或更大。但要指出的是病理变化程度与疫病的严重程度不一定完全一致，有的牛临床症状很严重，而肠黏膜病变较轻，然而，无论轻重，都可从病变部位检出副结核分枝杆菌。

5. 诊断及防制

结合临床症状和病理变化可做出初步诊断。确诊可用细菌学、变态反应或补体结合反应的方法。预防控制参照“平时预防措施”。

现在尚无特别有效的治疗方法，即使临床治愈也会复发，检出该病后应做淘汰处理。

11.1.11 牛猝死症

1. 病因

猝死症是以发病急、发病猛、死亡快、发病率不高，但死亡率高为主要特征的一类烈性传染病。引起该病的原因较多，但一般认为主要是：①氟乙酰胺污染草料；②牛A型或D型魏氏梭菌（又称产气荚膜杆菌或与致病性大肠杆菌混合感染）；③严重缺硒等因素引起。临床上以牛突然发病死亡，消化道和实质器官出血为特征。大小牛都可能发病，但以犊牛、孕牛和高产牛多发，尤以2～5岁的青壮年牛为甚。死亡率50%～70%不等，如不及时治疗（当然，该病一旦发生，往往还来不及治疗就已死亡），死亡率可达100%。该病一年四季均可发病，但以春秋两季多见，发病特点为零星散发。

2. 临床症状及病变

牛猝死症多呈最急性和急性经过。病程短，发病急、死亡快，常无先驱症状而突然倒地死亡。突然发病，往往在采食后一段时间甚至采食过程中出现，病牛突然倒地，四肢划动如游泳状，几声哞叫，很快死亡，死后腹部立即臌胀；听诊心跳快，心律不齐；肺有明显湿啰音。发病后一般在几分或几十分钟内死亡，有的牛烦躁不安、鸣叫、肌肉震颤，有的抑制或兴奋，有的前肢刨地、口吐白沫、鸣叫喘气，迅速死亡，以全身实质器官及消化道出血、小肠分段性坏死为特征。

3. 防制措施

预防措施：

（1）更换饲料。封存停喂可能受污染的饲料。饲喂干净的草料，适当调整饲料配方，增加一些精饲料和添加剂。

（2）全面消毒。将运动场粪便、浮土铲掉，用火碱（生石灰、漂白粉等）对运动场、棚舍、用具等进行消毒，并保持经常性的定期消毒。

（3）紧急免疫接种。给健康牛注射魏氏梭菌灭活疫苗，1个半月后再加强免疫1次，可有效地控制发病。

（4）定期给牛补充含硒制剂（如亚硒酸钠），维生素E。

药物治疗：对发病牛的紧急救治。

（1）对发病较快的牛可采取静脉注射，加强心镇静、解热、抗炎药物：5%葡萄糖溶液

1 500 mL,加入樟脑磺酸钠 20～30 mL,地塞米松 10～20 mg,20%磺胺嘧啶钠 100～200 mL 静脉注射,1 次/d,对于病情严重的可加入维生素 C,高渗糖及钙制剂对症治疗。

(2) 5%碳酸氢钠 500 mL,25%葡萄糖 1 500 mL,复方生理盐水 1 000 mL,维生素 C 10 mL×4 支,地塞米松 5 mg×10 支,青霉素 400 万 IU×7 支,静脉注射;肌肉注射维生素 B_1 250 mg×3 支;维生素 B_{12} 500 mg×6 支,1 日 2 次,连用 2 日(注:维生素 C 不能与青霉素配伍静脉注射)。

(3) 复方头孢菌素粉针,0.02～0.03 g/kg 体重,颈部肌肉注射,1 次/d,连续使用 2～3 d。

(4) 复方克林霉素注射液 0.05 mL/kg,颈部肌肉注射 1 次/d,连用 2～3 d。

11.2 牛常见寄生虫病的防治

在自然界中,两种生物在一起生活的现象很普遍,是生物长期进化过程中逐渐形成的,他们相互依赖,彼此受益,称之为共生;而当一方受益,另一方受害,受益的动物性生物就称为寄生虫;寄生虫病的感染与流行必须具备的 3 个基本环节是:感染来源、感染途径和易感动物,切断其中任何一个环节,就可以从根本上防止寄生虫病的发生与流行(表 11.1)。

感染来源通常是指寄生有某种寄生虫的病畜,带虫宿主等为主,病原体(虫体、幼虫、虫卵)通过粪便、尿液、痰液、血液及其他排泄物、分泌物不断排出体外,污染环境而致。

寄生虫感染途径是指从感染来源感染给易感动物,所必须经过的途径有:①经口感染;②经皮肤感染;③经动物感染(如昆虫等);④接触感染;⑤胎盘感染;⑥自身感染等。

易感动物通常是指一种动物只对一定种类的寄生虫有易感性,如猪只感染猪蛔虫而不感染马蛔虫,但也有多种动物对同一种寄生虫有易感性,如人、马、牛、羊均可感染日本血吸虫。动物对寄生虫的易感性常受年龄、品种、体质的影响。

11.2.1 牛寄生虫病的诊断要领和防治原则

寄生虫常寄生于动物肠道、组织和血液内,消耗动物营养,使动物不能安静和很好地休息,损伤局部组织,释放毒素等给动物带来严重的伤害,甚至导致死亡,给养殖业带来严重危害,因此我们要给予足够的重视。

1. 寄生虫病的诊断要领

寄生虫病的诊断和其他疾病一样,应根据患畜临床症状的搜集和分析,因此,寄生虫病的诊断应着重于流行病学材料的调查研究和通过实验诊断的手段,查出虫卵、幼虫或虫体等以建立生前诊断。必要时辅以尸体剖检,建立死后诊断。寄生虫病常用临床诊断及实验室诊断,有多种方法,下面仅介绍粪便检查法,有以下几种。

(1) 虫体检查。将粪便加清水搅拌,弃去上层液体,反复多次,直到上层液体清澈为止,用沉渣置于玻璃器皿内,先后分别在白色和黑色背景下,用肉眼及放大镜检查虫体,做好记录(表 11.2)。

(2) 虫卵检查法。有直接涂片法和集卵法 2 种方法。

①直接涂片法。将粪便与载玻片上的水混合后,用镊子除去粪渣,粪液涂抹的面积应略小

表 11.1 牛寄生虫寄生部位及中间宿主情况简表

消化系统				呼吸系统	血液循环系统	泌尿生殖系统	皮肤肌肉	五官(含腹腔、脑、眼、鼻等)	体表或皮内
胃	小肠	大肠	肝胰						
1. 捻转血矛线虫(捻转胃虫)。2. 指状长刺线虫。3. 奥斯特线虫、马歇尔、古柏、毛圆、细颈及似细颈线虫等。4. 前后盘吸虫等数种吸虫(中间宿主为椎实螺)	1. 牛新蛔虫(弓首蛔虫)。2. 乳突类圆线虫。3. 牛钩虫。4. 贝氏莫尼茨绦虫、扩展莫尼茨、盖氏曲子宫及无卵黄腺绦虫(中间宿主是地螨)	1. 蛲虫。2. 叶氏夏伯特线虫。3. 哥伦比亚结节线虫、微管、粗纹、辐射及甘肃结节虫。4. 鞭虫	1. 肝片及大片吸虫(中间宿主为椎实螺)。2. 矛形双腔和中华双腔吸虫(第一宿主是蜗牛,第二宿主为蚂蚁)。3. 胰阔盘吸虫、腔阔盘及枝睾阔盘吸虫(第一中间宿主为蜗牛,第二宿主是草螽或针蟀)。4. 缝状绦虫、肝斯泰绦虫(中间宿主是地螨)。5. 棘球蚴	1. 丝状网尾线虫、鹿、胎生及骆驼网尾线虫(中间宿主是螺蛳)。2. 小型肺虫等	1. 日本血吸虫(中间宿主为钉螺)、东毕血吸虫(中间宿主是淡水螺)。2. 微丝蚴。3. 伊氏锥虫、牛泰勒锥虫。4. 双芽巴贝西虫、牛巴贝西虫(中间宿主是牛蜱)。5. 环形泰勒虫(中间宿主为蜱)、瑟氏泰勒虫(中间宿主为蜱)。6. 微粒孢子虫	胎毛滴虫。	1. 贝诺孢子虫、肉孢子虫。2. 牛皮蝇蛆、纹皮蝇蛆。3. 牛囊虫。4. 盘尾丝虫、牛副丝虫	1. 牛眼虫(中间宿主为家蝇)。2. 指状丝虫。3. 唇乳突丝虫	1. 疥螨、痒螨。2. 牛血虱。3. 牛蜱、硬皮、扇头蜱、草蜱、璃眼蜱、花蜱。4. 伊蚊、按蚊、库蚊

于盖玻片，厚度以透过玻片能看清书报的字迹为宜，加盖玻片后在光线稍暗的环境中镜检，应查遍该样本的所有部分。此方法简便易行，但虫体（卵）检出率低，因此，要求每头每次做3张以上样本并逐一检查。

②集卵法。

a. 饱和盐水浮集法。用5～10 g粪便，加入比重为1.8的饱和盐水（即38%的食盐水）100～200 mL，充分搅匀后，用2层纱布滤去粪渣，将滤液缓慢分装于试管或洁净的青霉素小瓶内，使液面稍突出于管口或瓶口，静置5～10 min后，用载玻片缓慢接触液面，然后将玻片翻转使粪液面朝上，加盖玻片后镜检。本法适用于线虫卵和球虫卵囊等比重较轻的虫卵检查。

b. 水洗沉淀法。取粪便几克至数十克不等（粪便量的多少随检查目的而定），先加少量水并搅成糊状，再加水搅匀，通过2层纱布过滤到另一容器内（该容器内的底部为圆锥形更好，有利于虫卵沉积），加满水后静置10～20 min，再倒去上清液，如此反复直到上清液透明无色为止，最后弃去上清液后，用吸管取沉渣，加1滴于载玻片上，加盖玻片镜检，此法适用于比重较大的吸虫卵和棘头虫等虫卵的检查。上面几种方法，在检查时一般应做3份以上的载玻片检样，以提高检出率和诊断的准确率。

有条件的单位和养殖场，为了判断寄生虫感染种类和驱虫效果，在驱虫前后要采集粪便（或其他检测样品，如血液、尿液等），计算粪便中的寄生虫（卵）数量，以检查和分析驱虫效果及所用驱虫药是否合适等。

表11.2 驱虫前（后）寄生虫（卵）检查情况记录表

序号	畜主	住址	耳标号	畜别	采样日期	采样名称	检验日期	检验方法	检出寄生虫（卵）名称及数量					备注
									线虫（卵）	吸虫（卵）	绦虫（卵）	原虫（卵）	其他	

检疫单位：　　　　检验员：　　　　年　月　日

2. 寄生虫病的治疗（驱虫）原则

家畜寄生虫病确诊后，应根据病情和病畜的体质制定治疗方案。采取特效药物驱虫和对症治疗相结合的原则。因为寄生虫病患畜体质往往较虚弱，所以在治疗时必须考虑患畜的全身情况和对药物的耐受程度。

3. 寄生虫病的预防原则

预防寄生虫病是关系到人畜健康和养殖效益的一件大事。首要的是贯彻“预防为主、防重于治”的方针。在制定措施时，要紧抓住造成寄生虫病流行的3个基本环节。

(1) 控制和消灭传染来源。一方面要及时治疗病畜，驱除杀灭其体内和体表的寄生虫，同时防止治疗过程中扩散病原。另一方面要根据寄生虫的生长发育变化的规律，有计划地进行定期的预防性驱虫，某些蠕虫可根据流行病学材料，选择虫体进入宿主体内还没有发育到成虫阶段的时机及时驱虫，这样既可以减轻动物体的损伤，又能防止外界环境的污染。对某些寄生虫病应当查明带虫动物，采取治疗、隔离检疫等措施，防止病原的散布。此外，对那些保虫宿主、贮藏宿主也要采取有效的防制措施。

(2) 切断传播途径。家畜通常是在圈舍、牧地生活，由于采食、互相接触或经吸血昆虫的叮咬而感染各种寄生虫病。为了减少或消除感染的机会，要注重搞好圈舍及环境卫生，特别注意妥善处理粪便(如高温堆肥等就是最简单有效地杀灭其中虫卵、虫体的最常用方法)，杀虫灭鼠，保护水源，改良牧地和圈舍环境。那些需要中间宿主的寄生虫，要设法避免终末宿主与中间宿主接触、消灭中间宿主及破坏中间宿主孳生地。如预防日本血吸虫病，要避免在有钉螺的水网草滩放牧，开展灭螺的活动。

(3) 保护易感动物。搞好日常的饲养管理，增强家畜的体质，提高它们的抗病能力，这是预防工作的重要任务。对于某些寄生虫病可在必要时采用杀虫药物，动物定期驱虫，对于一些寄生虫虫苗，可通过人工接种产生免疫力而达到免疫预防的目的。

4. 寄生虫病的治疗(驱虫)原则

家畜寄生虫病确诊后，应根据病情和病畜的体质制定治疗方案。采取特效药物驱虫和对症治疗相结合的原则。因为寄生虫病患畜体质较虚弱，所以在治疗时必须考虑患畜的全身情况和对药物的耐受程度。

选择驱虫药物时，要从高效、低毒、低残留、广谱、价廉以及使用方便几个方面考虑。也可以将 2 种或 2 种以上的驱虫药联合使用，从而扩大驱虫效果和范围。但严禁使用国家明令禁止及毒性大、残留期长的药物。

治疗过程中还应当对病畜加强护理和观察，给以足够的恢复时间。在治疗前后，最好先进行寄生虫检查鉴定，以判断用药种类和驱虫效果。使用驱虫药物要求剂量准确，投药后的一定时间内要注意观察病情，及时解救出现严重副作用的病畜。使用驱虫药时，事先要禁饲，但要提供充足饮水，并且要让病畜停留在指定场所，以便及时收集排出的粪便和虫体，及时清除并无害化处理，以防止散布病原。在进行大规模驱虫工作之前，必须先进行小群试验，取得经验并肯定药效和安全性得以验证之后，再开展全群的驱虫工作。

11.2.2 肝片吸虫病(肝蛭病)

肝片吸虫病是由肝片形吸虫或大片形吸虫引起的，严重危害反刍动物的一种寄生虫病，在世界和我国各地普遍存在，而且感染率高，致病力强，危害严重，寄生于反刍动物肝脏胆管的寄生虫病。临床特征是营养障碍和中毒所引起的慢性消瘦和衰竭，病理特征是慢性胆管炎及肝炎。

1. 病因和机理

该病寄生虫的终末宿主为反刍动物，中间宿主为椎实螺。患畜粪便中的虫卵在水中发育成毛蚴，一个毛蚴进入螺体就能发育繁殖到成百上千的尾蚴，离开螺体后，在水中进一步发育成囊蚴，牛吃了被囊蚴污染的草或饮水时，囊蚴的包膜在胃肠内经消化液溶解后致幼虫钻入小肠壁，随门静脉入肝或穿透肠壁到腹腔经肝表面入肝后，幼虫由肝实质入胆管，幼虫在胆管内经 2～4 个月发育成为成虫，以肝脏为食，其卵随胆汁进入肠道由粪便排出污染环境。成虫寄生寿命 3～5 年。

2. 症状

患肝片吸虫的牛，其临床表现与虫体数量、宿主体质、年龄、饲养管理条件等有关。当牛体抵抗力弱，又遭大量虫体寄生时，症状较明显。急性症状多发生于犊牛，表现为精神沉郁、食欲减退或消失、体温升高、贫血、黄疸等，严重者常在3～5 d内死亡。慢性症状常发生在成年牛，主要表现为贫血、黏膜苍白、眼睑及体躯下垂部位发生水肿，被毛粗乱无光泽，食欲减退或消失，肠炎等，往往死于恶病质。

3. 防治措施

定期驱虫，消灭中间宿主（用氨水或茶籽饼泼洒水田等），不在被螺污染的水源和低洼地饮水放牧，粪便堆积发酵以杀死虫卵。

治疗：①硫双二氯酚（别丁），按40～60 mg/kg体重，配成悬浮液口服，其副作用为患牛轻度腹泻，1～4 d会自行恢复。②硝氯酚（拜耳9015），按3～7 mg/kg体重，一次口服，对成虫有效。③三氯苯咪唑（肝蛭净），每12 mg/kg体重，一次口服，该药对成虫和幼虫均有效。④丙硫咪唑，按15 mg/kg体重内服，对成虫效果好。

11.2.3 血吸虫病

血吸虫病主要是由日本血吸虫（日本分体吸虫）所引起的，该寄生虫寄生在动物血管内的一种人畜共患血液吸虫病。主要寄生在肠系膜静脉系统的小血管内，牛感染率最高，病变也较明显。主要症状为贫血、营养不良和发育障碍。传染来源主要是带虫的人、家畜、野生动物及污染的草场水源等。我国主要发生在长江流域及南方地区，北方地区少有发生。虫卵随粪便排出体外，在水中形成毛蚴，侵入中间宿主钉螺体内发育成尾蚴，从螺体中逸出进入水中。可经口或皮肤而感染，寄生在血管中以血液为食，危害十分严重。

1. 病因

与肝片吸虫相似，只是血吸虫寄生于血管内。

2. 症状

本病犊牛及3岁以下牛反应较成牛重。急性病牛，主要表现为体温升高到40℃以上，呈不规则的间歇热，精神委顿，离群呆立，卧地不起，可因严重的贫血致全身衰竭而死。常见的多为慢性病例，病牛仅见消化不良，发育迟缓，腹泻及便血，逐渐消瘦。若饲养管理条件较好，则症状不明显，常成为带虫者。母牛多有不孕或流产。

3. 防制措施

搞好血吸虫病的预防要采取综合防治措施：根治患畜；搞好粪便管理，牛粪是感染本病的根源，因此，把粪便集中起来，进行无害化处理，如堆积发酵等，以杀死虫卵。管好水源，改变饲养管理方式，在有血吸虫病流行的地区，牛饮用水必须选择无螺水源，以避免有尾蚴侵袭而感染；放牧远离低洼处；消灭中间宿主—钉螺。

治疗：用吡喹酮，按30～40 mg/kg体重，一次口服，能取得良好疗效。对本病有效的药物还有六氯对二甲苯（血防846）、硝硫氰胺（7505）等。

11.2.4 牛绦虫病

本病是由莫尼茨绦虫、曲子宫绦虫及无卵黄腺绦虫等引起的，寄生在牛消化道以及其幼虫寄生于各组织器官的一类寄生虫病。绦虫背腹扁平，左右对称，呈白色或乳白色、不透明的带状虫体。其中莫尼茨绦虫危害最为严重，常可引起病牛死亡。由于绦虫种类多，生物学特性各异，分布广泛，对畜禽危害很严重，甚至危害人类健康，所以对该病应采用有效的防控措施。绦虫雌雄同体，成熟的体节或虫卵随粪便排出体外，被地螨吞食，六钩蚴从卵内逸出，并发育成为侵袭性的似囊尾蚴，牛吞食含囊尾蚴的地螨（绦虫的中间宿主）而被感染。

1. 病因和机理

粪便中的虫卵（虫体孕卵体节）→地螨吞食→发育成似囊尾蚴（感染性幼虫）→牛吞食地螨虫→感染→似囊尾蚴逸出→在肠道发育→成虫→从粪便排除虫卵。在胃肠道中从机械性刺激、夺取营养和排除毒素等方面，对动物机体造成伤害。

2. 症状

莫尼茨绦虫主要感染生后数月的犊牛，以6、7月份发病最为严重。曲子宫绦虫不分犊牛还是成年牛均可感染。无卵黄腺绦虫常感染成年牛。严重感染时表现精神不振，有的伴有神经症状，腹痛腹泻，粪便中混有成熟的节片，病牛迅速衰弱，消瘦，贫血，虫体使肠道变窄，感染严重时甚至阻塞肠道，腹围增大，腹痛剧烈，食欲减退或废绝，最后引起全身衰竭死亡。

3. 预防措施

对病牛粪便集中进行无害化处理，然后才能用作肥料。采用翻耕土地、更新牧地等方法消灭地螨。及时确诊并早期治愈患牛。定期和预防性驱虫。

4. 治疗

①硫双二氯酚，按40～60 mg/kg体重，一次内服，内服后4～5 h多有下痢，一般2～3 d恢复，有腹泻的牛用药后可能死亡，因此应减量分次内服。②丙硫苯咪唑，按7～20 mg/kg体重，用水稀释成1%的液体，一次内服。③氯硝柳胺（灭绦灵），按60～70 mg/kg体重，用水稀释成10%的液体，一次内服。在绦虫病的驱虫治疗前，应注意牛的体况，对于心脏功能差，体况不好的牛，先要对症治疗，这些情况得到改善后，再实施驱虫则更为安全。

11.2.5 牛囊尾蚴病（绦虫蚴病）

1. 病因

囊尾蚴（即绦虫幼虫）病是由绦虫的幼虫寄生于家畜及人体引起疾病的总称，其结果是往往比患绦虫（成虫）病更严重，它常寄生在动物脏器的实质内，可导致死亡，在食品卫生学上有重要意义。绦虫的幼虫阶段（牛囊尾蚴）寄生在牛体咬肌、舌肌、心肌、膈肌，严重时全身肌肉都可发现虫体。人食用未煮熟或生的含有囊尾蚴的牛肉及其制品就会被感染，囊虫进入人体消化道后，约经3个月发育为成虫，含卵节片随粪便排到外界环境中去。牛吞食被污染的饲料或饮水后被感染，虫卵到达牛的胃肠道后，钻入肠黏膜血管，随血流散布并寄生于牛体各部肌肉组织等。

2. 症状

一般不出现症状，只有当牛受到严重感染时才表现症状，病初体温升高到40℃以上，虚弱，下痢，短时间的食欲减退，喜卧，呼吸急促，心跳加快。在触诊四肢、背部和腹部肌肉时，病牛感到不安。黏膜苍白，带黄疸色，开始消瘦。

3. 防治措施

预防：采取综合性预防措施，严格执行动物卫生检疫制度，严禁将动物的患病器官用来喂犬。

常用的药物有:(在投药前须停食 12～18 h,但应保证充足的饮水)氢溴酸槟榔碱,按 2 mg/kg 体重,一次口服,具有好的疗效;吡喹酮,按 50 mg/kg 体重剂量,每天一次,连用 2～3 d,重症感染应少剂量分次给药,以免发生意外;丙硫咪唑,按 20 mg/kg 体重,隔 48 h 一次,连服 3 次,效果较好。

11.2.6 消化道线虫病

1. 病因

寄生于牛消化道内的线虫种类很多,它们往往以不同的种类和数量同时或单独寄生在牛的胃肠道,对牛的危害很大。本类病在全国各地均有不同程度的流行。引起牛消化道线虫病的病原较多,主要有捻转血毛线虫、仰口线虫、食道口线虫、夏伯特线虫等。

2. 症状

主要表现为牛体消瘦,食欲减退,胃肠道炎症,腹痛,黏膜苍白,贫血,下颌间隙水肿,胃肠道发炎,腹泻,感染严重时甚至可引起肠道阻塞。严重的病例如不及时进行治疗,则发生死亡。

3. 防制措施

本病的预防参照寄生虫病的常用预防方法。

治疗:①盐酸左旋咪唑,按 5～8 mg/kg 体重,一次口服。②丙硫咪唑,按 20～40 mg/kg 体重,配成 10%～20%液体,一次内服。③伊维菌素,按每 0.2 mg/kg 体重,皮下一次注射。

11.2.7 牛球虫病

1. 病因

牛球虫病是由艾美耳属的几种球虫寄生于牛肠道引起的以急性肠炎、血痢等为特征的寄生虫病。球虫是细胞内寄生虫,通常寄生于肠道上皮细胞内,有的则在胆管或肾脏上皮细胞内。在温暖潮湿的环境易发球虫病,多发生于犊牛,2 岁以下的牛发病率、死亡率均较高。

2. 症状

潜伏期约为 2～3 周,犊牛一般为急性经过,病程为 10～15 d。患病初期牛精神稍差,食少,但体温、脉搏、呼吸均正常,粪便带有鲜红血液和凝血块,当牛球虫寄生在大肠上皮细胞内繁殖时,肠黏膜上皮大量被破坏脱落,黏膜出血并形成溃疡,这时在临床上表现为出血性肠炎、腹痛,血便中常带有黏膜碎片,粪便恶臭。约 1 周后,肠蠕动增强、下痢,多因体液过度消耗而死亡。慢性病例,则表现为长期下痢、贫血,最终因极度消瘦衰弱而死亡。

3. 防制措施

预防:犊牛与成年牛分群饲养,以免球虫卵囊污染草料和环境以及疫病的交叉感染。舍饲牛的粪便和垫草需集中消毒或生物热堆肥发酵。保持圈舍干净、干燥。在发病时可用 3%～5%克辽林等对牛舍、饲槽消毒,每天 1 次。

药物预防:①氨丙啉,按饲料的 0.004%～0.008%添加;②莫能菌素,按每千克饲料添加 0.3 g。

治疗:①氨丙啉按 20～25 mg/kg 体重,一次内服,连用 4～5 d。②磺胺二甲嘧啶、犊牛 100 mg/kg 体重内服,连用 2 d,配合使用酞磺胺噻唑,前者抑制球虫繁殖,后者预防继发感染。③盐霉素,按每天 2 mg/kg 体重,连用 7 d。

11.2.8 梨形虫病

1. 病因

梨形虫病主要包括双芽巴贝斯虫病、巴贝斯虫病、环形泰氏梨形虫病,也称焦虫病或巴贝斯虫病。主要寄生在牛血液中的红细胞内,危害性很大,死亡率高。蜱是梨形虫病的传播者(曾有的书中把梨形虫称为焦虫)。

2. 症状

主要特征是高热(40～42℃、呈稽留热)、贫血、黄疸和血红蛋白尿。精神沉郁,呼吸加快,喜卧地,食欲减退或消失,反刍迟缓或停止,便秘腹泻或交替,尿液由淡红变为棕红甚至黑红色,母牛泌乳减少或停止,怀孕母牛常发生流产。一般 2 岁以下的牛发病率高,症状轻微,死亡率低,成年牛发病率低,症状重,死亡率高;临床上常表现为病牛体表淋巴结肿大或出现红色素尿为特征 2 种类型。

3. 防制措施

预防方法:①灭蜱是预防梨形虫病的关键。②在发病地区,发病季节之前,给牛按 0.2 mg/kg 体重皮下注射伊维菌素做预防,或用贝尼尔、台盼蓝等药物预防注射。③在每年发病前 20～30 d 给牛预防注射牛梨形虫细胞苗,大牛 2 mL,小牛 1 mL。④不到患病地区购牛,购买或出栏应隔离检疫。

4. 治疗

①贝尼尔(血虫净),按 3.5～3.8 mg/kg 体重,配成 5%～10%的水溶液,深部肌肉注射,牛偶有卧地不起,肌肉震颤等副作用,但很快能消逝。②阿卡普林(硫酸喹啉脲),按 0.6～1 mg/kg 体重,配成 5%水溶液,皮下注射,有的牛用药后数分钟出现起卧不安、肌肉震颤、流涎、流汗及呼吸困难等副作用,母牛可能流产,一般几小时消逝,严重的可皮下注射阿托品(10 mg/kg 体重),可迅速解除副作用。③咪唑苯脲,按每 1.5～2 mg/kg 体重,用丙二酸盐配成 5%～10%注射溶液,皮下或肌肉注射。④锥黄素,按 3～4 mg/kg 体重,配成 0.5%～1%水溶液静脉注射,必要时在 24 h 后重复注射一次。

对症治疗:健胃缓泻:用人工盐、健胃散、碳酸氢钠等加温水灌服。预防流产:用黄体酮等。强心补液:樟脑磺酸钠、安钠咖及 5%～10%葡萄糖溶液(或葡萄糖生理盐水)静脉注射。

11.2.9 螨虫病(含疥螨病、痒螨病和蠕形螨病)

螨虫病又叫疥癣病,俗称癞病,通常所称的螨虫病(也叫螨病)是指由于疥螨或痒螨的螨虫寄生在畜禽体表而引起的慢性寄生性皮肤病。奇痒、湿疹性皮炎、脱毛、患部逐渐向周围扩展和具有高度传染性为本病特征。蠕形螨病又称毛囊虫病或脂螨病,是由于其寄生于毛囊或皮脂腺而引起的皮肤病。螨虫病在有的地区、养殖场(或户)的发病率是很高的,有的养殖场和部分专业技术人员对该病认识不足,甚至认为是真菌感染,治疗方法不当,导致在有的地方呈蔓延态势,2011 年初,作者在某 5 000 多头奶牛规模的养殖场,见到有的牛舍乳牛发病率竟高达 40%左右,这显然对养殖业危害是很大的。

1. 病原体

螨类属于蜱螨亚纲，种类很多，寄生于畜禽的一些种类，如疥螨、痒螨和蠕形螨等，它们除了夺取动物营养，叮咬引起皮炎，使动物得不到安静和休息外，有的还可传播立克兹氏体、病毒和细菌等引起多种传染病，此外，有的螨虫还是寄生虫（如绦虫）的中间宿主，而给动物传染寄生虫病。

在显微镜（或放大镜）下的疥螨、痒螨，其形状与瓢虫大体相似，疥螨稍圆，痒螨稍显长圆；而蠕形螨似蝇蛆形（图 11.1 和图 11.2）。

2. 临床症状

疥螨、痒螨的共同症状如下。

（1）剧痒。这是贯穿于整个疾病过程始终的主要症状。病情越重，发痒的感觉越剧烈。这主要是因为螨虫体表长有很多毛、刺及鳞片、口器分泌毒素等，当螨虫在家畜的皮肤采食和活动时能刺激皮肤末梢神经而引起痒觉；家畜痒觉还有一个特点，即病畜进入温暖场所或运动后皮温增高时，痒觉更加明显，这是螨虫活动增强的结果；剧痒使患畜不断啃咬患部，向各种物体上用力摩擦，从而加重患部的炎症和损伤，同时散播大量病原体，污染环境。

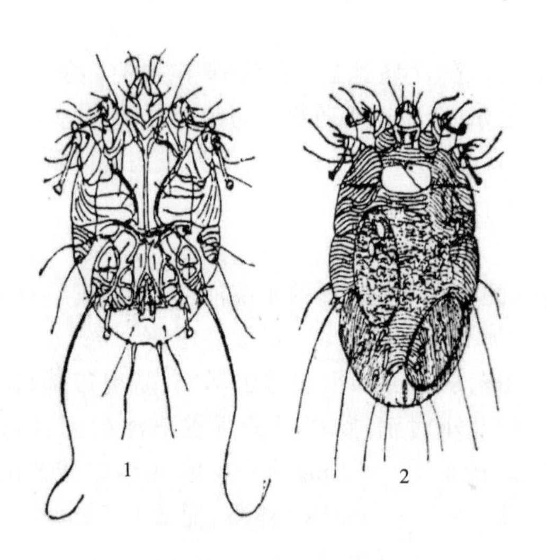

图 11.1　疥螨的形态

1. 疥螨雄虫腹面　2. 疥螨雌虫腹面

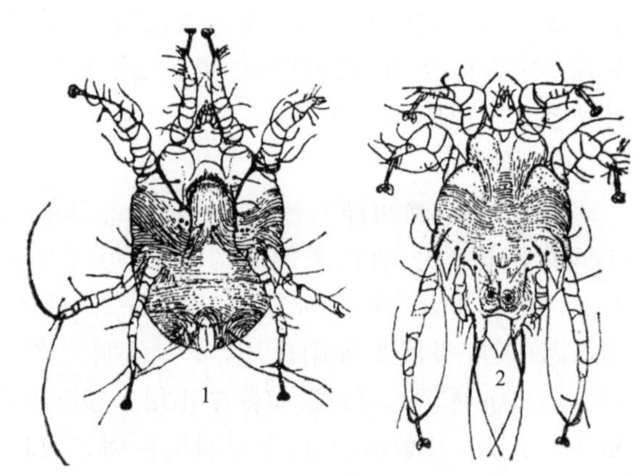

图 11.2　痒螨的形态

1. 痒螨雌虫　2. 痒螨雄虫

（2）结痂、脱毛和皮肤增厚。这是螨病必然出现的症状。在虫体的机械刺激和毒素作用下，皮肤发生炎性浸润，患处皮肤出现水泡和结痂，渗出液与脱落的上皮细胞、被毛及污垢混杂在一起，干燥后就形成痂皮，痂皮被擦去或除去后，创面有多量的渗出液和毛细血管出血，又重新结痂。随着病情发展，毛囊、汗腺受到侵害，皮肤角质层角质化过度，患部脱毛，皮肤增厚，失去弹性而形成皱褶。

（3）消瘦。由于皮肤发痒，病畜终日啃咬，不断摩擦和烦躁不安，影响正常的采食和休息，胃肠的消化、吸收机能下降，因汗腺等遭到破坏，夏季影响散热，冬季因皮肤裸露，体温大量放散，体内蓄积的脂肪被大量消耗，因而病畜日渐消瘦，如有继发感染，严重时甚至引起死亡。

3. 诊断

根据临床症状可作出初步诊断，确诊可用显微镜检查方法：在新发生的患部与健康部交界处，剪去被毛，用外科刀片刮取表皮，直到稍有出血为止（然后术部消毒），将刮取的病料收集到容器内，操作过程中应防止散布病原体；然后可采用 2 种方法：①取适量病料（约占试管的1/5）装入试管中，加入 10%的氢氧化钠溶液至试管的 2/3 处后煮沸，待毛、痂皮等固形物大部分溶解后，静置 20 min 或 2 000 r/min 离心 2 min，弃去上清液，吸取管底沉渣，滴在载玻片上，用低倍镜检查，可发现螨虫；②用生理盐水（或煤油）加入装有病料的试管中，然后将处理过的病料加于载玻片上，另取一片载玻片盖在上面，置于显微镜下镜检。另外，还可将病料直接均匀而薄地散布于载玻片上，玻片四周涂抹凡士林，以免螨虫爬出，为促进螨虫活动，玻片可适当加温，然后镜检，可见螨虫爬动。

4. 防制方法

预防加强饲养管理，注意牛舍通风、干燥、卫生、定期消毒；应用杀螨药物彻底做好牛舍、用具及周围环境的消毒工作；从外地引入牛时，要做好临床检查，不引进有螨虫病的患牛，引入后要隔离观察 1 个月左右。证实无螨虫病，方可并群饲养。经常检查牛群的健康状况，发现病牛要及时隔离治疗，迅速查明原因并积极治疗。

治疗前先将病畜隔离。治疗时先要彻底检查患部，便于全面治疗，以免遗漏；剪去患部被毛，除去痂皮（但必须把被毛及痂皮收集在一起，集中烧毁）；用温肥皂水洗刷皮肤上的痂皮和污垢，再用温水洗干净，干燥后用 5%～10%的来苏儿水洗刷，干燥后再按以下方法进行治疗。

用伊维菌素（或阿维菌素与伊维菌素复方制剂）对该病效果较好；用煤油、废机油或植物油 18 份加来苏儿溶液 2 份，涂擦患部；或用 2%敌百虫水溶液涂擦患部，但每次不宜超过 10 g，每次治疗后应间隔 2～3 d 再处理；或螨净、来苏儿、食用油比例为 10：0.5：100，先将螨净加入食用油并搅拌均匀，再加入来苏儿，使其均匀混合，用时现配，每 2～3 d 涂抹 1 次，直至痊愈；或烟叶或烟草杆 2 kg，加水 20～30 kg，浸一昼夜，煮沸 30 min，过滤，可加入 2 kg 废机油或植物油，混合均匀，涂擦患处。为了治疗的安全性，上述涂抹的治疗时，每次最好不超过体表面积的 1/4～1/3 为好。或伊维菌素，按每 0.2 mg/kg 体重皮下注射，严重病例，间隔 7～10 d 重复用药 1 次。还可用虫克星，首次使用后，过 7～8 d 再用一次，因该驱虫药对虫卵无效，第二次用药时，虫卵已经孵化成螨虫，正好将其彻底消灭。

11.3 肉牛常见内科病防治技术

肉牛常见普通内科病多是由于在饲养管理过程中不能正确操作，饲养失宜，饲料、饮水品质不良，饲料配合不当或突然更换饲料，饲草过长或过短，含沙土多，精料采食量过多、过细，饲料营养单一或某些微量元素缺乏，维生素缺乏；或是管理失当，过冷或过热，雨淋，曝晒，圈舍内不洁等诸多因素引起。所以对这类疾病主要应抓好日常饲养管理，除去草料中的玻璃、铁丝及塑料等，勤观察、早发现、早治疗，杜绝或减少内科疾病的发生，以保证肉牛养殖的健康发展。

11.3.1 口炎

口炎为口腔黏膜或深层组织的炎症。临床上以流涎、口腔黏膜潮红、肿胀甚至溃疡为特征。

1. 病因

①机械性刺激,如饲料粗硬、尖锐性异物、管理粗暴等;②刺激性药物、如误食生石灰、霉变草料、口服刺激性药物浓度过大等;③某些疫病的继发所致。

2. 症状

往往有采食、咀嚼障碍,流涎较多时才被发现,口腔温度高,黏膜呈充血、发红、肿胀。此外,在牛场内一旦有口腔黏膜溃烂、流涎出现时,应重视对口蹄疫的症状和病理变化相鉴别,后者溃疡面浅表,一般边缘整齐。

3. 防治

首先应查明原因,及时去除病因,加强护理,及时治疗,容易治愈。病畜应给予柔软优质的饲料,同时进行药物治疗:①用2%～3%硼酸液或0.1%高锰酸钾液冲洗口腔;②口腔内患处撒布收敛、消毒、杀菌药如青黛散、西瓜霜、明雄散等;③患处涂碘甘油;④全身体温升高者,用抗生素治疗。

11.3.2 食道梗塞(阻塞)

1. 原因

牛因吞食较大块根类饲料(甘薯、胡萝卜、甜菜等)堵塞食道而发病,临床以突然发生吞咽障碍为特征。

2. 症状

病牛咽下困难、流涎、瘤胃臌胀。常突然发病,有时梗塞在颈部食道时,可在颈部左侧见到硬块,食道前部阻塞可以在颈侧摸到,而胸部阻塞可从食道积满唾液的波动感触摸诊断。食道梗塞应与食道麻痹区别,食道麻痹时,食道内有食物但触诊食道无疼痛,亦无逆蠕动;与瘤胃臌胀区别,单纯臌胀,插胃导管容易,而且插入导管后臌气随即减轻;与咽炎区别,咽炎无食道逆蠕动。

3. 治疗

主要是及时排出食道阻塞物,使之畅通。包括:①5%水合氯醛酒精200～300 mL静脉注射,或静松灵肌肉注射,使食管壁迟缓,多数可治愈。②将阻塞物从口中取出法(将阻塞物向口腔轻而慢地推压,然后一人用手从口腔中取异物,但要保定好牛,应有开口器,避免人畜受伤)。③送入法。在胸部食道的阻塞物,用胃管先将食管积液抽出后,灌入200～300 mL石蜡油,再用胃管向下推送入胃。④打气法。将胃导管插入食道内,然后打气或边插边达到推送阻塞物入胃的目的(需要注意力度)。

4. 预防

主要是饲料加工规格化,块根饲料加工达到一定的细度,可以从根本上预防本病发生。

11.3.3 前胃弛缓

前胃弛缓是前胃兴奋性降低,收缩力减弱和收缩次数减少的疾病,临床上以食欲减退、反刍障碍、前胃运动机能减弱或停止为特征。

1. 病因

①原发性原因：长期饲喂大量粉料或难以消化的粗硬饲料；过食浓厚、劣质、发霉变质糟渣饲料；突然变更饲养制度和改变饲料；天气寒冷，运动不足等。②继发性原因如产后瘫痪、酮血症、创伤性网胃炎、创伤性心包炎、瘤胃酸中毒、乳房炎以及巴氏杆菌病、口蹄疫、传染性胸膜肺炎时都有前胃弛缓的症状。

2. 症状

食欲减少或废绝，反刍减少甚至停止，瘤胃蠕动音弱，次数减少，有时有间歇性臌气，粪便干，后期稀软或交替发生。初期：食欲减退、胃蠕动弱或丧失，反刍次数减少，按压左侧肷窝时，瘤胃绵软无力，后期停止，或间歇性臌胀。后期排出黑便、干块，外有黏液、恶臭，有时干稀交替发生，呈现酸中毒症状。久病不愈者多数转为肠炎、排棕色稀便。前胃弛缓使内容物异常发酵或腐败分解，因此本病常伴发轻度的瘤胃臌气，腐败分解产物被吸收后，常引起全身性的中毒反应。

3. 预防

①杜绝上述各种致病原因的发生。②饲料配方中精饲料比例较高（60%以上）时，每头牛每天喂瘤胃素 200～300 mg。③喂牛的饲料防止铁丝、铁钉混入，以免伤及网胃等。④针对病因进行预防。

4. 治疗

禁食 1～2 d，多饮水，然后少量饲喂柔软易消化的饲料有助于恢复。

治疗原则是缓泻止酵、兴奋瘤胃。

缓泻止酵：①如硫酸钠（或硫酸钠）500～800 g、酒精 80 mL、松节油 30～40 mL（或鱼石脂 10～20 g），常水 4 000～6 000 mL，一次内服。②或液体石蜡油 1 000～2 000 mL，苦味酊 20～40 mL，一次内服。

兴奋瘤胃：治疗前先测定瘤胃内的 pH 值。①pH 值为 5.8～6.9 时宜用碱性药物，人工盐 80～120 g（或碳酸氢钠 80～140 g），加水适量一次内服，同时用 10%氯化钠液 250～500 mL，10%安钠咖 20～40 mL，一次静脉注射，每日一次，效果良好。②pH 值为 7.6～8 时，宜用偏酸性药物，如苦味酊 60 mL，稀盐酸 30 mL，番木鳖酊 15～25 mL，酒精 100 mL，水 500 mL，一次内服，每日一次，连用数日。

对症治疗：25%葡萄糖 500 mL、10%氯化钙（或葡萄糖酸钙）200 mL、5%碳酸氢钠 500 mL、维生素 C 20 mL、维生素 B_1 20 mL，静脉注射，对缓解症状，提高血钙（促进瘤胃蠕动），促进胃肠道运动机能具有良好疗效。

11.3.4 瘤胃臌胀

俗称胀肚，是反刍动物采食了大量易发酵饲料，在瘤胃、网胃内发酵，短期聚集大量气体而牛又不能嗳气所致，使瘤胃迅速扩张。临床上以呼吸困难、腹围急剧膨大，触至瘤胃紧张富有弹性为特征。

1. 病因

①原发性臌气，大多发生在大量摄入易发酵的饲料之后，如苜蓿、藤蔓或春天首次吃入大量肥嫩多汁的青草，特别是开花前的豆科牧草、块茎块根或经冰冻、霜雪露水浸湿的饲料；饲喂

发霉、变质的饲草料；误食某些毒草。②继发于食道梗塞、创伤性网胃炎、腹膜炎、产后瘫痪、前胃弛缓、肠梗阻等。

2. 症状

急性瘤胃臌气，发病急，腹围臌，腹胀增大迅速，左肷窝部尤其明显，常在采食后不久或采食过程中发病。病畜弓背呆立，腹围迅速增大，并有回顾腹部、不安等腹部疼痛症候；左肷凸起，超过背脊之上，叩诊为鼓音，听诊初期尚可听到蠕动音，后期完全消失，偶有金属音。病初频频努责，排泄少量稀软粪便。随臌气严重发展，病情迅速恶化，呼吸高度困难，黏膜发绀，体表静脉淤血怒张，脉搏细弱，心跳每分钟达 120 次以上，不安惊惧，眼球突出，出冷汗，站立不稳，突然倒地死亡。继发性瘤胃臌气，病状时好时坏。

慢性瘤胃臌气（经常反复发生），大多数是某些疾病的一种症候表现，常因慢性创伤性网胃炎，前胃内有毛球及其他异物等而引起。其他如皱胃炎、慢性肠炎、慢性前胃弛缓、纵隔淋巴结结核病、消化器官或附近组织的肿瘤等也能引发此病。

3. 治疗

治疗原则是促进瘤胃排气、缓泻止酵、解毒补液、恢复瘤胃功能。继发性的则要首先消除病因。

(1) 排气减压。促进瘤胃气体排出，如牵引作上坡运动、插入胃管排气、瘤胃穿刺放气。把导管经食管插入瘤胃，使气体由导管排出。要掌握排气速度，切忌放气速度太快。也可用套管针头排气。在腹部左侧隆起最高处，剪毛、消毒，将套管针刺入瘤胃后再取出套管针针芯，气体由套管排出，缓慢排气，排气过快会发生死牛现象。放气后 0.5 h 可口服或从套管针注入止酵药物。当呼吸极度困难，情况紧急时，可从套管针向瘤胃内注射来苏儿或甲醛 20～30 mL（加水适量），以制止继续发酵产气。为促进瘤胃内游离气体排出，可用植物油 250 mL 内服。病情较轻时，用木棒消气法可获得较好的治疗效果。具体方法是，用 1 根木棒（长 30 cm），压在牛的口腔内，木棒两端露出口角，两侧用细绳拴在牛角上，并在木棒上涂抹食盐之类有味的东西，利用牛张口、舔木棒动作，帮助胃内气体逐渐排出。

某些瘤胃臌气病畜（常见于突然大量采食紫花苜蓿等青嫩豆科牧草），瘤胃内发酵分解产生的小气泡常附着在草渣上，不浮升到瘤胃上部融合成大的臌气层，造成所谓泡沫性瘤胃臌气，对这种臌气类型作瘤胃穿刺放气，治疗效果不大，消泡剂（聚合甲基硅油）30～60 片或 2% 二甲基硅煤油溶液 150～200 mL 或二甲基硅油 20～25 g（加水适量），灌服。

(2) 制止发酵产气。

①常用药物如来苏儿或克辽林（10～25 mL），溶于 200～1 000 mL 水中，一次内服。②用鱼石脂 15～20 g、酒精 50 mL、松节油 30～60 mL 加水 500 mL，混匀后一次灌服，对泡沫性和非泡沫性臌胀都有良好疗效。

(3) 缓泻。要内容物加速排泄，灌服泻剂。硫酸镁 500～800 g 或人工盐 500～800 g 或液体石蜡油 1 000～2 000 mL，松节油 30～40 mL，加水适量，1 次灌服。

(4) 兴奋瘤胃神经机能，强心补液，具体治疗可参考前胃弛缓。

4. 预防措施

①避免在清晨的露水或下霜牧草地放牧，防止牲畜短时间内过多地采食青嫩豆科草及薯块、甜菜等块茎饲料，杜绝饲喂发霉腐败饲料。②切实做好牛的饲料配合与搅拌均匀，饲料配方不轻易变更，如果要更换饲料，应有 5 d 左右的适应期和缓冲期。③采用野草喂牛，要检查

有无毒草，如野草毒芹、毛茛等。防止用霉烂变质饲料喂牛。④饲养管理制度化，并防止牛逃出围栏偷吃而发病。总之制订正确的饲养制度、饲料的配合是预防本病的关键。

11.3.5 瘤胃积食

瘤胃积食指采食大量难消化或瘤胃积滞大量的饲料，引起瘤胃壁扩张，体积增大，神经麻痹，使瘤胃运动机能障碍所致，是瘤胃正常生理机能紊乱的一种疾病，称为瘤胃积食。

1. 病因

①过食是主要原因，特别是饥饿后大量采食。②饲喂精料及糟粕类饲料过多，同时粗饲料过少而在瘤胃积存过多所致；采食过多的干硬易臌胀的饲料（如豌豆、豆饼、大麦），或饲料品质低劣不易消化，特别是低劣的粗藤类饲料。③饲料突然变更，由低劣而变优质，牛贪食、过食所致。④饲料保管不严，如偷吃黄豆之类。⑤牛过肥，全身张力下降所致。⑥毒草、霉败饲料和农药中毒也可引起继发性瘤胃积食。

2. 症状

①食欲废绝、反刍完全停止；②牛鼻镜无水珠（干燥），腹痛不安（回头望腹、后肢踢腹、摇尾弓背）；③腹围增大，左侧部尤为明显；④排粪次数增加，排粪数量减少；⑤触摸瘤胃时可感到瘤胃坚实，听诊瘤胃时瘤胃蠕动音减弱，次数减少，严重时瘤胃停止蠕动；⑥呼吸困难。

轻度积食时，心跳、呼吸、体温等无明显变化，通常仅表现为食欲减少，反刍次数减少，不舐鼻，流涎。腹围增大（左肷窝部突出最为明显），左肷窝触诊则有充满捏粉状或坚硬状的感觉。听疹时瘤胃蠕动音减弱或消失。病初期不断努责，频频排泄少量软粪，后期排粪减少或停止。少数病畜还有轻度腹痛症候。严重积食时，特别是伴发臌气腹压过大时，还表现出食欲废绝，反刍停止，呼吸困难，心跳急速，黏膜发绀，皮温降低，步样蹒跚或卧地不起，张口呼吸，体温下降，这些都是病危的征象。

如经常发生积食，并有时伴发臌气，食欲时好时差，劳役（或运动）能力降低，逐渐消瘦，应考虑这种慢性瘤胃积食，可能继发于慢性创伤性网胃炎、慢性皱胃炎等疾病。

3. 治疗方法

瘤胃积食的治疗原则：主要是排除胃内容物，其次是促进瘤胃运动机能的恢复。

饥饿疗法：用于治疗病情较轻的病牛，在发现牛病后，停止喂精饲料 1～2 d，但饮水供应要充足，好转后限量饲喂优质干草、青贮饲料和鲜草。

轻症的可按摩瘤胃 10～20 min，1～2 h 1 次，结合灌服温水更好。重症的可用：①温水（或 4%的碳酸氢钠溶液）反复洗胃；②灌服泻剂用硫酸钠或硫酸镁 500～1 000 g，溶解于水，配制成 10%的溶液，加鱼石脂 15～20 g，一次灌服。或用石蜡油 1 000～1 500 mL 或蓖麻油 500～1 000 mL，一次灌服。用过泻药后，给牛补充生理盐水 5 000 mL 和适量 5%葡萄糖生理盐水。

兴奋瘤胃蠕动。如瘤胃内容物已经泻下，牛的食欲仍不见好转，可用番木鳖酊 20 mL、苦味酊 80 mL 加水适量，一次内服；或用酒石酸锑钾 8～10 g，溶于水，每日灌服 1 次，连用 2～3 d。其他症状要对症治疗，如强心补液，预防酸中毒，健胃等。重症顽固性的积食，经上述措施无效时，可尽快实施瘤胃切开术，取出瘤胃内容物。

4. 预防措施

建立合理的劳役(运动)和饲喂制度,制订正确合理的饲料配合比例,预防过食。防止肉牛在较长时间内吃不到饲料,饥饿后暴食,在短时间内饲料采食过量,造成瘤胃积食;配合饲料的变更要逐渐完成,突然变更饲料配方,易引起肉牛在短时间内饲料采食过量,造成瘤胃积食;防止肉牛出栏偷吃精饲料等。

11.3.6 瘤胃酸中毒

瘤胃酸中毒是由于过食含有丰富的碳水化合物类的饲料,瘤胃内产生大量发酵产物,形成乳酸等酸类积聚,引起前胃机能障碍为主征的疾病。临床上以起病突然,病程短急,全身症状重剧,死亡率高为特征。

1. 病因

精料饲喂量过多,粗细比例不当或肉牛偷食大量谷物类饲料或粗饲料品质差;因瘤胃弛缓、瘤胃积食等疾病而继发。

2. 症状

急性者常无明显的临床症状,于采食后几小时突然死亡。症状稍轻者,食欲废绝、精神狂躁,甚至攻击人畜现象发生,后期逐渐发展为沉郁、后肢麻痹,卧地不起,角弓反张,眼球震颤,脱水,乃至昏迷而死,腹泻的牛排出黏性粪便,无尿或少尿,有的瘫痪卧地,体温多正常,高乳酸血症,红细胞压积、白细胞总数、嗜中性白细胞、血钠、血尿素氮、球蛋白、总蛋白均升高。

3. 治疗

治疗原则:制止瘤胃继续发酵产生乳酸,缓解酸中毒,提高肝脏解毒能力,促进胃肠道消化功能的恢复。

治疗:用1%的氯化钠或碳酸氢钠液体反复洗胃,直到碱性为止;根据血浆中二氧化碳结合力,确定静脉注射5%的碳酸氢钠用量;为解除机体脱水,可用生理盐水、5%葡萄糖生理盐水等,每天4 000~10 000 mL,分2次静脉注射;如发病急,每100 kg体重可先用5%碳酸氢钠液体100 mL,输液速度要快(但要注意观察心肺功能);若脉搏110~130次/min,胃内容物的pH值4以下时,应立即进行瘤胃切开术,取出内容物,移入健康牛的胃内容物或胃液10~20 L(一般牛的前胃病治愈后仍不反刍时,均可采用灌服健康牛瘤胃液的方法),注意术后护理,以促进恢复健康。

11.3.7 创伤性网胃(心包)炎

反刍动物误食尖锐异物(主要是金属),进入网胃内,损伤网胃壁而引起的炎症。临床上以顽固的前胃弛缓症状和触压网胃表现明显疼痛为特征。本病是牛淘汰的主要原因之一。

1. 病因

因牛的采食是较粗糙的,混入饲料中的铁丝、铁钉、玻璃片等尖锐异物进入网胃并沉底,以后随瘤胃、网胃蠕动被刺伤或刺穿网胃壁引起炎症。穿孔向前刺伤膈肌,称为创伤性网胃—膈肌炎。再向前刺入心包,称为创伤性网胃心包炎。其他比较少见的还有刺伤肺、肝、脾等,引起相应的器官炎症。

2. 症状

病牛表现为顽固性的前胃弛缓，食欲减退或废绝，反刍减少或停止，瘤胃臌气，病牛起卧动作谨慎，卧地时常头颈伸直，站立时常肘部外展，肘肌发抖。如是创伤性心包炎，牛不愿意走下坡路，若异物向后刺，则不愿走上坡路。个别牛会出现反复的剧烈呕吐，甚至从鼻腔中“喷粪”的现象。多数病牛体温中度偏高 1～1.5℃（稽留热型），出现浅表的胸式呼吸，心跳加快。血象检查表现白细胞升高，核左移。本病转为慢性时，其特征是逐渐消瘦，食欲减少、反刍少而缓慢，经常发生慢性瘤胃食滞、臌气、前胃弛缓，消化不良性腹泻等。

3. 治疗

目前尚无特别有效的疗法。主要措施是加强预防，加强饲养管理，清除饲料中异物。

(1) 保守疗法。禁食数天，垫高前躯所站的位置，安静休息。内服无刺激兴奋作用的缓泻药（如液体石蜡），静脉注射葡萄糖等营养药，应用抗生素、磺胺药物消除炎症。急性发病时采取保守疗法，经 5～7 d 部分能恢复（注意可因再次刺伤发病而加重）；网胃和膈肌部分粘连时可转为慢性，它往往引起慢性前胃消化紊乱、逐渐消瘦、病畜生产性能下降，被迫淘汰。

(2) 行瘤胃切开手术，经瘤胃到网胃取出异物。

预防本病发生在于精心饲养，有条件者实行铡草、过电筛、过水池、除去异物；投放磁铁（瘤胃取铁）预防；对症处理，如减少瘤胃臌气、实施抗菌消炎处理，严禁饲养员及其他人员在牛舍中做针线活。

11.3.8 瓣胃阻塞

由于前胃机能障碍，瓣胃收缩力减弱，内容物滞留干涸而发生阻塞疾病。临床上以前胃弛缓、瓣胃听诊蠕动音减弱或消逝，触诊疼痛，粪便干小色暗为特征。多发于冬、春季节。

1. 病因

长期饲喂粗硬含粗纤维多的、带泥沙不洁的糟、糠、经霜冻的饲料，长期饲喂刺激性小或无刺激性的饲料，前胃蠕动减缓，饮水量长期不足而导致瓣胃秘结而阻塞。继发于前胃弛缓、瘤胃积食、真（皱）胃阻塞、扭转等病的过程中。

2. 症状

本病发病过程较为缓慢，常空咀嚼，磨牙，食欲减少直至废绝，排粪数量少而干、色暗，呈算盘珠状，粪的表面有白色黏液。最有意义的诊断是在病牛右侧 8～9 肋间的肩关节水平线处听诊，其瓣胃蠕动消失，而且 7～9 肋间叩诊其浊音区扩大并有疼痛表现。后期发生自体中毒，体温升高，呼吸脉搏增数等全身症状。

3. 治疗

治疗原则：恢复瓣胃蠕动功能，软化干硬内容物并促使其排出。

治疗：用液体石蜡或蓖麻油内服以及浓盐水、葡萄糖液、安钠咖静脉注射。也可往瓣胃内注射硫酸镁液，液体石蜡、鱼石脂。①瓣胃注入泻剂疗法，于肉牛右侧第九肋间与肩胛骨前端水平线交叉点，经剪毛消毒后，针尖垂直刺入肋间肌后，斜向对侧肘突刺入 6～12 cm（先注入生理盐水，回抽有草渣时，证明部位和深度正确），用硫酸钠（或硫酸镁）300～500 g 溶于 1 500～2 000 mL 水，一次性注入。②硫酸钠 500～800 g 或液体石蜡油 1 000～1 500 mL、鱼石脂 20 g，加水 10 000 mL，一次灌服（或瓣胃注射）。同时应注意补充体液及对症治疗：5%葡萄糖生理盐水 1 500～2 000 mL，10％安钠咖 20 mL，40％乌洛托品 50 mL，一次静脉注射。③手术治疗。当前述办法不能治愈时，可切开瘤胃或皱胃，取出瓣胃的食物，再用生理盐水冲洗瓣胃，注意术后护理。

4. 预防

加强饲养管理，制定正确的饲养管理制度，减少坚硬的粗饲料，避免长期饲喂单纯的麸皮、糟渣等饲料，给予充足的饮水，如能每天饲喂些青草或青贮饲料，更能有效预防本病的发生。

11.3.9 皱胃阻塞（食滞）

主要是迷走神经调节机能紊乱，皱胃内容物积滞，形成阻塞。多发于黄牛。

1. 病因

皱胃阻塞的发病率较低，但在某些地区或某些季节发病率较高，由于常不被重视以及诊断和治疗都有一定困难，所以死亡极高。本病主要见于黄牛、肉牛，水牛、乳牛很少发生。饲料品质低劣、缺乏青饲料，大量饲喂粉末状或糊状饲料，长途运输、惊吓等应激和毛球、塑料、布头等原因常可促进发病。犊牛由于消化不良，奶酪蛋白可形成坚韧的乳凝块，引起皱胃阻塞。

2. 症状

食欲、反刍减退或完全消失，具有前胃弛缓、轻度臌气、食滞的症候表现，频繁地出现排粪姿势，有时仅能排出少量混杂有黏液的棕色粪便，沿右肋弓的腹部，可见局限性的臌隆，触诊或叩诊常呈现出敏感疼痛。体温一般无变化，少数病例由于继发皱胃炎，故体温升高。随着病情发展，病畜精神高度沉郁，全身虚弱，心力衰竭，卧地不起。

3. 治疗

治疗原则：促进胃内容物排除，防止脱水和自体中毒。

治疗：发病的初期皱胃蠕动音未完全消失时，可用 25％硫酸镁溶液 500～1 000 mL、乳酸 10～20 mL，或生理盐水 1 000～2 000 mL，将药液直接注入皱胃。操作方法及部位：右侧 12～13 肋骨下缘，针刺入皮肤后，斜向对侧肘突刺入 7～8 cm，如有坚实感，表明已刺入皱胃，先注入生理盐水 50 mL，立即抽吸出来，如其中混有草渣，pH 值 1～4，则证明诊断和部位无误，然后再注入泻药并对症治疗；也可用硫酸钠或硫酸镁 500～800 g，加温水 2 000～4 000 mL，一次内服；或用胃蛋白酶 80 g、稀盐酸 40 mL、陈皮酊 40 mL、番木鳖酊 20 mL，一次内服，1 次/d，连用 3 d；补液解毒，用 5％葡萄糖液 500～1 000 mL，20％安钠咖 20 mL，静脉注射，2 次/d；另外还可静脉注射 5％碳酸氢钠和维生素 C，以缓解酸中毒等症状，提高治愈率。严重的皱胃阻塞，药物治疗无效时，应及时实施手术治疗。

11.3.10 真（皱）胃变位

皱胃正常解剖学位置的改变，称为皱胃变位。本病发病率较低，但死亡率极高，常见有 2 种变位形式，即皱胃左方变位（转移到瘤胃的左侧或左下侧位置）和皱胃扭转（处于腹底正中线偏右的扭转变位，常在肝脏与腹壁之间，也称右方变位）。该病多发生在卧地翻滚、分娩前后。

1. 病因

母牛妊娠期间由于膨大的子宫从腹底将瘤胃抬高并将真胃向左前方推移到瘤胃左侧下

方，分娩后，重力突然解除，瘤胃下沉，而真胃不能立即恢复原位，导致该病发生；饱食后打滚等。原因归于皱胃弛缓和皱胃的运动，主要是分娩前过食高蛋白精料引起胃酸过多及代谢紊乱，胃壁弛缓加之充有气体，使皱胃具有较强的游走性。

2. 症状

病牛食欲减少及胃肠蠕动减退或消失、消化紊乱、粪少呈糊状，显著的特征是酮尿，拒吃精料和多汁料，但尚能吃些干草；粪便量少，稀糊状或便秘。随着病程延长，病牛多表现消瘦、脱水、产奶量下降；小便检查呈中度或重度酮尿，右侧肷窝下陷，左侧腹部第11肋弓下方膨大，听诊时有钢管音。右方变位时，突然发生腹痛、不安、呻吟、踢腹等重剧的临床表现。直检可发现瘤胃背囊向正中移位，而右侧空而无压力。

3. 治疗

保守疗法：强心补液，维持体液和电解质平衡。本病应由兽医以外科手术治疗，可治愈。药物没有多大效力，但有一定的缓解作用。翻转体位法，或60°摇晃，翻转前需要进行直肠检查，确定变位性质后，再确定翻转方向，方可实施，但初学者成功率不太高。

11.3.11 胃肠炎

分原发性胃肠炎与继发性胃肠炎。

1. 病因

原发性是由饲料质量不好（草料腐败、发霉、变质、带泥沙与霜冻等）伤害胃肠黏膜所致。还有饲养管理不当，如饲料变化突然、饥饱不均，饲喂方式打乱等，致使消化机能紊乱，消化液分泌减少，胃肠内异常发酵。继发性者多见于前胃弛缓、创伤性网胃炎、子宫炎、乳房炎等。

2. 症状

持续腹泻、精神委顿、食欲不振、体温升高、肠蠕动音亢进、粪便臭或腥臭。病的后期肛门松弛，排粪失禁或里急后重，机体脱水，四肢无力，起立困难，呈酸中毒症状。

3. 治疗

药物治疗：首先考虑用抗菌消炎药，掌握缓泻和止泻的时机，作好补液、解毒、保护心脏机能。无论什么性质的腹泻，都应首先考虑电解质和体液的补充，如市售“口服补液盐”。

缓泻与止泻：粪便恶臭时，用人工盐缓泻；当粪便臭味显著减轻却仍然腹泻不止时，应及时采取措施止泻，止泻收敛药如鞣酸蛋白、次碳酸铋及活性炭等。

补液与强心：患畜腹泻时，机体一般都脱水严重，应及时补充等渗的液体，如静脉注射5%葡萄糖生理盐水、生理盐水等，同时使用安钠咖或樟脑磺酸钠。但考虑需要补液太多，临床上大量静脉输液，需要的液体量太大，成本也较高，因此，在生产实践中，我们可以用口服补液盐内服或灌肠，每次3 000～5 000 mL，隔4～6 h一次（口服补液盐的配方为：氯化钠3.5 g、氯化钾1.5 g、碳酸氢钠2.5 g、葡萄糖粉20 g加饮用水1 000 mL即可。在临床上，一般情况下，无论什么原因引起的腹泻都会导致电解质和体液的丢失，除了采取其他治疗措施外，必须重点考虑电解质和体液及时有效地得到补充，这一措施应用及时有效与否，往往关系到治疗的成败）。

抗菌消炎：应用庆大霉素、磺胺咪等及磺胺增效剂（甲氧苄氨嘧啶）等，用磺胺咪治疗时，首次用量应加倍，然后的用量为首次的1/2（即正常用量），2次/d，连用5～7 d，效果良好（反刍动物应用抗生素，一般采取注射治疗，以避免因口服不当，在前胃内将正常参与生物消化的微生物杀死，引起继发性的消化紊乱，但当注射其他抗生素疗效不佳时，也可采用内服方式，待腹泻得到有效控制后，可灌服健康牛瘤胃液等办法，以恢复其正常的消化吸收功能）。由于引起腹泻的致病因素多，除消化因素（常为非感染性）引起的腹泻外，其他腹泻都应进行药敏实验或细菌分离培养，鉴定病原微生物种类后，有针对性地选择抗生素进行治疗，以免滥用抗生素。

防治酸中毒：静脉注射等渗葡萄糖液、复方氯化钠液和5%碳酸氢钠液。重症肠炎腹泻时，应在输液中增加氯化钾溶液并缓慢静注（补充钾离子）。其他对症治疗如中枢神经兴奋药和强心药安钠咖、尼可刹米等治疗。

4. 预防

经常检查饲草料，发现霉变、酸败、变质情况不可用于饲喂；圈舍清洁干燥，饮水卫生充足，定时定量饲喂；防止空腹大量地饮水（尤其防止在冬季喝大量凉水，这常可引起肠痉挛）。在用药物治疗时，注意坚持满疗程的治疗，切忌稍有好转就停药或频繁更换治疗用药物。

11.3.12 牛肠便秘

反刍动物的肠便秘，是由于肠道的蠕动减少、弛缓而导致的粪便积滞，所引起的腹痛性疾病。临床上以排粪障碍和腹痛为特征。役用牛多发，年龄较大牛发病率高，育肥牛及乳牛也有发生。便秘多发于牛的结肠，有的在小肠。阻塞物以纤维性的球状物或粪球较多。

1. 病因

饲喂大量劣质的粗纤维性饲草，如甘薯藤、花生藤、麦秸、玉米秸及豆秸等引起，这些粗饲草长期饲喂时更易发生。肉牛及乳牛等牛的便秘，则多因长期饲喂大量过精过细的精料，使牛的胃肠道负担过重而发病。过多运动、劳役过重、饮水不足或运动不足、牙齿磨灭不整齐及长期消化不良等，也容易引发本病。

2. 症状

消化系统表现为：患牛食欲减退，甚至废绝，口腔干燥带有臭味。鼻镜干燥，反刍停止。肠音减弱或消失，排粪停止或排出胶冻样黏液，有的牛粪便内混有血液。初期病牛腹痛较轻，牛表现为呻吟、磨牙、拱腰、摇尾，常有排粪姿势但不能排出，回顾腹部和用后肢踢腹，两后肢交替踏地。牛时起时卧，卧地后头颈伏于地面，两后肢伸直。少数牛腹痛剧烈（多见于小肠便秘），两后肢常呈下蹲姿势，肘后、股前甚至全身肌肉震颤，或卧地不起，四肢不断划动，呈游泳状。如该病已处于晚期，患牛腹痛减轻或消失，精神沉郁，卧地不愿动。全身表现为：初期体温、呼吸及心率多为正常。如有伴发腹膜炎、肠炎的病牛，体温升高，可视黏膜充血。病的后期，体温下降、呼吸急促、心率增数、两眼无神或紧闭，常因自身脱水、毒血症及休克所致而死亡。直肠检查：多数患牛肛门紧缩，直肠内空虚、干燥，有的牛还有胶冻样黏液，有时可在直肠检查时摸到有一定硬度的粪块或粪球。

3. 诊断

按病史、腹痛、排粪状况及直肠检查的情况，可作出初步诊断。但应与瓣胃阻塞和真胃积食区别，必要时可实施剖腹探查。

4. 治疗

治疗原则：围绕疏通肠道，除去病因，解除肠道松弛的方法进行治疗。

治疗：患病初期，可内服泻剂和皮下注射拟胆碱药物。灌服泻剂用量、方法与前述前胃病相同。皮下注射氨甲酰胆碱、新斯的明等，也可静脉注射浓盐水 300～500 mL。结肠便秘，还可以用温肥皂水 15 000～30 000 mL 进行深部灌肠。病畜脱水时，需要进行大输液，每天补充 4 000～6 000 mL，重症病例可静脉注射 8 000～10 000 mL，输液的同时，最好在液体中加入 1%的氯化钾液 100～200 mL。经过上述措施治疗后，仍不见好转而全身症状严重的，可施行腹壁切开术（在右侧腹部），开腹进行按压，并注意术后护理。

11.3.13 牛肠痉挛

牛（含其他反刍动物）肠痉挛是一种急性腹痛疾病。临床上以腹痛、肠蠕动音增强和频繁排出粪便为特征。

1. 病因

主要是寒冷刺激所致，如出汗后被雨淋湿，寒风刺激，风雪侵袭，气温突变，采食霜冻、腐烂变质饲草料，劳役和运动后暴饮大量凉水，肠道寄生虫等因素。

2. 症状

一般在采食或饮水 1～2 h 后，突然出现腹痛不安，后肢频频弯曲，甚至用后肢踢腹，不断排粪，初期粪便形状正常，然后逐渐变稀或呈水样，粪便的数量也渐渐变少。瘤胃蠕动时发出"咕噜"声，触诊瘤胃时，能感到其内容物柔软，眼结膜和口腔黏膜潮红。体温、脉搏及呼吸无明显变化。直肠检查时，肠内有稀便，肠管有空虚感且腹压不高。个别病程较长的患牛，粪便中的黏液量增多。

3. 诊断

根据病史、临床症状和直肠检查，一般可以作出诊断。

4. 治疗

本病通常容易治愈，有的病例，只要暂时限制牛的饮食，可不治而愈。治疗原则是：腹部保温，镇痛解痉。用颠茄酊 40～60 mL，加温水适量，一次内服，或用温水作深部灌肠。镇痛解痉，用 30%的安乃近 30～50 mL，作皮下或肌肉注射，或安溴注射液 200～300 mL，静脉注射；也可皮下注射阿托品 0.25～0.5 g，或氯丙嗪 0.1～0.15 g。对症治疗，脱水时需要补液，有肠炎，除了补液外，还要抗菌消炎（按肠炎进行治疗）。

11.3.14 牛前胃及皱胃疾病的诊断要领

牛的前胃，解剖关系密切，机能比较复杂，生理情况下互相协调，而在病理状况时又互为因果，相互影响，使临床症状变得复杂。前胃病的发生，既有一定的共同症状，又有各自的特点，给准确的诊断带来一定难度。因此，首先要根据前胃病的共同症状来确定是否属于前胃病，然后根据前胃的各自特点，确定是哪一种前胃发病，是何种疾病。最后，还要依据引起前胃病的原因和治疗效果，找出致病原因（是原发性的前胃病还是继发性所致）。

1. 判断是否属于前胃病

牛的前胃病一般都有以下的共同症状：饮食欲减退，严重时食欲废绝；反刍减少、缓慢、无力或停止；嗳气一般减少或停止；鼻镜呈不同程度的干燥，甚至龟裂；口温多偏高，口色发红或带黄;瘤胃蠕动音减弱或消失,瘤胃内容物多为黏硬,或有多量气体;网胃、瓣胃蠕动音减弱或消失。

2. 判断哪一种前胃病

①当病牛出现共同症状而腹围增大时,先要考虑瘤胃臌胀或瘤胃积食。如左侧肷窝部明显突出,有的甚至高出脊背,有采食较多易发酵饲料的病史,发病迅速,是急性瘤胃臌胀;如瘤胃臌胀反复发作,病程较长,发病也较为缓慢,这应属于继发性瘤胃臌胀,要进一步分析致病因素。②如果瘤胃比较膨大,肷窝也较平坦,触诊瘤胃时其内容物量多,并有黏硬或坚实感,是瘤胃积食。③病牛虽然有共同症状,但往往腹围不大,要考虑前胃弛缓、创伤性网胃炎或瓣胃阻塞,应进一步根据对瘤胃、网胃及瓣胃听诊、触诊的结果加以鉴别。如果触诊瘤胃内容物稀软无力,或有黏硬感,反刍缓慢,嗳气减少,食欲减退等则多是前胃弛缓。④如病牛有前胃弛缓症状的同时,触诊网胃区表现有疼痛不安,病牛经常取前高后低的姿势,上坡能灵活自如,却不愿走下坡路等症状,即可确诊为创伤性网胃炎。如有体温升高,脉搏增数,静脉怒张,叩诊或触诊心区有疼痛反应,听诊时,有心包摩擦音或拍水音,可确诊为创伤性网胃心包炎。⑤若患牛在出现前胃弛缓症状的同时,瓣胃听诊其蠕动音消失,伴有鼻镜干燥甚至龟裂,排粪次数减少或停止,粪便干小成球,或呈算盘珠状,有时带有黏膜,为瓣胃阻塞。⑥如在采食谷物类饲料后突然发病,全身症状较重,触诊瘤胃时多可听到震水声,排稀软粪便或水泻,应诊断为瘤胃酸中毒。

3. 判断致病原因

前胃疾病,尤其是前胃弛缓,可能是一种单独的疾病,也可能是某种疾病所反映出的一个症状,所以,必须认真分析。在一般情况下,除去病因,对症治疗,病牛很快能够治愈,是原发性的前胃病;如果对症治疗,效果不大,则应是继发性的前胃病。常易与原发性前胃病混淆的疾病有酮血病、肝片吸虫病、牛梨形虫病和血吸虫病等,鉴别方法是:牛酮血病,呼出气体带有酮臭味,尿中酮体增多,有时出现神经症状,酮血病病因是日粮中蛋白质和脂肪含量高而碳水化合物(如青绿饲草、干草及玉米等)不足,母牛易发,在治疗时应考虑日粮组成是否恰当;肝片吸虫病,常可出现肉垂浮肿,粪便中可检出肝片吸虫卵;牛梨形虫病,多在炎热季节发病,血液和淋巴结穿刺液涂片镜检时,可检出梨形虫;牛血吸虫病,该病有地域性,粪便中可检出血吸虫卵。

4. 皱胃病的诊断要点

病牛出现前胃弛缓症状的同时,排糊状或黑色稀软粪便的,除了认真检查前胃情况外,还要重点检查皱胃有无变化,如果右季肋部腹壁突出,腹壁触诊有波动感,而直肠检查时,摸到皱胃内容物有黏硬感的,应该是皱胃阻塞。如有上述症状出现的同时,突然出现腹痛,心率加速,全身症状急剧加重时,则可能是皱胃扭转(也称真胃右方变位)。如果右季肋部空虚,而左季肋部腹壁突出,在该区域听诊时,可听到短促的金属音及流水声,这可能是皱胃左方变位。如果触诊右侧皱胃区,病牛表现为明显的疼痛反应,则可诊断为皱胃炎。患牛消化机能严重障碍,粪便中有血液,呈黏稠的油状物时,可能是皱胃溃疡病。

牛的前胃(或肠道)发生疾病后,瘤胃内往往产生腐败发酵、产酸、产气,使瘤胃内的小环境发生改变,往往导致瘤胃内的纤毛虫等进行生物消化的有益微生物活力降低,甚至死亡,导致生物消化功能降低或丧失,在治疗过程中应加强牛的营养,病因除去(或临床治愈)后也常有不反刍的现象发生,消化机能差等症状,因此,建议在治疗时,应用一些促进反刍的药物,给病牛灌服健康牛的瘤胃液 10~20 L(该液体温热为好,并在瘤胃液中加适量的 5%葡萄糖生理盐水，以增强微生物的活力），以重新建立牛瘤胃内参与生物消化的微生物菌群系统，以使患牛早日恢复消化吸收功能。

11.3.15 感冒

感冒是由于寒冷作用引起的，以上呼吸道黏膜炎症为主症的急性全身性疾病。临床特征是体温升高，咳嗽和流鼻液。是呼吸系统的最多发病，早春、晚秋和气候多变时易发，幼畜较成年的发病率高，症状重。

1. 病因

本病最常见的原因是寒冷刺激，多见于寒夜露宿、久卧凉地、贼风侵袭，突然改变饲养环境，遭遇雨雪等，使机体抵抗力下降导致上呼吸道黏膜正常的防御机能减退，呼吸道内常在微生物大量繁殖或外界病原微生物侵入而引发本病。此外，长途运输、过劳及营养不良等，可促进本病的发生。

2. 症状

本病常在遭遇寒冷作用后突然发病，病牛精神沉郁，头低耳耷，眼无神半闭，食欲减退或废绝，皮温不整，有的病畜耳尖、鼻端发凉，有的皮温普遍升高，如伴有结膜炎时则有轻度肿胀或羞明、流泪，脉搏增数，体温升高到 39.5～40℃，或更高。咳嗽，呼吸困难，有水样鼻液流出。胸部听诊，肺泡呼吸音增强，有的可听到水泡音。心音增强，心跳加快。鼻镜干燥，行走无力，牛磨牙，反刍减少或停止，口色清白，舌红有白苔。病程较短，一般 2～6 d，如治疗及时容易治愈，治疗失时或护理不当，易继发支气管炎或其他疾病。

3. 诊断

从病史及临床症状可以确诊。

4. 治疗

应用解热药物，阿司匹林 10～25 g，或 30%安乃近液，或安痛定 20～40 mL，肌肉注射，1 次/d。为防止继发感染，配合使用抗生素或磺胺类药，效果更佳。

中药疗法：当外感风寒时，宜辛温解表，疏散风寒，用荆防败毒散，处方：荆芥 50 g，防风 50 g，羌活 40 g，独活 40 g，柴胡 40 g，枳壳 40 g，全部碾成粉末状，用开水冲，待温时灌服。

当外感风热时，应辛温解表，祛风清热，应用桑菊银翘散，处方：桑叶 50 g，菊花 40 g，金银花 35 g，薄荷 20 g，牛蒡子 30 g，生姜 50 g，甘草 20 g，共为末，开水冲，待温灌服。

11.3.16 牛支气管炎

牛支气管炎是支气管黏膜的炎症，临床上以咳嗽、胸部听诊有啰音为特征。按病程可分为急性支气管炎（又称急性支气管卡他）、慢性支气管炎；按炎症侵害部位不同又可分为大支气管炎、细支气管炎和弥漫性支气管炎。本病是畜禽的常发病，春秋季节、气温骤变时多见。

1. 病因

原发性急性支气管炎的原因，主要是寒冷刺激，物理性因素或化学因素的作用所致。寒冷刺激：气温突变，风雪袭击，贼风、圈舍寒冷潮湿，家畜出汗后遭遇风吹雨淋等，是本病的主要原因。寒冷刺激可降低机体的抵抗力，特别是呼吸道的防御机能降低，以呼吸道的常在菌，如肺炎球菌、链球菌、葡萄球菌、化脓杆菌等得以大量生长繁殖，或外源性微生物乘虚而入，呈现致病作用，引起急性支气管炎。物理性或化学性因素的作用：吸入粉末饲料、尘土、霉菌孢子、氨气煤烟等有毒有害气体，错误投药或其他异物（饲料、饮水、药物）误入气管内，均可刺激呼吸道黏膜，而引起吸入性急性肺炎。继发性急性支气管炎，常见于结核病、寄生虫病及中毒病等。

牛支气管炎有急性支气管炎，慢性支气管炎，急性大支气管炎，急性细支气管炎，腐败性支气管炎。

2. 诊断

本病的诊断依据主要是明显的咳嗽、听诊有干、湿啰音；有条件的可用 X 线检查，肺纹理增多、增粗、阴影变浓等。

3. 治疗

本病的治疗原则：注意护理，祛痰止咳，消除炎症。

护理：除去致病因素，注意圈舍的清洁通风，干燥保暖，喂柔软易消化的草料，勤饮温水，避免饲喂干粉料和不洁的草料，以减少对支气管黏膜的刺激。

祛痰止咳：病畜频发咳嗽，分泌物黏稠不易咳出时，可用溶解性祛痰药，氯化铵 15 g、杏仁水 35 mL、远志酊 30 mL 加温水 500 mL，一次内服；或碳酸氢钠 20～30 g、远志酊 30～40 mL 加水温 500 mL，一次内服；或人工盐 20～30 g、茴香末 50～100 g 加温水内服。咳嗽多伴有疼痛，但分泌物不多时，可选用镇痛止咳药，常用的有，复方樟脑酊 30～50 mL 内服，2～3 次/d；或磷酸可待因 0.2～2 g 内服，1～2 次/d。

消除炎症：可用青霉素 100 万～200 万 IU，或链霉素 100 万 IU，用 15～20 mL 注射用水稀释后进行气管内注射，每日一次，用 5～6 次为一个疗程；但最好采痰液进行药敏实验或分离培养，找到敏感药物或鉴定病原微生物后，有针对性地选择抗生素进行治疗。

如体温升高，全身症状较重时，为了防止呼吸道内细菌繁殖和并发症，控制继发感染，可应用抗生素（如红霉素等）或磺胺类药物；呼吸困难时，用氨茶碱肌肉注射 1～2 g，2 次/d，或 5% 麻黄素液 5～10 mL 皮下注射，有舒张支气管，缓解呼吸困难的作用，有条件的可吸入氧气。

中药疗法：本病在中医属于咳嗽范畴，急性支气管炎分为外感风寒和外感风热 2 型。当外感风寒时，应疏风散寒，宣肺化痰，用止咳散加减。

处方：桔梗 40 g，荆芥 30 g，紫苑 40 g，百部 40 g，白前 40 g，甘草 25 g，陈皮 30 g，防风 40 g，上述中药共同研成细末，用开水冲泡，待温时一次灌服。

当外感风热时，宜疏风清热，宣肺化痰，用桑菊银翘散。处方：桑叶 50 g，菊花 40 g，双花 35 g，连翘 35 g，杏仁 30 g，桔梗 30 g，甘草 20 g，薄荷 20 g，生姜 50 g，牛蒡子 30 g，共为细末，开水冲泡，待温一次灌服。

慢性支气管炎应补益肺气，止咳平喘，用补肺散。处方：党参 75 g，黄芪 100 g，五味子 50 g，紫苑 50 g，半夏 40 g，炙甘草 30 g，共为末，开水冲，待温服。

预防针对发病原因，加强饲养管理，提高抗病能力；避免机械和化学刺激，保护呼吸道的自然防御能力；严禁用发霉变质草料喂牛，不饲喂干燥的粉状饲料。

11.3.17 支气管肺炎

支气管肺炎是细支气管和肺泡浆液渗出及上皮细胞剥脱的炎症，也称卡他性肺炎，由于病变常从支气管或细支气管开始，逐渐蔓延到临近肺泡，引起一个或几个肺小叶的炎症，所以又称为小叶性肺炎。这种病变呈散在的灶状分布，随着病变的发展，小病灶可互相融合和扩大，即成融合性支气管炎。临床上呈现弛张热（24 h 内温差超过 1℃，但最低温度仍超过正常体温），听诊有捻发音和叩诊病灶浊音为特征。幼畜及老龄动物在气温多变地区和多变季节常有发生。本病的发生约占炎性肺病的 80%。

1. 病因

支气管肺炎的原因与支气管炎的基本相同，通常为支气管炎蔓延的结果。当感冒、空气污浊、通风不良、过劳及维生素缺乏等使呼吸道和全身抵抗力降低时，常由于细菌感染引发本病，一般是自身常在细菌和外来病原微生物侵入 2 种，常见的病原菌有绿脓杆菌、化脓杆菌、沙门氏菌、葡萄球菌、链球菌及霉菌等的感染所致。

吸入热空气、燃烟煤烟、刺激性气体及误咽等，有时可引起吸入性支气管肺炎。当心力衰竭、动物长期躺卧时，因肺部被动性充血所沉积性的肺炎；上呼吸道炎症的蔓延及某些化脓性疾病，如子宫内膜炎、乳房炎和创伤性网胃炎等，通过血液循环进入肺部而致病；继发于某些传染病或寄生虫病，如结核病、恶性卡他热、口蹄疫及肺线虫等。

2. 症状

除急性支气管炎症状外，牛多有呆立不动，前胃弛缓（母牛泌乳量减少），体温 39.5～41℃，脉搏、呼吸增数，鼻液呈浆液性，后变成黏稠，鼻液常被牛舔食而不易发现，病变部多在肩前区，临床检查应重点关注。

3. 诊断

病史通常有支气管炎症状，但全身症状逐渐加重；典型症状有，弛张热，胸部叩诊呈灶状（局限性）浊音，听诊有捻发音，肺泡呼吸音减弱或消失；当患细支气管肺炎，呼吸极度困难，常呈冲击式呼吸，体温升高，胸部叩诊音高，听诊肺泡呼吸音增强并伴有各种啰音，继发肺气肿时，肺部叩诊界扩大，呈过清音。

4. 治疗

治疗原则是消除炎症，祛痰止咳，制止渗出和促进炎性渗出物的吸收。

护理：与支气管炎相同，补充一些富含维生素的饲料，有条件的最好多喂青绿多汁的青草等。

消除炎症，临床上常用抗生素和磺胺类药物。常用的抗生素有青霉素、链霉素、红霉素等。磺胺有磺胺二甲基嘧啶等。一般病初可用青霉素 200 万～400 万 IU 肌肉注射，或与链霉素（200 万～300 万 IU）合并使用更有效（幼畜青霉素 200 万 IU/头次、链霉素 50 IU/头次），8～12 h/次；磺胺二甲基嘧啶静脉注射，按 0.07 g/kg 体重，2 次/d。也可用青霉素 300 万～500 万 IU，链霉素 400 万～600 万 IU，3%的盐酸鲁夫卡因 10～20 mL，蒸馏水 20～40 mL，一次气管内注射，1 次/d，用 2～4 次。

重症病例或对青霉素、链霉素产生耐药性时，应采用广谱抗生素，有条件的，最好采痰液或气管分泌物进行药敏实验或分离培养，找到敏感药物或鉴定病原微生物后，选择对该病原微生物敏感的抗生素进行治疗。

祛痰止咳用药方法参照支气管炎的治疗。

制止渗出和促进渗出物吸收：静脉注射 10%氯化钙（或葡萄糖酸钙）液 100～150 mL；配合使用维生素 C 20 mL 和利尿药。

对症治疗：当呼吸困难时，可用氨茶碱 1～2 g 肌肉注射，或氧气吸入；为增强心脏机能，改善血液循环，可应用安钠咖、樟脑磺酸钠等；理学疗法，用微波（红外线）等物理方法，促进吸收。

中药疗法：本病属于肺热咳嗽，宜清肺降火、祛痰止咳，用款冬花散，处方：款冬花 50 g，知母 40 g，贝母 40 g，马兜铃 30 g，桔梗 35 g，杏仁 30 g，双花 40 g，桑皮 35 g，黄药子 35 g，郁金 30 g；共为末，开水冲，待温灌服。鼻液量多时，加苍耳、细辛、枯矾；口腔干燥的，加天冬、麦冬、花粉；喉部肿胀的，加牛蒡子、玄参、射干、没药等。

预防与支气管炎相同。

11.3.18 牛呼吸系统疾病诊断小结

呼吸系统疾病比较复杂，因此，对呼吸器官的检查诊断，必须灵活运用相应的检查手段，如视诊（鼻液性质、咳嗽情况等），触诊（有无疼痛、肿胀等），叩诊（有无浊音及面积大小，小片浊音应该是支气管肺炎，大片可能是纤维素性肺炎或也称大叶性肺炎，水平浊音则胸膜炎或胸腔积液的可能性较大，叩诊有过清音及面积较大的则是肺气肿），听诊（有干啰音和水泡音是急性细支气管的可能性大，有广泛性水泡音或捻发音则多为肺水肿），嗅诊（呼出气体恶臭，鼻孔流出污秽不洁的鼻液则是腐败性支气管炎或坏疽性肺炎）；实验室检查（血或呼吸道分泌物等）；特殊检查（胸腔穿刺、内窥镜、X 射线及超声波等）。

在呼吸系统疾病的定位诊断上，一般应着重于呼吸困难的形式和程度，鼻液的性质，咳嗽的多少和轻重，全身症状的反应程度，喉部、气管的检查及胸部听诊、叩诊的变化，综合分析可大致判断疾病的部位。如果患畜仅有咳嗽、流鼻液，无呼吸困难或有轻度的吸气性呼吸困难，而胸部听诊和叩诊无变化或变化不大，则疾病应在上呼吸道；如果病畜主要表现为咳嗽多，流鼻液，胸部听诊有啰音，叩诊无浊音，而全身症状较轻，表明疾病在支气管；如果患畜呈混合性或呼气性呼吸困难，咳嗽、流鼻液，胸部听诊、叩诊都有变化，且全身症状较重的，疾病主要在肺部，应进一步检查体温、分泌物性质等，确定是炎性还是非炎性肺炎；如果病畜呼吸浅表而数频，腹式呼吸显著，无鼻液，有短咳，叩诊多有水平浊音，听诊常有摩擦音，表示疾病可能在胸膜（如胸膜炎、胸腔积液或传染性胸膜肺炎）。

11.3.19 牛中暑

中暑又称日射病或热射病，是因烈日暴晒、潮湿闷热，体热散发困难所引起的一种急性病。临床上以体温显著升高，循环衰竭和伴有一定神经症状为特征。我国长江以南地区，在 4～9 月份多发，长江以北地区易发于 6～8 月份，发病时间，以每日中午至下午 15:00 时多见。本病发展速度快，症状重剧，甚至迅速死亡。随着全球气温变暖，极端天气增多，因此应给予重视。

1. 病因

盛夏酷暑，阳光直射头部和躯体；气温高，湿度大，风速小，而使牛自身散热困难，是牛中暑的主要原因（或外因）。过重使役，长时间强烈驱赶，肌肉活动剧烈，代谢旺盛，产热过多，是中暑的内因。把牛从寒冷地区引入热带地区，缺乏耐热训练，心肺功能差，饮水不足，身体肥胖，皮肤卫生状况不良，是中暑发生的诱因。

2. 症状

常在酷暑盛夏季节突然发病。患牛张口、伸舌呼吸，在鼻孔可见流出泡沫样浆液性分泌物，行走时身体摇晃，步样不稳，突然停步于荫凉处，甚至驱赶也不会走开；口干舌燥，随着病情的发展，病牛卧地不起，体温升高，可达 41.5～42℃，呼吸数多达 80 次/min 以上，肺泡呼吸音粗粝，心跳急速且微弱，脉搏达 100 次/min；病初期体表汗多且湿而腻，后期皮肤干燥，灼热烫手。呼吸高度困难，食欲废绝，饮欲增加，精神多沉郁，少数有兴奋现象发生，眼结膜潮红，后期转为蓝色，早期瞳孔散大，后期缩小，高热昏迷，肌肉震颤，口吐白沫，黏膜发绀，痉挛死亡。

病程及预后，牛的中暑病程发展迅速，短的数小时，长的 1～2 d，发现及时治愈也快，否则往往会导致死亡。并发严重的脑出血时，一般会突然死亡。

3. 治疗

本病的治疗原则是：加强护理，促进降温，缓解心肺机能，纠正酸中毒，治疗脑水肿，预防继发性感染。

加强护理：停止长时间高强度劳役和驱赶，将病畜移至荫凉的树下或宽敞、通风、荫凉处，在室外或野外，如病牛已经倒地，可立即搭荫凉棚，避免阳光直射。

促进降温：可用物理降温或药物降温的方法，对中暑动物的效果比较明显。①物理降温法。多给清洁凉爽的饮用水，头部放置冰袋，冷水泼身，或用凉盐水灌肠，勤饮凉水。②药物降温法。牛（或马属动物）可肌肉注射氯丙嗪，按 1～2 mg/kg 体重，或用生理盐水稀释后静脉注射，以降低机体代谢率和耗氧量，使其产热量下降。但氯丙嗪会引起血压下降，而又会使病牛心率加快，因此，对昏迷动物用药时应慎重。当体温降至 39℃时，即可停止降温，以防体温过低，发生虚脱。

维护心肺功能：对伴发肺充血和肺水肿的患牛，先用强心类药物（如安钠咖等）后，可立即静脉泻血 1 000～2 000 mL（但应注意牛的大小和体质等情况而定泻血量），泻血后要即刻用生理盐水或复方生理盐水 2 000～3 000 mL，静脉注射。

纠正体内的代谢性酸中毒：可用 5%的碳酸氢钠液 500～1 000 mL，静脉注射。

治疗脑水肿：有呼吸不规则，两侧瞳孔大小不等和颅内压增高的症状时，可静脉注射 20%甘露醇液或 25%山梨醇 500～1 000 mL；或 25%～50%葡萄糖液 300～500 mL，静脉注射，每 4～6 h 注射一次，直到症状缓解。

对症治疗：对狂躁不安的病牛，可用水合氯醛灌肠，也可注射氯丙嗪或安溴等药物；对高血钾症的患牛，可补充钙离子来对抗钾离子对心肌的不良影响，可静脉注射 10%的葡萄糖酸钙液 200～300 mL。

预防措施：炎热季节，役用牛应早晚天气稍微凉爽进行，中午休息，使役时多休息勤饮水；厩舍应宽敞，通风良好；车船运输牲畜时，在凉爽时进行，不可过于拥挤；运动场应有遮阳棚，凉水冲洗牛体，保持牛体清洁，以利散热凉爽。北方的牛调入南方时，应有一个适应过程。

11.3.20 牛尿石症（尿结石）

尿结石发病率较高，是牛的一种常见病，因公牛其尿道长而又有“S”状弯曲，所以公牛多发此病。但本病仍无有效的预防和治疗方法。由于尿石对尿道黏膜的刺激，发生出血和炎症，从而是一种造成尿道不畅的疾病。

1. 病因

尿结石主要由于尿内形成异常的晶体或晶体聚集物所引起，这种异常的晶体尿是2种化学因素异常的结果。以钙结石为例，即是钙盐(草酸钙和磷酸钙等)的过度饱和及抑制物活性降低引起的饱和-抑制物活性失衡的结果。主要由于长期饲喂富含尿石成分的饲料和饮水，如富含硅酸盐的酒糟、糖渣，富含磷的麸皮以及硬度较高的饮水；饮水不足而致尿浓缩；维生素A缺乏；日粮中精料多，多汁青饲料少；使用某些药物(如磺胺类药物)；尿路炎症等引起。

2. 症状

早期或尿石较少时临诊症状较轻，但都出现频尿症状，多数患牛可见阴户下阴毛附着有微细灰白色颗粒，且呈串珠样分布；或于地面积尿中可见大小不一的灰白色颗粒。结石位于肾盂时，多见有血尿和肾性腹痛症状(可手压患牛背部肾区触诊)。病牛表现不安，头顶墙壁，姿势异常，弓背缩腹，后肢踢腹，两腿叉开，频频排尿，但排尿困难，没有尿液排出。

3. 诊断

可根据病史调查，多呈地方性，饲料单一，长期饮水不足及泌尿器管感染等。临床以排尿障碍、腹痛、公畜尿道外触诊阻塞局部膨大，尿中混有血液及细砂样物。尿道探诊可触及尿结石所在部位，直肠检查或X线透视或造影检查可确诊。

4. 治疗方法

本病无特效药物，只能手术摘除，但仅为急救手段，难以根治。

以利尿防腐消炎对症治疗。用25%葡萄糖500 mL加入速尿20 mL，10%葡萄糖1 500 mL依次加入40%乌洛托品40 mL，青霉素1 600万单位，维生素C 30 mL，静脉注射。

患牛腹痛严重时，肌肉注射盐酸氯丙嗪注射液，必要时可进行手术取出结石。

5. 预防措施

(1) 在饲料中添加阴离子盐产品，使尿液的pH值呈弱酸性，减少钙的结晶，也可饲喂NH_4Cl，10～20 g/d(发生肾病时慎用)或促进牛多饮水。

(2) 在日粮中添加适量维生素A，或肌肉注射维生素AD 5～10 mL，连用1～2周，若与阴离子盐或NH_4Cl并用，效果较好。

(3) 使日粮钙磷比例维持在(1.5∶1)～(2∶1)范围内，防止长期饲喂以富含钙或磷饲料为主要组成的日粮。

(4) 对引起结石的饲料如壳类(棉籽壳、麦颖壳、豆荚)、糟渣类(酒糟、糖渣)停喂或减少饲喂数量。

11.4 中毒性疾病的防治

我国幅员辽阔，牧区广大，有毒植物繁杂，使用农药、化肥的数量、范围及品种很多，饲草料的生产、加工、储藏和使用过程中均不同程度存在一定隐患，这就给动物养殖的安全提出了挑战，如何预防、控制和治疗中毒疾病，是我们不能忽视的一个重要工作。凡在一定条件下，有一定数量，经过一定途径，通过化学作用对动物机体呈现毒害影响，造成组织器官机能障碍、器质性病变乃至死亡的物质，称为毒物，由于毒物而引起的病理状态，称为中毒。毒物可分为内源性和外源性毒物2种，前者主要指机体代谢产物、体内细菌、病毒和寄生虫等的代谢产物；而后者是体外所形成或存在而进入机体的毒物，如植物毒、动物毒及矿物毒等，我们所称的中毒一般是指外源性毒物引起的中毒。

中毒的途径主要经消化道，其次是经皮肤和呼吸道等。

中毒的临床基本表现：①最急性中毒顿然起病，呼吸极度困难，全身抽搐，1 h左右死亡。如氢氰酸中毒和亚硝酸盐中毒。②起病突然，病程短急，多为数日内死亡。通常表现明显的神经症状，重剧的消化障碍，根据体温正常或稍低，呼吸迫促或困难，脉搏亢进等，如有机磷中毒等。③慢性中毒起病较慢，病程较长，一般表现为消瘦、贫血和消化障碍，如重金属中毒等。

11.4.1 中毒的一般诊断方法

1. 确定中毒应具备的特点

①在同等饲养管理条件下，同时或相继发病。②畜群具有相同的临床表现和相似的剖检变化，常以消化系统和神经系统症状尤为明显，平时健壮而食欲旺盛的，发病头数多，症状重。③有相同的发病原因，饲喂过同一种饲料或在同一个草场放牧。④病畜体温多不高，有的体温甚至下降，但并发症重的炎症或肌肉强烈痉挛时可能发热。⑤病畜与健康畜同圈饲养不发生传染。

2. 确定是何种中毒

①病史调查。了解草料的质量、种类、保管和加工调制情况，农药、化肥保管情况，饲喂霉变或有毒牧草等情况。②临床检查。中毒病畜必须进行全面临床检查，尤其是消化系统和神经系统的异常表现，如神经症状极其明显的，可能是有毒植物中毒；消化障碍十分重剧的，可能为矿物毒中毒；呼吸紊乱为主的，可能是氢氰酸中毒和亚硝酸盐中毒；皮肤症状为主的，可能是三叶草、马铃薯中毒。③剖检变化。一般消化道症状较明显，胃肠道黏膜充血、出血甚至坏死；肌肉和实质器官常见变性，血液凝固不良或不凝固，但如氢氰酸中毒，剖检变化不明显。④毒物化验。常可确定中毒性质的有效方法。应采集可疑草料、胃肠内容物、血液、肝脏、肾脏、膀胱及尿液等送检，但应注意，多数检验材料不应少于0.5 kg，包装用洁净干燥不透（渗）水、不漏气的容器，不同材料分别包装，口要封严，不渗不漏；材料要新鲜，附临床病例、剖检记录并提出化验目的。⑤动物实验：用可疑材料对实验动物或同种动物进行人工饲喂实验，观察其发病、临床表现和剖检变化（表11.3）。

表11.3 疑似中毒牛尸体剖检记录（送检）表

发病症状	治疗情况	死亡时间	剖检病理变化										病料采集部位及数量	保存方法	检验目的	送检单位	诊断结果
			心	肺	肝	脾	肾及膀胱	淋巴结	胃肠道	皮肤	神经系统	其他部位					

剖检（送检）单位：　　剖检技术人员：　　剖检日期：　年　月　日

11.4.2 中毒的一般急救措施和预防原则

发现牛中毒时应立即报告，积极组织抢救，调查原因，更换可疑草料和放牧地，停用可疑水源，以防止中毒继续发生和加重。

中毒救治的原则是：尽快促进毒物排除，针对毒物性质应用解毒药物，实施必要的全身治疗和对症治疗以及手术排除毒物。

1. 促进毒物排除，减少毒物吸收

①洗胃或催吐。食后 4～6 h，毒物仍在胃内，应洗胃或催吐，可用温水、生理盐水或温水加吸附剂（木炭粉 100～200 g），毒物明确时可加解毒剂，紧急时可行瘤胃切开术。②缓泻与灌肠。中毒发生时间长，大部分毒物已经进入肠道，用盐类泻剂加木炭末或灌淀粉浆，以减少吸收，牛肠道较长，以泻下为主，灌肠为辅。但应注意，盐类泻剂浓度掌握在 5%以下，升汞和盐类中毒不能用盐类泻剂，磷化锌和有机氯中毒不能用油类泻剂，重度脱水时不用盐类泻剂。③泻血与利尿。毒物吸收入血时，根据牛的体质，可泻血 1 000～3 000 mL，用利尿药、乌洛托品，以促进毒物排除。

2. 应用解毒剂

毒物性质不明之前，用通用解毒剂，毒物种类已经了解时，则采用一般解毒剂和特效解毒剂。①通用解毒剂。活性炭或木炭末 100 g、氧化镁 50 g、鞣酸 50 g，混匀后加水 500～1 000 mL 一次灌服，木炭能吸附大量生物碱、汞、砷等，氧化镁能中和酸性物质，鞣酸能中和碱性物质，生物碱、重金属等。②一般解毒剂。毒物在胃内尚未吸收时，包括中和解毒、沉淀解毒和氧化解毒。中和解毒酸性毒物类中毒用碱性药物解毒，如碳酸氢钠、石灰水等；碱类毒物中毒时用酸性药物，如稀盐酸、食醋等。沉淀解毒，生物碱以及铅、铜、锌、汞、砷等重金属及金属盐类中毒，可灌服鞣酸 20 g 或 10%蛋白水或牛乳 1 000～2 000 mL，使其生成不溶的化合物沉淀而不被吸收。氧化解毒，亚硝酸盐、氢氰酸和一些生物碱中毒时，可用 0.1%高锰酸钾液体 2 000～4 000 mL 洗胃、灌肠或内服。

3. 特效解毒剂

如有机磷中毒用解磷定，砷中毒用二巯基丙醇，亚硝酸盐中毒用美蓝液等。全身治疗及对症治疗，大量静脉注射复方氯化钠（但食盐中毒时则要少用）和高渗葡萄糖液体，可稀释和促进毒物排除，增强肝肾解毒功能；静脉注射高渗葡萄糖用 1 000～1 500 mL 后，用复方氯化钠缓慢静脉注射 2 000～4 000 mL，每日 3～4 次，直到解除危险为止，为提高机体解毒机能，可用 20%硫代硫酸钠液 100～300 mL，每日 2 次。心衰时用安钠咖等；兴奋不安时用氯丙嗪等；肺水肿时静脉注射氯化钙液；呼吸衰竭时用尼可刹米；体温低下时应注意保温。

4. 中毒的预防原则

（1）建立健全的物品保管使用制度，特别是农药、化肥、药物处理过的种子及有毒有害物品的保管。

（2）注意饲草料质量和加工调制方法，不喂发霉变质草料；榨油及酿造的副产品饲喂不宜过多，含毒饼（粕）应脱毒后利用；需蒸煮的草料，要快速煮开煮透，迅速冷却后使用。

11.4.3 亚硝酸盐中毒

1. 病因

由于饲料中常含有硝酸盐，而饲料的调制不当或采食后在瘤胃内产生大量亚硝酸盐时，造成高铁血红蛋白症，致使组织缺氧而引起中毒。临床特点是起病突然，黏膜发绀，血液褐变，呼吸困难，精神紊乱，病程短，死亡率高。该病猪常发生，其次是牛羊，其他动物少见。富含亚硝酸盐的饲料包括甜菜、萝卜、马铃薯等块茎类；白菜、油菜等叶菜类；多种牧草、野菜、作物的秧苗及燕麦秸秆等。除了土壤过肥及过度施肥等因素，使植物亚硝酸盐增多外，外界的亚硝酸盐还原菌，在一定的湿度和温度条件下（其适宜的温度为 20～40℃、湿度 80%），当上述植物及块茎，经日晒雨淋或存放不当发热发霉时，或使用文火浸泡、文火焖煮及加热而长时间加盖保温后，产生大量的亚硝酸盐，饲喂后致使动物中毒。

2. 症状

发病快，食后 0.5～5 h 即可突然发病。全身痉挛，口吐白沫，腹胀，呼吸困难，兴奋不安，站立不稳；可视黏膜发绀，为蓝紫色或紫褐色，脉搏加快，有呕吐、腹痛现象发生，腹泻，瞳孔散大，排尿次数增多，进而呼吸高度困难，抽搐窒息而死，中毒严重的不超过 1 h 就可死亡，稍轻的整个病程 12～24 h。

剖检变化：皮肤苍白，可视黏膜呈棕褐色或蓝紫色，血液不凝或凝固不良，呈咖啡色或酱油色；全身血管充血扩张，心肌和气管黏膜有出血点，肺部充血、出血；胃切开时能闻到硝酸样的异味，胃肠道黏膜容易剥离，有明显的炎性变化。

3. 诊断

有突然性和群体性发生，有亚硝酸盐饲草料的饲喂史，有黏膜发绀、血液褐变、呼吸困难等主要症状，一般应果断做出初步诊断并立即抢救，确诊可现场采血后，血液的颜色变化或亚硝酸盐的检测等方法确诊。

4. 治疗

本病可用特效解毒药，迅速静脉注射或肌肉注射 1%美蓝（美蓝 1 g，10 mL 纯酒精，加灭菌生理盐水 90 mL，溶解后灭菌）溶液，0.1～0.2 mL/kg 体重，必要时可重复应用一次；或静脉或肌肉注射 5%甲苯胺蓝注射液，5 mg/kg 体重。如无上述药物，静脉注射 25%～50%葡萄糖 500～1 000 mL、5%维生素 C 40～100 mL，可极大缓解中毒症状，如与上述方法合并使用，效果更佳。

11.4.4 棉籽饼中毒

1. 病因

棉籽饼是良好的精饲料，但它含有一定量的有毒成分，即棉子油酚，长期、大量饲喂含棉酚多的棉籽饼就会引起中毒。临床上以出血性胃肠炎、肺水肿、心力衰竭、神经紊乱、血尿、蛋白尿和血红蛋白尿为特征。

2. 症状

牛急性棉籽饼中毒的临床表现大体可分为 3 期。第一期，病牛精神沉郁，食欲减退，肌肉震颤，心脏活动减退。第二期，表现明显的胃肠机能紊乱，病牛食欲废绝，反刍停止，前胃弛缓，有的瘤胃鼓胀，肠蠕动增强，开始腹泻，粪便中混有黏液和血液；体温正常或略高，脉搏疾速，80 次/min 以上，呼吸促迫，30～40 次/min 以上；排尿频数带痛，大多排血尿和血红蛋白尿(尿液检测可发现，尿蛋白 4%以上，有的高达 7%～8%，沉渣中有肾上皮细胞和多种管型)；下颌间隙、颈部和胸腹下部常出现浮肿，有的牛口腔、鼻等天然孔出血。第三期，各种症状逐渐加重，牛出现视觉障碍，乃至失明，肌肉无力，走路摇晃，共济失调，倒地抽搐；心动亢进，100 次/min 以上，脉搏细弱，不易感知，处于心力衰竭状态；常伴有肺水肿，呼吸高度困难，听诊肺部广泛湿啰音，鼻孔流黄白色或淡红色泡沫样鼻液。慢性棉籽饼中毒则主要表现为顽固性腹泻、逐渐消瘦、浮肿、尿色异常、慢性胃肠炎、肾炎，渐进性心力衰竭等。

病理变化：急性中毒时，下颌间隙、颈部和胸腹下部的皮下组织胶样浸润，淋巴结肿大、出血，胸腹腔内积有大量淡红色透明液体；心脏肥大扩张，心脏内外膜均有较多出血点，心肌质地脆弱；肺充血、出血和水肿，支气管内充满淡黄色泡沫样液体；肝脏肿大，呈灰黄色或土黄色，质脆，胆囊肿大有出血点；肾脏肿大，有出血点；胃肠道，尤其是真胃和小肠有出血性坏死炎症；膀胱壁水肿，出血，充满红色尿液。慢性中毒时，尸体消瘦，皮下结缔组织胶样浸润，胸腹腔内有积液，有肾炎和慢性胃肠炎等特殊病变。

3. 诊断

有饲喂棉籽饼病史，结合临床症状，最好进行血液和尿液的检查后便可确诊。

4. 治疗

治疗原则：解毒、保肝、强心和制止渗出。本病无特效治疗办法，采用一般解毒急救措施对症治疗为主。首先停用有棉籽饼，禁饲 2～3 d 后，然后给予青绿多汁饲料，供足饮水。用 1∶(4 000～5 000)的高锰酸钾溶液或 3%～5%碳酸氢钠液，洗胃和灌肠，接着灌服油类泻剂，皮下注射毛果芸香碱以促进瘤胃蠕动。25%～50%高渗葡萄 500～1 000 mL，10%安钠咖 10～20 mL，10%氯化钙 150～300 mL，静脉注射，2～3 次/d，以强心、解毒和制止渗出。用鞣酸、活性炭、淀粉浆等收敛止泻剂及黏浆剂，缓解出血性胃肠炎的症状。

11.4.5 食盐中毒

1. 病因

食盐是动物，特别是草食性动物日粮中不可缺少的成分，按 0.3～0.5 g/kg 体重(或占日粮总量的 1%)添加在日粮中，可增进食欲，有助于消化，保证机体水盐代谢平衡，但误食或摄入量过多，若又限制饮水，则可能发生中毒或中毒加重。以消化道炎症和脑组织水肿、变性甚至坏死为主要病变；临床以突出的神经症状和消化功能紊乱为特征。牛食用含盐过高的泔水，配制饲料时误加过量食盐，长期饲喂高盐分的草料而蓄积等原因导致本病的发生。

2. 症状

急性中毒，主要表现为食欲废绝，贪饮、呕吐、腹痛、腹泻、粪便中带黏液或血液等，有明显的消化道刺激症状；视觉障碍、肌肉麻痹、昏睡、卧地不起等神经症状，多在 1 d 内死亡。慢性中毒和急性中毒比，症状基本相同，但症状要轻，食欲减退，体重减轻，脱水，体温低下，有时腹泻，最后多死于衰竭，病程 3～4 d 或稍长。

病理变化：急性食盐中毒，胃肠黏膜充血、水肿、出血，严重的呈纤维蛋白渗出(肠黏膜上覆盖一层伪膜)性肠炎，粪便稀薄、色暗、混有血液；瓣胃和真胃病变明显；血液稀薄，不易凝固；骨骼肌水肿，常有心包积液；脑脊髓各部有不同程度的充血、水肿，甚至脑回展平，呈现水样光泽，血管周围间隙有大量嗜酸性白细胞聚集，形成嗜酸性白细胞血管套。慢性中毒，胃肠病变多不明显，主要病变在脑回。除局灶性或弥漫性脑水肿和锥体棘细胞变性外，比较特殊的是大脑皮层等脑灰质部出现软化坏死灶。

3. 诊断

根据上述症状和过量饲喂食盐的病史，一般可以确诊。

4. 治疗

食盐中毒无特效药，主要是促进盐的排除，恢复阳离子平衡和对症治疗。首先消除病因，停喂停饮含盐的饲草料及饮水，少量多次给予清水，切不可大量给水任其暴饮，使病情恶化。静脉注射5%葡萄糖酸钙液300～500 mL(或10%氯化钙液体100～300 mL)。为缓解脑水肿、降低颅内压，可静脉注射山梨醇或高渗葡萄糖液体，这时的输液速度要求适当加快，以缓解脑水肿，降低颅内压，迅速解除神经症状；为促进毒物排除，可用油类泻剂；为缓解兴奋和痉挛发作，可用硫酸镁、溴化物及氯丙嗪等。

11.4.6 有机磷中毒

1. 病因

有机磷农药有触杀、胃毒、熏蒸、内吸收等杀虫作用，主要包括敌敌畏、乐果、敌百虫等含有机磷的农药制剂。剧毒有机磷有甲拌磷、对硫磷及内吸磷；强毒有机磷是敌敌畏、甲基内吸磷等；低毒有机磷是乐果、敌百虫等。常经过消化道、呼吸道或皮肤进入动物机体而引起中毒。

2. 症状及病变

因有机磷农药的品种、摄入量、进入途径和机体的抵抗力等不同，表现的症状也不尽相同。基本症状是：突然发病，先兴奋不安，肌肉震颤，瞳孔缩小，后精神沉郁，流鼻液，口吐白沫，腹泻，有时粪便混有黏液或血丝，有大蒜味。重症表现为，全身大汗，体温多升高，脉搏急速，呼吸困难，多有肺水肿，最后因呼吸中枢麻痹而死亡。

剖检见胃肠黏膜出血、充血，易剥离，心肌出血，肝脏、脾脏肿大，肺充血、出血、水肿、气肿等病理变化。

3. 诊断

本病的诊断，以有无接触有机磷的病史和临床表现(流涎、出汗、呼吸困难、肌肉震颤、瞳孔缩小、肠音强盛、排粪稀软等)，进行综合分析。有条件可进行全血胆碱酯酶活力侧定，可确诊。

4. 治疗

(1) 经皮肤沾染中毒的，用5%石灰水、0.5%氢氧化钠或肥皂水洗刷皮肤；经消化道中毒的，可用2%～3%碳酸氢钠或食盐水洗胃，并灌服活性炭200～300 g。但敌百虫中毒时，不能用碱性水洗胃和皮肤冲洗，因为敌百虫在碱性条件下可转变成毒性更强的敌敌畏，所以只能用食盐水冲洗。

(2) 立即实施特效解毒，常用的特效解毒药有解磷定和氯磷定等，用量是10～30 mg/kg体重，以生理盐水配成2.5%～5%溶液，缓慢静脉注射，以后每隔2～3 h注射1次，剂量减半，直至症状缓解。在应用上述药物的同时，配合使用硫酸阿托品，用量是0.25～0.5 mg/kg体重，皮下或肌肉注射，每隔 1～2 h 给药 1 次，药物相互配合，效果更佳。

11.4.7 黄曲霉毒素中毒

1. 病因

黄曲霉毒素是黄曲霉和寄生曲霉的代谢产物。各种用来喂牛的精饲料（如玉米、大麦、花生、小麦、麸皮、米糠等），如含水量较高（含水量大于 18%），仓库温度较高，极易被黄曲霉菌感染，黄曲霉菌最适宜的生长繁殖温度是 24～30℃，在 2～5℃以下即不能繁殖，最适宜的繁殖相对湿度为 80%以上。牛吃了被黄曲霉菌污染的饲料后发病。

2. 主要症状

黄曲霉毒素是一种肝毒素，以肝脏损伤为主，同时伴有血管通透性的严重破坏和中枢神经的损伤。一般表现为，精神沉郁，对外界反应迟钝，一侧或两侧角膜混浊，食欲不振、反刍减少或停止，母牛发生流产，产乳减少或停止等，瘤胃膨胀，出现腹水，间歇性腹泻，甚至出现里急后重和肛门脱垂，贫血，消瘦，少数患牛出现神经症状，突然转圈运动，最后昏厥、死亡。

3. 诊断

根据病史，临床症状及剖检肝脏变化（大片的出血、坏死，胆管上皮细胞显著增生），可做出初步诊断，确诊需要对饲料中的黄曲霉毒素进行实验室检查。

4. 治疗方法

现无特效的治疗方法，重症的一般难以治愈，轻度中毒，可采用停喂饲料，强心补液及对症治疗，在较长时间可能康复。

对症治疗：硫酸镁（硫酸钠）500～1 000 g 或人工盐 500～800 g，加水溶解，配成 10%以下溶液，1 次灌服，连用 3 d；静脉注射，高渗葡萄糖溶液 1 000 mL，5% 葡萄糖生理盐水 1 000 mL，20%安钠咖 10 mL，40%乌洛托品 50 mL，四环素，连用数日。多喂青绿多汁饲料、青贮饲料等。

预防措施：精饲料的含水量 15%以下才能贮存，仓库要通风良好。定期检查草料保存情况。不用霉变饲料喂牛。

11.4.8 尿素中毒

1. 病因

尿素含氮量一般在 46%左右，是固体氮素化肥中含氮量最高的一种，在反刍动物养殖过程中，瘤胃内微生物能利用非蛋白氮合成机体蛋白质，可在一定程度上达到增重快和提高产奶量的目的，但误食或饲喂过多、喂法不当（若同时饲喂豆粕或蚕豆饼等高蛋白饲料时），会加重病情，尿素在瘤胃中的脲酶作用下被分解产生氨，被吸收后使牛体血氨浓度升高，会引起剧烈中毒症状。

2. 症状及病变

牛食后 0.5～1 h，不安或狂躁，呻吟，大量流涎（呈泡沫样），瘤胃蠕动停止和膨气，反刍停止，瞳孔散大，肌肉震颤，步态踉跄，出汗。反复发生强直性痉挛抽搦，牙关紧闭，共济失调，皮温不均。呼吸困难，心跳加快，脉搏快而弱。排粪失禁，轻者 2～3 h 便可死亡，重的即刻死亡。

病理变化：尸体无明显的特征性病变，牛可见瘤胃、肠管膨满，血液黏稠，心外膜出血及无气肺等病变。

3. 诊断

根据有食用过尿素的病史，明显的神经症状和重剧的肺水肿，可做初步诊断后积极治疗（因为抢救的时间很短暂，如确诊后再实施治疗往往为时已晚），必要时可测定血氨氮值后确诊。

4. 治疗

早期可灌服食醋 1 000～3 000 mL，可抑制脲酶活力并中和尿素产生的氨；静注 10%葡萄糖酸钙 100～200 mL，25%葡萄糖溶液 500 mL、20%硫代硫酸钠 25～50 mL。重症的，静脉注射高渗葡萄糖和水合氯醛溶液，可提高疗效，结合强心利尿，促进已经吸收的毒物排出。必要时可实行瘤胃穿刺放气及手术治疗。

11.4.9 氢氰酸中毒

1. 病因

是由于采食富含氰甙类的植物，在氰糖酶作用下生成氢氰酸，使呼吸酶受到抑制，组织呼吸发生窒息的一种急剧性中毒病。突然起病、极度呼吸困难、肌肉震颤、全身抽搐和病程短促为临床特征。主要由食入某些植物，如高粱、玉米的幼苗或二茬苗；木薯，特别是木薯嫩叶和根皮部分；亚麻，主要是亚麻叶、亚麻籽及亚麻饼（温水浸泡或食后饮大量温水而引发）；动物长期少量采食当地含氰甙植物而逐渐产生了耐受性，中毒多因饥饿后大量采食或外地引进动物初期食用富含氰甙植物所致。牛羊多发。

2. 症状

采食过程中或食后 1 h 左右，突然发病，起卧不安，站立不稳，呻吟，呼吸困难，可视黏膜发红，静脉血也呈鲜红色，流涎，瘤胃膨胀，有时出现呕吐，体温正常；很快转呼吸高度困难（迎风、张口呼吸），呼吸抑制，肌肉震颤，体温下降，重者瞳孔散大，阵发性惊厥，最后因呼吸中枢麻痹而死亡。中毒严重的，仅数分钟即可死亡，病程长的一般也不超过 1～2 h。

3. 诊断

有采食氰甙类植物的病史，起病突然，呼吸极度困难，神经机能紊乱，根据体温正常或偏低及病程迅速的特征，可作出诊断。但应注意与亚硝酸盐中毒相区别，除病史和毒物快速检验外，主要应注意静脉血液的颜色变化，亚硝酸盐中毒时，血液因含高铁血红蛋白而呈褐色，采血于试管中震荡后，褐色的血液无色泽变化；而氢氰酸中毒时，病初静脉血色鲜红，后期虽因窒息而变为暗红，静脉血在试管中震荡后，即与空气中的氧气结合，生成氧合血红蛋白而血液的色泽变为鲜红色。

4. 治疗

特效解毒药有亚硝酸钠、美蓝和硫代硫酸钠。立即用 10%亚硝酸钠 20 mL（按牛的体重用药，0.1 mL/kg 体重），10%～25%葡萄糖 200～500 mL 缓慢静脉注射，再用 5%～10%硫代硫酸钠 30～50 mL 静脉注射。临床上用亚硝酸钠与硫代硫酸钠合并使用，比美蓝与硫代硫酸钠一起应用的效果好。2%的美蓝用量为 1 mL/kg 体重。为了阻止或减少胃肠道内氢氰酸的吸收，可用 30 g 硫代硫酸钠稀释后内服或瘤胃内注射，1 h 后采用相同方法和剂量可再次用药。还应注重强心，补充维生素 C 等对症治疗。

11.4.10 砷中毒

1. 病因

作为杀虫剂和灭鼠剂的含砷农药，常用的有10多种，按其毒性大小可分为：①剧毒，如三氧化二砷(砒霜、信石、无水亚砷酸)、亚砷酸钠和砷酸钙。②强毒，有砷酸铅、退菌特(土习脱)。③低毒，如巴黎绿(乙酰亚胂酸铜)、甲基硫胂(苏化911、苏阿仁)、甲基胂酸钙(稻宁、一治青二号)、胂铁铵(田安)和甲胂钠等。

一般来讲，无机砷毒性大于有机砷，三价砷毒性大于二价砷，易溶于水的砷毒性大于难溶于水的砷。动物误食含砷农药处理过的种子、污染的草料、含砷的灭鼠药及砷污染的饮水等引起的中毒。无机砷中毒主要表现为胃肠道炎症和神经症状，而有机砷中毒则以神经症状为主。

2. 症状及病变

急性中毒：食后12～24 h，突然发病，主要呈现剧烈的胃肠炎症状，呻吟，流涎，腹痛不安，腹围增大，严重腹泻，粪便恶臭、混有黏液、血液及伪膜；同时有神经症状，发病数小时后病牛全身抽搐而死。

亚急性中毒：临床仍以胃肠炎为主要症状。持续性腹泻，可视黏膜潮红，巩膜高度黄染，食欲废绝，贪饮，心跳强盛，脉搏细数，四肢末端冷凉，触诊瘤胃、网胃和真胃时表现疼痛，有的排血尿。肌肉震颤、共济失调，抽搐等神经症状，病情延续2～7 d，最后大多昏迷而死。

慢性中毒：贫血、消瘦衰竭，幼畜发育停滞，被毛逆立且易脱落，精神沉郁，被毛粗乱、脱落。可视黏膜潮红，结膜、眼睑常有水肿发生，口腔黏膜红肿并伴发溃疡，蔓延至鼻唇部经久不愈，腹泻与便秘交替发生顽固难治，多有神经麻痹症状(以感觉神经麻痹为主)，如外用砷制剂中毒的还有皮肤炎症表现。

病理变化：急性和亚急性中毒，胃肠道病变十分显著，胃、小肠、盲肠黏膜水肿、充血、出血甚至糜烂、坏死，有伪膜；真胃黏膜糜烂溃疡甚至穿孔，胆囊黏膜溃疡；腹膜炎症、血管充盈，腹腔积存混血的渗出液；口、咽、喉黏膜、心脏内外膜、胸膜、膀胱黏膜及各器官组织，均有不同程度的点状或斑纹状出血；心、肝、肾等实质性器官和肾上腺及各种腺体严重变性，实质变脆，甚至小血管也发生脂变。

慢性中毒时，胃肠炎病变不严重，胃或肠有溃疡，但有特征的是肝脏和肾脏脂肪变性显著。有机砷中毒时，眼观病变不明显，但组织学检查多有神经组织发生变性。

3. 诊断

有与砷接触的病史，有以消化道症状为主和神经症状为辅的中毒综合征，可做初步诊断，必要时可采集饲料、饮水、乳汁、尿液、被毛、肝、肾、胃肠(应连同内容物)等送检，以测定砷含量后确诊。

4. 治疗

治疗原则：排除胃肠内容物、减少吸收、应用特效解毒药加对症治疗。

治疗：用温水或2%的氧化镁溶液反复洗胃，灌服牛乳1 000～3 000 mL(或硫代硫酸钠25～50 g)，稍后灌服缓泻剂。特效药有3种：二巯基丙醇(BAL)、二巯基丙磺酸钠和二巯基丁二酸钠(DMS)。二巯基丙醇注射液肌肉注射，首次剂量为5 mg/kg体重，以后每隔4 h肌肉注射1次，剂量减半，直至痊愈(或用二巯基丙磺酸钠注射液，5～8 mg/kg体重，用法同BAL

注射液；或 DMS，用量按 20 mg/kg 体重，1～2 次/d）。同时静脉注射 10%～20%硫代硫酸钠 100～300 mL，3～4 次/d。结合实施补液、强心、保肝、利尿等对症疗法。为保护胃肠黏膜，可用黏浆剂内服，但切不可用碱性药物，以免形成可溶性的亚砷酸盐而促进吸收加重病情。

11.5 初生犊牛及犊牛的疾病防治

犊牛出生后，生活环境发生了骤然变化，再加之遗传及母牛的营养状况等因素，犊牛此时极易发生各种疾病。因此，这一阶段应加强对犊牛的护理，使其生理机能很快适应外界的变化。同时，应注意预防以下几种新生犊牛常见的疾病。

11.5.1 新生犊牛衰弱

1. 病因

主要是因母牛怀孕期蛋白质、维生素、矿物质和微量元素等营养物质缺乏。同时，孕畜患妊娠毒血症、产前截瘫、慢性胃肠病和某些传染病以及早产、近亲繁殖或双胎也是产生该病的原因。

2. 治疗

①首先应把犊牛放在温暖的屋子里，室温应保持在 25～30℃，必要时用覆盖物盖好。②为了供给养分及补氧，可静脉注射 10%葡萄糖 500 mL，加入双氧水 30～40 mL，也可用 5%葡萄糖 500 mL、10%葡萄糖酸钙 30～80 mL、维生素 C10 mL、10%安钠咖 5～10 mL，一次静脉注射。③根据病情还可应用维生素 A、维生素 D、维生素 B 等制剂和能量药物如三磷酸腺苷、辅酶 A、细胞色素 C 等。对衰弱仔畜的护理，要定时实行人工哺乳。犊牛如不能站立，应勤翻动，防止发生褥疮。

预防：应加强妊娠母牛的营养，满足母牛各阶段的营养需要，同时，杜绝近亲交配。

11.5.2 新生犊牛窒息

刚出生的犊牛因缺血缺氧，而呈现呼吸障碍或呼吸停止，但仍有心脏跳动的状态称作窒息或假死。

1. 病因

由于气体代谢不足或胎盘血液循环障碍。分娩时间过长、胎儿产出受阻、早期破水、胎盘早期剥离、胎膜破裂过晚、胎儿倒位产出时脐带受到压迫、阵缩过强或胎儿脐带缠绕等，引起胎儿严重缺氧，体内二氧化碳急剧上升，刺激胎儿过早地呼吸，以至吸入羊水而发生窒息；分娩前母牛患有某种热性病或全身性疾病以及早产胎儿，同样能使胎儿缺氧而发生窒息。

2. 治疗

主要是实施人工救护。①倒提仔畜，抖动并轻拍和按压胸腹部，同时用消毒过的布擦净鼻孔及口腔内的羊水，促使呼吸道内黏液排出；②将其背部垫高，头部放低，有节律地按压仔畜胸腹部，进行人工呼吸或输氧；③应用兴奋呼吸中枢的药物，皮下或肌肉注射山梗菜碱 5～

10 mL，或 25%尼可刹米 1.5 mL，在紧急情况下，可静脉注射 0.01%肾上腺素 1 mL；④窒息缓解后，用静脉注射 10%葡萄糖 500 mL，为纠正酸中毒，可静脉注射 5%碳酸氢钠液 50～100 mL，为预防继发呼吸道感染，可应用抗生素。对衰弱仔畜的护理，要定时实行人工哺乳。犊牛如不能站立，应勤翻动，防止发生褥疮。

11.5.3 脐炎

脐炎是新生子畜脐带断端受感染而引起的脐血管及周围组织的炎症。按其性质可分为脐血管炎和坏死性脐炎，犊牛多发该病。

1. 病因

新生仔畜的脐带残段，一般在生后 3～6 d 即干燥脱落，在此期间脐带受到污染及尿液浸渍，或接产时对脐带消毒不严，均可使脐带受病原微生物感染而发炎，为犊牛常见多发疾病。饲养管理不当，外界环境不良，如运动场潮湿、泥泞，褥草更换不及时，卫生条件较差，均会导致脐带感染发炎。

2. 症状

发病初期常不被注意，仅见犊牛消化不良、下痢。随病程的延长，犊牛逐渐精神沉郁，体温升高至 41℃，常不愿行走。脐带与周围组织肿胀，触诊质地坚硬，患畜有疼痛反应。脐带断端湿润，用手压可挤出恶臭的脓汁，有的因断端封闭而挤不出脓汁，但见脐孔周围形成脓肿。病牛常表现为拉稀、肚胀、弓腰、瘦弱、发育受阻。

3. 治疗

初期，用青霉素普鲁卡因溶液（青霉素 80 万～160 万 IU、0.25～0.5%普鲁卡因 10～20 mL），在脐孔周围分点注射，5%碘酊涂擦脐部；有脓肿时，须切开排脓及脐孔形成瘘管时，先用 1%～2%的高锰酸钾溶液进行局部清洗后，再用 3%过氧化氢洗净脓汁，涂布碘仿醚（碘仿 1 份、乙醚 10 份）或青链霉素粉；脐带发生坏疽时，必须切除脐带残段，除去坏死组织，用消毒液冲洗后，再涂以碘仿醚或 5%碘酊；防止全身性感染，可用磺胺类药物或抗生素治疗，常用青霉素 80 万～100 万 IU，一次肌肉注射，每天 2 次，连注 3～5 d；如有消化不良症状，可给病牛内服磺胺脒、苏打粉各 6 g，酵母片或健胃片 5～10 片，每天服 2 次，连服 3 d。

4. 预防

犊牛正常出生后，距犊牛腹壁 8～10 cm 处剪断脐带（最好用手指按压钝性扯断）、消毒（用 5%～10%的碘酊浸泡脐带断端 15 s 以上）、结扎（如不出血，不结扎为好，若要结扎，所用的线需在 5%的碘酊浸泡后方可使用）；保持良好的卫生环境，运动场应经常消毒，褥草使用前应是阳光暴晒过的，每天更换，新生犊牛应单栏饲养，避免犊牛相互吮吸。

11.5.4 犊牛腹泻

腹泻是新生犊牛最常见的疾病，2 周内多发，此病以腹泻、脱水甚至死亡为典型特征。

1. 病因

一是防疫意识差，环境卫生不好，由细菌、病毒感染引发；二是由于管理因素造成，怀孕母牛饲养管理差，先天营养不良，初乳质次量少，环境阴冷、潮湿等因素；生产中常常是 2 类腹泻合并发生，治疗不及时，可导致犊牛死亡，造成经济损失。

2. 症状

患病牛常表现为：水样、淡黄色、灰白色或绿色稀便，便中混有大量黏液或带少量血液及气泡；病牛眼窝下陷、被毛粗乱、皮肤粗糙、弹性降低的脱水症状；患病犊牛精神沉郁，食少或废绝，多有体温升高，四肢发凉，嗜睡，虚弱，不能站立等全身症状。

3. 治疗

症状轻的以调整胃肠机能为主，重症则抗菌消炎和补液解毒。

首先是除去病因，减少喂乳次数或不喂，饮温水或葡萄糖生理盐水，重症犊牛须自由饮用或灌服温5%葡萄糖生理盐水或温的口服补液盐液体。

轻症患牛用胃蛋白酶6 g、乳酶生（或酵母）6 g、葡萄糖粉20 g，加水适量，一日3次分服。

重症犊牛应及时快速补充体液和电解质。5%葡萄糖生理盐水或复方氯化钠液，每日3 000 mL，分3次静脉注射，为解除酸中毒，静脉注射5%碳酸氢钠溶液100～150 mL/次。

腹泻可选用氟哌酸，犊牛内服10片/（头·次），即2.5 g，每日2～3次；磺胺咪，0.1～0.3 g/kg体重，首次用量加倍，维持量为首次的1/2，每日2次，用3～5 d，效果较好；也可氨苄青霉素、头孢噻唑等；配合使用维生素B_1、维生素C、地塞米松。治疗本病时，最好通过药敏试验，筛选出敏感药物后，再行给药。

消化不良性腹泻：治疗原则为健胃消炎，防止继发感染和脱水。用胃蛋白酶、乳酶生、酵母片做辅助治疗。

4. 预防

对妊娠后期母牛加强营养，保证生产健康犊牛；保持牛舍干燥和清洁卫生；犊牛出生后，母牛乳房及乳头应清洗消毒；犊牛出生后1 h内应及时吃到初乳，增强犊牛抵抗力；饲喂牛乳或高质量代乳粉，每天做到定温、定时、定量、定人；器具用后及时清洗消毒；新生犊牛最好单栏饲养，犊牛舍保持干燥、通风、向阳，定期对环境消毒；发现病牛立即隔离，防止病原菌交叉感染。

11.5.5 犊牛肺炎

肺炎是新生犊牛第二高发病，往往严重降低生产性能，不及时有效治疗会造成犊牛死亡。患慢性肺炎的犊牛很少能够完全康复，一般不应再作为后备母牛使用。

1. 病因

除了与犊牛腹泻病因相似外，还有通风不良、被污染的空气、应激反应、畜舍内氨气含量高等都是引发肺炎的重要因素（非感染性肺炎）；许多病原微生物能够引发肺炎，如细菌、支原体和真菌等，由病原微生物引起的肺炎称为感染性肺炎，但犊牛患非感染性肺炎后，常常继发感染性肺炎。

2. 症状

主要表现为精神沉郁，食欲减退，呼吸急促，咳嗽，发热，眼鼻分泌物增多，鼻液初期为浆液性，后期为黏液性甚至脓性，呈黄白色，胸部听诊为湿啰音，叩诊有浊音。

3. 治疗

治疗原则是除去病因，消除炎症，祛痰止咳，制止渗出和促进炎性渗出物吸收。消除炎症：硫酸阿米卡星、头孢噻呋钠、强力霉素、多黏菌素结合安茶碱，早期治疗效果明显；也可用磺胺类药物,但最好通过无菌采取痰液后,做药敏试验,筛选出敏感药物后,再行施治。祛痰止咳:复方樟脑酊或磷酸可待因等。

4. 预防

及时吃到初乳,及时更换垫料,保持畜舍温暖、干燥、通风,避免贼风、潮湿,同时应避免饲养密度过大,减少应激反应。

11.6 肉牛部分常见外科病预防与治疗

外科病在肉牛养殖场也是常见病和多发病,如创伤是最为常见的外科病之一,处置不当往往导致全身感染,甚至死于败血症,而肢蹄病也是导致牛只淘汰的主要原因,机械性损伤、寒冷和高湿环境会使关节炎等疾病多发。

11.6.1 创伤

创伤在牛场往往时有发生,因处理不当,导致局部感染及全身症状,影响生产性能甚至淘汰,造成经济损失。

创伤的治疗原则是预防和治疗创伤的感染;清除创内坏死组织、异物、凝血块和各种分泌物,加速创伤净化过程;缩小相对创面的距离,保持创伤安静,以减少过多疤痕的形成,加速组织修复过程;改善伤部血液循环,提高受伤组织的再生能力;正确处理全身和局部的关系,促进创伤愈合。

1. 创伤的急救

(1) 止血。创伤时,少量的出血对机体影响不大,而且还可起到一定的清创作用;但出血较多时,会因为机体虚弱而降低其抵抗力和组织再生能力。因此,必须及时采取止血措施。

(2) 包扎。对于创伤进行包扎,除起到止血作用外,还可防止继发性污染和继发性损伤。但包扎材料一定要清洁无菌,否则对于出血较少的创伤宁可不包扎,也不能用不清洁的东西造成人为的污染。

2. 创伤的基本治疗方法

(1) 创围清洁法。对于创围皮肤剪毛、剃毛、清洗等机械性清洁和药物消毒,不仅能将病原菌洗掉、杀灭,可达到预防创伤继发性感染的目的。

(2) 创内清洁法。①创面清洁法。用生理盐水或其他刺激性小的防腐药液冲洗创面后,持消毒镊子除去创面上的异物、血凝块或脓痂。再用上述药液反复清洗创伤,直至清洁为止。常用的药物有2%氯亚明、0.1%雷佛奴尔、阳离子表面活性剂、0.1%高锰酸钾等。②清创术。它是以外科手术的方法,切除创内所有的死灭组织,取出可见的异物,消灭创囊、凹壁,保证排液通畅,力求使新鲜污染物甚至感染创成为或接近手术创的状态(力求无菌,利于愈合),借以消除污染和感染,促进创伤防卫面的形成和组织再生,以增强病畜的抵抗力。主要方法有创伤全切除术、创伤的一部分切除术和扩创术。

(3) 创伤局部用药。创伤局部用药最有效果的是磺胺粉,常用的磺胺粉剂有氨苯磺胺粉和醋酰磺胺粉。它们对溶血性链球菌及葡萄球菌有较强的抑菌作用,可用于较小的新鲜创面撒布，而当创内含有大量坏死组织时，能使磺胺的抑菌作用减弱或完全丧失。其他用于局部创伤的药物还有龙胆紫、碘酊、碘甘油等。

（4）创伤缝合法。根据创伤情况可分为初期创伤缝合和次期创伤缝合。初期创伤缝合是对新鲜手术创或自然灾害创，在手术后立刻或伤后最初几小时所进行的缝合。次期创伤缝合是对肉芽创进行缝合称为次期缝合或二次缝合。

（5）创伤引流法。当创伤深部具有潴留创囊、挫灭及坏死组织，创道较长，而排液不畅时，可人为地向创内导入引流药物，以利创内分泌物的排除和借助于引流物将药物导入创内。常用引流物为灭菌的棉纱条。

（6）创伤绷带法。当创伤进行治疗时，装着绷带不仅能保护创伤免遭继发性损伤及反复污染，同时还能使创伤安静、固定药物与敷料，以及吸收创内分泌物，从而对创伤的愈合也起着良好的作用。

（7）创伤的理学疗法。创伤发生 24 h 内应用冰袋等冷敷，以减少渗出。其后用温热疗法，如温热绷带、微波照射、温浴、蒸气热风疗法及石蜡疗法等，以促进渗出物的吸收。但无论哪种方法都不应污染创口，应是无菌方式方可实施。

3. 各种不同创伤的治疗

（1）新鲜污染创。受伤后 8～12 h 以内且被污物、细菌感染，而又没有出现感染症状的创伤，通常称为新鲜污染创。大多数的新鲜污染创，创内不仅严重污染，而且存有组织破坏及各种异物，以引发创伤感染。因此新鲜污染创的治疗任务是：预防激发性感染及继发性损伤；尽可能早期、迅速地、彻底地施行清创术，将已侵入的病原微生物及存于创内的坏死挫灭组织、创囊及异物等清除干净，并为第一期愈合或保证顺利地通过第二期愈合而治愈。为达到此目的，需做到以下工作：止血后对创围行剪毛消毒，并对创内进行冲洗；创伤初期外科处理系指对新鲜创伤所进行的外科处理而言，不但可以施行扩创术，必要时还可施行创伤全切除术和部分切除术；应用防腐消毒剂可以创造不利于病原微生物发育的条件；缝合，创伤防腐后，根据具体情况可施行缝合，如对有厌氧性及腐败性感染可疑时，则以开放性的治疗方法为好，但需用 3% 过氧化氢进行冲洗。

（2）化脓创。创伤内的病原菌，获得了良好的发育条件后，就大量地繁殖并侵入创伤深部，对病畜呈现毒害作用。创伤局部出现大量的脓性分泌物，如被机体吸收，则有发生酸中毒、菌血症甚至败血症等危害。对化脓创的治疗任务是：限制感染进一步发展，特别防止细菌侵入血液循环系统及淋巴系统，借以防止全身感染和在组织间形成转移性脓肿，防止脓汁蓄留，促进伤口尽快地净化。

为此，对化脓创治疗需注意以下各点：创伤的次期外科处理；限制血管及淋巴管吸收有毒产物；保持创伤安静；应用吸收绷带及引流；合理地选择防腐消毒剂；改善创伤部的血液循环条件；全身疗法。

11.6.2 关节炎

关节炎是关节部分发炎的总称，常以四肢关节多发，致使运动机能障碍，生产能力下降，是导致淘汰的主要原因之一。关节炎在临床上可分为浆液性关节炎（含纤维素性关节炎）、化脓性关节炎、关节周围炎和骨关节病等。预防方法是，圈舍特别是牛床要保持干燥洁净，不要放置尖锐物品，以防人畜受伤等。

现主要介绍常见的浆液性关节炎和化脓性关节炎。

11.6.2.1 **浆液性关节炎**

浆液性关节炎是关节滑膜层的炎症，因此又称关节滑膜囊炎。其特征是滑膜充血、肿胀、滑膜有出血并伴有渗出现象，渗出液有浆液性或纤维素性液体蓄积于关节腔内。

1. 病因

多由机械性损伤引起，也可由血液循环转移、过度使役、肢蹄不正等引起。按病原性质可分无菌性和感染性关节炎 2 种；按病程分为急性、亚急性和慢性。

2. 症状

急性浆液性关节炎，主要特征是关节腔积蓄大量浆液性炎性渗出物，关节肿大、指压关节憩室突出部位有明显的波动感，触诊时能感到局部发热，有明显的热痛反应(初期更明显)。被动运动时，疼痛反应尤为显著；站立时，患肢关节屈曲，不敢负重；运动时，呈现轻度或中度跛行，一般无全身症状。

慢性浆液性关节炎，通常由急性浆液性关节炎转来。其特征是关节腔内蓄积有大量渗出物，关节增大。关节因渗出物而膨胀，容积显著增大。腔内液体多，稀薄，呈水样，因此又将本病称为关节积液，患畜运动时易疲劳，有的出现跛行，持续使役(运动)时，跛行加重。(风湿性浆液性关节炎的主要症状是，多数患牛表现为对称关节突然发病，关节内迅速形成浆液性或纤维素性渗出物，关节肿胀，湿热疼痛。关节活动范围受到限制，运动时表现为明显的疼痛感，初期体温 40℃以上，脉搏、呼吸增数，食欲减退，经常卧地而不愿起立和运动，常伴发肌腱、腱鞘或黏液囊炎)。

3. 诊断

按上面所述症状可初步诊断，必要时可采关节液，检查关节液性质，有无病原微生物、纤维蛋白及风湿因子等检查后确诊。

急性浆液性关节炎及时治疗，渗出物逐渐被吸收，炎症消散，可完全治愈；如渗出物吸收缓慢而转为慢性时，一般不易完全治愈；风湿性浆液性关节炎，临床治愈后易复发。

4. 治疗

治疗原则：制止渗出、促进吸收、排出积液、消除炎症、恢复机能。

治疗：炎症初期可用冷敷法，可减少渗出；炎症中后期可用温热疗法，以促进渗出物的吸收；在患部涂布复方醋酸铅散(醋酸铅 100 g、干燥明矾 50 g、樟脑 20 g、薄荷油 10 mL、灭菌白陶土 820 g，用食醋调成膏剂即可，根据患部大小确定用量)；关节积液过多，上述方法用后仍不能完全吸收时，抽去关节腔内积液后，用无菌生理盐水注入关节腔，洗涤数次并吸出，到吸出液无色后，用普鲁卡因青霉素溶液(1%～2%普鲁卡因 10～30 mL、青霉素 80 万 IU)关节腔内注射；无论急性还是慢性炎症，都可用 2.5%醋酸氢化可的松 3～6 mL，在患部皮下分点注射或关节腔内注射，1～2 次/d，用 3～4 d 为一个疗程，效果较好。转为慢性时还可外敷鱼石脂软膏等。静脉注射 10%氯化钙 100 mL，连用 3～5 d，可抑制渗出和促进吸收。如为感染性关节炎，用关节液进行病原体鉴定后，有针对性选用抗生素实施治疗为好。

11.6.2.2 **化脓性关节炎**

1. 病因

化脓性关节炎是由于化脓性细菌侵入关节内而发生的化脓性炎症。最为常见的病原微生物有，化脓性葡萄球菌、化脓性链球菌、绿脓杆菌及大肠杆菌等。感染途径有关节创伤，开放性关节内骨折，继发于肌腱鞘或黏液囊化脓性炎症，关节周围组织感染的蔓延及其他感染经血液循环所致等。根据病理变化和临床经过可分为化脓性滑膜炎（关节蓄脓）：仅为关节滑膜的化脓性炎症；化脓性全关节炎：不仅滑膜有病变，关节囊的纤维层，软骨及骨骺也被破坏，甚至进入关节周围软组织而发生蜂窝组织炎及脓肿。

2. 症状

化脓性滑膜炎：当关节感染时，首先侵害滑膜，滑膜充血、肿胀，出现脓性渗出物，常呈急性经过，全身症状明显，体温升高，食欲减退，患病关节发热、疼痛、肿胀明显，关节外形改变，运动障碍有跛行。站立时，患肢弯曲不能负重或负重不确实。触诊时，关节囊紧张，有波动感，穿刺有脓性分泌物。此时如能及时治疗，大多可在较短时间内治愈，不然感染侵入关节周围软组织后，引发整个关节化脓而转变成化脓性全关节炎。

化脓性全关节炎：此时侵害的不仅是关节软组织，而关节的所有组织（关节囊、软骨、骨骺及周围组织）均发生病变。局部和全身症状较化脓性滑膜炎重。病初关节及周围组织出现炎性水肿，触诊关节周围组织疼痛明显，关节外形平而无波动；当感染波及到周围皮下而发生蜂窝织炎时，皮下形成大小不同的脓肿，切开可发现脓肿与关节腔相通，排出红黄色或淡灰色脓液；站立时，患肢悬垂，基本不能或完全不能负重，常常将头或身体依靠在饲槽或物体上，运动时，呈三肢跳跃式前行；关节粗大，常形成瘘，关节末端坏死可导致骨坏死，全身症状重剧，病情继续发展，可引起脓毒败血症。

3. 诊断

根据临床症状和关节穿刺液的检验可确诊。

4. 治疗

急性化脓性滑膜炎，只要治疗及时，一般可完全治愈；如并发周围蜂窝织炎时，治疗需谨慎；化脓性全关节炎常伴发全身性感染而致使病畜死亡，经久不愈的常导致关节粘连。

化脓性关节炎治疗原则是：消除感染、排除积脓，防止或减少机体对病原微生物及其代谢产物和组织分解产物等有毒有害物质的吸收，增强机体抗感染能力，防止全身性感染的发生。

对于非开放性化脓性滑膜炎（关节蓄脓）的治疗，患部常规剪毛消毒后，用注射器行关节穿刺，抽出脓液，先用生理盐水冲洗关节腔，然后用温的防腐消毒剂（如 2%氯亚明液）冲洗，再用生理盐水冲洗，直到关节腔至吸出液体透明为止，最后关节内注射普鲁卡因青霉素（1%～2%普鲁卡因 10～30 mL 加青霉素 80 万 IU），针头拔出后涂抹 5%～10%碘酊，全身应用抗生素或磺胺类药物进行治疗。当发生关节透创时的化脓性滑膜炎时，其洗涤时应在创口远端或对侧穿刺进行冲洗，禁止从创口洗涤关节腔，以免使附着在创口及创壁的病原微生物进入关节腔内而继发感染；其他治疗方法同上。

11.6.3 腐蹄病

牛的蹄病是多发病和主要淘汰原因之一，据统计，牛蹄病约占牛病的 7%左右（母牛和乳用牛更高）。常见的蹄病有，指（趾）间皮炎、指（趾）间蜂窝织炎、弥散性无败性蹄壁真皮炎和蹄底真皮炎。牛蹄间皮肤和软组织多因长期处在污秽不洁的环境中，具有腐败、恶臭特征的疾病总称为腐蹄病。

1. 病因

圈舍或运动场地面粗糙，蹄长期处在潮湿和粪尿堆积的场地时腐蹄病多发，肉牛钙、磷代谢紊乱，蹄变形时腐蹄病易多发。

2. 症状

开始在蹄间裂的后面发生肿胀，后逐渐向上蔓延至蹄冠，出现严重的肢跛，局部红、肿、热、痛，破溃，逐渐变为组织坏死，流出红黄色脓汁，形成漏管，恶臭，严重时出现全身症状，如体温升高，食欲废绝、蹄壳脱落等，生产性能下降或严重降低，若不及时治疗，肉牛可因极度消瘦或败血症而死亡。

3. 预防治疗

预防：加强饲养管理，饲料营养全价；圈舍、运动场粪尿及时清除，保持干燥，牛床上用厚橡胶垫或锯木屑做垫料；每年修蹄 1～2 次，每周清理一次蹄叉，保持其洁净干燥；在过道、牛床地面定期用 10％硫酸铜或 0.1％高锰酸钾喷洒，并建过道水池，用上述药液作蹄浴。

治疗：发病初期可用 5％的碘酊、1％～2％的甲醛等涂抹患处；如有异物刺入，先清洗，5％碘酊消毒后再拔出，用 3％过氧化氢（双氧水）冲洗消毒，撒布青霉素和链霉素或消炎粉等，并包扎，以防感染，若已经形成蹄漏，应采取引流及前述方法，如有全身症状，则要对症治疗。

参考文献

1. 程德君，等. 肉牛科学养殖技术. 北京:中国农业大学出版社,2004.
2. 曹玉凤,李建国. 肉牛标准化养殖技术. 北京:中国农业大学出版社,2004.
3. 陈幼春. 现代肉牛生产. 北京:中国农业出版社,1999.
4. 陈幼春. 西门塔尔牛的中国化. 北京:中国农业科技出版社,2007.
5. 陈幼春,朱化彬. 皮埃蒙特良种肉牛. 北京:中国农业大学出版社,2004.
6. 陈志伟,等. 牛病防治 300 问. 北京:中国农业出版社,2008.
7. 冯仰廉. 肉牛营养需要和饲养标准. 北京:中国农业大学出版社,2000.
8. 冯仰廉. 实用养牛学. 4 版. 北京:科学出版社,1995.
9. 冀一伦. 实用养牛科学. 北京:中国农业出版社,2001.
10. 黄应祥. 肉牛科学养殖入门. 北京:中国农业大学出版社,2007.
11. 李建国,冀一伦. 养牛手册. 石家庄:河北科学技术出版社,1997.
12. 李英,桑润滋. 现代肉牛产业化生产. 石家庄:河北科学技术出版社,2000.
13. 刘卫东,孔庆友. 家畜环境卫生学. 北京:中国农业大学出版社,2000.
14. 莫放. 养牛生产学. 2 版. 北京:中国农业大学出版社,2010.
15. 莫放,李强. 繁殖母牛饲养管理技术. 北京:中国农业大学出版社,2011.
16. 梅俊,等. 现代肉牛养殖综合技术. 北京:化学工业出版社,2010.
17. 农业部农民科技教育培训中心,中央农业广播电视学校组编. 肉牛高效育肥实用技术. 北京:中国农业大学出版社,2007.
18. 邱怀. 中国黄牛. 北京:农业出版社,1992.
19. 孙国强,朱月福. 肉牛饲养与保健. 北京:中国农业大学出版社,2004.
20. 万宏民,等. 畜禽棚室养殖. 合肥:安徽科学技术出版社,2001.
21. 王根林. 养牛学. 2 版. 北京:中国农业出版社,2006.
22. 王振来,等. 肉牛育肥技术指南. 北京:中国农业大学出版社,2004.
23. 许尚忠,郭宏. 优质肉牛高效养殖关键技术. 北京:中国三峡出版社,2006.
24. 昝林森. 牛生产学. 北京:中国农业出版社,1999.
25. 昝林森. 牛生产学. 2 版. 北京:中国农业出版社,2008.

26. 张容昶，胡江．肉牛饲料科学配制与应用．北京：金盾出版社，2009.
27.《中国牛品种志》编写组．中国牛品种志．上海：上海科学技术出版社，1988.
28. http：//www. cnki. net/.
29. http：//www. lib. cau. edu. cn/.